U0807824

谨以此书献给大牛地致密砂岩
气田高效开发的辛勤工作者

作者介绍

石兴春，1958年生，1982年7月参加工作，中国人民大学硕士，中国石油大学博士，教授级高级经济师。长期从事油气田开发和企业经营管理工作。在吐哈油田参与组织了鄯善、温米、丘陵等三大油田产能建设和玉门老油田的开发管理工作；在中国石化负责天然气开发工作，先后组织了普光高含硫气田、大牛地致密气田、雅克拉凝析气田、松南火山岩气田和元坝超深生物礁气田的产能建设和开发管理工作。率先提出了“今天的投资就是明天的成本”“承认历史，着眼未来，新老资产分开考核，着重评价经营管理者当期经营成果”的经营理念；在气田开发上提出了“搞好试采，搞准产能产量，优化方案部署和总体规划、分步实施、跟踪调整，确保钻井成功率”“多打高产井，少打低产井，避免无效井”“酸性气田地面工程湿气集输、简化流程，确保安全”和“气田开发稳气控水”的工作思路，组织实施了相关领域的技术攻关，形成了特殊类型气田高效开发技术，实现了气田高效开发，促进了中国石化天然气的大发展。对发展更加注重质量和效益、转换发展方式进行了有益的探索。

李广月，教授级高级工程师，博士，现在中国石化油田勘探开发事业部工作，任三级协理员。1984年8月—1986年3月在中原油田采油一厂（作业队、采油队、地质大队）工作；1986年4月—1995年1月在中原油田局机关（天然气开发处、地质处、油藏工程处）工作，先后取得助理工程师、工程师、高级工程师等职称，担任副科长、科长职务；1995年2月—1999年8月在中原油田天然气产销总厂工作，任厂副总地质师兼任气田开发研究所所长；1999年9月—2014年3月在中国石化油田勘探开发事业部开发处、天然气办公室工作，任开发处副处长、天然气办公室副主任，2014年4月—2019年1月任地面工程与设备管理处处长。兼任全国天然气标准化技术委员会副秘书长，全国储量评估师，油田开发专业天然气分技术委员会副主任委员等。自1984年以来，先后从事了井下作业、采油气工程、油气藏工程及上游油气储运、集输、净化加工、LNG、储气库及地面油气生产设备等方面的技术管理工作。荣获集团公司2005年度“中国石化有突出贡献的科技与管理专家”称号。获得省部级科技成果奖20多项，发表论文23篇。

陈奎，1980年生，2002年7月参加工作，西南石油大学硕士，副研究员。长期从事鄂尔多斯盆地天然气开发工作，参与了大牛地气田和东胜气田的开发建设。作为项目负责/技术首席完成了国家重大专项专题2项，主持完成国土部、财政部、集团公司等省部级以上项目多项。先后荣获省部级科技进步一等奖一项、二等奖两项等多项科技奖励，获“中国石化油气开发优秀方案专业技术首席”“闵恩泽青年科技人才奖”等多项荣誉称号。

王志章，1962年9月出生于山东寿光，中国石油大学（北京）教授、博士生导师，中国石油学会开发地质学组副组长。先后创新并发展了储层岩石物理相及油气渗流地质学的理论与方法；创新提出了视标准层构成、视储集空间构成、概率相及概率流动单元、相控储层表征、歧视分析优质储层预测、微分分析流体检测、波形差异高产区预测、有效储集空间储层评价理论与技术。在不同勘探开发阶段、不同类型油气藏描述、大牛地致密砂岩气藏、川西复杂致密河道砂岩气藏、新疆吉林等复杂火山岩气藏、大型碳酸盐岩油藏等评价开发中，获得突破性进展。近年来，又以人工智能方法为驱动，提出高精度智能油气藏描述、表征及预测观点与技术。30多年来，带领中国石油大学（北京）油气藏地质团队，主持国家、省部级重大项目20多项、油田公司项目150多项，发表论文160多篇，申请发明专利7件，软件著作权38件，出版专著30部。先后获国家科技进步二等奖1项，国家“八五”优秀成果1项。获北京市、教育部等省（部）级一等奖8项，二等奖15项，三等奖5项。当选2018年度科学中国人。2018—2019年度国家油气地质大赛优秀指导教师。引领了中国油气藏描述新理论、新技术的发展，推动了油气地质领域技术的进步。

特殊类型气田高效开发丛书⑤

大牛地致密砂岩气田
高效开发技术与实践

石兴春　李广月　陈　奎　王志章　等　编著

中国石化出版社

内 容 提 要

鄂尔多斯盆地大牛地气田是中国石化勘探开发的第一个大型低渗致密砂岩气田。本书作者亲历了大牛地气田高效开发的全过程，以大牛地气田“四低”开发特征、面临的挑战以及对策为出发点，总结了从开发先导试验实施到规模化产能建设的发展历程，详细阐述了直井开发模式与配套技术和水平井开发模式及配套关键技术，同时对认识气藏、改造气藏、开发气藏、挖潜气藏等方面的关键技术进行了阐述，创新形成了低渗致密气田高效开发的七项开发配套技术。

本书可供从事天然气勘探、开发的专业技术人员使用，也可作为高等院校相关专业师生的参考书。

图书在版编目(CIP)数据

大牛地致密砂岩气田高效开发技术与实践/石兴春等编著. — 北京 : 中国石化出版社, 2021.6
(特殊类型气田高效开发丛书)
ISBN 978-7-5114-6295-4

Ⅰ. ①大… Ⅱ. ①石… Ⅲ. ①鄂尔多斯盆地-致密砂岩-砂岩油气田-气田开发-研究 Ⅳ. ①TE348

中国版本图书馆 CIP 数据核字(2021)第 090548 号

中国石化出版社出版发行

地址:北京市东城区安定门外大街 58 号
邮编:100011 电话:(010)57512500
发行部电话:(010)57512575
http://www. sinopec-press. com
E-mail:press@ sinopec. com
北京富泰印刷有限责任公司印刷
全国各地新华书店经销

*

787×1092 毫米 16 开本 27. 25 印张 634 千字
2021 年 8 月第 1 版 2021 年 8 月第 1 次印刷
定价:216. 00 元

序

大牛地气田是中国石化勘探开发的第一个大型低渗致密砂岩气田，面对气田低渗、低压、低丰度、低产的“四低”挑战以及为了实现有效益开发，中国石化特别是华北石油人迎难而上、艰苦创业，博采众长、敢为人先，开拓创新、持续攻关，成功走出了一条低渗致密气田高效开发之路，建成了年产400万吨油气当量的大气田，奠定了华北石油生存发展的经济基础，有效推动了鄂尔多斯盆地低渗致密气田的高效开发，加快了中国石化天然气的大发展。

大牛地气田的规模高效开发打破了“四低”气田不能经济有效开发的传统观念，通过不断创新、持续攻关，形成了大牛地气田两种高效开发模式和七项开发配套技术。“分层压裂、合层开采”的直井开发模式，提高了气层相互叠置、主力气层相对富集的多气层开发效果；“水平井、丛式水平井”开发模式提高了“薄、差、散”难采储量的有效动用率和开发效益，两种开发模式的推广应用，保证了大牛地气田的规模高效开发。七项开发配套技术，为大牛地气田高效开发提供了技术支撑：一是创新形成的低渗致密砂岩储层精细描述和储层含气性预测技术，保证了“多打高产井，少打低产井，避免无效井”目标的实现；二是创新形成的低渗致密砂岩气田直井优快钻完井技术和储层保护技术，解决了直井卡钻断钻具的难题，极大地提高了钻井速度和缩短了建井周期，有效地保护了储层，减少了地层污染，为提高气井产量创造了条件；三是创新形成的低渗致密砂岩气田水平井开发钻井技术，保证了水平井开发难采储量方案的实施，大幅减少了开发井数量，提高了开发效益；四是创新形成的低渗致密砂岩储层直井大型压裂、分层压裂和水平井分段压裂技术，大幅提高了气井单井产量，减少了开发井数量，提高了开发效果和效益；五是创新形成的低渗致密砂岩气田泡沫排水、速度管采气工艺技术，提高了气井的生产时率；六是创新形成的地面集输“早期高压集气、中晚期降压采气、分级增压集气”的集输工艺技术，早期充分利用地层能量，减少开发投资，提高气田开发效益，中后期降压采气，为气田稳定生产和提高采收率创造了条件；七是创新形成的“五制联动、五个保障、六个到位和四化生产运行”生产管理体系，保证了气田的稳定生产，保障了北京特别是2008年北京奥运会和华北地区的冬季安全平稳供气，为华北地区大气污染和雾霾治理作出了突出贡献。大牛地气田的高效开发，有效促进了华北地区绿色低碳经济的发展。

《大牛地致密砂岩气田高效开发技术与实践》一书是作者参与大牛地气田勘探开发历程的创新实践总结，更是参与大牛地气田勘探开发的无数建设者无私奉献的结果，该书不仅丰富和发展了大型低渗致密砂岩气田高效开发技术与方法，还将对类似气田的勘探开发起到有益的借鉴作用。

中国工程院院士 马永生

前　言

鄂尔多斯盆地是我国第二大含油气盆地，油气勘探开发前景十分广阔。盆地的中南部以石油勘探开发为主，盆地的中北部以天然气勘探开发为主。苏里格气田的发现，加快了盆地北部地区天然气勘探开发的进程，天然气勘探实现了主要以下古生界海相碳酸盐岩为主向上古生界陆相砂泥岩为主的转变。1999年，华北石油局在盆地伊陕斜坡，面积为2004平方千米的塔巴庙区块部署大探1井，后又部署了大2、大3、大4、大5井，在山1、盒1段获得工业气流，取得了天然气勘探的重大突破，标志着大牛地气田的发现。2000年上报山1段探明储量164亿立方米，2003年大15、大16井获得高产工业气流突破后上报盒2、盒3段探明储量517亿立方米，随后又在山2、太1、太2段取得突破，在上古生界石炭系、二叠系七套地层中均发现工业气流，连续三年获得天然气探明储量500亿立方米以上，截至2019年底，累计探明储量4546亿立方米。

大牛地气田的发现，为华北石油人改变“田无一分、地无一垄”的无效益企业带来了加快企业转型升级发展的契机，华北石油人“寻找大油气田、开发大油气田”的梦想见到了曙光。

大牛地气田是典型的低渗/特低渗、低压、低丰度、低产的大型致密砂岩气田，上下七套含气地层，砂泥煤层相互叠置，沉积复杂，储层非均质性极强，依靠已有的开发技术，根本无法实现气田的有效益开发，属于典型的低渗致密砂岩边际效益气田。大牛地气田的有效益开发对华北石油人来说，是华北石油局发展道路上的一只“拦路虎”，是必须要跨越的一道坎，面临着严峻的挑战：

1.“四低”气田有效开发的挑战

如何进行储层预测和含气性预测？如何寻找天然气富集区、富集带、富集层开发布井，如何提高钻井成功率？如何提高单井产量、单井的经济效益？如何控制并减少开发投资、降本增效，保证气田的有效益开发？

2. 人才队伍的挑战

作为长期专门从事地质勘探的队伍，华北石油局在油气田开发上一穷二白，特别是没有油气田开发技术人才队伍，面对低渗致密气田有效开发的世界级难题，如何快速实现以勘探为主向以开发为主要业务的转变，培育出一支低渗致密气田开发科技研究队伍、钻完井压裂试气工程技术队伍、气田建设管理队伍、气田开发生产管理队伍，突破“人才队伍瓶颈”是当时所面临的更为紧迫的挑战。

3. 生存发展的挑战

华北石油局为原地矿部直属的8个地区石油地质局之一，主要从事油气勘探工作，按事业单位管理，国家直接投资；1997年国家成立中国新星石油公司，按照“独立核算、自主经营、自负盈亏”的企业法人进行管理，华北石油局按照子公司的方式改组为中国新星石油公司华北石油局，从此告别了沿袭20多年计划经济模式下的地质勘查事业单位，整体转制为企业，按照公司制企业运作；2003年随新星石油公司进入中国石油化工集团公司，又将勘探开发主营业务划入中国石油化工股份有限公司并成立华北石油分公司，将从事物探、钻井、井下作业等工程技术服务业务的华北石油局划归中国石油化工集团公司，公司经营的性质更为明确，如果没有勘探开发工作量，就无法得到投资，如果没有产量、收入、经济效益，华北石油就无法生存和发展。大牛地气田开发的成败，决定着华北石油人的生存和发展，也决定着华北石油人的命运和未来，生存和发展的巨大挑战，决定了华北石油人必须走出一条既快又好的高效开发大牛地低渗致密气田之路，建立起华北石油生存发展的油气生产基地，奠定好华北石油生存和发展的经济基础。

4. 解放思想、开拓创新的挑战

大牛地低渗致密气田具有“四低”的显著特征，不同于美国以海相为主的致密气田的开发，在盆地内较为有利地区发现的特大低渗致密气田也没有取得有效开发，更加说明有效开发的难度，普遍认为“四低”气田难以实现有效益的规模开发。华北石油局长期从事地质勘探工作，思想大多停留在原有的思维框架上，无论管理人员还是技术人员都十分缺乏气田开发的知识和经验，亟须建立新的开发思维，学习新的知识和技术，探索新的开发实践。解放思想、转变观念、迎难而上、不断开拓创新，就成为摆在华北石油人面前的首要任务，其面临的挑战是不言而喻的！

面对大牛地气田有效开发的四大挑战，在中国石化强有力的组织支持和帮助下，华北石油人迎难而上、艰苦创业，博采众长、敢为人先，开拓创新、持续攻关，成功走出了一条大牛地低渗致密气田高效开发之路，实现了华丽嬗变，建成了年产400万吨油气当量的大气田，奠定了华北石油生存发展的经济基础，推动了鄂尔多斯盆地低渗致密气田的有效开发，为中国石化天然气大发展作出了重大贡献！

一是充分发挥中国石化集团公司油气开发的整体优势，在集团公司强有力的组织协调、帮助支持下，按照“集团化运作、市场化运行、项目化管理、社会化服务”的总体要求，华北石油采取“走出去、请进来”的办法，在广泛开展类似气田调研的基础上，充分依靠系统内外气田开发的优势力量，通过国内外数十家科研单位和院校的联合攻关，不断攻克解决开发过程中的难题；

通过市场化竞争，优选系统内外的优势工程技术队伍，解决了施工队伍不足的问题；通过总部派遣、组织调入、借调充实、自我培养等多种形式，加强了开发管理和开发技术力量；通过系统内外研究单位和大专院校平行研究，综合提出方案、院局两级专家审查把关，总部组织专家评估审查，分批下达实施的"三级把关"制度，增强了各级管理干部和技术人员的责任意识，极大地提高了方案的编制水平和实施效果，加快了开发技术人才、管理人才的成长，培养了大批开发技术管理人才队伍。在开发建设组织、开发方案制定和审查把关、开发人才队伍建设、施工作业队伍组织等方面提供了坚强有力的保证。

二是根据大牛地气田的勘探程度，按照"拿储量、建产能、培育大中型天然气勘探开发基地"的思路，实行"勘探开发一体化、增储建产一体化"，勘探开发由同一领导全面负责，勘探开发协调一致，减少了大量中间环节，减少了试气试采投资，加快了试气试采和开发评价进程，加快了储量的探明和开发动用进程。针对大牛地气田低渗致密特征和开发难点，制定并实施了开发先导试验、开发准备与方案编制、开发产能建设、开发生产管理的"四步走"总体战略，按照科学、高效、低成本的思路，坚持"先易后难、先肥后瘦"的原则，规划储量动用次序和制定开发方案，按照"整体部署、分批实施、跟踪调整"的思路，搞好方案实施，按照"多打高产井，少打低产井，避免无效井"的要求，搞好开发井位优选精细设计，提高了钻井成功率，保证了勘探开发的整体效果。

三是积极快速、扎实稳妥地实施了大牛地气田的开发建设，保证了大牛地气田的快速上产和有效开发，实现了大牛地低渗致密气田的高效开发，奠定了华北石油生存发展的坚实经济基础。

(1) 开发先导试验的成功，开启了大牛地气田投入开发的新篇章。针对大牛地气田含气层系多、平面分布变化大、初期无自然产能或单井产量低、开发效益差和天然气销售不畅等突出问题，2003~2004 年首先开展了气田开发先导试验：优选气田开发有利区带、落实可动用储量和富集层系、评价产能，开展以优快钻井、大型压裂提高单井产量、高压集气为主的工程工艺试验，验证了技术经济的可行性，规划实施了 138 千米的大牛地—杭锦旗输气管线以确保开发生产后路畅通，通过 25 口开发准备井评价，编制了规模建产开发方案。开发先导试验取得了成功，建成了 1.5 亿立方米的产能，2003 年 9 月正式向用户供气，当年产气 657 万立方米、外销 616 万立方米，开启了大牛地气田投入开发的新篇章。

(2) 10 亿立方米产能建设的成功，取得了直井开发大牛地低渗致密气田的重大突破，实现了边际效益气田的规模高效开发。2005 年首先优选富集层盒3、盒2、太2、山1等段开展10亿立方米规模开发建产，通过十多轮次的跟踪调整、方案优化调整井位近1/3，完成开发井233口，开发井成功率96%，建成产能10亿立方米，当年生产天然气4.27亿立方米。实现了“四个当年”(当年部署、当年建设、当年投产、当年生产)目标。2005年7月17日通过新建57.64千米的塔榆管线外输和中国石油陕京二线代输，由原来主供山东临时改供北京，比既定日期提前13天向北京正式供气，全年向北京供气2.9亿立方米，缓解了北京当年天然气紧张的局面，形成了独具特色的“大牛地部署、大牛地管理、大牛地速度和大牛地精神”，兑现了中国石化向国家、向北京人民的庄重承诺，树立了顾大局、勇担当、守信用、负责任的中国石化形象。同时也标志着大牛地低渗致密气田进入了规模高效开发的新阶段。随后几年，在高产富集层、富集区减少的情况下，在深化气藏认识和储层分类的基础上，通过直井分层压裂、多层合采方式，逐步开发了二类储量的叠合区，建立了低渗致密砂岩气藏“两套主力以上、多层叠合、分层压裂、合层开采”的直井开发模式，累计动用储量1905亿立方米，累计新建产能32.46亿立方米，建成了华北石油大牛地气田油气开发生产基地，引领了鄂尔多斯盆地低渗致密气田的开发。

(3) 水平井开发先导试验的成功，拉开了水平井规模化建产的序幕，大牛地气田开发实现了二次跨越式发展。通过水平井提高单井产量是开发低渗致密气田的有效途径，大牛地气田起步之初就研究开展水平井开发先导试验，2002年开始先后部署了水平井DP1、DP2、DP3井和多分支水平井DF1、DF2井进行攻关试验，但未达到预期效果；随着相对优质储量的直井开发，剩余大量的薄、散、差的储量无法通过直井开发，通过水平井提高开发效果这一难题又历史性地摆在了华北石油人面前，攻克这一难题是必须跨过的一道技术难关，通过国内外调研、交流学习，结合大牛地气田实际，从2008年开始先后部署了DP4、DP5、DP6等几十口水平井，进行不同水平井类型、不同钻井方式、不同水平段长度、不同压裂改造方式的水平井开发攻关先导试验，经过近十年的持续攻关，终于在2011年取得了“水平段快速钻进、多级分段压裂”获得较高产量的突破，2012年组织实施了水平井整体开发10亿立方米产能示范区建设，钻水平开发井100口、动用面积223平方千米、动用储量411亿立方米、水平段长度1000~1500m、压裂段数8~15段、单井配产3.04万立方米/天、建成产能10.02亿立方米，水平井整体开发难动用储量取得了巨大成功，拉开了大牛地气田水平井开发的序幕，通过后续几年水平井、丛式水平井整体开发，共计部署水平井413口，动用储量1584.56亿立方米，新建产能36.14亿立方米，实现了中国石化首个低渗致密气田水平井整体经济有效开发，实现了大牛地气田开发的跨越式发展，实现了华北几代石油人的梦想，成为中国石化低渗致密砂岩气田高效开发的一张亮丽名片。

(4) 全面实施降本增效、搞好投资控制和销售工作，保证了大牛地低渗致密气田的高效开发，为改善华北地区的空气污染和雾霾治理，实现绿色低碳发展作出了重要贡献。大牛地气田要想实现有效益开发，必须走低成本开发之路，按照"今天的投资就是明天的成本"的理念，在降本增效上做文章，全过程降本减费；从源头控制降低投资，严格落实经济责任制，加强预算管理，严格定额标准，不断优化完善各种方案，开展市场竞争和精细管理，在降本增效上见到了显著效果：截至 2019 年总计投资 228.2 亿元，实现净利润 67.5 亿元。到 2008 年北京奥运会结束，累计向北京供气 15.08 亿立方米，缓解了北京用气的紧张局面，改善了大气环境，为北京奥运会安全、平稳、充足供气作出了贡献；向内蒙古当地供气 20 多亿立方米，支持了当地经济的发展，实现了合作共赢；积极开通向郑州供气通道，累计供气 13 亿立方米，缓解了河南首府供气紧张的局面；向中国石化炼化企业供气 16 亿立方米，提高了中国石化整体经济效益。

在大牛地低渗致密气田的开发建设和管理过程中，华北石油人经过十几年的不断探索、持续攻关，终于把一个几乎没有可能开发的低渗致密砂岩边际效益气田建成高效开发的气田，取得了丰富的开发成果：目前探明储量 4546 亿立方米，开发动用储量 3586 亿立方米，年产天然气 30 亿立方米，累计生产天然气 400 多亿立方米；累计投资 279 亿元，累计销售收入 491 亿元，累计实现利润 89 亿元，开发效果显著，创新攻关形成了低渗致密砂岩气田高效开发的两种开发模式和七项开发配套技术。

两种开发模式是：

一是创新形成了低渗致密砂岩气田"分层压裂、合层开采"的直井开发模式：针对储层含气性和自然产量低的特点，通过开发先导试验，通过大型压裂提高单井产量，选择一套主力气层或多层叠合气层，进行分层压裂、合层开采。在气田基本地质特征和整体评价的基础上，实施勘探开发一体化；按照"先肥后瘦，先易后难"和"开发先导试验，开发准备编制方案、实施建产和开发生产"四个阶段，对开发层系、有利区带进行分类评价动用，根据不同的高产富集层、富集区制定主力气层 1~2 层、低产气层多层合采的开发方案；通过气藏精细描述和气藏渗流机理研究，建立了大牛地气田产能预测公式和产量预测模型，揭示气井生产规律，评价气井产能、确定合理开发井网、优化开发指标、确定开发政策，有效指导气田的开发。通过开发方案"整体部署、分批实施、跟踪调整"保证了钻井成功率和开发方案的实施效果。直井开发动用储量 1905 亿立方米，建成产能 32.46 亿立方米。

二是创新形成了低渗致密砂岩气田"交错井网、多段压裂"的水平井开发模式：针对薄、差、散的大量难采储量和直井根本无法有效开发的问题，通过持续几年的水平井先导试验攻关，开展了水平井自然建产和分支水平井、中短水平段压裂建产、中长水平段压裂建产和丛式井压裂建产先导试验，形成了水平井开发储量评价与选区、薄储层三维地震综合预测与单砂体精细刻画、水平井轨迹优化设计与跟踪调整、水平井钻完井、水平井多级分段压裂、水平井排水采气、丛式水平井井组优化设计和水平井开发技术政策优化八大开发配套技术，形成了以裸眼多级管外封隔器为主、水力喷射为辅的水平井压裂工艺技术体系及相应的配套技术，建立了有效渗透率与非线性有效应力模型，建立了考虑储层非均质性和启动压力梯度影响的多级分段压裂水平井产能预测模型，形成了低渗致密砂岩气藏水平井整体开发气藏工程理念，创新了"交错井网、多段压裂"的水平井开发模式，攻克了大牛地气田Ⅱ类、Ⅲ类储层压裂建产的难题，按照"整体部署、分步实施、跟踪调整"的原则，编制了水平井整体开发方案，连续3年在大牛地探明未动用储量中筛选出相对优质的大8、大10、大98、大65等井区，共计部署实施水平井413口，动用储量1584.56亿立方米，新建产能36.14亿立方米，提高储量动用率28.94%。

七大开发配套技术是：

一是创新形成了低渗致密砂岩储层精细描述和储层含气性预测技术。针对大牛地气田含煤岩系致密储层的特点，在区域沉积体系、储层沉积相态和单井储层地质分析的基础上，采用测井数据校正及标准化技术，有效解决了影响反演精度的井径和归一化因素的问题；采用储层岩石物理特征分析技术，明确伽马和中子孔隙度是区分岩性的敏感参数；采用弹性波正演模拟技术，明确了含煤岩系致密储层及围岩的地震响应特征；采用地震属性分析技术、波形分析技术、频谱成像技术等确定储层宏观分布；采用地质统计多参数(岩性、孔隙度、电阻率等)反演技术进行有效储层的精细预测；采用高频吸收衰减及叠前AVO属性反演技术和地震结构数据体技术对该区储层的含气性进行了预测；采用可视化技术进行了三维空间的分析及雕刻，精确刻画砂体展布特征，提高了储层及含气性预测的精度。储层预测技术实现了五个转变：即天然气储层预测技术实现了由岩性预测向含气性预测的转变、由时间域向深度域的转变、由叠合多砂体预测向单砂体精细描述的转变；由叠后预测向叠前预测的转变、由定性预测向定量预测的转变。通过低渗致密储层非均质性精细描述，结合三维地震储层精细预测，创新形成了低渗致密砂岩储层精细描述和含气性预测技术，砂体预测符合率90%以上，含气性预测符合率大于80%，开发井成功率95%，提高储量动用率26%，保证了气田的高效开发，保证了"多打高产井，少打低产井，避免无效井"目标的实现。

二是攻关创新形成了低渗致密砂岩气田直井优快钻井技术和钻完井保护

技术。针对大牛地气田钻井过程的垮塌卡钻断钻具等问题，通过优化钻头、优化泥浆性能体系、优化垮塌地层钻进速度等解决了卡钻断钻具的技术难题，大幅提高了钻井速度，直井钻井周期由起初的56.71天缩短到最快的16.67天，实现了优快钻井；针对大牛地气田储层以水相圈闭伤害为主和黏土矿物、固相侵入伤害为辅的特点，优选了屏蔽暂堵和钾铵基聚合物钻完井保护液体系对储层进行保护，减少了地层污染，为提高气井产量创造了条件。

三是创新形成了低渗致密砂岩气田水平井开发钻井技术。创立了链式标定、叠前弹性三参数反演和三步法轨迹设计技术，导眼点深度误差小于2m；发明了水平段多靶点井眼轨迹控制技术和水平井钻井液流变参数控制技术，钻井轨迹与设计轨迹符合率95.6%，通过钻头选型，优选出了适合大牛地气田不同层段的钻头类型，经过井身结构、钻井参数等优化，形成了优质快速钻井技术，使全井平均机械钻速大幅提高，机械钻速提高了2.46倍；水平井钻完井周期由初期的80.94天降低到正常时期的45.82天，钻井周期缩短40.03%，大大提高了钻井效率和降低了成本。

四是创新形成了低渗致密砂岩气藏压裂提高气井产能的储层压裂改造技术。针对直井、合采井、水平井的不同井型，创新形成了大型压裂、不动管柱分层压裂和以裸眼多级管外封隔器为主、水力喷射为辅的水平井压裂工艺技术体系及相应的配套技术，大幅提高了气井产量。研发了以“氮气增能羟丙基瓜胶水基压裂液体系”为主要压裂液体系；根据储层宏观结构和厚度，确定了大型压裂方式，对裂缝长度、铺砂浓度、砂比、加砂规模以及施工排量等参数进行了优化设计，施工结束后采用快速反排技术以减少压裂液对储层的伤害，提高气井产量效果显著；通过不动管柱分层压裂工具的优化选型和试验，形成了一套不动管柱连续分层压裂工艺技术，实现了对多层叠置气层的均衡改造，缩短了压裂投产的作业时间，提高了单井产能。创新形成了水平井裸眼三维设计二元破胶多级分段压裂技术，首创三维压裂设计方法和水平段二元破胶技术，实现了低渗致密储层的有效改造，平均单井压裂段数从3段提高到10段，平均单段加砂规模从24立方米提高到49立方米，单井产量平均达到3万立方米/天，是该类储层直井的8~10倍，大大提高了单井产量，使难采储量得到了经济有效开发。

五是创新形成了一套适合低渗致密砂岩气藏的采气工艺技术。以直井、水平井不同的携液理论为基础，结合井筒压降理论，建立了气井积液模型，形成了以“泡沫排水、速度管”为主导的综合排水采气工艺技术系列。针对不同井况个性化排液需求，研发形成了差异化及特殊功能的泡排剂体系，实现一井一策差异化泡排，直井泡排成功率稳定在90%左右，水平井泡排成功率稳定在80%以上；同时多样化应用“泡排+速度管”“泡排+气举”等复合排水采气，保证气田生产平稳，年开井率始终保持在90%以上；持续优化甲醇冬夏加注制度，健全甲醇加注工艺，提升甲醇防堵效率，气田生产时率达97%，有效保障了气井长期稳定生产。

六是创新形成了地面集输“早期高压集气、中晚期降压采气、分级增压集气”的集输工艺技术。气田通过“早期高压集气、集中注醇、进站加热、轮换计量、节流脱水、残液收集”的工艺技术，充分利用了地层的天然能量实现天然气的脱水与外输，减少了早期大量的设备投入，降低了投资、简化了操作，大幅提高了气田开发初期集输和气田的经济效益；随着气田开发地层压力下降，地面集输工艺转变为“中压集气、降压开气、两级增压、停醇采气、外冷脱水”，建成了气田全覆盖的集输系统及配套设施，保障了气田中后期的效益开发，提高了气田的采收率。在地面工程建设和集输管理上，持续推进“标准化设计、标准化采购、模块化建设和信息化提升”工作，取到了较好的效果，单座集气站设计-建设周期缩短60天、占地面积降低20%，合计优化用工120人，综合降本减费8532万元。经过多年实践，形成了适应致密低渗气田滚动开发的集输模式及技术系列，建成了覆盖全气田的集输系统及配套设施，实现了地面集输系统“安、稳、长、满、优”运行。

七是创新形成了“五制联动、五个保障、六个到位和四化生产运行”的生产运行管理体系，保证了向北京、奥运会和冬季的安全平稳供气以及气田的稳定生产。针对向北京供气和保绿色奥运供气的特殊要求，形成了“以生产信息的快速反应、分层次的运行控制、超前的工作部署安排、合理的生产技术管理、动态的激励考核”的五制联动上产快速运行机制，确保了实现当年向北京供气和向奥运会的安全供气；针对华北地区冬季空气污染、雾霾严重和冬季气荒时有发生，创新了“五个保障、六个到位”的冬季保供机制，五个保障是组织、人员、技术、物装、安全保障，做到领导到位、思想到位、组织到位、措施到位、执行到位、保障到位，确保了冬季安全供气；针对气田地处毛乌素沙漠、最低气温可达-35℃，气候环境恶劣的挑战，生产运行必须做到“调度运行准确及时化、现场管理严格标准化、日常管理精细规范化、生产动态调整控制化”，四化管理已经成为大牛地气田的重要管理手段，使管理层次明确、范围可控、权限明确、效率高效、管理方便，确保了气田生产安全、平稳运行、圆满完成气田开发生产、安全环保、节能降耗和成本效益任务，大牛地气田采气厂多年被评为红旗采气厂，气田被评为高效开发气田。

全书共分九章，主要内容是：大牛地气田勘探开发历程、开发面临的挑战及对策，基本地质特征，开发先导试验，第一个10亿立方米产能建设，直井开发配套技术，水平井开发先导试验和示范区建设，水平井整体开发配套技术，地面集输与开发生产管理，投资控制与销售。该书系统阐述了大牛地低渗致密砂岩边际气田高效开发的实践过程，总结了两种开发模式和七大开发配套技术，希望为类似气田的高效开发提供一个成功案例和借鉴。本书作者大都亲自组织和参加了大牛地气田勘探开发工作，石兴春、郝蜀民提出了本书的编写思路、基本框架和编写要求，前言由石兴春、王志章编写，第一章由王志章、高青松、刘忠群编写，第二章由闫淑红、任广磊编写，第三章由李广月、高青松、陈付虎、雷涛编写，第四章由何云、刘绪钢、王志章、李广月等编写，第五章由王志章、张永春等编写，第六章由陈奎、陈晓华、王萍等编写，第七章由陈奎、王帆、王翔编写，第八章由李广月、陈俊亮、彭杰、季永强、吴伟然、何云、王贵生编写，第九章由石兴春、吴亮、马建军编写。石兴春、何发岐、李广月、王志章、王国壮、高青松完成了统稿，中国石化出版社组织专家进行了审稿。

在本书编写过程中，得到了中国石油化工集团有限公司有关领导的指导，油田部提供了大量的帮助，提出了很好的意见和建议；中国石化华北分公司吕新华、陈路原等领导给予了真诚的帮助，陈召佑、秦玉英、何青、邓红琳等有关专家和技术人员前期完成了部分内容编写，并提出了很好的意见建议，提供了大量现场第一手资料。大牛地气田的高效开发，凝聚了多年来奋战在大牛地气田科研、生产一线的广大干部员工，以及科研院所、兄弟单位和总部领导、专家的心血汗水和艰辛努力，在此表示诚挚的感谢！特别要感谢牟书令同志为大牛地气田的勘探开发建设起到了开路引领的作用！由于笔者水平所限，书中不妥之处，敬请批评指正。

目　录

第一章 绪 论

鄂尔多斯盆地是我国第二大沉积盆地，油气资源丰富，本章在叙述大牛地气田发现的基础上，通过对盆地油气地质特征的分析，简述了开发大牛地气田的技术难点以及面临的挑战及对策，介绍了大型致密砂岩气田从先导开发试验实施到 $10\times10^8m^3$ 直井开发产能建设、直井开发方案实施与配套技术、水平井开发试验与规模建设及配套关键技术的发展过程。围绕大型叠合致密砂岩气藏格架建立、储层非均质性、气水分布、气藏静态特征、生产特征、产能评价等，提出了认识气藏、评价气藏、探明气藏、保护气藏、开发气藏、管理气藏、调整气藏、改造气藏、控制成本等方面的“分层压裂、合层开采”的直井开发模式，以及“交错井网、多段压裂”的水平井开发模式。创新形成了七项配套技术：低渗致密砂岩储层精细描述和储层含气性预测技术；直井优快钻井技术和钻完井保护技术；水平井开发钻井技术；储层压裂改造技术(包括大型压裂及不动管柱分层压裂和以裸眼多级管外封隔器为主、水力喷射为辅的水平井压裂工艺)；以“泡沫排水、速度管”为主导的综合排水采气工艺技术；“早期高压集气、中晚期降压采气、分级增压集气”的地面集输工艺技术；“五制联动、五个保障、六个到位和四化生产运行”的生产运行管理技术。

第一节 大牛地气田的发现

大牛地气田的发现，为华北石油人改变“田无一分、地无一垄”的无效益企业带来了加快企业转型升级发展的契机，使华北石油人“寻找大油气田、开发大油气田”的梦想见到了曙光。

鄂尔多斯盆地是地质历史中长期稳定发育的大型克拉通叠合盆地，与全球各大盆地相比，它的最大特点就是稳定，体现为在盆地主体可供勘探的约 $20\times10^4km^2$ 的范围内，缺少乃至没有断裂、没有背斜，而是一个倾角不足1°的西倾大单斜，即没有构造圈闭。新中国成立初期，在传统石油地质学理论指导下，把油气勘探重点放在了构造最为发育的鄂尔多斯盆地周缘，获得了较少的油气勘探成果。

鄂尔多斯盆地油气勘探开发前景十分广阔，盆地的中南部以石油勘探开发为主，盆地的中北部以天然气勘探开发为主。苏里格大气田的发现，加快了盆地北部地区天然气勘探开发的进程，天然气勘探实现了主要以下古生界海相碳酸盐岩为主向以上古生界陆相砂泥岩为主的转变。

20世纪90年代，在不断加强盆地勘探力度的过程中，虽然改变了原地矿部队伍在油气勘探中没有登记区块和没有油气储(产)量的被动局面，但所拥有的探矿权区域也仅为全盆地面积的1/15，石油探明储量为全盆地已探明储量的1/100，石油产量不足 10×10^4t，天然气开发尚未起步。

随着国家对天然气勘探开发的逐渐重视和“六五”“七五”时期的国家科技攻关，盆地北部下古生界海相碳酸盐岩领域的天然气勘探已成为“重中之重”。早在“七五”末期，原地矿部就提出了“主攻盆地下古生界风化壳和兼探下古生界盐下气藏”的勘探思想；1991年又提出了“回到原型盆地找气”的勘探思路；1992年再次明确了“主攻下古生界，兼顾上古生界”的勘探方针。实践证实了上述勘探部署的正确性，符合盆地天然气勘探的实际，特别是在全国、全盆地都以海相领域油气勘探为重点之际，原地矿部明确提出要兼顾上古生界天然气勘探的思路非常不易。塔巴庙区块(今大牛地气田)的鄂5井、鄂8井在奥陶系风化壳中获得工业气流，主攻下古生界的目标业已实现，但因经费原因使兼顾目标未能及时得到评价，制约或推迟了上古生界大型天然气田的发现进程。

“八五”时期，原地矿部在鄂尔多斯盆地的油气勘探步入了历史最低点，一个在鄂尔多斯盆地辛勤工作了40年，有过战绩、有过辉煌的勘探队伍，在改制重组时却没有赖以生存和发展的油气储(产)量。为了生存和发展，勘探队伍立足鄂尔多斯盆地，依靠几十年所积累的勘探经验和大量资料，在不足盆地面积1/15和没有储(产)量的区块内竭力寻找油气勘探突破口，力求为生存和发展找到成功之路。

“九五”后期(1999~2000年)，在国家重点科技攻关专题研究和先前资料复查研究的基础上，在塔巴庙区块石炭-二叠系建立了大、中型岩性圈闭成藏的地质模式。提出了“立足大盆地，寻找大气田”和“评价大目标，计算大储量”的勘探方针和原则，并于1999年在大牛地岩性圈闭上部署实施了大探1井，在山1段、盒1段分别获得工业气流，取得岩性圈闭勘探的重大发现。这不仅证实了圈闭的含气性，更重要的是为大规模勘探提供了依据。到2000年，上报第一宗探明储量山1段$164\times10^8m^3$，标志着大牛地气田的发现。

“十五”前期(2001~2002年)，针对鄂尔多斯盆地储层的低压、低渗、低丰度、低产特征，寻找高产富集带成为关键，为此在2001~2002年，加强了理论研究，深化了认识，采取了联合攻关，针对多层岩性圈闭叠合和普遍含气的特征，建立了“近源箱型天然气成藏模式”，取得了箱顶是天然气的高产富集带的认识，针对盒2段、盒3段的勘探评价、开发准备全面展开，2002年9月，大15井、大16井分别于盒3段和盒2段气层获得无阻流量$21.08\times10^4m^3/d$、$16.44\times10^4m^3/d$的高产工业气流，实现了单井产量的重大突破。在大面积的低渗透背景下，发现了盒2段、盒3段高产富集带。2002年，上报山1段、山2段探明储量$504\times10^8m^3$，2003年，上报盒3+盒2段探明储量$517\times10^8m^3$，2004年，上报盒1段、太2段探明储量$1429\times10^8m^3$；截至2004年底，累计探明储量$2615\times10^8m^3$，为气田的大规模开发奠定了丰富的资源基础，推动了大牛地气田向大型气田发展迈出了关键一步。

2001~2002年，在中国石化集团公司将塔巴庙区块天然气勘探纳入“十五”期间五大天然气开发基地的决策和安排下，华北石油局和华北油气分公司按照“拿储量、建产能、培育大中型天然气勘探开发基地”的思路，采取了“勘探开发一体化、增储建产一体化”方针，加强勘探开发的地质研究及工程工艺技术攻关，着重进一步扩大储量规模和努力提高单井产能。为了解决提高单井产量这一关键的技术瓶颈问题，从优快钻井、储层保护、储层改造等方面开展了大量的研究工作，特别是在优快钻井、压裂工艺等方面开展了大量的试验，优选了PDC钻头，保证了“十五”期间机械钻速逐年提高、钻井周期不断降低，防气窜近平衡固井质量大幅上升，使气层得到有效保护，为气层改造和提高单井产量打下了良好的基础。优化了压裂设计，针对盒2+盒3段等Ⅰ类储层实施了大规模储层压裂改造，为大牛地气田的产能建设提供了有利的工程技术保证。相继在石炭系太原组太2段、二叠系石盒子组盒 1 段、盒 2 段、盒 3 段气层获得了工业气流，突破了单井产能长期偏低的“瓶颈”，对大牛地气田的规模、经济开发起到了巨大的推动作用。

第二节　大牛地气田开发面临的挑战及对策

大牛地气田是一个多套气层在纵向上互相叠加，平面上叠合连片的复式大型致密砂岩气田，尽管在太 2 段、山 1 段、山 2 段、盒 1 段、盒 2 段、盒 3 段中均获得工业天然气流，但没有开发成功的先例。由于气田储层物性差、储量丰度低、压力系数低、单井产能低，使得实现有效开发成为关键，本节在阐述大牛地气田“四低”基本地质特征的基础上，分析了气田开发难点，阐明了面临的开发难点、挑战及开发对策。

一、大牛地气田基本地质与开发特点

大牛地气田具有低渗、低压、低丰度、低产等开发特点。

（一）储层低孔、特低渗

大牛地气田上古生界主要发育二叠系下石盒子组、山西组和石炭系太原组储层，埋藏深度为 2600~2900m，储集类型为砂岩储层，总体上，上古生界储层具有低孔、特低渗特征。其中，盒 3 段储层物性相对最好，平均孔隙度为 10.27%、平均渗透率为 $1.36\times10^{-3}\mu m^2$。盒 2 段次之，平均孔隙度为 8.66%，平均渗透率为 $0.73\times10^{-3}\mu m^2$；太 2 段平均孔隙度为 8.58%，平均渗透率为 $0.7\times10^{-3}\mu m^2$。盒 1 段、山 2 段、山 1 段储层物性相对更差。其中，盒 1 段储层平均孔隙度为 9.09%，储层平均渗透率为 $0.55\times10^{-3}\mu m^2$；山 1 段储层平均孔隙度为 7.62%，储层平均渗透率为 $0.66\times10^{-3}\mu m^2$；山 2 段储层平均孔隙度为 8.58%，储层平均渗透率为 $0.70\times10^{-3}\mu m^2$。

（二）气藏压力低

大牛地气田天然能量小，气井压力、产量递减快，气田稳产难度大，采收率低。气田压力系数为 0.85~0.99，属低压-常压系统，气井投产后压力、产量递减很快，气井稳产年限 3~6 年，产量平均年递减率约 21%，目前综合标定气田采收率为 35%。

（三）含气低丰度

截至 2019 年底，大牛地气田具有探明储量 $3745.25\times10^8m^3$，为大型气田，但总体上看，储量品位较低，一类储量(平均单层气层压裂后产量 $1\times10^4m^3/d$)只有 $810.23\times10^8m^3$，占 21.63%，二类储量(平均单层气层压裂后产量 $0.4\times10^4\sim0.6\times10^4m^3/d$)只有 $681.19\times10^8m^3$，占 18.19%，其余均为三类、四类储量，共计 $2253.83\times10^8m^3$，占 60.18%。

由于储量品位低，造成气田储量动用率低、采气速度低，截至 2019 年底，大牛地气田共动用储量 $1306.64\times10^8m^3$，动用程度 34.89%。一类高产 DK13 井区目前采气速度为 2.07%，中部合采井区目前采气速度为 1.18%，气田总体采气速度为 1.73%。

（四）产能低

大牛地气田突出的生产特点是单井产量低，制约着气田经济开发，直井无经济自然产能，单层直井开采除气田西南角分布的盒 3 段、山 1 段以及东北角分布的太 2 段压裂后获

得经济产量外，其他区域单层直井开采均无效益，直井多层开采和水平井开采都必须经压裂改造后才能获得经济产量。具体体现为：气井压裂前自然产能低，对于一类气层，直井自然产能为$(0\sim6882)\times10^4m^3/d$，平均为$40\times10^4m^3/d$，二类、三类气层直井自然产能为$(0\sim40)\times10^4m^3/d$，平均为$15\times10^4m^3/d$，所以气井均须压裂改造才具有工业价值。气井压裂改造后直井单井产量低，一类气层直井压裂改造后平均单井产量为$1.1\times10^4m^3/d$，二类、三类气层直井(发育两套以上气层)，压裂改造后单井产量为$0.94\times10^4m^3/d$。因此，如何通过各种技术和工程手段，寻找出相对高产富集区，扩大泄气半径，提高单井产量，并优化开发技术政策，是气田经济开发的关键。

二、开发难点

大牛地气田基本的开发地质特征决定了其所具有的开发难点，具体如下：

(一) 储层非均质性强，认识难度大

1. 地质认识难度大

纵向上，主力储层发育于海相、海陆过渡相和陆相三大沉积体系内，沉积类型多样。平面上，发育多物源体系，总体上发育近南北向和西北-东南向两套物源沉积。

山西组为三角洲平原分流河道相沉积、下石盒子组为辫状河流相沉积，储层规模大小不一，非均质性强。

由于大牛地气田为多沉积类型、多物源沉积，造成了储层类型多样，目前划分出四大类、六小类储层，每类储层物性、含气性不同，空间分布规律也不同。

2. 三维地震储层预测难度大

由于气田地质的独特性，造成了储层预测难度较大，为精细认识储层带来很大的障碍，具体有以下几个方面：

(1) 气田地表为沙漠，造成三维地震资料品质较差，信噪比高。

(2) 气田砂泥岩波阻抗差小，造成储层预测困难。

(3) 太原组、山西组发育煤层，三维地震资料中煤层屏蔽作用强。

(4) 气田大部分气层厚度薄，平均为5m，规模小，平均宽度为100~700m，预测难度大。

(二) 经济开发难度大

大牛地气田开发初期，生产井平均单井产量为$1\times10^4m^3/d$，探明未开发区单井平均产量为$0.45\times10^4m^3/d$，气田总体单井平均产量为$0.75\times10^4m^3/d$。

根据投资计算，气田单井经济极限产量为$0.8\times10^4m^3/d$，总体来看，气田处于经济开发边界，如何提高单井产量、降低投资始终是低渗气田开发的首要难题。

(三) 产能评价难度大

通过试井分析，大牛地气田气层有效渗透率为$(0.022\sim0.29)\times10^{-3}\mu m^2$，地层压力传导慢，在进行产能试井时，一般常规的系统试井、修正等时试井等方法不适用，并且要求开井生产时间长，产能评价难度大，如何形成适合于低渗气井的快速产能评价方法也是开发中的难点。

(四) 气田稳产难度大

开发试验结果表明，大牛地气田天然能量低，气井压力、产量递减快，稳产期短，如何保持气田长期稳定生产，确保下游稳定供气，是低渗气田开发的另一难点。

(五) 配套工程工艺技术难度大

由于大牛地气田储层致密，发育多套气层，单井产量低，所以低渗气田开发十分注重储层保护、压裂改造效果，这就对钻完井、压裂改造等工程工艺技术提出了很高的要求。低渗气田开发是开发地质、三维储层预测、气藏工程、钻完井、压裂、采气和地面集输一体化的系统工程，中间任何一个环节做不好，都会影响低渗气田的开发效果，所以低渗气田对配套的工程工艺技术要求高，配套的难度大。

三、开发面临的挑战

在大牛地气田上古生界天然气勘探获得突破，迎来储量快速增长的大好形势下，气田开发工作艰难起步。对于刚刚并入中国石化集团公司的华北石油局，大部分的技术人员对于大牛地气田能实现有效开发基本上持怀疑态度，当时主要存在两种意见：一种是大牛地气田是致密低渗气田，“十五”时期，国内没有成功开发的先例，有效开发技术不成熟，认为大牛地气田开发不具经济性，建产规模不会大。即使建成，产量也会很快递减，不应该启动大牛地气田产建项目。二是作为传统地质勘探队伍的华北石油局，没有开发油气田的经历，不具备油气田开发的人才队伍，缺乏油气田开发的技术和经验，不具备承担大牛地气田开发的能力。然而，为大牛地气田实现规模开发制定的决策不能动摇，必须要走出一条致密低渗气田高效开发的道路。为此，主要面临如下挑战：

(一) “四低”的挑战

对于得出“大牛地气田不具经济开发性”观点的人，其基本依据是致密低渗气田具有致命的低渗、低压、低丰度、低产能“四低”特点，这类气田当时国内没有成功开发的先例，盆地邻区的苏里格，虽然上报了同类气藏近万亿立方米天然气储量，仍然一直处于评价阶段。

(二) 人才队伍的挑战

作为一个传统的、专门从事地质勘探的队伍，华北石油局在油气田开发上一穷二白，油没一滴，气无一方，没有油气田开发人才队伍，而承担的却是当时属于世界级难题的致密低渗油气田高效开发任务，首先面对的是“人”的挑战，即如何快速组建致密低渗气田科技研究队伍、钻完井压裂试气等施工队伍、开发建设管理队伍、地面建设队伍、生产管理队伍等，突破“人才和队伍”的瓶颈。

(三) 华北生存发展的挑战

早在 1996 年 12 月 7 日，国务院批准“由地矿部直属的 8 个地区性石油地质局、海洋地质局和 10 个石油地质科研及生产辅助单位，通过改制、改组，依照《公司法》的规定和现代企业制度的要求组建新星石油公司”，明确新星石油公司是独立核算、自主经营、自负盈亏的企业法人。1997 年 1 月 24 日，中国新星石油有限责任公司正式挂牌成立。1997 年 7 月 30 日，新星石油公司将地质矿产部华北石油地质局更名为中国新星石油公司华北石油局。至此，告别了沿袭 20 多年的计划经济模式下的地质勘查事业单位，整体转制为企业，并开始按照公司制企业运作。

改制重组后的华北石油局，特别是在 2003 年 5 月并入中国石化集团公司后，由典型的事业单位转变为企业单位。每年的投资由相对固定的事业投资转变为以勘探、开发工作量为依据进行投资，也就是没有油气田勘探开发工作量，就没有投资，就无法生存，所以大牛地气田开发的成败，决定了华北石油局的生存，决定了华北石油人的命运。而唯一道路就是成功、有效地开发大牛地气田，建设属于自己的油气生产基地。

生存发展的巨大挑战，决定了华北石油在大牛地致密低渗气田的开发上必须走出一条既好又快的高效开发之路。

（四）解放思想的挑战

对于长期从事传统地质勘探的技术人员，要做好大牛地气田致密低渗气田有效开发科研攻关，最大的挑战是突破自我、解放思想。因为长期的基础地质勘探，思想已经固化，必须打破原有的思维，建立新的开发思维，学习新的知识，开展新的地质实践活动。

致密气最早在美国获得突破。1980 年，非常规天然气只占美国天然气产量的 2%，这些非常规天然气大都是致密砂岩气；2003 年，美国致密气年产量达到约 $1300\times10^8m^3$，约占天然气总产量的 23%，成为美国天然气产量构成中重要的组成部分。美国进行致密气开发的盆地主要是落基山地区的大绿河盆地、丹佛盆地、圣胡安盆地、皮申斯盆地、粉河盆地、尤因他盆地、阿巴拉契亚盆地和阿纳达科盆地。

但是，美国致密气开发的经验技术不能适应鄂尔多斯致密气藏的开发。中美致密砂岩气的主要差异性之一是沉积环境不同。美国落基山地区白垩系储层主要发育于前陆盆地背景的海相与海陆过渡相聚煤环境，而中国致密砂岩气发育背景多样，以陆相与海陆过渡相为主，鄂尔多斯盆地石炭系–二叠系为陆表海的河流–三角洲沉积环境；美国致密气储层分布稳定、厚度大，中国致密气储层非均质性强、厚度相对较小；如美国皮申斯盆地梅萨默德群以海陆过渡相三角洲沉积为主，砂体以透镜状展布为主，气层累计厚度超过 600m，饱和气连续分布，含气面积超过 $1\times10^4km^2$；南部的圣胡安前陆盆地梅萨默德群以河流相与三角洲分流河道沉积为主，砂体呈透镜状展布，砂岩有效厚度大（24m），纵向多层叠置；而鄂尔多斯盆地石炭系–二叠系为陆表海缓坡沉积环境的三角洲与分流河道砂，透镜状与层状砂体共生，砂体有效厚度为 2.3~8.3m，非均质性强。

鄂尔多斯石炭系–二叠系致密气藏特征与国外已开发的致密砂岩气藏不同，不能照搬经验，可以说没有可借鉴的开发成果，只能根据气藏的特点逐步探索和不断学习。

针对大牛地气田这种类型的致密砂岩气能否规模开发的问题，不同岗位的人员虽有不同的看法，但总体思想上是不可能大规模开发，包括部分高层决策者也表现了对开发建产的怀疑：鄂尔多斯石炭系–二叠系致密气藏还没有规模开发过，也不可能进行规模的产能建设任务，就算建成了规模产能也一定不能稳产。

四、开发对策

低品位储量的开发面临经济有效开发的难题，在大牛地气田未成功开发前，部分专家认为低压、低渗、低产的大牛地气田是无法经济有效开发的，最多属于边际气田，因为众多同类气田的储量都未得到开发利用。但是华北油气分公司迎难而上，根据大牛地气田的特征及开发难点，充分发挥集体智慧，寻找开启宝藏的钥匙，在调研和征求各路专家意见基础上，经过充分论证，规划了开发评价、开发先导性试验和产能建设“三步走”的开发战略，坚持按照科学、高效、低成本的思想，抓住主要矛盾，制定开发对策，为实现大牛地边际气田的有效开发奠定了基础。具体开发对策如下：

（一）勘探开发一体化

“勘探开发一体化”——致密低渗岩性砂岩气藏隐蔽性很强，如果等勘探完全探明后再开发，时间长，成本高，而开发早期介入，发现一块，评价一块，根据探井成果及时部署开发评价井，能加快储量的落实和产能评价，勘探开发结合，既加快了气田的开发，又为储量的落实增加了依据。同时，在开发过程中，如果发现新的储量区（分布区域、层位），继续提交储量。大牛地气田 2000 年开始提交山 1 段探明储量，2001 年针对山 1 段进行了预可研工作，2002 年开展开发准备井部署；2003 年提交盒 2+盒 3 段探明储量之后，同年针对盒 2+盒 3 段开展了开发先导试验，并取得了良好效果，奠定了 2005 年 $10\times10^8m^3$ 产能建设的基础。

（二）优选储量动用区带

1.“先肥后瘦、先易后难”

致密气田低渗开发的最大难点就是单井产量低，经济有效开发难度大，但在总体低产背景下，存在相对高渗高产的层位和部位，即所谓的“甜点”。优先开发高产的优质储量，在短时间内形成产能，获得投资收益，同时带动低品位储量的动用。一个气田的开发，是一个不断认识的过程，在开发初期由于资料较少，对于较大面积分布、厚度大、连续性相对较好的气层较容易认识，而对于气层分布面积小、厚度小、连续性差的气层较难认识。所以在开发中遵循“先易后难”的原则，优先动用较易认识的气层，而对难认识的气层待资料增多和认识提高后，再进一步动用。

2.“总体部署、滚动调整”

根据储量的品质、认识程度，结合经济技术状况，分析评价经济有效动用的可能性，基于“先肥后瘦，先易后难”的原则，合理规划储量动用次序。在“先肥后瘦，先易后难”的开发过程中必然会不断提高对气田的认识程度，2003 年的先导试验首先在盒 3 段、盒 2 段及山 1 段石英砂岩储层等Ⅰ类储层展开的，后期逐步扩展到其他层位，并形成成熟的开发配套技术，为开发相对低产、较难研究和认识的储量奠定基础。如此不断滚动开发，最终实现对气田的整体、立体经济有效开发。

（三）提高单井产量

科技是第一生产力，低渗致密气田的开发，必须依靠技术创新，采用先进技术是关键，针对大牛地气田地质特点和难点，开展气藏精细描述、储层及其含气性预测、储层改造等技术攻关，为气田有效开发提供强有力的技术保障。

如针对一类气层，初期开展小规模压裂，产量提高幅度有限，后开展了大规模压裂，使单井产量大幅度提高，平均单井产量达 $1.3\times10^4m^3/d$，从而可经济有效开发。针对气田发育多套气层，应用了多层合压、不动管柱分压等技术，有效降低了压裂成本，缩短了投产时间，提高了开发效益。针对单层产量低、叠合层数少、直井开采无经济效益的二类、三类气层，开展水平井整体规模开发，在加强对单砂体精细描述的基础上，掌握其纵横向展布规律，采用水平井管外分隔器分段压裂技术进行储层改造，进一步扩大泄气面积，提高单井产量，水平井单井产量大幅提高，平均为直井的 5~7 倍。同时应用多种类型井工厂部署模式，大幅度降低开发成本，更大限度地提高低品位边际储量的动用率和采收率，从而实现直井难动用储量的水平井经济有效开发。

（四）实现气田效益开发

“优化气藏工程参数”是在方案编制及部署设计阶段，根据直井单层开采、直井多层合采以及水平井整体开发等不同的开发方式，进行针对性的气井产能评价、合理配产、井网井距、废弃地层压力、采收率等气藏工程参数优化研究，保证开发效果。同时，针对水平井开发，进行水平段延伸方向、水平段位置等优化；另外，针对压裂缝，除常规的压裂缝长、压裂缝间距两项优化内容外，创新性地新增了压裂缝位置、压裂缝排列方式、压裂缝导流能力、压裂缝形态等内容，保证水平井的产能提高，及时跟踪气井压力、产量变化，动态调整气井配产，提高气井开发效果。

“高效管理、精细管理”也是大牛地气田成功开发的重要因素，开发过程中的高效管理是实现各环节的无缝衔接，既缩短了施工周期，提高了效率，又减少施工对储层的伤害；生产过程中精细管理，将气井进行分类管理，建立“一井一策”气井管理制度，针对不同的井建立不同生产管理措施，及时跟踪气井压力、产量变化，动态调整气井配产，提高气井开发效果；确保气井的生产寿命和生产效率；建立了以泡沫排水和注醇防解堵为主的采气工艺，确保气井生产时率在 95% 以上；优选出适合于气田的防腐防垢工艺，提高了气井免修期。科学合理的气藏工程参数和高效管理、精细化的气田管理，保证了气田稳产，提高了气田的开发效果。

低渗气田处于经济开发边界，低成本战略是低渗气田开发的基本对策。大牛地气田在开发过程中，一是坚持“储量、产量、投资、效益”四统一原则，抓好方案设计、技术创新、管理创新、物资采购、价格机制五个关键环节，做好方案论证和顶层部署，从源头控制投资；二是大力推广新技术新工艺试验和应用，降低投资；三是持续加强物资招标，推进工具国产化，降低材料投资；四是不断强化制度建设，进行科学管理，对钻井、完井、压裂、试气、采气和地面集输工艺进行了大量的优化和简化，进一步降低投资。低成本战略渗透在大牛地气田开发的各个环节中，大大降低了投资，提高了开发效益，实现了边际气田的经济有效开发。

第三节　直井开发先导试验与直井开发模式

针对大牛地气田具有特低渗、气藏压力低、含气丰度低、产能低的“四低”基本地质特征，面临储层非均质性强、认识难度大，经济开发难度大、产能评价难、稳产难度大，缺乏有效的配套开发技术等难点及人才队伍、生存发展、思想解放等方面的挑战，首先开展了开发先导试验攻关。

一、直井开发先导试验

在勘探开发一体化思路下，探明储量提交后，就开始进行气田开发可行性评价，回答气田能否经济开发的问题，为下步开发决策提供依据。

2001~2002 年为大牛地气田开发评价阶段，主要目的是论证气田经济开发的可行性，为气田进行规模化开发的决策提供可靠依据。此阶段完成了 7 口探井和 2 口开发准备井、2 口开发井，完成三维地震采集 800km^2，进行 5 口井 4 个层位的试采工作，开展并完成了《鄂尔多斯盆地北部塔巴庙区块大牛地气田山 1 气藏开发工程预可行性研究》《鄂尔多斯盆地北部塔巴庙区块大牛地气田山 1 段气藏开发工程预可行性研究天然气下游市场调查》《大牛地气田大 1 井区山 1 气藏开发方案》。

2002 年 3 月，中国石化股份有限公司油田事业部要求华北分公司组织实施“鄂尔多斯盆地北部塔巴庙区块大牛地气田开发先导性试验可行性研究”项目。项目的具体任务是：通过开发先导性试验，实现向用户供气，探索、验证大牛地气田开发的技术可行性和经济可行性，试验、优化气田开发工程工艺技术和工艺方案，积累气田产能建设的经验，为大牛地气田规模开发提供决策依据和技术支撑。

2003 年 4 月，根据最新的探井、开发准备井的实施效果，华北分公司提出田开发先导性试验的目标层位需要做出及时调整，重点加强针对盒 2+盒 3 段气藏开发的先导性试验，同时适当兼顾山 1 段、山 2 段气藏。

2003~2004 年为大牛地气田开发先导性试验实施阶段，根据当时气田的实际情况，编制了《大牛地气田开发先导性试验方案》，主要目的为：

（1）进一步认识大牛地气田的气藏特征，了解储层展布特征，落实产能，评价储量，研究适合于大牛地气田的开发方式、开发指标、工作制度和开采工艺，为编制气田开发方案提供依据。

（2）通过钻井、完井、压裂和采气等工艺试验，优选适合于大牛地气田低孔、低渗储层开发的钻完井、压裂和采气等工程工艺技术。

（3）通过地面集输工艺试验，优选适合于大牛地气田的地面集输工艺技术。

（4）评价山 1 段、山 2 段、盒 3 段、盒 2 段等气藏的开发有利区和可动用储量，为编制气田开发方案提供依据。

主要以山 1 段、山 2 段、盒 3 段、盒 2 段为目的层，进行：

（1）部署新井 9 口，进行钻完井和压裂工艺试验，并落实储量、评价产能和验证三维地震预测成果。

（2）利用 9 口新井和 9 口老井形成 2 个试验井组和多个单采试验井，进行井组试验和单层及多层采气、排水采气、水合物防治等试验，优选适合大牛地气田的开发方式、技术政策、采气工艺等。

（3）建设集气站 2 座、大牛地-杭锦旗外输管线 1 条（138km），开展“高压进站、低温分离”集输工艺试验，总结形成适合于大牛地气田开采的地面集输工艺。

2004 年初，针对 2003 年试验取得的成果和存在的问题，继续进行开发先导性试验，又部署了 25 口开发准备井，继续深化对气田的认识，进一步落实产能和评价储量；继续完善钻完井工程工艺和采气工艺及集输工艺。

通过 2003~2004 年的开发先导性试验，取得了重要的成果和认识，为开发方案的编制提供的依据。

2003 年 12 月，在北京召开了“鄂尔多斯大牛地气田开发先导性试验阶段总结工作例会”，与会专家一致认为华北分公司 2003 年鄂尔多斯盆地大牛地气田开发先导性试验工作取得了重要进展，在气田地质、储层、产能、采气工艺、钻井完井和大杭管线建设等方面取得了阶段性成果：

（1）大牛地气田地质特征认识进一步深化。

（2）初步落实了气田单井单层产能，并进一步评价了储量。

（3）通过试采和气藏工程研究，初步确定了气田开发指标。

（4）通过试采和试验，初步确定了气田采气工艺。

（5）初步形成了适合于大牛地气田开发的工程工艺技术。

（6）建成大杭输气管线，初步形成了适合于大牛地气田开发的地面集输工艺。

二、直井开发模式及效果

针对储层含气性和自然产量低的特点，通过开发先导试验，确定了通过大型压裂提高单井产量，选择一套主力气层或多层叠合气层，进行“分层压裂、合层开采”的直井开发模式。

其主体思路为在气田基本地质特征和整体评价的基础上，实施勘探开发一体化；按照“先肥后瘦，先易后难”和“开发先导试验，开发准备编制方案、实施建产和开发生产”四个阶段，对开发层系、有利区带进行分类评价动用，根据不同的高产富集层、富集区制定主力气层 1~2 层、低产气层多层合采的开发方案；通过气藏精细描述和气藏渗流机理研究，建立了大牛地气田产能预测公式和产量预测模型，揭示气井生产规律，评价气井产能、确定合理开发井网、优化开发指标、确定开发政策，有效指导气田的开发。通过开发方案“整体部署、分批实施、跟踪调整”，保证了钻井成功率和开发方案的实施效果。

大牛地气田在 2003~2004 年的开发先导试验以后，2005 年开始拉开了直井规模开发的序幕，通过开发实践，形成了直井开发模式。即根据沉积有利相带、三维地震储层预测砂体发育区、储量丰度大和试采产量高的条件，实行“立体开发”。

大牛地气田属低渗-特低渗气田，大部分气井的单一气层产量低，开发无效益，为了达到经济有效开发，根据储层的分布情况，采取如下开发模式：

（1）针对优质储层单层分布区进行直井单层开采。

（2）针对储层多层叠合区采用一套开采井网直井开发，同时开发 2~3 层或更多气层。最终达到气田经济有效开发的目的。

开发中，选择盒 3 段开采区、盒 2 段开采区、西南合采区、中部合采区等 4 个区为直井开发区，动用面积为 248km^2，动用储量为 718×10^{8}m^3。通过气藏工程研究，确定了“整体部署、分批实施”的开发原则和衰竭式开采的开发方式，确定了开采井距为 1000m，井网为正方形，合理生产压差为静止地层压力的 20%~29%，平均采气速度为 1.5%，废弃压力为 8MPa，盒 3 段、盒 2 段和合采区采收率分别为 60% 和 55%。盒 3 段开采区布井 86 口，建产能 5.03×10^{8}m^3，盒 2 段开采区布井 25 口，建产能 1.09×10^{8}m^3，西南合采区布井

67 口，建产能 $2.83\times10^8m^3$，中部合采区布井 38 口，建产能 $1.51\times10^8m^3$。四个区共布井 216 口，建产能 $10.56\times10^8m^3$。

三、直井开发关键技术

直井规模开发配套技术主要包括致密砂岩储层精细描述及预测和储层含气性预测技术、直井优快钻井技术和钻完井保护技术、储层改造、综合布井及采气工艺等技术。

1. 储层精细描述和储层含气性预测技术

针对大牛地气田含煤岩系致密储层的特点，在区域沉积体系、储层沉积相态和单井储层地质分析的基础上，采用测井数据校正及标准化技术，有效解决了影响反演精度的井径和归一化因素的问题；采用储层岩石物理特征分析技术，明确伽马和中子孔隙度是区分岩性的敏感参数；采用弹性波正演模拟技术，明确了含煤岩系致密储层及围岩的地震响应特征；采用地震属性分析技术、波形分析技术、频谱成像技术等确定储层宏观分布；采用地质统计多参数(岩性、孔隙度、电阻率等)反演技术进行有效储层的精细预测；采用高频吸收衰减及叠前 AVO 属性反演技术和地震结构数据体技术对该区储层的含气性进行了预测；采用可视化技术进行了三维空间的分析及雕刻，精确刻画砂体展布特征，提高了储层及含气性预测的精度。

应用地震信息进行储层预测时，基础资料的质量是关键。保真处理的高信噪比地震数据、高质量的靶区多井资料一致性标准化处理、精确的层位标定是运用地震资料精确储层预测的基础。针对大牛地气田二叠系下石盒子组储层特征，主要应用了频谱分解技术、地震多属性优化聚类技术、地震反演等多项技术进行储层综合预测，为井位部署提供了可靠的依据。

(1) 频谱分解技术。频谱成像技术可以描述地质反射层厚度的非连续性变化和岩性的非均质性变化，从整体上描绘储层展布形态，检测储层厚度，揭示地层纵向变化和沉积相带演变，进行含油气预测。应用小波变换和短时窗离散傅里叶变换对实际资料靶区目的层进行了频谱成像研究。通过试验得到如下认识：小波变换的频谱分解技术比离散短时窗傅里叶变换的应用效果好，低频强振幅能检测到厚砂体，高频强振幅能检测到薄砂体。

(2) 地震多属性优化聚类。沉积地层的任何物性参数的变化总是反映在地震波形状的变化上，一种地震属性反映的是地震波形的某些特征，并非全部特征；而某一种储层参数的变化也可能导致地震很多方面特征的变化。地震的各种属性包含了地下地质体的多种信息，不同类型的地层岩性及物性的变化都将引起反射特征的变化。运用人工神经网络分析技术，统计聚类的分级分类技术、主组分分析(PCA)技术对多种地震属性进行优化聚类，通过井信息标定，可以更精确地预测岩性和流体，从一个新的角度去进行储层预测、油藏描述和地质资源风险评价，提高了含气性预测的有效性。

(3) 地震反演技术。地震反演已成为储层预测的一项核心技术。基于地质统计学的随机模拟是以储层信息为基础，应用随机模拟方法产生多个可选的等概率的储层模型。这种方法可以对任何一种储层物性参数进行模拟，其结果的分辨率高，能够做到纵向上与井吻合，横向上忠实地震，较好地保留储层测井信息、地震信息的地质统计学特征，能更好地反映出储层非均质性及地质统计规律，适用于油气田开发阶段对储层进行精细的研究，或对储层非均质性进行研究。根据大牛地岩性气藏的岩相变化快和非均质性强的储层特征，在地震波阻抗反演数据体软约束的基础上，利用随机模拟技术进行了岩性反演和电阻率反演，在实际应用中见到了良好的效果。

地震保幅处理是进行储层含气性检测的基础，在大牛地气田主要研究和应用了叠后地震波吸收衰减技术和叠前地震属性的含气性检测技术。

（1）叠后地震波吸收衰减技术。我们知道，地震波在地下传播中要发生能量衰减，这种衰减与波的频率有关，而且高频比低频吸收得快。地震波高频能量衰减与砂岩含油气存在一定的关系，当地震波穿过含油气砂岩时，能量发生明显的高频衰减，通过连续分析计算地震波剖面的高频能量衰减系数，利用衰减剖面中的异常变化值，预测含气性。此方法能够有效地预测二叠系下石盒子组储层的含气富集带，但对于含煤储层的含气性预测仍需深入研究其适用性。

（2）叠前地震属性的含气检测技术。与叠后地震资料相比，叠前地震资料包含了更丰富的地下构造、岩性和油气信息，可以获取更多、更可靠的储层信息，能够提高储层描述的精度。地下油气的信息能够反映在地震振幅随偏移距的变化特征上。我们在本地区储层的地震响应特征研究的基础上，利用叠前地震属性的交会反投影技术，把由地下气藏引起的地震振幅随偏移距的变化差异刻画出来，能够有效地进行油气检测。此方法的另一优势是几乎不受井资料的约束，特别适用于勘探开发的初、中阶段。

综上，大牛地气田储层预测技术实现了五个转变：天然气储层预测技术实现了由岩性预测向含气性预测的转变、由时间域向深度域的转变、由叠合多砂体预测向单砂体精细描述的转变、由叠后预测向叠前预测的转变、由定性预测向定量预测的转变。通过低渗致密储层非均质性精细描述，结合三维地震储层精细预测，创新形成了低渗致密砂岩储层精细描述和含气性预测技术，砂体预测符合率90%以上，含气性预测符合率大于80%，开发井成功率95%，提高储量动用率26%，保证了气田的高效开发，保证了“多打高产井、少打低产井、避免无效井”目标的实现。

2. 低渗致密砂岩气田直井优快钻井技术和钻完井保护技术

大牛地气田地质情况复杂，上部地层可钻性好，但是地层欠压实，在钻遇大段砂岩后容易形成厚泥饼造成压差卡钻，刘家沟组地层容易造浆，个别层段地层破漏压力低，钻井时就有井漏发生，石炭二叠系泥页岩剥落、掉块、垮塌，目的层低孔、低渗，气层极易受损害。

针对大牛地气田钻井过程的垮塌卡钻断钻具等问题，通过优化钻头、优化泥浆性能体系，优化垮塌地层钻进速度等解决了卡钻断钻具的技术难题，大幅度提高了钻井速度，直井钻井周期由起初的56.71d缩短到最快的16.67d，实现了优快钻井；针对大牛地气田储层以水相圈闭伤害为主和黏土矿物、固相侵入伤害为辅的特点，优选了屏蔽暂堵和钾铵基聚合物钻完井保护液体系对储层进行保护，减少了地层污染，为提高气井产量创造了条件。

1）钻头选型

根据大牛地气田井身结构、地层分层及岩性资料，及该地区已钻井的钻头使用资料，应用美国哈里伯顿公司地层分析软件，通过大牛地气田地层的岩石性质、塑性强度、岩石单轴和三轴抗压强度等参数综合分析，确定钻头选型。此外，尚可利用纵波时差优选钻头、利用岩石可钻性优选钻头。

通过研究，优选出了大牛地气田各地质层段使用的钻头类型，具体为：第四系、白垩系、侏罗系安定组（表层井段），适应性的钻头为：ϕ311mm PDC、JA114；侏罗系安定组、直罗组、延安组、延长组，适应性的钻头为ϕ216mm HJ517、H517G；侏罗系中统、下统，二叠系、石炭系适应的钻头型号为ϕ216mm P266MF、P156M。

2）钻井液体系选择及技术措施

经过近几年的生产过程中遇到的各种技术难题，形成了以钾铵基钻井液为主的钻井液体系，其作用机理：K^+和NH_4^+通过晶格固定和离子交换作用抑制泥页岩吸水膨胀，解决因膨胀压力不均造成的掉块问题，从而达到抑制泥页岩水化分散、稳定井壁的目的。钾铵基聚合物钻井液体系的主要处理剂：钠土、Na_2CO_3、KPAM、K-HPAN、NH_4-HPAN、LV-CMC、HFT-301。该体系具有一定的抑制性，能有效稳定井壁；处理剂简单，使用方便。各井段快速钻进钻井液技术措施如下：

（1）一开井段（0~200m）：

井眼尺寸：311mm。

地层岩性及特点：散砂层，胶结性差，可钻性好，松散，易垮塌，渗透性强。

钻井液体系：普通低固相聚合物。

钻井液配方：6%~8%钠土+0.3%（低黏 CMC）+0.3%聚合物大分子。

钻井液性能：密度 1.03~1.05g/cm^3，黏度 40~50s，失水≤12mL。

处理与维护：在按配方配制的基础上，根据砂样和钻速（例：红碱绰区块含砾多，胶结性强，钻进慢）可适当调整黏切，保证井内正常钻进和后期下套管、固井工作的顺利进行。

应用情况：该体系已广泛应用在大牛地气田一开井段，在机械钻速高的情况下，过高黏切使钻屑及时返出地面，通过振动筛、除砂器、除泥器及时清除，保证井内的正常钻进和表套的顺利下入。

（2）二开井段（200~3000m）：

井眼尺寸：216mm。

井段 200~1500m，钻遇直罗组、延安组、延长组。直罗组地层岩性为棕、绿灰、灰绿色泥岩居多，夹杂棕紫、绿灰色中粗砂岩。这种泥岩，水敏性强，有较强的分散性，易坍塌掉块。延安组以泥质粉砂岩、细砂岩为主，岩性具有可塑性，水化后膨胀缩径问题较突出。在钻井液运用方面，二开前配置低固相钾铵基聚合物钻井液，配置钻井液性能：黏度 30~35s，密度 1.03g/cm^3，失水 8mL，漏斗黏度 3mPa·s，动切力 1.5 Pa，二开上部井段钻遇地层侏罗系直罗组泥页岩易掉快，三叠系延长组渗透性好，砂砾岩层段易缩径卡钻，本井段主要是利用高分子聚合物 K-PAM 絮凝钻屑；控制泵排量在 35L/s 以上，黏度 33s、密度 1.05g/cm^3 以内；钻进中加强划眼，起钻时控制起下钻速度，及时向井内灌浆，防止压差卡钻；钻进过程中使用钻井液滤液尽可能少的浸入地层，并使其具有良好的剪切稀释特性，从而使四级固控充分发挥作用，加入适当的润滑剂，减少压差卡钻；在起钻遇阻时不得硬拉，防止卡钻，起钻遇阻严重时可使用倒划眼，尽可能使用上下活动起出钻具，减少钻具静止时间。尽可能地减少钻井液中的有害固相。在使用包被剂抑制、絮凝的同时，可适当加入沥青防塌剂，使其能够吸附在井壁上形成一层保护膜，能够快速形成泥饼，保持和提高井壁强度。

1500~2500m，钻遇和尚沟和刘家沟组、石千峰组。此段地层为灰绿、棕色泥岩与浅棕色细砂岩层，泥岩易水化分散造浆性强，不利于井眼稳定，从测井曲线看，大部分井径扩大率高。进入该井段进尺较缓慢，该井段中泥页岩易吸水膨胀引起剥落掉块，并呈周期性垮塌，甚至井塌。进入刘家沟组，在二开上部井浆的基础上调整性能，黏度控制在35s，密度<1.08g/cm^3，钻井过程中用K-PAM和K-HPAN复配成胶液，以细水长流的方式均匀维护，保持聚合物在钻井液中的含量，使钻井液具有足够的抑制性，抑制泥页岩、岩屑分散，控制地层造浆，保持钻井液性能稳定。进入刘家沟组应相对增大包被剂或絮凝剂用量，增强钻井液的抑制性和包被性，通过大分子长链分子吸附在井壁上阻止水分子的渗透，抑制地层水化；另一方面利用聚合物长链分子包覆钻屑，抑制钻屑水化分散，将钻屑通过固控设备及时清除，保持钻井液的性能稳定。在石千峰底部进入目的层前钻井液中应逐渐补充适量的坂土、防塌剂、润滑剂等，以提高泥饼质量。

目的层井段2300~3000m，钻遇石盒子组、山西组等地层。本井段地层特点为石盒子组伊混层多，蒙胶结性差，目的层井段要严格控制失水，防止污染产层。在钻井施工过程中，如果钻井周期长，井径扩大严重，岩屑混杂，特别在探井施工过程中表现比较突出，长时间冲孔和起下钻作业造成上部井径失稳和下部井径扩大。在钻进时优化钻井参数，钻井液要有较强的抑制性和良好的携砂能力，钻井液性能如下：密度一般不超过1.10g/cm^3，黏度35~40s，失水≤5mL，漏斗黏度4~8mPa·s，动切力3~5Pa，控制坂含量25~35g/L,视井内情况及时补充防塌剂，防止井壁坍塌掉块，保持井壁稳定，在地质冲孔时避开煤层，防止形成大肚子井段，钻井液中加入润滑剂，减少钻具的摩阻和扭矩，控制黏滞系数。

经过不断总结前期钻井液技术经验，按照以上钻井液快速钻进思路进行钻井施工。同时，加强各环节生产管理，尽一切可能减少辅助时间，缩短钻井周期，施工的D12-52井，钻井深3025m。创下了该区同类井三项单项指标纪录：①日进尺1203m；②钻井周期9.88d；③全井平均机械钻速19.79m/h。

3. 低渗致密砂岩气藏压裂提高气井产能的储层压裂改造技术

针对直井、合采井的不同井型，创新形成了大型压裂、不动管柱分层压裂的配套技术，大幅度提高了气井产量。研发了以“氮气增能羟丙基瓜胶水基压裂液体系”为主要压裂液体系；根据储层宏观结构和厚度，确定了大型压裂方式，对裂缝长度、铺砂浓度、砂比、加砂规模以及施工排量等参数进行了优化设计，施工结束后采用快速返排技术以减少压裂液对储层的伤害，提高气井产量效果显著；通过不动管柱分层压裂工具的优化选型和试验，形成了一套不动管柱连续分层压裂工艺技术，实现了对多层叠置气层的均衡改造，缩短了压裂投产的作业时间，提高了单井产能。

1）压裂液优选

针对压裂液体系中存在的稠化剂质量不达标、压裂液耐温耐剪切性能差、破胶时间过长、残渣率高等问题，在系统研究该区工程地质特征的基础上，开展了低压低渗砂岩气藏压裂材料优化技术研究，优化筛选出了N_2增能羟丙基瓜胶水基压裂液体系，与以前的压裂液相比：①提高压裂液返排能力，充分利用液氮的举升能量，同时加入起泡剂；②破胶剂加量及加入方式改变：由施工时追加部分破胶剂改为施工时“楔型”直接加入破胶剂，且加入比例由原平均 0.03%提高到 0.05%，实现了压裂液体系快速、彻底破胶，满足了大牛地气田压裂工艺快速返排的要求。

2）支撑剂优选

结合大牛地气田储层闭合压力及气井产能特征，优化形成了以耐压 52MPa 的 20/40 目陶粒为主的支撑剂体系。该支撑剂体系，在储层闭合压力(40MPa)下铺置浓度为 $5kg/m^2$时，导流能力为 $94.9\mu m^2 \cdot cm$，渗透率 $2.15\mu m^2$，考虑裂缝污染及长期导流能力丧失，取实验值的 40%，则实际导流能力为 $3.8\mu m^2 \cdot cm$，渗透率 $104.86\mu m^2$。所选支撑剂可满足大牛地气田储层压裂改造的要求，大牛地气田 40 余层次的现场使用结果也表明所选支撑剂满足大牛地气田储层压裂改造的需要。

3）压裂方式

大牛地气田直井开发主要采用的压裂方式为逐层上返单层压裂、合层压裂和不动管柱机械分层压裂，压裂实践表明单层压裂是气田成熟、有效的压裂方式，同层组内合压，能够有效提高单井产量；不同层组间的合压，除了盒 3 段+盒 2 段及盒 3 段+盒 1 段合压后试气无阻流量达到 $4\times10^4m^3/d$ 外，其他层位的组合合压效果总体较差，表现为平均加砂量大，而平均试气无阻流量低，需要根据各层组的工程地质特征，进行优化组合；机械分层压裂。经过 1 年多的应用，其分层压裂效果较不同层组合压效果好，且实现了均衡改造各层又实现两层合采的目的。

4. 低渗致密砂岩气藏的采气工艺技术

国内外气藏大多属于封闭性的弹性水驱气藏，在开发过程中都不同程度地存在地层出水。产出水若不能及时排出，就会聚积在井底，增大井底回压、降低产气量，严重时造成气井水淹停产。长时间的积液浸泡还会对地层造成极大的污染和伤害。快速有效地排液复产，是保持气井产能、高效开发气田的关键。因而，排水采气是气田开发所面临的一项重大课题。目前，国内外所采用的排液方法主要有三大类：一是气体动力学方法，包括周期性放喷、小油管、虹吸管吹洗等；二是化学方法，包括注入泡沫活性剂等；三是机械方法，如柱塞举升、泵抽等。这三类方法的理论基础是两相混合物的流体动力学，最重要的理论是 Turner 的液滴模型和临界流速理论。近年来，国内外石油科技工作者针对现有积液气井排水采气工艺的不足和缺陷，通过多年努力研制开发出了一系列新型适用的排水采气工艺，如：井间互联井筒激动排液复产工艺技术、同心毛细管技术、天然气连续循环技术、深抽排水采气工艺、单管球塞连续气举工艺等工艺技术。

大牛地气田属于特低渗致密砂岩气藏，单井产能低且大多产水，井筒容易形成积液，采气过程中易于在生产管柱和集气管线内形成天然气水合物堵塞，严重影响气井的正常生产。通过几年来的探索研究及持续改进，以直井携液理论为基础，结合井筒压降理论，建立了气井积液模型，形成了以“泡沫排水、速度管”为主导的综合排水采气工艺技术系列。针对不同井况个性化排液需求，研发形成了差异化及特殊功能的泡排剂体系，适时开展柱塞气举、超声雾化等排水采气，实现一井一策差异化泡排，配套形成大牛地致密低渗气田全生命周期排水采气工艺技术，直井泡排成功率稳定在 90%左右，同时多样化应用“泡排+速度管”“泡排+气举”等复合排水采气，保证气田生产平稳，年开井率始终保持在 90%以上；持续优化甲醇冬夏加注制度，健全甲醇加注工艺，提升甲醇防堵效率，气田生产时率 97%，有效保障了气井长期稳定生产。

5. 致密低渗气田开发选区与布井技术

大牛地气田储层非均质性严重，通过井网解剖和野外露头观察，单期河道宽度在 100~500m，储层横向变化极大。虽然在开发方案编制时对气田的地质特征做了全面研究，对各种方案做了对比和优选。但因编制开发方案的资料有限，认识不够深入，在储层非均质性强的情况下，如何保证开发井成功率是方案实施时的一个难点。在气田开发过程中，总结出一套针对非均质性强的低压致密砂岩气藏的优化选区与布井技术。主要有两个方面：①整体部署，分批实施，精细跟踪，动态调整，完善井网。整体部署是解决非均质性强的低压致密砂岩气藏在部署开发井时，确保成功率的有效方法。其实质是一个由实践到认识，再由认识到实践不断往复的认识过程，是人类认识复杂客观体的必然过程。在初期虽然有了整体方案，但由于资料和认识的局限，整体方案中必然存在很多不当之处，如果按整体方案同时实施，势必造成不必要的失误。只能分批分轮次的实施，每一批每一轮次实施少量的开发井，在精细跟踪研究的基础上，提高认识程度，及时对下一轮次的开发井部署方案进行调整，同时在每一轮次的调整中，逐步完善井网。这样通过多轮次的实施、跟踪、调整，提高开发井成功率。②"三统一"的综合布井技术。研究中，通过产能影响因素的分析，明确了产能的主要控制因素。利用微相、岩性、物性、电性、含气性、产能等地质参数，建立储层分类评价标准，以经济有效开发为目标，在储层分析评价的基础上，以单井开采方式为主线，区分单层可动用和多层合采动用储量，综合开发地质成果、三维储层预测成果和气井产能成果，优选出开发地质评价好、三维储层预测好，已有气井获得高产的区域为有利开发区，在开发有利区内，综合沉积相研究、三维地震预测和产能预测的结果统一，井位部署在主河道发育区、三维地震预测有利区和产能预测高产区，形成"三统一"的综合布井技术，即：开发井要部署在沉积相、产能评价和三维储层预测成果都有利部位，最大限度地保证"多打高产井，少打低产井和避免落空井"，确保开发井成功率。

第四节　水平井攻关试验及水平井开发模式

一、水平井攻关试验

前期大牛地气田采用直井+压裂工艺技术基本满足了相对高产区的开发需要，但就压裂改造配套工艺技术而言，压后泄气面积依然受限。为了扩大泄气面积，了解气田自然产能，评价水平井开发气田的技术、经济可行性，开展了水平井试验，经历探索试验、自然建产为主试验、压裂建产试验及压裂建产成熟完善四个阶段。试验阶段采用了裸眼完井、筛管完井、压裂改造等多种完井方式，主体采用欠平衡钻井自然建产，钻井液采用氮气泡沫、无土相漂珠，取得初步成效，在山 1 段、盒 3 段气层获经济可采自然产能，从方案设计到现场实施积累了丰富经验。但欠平衡钻井成本高，大牛地气田储层非均性强，含气性非均质性更强，部分水平井储层钻遇率低、产量低，不能经济有效建产，平均单井 1.98×$10^4m^3/d$。因此，结合储层特点不断优化完善，在"十一五"末采用裸眼完井预置多级压裂管柱，压后产量获突破，成为开发气田低品位探明未动用储量的有效手段。

二、水平井规模建产

随着大牛地气田产能建设的不断推进，储层品位下降，直井建产难度加大，在“十一五”攻关的基础上，针对大牛地气田新区工程地质特征，深入研究，创新完善，形成水平井钻完井工艺技术系列。一是针对水平井机械钻速低、周期长问题，采用理论分析与现场试验相结合的方法开展研究，形成了以水平井井身结构及完井方式、高效 PDC 钻头及钻具组合、井眼轨道设计及轨迹控制技术和压稳防漏高效注替固井工艺技术为核心的水平井优快钻完井技术。二是针对井漏、井壁失稳问题及环境保护要求，通过自主研究与引入新技术相结合进行攻关，形成了以钾铵基钻井液系列，防漏堵漏技术、钻井液不落地技术为核心的水平井安全环保钻井技术。三是针对进一步降低钻井成本要求，在地质有利区，采用“井组”模式水平井开发，形成以液动滑轨快速搬迁、轨道差异化设计及防碰技术为核心的“井组”模式水平井钻井技术。“十二五”期间，大牛地气田实施水平井 407 口，井组 85 个，与“十一五”相比，钻井周期缩短 43%，顺利实现直井向水平井转化，为大牛地气田产能建设提供了技术支撑，实现大牛地气田水平井经济有效开发，成为致密低渗气藏成功开发的典范。

针对大牛地气田气井低压、低产且普遍产水的特征，结合多相流井筒压降和携液实验研究，建立水平井三段式携液模型，在此基础上形成综合性的“四线六区”生产动态分析方法，根据排水采气工作的需要划分水平井生产阶段，根据不同阶段的生产特点，优选经济有效的排水采气工艺。优化形成“优选管柱+泡沫”排水采气工艺技术，以满足水平井排液的需求，形成水平井排水采气工艺技术体系，水平井泡排成功率稳定在 80%以上，有效保障了气井长期稳定生产；同时配套完善了“注甲醇防治水合物、加注缓蚀剂和防垢剂防腐防垢”工艺技术，确保了大牛地气田有效、合理开发。

三、水平井开发配套关键技术

在多轮次水平井攻关试验基础上，形成了水平井开发储量评价与选区、薄储层三维地震综合预测与单砂体精细刻画、水平井开发技术政策优化、水平井钻完井、水平井多级分段压裂、水平井排水采气六大水平井整体开发配套技术。

1. 水平井开发储量评价与选区技术

鉴于大牛地气田未动用储量规模大、层位多、储层物性较差、非均质性强、开发难度大的特点，以储层类型、储层砂岩厚度、气层厚度、孔隙度、渗透率、含气饱和度、直井及水平井的无阻流量等参数对储量进行分类评价，对未动用储量进行精确分类。根据水平井单井投资和当前气价，按照经济评价方法确定单井经济极限控制储量、可采储量及单井经济极限产量。根据水平井开发效果分析，确定水平井开发的物性下限和气层厚度下限。以水平井开发的经济下限为基础，再进行储量分类和水平井开发区的筛选。

2. 薄储层三维地震综合预测技术

针对时间域的有关成果难以支撑水平井井位部署及实施问题，对深度域开展了一系列相关研究，形成了有效的符合大牛地储层沉积特征的深度预测方法；对叠前资料开展了攻关研究，在新资料的基础上开展了叠前含气性预测技术研究，形成了叠前、叠后综合含气性预测技术；重新认识已有反演技术，在反演参数及方法上进行大量的试验，通过消除现有反演方式主要制约以及对岩性反演测井曲线的调整和修正，实现了单砂体的准确预测；结合物探和开发地质的共同研究成果，根据开发准备目标选区原则、选区思路、选区依据和选区评价标准，对于储层有利区进行叠合评价，优选出开发准备目标区。

3. 水平井开发技术政策优化技术

运用解析模型法及矿场经验公式法确定了水平井的产能；根据水平井开发特点，结合气田地质特征、气层分布及压裂工艺认识，确定了开发层系划分原则；应用 Eclipse 数值模拟等软件建立多段压裂水平井单井模型，实现了水平井轨迹、压裂缝、井网的优化设计；应用垂直管流法、经验公式确定气田废弃地层压力，采用经验法、类比法、物质平衡方法和单井拟合标定等多种方法，综合确定气藏采收率。

4. 致密低渗储层水平井钻完井技术

地质与工程相结合，利用水平段轨道递推公式，创新形成薄储层定长多靶轨道设计与控制技术，保证水平段井眼轨迹在储层有利部位穿行；建立钻头数据库，采用层次分析法进行钻头优选，开发了适应不同井段的个性化 PDC 钻头；借鉴不同钻井液体系优点，形成低成本钾铵基钻井液技术系列；开展水泥浆体系及固井技术研究，形成低密高强领浆体系、高密高强尾浆体系、高效注替及压力节点控制防漏固井技术，有效提高固井质量；完善配套形成了以井队固控和钻井液不落地技术相配合的钻井液循环技术体系，实现了钻井液"体内循环"，钻井液无害化处理，钻井现场零排放、零污染。创新形成了低渗致密砂岩气田水平井开发钻井技术。包括创立了链式标定、叠前弹性三参数反演和三步法轨迹设计技术，导眼点深度误差小于 2m；发明了水平段多靶点井眼轨迹控制技术和水平井钻井液流变参数控制技术，钻井轨迹与设计轨迹符合率 95.6%。通过钻头选型，优选出了适合大牛地气田不同层段的钻头类型，经过井身结构、钻井参数等优化，形成了优质快速钻井技术，使全井平均机械钻速大幅度提高，机械钻速提高了 2.46 倍；水平井钻完井周期由初期的 80.94d 降低到正常时期的 45.82d，钻井周期缩短 40.03%，大大提高了钻井效率和降低了成本。

5. 致密低渗储层水平井多级分段压裂技术

经过不断地完善多级管外封隔器分段压裂配套工艺技术，施工成功率和返球率得到大幅提高，通过开展多级管外封隔器分段压裂工艺配套工艺技术研究，解决压后排水采气、加深泵挂等难题；通过以胶囊破胶剂为主的多元破胶剂体系，实现压裂液冻胶快速彻底破胶，满足压后快速返排要求，降低地层伤害。

6. 致密低渗储层水平井排水采气技术

形成了药品加注工艺与采气工艺相配套的泡沫排水采气工艺、水合物预防技术及水平井防腐阻垢工艺技术。

四、水平井开发模式

通过连续 3 年的 $10\times10^8m^3$ 水平井产能建设，建立了致密砂岩气藏水平井开发模式：

(1) 形成了以"效益最优、增加动用、提高产量、降低投资"的气藏工程研究为核心的水平井开发理念，采用"多级多层压裂、排状交错井网、优先部署井组"的开发模式，2012~2014 年累计动用储量 $1340.81\times10^8m^3$，累计新建产能 $30.0\times10^8m^3$，累计提高储量动用率 29.49%，2014 年底气田储量动用程度达到 71.4%。扩大了气田开发效益，实现了低品位储量经济有效开发。

（2）发明了水平段多靶点井眼轨迹控制技术和水平井钻井液流变参数控制技术，钻井轨迹与设计轨迹符合率 95.6%，机械钻速是示范工程立项前的 2.46 倍，钻井周期缩短 40.03%，大大提高了钻井效率和降低了成本。

（3）首创三维压裂设计方法和水平段二元破胶技术，实现了致密低渗储层的有效改造，单井产量平均达到 $3\times10^4m^3/d$，是该类储层直井的 8～10 倍，大大提高了单井产量，达到了经济有效开发。

第二章　基本地质特征

大牛地气田位于鄂尔多斯盆地的北东部，其构造位置为伊陕斜坡北部，区块内构造、断裂不发育，主要形成于早白垩世。本章在叙述盆地区域地质背景基础上，详细阐述了大牛地气田的构造特征、沉积特征、储层特征及气藏特征。揭示了大牛地气田具有储层渗透率低、气藏压力系数低、含气丰度低、产能低的基本地质特征。

第一节　区域地质背景及构造特征

一、区域地质背景

华北地台西部的鄂尔多斯盆地是一个长期稳定发育的多旋回大型克拉通叠合盆地，位于华北陆块西部，具有盆内稳定、盆缘活跃、南北隆升、西冲东抬的构造特征，面积为 $25\times10^4 km^2$。盆地沉积盖层缺失志留系和泥盆系，平均厚度 5000m，其中中上元古界以海相、陆相裂谷沉积为特征的地层厚度为 200~300m；下古生界沉积的海相碳酸盐岩地层厚度为 400~1600m；上古生界以河流相沉积为主的地层厚度为 600~1700m；新生界沉积厚度较薄，一般为 300m。

鄂尔多斯盆地区域地质构造基本特点为东北高、西南低、内部构造平缓。现今盆地为一不对称的向斜，其轴部位于天池~环县南北狭窄区域，东翼宽 350km，西翼仅宽 30km，且被逆冲断层复杂化，构成现今西缘逆冲构造带的主体；而东翼所辖地区则构成盆地的主体，为一个西倾的大单斜，称其为伊陕斜坡，倾角不足 1°。据现今构造形态，结合盆地的演化历史，鄂尔多斯盆地可划分为伊盟隆起、渭北隆起、西缘冲断带、晋西挠褶带、天环坳陷、伊陕斜坡等 6 个一级构造单元(图 2-1-1)。

鄂尔多斯盆地是典型的叠合盆地，基底为太古界及下元古界变质岩系。

盆地的地质构造演化可分五个阶段：①中晚元古代以浅海碎屑岩和碳酸盐岩发育为主的裂陷槽盆地阶段；②早古生代以陆表海碳酸盐岩沉积为主的复合型克拉通坳陷盆地阶段；③晚古生代到中三叠世以滨海碳酸盐岩逐渐过渡为碎屑岩台地的联合型克拉通坳陷盆地阶段；④晚三叠世到白垩纪的大型内陆湖泊、河流沉积的坳陷盆地阶段；⑤新生代内陆河流湖泊断陷充填型周缘断陷盆地阶段。从现今盆地的构造面貌来看，地史时期虽然经历了多期的构造运动，但盆地内部广大地区的构造环境具有长期、整体的稳定性，各时代地层除盆地边缘有角度不整合接触外，一般均为连续沉积或假整合接触(图 2-1-2)。

盆地自下而上发育元古界、古生界、中生界和新生界，沉积岩平均厚度 6000m(表 2-1-1)，具有“上油下气、南油北气”的油气藏分布特点。

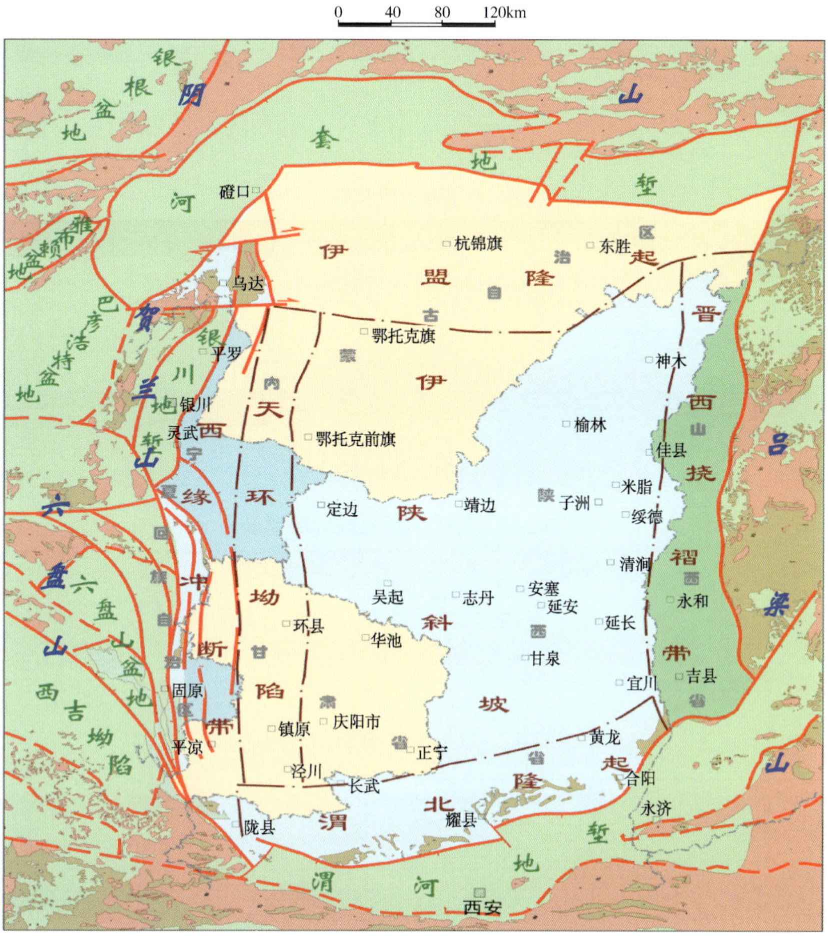

图 2-1-1 鄂尔多斯盆地构造单元区划图

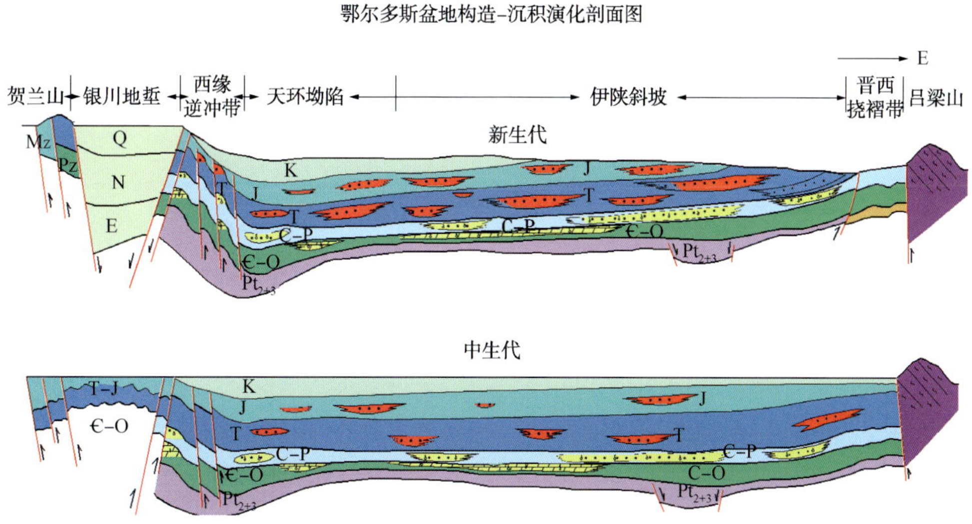

图 2-1-2 鄂尔多斯盆地构造演化图(据长庆油田公司)

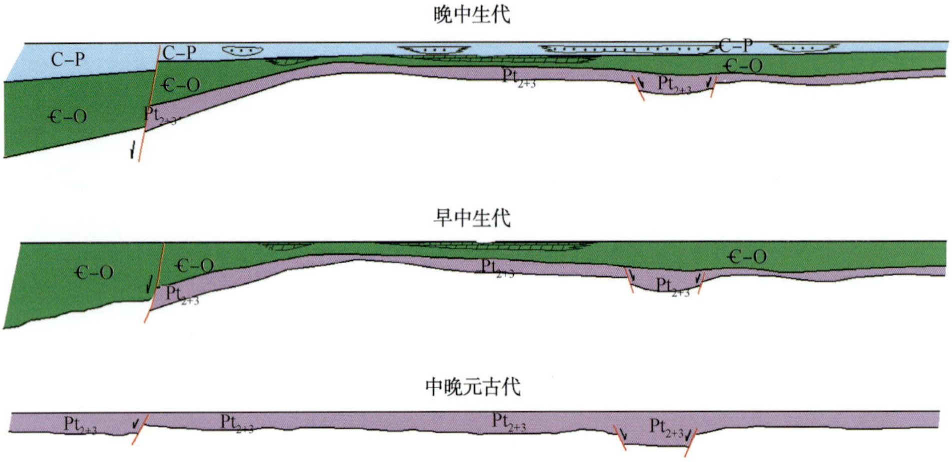

图 2-1-2　鄂尔多斯盆地构造演化图(据长庆油田公司)(续)

表 2-1-1　鄂尔多斯盆地地层简表

地层时代				厚度/m	构造阶段
界	系	统	组		
新生界	第四系	全新统 更新统		280	喜马拉雅
	第三系	上新统		200	
中生界	白垩系	下统		1280	燕山
	侏罗系	上统	芬芳河组	100	
		中统	安定-直罗组	400	
		下统	延安组	260	
			富县组		
	三叠系	上统	延长组	1000	印支
		中统	纸坊组	300	
		下统	刘家沟组	300	
古生界　上古生界	二叠系	上统	石千峰组	260	海西
		中统	石盒子组	280	
		下统	山西组	80	
			太原组	60	
	石炭系	上统	本溪组	50	
古生界　下古生界	奥陶系	下统	马家沟 -冶里组	1200	加里东
	寒武系		凤山- 猴家山组	500	

续表

地层时代				厚度/m	构造阶段
界	系	统	组		
元古界	震旦系		罗圈组	180	吕梁
	蓟县系			>1000	
	长城系			>1000	

发育两套含油层系：侏罗系延安组碎屑岩和三叠系延长组碎屑岩；发育两套含气层系：上古生界碎屑岩和下古生界碳酸盐岩。

盆地的五个发展阶段具有不同的沉积体系和沉积特征，形成了不同的油气生成、运移、聚集和成藏环境。在鄂尔多斯盆地内形成了三套含油气体系，即下古生界寒武系–奥陶系海相碳酸盐岩含油气体系、上古生界石炭系–二叠系海陆交互相含煤砂岩含油气体系和中生界内陆湖泊相砂岩含油气体系。大牛地气田属于上古生界石炭系–二叠系海陆交互相含煤砂岩含油气体系。

根据沉积特征，结合模拟实验，前人建立了以沉积底形平缓、多物源供给、多水系输砂、分流河道砂体发育为特征的大型缓坡型三角洲沉积模式，丰富了陆相三角洲沉积理论，揭示了平缓构造背景下大面积储集砂体的成因。

二、气田地层概况

大牛地气田钻井揭示的地层有第四系全新统，白垩系志丹群，侏罗系安定组、直罗组、延安组，三叠系延长组、二马营组、和尚沟组、刘家沟组，二叠系石千峰组、上石盒子组、下石盒子组、山西组，石炭系太原组、本溪组，奥陶系上马家沟组。其中，二叠系下石盒子组、山西组，石炭系太原组为主要目的层段(表 2–1–2)。

石炭系太原组：滨海相沉积，厚度为 25～82m，平均 50m，埋藏深度 2690～2970m。岩性主要为深灰色、黑色泥岩、炭质泥岩、煤层与灰白色中～粗粒砂岩互层，局部夹灰岩透镜体，可分为太 1 段、太 2 段。

二叠系山西组：三角洲平原沉积，厚度为 78～126m，平均 106m，埋藏深度 2640～2940m。岩性主要为灰色中–粗粒砂岩、砂砾岩、砾岩与黑色、深灰色泥岩、黑色炭质泥岩互层，下部含煤层、煤线。可分为山 1 段和山 2 段。

二叠系下石盒子组：河流相沉积，厚度为 99～173m，平均 139m，埋藏深度 2540～2840m。岩性主要为浅灰、灰白色砂砾岩、含砾粗砂岩、中粗砂岩与灰色、棕褐色泥岩互层。可分为盒 1 段、盒 2 段、盒 3 段。

主要目的层段划分为 28 个小层。其中，盒 3 段气层组划分为 4 个小层，盒 2 段气层组划分为 5 个小层，盒 1 段气层组划分为 5 个小层；山 2 段气层组划分为 6 个小层，山 1 段气层组划分为 6 个小层，太原组为太 2 段、太 1 段 2 个小层。目前，含气层 18 个，已有 16 个层产气，主要分布在盒 3 段气层组气层的第 1 小层、2 小层、3 小层，盒 2 段气层组气层的第 1 小层、2 小层、4 小层，盒 1 段气层组气层的第 1 小层、3 小层，山 2 段气层组气层的第 1 小层、2 小层、5 小层，山 1 段气层组气层的第 1 小层、2 小层、3 小层、5 小层，太原组的太 2 小层。

表 2-1-2　大牛地气田钻遇地层简表

地层系统						埋深/m	厚度/m	岩性简述
界	系	统	组	段	代号			
新生界	第四系	全新统			Q_4	<95	20~95	浅灰黄色中-细砂岩
中生界	白垩系	下统	志丹组		K_1Z	85~275	63~213	上部棕灰色中砂岩与紫棕色、杂泥岩互层，下部紫棕色细砂岩
	侏罗系	中下统	安定组		J_2a	185~383	34~148	棕灰、浅灰、紫色泥岩与紫棕色细-中砂岩互层
			直罗组		J_2z	346~626	123~268	上、中部棕、绿灰、灰绿色泥岩与棕紫、棕色中砂岩略等厚互层。下部棕灰、绿灰色泥岩，底部浅灰色细砂岩
			延安组		$J_{1-2}y$	534~952	188~326	上部厚层状灰色泥岩与浅灰、灰色细砂岩、粉砂岩不等厚互层夹多层炭质泥岩及煤层。下部灰白色中砂岩夹薄层灰色泥岩，底部灰色含砾中砂岩
	三叠系	上统	延长组		T_3y	1227~1547	576~738	顶部灰色泥岩及浅灰色中砂岩，上部灰绿、灰及杂色泥岩与灰、浅灰、灰绿色中、细砂岩不等厚互层夹薄层炭质泥岩。下部浅棕灰、浅棕色中砂岩与灰、灰绿色泥岩不等厚互层
		中统	二马营组		T_2e	1456~1705	75~234	浅棕灰色中砂岩与灰绿、棕红色泥岩不等厚互层
		下统	和尚沟组		T_1h	1504~1796	32~171	上部灰绿、灰、棕及杂色泥岩，下部浅棕灰色细、中砂岩夹杂色泥岩
			刘家沟组		T_1l	1880~2215	326~529	浅棕灰色细砂岩与灰绿、棕色泥岩不等厚互层

续表

地层系统						埋深/m	厚度/m	岩性简述
界	系	统	组	段	代号			
上古生界	二叠系	上统	石千峰组		P_2sh	2165~2475	228~298	上、中部灰、浅棕、灰色细砂岩与棕、棕红色泥岩不等厚互层。下部棕灰色细、中砂岩与棕色泥岩。底部灰白色粗、中砂岩
			上石盒子组		P_2s	2357~2564	137~240	紫、棕红及杂色泥岩与棕灰、灰白、浅灰色细、中砂岩不等厚互层夹灰绿色黏土岩。底灰、浅灰色中砂岩
		下统	下石盒子组	盒3段	P_1x^3	2382~2718	21~64	棕褐、灰色泥岩与浅灰色中、细砂岩
				盒2段	P_1x^2	2420~2735	17~47	棕褐、灰、深灰泥岩与浅灰、灰白色中、细砂岩
				盒1段	P_1x^1	2469~2791	48~78	浅灰、灰白色中、粗砂岩及含砾粗砂岩及深灰色泥岩
			山西组	山2段	P_1s^2	2500~2816	10~63	深灰、灰黑色泥岩与浅灰、灰白色中、粗砂岩
				山1段	P_1s^1	2551~2881	42~70	深灰、灰黑色泥岩与浅灰、灰白色中、粗砂岩夹煤层及炭质泥岩
	石炭系	上统	太原组	太2段	C_3t^2	2562~2901	2~52	深灰、灰黑色泥岩与灰白色中砂岩及灰黑色灰岩
				太1段	C_3t^1	2595~2920	9~63	厚煤层、灰黑色泥岩、灰色泥质粉砂岩及细砂岩
		中统	本溪组		C_2b	2603~2924	0~21	灰白色铝土质黏土岩及黄褐色铁质结核
下古生界	奥陶系	下统	上马家沟组		O_1	2700以下	>200（未穿）	灰、灰白色灰质云岩、含灰云岩、云岩为主，中部夹灰黑色灰岩

三、气田构造概况

大牛地气田位于盆地的北东部，其构造位置为伊陕斜坡北部，区块内构造、断裂不发育，主要形成于早白垩世。总体呈北东高、西南低的平缓单斜，平均坡降6~9m/km，地层倾角0.3°~0.6°。局部发育鼻状隆起，形态不规则，方向性差，未形成较大的构造圈闭，断层不发育(图2-1-3)。

该区主压应力轴方位不集中，以45°~80°方位为优势，主拉应力以301°~350°方位为优势，应力作用方向以北东东向为主，其次北西西向，最小主应力为23~50MPa。

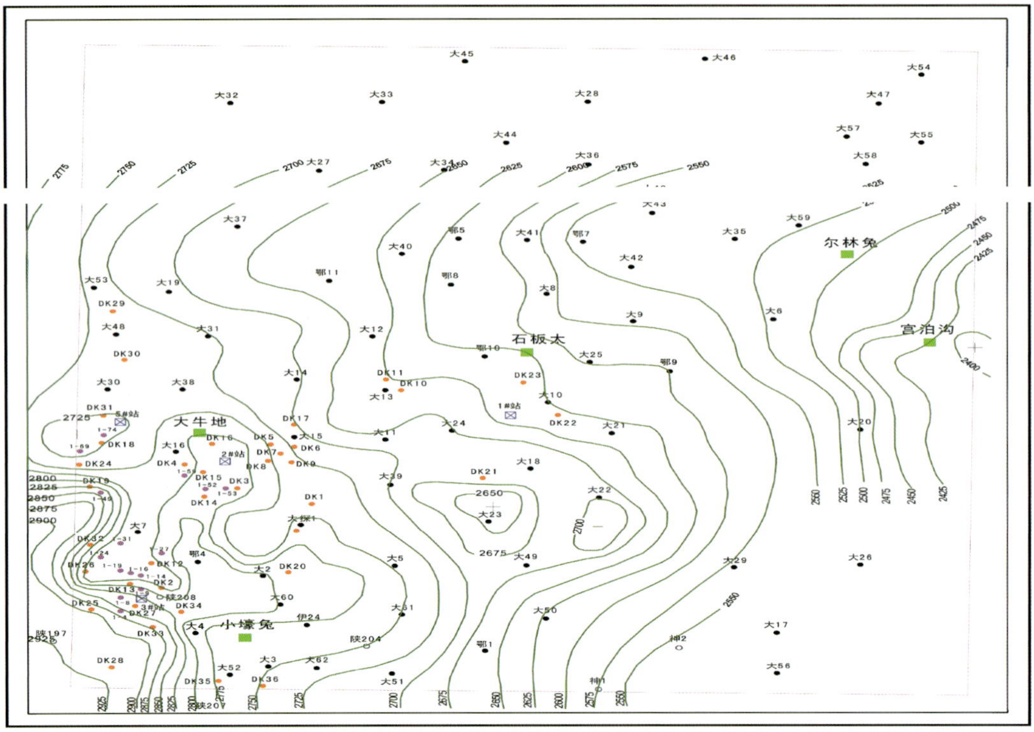

图 2-1-3　大牛地气田下石盒子组底部构造图(简略)

第二节　沉积与储层特征

一、沉积特征

(一) 区域沉积特征

鄂尔多斯盆地位于华北地台西部，中晚奥陶世加里东运动使鄂尔多斯盆地经历了长达 1 亿年以上的抬升剥蚀，缺失志留系、泥盆系及下石炭统、部分中石炭统沉积，地貌经过了准平原化过程；海西运动早期，鄂尔多斯地台再次沉降，接受海相沉积，开始由海陆过渡相向陆相转化；石炭纪中、晚期-二叠纪早期为海相-海陆过渡相，气候湿润，植物发育，为砂、泥岩、灰岩含煤沉积，二叠纪晚期转变为陆相干旱气候的砂、泥岩沉积。大牛地气田上古生界主要目的层段的沉积就是在此背景下形成的一套由海陆过渡相向陆相转化的沉积。

(二) 岩石相划分与组合

岩石相是反映沉积环境，特别是水动力条件的重要标志。岩石相描述的主要内容包括岩石结构、沉积构造、矿物成分、颜色等，特别是结构，沉积构造很大程度上反映了沉积物搬运流态和水动力条件，因此岩石相可与能量单元相对应。

根据大牛地气田 80 余口井的取心和录井资料，对目的层段太原组-下石盒子组共划分出 15 种岩石相(表 2-2-1)，它们在垂向上的不同组合，形成了不同沉积微相的层序特征。

表 2-2-1　大牛地气田太原组-下石盒子组基本岩相划分

岩相名称	描　述	成因解释	分布层位
块状砾岩相	砾石排列具有一定的方向，呈漂浮状，块状产出	河道沉积	P_{1x}
块状砂砾岩相	厚层块状产出，砾石呈漂浮状分布其间	河道、分流河道中下部	P_{1x}
含砾粗砂岩相	砾石排列具有方向性，向上砾石含量逐渐减少	心滩下部以及三角洲平原分流河道下部	P_{1x}、P_{1s}
交错层理粗、含砾粗砂岩相	多为槽状交错层理，也可是板状交错层理	心滩中下部、三角洲平原分流河道下部	P_{1x}、P_{1s}
平行层理砂岩相	平行层理发育，但是在平行层理不清时，呈块状	心滩、边滩中上部、三角洲平原分流河道上部	P_{1x}、P_{1s}
板状交错层理砂岩相	板状交错层理明显，顶底界限清楚	心滩、三角洲平原分流河道、	P_{1x}、P_{1s}
小型交错层理中、细砂岩相	小型槽状、板状交错层理或楔型层理	三角洲平原上部，心滩中上部	P_{1x}、P_{1s}
沙纹层理细砂岩相	小型的沙纹，多为细砂岩和粉砂岩	边滩、心滩顶部、天然堤和决口扇顶部	P_{1x}、P_{1s}
水平层理粉砂岩相	水平纹层发育，含少量的泥质	心滩、天然堤、决口扇顶部	P_{1x}、P_{1s}
深灰-灰黑色泥岩相	泥质不纯，含粉砂	分流间湾、分流间洼地、浅海、潟湖	P_{1x}、P_{1s}、C_{3t}
褐红、棕红色泥岩相	常见部分被还原而呈灰绿色	河漫	P_{1x}
灰岩相	灰岩	潮坪	C_{3t}
灰白色厚层状石英砂岩相	由分选、磨圆好的粗-含砾粗石英砂岩组成	障壁砂坝	C_{3t}
灰色薄层状石英砂岩相	由分选、磨圆好的细-中石英砂岩组成	障壁砂坝边缘	C_{3t}
煤		沼泽	C_{3t}、P_{1s}

（三）测井相

大牛地气田为低渗气田，成岩作用较强，自然伽马曲线能较好地反映沉积序列、泥质含量和粒度的变化。根据区内石炭-二叠系区域沉积特征，在钻井取心的精细描述和沉积相划分的基础上，对气田内钻井的自然伽马曲线特征进行分类统计，按照砂体对应的自然伽马曲线形态以及砂泥岩界面处自然伽马曲线的变化特征，可以划分出：①钟形测井相；②漏斗形测井相；③箱形测井相；④指形测井相四类基础测井相。基础测井相在垂向上的不同组合，又可组合出：①漏斗形+钟形组合测井相；②钟形+漏斗形组合测井相；③钟形+箱形+漏斗形组合测井相；④钟形+箱形组合测井相；⑤箱形+指形组合测井相等。

（四）沉积相与储层沉积微相

通过岩心分析，结合测井相及区域沉积相划分研究成果，大牛地气田太原组~下石盒子组为一套海相-海陆过渡相-陆相的沉积。其中，太原组为具障壁的滨海相沉积、山西组为三角洲相沉积，下石盒子组为河流相沉积。储层沉积微相主要为障壁砂坝、分流河道与河道微相。

（五）有利的储集岩相

综合研究和测试、试采结果显示，大牛地气田沉积相与产能密切相关。

（1）有利的岩石相。通过对大牛地气田 11 种与储层有关的岩石相岩石学、物性、电性特征研究发现，不同的岩石相储层特性及其含气性不同。块状砂砾岩相、含砾粗砂岩相、交错层理粗、含砾粗砂岩相、灰白色厚层状石英砂岩相为大牛地气田最有利的储集岩石相。其次为平行层理砂岩相、板状交错层理砂岩相。结合钻井测试、生产情况，高产井块状砂砾岩相、含砾粗砂岩相、交错层理粗、含砾粗砂岩相发育。

（2）有利的测井相。对不同测井相所对应的物性、中值半径（表 2-2-2）进行分析，可明显看出，不同测井相具有不同的岩性、物性、中值半径。其中箱型、箱型与钟形组合、箱型与指型组合岩性粗、物性好、中值半径大，为有利的测井相。其次为钟形、钟形+箱形+漏斗形组合、钟形与漏斗形组合测井相。再其次为漏斗形、指形测井相。

表 2-2-2　不同测井相地质参数统计表

测井相	岩性	物性		中值半径/μm
		孔隙度/%	渗透率/$10^{-3}\mu m^2$	
箱形	砾、含砾粗粒、粗粒岩屑石英砂岩、屑砂岩、含砾粗粒、粗粒石英砂岩	9.8	1.1	0.18
钟形	含砾粗粒、粗粒、中粒岩屑石英砂岩、岩屑砂岩	7	0.72	0.1
指形	粗-中粒、细粒岩屑石英砂岩、岩屑砂岩	5	0.28	0.06
漏斗形	含砾粗粒、粗粒、中粒岩屑石英砂岩、岩屑砂岩	5	0.3	0.04
箱形、钟形组合	砾、含砾粗粒、粗粒、中粒岩屑石英砂岩、岩屑砂岩	8.5	0.85	0.13
漏斗形、箱形、钟形组合	砾、含砾粗粒、粗粒、中粒岩屑石英砂岩、岩屑砂岩	7.1	0.68	0.1
钟形、漏斗形组合	含砾粗粒、中粒岩屑石英砂岩、岩屑砂岩	6	0.4	0.08
箱形、指形组合	含砾粗粒、粗粒、中~细粒岩屑石英砂岩、岩屑砂岩	8	0.8	0.12

（3）有利的储层微相。对不同储层微相所对应的岩石相、测井相、物性、中值半径进行分析（表2-2-3），可明显看出，不同储层微相具有不同的岩石相和测井相组合，其岩性、物性、中值半径也不同。其中心滩微相岩性粗、物性好、中值半径大，为气田最有利的储层微相。其次为河道充填、分流河道与障壁砂坝微相。再其次为决口扇微相，天然堤储层微相为非储层。

表 2-2-3　不同储层微相地质参数统计表

相	储层微相	岩石类型	主要岩石相	主要测井相	物性		中值半径/μm
					孔隙度/%	渗透率/$10^{-3}\mu m^2$	
辫状河	心滩	砾、含砾粗粒、粗粒岩屑石英砂岩、岩屑砂岩	块状砂砾岩相、含砾粗砂岩相、交错层理粗、含砾粗砂岩相	箱形、箱形与钟形组合	11.5	1.47	0.28
	河道充填	粗粒、中粒岩屑石英砂岩、岩屑砂岩	块状砾岩相、含砾粗砂岩相、交错层理粗、含砾粗砂岩相	箱形、指形与箱形组合	9.3	0.62	0.1
三角州	分流河道	含砾粗粒、粗粒岩屑石英砂岩、岩屑砂岩	含砾粗砂岩相、交错层理粗、含砾粗砂岩相	箱形、箱形与钟形组合、箱形与指形与钟形组合	8	0.68	0.06
		含砾粗粒、粗粒石英砂岩	含砾粗砂岩相、交错层理粗、含砾粗砂岩相	箱形、箱形与漏斗形与钟形组合	6.5	0.82	0.17
	决口扇	粗粒、中粒岩屑石英砂岩、岩屑砂岩	板状交错层理砂岩相、平行层理砂岩相、小型交错层理中、细砂岩相	钟形	7.2	0.27	0.02
	天然堤	细粒岩屑石英砂岩、岩屑砂岩	水平层理粉砂岩相、沙纹层理细砂岩相	指形	3.1	0.08	0.01
滨海	障壁砂坝	含砾粗粒、粗粒石英砂岩	灰白色厚层状石英砂岩相灰色薄层状石英砂岩相	箱形、箱形与指形组合	8.6	0.7	0.206

综上所述，箱形、箱形与钟形组合、箱形与指形组合为气田最有利的测井相类型。心滩、河道充填、分流河道与障壁砂坝为气田有利的储层微相。

（六）沉积相模式及演化特征

1. 沉积相模式

通过对大牛地气田一维沉积模式（相序）、沉积构造、岩石学类型、沉积构造组合、沉积背景、相带的空间配置关系以及沉积古地貌、砂体展布的几何形态、粒度分析等的综合研究，大牛地气田可以归为三种沉积模式，即具障壁砂坝的滨海相沉积、三角洲平原沉积与辫状河流相沉积(图 2-2-1~图 2-2-3)。

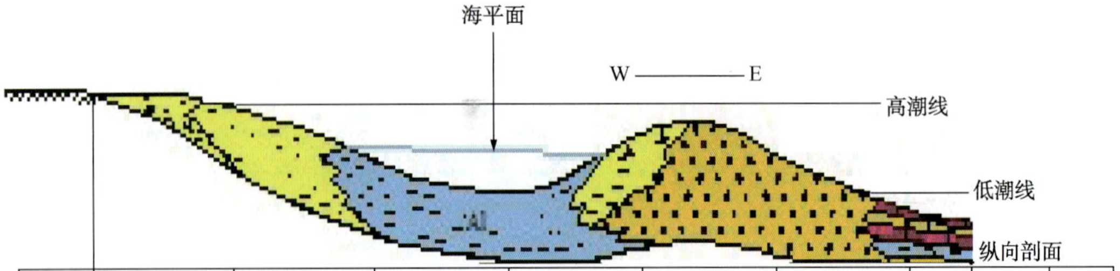

亚相	潮上	潮间				潮下
相	潮坪		潟湖	潮坪	障壁岛	潮坪
岩石类型	泥岩、灰质、泥岩加煤线	泥岩加粉砂岩、灰岩透镜体	铁吕质泥岩、页岩、泥灰岩	页岩加砂岩及煤层、煤线	粉、细粒砂岩-中粗粒砂岩	薄层砂泥岩互层加薄层灰岩
结构构造	水平层理、干裂、鸟眼、垂直钻孔	羽状层理、脉状层理、透镜状层理和水平层理	水平层理	同靠陆部分湖坪	正反粒序、波状层理、板状层理、束状层理、	水平层理
颜色	灰-黄绿	棕褐-灰黑	灰黑	灰黑	灰白	灰黑
生物化石	植物	腹足、腕足、介形虫、头足和植物	以介形虫为主见鱼类和植物	同靠陆部分湖坪	腕足和腹足类碎片	腕足、头足等

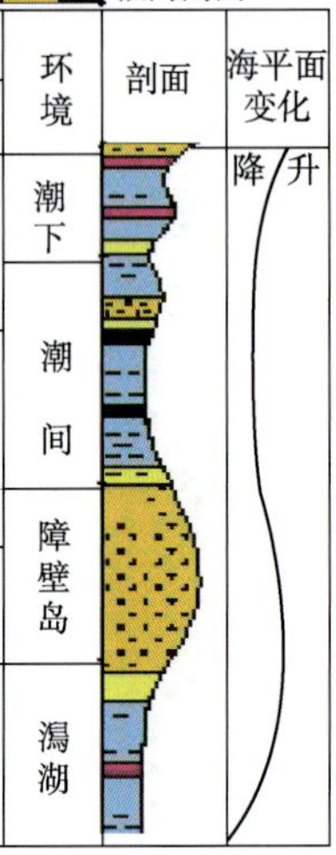

图 2-2-1　大牛地气田障壁滨海相沉积模式图

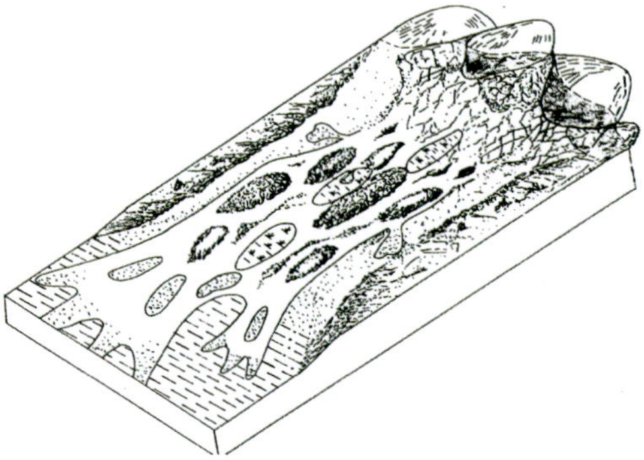

图 2-2-2　大牛地气田三角洲平原沉积模式图

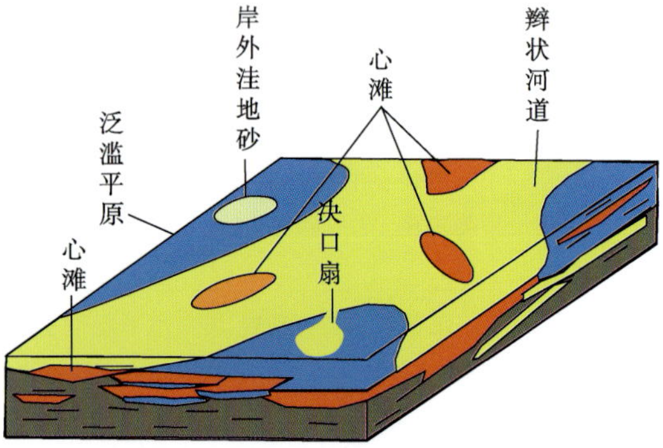

图 2-2-3　大牛地气田辫状河流相沉积模式图

2. 沉积相展布及其演化特征

加里东运动末期，鄂尔多斯盆地整体抬升，海水全部退出本区，早期沉积的碳酸盐岩地层遭受剥蚀。经过漫长的地表暴露后至中石炭世，盆地再次下沉，开始了新一轮的沉积。从太原组到下石盒子组，本区气候由温暖潮湿到炎热干燥，沉积由海相-海陆过渡相-陆相。

太原组沉积时期，本区为滨海相沉积，气候温暖潮湿，为一套含煤岩系沉积，煤层、炭质泥岩发育。这期间海水曾几次短期的不同规模的侵入，沉积有单层厚度小于 10m 的灰岩。因受西北部伊盟隆起物源区的控制，气田中部形成一条北东～南西向的障壁砂坝。障壁砂坝以西主要为潟湖和潮坪沼泽沉积，炭质泥岩、煤层发育，煤层厚度一般 5～15m；障壁砂坝以东主要为泥坪沉积，煤层较薄，一般小于 5m。障壁砂坝岩性主要为灰白色粗粒石英砂岩，岩性纯，碎屑颗粒分选好、次圆－圆状，成分和结构成熟度均较高，石英含量一般大于 90%。其中东北部砂坝物性、含气性最好，产能较高，为太原组主要天然气富集区(图 2－2－4、图 2－2－5)。

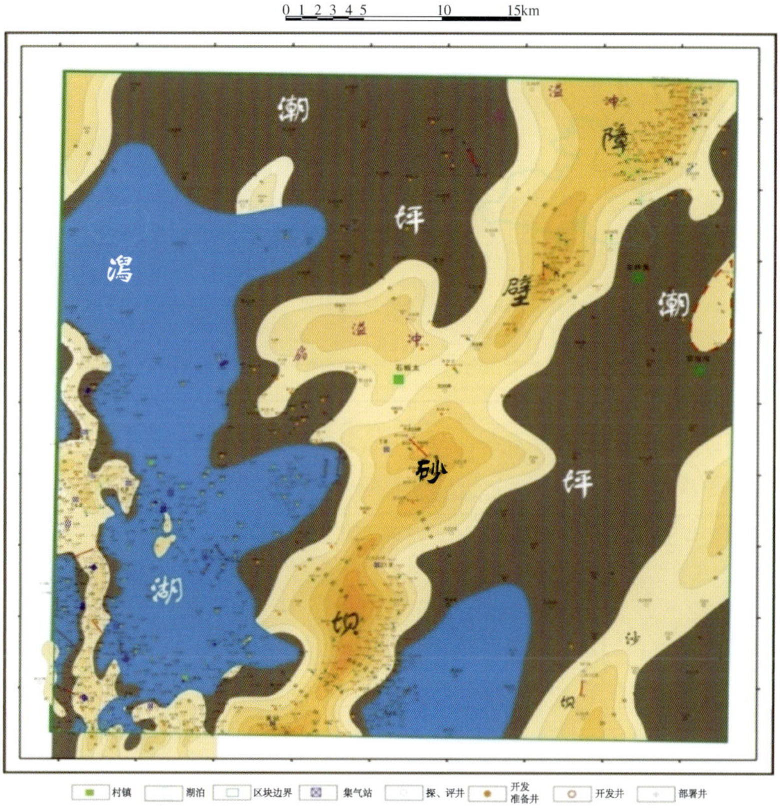

图 2－2－4　大牛地气田太 1 段沉积相图

山西组与太原组为连续沉积，主要为三角洲平原沉积。随着北部物源区的隆升和剥蚀作用的加剧，海水南退，本区开始由海相沉积向陆相沉积转化，物源由西北向北转移。此时本区仍处在温暖潮湿气候条件下，煤层与炭质泥岩发育，但气候已有向炎热干燥变化的迹象，在山 1 段沉积晚期，煤层开始变薄，煤质变差。平面上发育三条分流河道，砂岩主要为灰、浅灰色中～粗粒岩屑砂岩和岩屑石英砂岩。其中东部两条河道呈北东－南西向展布，西部河道呈北西－南东向展布，三条河道在西南部交汇。因受物源区的影响，西部分流河道规模较大，承袭太原组接受了西北部物源沉积，砂体岩性为岩屑石英砂岩，石英含量比东部要高，反映该河道沉积时，水流能量强，形成的砂体粒度较粗，物性较好，为山 1 段有利的储集相带(图 2－2－6)。

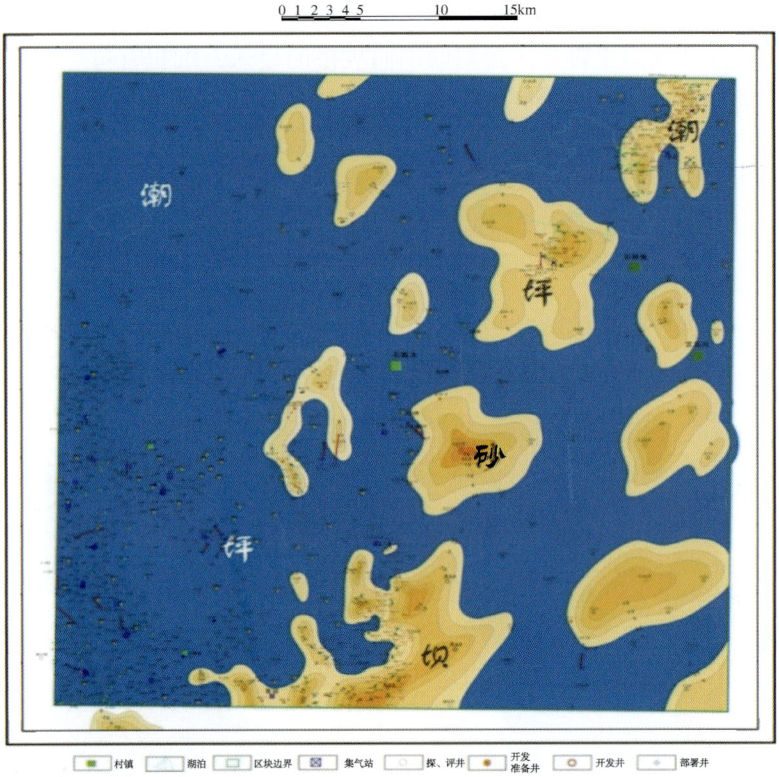

图 2-2-5　大牛地气田太 2 段沉积相图

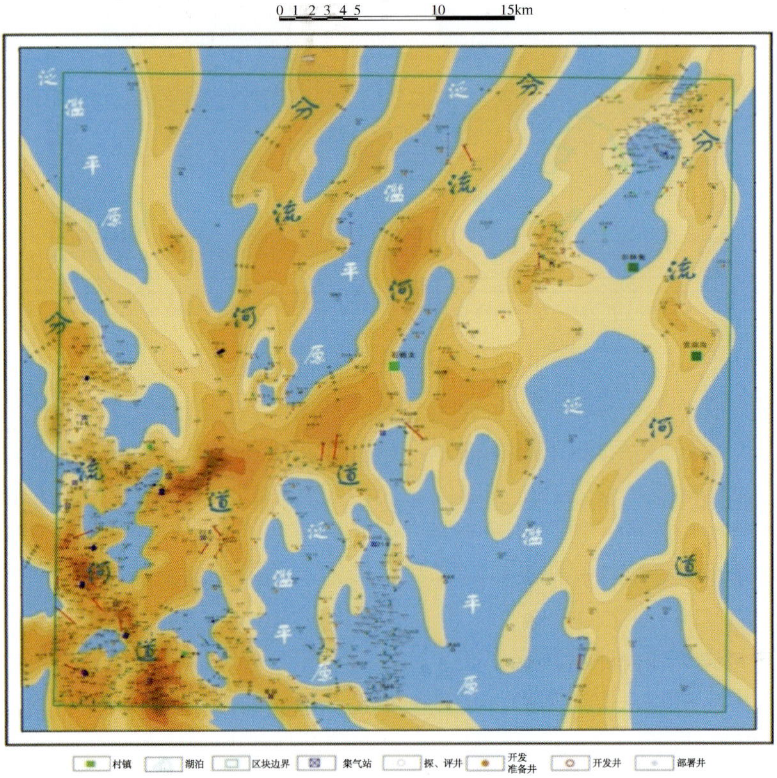

图 2-2-6　大牛地气田山 1 段沉积相图

山西组山2段沉积时期，北部物源区进一步抬升，剥蚀作用加剧，河流作用开始加强，分流河道分布范围明显扩大。与山1段沉积时期相比，河道向西偏移，东部两条河道主要为北东-南西向，西部一条河道为北西-南东向。其中西部河道仅在山2段早期在气田西部小范围发育，其后向西偏移出本区。山2段沉积时期，气田沉积物来源以北部为主，沉积物结构、成分成熟度较低。受气候变化的影响，煤层基本不发育(图2-2-7)。

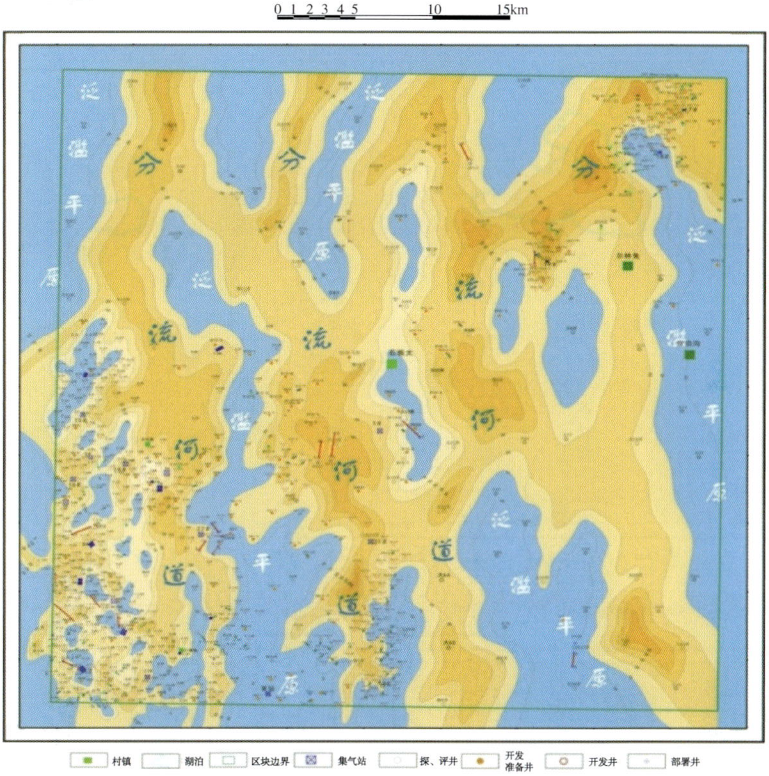

图2-2-7　大牛地气田山2段沉积相图

下石盒子组盒1段沉积时期，气候由温暖潮湿变为炎热干燥，同时北部物源区快速隆起，剥蚀风化作用加剧，物源区供给充分，本区由山西组三角洲平原沉积演化为以辫状河沉积为主的心滩沉积。由于物源供给充分，河道底部滞留砾岩、心滩发育。河道沉积分布面积较广，全区几乎全有分布；砂体纵向叠置，厚度较大，是气田内储层最发育分布最广的层位。自西向东发育三条近南北向河道，其中以中部河道最为发育，河道较宽，三条河道相互交叉呈网状。泥岩以棕红、杂色泥岩为主，砂岩主要为砂砾岩和岩屑含砾粗砂岩、岩屑粗砂岩沉积，底部冲刷面明显，反映了气候炎热干燥、水流浅急的辫状河道沉积的特点(图2-2-8)。

下石盒子组盒2段沉积时期，北部物源区剥蚀分化作用开始减弱，西北物源区沉积物重新在本区开始沉积。在此时期，自西向东发育三条河道，砂体厚度和范围自西向东依次有缩小的趋势，其中中部与东部两条河道为北东-南西向展布，主要接受北部物源区沉积；西部为北西-南东向展布，主要接受西北部物源区沉积。西部河道心滩发育，纵向沉积厚度较大，一般10~15m(东部5~15m)，沉积物以粗粒沉积为主，泥质含量较低，孔喉中值大，物性、含气性较好，产能较高；说明西部河道当时水动力能量强，形成的砂体粗、规模大，为盒2段的有利储集相带(图2-2-9)。

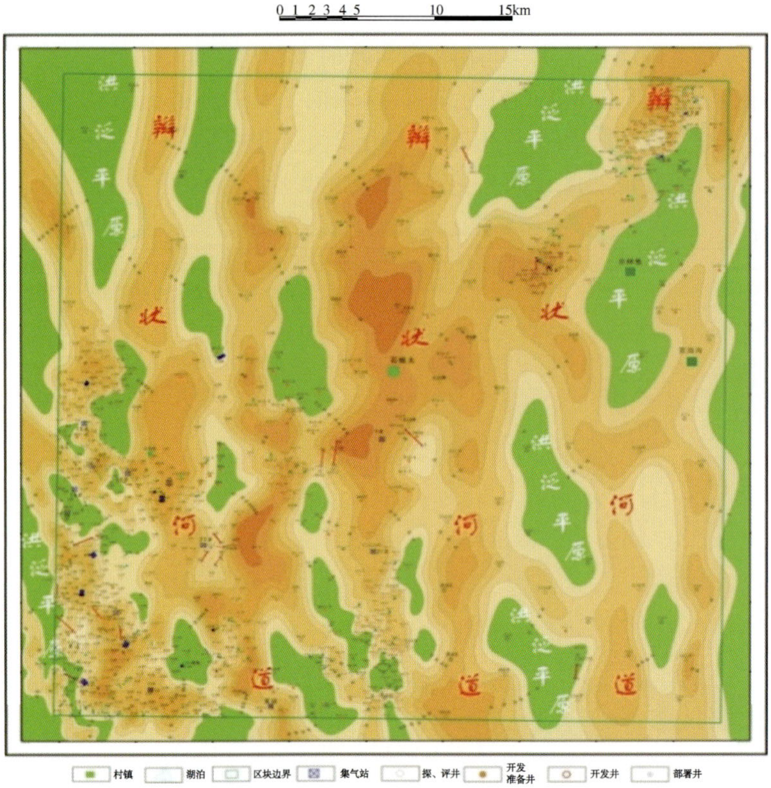

图 2-2-8　大牛地气田盒 1 段沉积相图

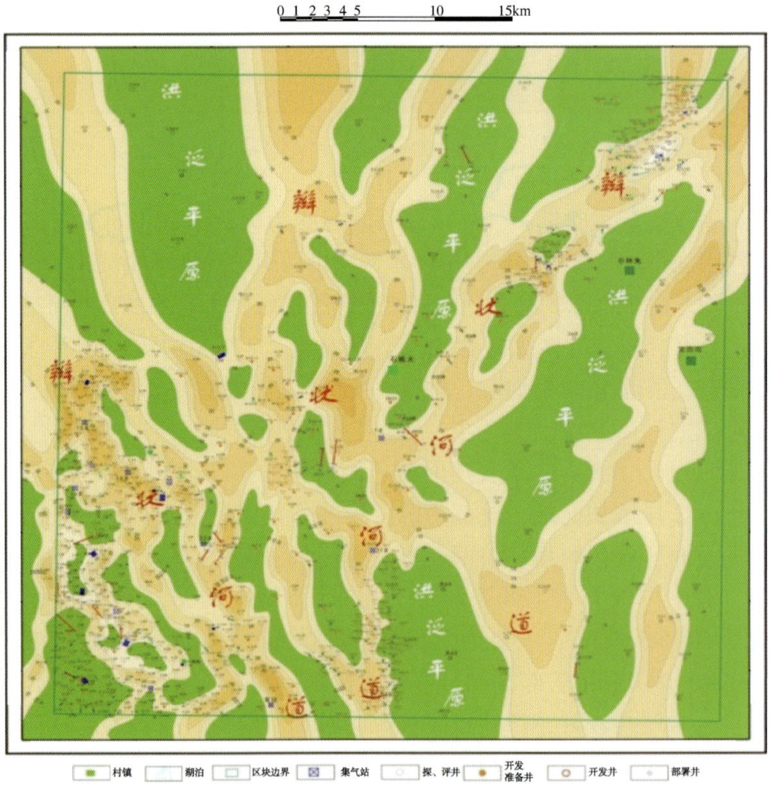

图 2-2-9　大牛地气田盒 2 段沉积相图

下石盒子组盒 3 段沉积时期，北部物源区剥蚀分化作用进一步减弱，此消彼长，来自西北部物源区的沉积在本区进一步扩大。自西向东发育 4 条河道，中部与东部河道为北东–南西向展布，砂体厚度与范围较小，在南部合并成 1 条。西部河道为北西–南东向展布，河道分布范围比盒 2 段沉积时期有所扩大，心滩发育，沉积厚度较大，一般 10～15m，沉积物以粗粒沉积为主，主要为粗粒岩屑石英砂岩，石英含量较高，泥质含量较低，孔喉中值大，物性较好，产能较高，说明当时西部河道比东部河道水流能量强，所形成的砂体粗、规模大，为盒 3 段有利的沉积相带(图 2–2–10)。

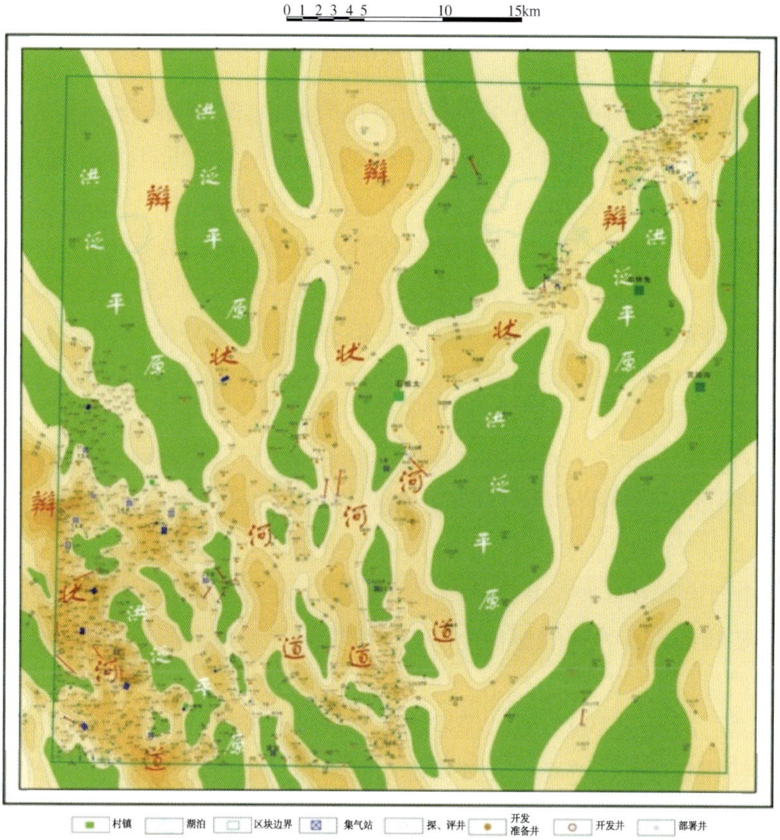

图 2–2–10　大牛地气田盒 3 段沉积相图

盒 3 段沉积晚期和上石盒子组沉积时期，因物源供给减弱，河流下切作用降低，河道趋于相对稳定，泛滥平原向湖相沉积转化，泥岩发育，形成区域性盖层。在垂向沉积序列中，以粗粒沉积为主，呈下粗上细的正旋回，下部含砾，向上变为粗砂岩、中砂岩，顶部与泥岩多为突变接触。

山西组与下石盒子组沉积时期，由于受太原组沉积格局的影响，形成了东西沉积的差异，进一步影响到东西部沉积相带储层的差异，西部河道沉积时，水动力能量强，砂体粗、规模较大，储层物性、含气性较好，为有利的天然气高产富集相带。

二、储层特征

大牛地气田上古生界主要发育二叠系下石盒子组、山西组和石炭系太原组储层，埋藏深度为2600~2900m，储集类型为砂岩储层，总体特征为低孔、低渗。因沉积微相的差异，使不同层位、气层组的储层具有不同的储层特性。

（一）岩石学特征

上古生界储层岩性为浅灰、灰色中、粗粒岩屑砂岩和岩屑石英砂岩、石英砂岩。碎屑颗粒含量大于85%，杂基含量平均约为5%，胶结物含量一般小于10%。不同气层组的碎屑成分、含量、填隙物成分及含量具有不同的特点。

盒3段、盒2段、盒1段及山2段、山1段气层组碎屑颗粒含量基本一致，平均为87.65%~89.0%，其中石英平均含量68%~75%，长石平均含量1.4%~2.4%，岩屑平均含量24%~30%(表2-2-4)。胶结物的成分和含量具有明显差别，盒3段、盒2段、盒1段气层组中高岭石、绿泥石、石英含量相对较高，其中高岭石含量可达1.7%~4.3%，绿泥石含量大于0.4%，最高可达4.2%，自生石英含量一般大于1%，上述胶结物在山西组储层中的含量相对较低；山2段、山1段气层组中普遍发育菱铁矿、白云石等自生矿物，在下石盒子组储层中则不发育，表明下石盒子组河道砂坝与山西组三角洲平原分流河道微相的沉积、成岩环境的差别。

太原组储层岩石特征与下石盒子组及山西组明显不同，其典型特征是碎屑颗粒石英含量较高，平均为90.5%；而长石、岩屑含量则远低于下石盒子组、山西组。在泥质杂基的含量上，太2段气层组与盒3段、盒2段气层组相近，平均含量为1.7%~4.3%，比盒1段气层组与山西组低；从胶结物的成分和含量上，太2段与山1段、山2段储层均含有菱铁矿、褐铁矿和白云石等碳酸盐自生矿物，太2段气层组石英胶结物的含量明显高于下石盒子组和山西组(表2-2-4)。

盒3段、盒2段及太2段气层的泥质杂基含量相对较低，源于沉积分选相对较好，储层内部的均质性相对较好，并在一定程度上决定了储层物性相对好，孔喉相对大。

（二）物性特征

总体上，上古生界储层为低孔、低渗储层，盒3段储层物性相对最好，平均孔隙度为10.27%、平均渗透率为$1.36\times10^{-3}\mu m^2$；盒2段次之，平均孔隙度为8.66%，平均渗透率为$0.73\times10^{-3}\mu m^2$，太2段平均孔隙度为8.58%，平均渗透率为$0.7\times10^{-3}\mu m^2$；盒1段、山2段、山1段储层物性相对较差(表2-2-5)。

综合分析，盒3段气层组储层物性最好，孔隙度大于8%的储层占81.82%，孔隙度大于12%的储层占28.28%，平均为10.27%；盒3段气层组渗透率大于$0.5\times10^{-3}\mu m^2$的占66.67%，渗透率大于$1\times10^{-3}\mu m^2$的占45.45%，平均渗透率为$1.36\times10^{-3}\mu m^2$；盒2段和太2段次之，山1段、山2段、盒1段气层组物性最差(表2-2-6)。

表 2-2-4　大牛地气田上古生界储层岩石特征统计表

气层组	碎屑颗粒含量/%			填隙物含量/%									定　名
				杂基	自　生　矿　物								
	石英	长石	岩屑	泥质	高岭石	绿泥石	伊利石	菱铁矿	方解石	石英	白云石	其他	
盒 3 段	45~90 /73.4	0~21 /3.8	10~45 /22.8	0~5 /4.3	0~10 4.29	0~8 /0.4	0~3 /0.1		0~20 /5.4	0~3 /0.6			中粗粒岩屑砂岩 含岩屑石英砂岩
盒 2 段	30~84 /67	0~14 /3.5	10~64 29.4	0~18 /1.7	0~14 /1.7	0~25 /4.2	0~18 /1.9		0~10 /1.2	0~5 /1.0		0~30 /1.6	中粗粒岩屑砂岩 含岩屑石英砂岩
盒 1 段	25~94.5 /72.2	0~59 /2.4	8~73 /25.4	0~35 /5.8	0~13 /0.5	0~25 /0.9	0~23 /1.2		0~40 /2.20	0~6 /1.16		0~30 /1.0	中粗粒岩屑砂岩 含岩屑石英砂岩
山 2 段	22~95 /68.1	0~20 /2.4	5~71 /29.5	0~35 /6.5	0~12 /0.7	0~9 /0.3	0~15 /1.0	0~16 /0.5	0~40 /2.5	0~15 /0.8	0~15 /0.2	0~13 /0.1	中粗粒岩屑砂岩 含岩屑石英砂岩)
山 1 段	25~100 /74.6	0~17 /1.4	1~70 /24.1	0~28 /7.1	0~10 /0.4	0~6 /0.09	0~18 /1.0	0~45 /0.8	0~18 /0.6	0~6 /0.5	0~18 /1.0	0~7 /0.1	中粗粒岩屑砂岩 含岩屑石英砂岩
太 2 段	33~99 /90.5	0~8 /0.7	1~63 /8.8	0~21 2.5	0~8 /0.7		0~15 /2.6	0~8 /0.2	0~30 /1.0	0~7.0 /2.5	0~13 /1.1	0~2 /0.1	石英砂岩

行内数字：最小值~最大值/平均值

表 2-2-5　上古生界储层物性统计表

气层组	平均孔隙度/%	平均渗透率/$10^{-3}\mu m^2$	样品数/个
盒 3 段	10.27	1.36	95
盒 2 段	8.66	0.73	310
盒 1 段	9.09	0.55	1604
山 2 段	7.94	0.58	1327
山 1 段	7.62	0.66	1080
太 2 段	8.58	0.70	580

表 2-2-6　大牛地气田上古生界砂岩储层物性对比表

分类 气层组	储层样品的占有比例/%			
	孔隙度>8%	孔隙度>12%	渗透率>$0.5\times10^{-3}\mu m^2$	渗透率>$1\times10^{-3}\mu m^2$
盒 3 段	81.82	28.28	66.67	45.45
盒 2 段	54.01	12.34	44.14	23.77
盒 1 段	61.00	14.32	26.85	10.25
山 2 段	38.58	7.98	32.27	14.06
山 1 段	39.32	4.03	42.62	18.61
太 2 段	65.22	5.52	31.16	12.23

(三)微观孔隙结构

1. 孔隙特征

上古生界 6 套砂岩储集层的微观孔隙类型基本相同，均以溶蚀粒间孔、残余原生粒间孔为主，少量粒内溶孔、高岭石晶间孔及溶蚀微裂缝等。

平均孔隙半径为 27.48~38.42μm，属中孔隙，平均配位数低，分选差-中等，孔隙大小分布不均匀(表 2-2-7)。

表 2-2-7　上古生界储层孔隙类型参数表

气层组	孔隙半径/μm	配位数	孔喉比	均质系数	分选系数
盒 3 段	14.29~53.16/32.95	0.40~0.75/0.59	3.45~6.45/4.69	0.39~0.68/0.50	5.32~43.53/17.32
盒 2 段	12.48~67.83/27.48	0.18~0.87/0.54	3.53~7.89/4.88	0.33~0.68/0.45	4.34~47.7/15.88
盒 1 段	14.29~136.15/34.01	0.23~1.01/0.54	0.08~8.56/4.51	0.31~0.65/0.45	4.04~61.73/18.62
山 2 段	9.01~84.15/31.15	0.10~1.07/0.50	1.80~12.07/5.31	0.35~0.69/0.47	3.85~62.61/17.85
山 1 段	14.87~120.32/36.87	0.11~1.25/0.52	1.52~9.77/5.03	0.21~0.64/0.47	4.22~60.66/18.77
太 2 段	8.82~94.02/38.42	0.10~0.79/0.53	3.83~6.37/4.68	0.39~0.56/0.46	4.86~56.26/21.95

行内数字：最小值~最大值/平均值

2. 喉道特征

储层的喉道主要为粒间缝、溶蚀粒间缝、晶间缝等，平均喉道半径为 0.31~0.44μm，各层位之间的平均喉道大小相差不大；最大连通喉道半径山1段、盒1段最高，盒2段、盒3段、山2段次之，太2段最低；中值半径盒3段、盒2段、太2段在0.1μm以上，盒1段、山2段、山1段仅0.05μm左右(表2-2-8)。

表2-2-8　大牛地气田上古生界储层压汞参数统计表

气层组	中值半径/μm	中值压力/MPa	平均喉道半径/μm	排驱压力/MPa	最大连通半径/μm	We/%	偏度	峰态	均方差
盒3段	0.008~0.796/0.257	0.923~95.1/10.99	0.15~0.68/0.33	0.30~1.50/0.75	0.489~2.451/1.15	29.6~65.47/44.25	1.45~2.52/1.83	2.27~5.26/3.41	0.04~0.161/0.09
盒2段	0.011~0.693/0.134	1.051~70.13/19.86	0.23~0.53/0.33	0.25~1.163/0.66	0.631~2.937/1.30	25.2~54.88/39.38	0.436~2.162/1.52	1.761~3.75/2.64	0.06~0.191/0.10
盒1段	0.008~0.70/0.048	1.05~97.13/32.85	0.044~1.53/0.26	0.04~1.50/0.69	0.489~18.49/1.47	24.6~58.02/38.03	0.565~1.98/1.40	1.63~4.08/2.17	0.04~0.30/0.08
山2段	0.008~0.24/0.057	3.08~109.73/31.88	0.11~1.19/0.32	0.12~1.2/0.55	0.612~6.12/1.56	25.0~51.2/38.44	1.02~1.80/1.48	1.70~3.47/2.47	0.04~0.30/0.10
山1段	0.007~0.39/0.079	1.89~99.85/20.90	0.082~2.721/0.44	0.07~2.0/0.45	0.367~10.49/2.42	24.4~56.40/39.54	0.18~11.16/1.63	0.522~127.7/4.94	0.026~0.707/0.13
太2段	0.014~0.643/0.206	1.17~48.69/7.91	0.108~0.41/0.23	0.7~2.5/1.14	0.294~1.05/0.73	31.1~52.08/40.40	0.069~2.05/0.78	0.534~4.842/1.59	0.028~0.10/0.06

行内数字：最小值~最大值/平均值

盒3段、太2段毛管压力曲线相对平缓，喉道偏粗，分选好；盒2段、山1段特征相似，次之；盒1段、山2段毛管压力曲线相对陡，喉道偏细，分选最差(图2-2-11、图2-2-12)。

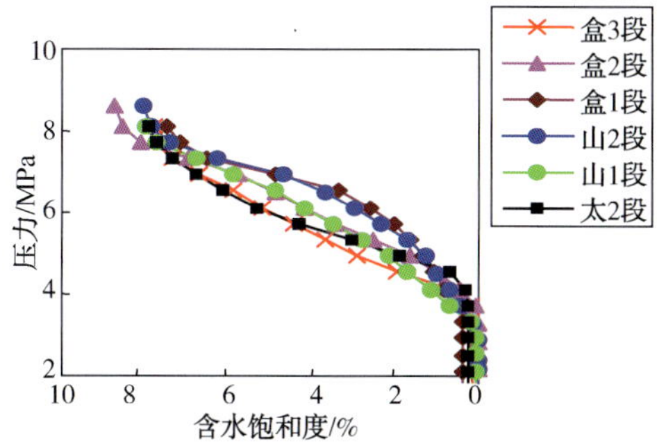

图2-2-11　上古生界储层典型毛管压力曲线

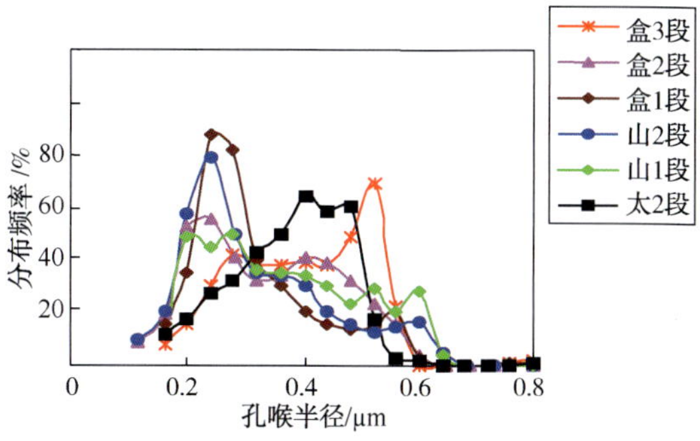

图2-2-12　上古生界储层喉道分布频率曲线

盒 3 段、盒 2 段和太 2 段气层组储层孔隙结构相对较好，孔喉配置为中孔细喉，喉道半径相对较大，喉道分选相对较好，喉道分布相对集中、均质性略好；而盒 1 段、山 2 段、山 1 段储层孔隙结构相对较差，孔喉配置为中孔微喉，喉道较小、分布不均。

3. 成岩作用

1）成岩作用类型

大牛地气田上古生界砂岩储层成岩作用类型较多，主要包括压实、胶结、交代、溶蚀、压溶作用和石英的次生加大作用，其中溶蚀、压实和胶结作用尤为普遍。

溶蚀作用是次生孔隙的产生、改善微观孔喉结构的主导因素，从溶蚀范围可分为岩石颗粒粒间溶蚀、粒内溶蚀、方解石胶结物的晶间溶蚀、杂基溶蚀等；从溶蚀介质的化学性质可分为酸性溶蚀（主要对象为碳酸盐胶结物和长石）和碱性溶蚀（主要对象为石英颗粒、硅质岩屑和隐晶硅质杂基等）两类。溶蚀作用形成的粒间溶孔、粒内孔、晶间溶孔、杂基溶孔、铸模孔以及沿颗粒的溶蚀缝等，改善了微观的孔喉结构状况，为气体的流动和聚集提供了有利的通道和空间。

2）成岩作用特征

根据成岩阶段演化和黏土矿物演化的特点，不同层位的储集层具有不同的成岩作用特点。

盒 3 段晚成岩阶段形成大量的酸性水，溶蚀作用发育，促使长石等铝硅酸盐矿物分解，形成高岭石并同时有利于溶蚀孔隙的发育。

盒 2 段早成岩阶段原生孔隙的急剧减少，地层水的弱还原弱碱性特点形成了环颗粒边的绿泥石胶结作用，在岩石颗粒表面形成薄膜，不仅阻止了其他自生矿物的胶结作用，而且在一定程度上起了抗压实作用，有利于粒间孔隙、喉道的保存。

太 2 段的压实作用和石英的次生加大作用发育，中成岩期的压实作用使储层的孔隙变小、喉道变细，而石英次生加大作用能在一定的程度上起到抗压实作用。

4. 储层非均质性

1）层内非均质性

层内非均质性主要表现在各小层内渗透率的非均质性方面，盒 3 段、盒 2 段气层组内各小层的层内均质性较强，非均质总体较弱，而盒 1 段、山 2 段储层层内非均质性相对强（表 2-2-9）。

表 2-2-9　大牛地气田储层层内非均质性统计表

气层组	统计的小层号	平均均质系数	变异系数	非均质类型	非均质程度
盒 3 段	1、2、3	0.397	0.348~0.833	A、C	弱
盒 2 段	1、2、3、4、5	0.248	0.240~1.870	A、C	弱
盒 1 段	1、2、3、4、5	0.065	0.755~3.719	C、E	强
山 2 段	1、2、3、4、5、6	0.079	3.726~4.840	C、D、E	强
山 1 段	1、2、3、4、5、6	0.187	0.676~1.325	B、C、D、E	较强
太 2 段		0.111	0.775	A、E	较强

2）层间非均质性

由于沉积积背景和作用不同，各储层的层间非均性有明显显差异。从分层系数及有效厚度级差分析，盒1段、山2段气层组分层系数分别为2.35、2.62，小层的砂体数相对较多，有效厚度级差均大于2，层间非均质性相对强。太2段气层组的分层系数为1.3，层间非均质性弱。盒3段、盒2段及山1段的层间非均质相对较强(表2-2-10)。

表2-2-10　分层系数及有效厚度的层间非均质性参数统计

气层组	分层系数	有效厚度级差	有效厚度均匀系数	非均质程度
盒3段	2.20	1.964	0.685	较强
盒2段	2.22	1.364	0.857	较强
盒1段	2.35	2.129	0.671	强
山2段	2.62	2.667	0.797	强
山1段	2.21	1.507	0.864	较强
太2段	1.30	—	—	弱

3）平面非均质性

储层平面非均质性主要表现在井间厚度、平面渗透率、平面产气能力及平面采气指数等方面，尤其是平面渗透率的差异更能反映不同层位的平面非均质性差异。

盒3段、盒2段、太2段气层组的渗透率平面变异系数为0.44~0.46，相对均匀；盒1段、山1段渗透率平面变异系数为0.52~0.56，较均匀；山2段略偏高，为0.74，不均匀(表2-2-11)。

表2-2-11　物性的平面非均质性参数统计表

气层组	变异系数	渗透率均质系数	渗透率级差	舌进系数	非均质程度
盒3段	0.44	0.24	16.20	4.15	弱
盒2段	0.46	0.15	31.33	6.71	弱
盒1段	0.56	0.12	32.78	8.43	较强
山2段	0.74	0.24	35.20	4.19	强
山1段	0.52	0.20	35.17	5.02	较强
太2段	0.46	0.42	14.71	2.40	弱

总体上看，盒1段、山2段气层组的渗透率平面非均质相对较强，盒3段、盒2段和太2段气层组的非均质性相对较弱。

5. 四性关系

储集层“四性关系”是指储集层的岩性、物性、电性和含油气性。它们之间存在着内在联系，其中岩性起主导作用；岩性中岩石颗粒的粗细、分选的好坏、粒序纵向变化特征以及泥质含量、胶结类型等直接控制着储层物性(孔隙度、渗透率)和含气性的变化。储层的电性则是岩性、物性、含气性的综合反映，是四性关系研究的桥梁和纽带。

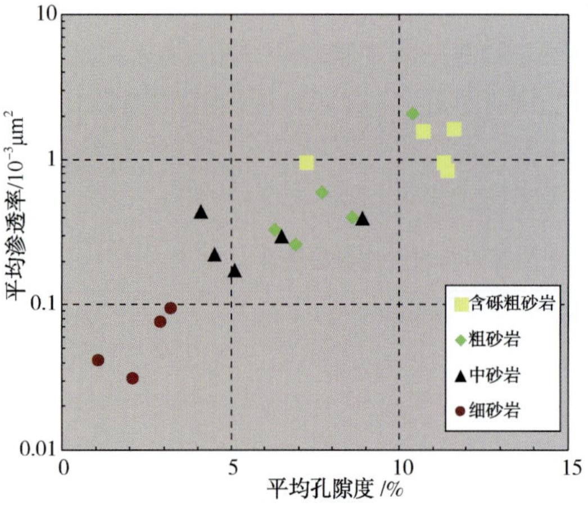

图 2-2-13 储层物性与岩石粒度关系图

1）岩性和物性的关系

储层的岩性特征主要体现在颜色、粒度、成分和结构等几个方面，经分析研究，岩性与物性相关程度较高的为岩石中碎屑颗粒粒度，粒度越小、物性越差；反之，粒度越大，物性相对好（图 2-2-13）。

不同成熟度的岩石在成岩过程中所经历的成岩作用不同，形成的储层孔隙结构不同、物性不同；因此，在一定程度上储层岩石的某些成分与储层的物性具有一定的相关性，随着石英含量的增加，储层孔隙度有增大的趋势（图 2-2-14）；随着岩屑含量增加，储层渗透率有减少的趋势（图 2-2-15）。

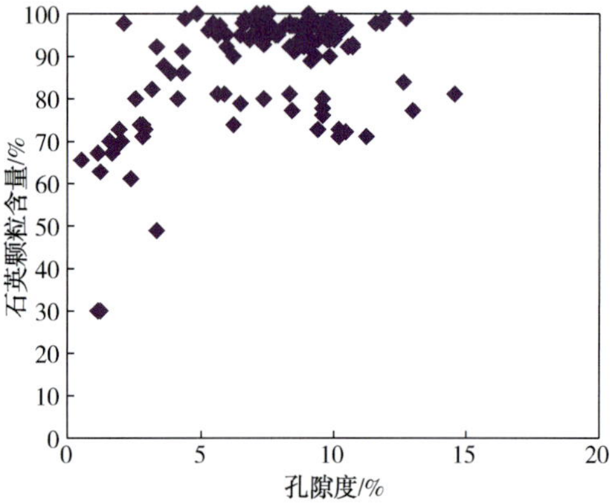

图 2-2-14 石英颗粒含量与孔隙度关系图

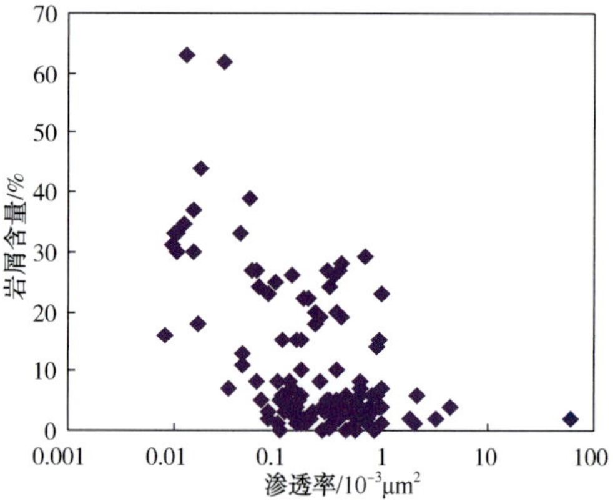

图 2-2-15 岩屑颗粒含量与渗透率关系图

2）岩性与含气性的关系

储层的含气性与岩性、物性的好坏有非常直接的关系。随着岩石颗粒粒度的增加，含气饱和度有增加的趋势（图 2-2-16）；同时，岩石成分对含气性也有一定的影响，随着碎屑石英含量的增加和岩屑颗粒含量的减少，含气饱和度有增加的趋势。

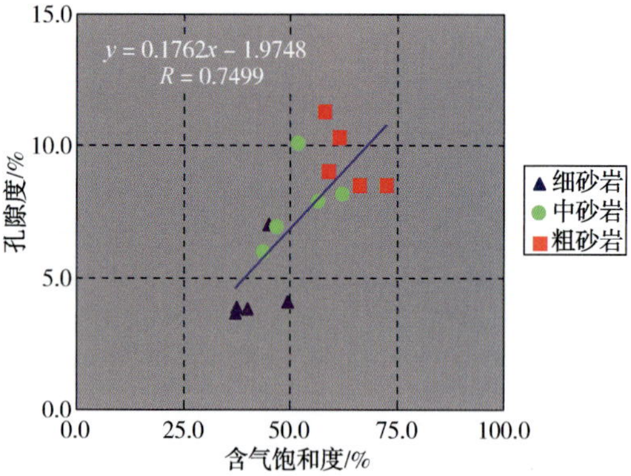

图 2-2-16 储层岩性、物性与含气性关系图

3）电性是岩性、物性、含气性的综合反映

测井的电性特征能够很好地反映储层岩性、物性、含气性，特别是自然伽马、声波时差、密度和电阻率等电性参数与岩性、物性和含气性相关性好。

自然伽马能够较好地反映储层的岩性，低自然伽马值对应的储层岩石粒度相对粗，岩性较纯，石英含量高，岩屑含量低。气层段自然伽马曲线呈现低值，一般为 30~55API，自然电位曲线一般呈负异常现象。

声波时差、密度能够较好地反映储层的物性，声波时差高、密度低则储层的孔隙度、渗透率相对较大，声波时差低、密度低则储层的孔隙度、渗透率相对较低。气层段声波时差分布区间为200~270μs/m，均值225μs/m，密度曲线分布区间为2.0~2.55g/cm^3，好气层处，密度值一般为2.40~2.50g/cm^3，中子曲线呈现中-低等值，一般为3%~18%。

深侧向电阻率能够较好地反映气层的含气性情况，储层的电阻率高，含气好，气层的产能相对较高。气层段双侧向曲线呈中高值特征，分布区间为50~500Ω·m，而且随着含气性越好，双侧向曲线正差异特征越明显。

总之，自然伽马和自然电位等测井参数组合能够对储层岩性进行解释；声波时差、密度、中子测井参数能够对储层物性解释；深、浅侧向电阻率等测井参数能够对储层含气性进行解释。

4）气层下限标准确定

利用测井解释的孔隙度、渗透率、含气饱和度、泥质含量、声波时差和电阻率等参数能够对气层进行识别，建立了各目的层位识别的下限值标准(表2-2-12)。

表2-2-12　气层下限值标准

层位	自然伽马/API	孔隙度/%	渗透率/10^{-3}μm^2	含气饱和度/%	泥质含量/%	声波时差/(μs/m)	电阻率/Ω·m
盒3段	<70	≥4	≥0.1	≥50	≤15	≥220	≥30
盒2段	<70	≥4	≥0.1	≥50	≤15	≥220	≥30
盒1段	<70	≥4	≥0.1	≥50	≤15	≥220	≥20
山2段	<75	≥4	≥0.1	≥50	≤15	≥220	≥20
山1段	<80	≥4	≥0.1	≥50	≤15	≥215	≥35
太2段	<65	≥4	≥0.1	≥50	≤15	≥195	≥30
太1段	<65	≥4	≥0.1	≥50	≤15	≥210	≥30

6. 储层综合评价

通过对本区储层的岩性特征、物性特征、孔隙结构特征、四性关系特征等研究成果的综合分析，结合沉积相、气层产能分析，将本区储层划分为四类，其中Ⅰ类、Ⅱ类、Ⅲ类为有效储层，Ⅳ类为非储层(表2-2-13)。

表2-2-13　大牛地气田高产气层类型电性特征标准表

类别	名称	自然伽马/API	声波时差/(μs/m)	电阻率/Ω·m	密度/(g/cm^3)	中子/%	岩性	分布层位	评价
Ⅰa类	中高声波时差、高电阻率	<65	>210	>100	<2.60	<20	岩屑石英砂岩	盒3、盒2、盒1、山2	好
Ⅰb类	中低声波时差、高电阻率	<50	>190	>60	<2.60	<8	石英砂岩	山2、山1	好

续表

类别	名称	自然伽马/API	声波时差/(μs/m)	电阻率/Ω·m	密度/(g/cm^3)	中子/%	岩性	分布层位	评价
Ⅱa类	高声波时差、低电阻率	<65	>235	<100	<2.50	<20	岩屑石英砂岩	盒3、盒2、盒1、山2、山1	中等
Ⅱb类	高声波时差、低电阻率	65~80	>235	<100	<2.50	<20	岩屑石英砂岩	盒3、盒2、盒1、山2、山1	差-中等
Ⅱc类	中低声波时差、高电阻率	<50	>190	>100	<2.60	<8	石英砂岩	太2、太1	
Ⅲ类	中低声波时差、低电阻率	<80	210~235	<100	<2.60	<20	岩屑石英砂岩	盒3、盒2、盒1、山2、山1、太2、太1	差
Ⅳ类	致密层	>80	<210	<100	>2.60	<20	岩屑石英砂岩	盒3、盒2、盒1、山2、山1、太2、太1	非气层

大牛地气田发育“海相-海陆过渡相-陆相”三大沉积体系，形成7套交错叠置的储集层，埋藏深度为2500~2900m，储集层类型均为碎屑岩类砂岩储层，砂体纵横向叠切关系复杂，非均质性强，储层孔隙度一般为4%~10%、平均孔隙度为8.64%，渗透率为$(0.1\sim1)\times10^{-3}\mu m^2$，平均渗透率为$0.77\times10^{-3}\mu m^2$，按照《石油天然气储量计算》(DZ-T 0217—2005)中碎屑岩储层物性分类标准，大牛地气田砂岩储层属于典型的低孔低渗或特低孔特低渗储层致密砂岩储层。

第三节　致密砂岩储层工程地质特征

储层工程地质特征是储层保护和压裂改造的重要基础性参数。致密砂岩气藏具有低压(局部正常压力)、低孔、致密、高有效应力、高毛管压力、含有一定的黏土矿物等特点。高毛管力和黏土矿物是与致密气层损害与保护密切相关的两个重要方面。对于基块物性差异明显、长井段多层致密砂岩气层剖面而言，孔隙结构参数同样是储层保护设计的重要依据。岩石力学参数如杨氏模量、泊松比等是压裂设计优化的依据。

一、储层的岩石力学特征

岩石力学参数如杨氏模量、泊松比是反映岩层弹性、破裂性能的重要指标，对研究裂缝形态、优化压裂裂缝设计有重要意义。

(一)静态岩石力学参数

采用Terra Tek公司全伺服三轴岩石力学实验系统模拟地层条件，按ASTM标准，测试分析了10多口井、6个主要含气层位及其顶板、底板共计56个岩样的岩石力学参数，实验数据见表2-3-1。

表 2-3-1　塔巴庙地区静态岩石力学参数实验结果表

层组	样品数	岩性	静杨氏模量/GPa	储(隔)层杨氏模量差/GPa	静态泊松比
盒 2+3 段	8	砂岩	17.78	1.03	0.22
	4	细砂-泥岩	18.81		0.22
盒 1 段	8	砂岩	18.76	4.07	0.20
	7	细砂-泥岩	22.83		0.24
山 2 段	4	砂岩	18.21	7.66	0.20
	6	泥岩	25.87		0.28
山 1 段	9	砂岩	17.10	10.86	0.25
	4	泥岩	27.96		0.30
太 2 段	2	砂岩	28.51	3.17	0.19
	3	泥岩	31.68		0.33

从表 2-3-1 实验结果可以看出，除太原组外，大牛地气田五个气层段的静态杨氏模量在 17.78~18.76GPa 之间；静态泊松比在 0.20~0.25 之间，与深度的相关性不明显；遮挡层静态杨氏模量在 18.81~27.96GPa 之间，静态泊松比在 0.22~0.30 之间，随深度的增加而增加；隔层杨氏模量大于储层杨氏模量，差值在 1.03~10.86GPa 之间，隔层泊松比也大于储层泊松比，总体趋势为储隔层杨氏模量差随深度的增加而增大。太原组储层杨氏模量为 28.51GPa，较上 5 个储层增加显著，泊松比为 0.19，是 6 个储层中最低的。太原组泥岩杨氏模量为 31.68GPa，泊松比为 0.33，随深度的增加而增大。6 个储层的中等杨氏模量有利于裂缝的延伸，较大的储层与隔层杨氏模量差也有利于缝高的控制。

（二）动态岩石力学参数

测井资料中含有大量原地条件下的地质信息，可用于动态岩石力学参数的求取，其关键是从测井曲线中提取地层的纵波速度、横波速度。

1. 横波时差的求取

大牛地气田横波时差的求取采用统计公式法，即利用全波列测井资料建立纵、横波统计关系，获得横波参数的统计算式。通过对大牛地气田 10 口井全波列测井资料的纵横波时差统计分析，得到大牛地气田横波时差的近似计算公式为

$$\Delta t_s = 1.1205\Delta t_p + 113.2 \qquad (2-3-1)$$

式中　Δt_p、Δt_s——纵波时差、横波时差，μs/m。

2. 动态岩石力学参数的计算

利用测井资料和式(2-3-1)估算的横波时差(有横波时差时则直接用测井横波时差)，即可计算出杨氏模量和泊松比，进而计算其岩石力学参数。利用上述方法计算了大牛地气田部分井主要目的层段的动态杨氏模量和泊松比。

3. 动态、静态岩石力学参数相关性

因声波测井数据是表征地层的动态值，故由其得到的岩石力学参数也是表征地层的动态值，须经过岩石力学参数动态、静态转换，才可得到工程设计使用的静态值。通过对

56 个样品的实验静态与测井动态岩石力学参数统计的综合分析，结果表明岩石的泥质含量 V_{sh}(或自然伽马 GR)、孔隙度 φ、含气饱和度 S_g 等测井参数是影响二者之间相关性的主要参数，考虑上述参数后，建立的动静态岩石力学参数算式为：

$$E_s = 0.277E_d + 0.101GR + 0.061S_g - 0.294\varphi + 1.177 \text{(复相关系数 0.85)} \quad (2-3-2)$$

$$\nu_s = 0.081\nu_d + 0.0008GR - 0.000071S_g + 0.0035\varphi + 0.135 \text{(复相关系数 0.68)} \quad (2-3-3)$$

利用上述公式计算大 10 井压裂储层的杨氏模量(E_s)、泊松比(ν_s)等岩石力学参数，其结果与三轴应力测试的结果误差均小于 15%，同时建立了 DK27 井等的岩石力学剖面(图 2-3-1)，为压裂优化设计提供了依据。

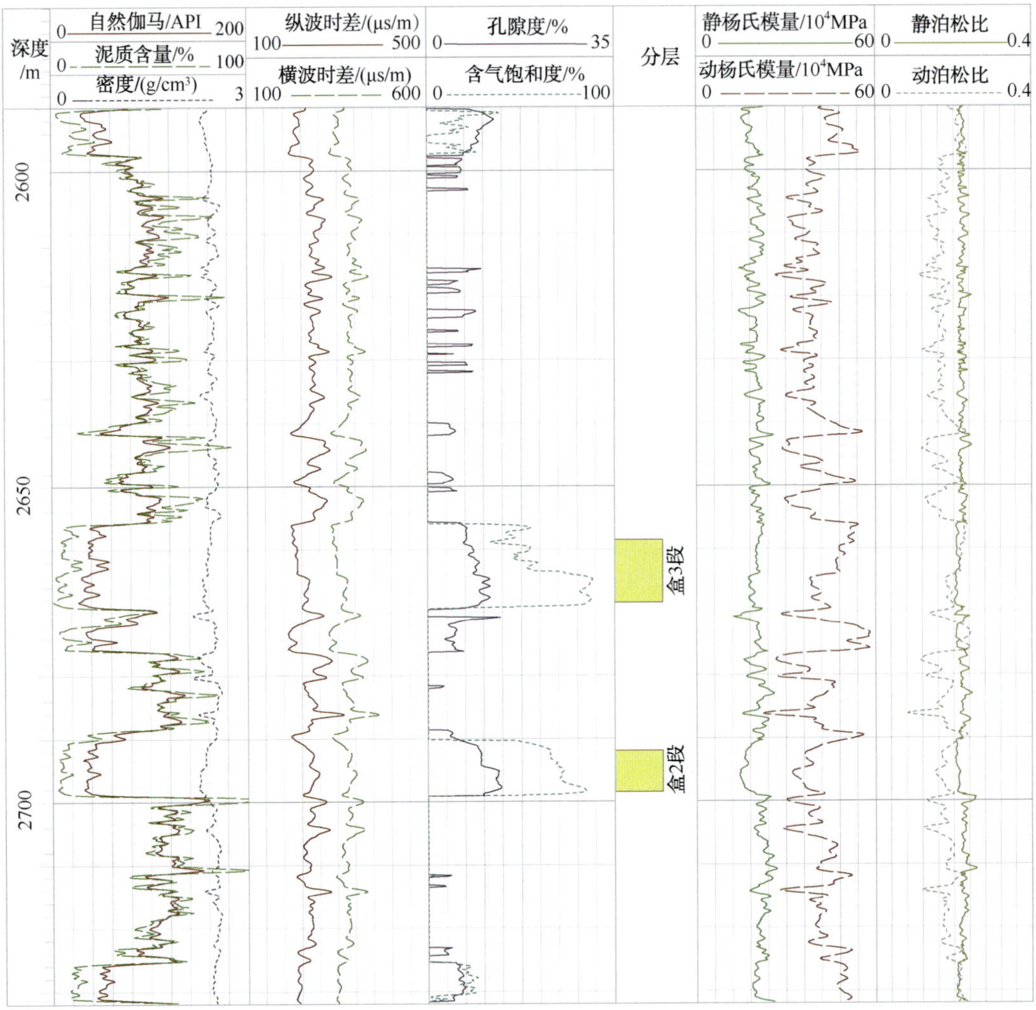

图 2-3-1 DK27 井岩石力学剖面

二、地应力特征

地应力是垂向剖面与方位压裂优化设计及低渗透油气田开发井网部署的重要参数之一。根据岩石力学单轴压缩和有效应力条件下的三轴岩石力学参数，应用摩尔破裂包络方程，确定了地层最小主地应力的大小；根据长源距声波测井结合有效应力条件下的三轴岩石力学参数，确定了地层的垂向应力剖面；利用古地磁与差应变分析得到了最大地应力的方位，即水力裂缝的延伸方位，并用压裂实施过程中微地震波测试结果进行了检验。

（一）地层最小水平主地应力的大小

利用声发射凯塞尔效应法对大 8 井、大 10 井的 9 块岩心进行了地应力测试，结果（表 2-3-2）表明，大牛地气田上古生界砂岩储层最小水平主应力为 38.38～45.63MPa，泥岩最小水平主应力为 43.34～52.22MPa，砂泥岩应力差为 3.66～10.9MPa，地应力差较大，表明地应力差对抑制水力裂缝垂向延伸有较好的作用。但其大小与储层岩性特征、储层物性、井及砂体位置有关。

表 2-3-2　大牛地气田上古地应力测试结果

井号	层　位	岩　性	深度/m	地应力/MPa			
				上覆地层压力（σ_v）	最大水平地应力（σ_H）	最小水平地应力（σ_h）	砂岩、泥岩间地应力差
大 8	山 2 段	砂岩	2673.8	—	48.5	41.32	10.9
	山 2 段	泥岩	2752.4	64.15	69.8	52.22	
大 10	盒 3 段	砂岩	2512	58.28	47.19	38.38	
	盒 1 段	泥岩	2600	60.46	49.56	43.34	3.66
	盒 1 段	砂岩	2610.4	61.44	49.39	39.68	
	山 2 段	砂岩	2661	—	49.87	42.41	5.37
	山 2 段	泥岩	2664.4	—	55.46	47.78	
	太 2 段	泥岩	2759.7	—	63.37	51.89	6.23
	太 2 段	砂岩	2761.0	68.07	51.22	45.63	

（二）最小水平地应力垂向剖面

依据长源距声波测井资料、结合岩石力学分析获得的孔隙弹性系数，使用地应力解释与绘制软件，分析得到垂向上隔层与储层的地应力差（表 2-3-3）和地应力垂向剖面（图 2-3-2）。

表 2-3-3　地应力差统计结果

井号	层位	井段/m	$\sigma_{砂}$/MPa	$\sigma_{泥上}$、$\sigma_{泥下}$/MPa	$\Sigma_{差}$/MPa	$\Delta\sigma_{平均}$/MPa
大 11	山 1 段	2766.0～2768.0 2772.0～2778.0 2797.0～2800.4	41.0 41.6 42.4	48.3、51.6 51.4、48.1 48.1、49.8	7.3、10.6 9.8、6.5 5.7、7.4	7.6、8.2
	盒 1 段	2600.8～2602.8 2666.9～2706.0	39.4 40.7	46.9、42.9 44.8、48.1	7.5、3.0 4.1、7.4	5.8、5.2

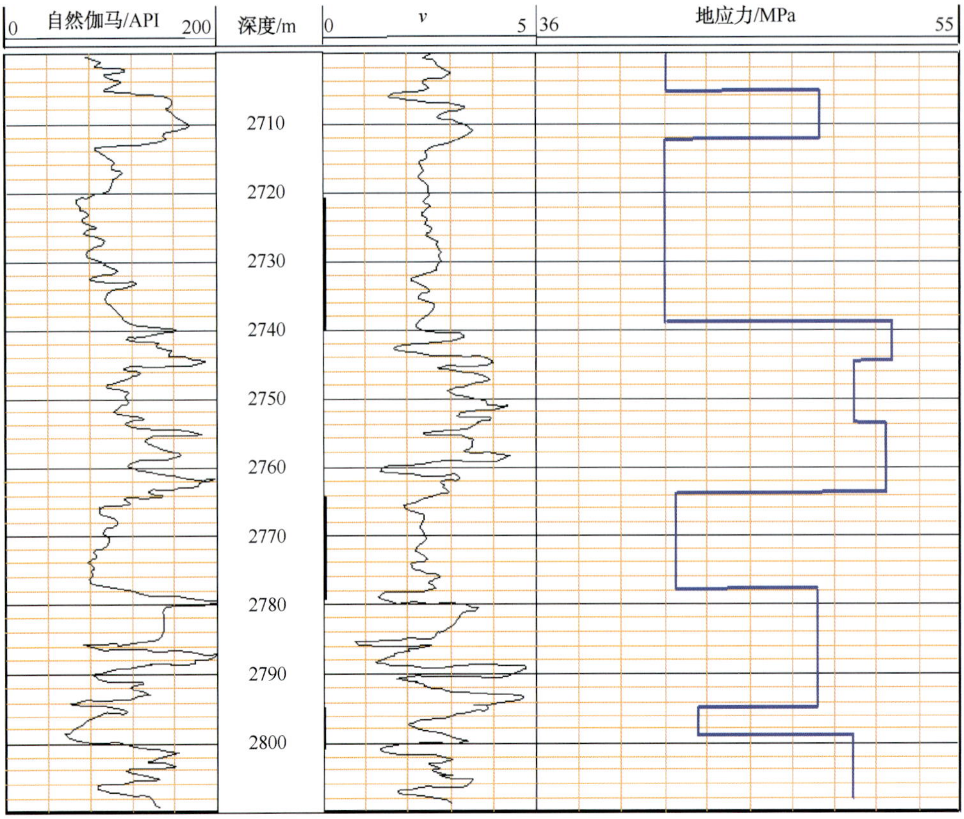

图 2-3-2　大 11 井山西组地应力剖

对比表 2-3-2 和表 2-3-3 可知，应用长源距声波测井资料结合岩石力学资料计算的地应力以及储层与隔层的地应力差基本一致。

在进行地应力剖面建立的研究过程中，综合常规测井和长源距声波测井资料、结合岩心录井资料，在消除了深度对岩性闭合应力的影响后，将不同的岩性地应力统一到相同的深度(2560m)，得到不同岩性的地应力平均值特征(图 2-3-3)。

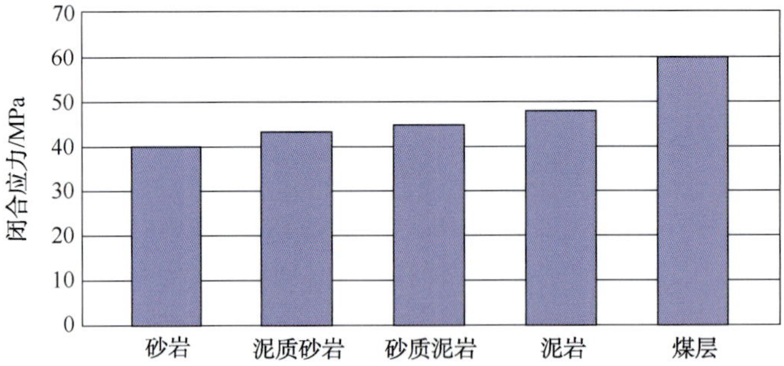

图 2-3-3　大牛地气田各种岩石类型闭合应力特征图

从图 2-3-3 可以看出，对同一小层而言，地应力随泥质成分的增加而增大，泥质砂岩的地应力比砂岩大 4MPa，泥岩比砂岩大近 10MPa。由此说明，泥质砂岩、砂质泥岩和泥岩一样可以作为隔层，只是泥岩的遮挡效果最好。高地应力(比相邻砂岩高 20MPa)的煤层是良好的遮挡层。一般认为煤层具有发育的割理和高渗透性，但当井深大于 2000m

以后，因煤的强塑性而割理基本完全闭合，渗透性迅速变差，加之高地层应力，使煤层成为良好的隔层。

（三）地应力方位

1. 区域地应力方向

根据板块构造理论，盆地地应力场是板块构造运动、区域构造作用和盆地自身特性等因素相互作用的表现，具有一定的阶段性。大牛地气田位于鄂尔多斯盆地北部，喜山运动是鄂尔多斯盆地所经历的最后一次构造运动，正是这次构造运动造成了该地区的隆升和断块、断陷。太平洋板块向北西向俯冲及新特提斯构造于北东向挤压，造成中国东部岩石圈块体遭受北西—南东向拉伸，区域应力挤压方向为北东。鄂尔多斯盆地处于地应力场由北东转为北东东的转折部位，其地应力场应为北东东向。

2. 地层最大水平主应力方位

利用多种方法对地层最大水平主应力方位进行了测定。表2-3-4中给出了差应变分析（DSA）方法和古地磁定向对大10井山1段和盒1段的最大水平主应力方位的测定结果；同时根据正交偶极阵列声波测井的横波各向异性成果图中横波方位的统计结果，估测地层最大水平主应力方位。DK2井不同井段现代最大水平主应力方位图（图2-3-4）尽管出现不同程度的变化，但总体来说，平均方位为北东东向；另外还通过微地震测试对其进行了验证（表2-3-5），监测结果表明大牛地气田地层各层最大水平主应力方位基本一致，且与区域最大水平主应力方位基本相同，为北东东向。

表2-3-4　大10井最大水平主应力测试结果

层位	岩心号	古地磁定向	标志线夹角（同 *Y* 轴）	最大水平主应力方位
盒1段	6（52/120）	N94°E	−8.8°	北东85.2°
山1段	11（39/66）	N128°E	−36°	北东92°

表2-3-5　微地震波测试结果

井号	井段/m	层位	最大主应力方位
大2	2758.0~2791.0	盒1段	北东64.8°
大11	2796.5~2801.0	山$_1^1$	北东77°
大13	2700.3~2731.8	山2段	北东45.1°
大9	2663~2673	太原组	北东75.4°
大10	2732~2737	太原组	北东78.5°
大11	2770~2776	山1段	
DK4	2667~2680	盒3段	北东50°
DK5	2859~2870.6	山$_1^1$	北东53°

根据地质研究成果，大牛地气田砂体基本上南北向展布，水力裂缝方位属于不利的水力裂缝方位。因此，井在砂体上的位置将影响压后效果，对于处于砂体东西向边部的井，水力裂缝的作用可能集中在其中一翼，最终导致该类井压后效果不理想；对处于砂体南北向边部的井，可能压后无效。为取得较好的压裂效果，在压裂设计中一定要考虑井在砂体上的位置以及与水力裂缝方位的配置关系。

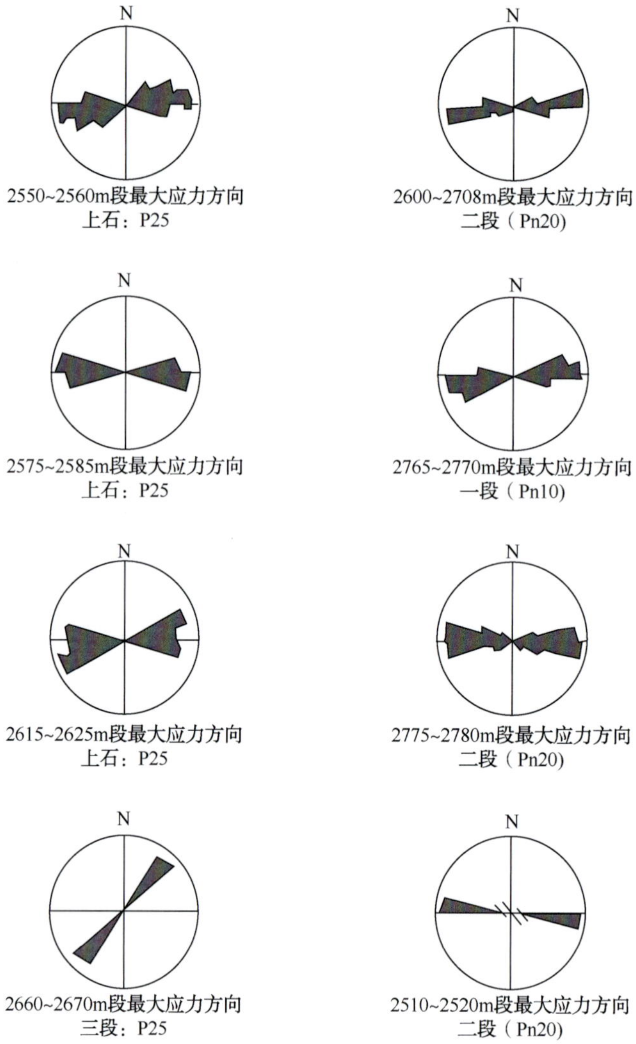

图 2-3-4　DK2 井不同层位现代最大水平主应力方向系列图

三、大牛地气田致密砂岩储层结构特征

（一）组间气层跨距特点

1. 石盒子–山西(盒 1 段–山 2 段)

盒 1 段和山 2 段之间跨距见表 2-3-6。

表 2-3-6　石盒子–山西组间跨距

井 号	DK5	DK6	DK7
组间跨距/m	46. 2	49. 2	39. 5
平均组间跨距/m	44. 97		

2. 山西–太原(山1段–太2段)

山西组和太原组的钻间跨距间表2–3–7。

表2–3–7 山西–太原组间跨距

井号	大20	大21	大23
组间跨距/m	38.2	58.5	60.7
平均组间跨距/m	52.47		

气层发育较全的井，也是组间气层跨距较小的井，由上可知，石盒子–山西、山西–太原组间距一般大于40m。

(二) 组内段间气层跨距特点

组内跨距分析表明大牛地气田组内层间跨距普遍在20m以上(表2–3–8)。

表2–3–8 组内层间跨距统计表

层位 \ 跨距/m \ 井号	DK5	DK6	DK10	DK12	DK13	平均
盒2段–盒1段	39.4	45				43.2
山2段–山1段	39.1		44.9	24.37	38	36.59

(三) 段内小层间跨距特点

对大牛地气田部分压裂井各段内气层间跨距大于10m的井层统计结果见表2–3–9，小层间跨距为12~24m。

表2–3–9 各小层内气层间的跨距统计

层位	小层	小层间跨距(平均值)/m	井层数/层
石盒子组	盒3段	22.2(22.2)	1
	盒3+2段	13.4~18.5(15.95)	2
	盒2段		0
	盒2+1段	14.7~23.62(19.05)	2
	盒1段	10.5(10.5)	1
山西组	盒1+山2段	12.2~13.2(12.7)	2
	山2段	20.4~24.37(22.38)	2
	山2+1段	15.5(15.5)	1
	山1段	23.6(23.6)	1
太原组	太2段		0

通过对大牛地气田部分井储层统计表明，气层平均单层厚度4.6m，合层厚度10.4m，气层间跨距大于10m。

6套气层层间跨距特点：盒3段–盒2段层间跨距19.4m；盒2段–盒1段层间跨距

10. 9m；盒 1 段-山 2 段层间跨距 13. 4m；山 2 段-山 1 段层间跨距 11. 4m；山 1 段-太原组层间跨距 10. 2m。

隔层性质：盒 3 段-盒 2 段-盒 1 段之间泥岩较纯；盒 1 段-山 2 段之间隔层不明显，相连或者以砂质泥岩为主；盒 1 段-山 2 段-山 1 段-太 2 段以泥岩为主，夹有煤层。

四、地层稳定性特征

泥页岩的分散、水化、剥落是大牛地气田井壁失稳的主要原因，为此对不同的泥页岩特性分别进行了页岩分散性 CST 实验、页岩吸附膨胀实验、页岩岩屑滚动回收率及 CEC 值实验。不同井段泥岩岩性特征见表 2-3-10，泥页岩的强分散性常引起井壁失稳，造成井壁剥落掉块、垮塌、遇阻等复杂情况。

表 2-3-10　泥页岩特性表

泥页岩特性 / 地层分组	分散性 CST 实验	吸附膨胀实验	岩屑滚动回收及 CEC 实验
第四系、白垩系志丹群、侏罗系安定组、延安组	强分散	强膨胀	钻屑活性强、易膨胀
三叠系延长组、二马营、和尚沟、刘家沟	中-强分散	中等强度膨胀	钻屑活性较强、较易膨胀
二叠系石千峰、上下石盒子组、山西组石炭系太原组	强分散	弱膨胀	钻屑活性低、微膨胀

（1）不同储层的岩石力学性质有一定的差异。太原组砂岩岩心杨氏模量较高，山西组、石盒子组较低，地层杨氏模量、泊松比属中等。

（2）地应力中等-低，气田各层最大水平主应力方位基本一致，为北东东向。

（3）明确了低压致密砂岩储层伤害机理。黏土矿物以高岭石、绿泥石和伊利石为主，少量伊/蒙混层矿物，主要为亲水矿物，极易造成水锁伤害，碱敏性较强。

（4）纵向上多层叠合，气层厚度、层间跨距变化大。气层厚度 2~30m，纵向跨度 200 多米，气层组内跨距几米至数十米，气层组之间跨距十几米至百多米。

（5）泥页岩的分散、水化、剥落是大牛地气田井壁失稳的主要原因。

第四节　气藏特征

一、温度、压力特征

（一）温度系统

根据大牛地气田测试获得的不同深度的温度资料，回归整理了大牛地全气田温度和埋藏深度关系曲线，相关系数较高。地温梯度为 3. 12℃/100m，该气田属于正常地温系统。温度和相应海拔关系曲线如图 2-4-1 所示。

经统计，全国 233 个气藏平均地温梯度为 2. 76℃/100m；其中 82 个碎屑岩气藏平均地温梯度为 3. 4℃/100m。

（二）压力系统

大牛地气田压力资料来源主要有三种途径：一是 DST 测试压力，二是初期恢复测试压力，三是压力恢复测试的外推压力。由于 DST 测试压力为气层刚打开时地层的原始压力，而初期恢复测试压力和压力恢复测试的外推压力由于受低孔低渗气藏压力传播速度缓慢、恢复时间不足等因素影响，可能导致压力未稳、结果偏低，因而，DST 测试压力的代表性更好。

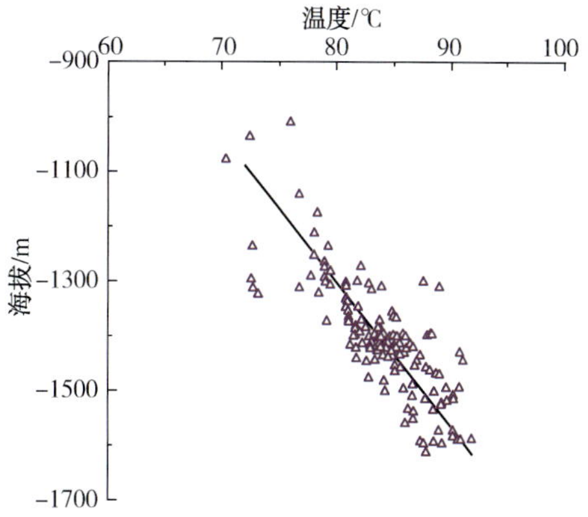

图 2-4-1　大牛地气田气藏温度与海拔深度关系曲线

气田 DST 测试压力资料统计结果表明（表 2-4-1），盒 3 段、盒 2 段、盒 1 段、山 2 段、山 1 段、太 2 段和太 1 段气层组的平均压力系数分别为 0.99、0.96、0.91、0.94、0.85、0.87 和 0.99。各气层均为常压力系统。

表 2-4-1　各层位气层压力温度统计表

层 位	气层中深/m	压力/MPa	压力系数	温度/℃
盒 3 段	2559.00	24.80	0.99	81.20
盒 2 段	2600.00	24.51	0.96	82.51
盒 1 段	2645.00	23.56	0.91	83.89
山 2 段	2693.00	24.78	0.94	85.36
山 1 段	2743.00	22.90	0.85	86.95
太 2 段	2767.00	23.58	0.87	87.70
太 1 段	2780.00	27.10	0.99	88.10

二、气藏类型

根据标准《气藏分类》（SY/T 6168—1995），按单因素进行如下分类：

（1）按照气藏圈闭因素分类：大牛地气田各气藏均为岩性气藏。

（2）按照储层因素分类：储层岩石类型划分，各气藏储层岩石类型均为碎屑岩类石英砂岩、岩屑砂岩，气藏类型属于碎屑岩气藏类型砂岩气藏亚类。

（3）依据储层物性划分：根据目前各气藏岩心分析平均渗透率，除盒 3 气层渗透率值大于 $1\times10^{-3}\mu m^2$ 属于低渗气藏外，其他各气藏均属于致密气藏。

（4）依据储集类型划分：各气藏均为孔隙型，因而属于孔隙型气藏。按驱动类型分类：各气藏均未见明显水层，无边、底水，为气驱气藏。

（5）按相态因素分类：各气藏均属于湿气藏。

综上所述，大牛地气田上古生界气藏整体为低渗-致密砂岩、无边、底水定容弹性驱动岩性气藏。

三、储量分布特征

大牛地气田探明储量4545.63×10^8m^3，从储量规模看，它是中国石化第一大气田，中国第三大气田，但是单套气层储量丰度只有(0.80~1.32)×$10^8m^3/km^2$(表2-4-2)，根据中国石化天然气储量丰度分类标准，大牛地气田属于低丰度(储量丰度小于2.0×$10^8m^3/km^2$)储层，这也是气井单井产量低、稳产难度大的原因。

表2-4-2　大牛地气田各层位储量丰度统计表

层位	面积/km^2	探明储量/10^8m^3	储量丰度/($10^8m^3/km^2$)	类型
盒2+3段	587.31	586.80	1.00	低丰度
盒1段	1154.49	1451.73	1.26	低丰度
山2段	1176.09	963.46	0.82	低丰度
山1段	1027.45	824.57	0.80	低丰度
太2段	438.37	579.55	1.32	低丰度
太1段	224.27	139.52	0.62	低丰度
合计	1891.98	4545.63	2.40	

四、单井产量低，递减快

大牛地气田突出的生产特点是单井产量低，是制约气田经济开发的"瓶颈"，大牛地气田直井无经济自然产能，单层开发直井除气田西南角分布的盒3、山1以及东北角分布的太2压裂后获得经济产量外，其他区域单层直井开采均无效益，直井多层开采和水平井开采都必须经压裂改造才能获得经济产量(表2-2-7、表2-2-8)，压裂后直井单井产量多分布在(0.1~1)×$10^4m^3/d$，平均0.9×$10^4m^3/d$，水平井单井产量多分布在(0.5~3.0)×$10^4m^3/d$，平均2.5×$10^4m^3/d$(表2-4-3)。

表2-4-3　大牛地气田开发前后单井产量对比表

开发阶段	压裂改造工艺	井区层位	开发前单井产量/($10^4m^3/d$)	开发后单井产量/($10^4m^3/d$)	经济极限初产/($10^4m^3/d$)
直井单层开发	大规模水力喷射	DK13、大35-47井区(盒3、山1、太2)	0.35	1.3	0.6
直井多层开发	纵向各层合压技术	D12、D66井区(盒1、山2、山1、太2)	0.3	0.9	0.6
水平井规模开发	裸眼管外封隔器多级分段压裂工艺	D8、D10、D98、D65(盒1、山2、太2)	0.2	2.5	1.9

大牛地气田直井初期递减率约为 22.7%（图 2-4-2），水平井初期递减率约为 32.5%（图 2-4-3），初期递减快，气井稳产期相对中高渗气田较短。

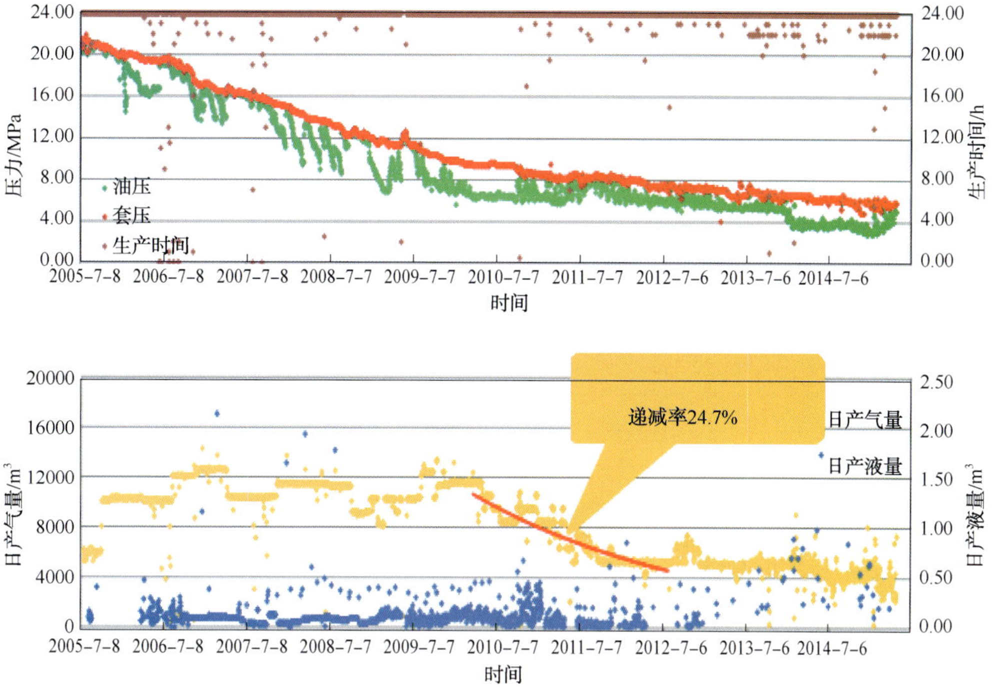

图 2-4-2　大牛地气田直井 D1-1-63 井生产曲线

图 2-4-3　大牛地气田水平井 DP28T 井生产曲线

如何通过各种技术和工程手段，寻找出相对高产富集区、扩大泄气半径，提高单井产量，并优化开发技术政策，是气田经济开发的关键(表 2-4-4)。

表 2-4-4　大牛地气田直井、水平井开发经济极限初期产量统计表

类　型	直　井	水平井
经济极限初期产量/($10^4m^3/d$)	0.6	1.9
实际初期产量/($10^4m^3/d$)	0.9	2.5

大牛地气田是受储层控制的砂岩岩性气藏，在普遍低渗砂岩背景上发育的相对较高孔渗的有效储层含气性较好，而有效储层的物性是高产主控因素，储层孔隙度、渗透率与气井无阻流量成正比(图 2-4-4、图 2-4-5)，因此如何寻找到物性相对好的区域是开发成功的基础。

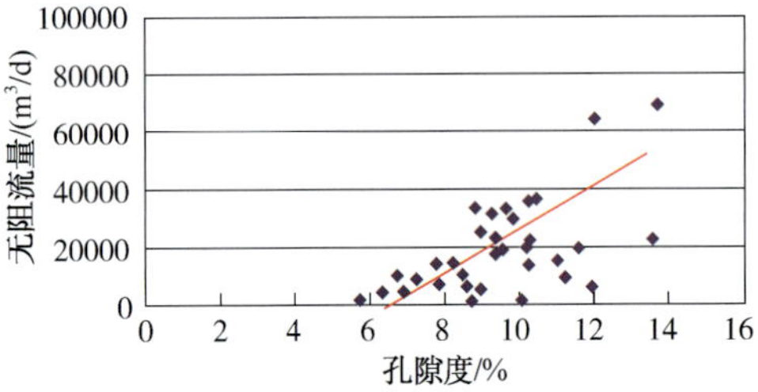

图 2-4-4　孔隙度与产能关系图版

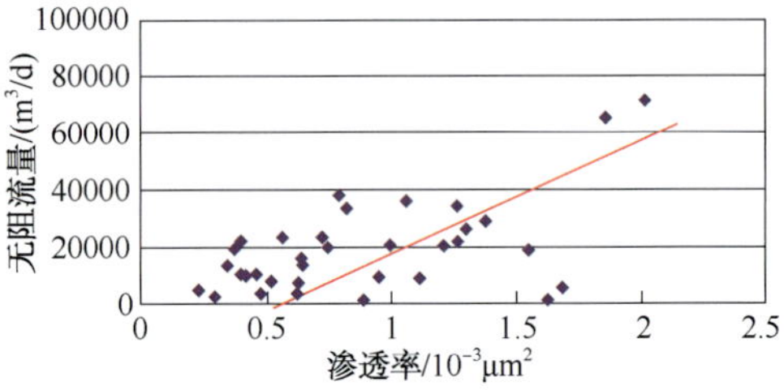

图 2-4-5　渗透率与产能关系图版

综上，大牛地气田上古生界天然气是典型的大型致密低渗砂岩岩性气藏，具有低渗、低压、低丰度和低产的“四低”特征。储层平均孔隙度 8.64%，平均渗透率 $0.77\times10^{-3}\mu m^2$，气藏压力系数在 0.85~0.99 之间，异常低压到常压系统，气田探明储量 $4545.63\times10^8m^3$，按储量规模她是中国石化第一大气田，国内第三大气田，但是单套气层储量丰度只有 $(0.80\sim1.32)\times10^8m^3/km^2$，属于低丰度(储量丰度小于 $2.0\times10^8m^3/km^2$)储层。同时，早期直井产量 $4000m^3/d$，初期产量递减率在 27%。按这样的指标，大牛地气田直井无经济自然产能，即使压裂后，依然单井产能低、稳产难度大。

第三章　开发先导试验

大牛地气田自2000年上报山1段天然气探明地质储量164.92×10^8m^3之后，2002年上报山2段、山1段储量504.20×10^8m^3，2003年上报盒2+盒3段储量517.0×10^8m^3，在气田储量快速增长的形势下，气田开发工作一直未能正式起步。一是地质认识程度低，2004km^2的气田面积仅有探井26口，气藏评价井3口；已完成试气的22口井中仅有大探1、大7、大10、大15、大16等井具有3×10^4m^3/d以上无阻流量，其他井层均不产气或无阻流量低于1×10^4m^3/d，达不到工业气流标准；二是没有试采、动态监测等开发基础资料；三是致密砂岩气藏有效开发的工程工艺技术尚未形成；四是华北石油局、分公司没有油气田开发的经历，不具备油气田开发的人才队伍、技术和经验。在此条件下，总部要求华北石油局、分公司按照“抓实创新、攻坚上产、降本增效”工作方针，精心组织和实施气田开发先导性试验，优选优质储量区，开展工程工艺提高单井产量攻关，进行地面集输工艺技术试验，积极开展气田外输管网建设，为制定气田开发方案和规模化开发做好充分准备。

第一节　先导试验目的及试验层位的确定

如前所述，为提高大牛地气田单井产量、尽快形成规模开发，组织实施了“鄂尔多斯盆地北部塔巴庙区块大牛地气田开发先导性试验可行性研究”。具体任务是：通过开发先导性试验，实现向用户供气，探索、验证大牛地气田开发的技术可行性和经济可行性，试验、优化气田开发工程工艺技术和工艺方案，积累气田产能建设的经验，为大牛地气田规模开发提供决策依据和技术支撑。本节阐明了开发先导试验的目的及先导试验的层位。

一、先导试验的目的

2002年3月，中国石化股份有限公司油田勘探开发事业部至分公司调研天然气勘探进展，对提高单井产量、尽快形成规模开发等提出建议，要求分公司组织实施“鄂尔多斯盆地北部塔巴庙区块大牛地气田开发先导性试验可行性研究”项目。项目的具体任务是：通过开发先导性试验，实现向用户供气，探索、验证大牛地气田开发的技术可行性和经济可行性，试验、优化气田开发工程工艺技术和工艺方案，积累气田产能建设的经验，为大牛地气田规模开发提供决策依据和技术支撑。

2002年8月，股份公司领导视察鄂北探区，在听取了局、分公司领导汇报后指出：该区天然气勘探突飞猛进，已成为集团公司“十五”期间五大天然气开发基地之一，希望华北分公司再接再厉，为进一步落实资源、提高单井产量、扩大储量、进入商业性开发积极探索和实践。要求鄂北天然气勘探开发一定要与国家发展的需要、公司发展的需要相协调，发挥集团公司的整体优势，实行集团化操作、项目化管理、市场化运作。

为有效地开发致密砂岩气藏，掌握大牛地气田气藏特征、研究适合于大牛地气田的开发方式、开发指标、工作制度和开采工艺，需要进行一系列开发试验，并在此基础上，弄清此类气田的开发技术政策。具体试验目的可归结为：

(1) 进一步认识大牛地气田的气藏特征，了解储层展布特征，落实产能，评价储量，研究适合于大牛地气田的开发方式、开发指标、工作制度和开采工艺，为编制气田开发方案提供依据。

(2) 通过钻井、完井、压裂和采气等工艺试验，优选适合于大牛地气田低孔、低渗储层开发的钻完井、压裂和采气等工程工艺技术。

(3) 通过地面集输工艺试验，优选适合于大牛地气田的地面集输工艺技术。

(4) 评价山 1 段、山 2 段、盒 3 段、盒 2 段等气藏的开发有利区和可动用储量，为编制气田开发方案提供依据。

二、先导试验的层位确定

大牛地气田是一个多套气层纵向上互相叠加、平面上叠合连片的复式大型气田，在不同井的太 2 段、山 1 段、山 2 段、盒 1 段、盒 3 段中均获得工业天然气流。截至 2002 年 11 月底，获得山 1 段天然气探明储量 $401.54\times10^8m^3$，含气面积 $368.90km^2$，山 2 段天然气探明储量 $267.58\times10^8m^3$，含气面积 $202.00km^2$，盒 1 段天然气控制储量 $444.33\times10^8m^3$，含气面积 $247.69km^2$，太 2 段控制储量 $93.84\times10^8m^3$，含气面积 $55.46km^2$，盒 3 段天然气预测储量 $241.90\times10^8m^3$，含气面积 $420.10km^2$，山 1 段预测储量 $662.40\times10^8m^3$，含气面积 $820.10km^2$，太 2 段预测储量 $107.00\times10^8m^3$，含气面积 $109.00km^2$。表明大牛地气田已具备了规模开发的天然气物质基础。

目前大牛地气田上古生界已有 23 口井进行了测试，其中山 1 段为获得工业气流井最多的层段(5 口井)，平均无阻流量 $1.67\times10^4m^3/d$，最高无阻流量为大 15 井的 $3.5898\times10^4m^3/d$；山 2 段共有 6 口井获得工业气流，平均无阻流量 $2.49\times10^4m^3/d$，最高无阻流量为大 13 井的 $7\times10^4m^3/d$；盒 3 段为大牛地气田高产层位，共有 4 口井获得工业气流，平均无阻流量 $11.09\times10^4m^3/d$，其中大 16 井无阻流量为 $16.44\times10^4m^3/d$，大 15 井无阻流量为 $21.08\times10^4m^3/d$，为全气田单层最高；鄂 9 井中有三层获得工业气流(山 1 段、山 2 段和盒 1 段)，无阻流量之和为 $2.76\times10^4m^3/d$，大 10 井中有 4 层获得工业气流(盒 3 段、盒 1 段、山 1 段、太 2 段)，无阻流量之和为 $8.8\times10^4m^3/d$，这两口井为目前在单井中获得工业气流层数最多的井。测试结果表明大牛地气田已具备了一定的产能。

在大牛地气田已经具备规模开发的天然气物质基础和产能基础的情况下，根据气田基本地质特征、已取得的油气成果和近期的工作安排，确定对目前已获得探明储量的山 1、山 2 段和产能最高的盒 3 段 3 个气层进行单层开发先导性试验。其中，盒 3 段探明储量计算工作，华北分公司 2002 年 11 月已安排，预计 2003 年 4 月份可向储委提交《大牛地气田盒 3 段新增天然气探明储量报告》。

同时，由于大牛地气田具有太 2 段、山 1 段、山 2 段、盒 1 段、盒 3 段多套气层，而且多套气层纵向上互相叠加，平面上叠合连片的特点。根据气田多层叠合特点，多层合采能否成为未来大牛地气田高效开发的主要方式，因此，在单层试验的基础上，在气田合适部位，选择部分已钻井，进行单井多层合采的可行性试验。

第二节　试验选区

一、选区的必要性

大牛地气田上古生界已测试23口井，山1段获得工业气流井最多，平均无阻流量 $1.67\times10^4m^3/d$，最高无阻流量为大15井的 $3.5898\times10^4m^3/d$；山2段有6口井获工业气流，平均无阻流量 $2.49\times10^4m^3/d$，最高无阻流量为大13井的 $7\times10^4m^3/d$；盒3段为大牛地气田高产层位，有4口井获工业气流，平均无阻流量 $11.09\times10^4m^3/d$，其中大16井无阻流量为 $16.44\times10^4m^3/d$，大15井无阻流量为 $21.08\times10^4m^3/d$，为全气田单层最高；鄂9井中有三层(山1段、山2段、盒1段)获工业气流，无阻流量之和为 $2.76\times10^4m^3/d$，大10井中有4层(盒3段、盒1段、山1段、太2段)获工业气流，无阻流量之和为 $8.8\times10^4m^3/d$，这两口井为目前单井获工业气流层数最多的井。测试结果表明大牛地气田已具备了一定的产能。

大牛地气田已经具备规模开发的天然气物质基础和产能基础，根据气田基本地质特征、已取得的油气成果和近期的工作安排，确定对已获得探明储量的山1段、山2段和产能最高的盒3段进行单层开发先导性试验。华北分公司2002年11月已安排盒3段探明储量的计算，计划2003年4月份可向储委提交《大牛地气田盒3段新增天然气探明储量报告》。

(1)选择大10-大15-大1井区为大牛地气田开发先导性试验区，面积为 $327.3km^2$，探明储量 $867.3\times10^8m^3$(见图3-2-1)。该区已有老井10口、18层获得工业气流，合计无阻流量为 $34\times10^4m^3/d$。另有新井7口，预测合计无阻量可达 $38\times10^4m^3/d$。如按测试无阻流量四分之一和五个之一配产，根据数值模拟结果，保持预测 $15\times10^4m^3/d$ 的生产能力，可稳产5年。

(2) 天然气市场以内蒙古自治区杭锦旗为主，华北石油局于2003年已与杭锦旗政府签订了2003年日供气 $5\times10^4m^3$、2004年日供气 $10\times10^4m^3$ 和2005年日供气 $15\times10^4m^3$ 的用气协议，商定供气初期的气价为0.68元/立方米。

(3) 按照先导试验区内17口井生产，日产气 $15\times10^4m^3$，外输至杭锦旗的生产方案进行经济评价，生产期15年，总投资为7331.4万元，所得税后内部收益率为21.19%，投资回报期为5.38年。

二、储量分类指标

由于大牛地气田储层有较强的非均质性，储量的开采难度不尽相同，为了使先导试验有较强的针对性，应对山1段、山2段、盒3段的储量进行分类评价。

在现有钻井工程、完井工程、压裂工艺等技术条件下，影响储量开采的主要是气层产能的地质控制因素，如储量丰度、产能系数、有效厚度、孔隙度、渗透率、含气饱和度等。

分析了诸多控制气层产能的地质因素后，选取了与产能关系较为密切的储量丰度、产能系数、储层分类作为大牛地气田的储量分类指标。随着储量丰度、产能系数、Ⅰ类储层

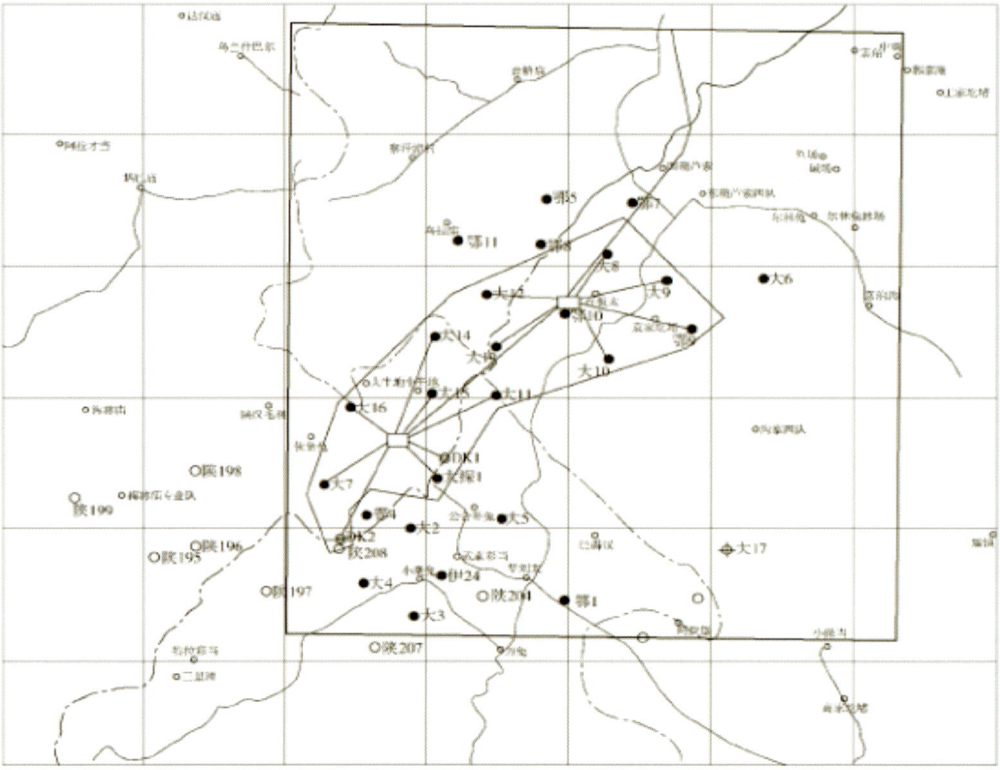

图 3-2-1　大牛地气田开发先导试验区图

厚度的增大，产能也随之增高。参照长庆油田储量分类标准，结合大牛地气田的实际，将山 1 段、山 2 段、盒 3 段的储量分为Ⅰ～Ⅲ类储量。其中，Ⅰ类储量为优质储量，Ⅱ类储量为较好储量，Ⅲ类储量为较差储量(表 3-2-1、表 3-2-2)。

表 3-2-1　山西组储量分类指标表

指　标		Ⅰ类储量	Ⅱ类储量	Ⅲ类储量
储量丰度/($10^8 m^3/km^2$)		>1	0.5～1	<0.5
产能系数/$m \cdot 10^{-3} \mu m^2$		>4	2～4	<2
储层分类	孔隙度/%	>8	4～8	4～8
	渗透率/$10^{-3} \mu m^2$	>0.25	0.16～0.25	0.16～0.25

表 3-2-2　盒 3 段储量分类指标表

指　标		Ⅰ类储量	Ⅱ类储量	Ⅲ类储量
储量丰度/($10^8 m^3/km^2$)		>1	0.5～1	<0.5
产能系数/$m \cdot 10^{-3} \mu m^2$		>4	2～4	<2
储层分类	孔隙度/%	>10	5～10	5～10
	渗透率/$10^{-3} \mu m^2$	>0.35	0.125～0.35	0.125～0.35

三、山1段储量分类及试验选区

截至2002年11月底，山1段共获得天然气探明储量$401.54\times10^8m^3$，含气面积$368.90km^2$。在已提交探明储量的含气面积内，根据储量分类指标，可将山1段的天然气探明储量分为Ⅰ～Ⅲ类，其中Ⅰ类储量为$222.13\times10^8m^3$，占探明储量的55.32%，Ⅱ类储量为$161.94\times10^8m^3$，占探明储量的40.33%，Ⅲ类储量为$17.47\times10^8m^3$，占探明储量的4.35%（表3-2-3）。

表3-2-3　山1段Ⅰ～Ⅲ类储量数据表

类　别	面积/km^2	平均丰度/($10^8m^3/km^2$)	储量/10^8m^3	占探明储量百分比/%
Ⅰ类储量	142.12	1.56	222.13	55.32
Ⅱ类储量	160.81	1.01	161.94	40.33
Ⅲ类储量	65.97	0.26	17.47	4.35

Ⅰ类储量区是山1段气藏较易开采的区域，且占已提交的探明储量相当大的份额，可以建设相当规模的产能，所以在对山1段进行开发先导性试验时，重点对山1段气藏Ⅰ类储量进行开发试验。

在对山1段气藏Ⅰ类储量进行先导性开发试验时，主要考虑新钻开发井进行试验，同时利用部分已钻井。部署新钻开发井的主要思路是在Ⅰ类储量范围内，选择具有代表性的部位部署开发试验井组，具体来讲就是选择Ⅰ类储量范围内储量丰度、有效厚度、孔隙度、渗透率和含气饱和度处于平均值附近的区域部署开发井组。通过分析研究，决定在大15井西南部署5口开发井（DK5、DK6、DK7、DK8、DK9井），形成5点式井网，中心井距边缘井1000m，边缘井间距1414m，与大15井一起构成大15井组。同时利用大探1和DP1等2口老井进行山1段气藏开发试验。

根据山1段砂体、有效厚度、孔隙度、含气饱和度分布平面图，预测5口新钻开发井的各项参数见表3-2-4。

表3-2-4　山1段大15井组新钻开发井地质参数预测表

沉积相	井号	砂岩厚度/m			有效厚度/m			孔隙度/%	含气饱和度/%	单井储量/10^8m^3
		S_1^1	S_1^2	合计	S_1^1	S_1^2	合计			
分流河道	DK5	18	12	30	6.5	7.5	14	7.6	62	1.84
	DK6	19	12	31	6.5	7.5	14	8	63	1.90
	DK7	19.5	12.5	32	7	7.5	14.5	7.7	62	1.73
	DK8	20.5	14	34.5	7	7.5	14.5	7.5	60	1.69
	DK9	17.5	15.5	33	6	9	15	7.6	59	1.94

通过计算，大15井组共6口井（包括大15井）控制山1段天然气地质储量为$11.09\times10^8m^3$。

由于Ⅱ类储量也占了已提交探明储量一定的份额，为了全面评价山1段气藏，在对Ⅰ类储量区进行试验的同时，选择部分老井（大10、鄂9井）与其他层位进行多层合采的试验。

四、山 2 段储量分类及试验选区

截至 2002 年 11 月底，山 2 段天然气探明储量 $267.58\times10^8m^3$，含气面积 $202.00km^2$。在已提交探明储量的含气面积内，根据储量分类指标，可将山 2 段天然气探明储量分为Ⅰ~Ⅲ类储量，其中Ⅰ类储量 $232.37\times10^8m^3$，占探明储量的 86.84%，Ⅱ类储量 $34.36\times10^8m^3$，占探明储量的 12.84%，Ⅲ类储量 $0.85\times10^8m^3$，占探明储量的 0.32%(表 3-2-5)。

表 3-2-5　山 2 段Ⅰ~Ⅲ类储量数据表

类　别	面积/km^2	平均丰度/($10^8m^3/km^2$)	储量/10^8m^3	占探明储量百分比/%
Ⅰ类储量	155	1.50	232.37	86.84
Ⅱ类储量	44.5	0.93	34.36	12.84
Ⅲ类储量	2.5	0.34	0.85	0.32

Ⅰ类储量区是山 2 段气藏较易开采的区域，是山 2 段气藏产能建设最重要的部分，并且占已提交的探明储量的绝大部分，所以在对山 2 段气藏进行开发先导性试验时，只对Ⅰ类储量进行开发试验，并且主要考虑对新钻开发井进行试验。部署新钻开发井的思路是在Ⅰ类储量范围内，选择具有代表性的部位部署开发试验井组，具体来讲就是选择Ⅰ类储量范围内储量丰度、有效厚度、孔隙度、渗透率和含气饱和度处于平均值附近的区域部署开发井组。通过分析研究，决定在大 13 井部署 2 口开发井(DK10、DK11 井)，形成三角形井网，大 13 井距 DK10、DK11 井为 800m(井网、井距的确定见第二章)，与大 13 井组成大 13 井组。

根据山 2 段砂体、有效厚度、孔隙度、含气饱和度的分布平面图，预测 2 口开发井的各项参数见表 3-2-6。

表 3-2-6　山 2 段大 13 井组新钻开发井地质参数预测表

井　号	沉积相	砂岩厚度/m			有效厚度/m			孔隙度/%	含气饱和度/%	单井储量/10^8m^3
		S_2^1	S_2^2	合计	S_2^1	S_2^2	合计			
DK10	分流河道	17	8	25	5.7	7	12.5	10.6	70	1.17
DK11	分流河道	17	12	29	6.5	7	13.5	10.6	71	1.28

估算大 13 井组 3 口井(包括大 13 井)控制山 2 段天然气地质储量为 $3.66\times10^8m^3$。

五、盒 3 段储量分类及试验选区

盒 3 段气藏已于 2002 年 10 月提交天然气预测储量 $241.90\times10^8m^3$，含气面积 $420.10km^2$，预计 2003 年将升级为探明储量。在已提交预测储量的含气面积内，本次研究重计算后，盒 3 段储量为 $269.37\times10^8m^3$。根据储量分类指标，可将盒 3 段储量分为Ⅰ~Ⅲ类储量，其中Ⅰ类储量为 $185.0\times10^8m^3$，占总储量的 68.68%，Ⅱ类储量为 $60.53\times10^8m^3$，占总储量的 22.47%，Ⅲ类储量为 $23.84\times10^8m^3$，占总储量的 8.85%(表 3-2-7)。

表 3-2-7　盒 3 段 Ⅰ～Ⅲ类储量数据表

类　别	面积/km^2	平均丰度/($10^8m^3/km^2$)	储量/10^8m^3	占总储量百分比/%
Ⅰ类储量	147.52	1.25	185.00	68.68
Ⅱ类储量	80.71	0.75	60.53	23.47
Ⅲ类储量	190.74	0.125	23.84	8.85

Ⅰ类储量区是盒 3 段气藏较易开采的区域，是盒 3 段气藏产能建设重要的部分，并且占已提交储量的 68.68%，所以在对盒 3 段进行开发先导性试验时，只对盒 3 段气藏Ⅰ类储量进行开发试验，并且主要考虑对新钻开发井进行试验，同时利用部分已钻井。部署新钻开发井的思路是在Ⅰ类储量范围内，选择具有代表性的部位部署开发试验井组，具体来讲就是选择Ⅰ类储量范围内储量丰度、有效厚度、孔隙度、渗透率和含气饱和度处于平均值附近的区域部署开发井组。通过分析研究，决定在大 16 井东北部署 1 口开发井(DK4)，距大 16 井 1000m；大 15 井组西部部署 1 口开发井(DK3)，距 DK5 井 1000m。

根据盒 3 段砂体、有效厚度、孔隙度、含气饱和度的分布平面图，预测 2 口开发井的各项参数见表 3-2-8。

表 3-2-8　盒 3 段新钻开发井地质参数预测表

沉积相	井　号	砂岩厚度/m	有效厚度/m	孔隙度/%	含气饱和度/%	单井储量/10^8m^3
河道	DK3	23	9	8.6	73	1.23
	DK4	27	7.5	8.5	76	1.13

六、多层合采试验选区

1. 单油管多层合采试验选区

大牛地气田上古生界发育太 1 段、太 2 段、山 1 段、山 2 段、盒 1 段、盒 2 段、盒 3 段多套气层，多套气层纵向上互相叠加，平面上叠合连片。经计算，大牛地气田上古生界储量丰度在(1.51～8.28)×$10^8m^3/km^2$，平均为 3.85×$10^8m^3/km^2$，为中等丰度气田，其中以大 10—鄂 9 井区储量丰度最高，决定在此井区进行多层合采试验。

对大 10 井中太 2 段、山 1 段、盒 1 段、盒 3 段的单层测试和鄂 9 井中的山 1 段、山 2 段、盒 1 段的单层测试结果表明，两口井中的单层产能相差不大，无阻流量为 5569～37156m^3/d。各单层的物性、产能、压力、温度和流体性质都已比较清楚，所以选择在大 10 井、鄂 9 井中进行多层合采试验。

2. 分层合采试验选区

目前，大牛地气田在上古生界的 6 套气层中，产能最高的为盒 3 段气层(大 15 井无阻流量为 21.08×$10^4m^3/d$，大 16 井无阻流量为 16.44×$10^4m^3/d$)，其余产能相对较低(均小于 5×$10^4m^3/d$)，如果产能高的盒 3 段气层与其他产能相对较低的气层合层开采，层间干扰势必很强，影响开发效果，对于这种情况，在进行先导性开发试验时，决定进行分层合采试验。试验时选择盒 3 段气层和山 1 段气层，同时发育，两层产能相对较高，各单层产能、压力、温度和流体性质都比较清楚的大 15 井附近进行此项目试验。

第三节　先导试验方案

针对大牛地气田存在的问题，通过开发井部署、老井试采、工程工艺试验等手段，实现对不同类型的储层、不同类别的储量进行评价；确定合理的开发指标和工作制度；形成与大牛地气田配套的工程工艺技术；预测向山东供气的可能性等目的，制定了详细可行的试验方案。为编制大牛地气田整体开发方案和尽快实现大牛地气田的大规模开发打好基础。

一、先导试验井部署

（一）开发评价阶段

在勘探开发一体化思路下，勘探发现之后，气田的开发评价阶段就已开始，该阶段是气田开发的起始阶段。该阶段要与勘探充分结合，在井位部署上，开发准备井部署要充分结合探井和评价井，争取利用较少的井，达到此阶段的目的和任务，同时要做到，探明储量提交后，开发概念设计基本完成，加快开发进程。

开发评价试验的目的就是对气田开发可行性进行评价，回答气田能否经济开发的问题，为下步开发决策提供依据。任务是通过已有探井、评价井和新部署开发准备井，在初步试采的基础上，落实气田产能，评价可动用储量，深化气田地质认识，进行开发可行性评价。主要根据气田实际情况，此阶段一般要开展以下几项工作：部署开发准备井，开展区域地质及地层、气田构造、沉积相、储层综合评价、储层四性关系、产能评价、气藏特征、储量评价、市场调研及开发可行性研究。

2001～2002 年为大牛地气田开发评价阶段，主要目的是论证气田经济开发的可行性，为气田进行规模化开发的决策提供可靠依据。此阶段完成了 7 口探井和 2 口开发准备井、2 口开发井，完成三维地震采集 800km^2，进行 5 口井 4 个层位的试采工作，开展并完成了“鄂尔多斯盆地北部塔巴庙区块大牛地气田山 1 气藏开发工程预可行性研究”“鄂尔多斯盆地北部塔巴庙区块大牛地气田山 1 段气藏开发工程预可行性研究天然气下游市场调查”“大牛地气田大 1 井区山 1 气藏开发方案”“鄂尔多斯盆地北部塔巴庙区块大牛地气田开发先导性试验可行性研究”“塔巴庙大牛地气田开发先导性试验可行性论证”等，通过开发评价，落实了盒 3 段、盒 2 段、山 1 段为气田高产层位，初步评价出盒 3 段、盒 2 段优质储量 $640\times10^8m^3$，论证了气田开发具有良好的经济性，为大牛地气田先进行开发先导性试验和产能建设的决策提供了科学依据。

（二）开发先导性试验阶段

在开发评价阶段论证了气田经济开发可行性后，采用什么技术和方法、如何科学合理的开发气田上升为开发矛盾中的主要方面，这时对于大型岩性气田，一般要进行开发先导性试验，一方面实际验证气田的经济开发可行性，另一方面探索适合于气田开发的技术方法，为最后规模开发做好技术上的储备，避免盲目快上，造成不必要的损失。

开发先导性试验的目的是实际验证气田经济开发可行性，进一步掌握气田地质特征，探索和形成较为成熟的钻（完）井、压裂、采气、地面集输等工程工艺技术，为编制开发方案和产能建设做好准备。

本阶段的主要任务是在开发评价阶段初步确定的开发有利区内，选择典型井区，编制开发先导性试验方案，利用已有钻井，同时根据实际情况部署开发先导试验井和三维地震工作，建立初步的地面集输系统，开展采气试验和地面集输工作，进一步深化地质认识，进一步落实产能，评价出可动用储量，开展气藏生产动态研究。通过先导试验，初步形成适合致密低渗气田的开发技术政策和钻井、完井、压裂、采气、地面集输工艺，为编制开发方案提供科学依据。

根据气田实际情况，此阶段一般要开展以下工作：部署开发试验井、编制开发先导性试验方案、开展采气试验、开展地面集输工艺试验；主要开展气藏描述、气藏工程研究、钻完井与压裂技术适应性及优化研究、采气工艺研究、地面集输工艺研究、开展气田开发经济评价。

2003~2004 年，大牛地气田开发先导性试验正式进入实施阶段，根据当时气田的实际情况，编制了《大牛地气田开发先导性试验方案》。

主要以山 1 段、山 2 段、盒 3 段、盒 2 段为目的层，进行：

(1) 部署新井 9 口，进行钻完井和压裂工艺试验，并落实储量、评价产能和验证三维地震预测成果；

(2) 利用 9 口新井和 9 口老井形成 2 个试验井组和多个单采试验井，进行井组试验和单层及多层采气、排水采气、水合物防治等试验(图 3-3-1)，优选适合大牛地气田的开发方式、技术政策、采气工艺等。

(3) 建设集气站 2 座、大牛地-杭锦旗外输管线 1 条(138km)，开展“高压进站、低温分离”集输工艺试验，总结形成适合于大牛地气田开采的地面集输工艺。

2004 年初在 2003 年试验取得的成果和发现问题的基础上，继续进行开发先导性试验，又部署了 25 口开发准备井，继续深化对气田的认识，进一步落实产能和评价储量；继续完善钻完井工程工艺和采气工艺及集输工艺。

通过 2003~2004 年的开发先导性试验，取得了重要的成果和认识，为开发方案的编制提供依据：

(1) 利用新钻井 34 口，老井 14 口，建成年天然气能力 $2.2\times10^8m^3$，累计生产天然气 $1.0863\times10^8m^3$，取得很好的经济效益，证明气田可经济开发。

(2) 落实了盒 3 段、盒 2 段为气田高产层位，主要分布在气田西南部，平均产量 $1.3\times10^8m^3$，可单层经济开发，评价出盒 3 段、盒 2 段可动用储量 $216.97\times10^8m^3$，为开发的主要目的层位。

(3) 证明气田具有多套气层叠合。大面积分布的特点，并通过试采证明多套气层合采不存在层间干扰，可通过多层合采方式动用中低产气层的储量，并评价出多层叠合可动用储量 $756.29\times10^8m^3$。

(4) 深化了气田的地质认识和高产富集规律，初步形成了针对盒 2 段、盒 3 段高产气层的三维储层预测技术。

(5) 初步形成了可行的钻完井及压裂工程工艺技术。钻井采用直井方式，井身结构二开，钻头为 PDC。储层保护基本配方为“原钻井液+4%~6%复合暂堵剂 FH+1%~2%屏蔽暂堵剂 PD-1+2%~3%油溶性暂堵剂 WZD-2+稀胶液”。完井方式采用套管射孔完井。固井方案采用全井封固，射孔采用电缆传输正压射孔，102枪127射孔弹，孔密16~18孔/米，相位角60°~90°。压裂液采用全程拌氮压裂液体系，压裂规模一般为：施工压力40~60MPa，砂量30~60m^3，砂比25%~30%，排量2.5~3m^3/min，氮量6%~9%，裂缝长度250~300m。

（6）确定了以化学泡排为主的排水采气工艺和以注醇为主的水合物防治工艺。

（7）新建集气站2座，确定了"多井高压集气、站内集中加热、节流、轮换计量的集气工艺和站内节流膨胀制冷、低温分离脱水的天然气处理工艺以及集中注醇、集中回收的甲醇加注、回收工艺"。在开发先导试验的基础上，为编制开发方案提供了充分的依据。

具体为：

1. 2003年首批先导试验井部署方案

先导性试验方案的要点是：部署3个试验井组，新钻9口开发井，结合利用9口已钻井分别对区内二叠系山西组山1段、山2段气藏及下石盒子组盒3气藏进行开发先导性试验评价，建设相应的地面集输站及273mm、159mm外输管线向当地用户供气。2002年10月，中国石化油田事部在北京召开"大牛地气田开发先导方案审查会议"，提出了具体修改意见和年底进行终审的时间要求。12月，中国石化油田事业部在北京召开"大牛地气田开发先导试验方案审查会议"，专家评审组认为华北分公司"做了大量的基础工作，地质研究较扎实，方案总体较符合要求，试验目的明确，方案思路清晰，试验步骤合理"。并要求华北分公司"成立项目组，抓紧组织实施塔巴庙地区大牛地气田开发先导性试验方案"。

依据地质和气藏工程所确定的试验区、井网井距等结果，结合工程工艺试验设计，新钻9口开发井，选择9口已完钻井（大探1、大10、大13、大15、大16、鄂9、DK1、DK2、DP1），共18口井，对山1段、山2段、盒3段三个气藏及多层合采进行开发先导试验。

新布开发井以井组形式分别部署在大15、大13、大16井附近，对应的试验层位为山1段、山2段及盒3段。其中：

大15井附近部署DK5、DK6、DK7、DK8、DK9共5口开发井。采取五点法部井，中心井距其余4口井均为1000m（边部4口井的井距为1414m），构成大15井组。

大13井附近部署DK10、DK11共2口开发井，与大13井形成三角形井组，井距为800m，构成大13井组。

大16井附近部署DK3、DK4共2口开发井，井距为3700m和1000m。其中，一口为水平井，构成大16井组。

在试验过程中，根据试气结果，若开发井目的层测试产量不理想，则转层试验。

2. 首批先导试验井工作安排

1）山1段气藏试验工作安排

山1段气藏开发先导试验包括井组试验和单井试采试验。

（1）井组试验。

① 试验目的：落实山1段气藏产能、评价山1气藏的Ⅰ类储量；进行试采和井间干扰试验，确定山1段气藏合理井距及开发指标；实施泡沫压裂和分层分采，验证工程工艺效果。

② 钻井部署：部署新钻开发井 5 口，即试验井部署方案中的大 15 井组。

③ 任务安排：5 口开发井均采用常规直井方式。要求所有开发井钻开目的层段时要采用屏蔽暂堵技术；进行标准测井、综合测井及固井质量测井。选择 1 口井进行泡沫压裂试验，其余 4 口直井采用常规水力压裂进行储层改造。根据储层预测结果，选定 1 口井对山 1 段气层取心，并进行特殊测井。开发井压裂并进行完井测试后投入试采，选择大 15 井对山 1 段及盒 3 段气层进行分层分采。试采期间进行动态监测。

④ 试井方案：所有开发井开井前测静压。开井后，均进行产能试井，当无阻流量估算低于 $2\times10^4m^3/d$ 时，采用一点法试井；当无阻流量估算高于 $2\times10^4m^3/d$ 时，采用修正等时试井，求取合理工作制度。无阻流量大于 $1\times10^4m^3/d$ 的井，在结束产能试井后进行压恢测试。

⑤ 试采工作制度：井组中 DK5 井、DK6 井、DK7 井、DK9 井 4 口井分别按无阻流量的 1/4、1/5、1/3、1/6 配产进行试采，掌握气层稳产条件。DK8 井关井，观察压力变化情况，了解气层连通性和各向渗透性。

（2）单井试采。

① 试采目的：配合井组试验，评价山 1 段产能、落实山 1 段 Ⅰ 类储量；进行山 1 段气藏水平井产能及可行性评价；试验排水采气工艺，应用不同的试井方法求取可靠的地层参数。

② 试采井选择：选择 DP1、大探 1 井进行单井试采。

③ 任务安排：DP1 井，评价水平井产能及其可行性；大探 1 井试验排水采气工艺。试采期间进行动态监测。

④ 试采工作制度：大探 1 井按无阻流量 1/5 配产，控制气产量。DP1 井视完钻后试气结果另行确定。

2）山 2 段气藏试验工作安排

山 2 段气藏主要进行井组试验。

① 试验目的：落实山 2 段气藏产能、评价山 2 段气藏的 Ⅰ 类储量；进行井间干扰试验和试采，确定山 2 段气藏合理井距及开发指标；验证工程工艺效果。

② 试验井部署：部署新钻开发井 2 口，即试验井部署方案中的大 13 井组。

③ 任务安排：2 口开发井均采用常规直井方式。所有开发井均要求钻开目的层段时采用屏蔽暂堵技术；进行标准测井、综合测井及固井质量测井；采用常规水力压裂进行储层改造。根据储层预测结果，选定 1 口井对山 2 段气层取心，并进行特殊测井。选择 DK10 井对山 2 段气层进行压前 DST 测试。所选试验井均进行试采。试采期间进行动态监测。

④ 测试方案：在 DK10 井对山 2 段气层进行压前 DST 测试。采用射孔-测试联作方式进行。选用二开二关的工作制度，各阶段测试时间为：一开 30min，一关 24h，二开 36h，二关 120h。

⑤ 试井方案：所有开发井开井前测静压。开井后，均进行产能试井，当无阻流量估算低于 $3\times10^4m^3/d$ 时，采用一点法试井；当无阻流量估算高于 $3\times10^4m^3/d$ 时，采用修正等时试井，求取合理工作制度。无阻流量大于 $1\times10^4m^3/d$ 的井在结束产能试井后，进行

压恢测试。

⑥ 试采工作制度：大13井按无阻流量的1/3，DK10井按无阻流量的1/5配产进行试采，DK11作为观察井。

3）盒3段气藏试验工作安排

盒3段气藏主要进行井组试验和单井试采。

① 试验目的：落实盒3段气藏产能、评价盒3段气藏的Ⅰ类储量；进行井间干扰试验和试采，确定盒3段气藏合理井距及开发指标。

② 试验井部署：部署新钻开发井2口，即试验井部署方案中的大16井组。

③ 任务安排：2口开发井中1口采用常规直井方式，1口采用水平井方式。所有开发井均要求钻开目的层段时采用屏蔽暂堵技术；进行标准测井、综合测井及固井质量测井。直井采用常规水力压裂进行储层改造。根据储层预测结果，选定1口井对盒3段气层取心，并进行特殊测井。选择1口井对盒3段气层进行压前DST测试。所选试验井均进行试采。试采期间进行动态监测。

④ 测试方案：在DK3井对盒3段气层进行压前DST测试。采用射孔-测试联作方式进行。选用二开二关的工作制度，各阶段测试时间为：一开20min，一关24h，二开24h，二关120h。

⑤ 试井方案：对所有开发井开井前测静压。开井后均进行产能试井，当无阻流量估算低于$5\times10^4m^3/d$时，采用一点法试井；当无阻流量估算高于$5\times10^4m^3/d$时，采用修正等时试井，求取合理工作制度。无阻流量大于$2\times10^4m^3/d$的井在结束产能试井后，进行压恢测试。

⑥ 试采工作制度：大16井按无阻流量的1/4配产进行试采，新钻直井按无阻流量1/6配产进行试采，水平井根据试气结果另行确定。同时，DK1、DK2两口井进行单采试验，按无阻流量的1/5配产进行试采，评价盒3段气层。

4）合采试验工作安排

① 试验目的：通过试采，对合层开采产能及其可行性进行评价；了解层间干扰情况。确定合层开采工艺。

② 试采井选择：选择鄂9、大10及大15井，共3口井进行试采。

③ 任务安排：鄂9、大10井进行单油管多层合采试验，选择1口井进行生产测井；大15井进行分层分采试验。

④ 试采生产制度：鄂9井：对山1段、山2段、盒1段等三套气层进行合采，第一个月按无阻流量的1/3配产，后期改为无阻流量的1/5配产；大10井：对太2段、山1段、盒1段、盒3等四套气层进行合采，按无阻流量的1/4和1/6配产进行试采；大15井：山1段、盒3段两套气层进行分层分采，按无阻流量的1/7配产。

⑤ 试井方案。鄂9井，大10井已经进行完井测试，并已经开始试采，要求试采期间进行系统试井，求取产能方程；每3个月关井求压力恢复；并要求进行生产测井。

3. 2004年先导试验井部署

1）加大试验部署力度，新增部署25口井

2003年12月，中国石化油田事业部在北京组织召开了“鄂尔多斯大牛地气田开发先导性试验阶段总结工作例会”，中国石化股份公司领导、油田事业部、发展计划部、工程建设部、科技开发部、油田管理部和石油勘探开发研究院领导、专家共20余人参加，华北分公司汇报了《大牛地气田开发先导性试验阶段总结》。与会的领导、专家一致认为：“华北分公司通过加强领导、落实组织和部署、加大科技合作工作力度，2003年鄂尔多斯大牛地气田开发先导性试验工作取得了重要进展，主要在气田地质、储层、产能、采气工艺、钻井完井和大杭管线建设等方面取得了阶段性成果。同时，鄂尔多斯天然气开发中的许多工作还有待通过后续试验进一步落实。”会议指出大牛地气田开发下一步试验工作的重点是：“充分利用三维地震资料，加强储层评价研究，提高储层预测的精度；进一步评价产能，落实可动用储量。继续进行压裂优化设计，注意分析泄气半径和压裂效果的评价研究。做好气田开发的经济评价，要加强盈利风险分析”等，为大牛地气田开发方案的编制提供依据。

2004年，中国石化股份公司下达的天然气开发目标任务是：

① 继续深化塔巴庙区块大牛地气田开发先导性试验。

② 落实可开发储量(500~1000)$\times10^8m^3$。

③ 2004年8月底完成大牛地气田$10\times10^8m^3$产能的正式开发方案。

④ 完成$0.9\times10^8m^3$天然气产量。

在石油勘探开发研究院地震处理解释中心的协助下，以盒3段、盒2段有利地震属性（T_9f、T_9e平均振幅）为主要评价目标部署了25口先导试验评价井，分为两批部署，第一批以地震预测盒3砂体为目标部署DK12~DK20共9口井(图3-3-1)。

图3-3-1　三维地震资料预测5块盒3砂体及部署图

在钻井跟踪的基础上，结合开发地质综合评价与三维地震处理解释成果的分析验证，明确了DK13、DK15、DK18井区为盒3储层发育有利区，兼顾评价大30、大52井部署了DK21~DK36等16口先导试验井。

① DK13井区。

DK13井区为大牛地气田天然气最富集的区域，盒3段砂体厚度大，含气丰度高，DK13井区处于地震强反射区。该区的DK2、DK13、DK12和陕208井均为气田内的高产井，其中DK13井盒3段的无阻流量达到$58\times10^4m^3/d$。DK13井区的北东部的D7井盒三段底砂岩较薄，开发准备井DK13井的盒3段发育了40多米后的砂层，高产层集中于盒3段顶部的砂体。根据多种地震属性分析，参考反演的砂体分布趋势，建议部署了DK25、DK26、DK27、DK28、DK32、DK33、DK34 7口井。

② DK15井区。

DK15井区内DK4、DK3、DK14井均在盒3段钻遇高产气层。DK4井与DK3井的盒三段均发育较厚的底砂岩。底砂岩呈多层砂体叠置状态。开发准备井DK14井在盒三段顶部钻遇7m左右的高产气层，无阻流量约$13\times10^4m^3/d$，说明该区的天然气不仅富集在盒3段底砂岩中，在盒3段上部也可以找到高产区。盒三段的地震属性表明DK4、DK3与

DK14 井处于相近的地震属性区，为地震工区中部的一个椭圆形区域，反演结果表明 DK15 井区砂体厚度较大。根据地震综合预测划定的 DK15 井区最佳富集区的边界，建议部署了 DK24 等井。

③ DK18 井区。

2004 年部署的第一轮开发准备井 DK18 井在该区钻遇盒 3 段的高产气层，开辟了大牛地气田的新的天然气富集区。后续完钻的 DK19 也在该区盒 3 段钻遇良好的气层。该区为一强反射地震异常区，反演的砂体厚度预测图也表明 DK18 井区为砂体发育区。DK18 井区的气层特征与其他井区有所不同，DK18 井盒 3 段底砂岩的电阻率异常并不很高，约为 $50\Omega \cdot m$，但含气丰度很高，无阻流量超过 $20\times10^4m^3/d$。DK18 井处的地震反射强度为强振幅区的较弱振幅。反演结果显示 DK18 处砂体最厚，砂体呈北西、南东向延伸的趋势。在地震和反演双向圈定的区域，建议部署 DK29、DK31 等井。

2）紧密跟踪新完钻探井效果，进行探转采

优选确定大 7、大 11、大 24、大 25、大 30 进行探转采试验，其中大 7 井盒 3 段气层、大 24 井盒 1 段气层、大 30 井盒 2 段气层进行单层试采；大 11 井盒 3 段、山 1 段气层、大 25 井盒 1 段、太 2 段气层进行合层试采试验。

2003~2004 年，完成新部署井及老井试采井 48 口，奠定了大牛地气田先导试验取得成功的重要基础。

二、动态监测及资料录取

1. 动态监测

动态监测的目的主要是评价完井效果、检查井内故障、获得产层及隔层的详细资料、监控气层各主要参数及气井产量变化、评价采气工艺技术和措施效果、分析气藏生产动态。通过动态监测所获取的资料和研究成果，可以为制定科学合理的开发方案提供可靠的依据。

1）动态监测要求

动态监测原则上按石油天然气行业标准(采气井动态监测技术规范)执行。根据试验工作安排，具体要求如下：

(1) 进行井间干扰试验时，对生产井和观察井进行压力监测，主要测量井底和井口压力。

(2) 井组生产 3 个月后选择一口井关井进行压恢测试。

(3) 每层选择一口生产井，生产 3 个月后进行 1 次产能试井。当无阻流量大于 $30\times10^4m^3/d$ 时，采用回压法试井；当无阻流量在 $(10\sim30)\times10^4m^3/d$ 时，采用修正等时试井；当无阻流量小于 $10\times10^4m^3/d$ 时，采用一点法试井。

(4) 全部气井投产初期每月测 1 次井底流动压力，生产半年之后每两个月测 1 次。

(5) 各气井生产动态参数(井底压力、温度、油气水量等)测试。

(6) 每月对各气井井流物性进行 1 次全分析。

(7) 对不同含量 CO_2 的井，分别进行现场 H_2S 含量测试。

(8) 选取水含量较高的井，进行天然气中水含量测试和水敏性研究，以研究产水原因和出水对储层的伤害作用。

（9）选择一口凝析油产量较高的井，进行山1段气层凝析液析出对气井产能影响监测，在不同地层压力阶段和不同产量下进行两个流量的压降或压力恢复测试。

（10）新气井投产初期，根据气油比的高低和气组成的差别，分类选取典型井进行高压物性分析。

（11）选择1口合采井进行两次生产测井，时间间隔为3个月。

（12）对井内油管和套管的腐蚀情况进行监测。特别要注意突然发生井口生产压力、产量不正常的情况。

（13）安全阀、压力表、流量计等设备按质检要求每月监测1次，并进行调校或更换。

2）动态监测指标

为了保证对山1段、山2段、盒3段气藏各层段开发过程进行有效的监测，需要掌握气井生产过程中的如下指标：

井筒温度梯度、井底和井口温度；井底静压、流压、井口压力、井筒压力梯度、井筒压力剖面；地层参数；井流物组分。

3）主要监测方法

（1）生产测井。

用组合生产测井仪测量流量、密度、压力、温度、持水率等参数，获得较精确的产液、产气、压力和含水剖面资料。

（2）不稳定试井。

取得气井压力恢复（或压力降落）曲线，确定气藏动态和气井生产特征；处理压力恢复曲线，推算地层压力；求气井产能方程式进行气藏探边、得到井底流压、井底温度，确定地层压力、温度、气井控制范围等。

（3）稳定试井（系统试井）。

通过改变气井工作制度，取得气井产气（油、水）量、气油比、井口压力与针形阀开度的关系，确定气井的合理生产制度及气井产能方程。

4）监测工艺技术

（1）生产剖面测井。

选用流量计、流体密度以、温度仪、持水率仪、压力仪、自然伽马和套管接箍定位器等组合测试仪器，对合采井进行生产剖面测井。要求测试仪器下深必须位于顶部产层以上。

（2）不稳定试井。

选用精密度直读式电子压力计、存储式电子压力计和高精度机械压力计、高精度井下温度计等仪器进行不稳定试井。采用先进的解释系统进行处理。

（3）稳定试井。

采用高精度存储式电子压力计和高精度机械压力计。下井仪器通过油管应下到产层中部。

（4）干扰测试。

测试生产井井底压力，同时测试观察井井口压力。

（5）压力测试。

选用高精度存储式电子压力计对选定的具有代表性的井进行压恢测试。

2. 资料录取

资料录取主要包括试采井基本数据、生产制度、油气水产量、压力、温度、流体性质、高压物性、生产测井、试井资料、增产措施施工资料等内容。具体要求如下：

1）试采井基本数据资料

钻井基本数据；地层分层数据；储层物性数据；井身结构数据；气井小层数据及射孔数据；试井资料及成果。

2）生产制度资料

开、关井时间；气嘴尺寸或针形阀开度；流量计类型及孔板大小。

3）油、气、水产量资料

分别计量油、气、水产量；产气量采取连续计量方式，误差不应大于5%；每8h计量1次凝析油和水产量，每天计算1次日产量。

4）压力资料

井口油、套压每1h记录1次，每24h计算1次平均压力；每2h记录1次分离器压力、上流压力、集气站外输压力，每24h计算1次平均压力；每隔3~6个月实测1次井底静压和井筒静压梯度；纯气井每3个月实测1次井底流压和井筒流压梯度；气、水同产井每月实测1次；地面各种压力测量应采用精度等级高于0.5MPa的标准压力表，井下压力测量应采用精度等级高于0.1MPa的压力计，各种压力表应定期检定。

5）温度资料

每1小时记录1次天然气井口气流温度、上流温度，同时记取当时的大气温度；每次测井底流压或静压时，要同时测井筒相应的温度梯度；选择有代表性的试采井，关井后每隔0.5d、1d、3d、7d、13d测井筒温度梯度、建立关井后井筒平均温度与时间的关系式。

6）流体性质资料

正常试采井每月对地面油、气、水样进行1次全分析；当气井有产水迹象时，加密取水样的次数；试采井在进行井下作业前后，都应取地面油、气、水样进行分析对比。

7）生产测井资料

多层合采井试采早期要进行生产测井，建立产出剖面，在投产后3个月再测1次以便对比。主要录取资料有层位井段、流量、流体性质、持水率、压力、温度、井眼直径等。

8）试井资料

试采期间选择有代表性的井进行至少1~2次产能试井，2~3次不稳定试井。气井试井资料的内容及技术要求按SY 5440—2019执行。

9）气井修井及增产措施资料

记录气井修井、增产的目的及措施步骤；录取施工前后的管串结构、井况、生产层段（含补射层段）、封堵层段；录取施工前、后产层动态资料，进行修井效果对比分析。

三、试采技术管理及要求

（1）试采井必须严格按试采方案录取各项资料，应由专人负责对录取的资料进行质量审查，定期编制试采月报。

（2）地面集输、处理装置必须符合油气田地面建设规范，适应试采及定期试井的要求。

（3）地面流程必须考虑油、气集输同步配套，符合防腐、防污染的要求，尽量回收轻烃。

（4）试采期间要有专门维修人员及设备进行修井作业。在试验期间的修井作业主要是指生产期间的正常维护作业，作业项目包括：日常维护、检查、记录、换井口闸门等。修井期间，严格按行业标准进行操作。

（5）安全控制要求：对井下安全配套工具及地面安全设备严格按照规范要求操作，确保安全生产。

（6）在试采过程中采取有效环境保护措施，做好环境保护。

（7）参照《气藏试采技术规范》进行资料整理编写试采总结。

第四节　致密砂岩气藏储层保护试验

钻井完井过程中致密砂岩气层保护技术，对于避免钻完井过程的气层损害，提高致密砂岩气藏开发经济效益具有十分重要的意义，20 世纪 90 年代以来，国内外先后开展了大量研究，并取得了积极进展。

大牛地气田属于低压致密气藏，储层保护的难度更大。为了避免或减轻钻完井过程中对气层造成伤害，项目从储层伤害机理、保护低压致密气层钻井完井液体系、蔽暂堵钻井完井液技术以及配套的技术措施等方面开展了研究，形成了针对气田低压致密气藏特点的钻井完井储层保护技术。

一、储层敏感性分析

储层流体敏感性评价包括流体速敏、水敏、盐敏、碱敏和酸敏性评价五项内容。为了全面正确评价储层的流体敏感性，对大牛地气田 6 套气层均进行了采样，并采用岩心造缝和不造缝两种方式进行评价，以分别了解储层基块和裂缝的流体敏感性，实验模拟地层水配方、按照行业标准 SY/T 5358—2002 进行。评价结果见表 3-4-1。由表可见，大牛地气田储层对氢氟酸敏和碱敏表现出较强的敏感性，由于氢氟酸很少入井，因此，碱敏是大牛地气田储层主要的流体敏感性伤害因素，对盐敏具有一定的敏感性，对速敏等的敏感性较弱。

表 3-4-1　塔巴庙地区主要含气层段流体敏感性评价结果统计表

气层组	速敏	水敏	盐敏	HCl 敏	HF 敏	碱敏
盒 3 段	弱-中	弱	弱	弱	强	中-强
盒 2 段	中	弱-中	中	无	强	中
盒 1 段	弱	弱	中	中-弱	强	中
山 2 段	弱	弱	中-强	弱	强	中
山 1 段	弱	弱	弱-中	弱	弱-中	强
太 2 段	中-弱	中-弱	中-弱	弱	弱	中

根据对基块和裂缝的流体敏感性对比，基块样品除速敏性伤害略强于裂缝性样品外，其他敏感性均低于或相当于裂缝性样品的敏感性伤害。

储层的应力敏感性评价：致密砂岩储层物性对应力变化较为敏感，为了评价研究区储层的应力敏感性特征，采集各套储层样品，对基块和造缝样品开展了孔隙度和渗透率的应力敏感性实验，实验采用CMM-B型高温高压岩心多参数测量系统，分别对基块和裂缝岩样测定了干样和不同含水饱和度下的样品的孔隙度和渗透率随有效应力增加而变化的情况，用应力敏感性系数进行敏感程度评价。实验结果见表3-4-2、表3-4-3。

表3-4-2 基块干样孔隙度—有效应力敏感性

层位	样号	孔隙度/%								$\Delta\phi/\phi$/%
		6MPa	10MPa	15MPa	20MPa	30MPa	40MPa	50MPa	60MPa	
P_1x^1	大1-11-1	10.67	10.30	10.19	10.13	9.91	9.84	9.70	9.61	7.76
	大1-23-4	12.45	11.69	11.59	11.40	11.24	11.18	11.11	10.98	10.26
	大1-26-2	13.96	13.71	13.54	13.34	13.17	13.09	12.97	12.86	6.19
P_1s^1	大1-73	9.49	9.45	9.26	9.13	9.02	8.86	8.80	8.68	6.62
	大1-112	9.05	8.78	8.73	8.63	8.55	8.16	8.34	8.22	6.61
	大1-118	7.80	5.24	7.28	7.28	7.18	7.12	7.06	7.00	8.64
C_3t	大8-128-1	8.21	7.79	7.75	7.72	7.56	7.49	7.41	7.41	8.81
	大8-131-2	7.17	6.95	6.92	6.87	6.77	6.70	6.67	6.63	6.50
	大8-138	8.03	7.71	7.60	7.54	7.43	7.36	7.26	7.23	8.28

注：1. $\Delta\phi=\phi_{6MPa}-\phi_{40MPa}$。

2. $\phi=\phi_{6MPa}$。

表3-4-3 渗透率——有效应力敏感性

样号	层位	渗透率/$10^{-3}\mu m^2$				S_S	评价	备注
		6MPa	20MPa	30MPa	40MPa			
大15-8D	盒3	0.369	0.243	0.207	0.189	0.22	弱	基块岩样
大16-10A	盒3	0.237	0.111	0.093	0.084	0.37	中	
大15-22A	盒2	0.086	0.0244	0.0108	0.0059	0.55	中	
大1-26-1	山2	0.297	0.131	0.097	0.081	0.43	中等	
大1-73	山1	0.289	0.094	0.054	0.036	0.59	中等	
大1-112	山1	0.171	0.042	0.019	0.010	0.72	强	
大8-131-2	太2	0.345	0.120	0.074	0.051	0.54	中等	
大8-138	太2	0.250	0.097	0.061	0.044	0.53	中等	
大15-2B*	盒3	243.48	148	89.2	56.6	0.32	中	裂缝岩样
大15-22A*	盒2	46.08	4.63	2.11	1.13	0.67	中-强	
大1-26-1	山2	22.84	0.58	0.32	0.19	0.98	强	
大1-73	山1	39.68	1.72	0.61	0.31	0.95	强	
大1-112	山1	3.67	0.23	0.08	0.04	0.98	强	
大8-131-2	太2	14.26	1.80	0.71	0.43	0.82	强	
大8-138	太2	18.56	3.08	1.49	0.73	0.78	强	

应力敏感性评价结果表明：

（1）在原地条件下，孔隙度的应力敏感性较强，将常规孔隙度校正到原地条件时约降低6%~10%；渗透率的应力敏感性总体为中–强，其中裂缝性样品的渗透率应力敏感性普遍强于基块样品。

（2）对样品加压后再卸压，渗透率不能完全恢复到初始值，反复加卸压后虽然伤害程度的增加幅度逐渐减小，但渗透率伤害程度总体呈增加趋势。

（3）原地条件时，随着有效应力的增加，渗透率逐渐降低，但当有效应力增加到一定程度后，渗透率降低的速度逐渐变缓（图3–4–1）。

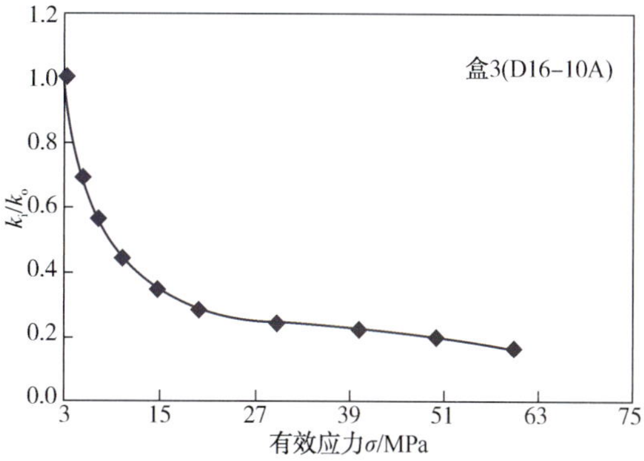

图3–4–1　大牛地气田储层基块渗透率伤害率随有效应力的变化

（4）裂缝比基块的应力敏感性强，基块岩样的应力敏感性基本上属于中等–弱应力敏感性程度，而裂缝岩样应力敏感性属于中偏强的应力敏感性程度范围。

应力敏感性评价揭示了应力变化对储层物性的影响，常规条件下测定的孔隙度、渗透率与原地条件下的实际的孔隙度、渗透率有一定差异，因此，在工程设计中应使用原地条件下的孔隙度、渗透率值。

二、储层伤害机理

（一）敏感性矿物与潜在损害因素

致密砂岩孔喉细小，储层承受损害能力很差，易造成储层损害，各类敏感性矿物是造成储层伤害的潜在因素。

1. 黏土矿物及潜在损害

大牛地气田储层黏土矿物含量较低，下石盒子组黏土矿物含量6.5%左右，山西组平均为5%左右，太原组平均为2.5%左右。随深度增加，黏土矿物含量随之降低。各层位黏土矿物以伊利石、高岭石和绿泥石为主，少量伊/蒙间层矿物。

1）黏土矿物产状

储层中伊利石广泛分布于粒表和粒间，产状有片状、丝状、毛发状、桥接状等形式；高岭石主要以粒间充填的集合状形式存在，具叠片支架状结构，集合体形态呈蠕虫状、书状集合体；绿泥石主要以孔隙衬边产出，具单片支架状结构，呈鳞片状、栉壳状形态。伊/蒙间层矿物含量很少，仅在太原组以上层位出现，形态与伊利石相似。

2）黏土矿物与潜在损害

黏土矿物自身的存在和敏感性是产生多种类型损害的根源（图3–4–2），而黏土矿物的类型、含量、产状直接决定储层的损害类型和程度。

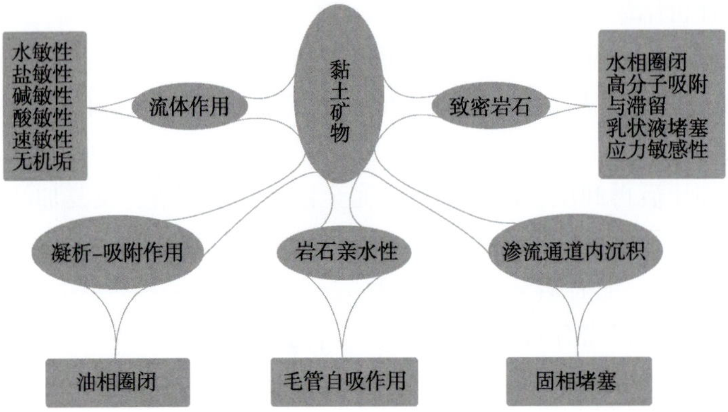

图 3-4-2 黏土矿物在致密砂岩储层损害作用示意图

从黏土矿物微结构方面来看，丝状、毛发状结构的伊利石易被流体折断并迁移至喉道形成堵塞；蜂窝状的伊/蒙间层矿物具有很大表面积，增加了遇水膨胀的概率，容易造成黏土矿物从岩石颗粒表面剥落，进而分散运移损害储层；叠片状、书页状高岭石晶片之间连接不紧密，存在大量空隙，晶片之间连接力也很弱，在高速流体剪切力作用下容易剥落、形成碎片；单纯的鳞片状绿泥石在颗粒表面形成的栉壳状结构较为稳定，酸溶解作用易使其分散运移。黏土矿物之间以及黏土矿物晶体内部，存在大量细小孔隙，这些孔隙内比表面积很大，而孔隙喉道极为细小，对流体具有较强的吸附能力，易于吸附外来流体，造成水锁伤害。

对黏土矿物损害类型研究还要把矿物组合起来进行，几种黏土矿物组合能够加剧对储层的潜在损害，黏土矿物的成岩作用阶段及胶结程度对储层损害同样具有较大影响，成岩晚期及胶结程度高可以减弱储层损害。

2. 非黏土敏感性矿物引发的潜在损害

除黏土矿物之外，其他非黏土敏感性矿物也可诱发储层损害。

1）碳酸盐矿物

气田储层中的碳酸盐矿物主要有方解石、铁白云石和菱铁矿等，含量一般小于胶结物含量的 5%，呈细晶-中晶斑点状、泥晶团状等充填于粒间。碳酸盐矿物多为盐酸敏感性矿物，当液体 pH 值升高到时，易与钙、铁等离子生成沉淀而堵塞喉道。

此外，一些高含钙和镁的矿物对 HF 较为敏感，矿物溶解释放出的钙与氟离子作用生成不溶解的氟化物，堵塞喉道，降低渗透率。

2）黄铁矿

在太原组和山西组中常见黄铁矿呈集合状，呈零星状分布，含量为小于 1%左右。黄铁矿对储层潜在的损害是酸敏和碱敏。

总之，大牛地气田储层敏感性矿物以黏土矿物为主，存在造成多种储层伤害的可能性，非黏土敏感性矿物主要为铁方解石、铁白云石、菱铁矿（$FeCO_3$）、赤铁矿（Fe_2O_3）等，对储层潜在的损害以酸敏为主。大牛地气田储层伤害的潜在因素以及可能的伤害程度见表 3-4-4。

表 3-4-4 大牛地气田上古生界储层潜在损害因素分析表

损害类型		敏感性矿物	损害方式	敏感性或损害程度
水敏		伊/蒙间层、伊利石、绿泥石、高岭石、水化云母	晶格膨胀、分散/运移	中等-弱
盐敏			分散/运移	
酸敏	HCl	绿泥石、黄铁矿、菱铁矿、铁方解石、铁白云石	$Fe(OH)_3$沉淀、硅胶沉淀、酸蚀后颗粒运移	弱
	HF	方解石、白云石、各类黏土矿物、长石	CaF_2沉淀、硅胶沉淀，氟硅酸盐沉淀，氟铝酸盐沉淀	强
碱敏(pH>9)		各类黏土矿物(尤以高岭石为主)、微晶长石、微晶石英	硅酸盐沉淀，硅胶沉淀，分散/运移，颗粒运移，晶格膨胀	中等-强
速敏		高岭石、伊/蒙间层、伊利石、绿泥石、微晶石英、微晶方解石、微晶白云石	分散/运移	弱-中等
结垢	无机	碳酸钙、硫酸钙	化学沉淀	明显
应力敏感	基块	造岩矿物	孔喉压缩	中-强
	裂缝		裂缝闭合或张开	强
固相侵入		钻屑、加重剂，膨润土、微生物、机械杂质、铁锈等	外来固相在孔喉内沉积	基块弱~中等 裂缝严重
相圈闭损害		水基工作液滤液侵入 油基工作液滤液侵入	气相渗透率降低 滤液难以返排	严重

3. 水相圈闭伤害

致密砂岩气藏低孔低渗，孔隙喉道细小，毛细管和管面均易于吸附外来流体，存在强烈的水相圈闭损害趋势。

1）气田致密砂岩气藏超低含水饱和度现象及毛管自吸作用

(1) 超低含水饱和度现象。

超低含水饱和度现象是指储层实际的束缚水含量低于该储层束缚水吸附能力的现象。大量实验和研究结果揭示，气田上古生界气藏密闭取心和测井解释获得的含水饱和度通常低于常规取心测得的含水饱和度和气驱水实验测得的束缚水饱和度，表明鄂尔多斯盆地上古生界致密砂岩气藏存在超低含水饱和度现象。

超低含水饱和度现象主要是在气藏形成时产生的，在适合的保存条件下(如较好的盖层、持续的气源补充等)可以长期存在。

(2) 毛管自吸作用。

毛管自吸作用的机理是在附着张力作用下，润湿相能自发地沿储集岩的毛细管孔隙吸入，占据岩石内部空间，并排出非润湿相流体，这个过程称之毛管自吸过程。自吸的速度和程度主要依赖于润湿相和非润湿相的黏度、界面张力(IFT)、孔隙结构、初始含水饱和度和相对渗透率等。气田上古生界致密砂岩气藏由于具有特殊的孔隙结构、超低含水饱和度现象的存在等因素更容易产生毛管自吸作用。

存在超低含水饱和度现象的致密砂岩，有相当过剩的毛管力没有得到束缚水的平衡，在钻井完井、增产改造等作业过程中，水基工作液滤液接触到岩石表面后，在毛管自吸作用的作用下，会被自吸进入致密砂岩气层，达到与毛管力的相平衡状态，导致近井地带或裂缝面水饱和度增加，降低或严重降低气相渗透率，从而产生水相圈闭损害。水相圈闭是致密砂岩最严重的损害因素，毛管自吸作用是造成致密砂岩气层水相圈闭损害的主要途径。在气层含有各种敏感性黏土矿物的情况下，因毛管自吸作用造成的水相圈闭损害更为严重。

2）水相圈闭的形成与储层伤害

致密砂岩储层一个致命的弱点就是易吸水形成水相圈闭伤害。在钻井完井过程和增产改造等作业过程中，入井液滤液的一部分在作业正压差的作用下快速进入井筒附近储层中或人工裂缝中，将裂缝和基块中的油气向地层深部驱替，而进入储层的工作液在毛管自吸作用下进入基块，导致近井地带或裂缝面水饱和度增加，严重降低储层对气相的渗透率，从而导致水相圈闭损的形成。

（1）水相圈闭的伤害机理。

水相圈闭伤害的实质是由于外来工作液滤液的进入，使得储层含水饱和度增加过程中导致储层的渗透率降低的作用过程。

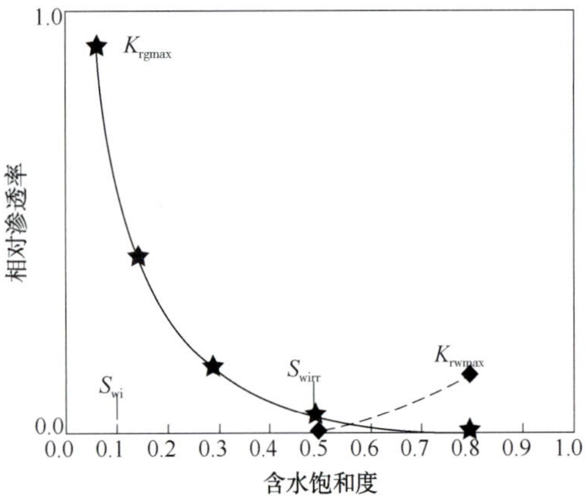

图 3-4-3　水相圈闭损害示意图

从气水相对渗透率变化图中可看出（图 3-4-3），在初始含水饱和度 S_{wi} 低于束缚水饱和度 S_{wirr} 的情况下，即存在超低含水饱和度现象时，随着含水饱和度从 S_{wi} 增加到 S_{wirr} 时，气相渗透率 K_{rg} 从 0.9 下降到 0.1。分析可知：水相圈闭的损害集中在含水饱和度从 S_{wi} 增加到 S_{wirr} 时的气相渗透率 K_{rg} 的显著降低。

（2）水相圈闭损害的防治措施。

对于水相圈闭损害问题必须以预防为主，以解除损害的补救措施为辅。

（1）尽量减少水基工作液侵入。

可选择高抑制性、低界面张力、低压差的钻井完井液。钻井完井中，通过调整泥浆性能，加入一定数量和适当级配的固相颗粒，即形成渗透率为零的泥饼来控制滤液侵入的深度，达到减小水相圈闭损害的目的。

（2）降低界面张力，加快工作液返排。

保护储层技术的一个基本原则就是，当工作液不可避免要进入地层时，一定要确保侵入的工作液能够顺利返排。通过降低气-液界面张力，实现侵入滤液最大程度的返排，减少单位孔隙体积内滤液的滞留量，削弱水相圈闭的不利影响。加入表面活性剂或互溶剂可以起到减低 IFT 的作用，若同时注入 CO_2 气，它的增能作用及膨胀还会局部增大压力梯度，促进滤液返排。

（3）采用欠平衡作业。

欠平衡钻井可以减缓滤液进入地层，从而减轻水相圈闭的储层伤害程度。

4. 固相侵入伤害

固相侵入伤害主要发生在钻井和增产改造过程中，由于钻完井液、压裂液以及其他入井工作液中均含有一定数量的固相颗粒，在施工过程的正压差作用下，固相颗粒会进入到储层孔隙中，堵塞孔隙喉道。钻井液中含有相当数量的黏土微粒，在钻井液正压差的作用下，会侵入井眼附近储层中，堵塞孔隙喉道，造成储层渗透率下降。压裂液中的破胶残渣会沿裂缝进入储层内部，堵塞孔隙喉道，造成储层渗透率下降，或残留在压裂缝中，降低压裂缝的导流能力。固相的侵入常常堵塞对渗透率贡献最大的较大孔隙喉道，因此，对储层渗透率的伤害十分严重。对于微细的孔喉，固相颗粒难以进入。

综上所述，气田致密砂岩储层伤害的主要伤害因素是敏感性矿物的伤害、水相圈闭以及固相侵入伤害，应针对上述因素，采取有效措施，消除或减轻上述因素造成的储层伤害。

三、储层保护技术试验

在气田低压致密气藏储层伤害机理研究的基础上，开展储层保护方案的研究，主要从屏蔽暂堵技术的应用研究和钻完井液体系优化两个方面展开。

（一）屏蔽暂堵技术研究

1. 钻完井液储层伤害评价

大牛地气田探井和开发井中，主要使用钾铵基聚合物钻完井液，部分井中使用了两性离子和正电胶钻井液。为了评价上述钻井液体系对气田致密砂岩储层的伤害程度，对上述三种钻井液体系进行了钻井液滤液对储层岩心的伤害实验。

钻井完井液滤液损害实验：钻完井液滤液储层伤害的实验方法是对收集的钻完井液进行过滤，然后将滤液反向注入实验岩心，并测量滤液注入前后岩心渗透率的变化情况，由此分析钻完井液滤液对储层渗透率的影响。

（1）两性离子体系。

两性离子钻完井液的优点在于体系中引入了阳离子基团，聚合物分子在钻屑上的吸附力增强，同时可以中和部分黏土矿物表面的负电荷，因而具有较强的抑制能力。实验结果见表 3-4-5。实验结果表明，两性离子体系对大牛地气田储层的渗透率伤害较高，最大达到 71.5%，平均为 49.7%，伤害程度中等。

表 3-4-5　两性离子钻井液滤液对岩心渗透率损害的评价

岩心号	渗透率/$10^{-3}\mu m^2$			损害率/%	泥浆体系
	K_∞	K_0	K_w		
大 1-19-1	0.378	45.3	12.9	71.5	配方 1
大 1-123-1	0.0913	68.4	45.3	33.8	配方 1
大 1-8-2	0.2353	106	72.5	31.6	配方 2

续表

岩心号	渗透率/$10^{-3}\mu m^2$			损害率/%	泥浆体系
	K_∞	K_0	K_w		
大 1-4-2	0.0013	23.7	9.04	61.9	配方 2
平均				49.7	

备注：1. K_∞、K_0、K_w分别表示克氏渗透率、地层水测渗透率、损害后的地层水测渗透率。

2. 损害率=$(K_0-K_w)/K_0\times100\%$。

(2)正电胶钻井液体系。

实验结果表明(表 3-4-6)，正电胶钻井液体系对大牛地气田储层的岩心渗透率也有较大伤害，其岩心渗透率损害率分别为 55.1%、4.5%、56.5%、43.1%和 67.3%，平均为 45.3%，伤害程度中等。

(3) 钾铵基聚合物体系。

钾铵基聚合物体系实验结果表明(表 3-4-6)，钾铵基聚合物钻井液体系对大牛地气田储层岩心渗透率的伤害较大，分别达到了 43.3%、87.1%、59.2%和 76.2%，平均为 66.4%，储层伤害较为严重。

从三种钻完井液体系的实验结果可以看出，大牛地气田以往使用的三种钻井液，无论是哪一种钻井液滤液，对岩心渗透率的伤害程度都较大，平均伤害率均超过 50%。而且，储层渗透率越低，滤液对储层渗透性的伤害越大。必须针对储层伤害机理，对其进行筛选和优化，有效地降低其对储层的伤害程度，才能满足对大牛地气田低压致密气藏进行经济开发的要求。

表 3-4-6 正电胶和钾铵基聚合物钻井完井液滤液损害评价

层位/样号	基块气测渗透率/$10^{-3}\mu m^2$	注入液	人工缝液测渗透率/$10^{-3}\mu m^2$	损害率/%	损害程度	备注
盒 1 大 1-16	0.102	正向地层水	0.467	55.1	中	正电胶体系
		反向滤液驱替 30mL				
		正向地层水	0.210			
盒 1 大 1-11-3	0.090	正向地层水	1.006	4.5	弱	
		反向滤液驱替 30mL				
		正向地层水	0.961			
山 1 大 1-119	0.099	正向地层水	1.724	56.5	中	
		反向滤液驱替 30mL				
		正向地层水	0.759			
太原组 大 10-123	0.047	正向地层水	65.676	43.1	中	
		反向滤液驱替 30mL				
		正向地层水	37.385			
太原组/ 大 10-124	0.040	正向地层水	121.961	67.3	中	
		反向滤液驱替 30mL				
		正向地层水	39.840			

续表

层位/样号	基块气测渗透率/$10^{-3}\mu m^2$	注入液	人工缝液测渗透率/$10^{-3}\mu m^2$	损害率/%	损害程度	备　注
盒 1/大 1-17-1	0.288	正向地层水	16.393	43.3	中	钾铵基聚合物体系
		反向滤液驱替 30mL				
		正向地层水	9.363			
山 1/大 1-94	0.351	正向地层水	92.020	87.1	强	
		反向滤液驱替 30mL				
		正向地层水	12.230			
山 1/大 10-69	0.107	正向地层水	66.295	59.2	中	
		反向滤液驱替 30mL				
		正向地层水	27.077			
山 1/大 1-87	0.056	正向地层水	8.672	76.5	强	
		反向滤液驱替 30mL				
		正向地层水	2.027			

2. 钻井完井液动态损害评价

为了研究工区钻井完井液在井下条件对储层的伤害程度，进行了钻完井液动态伤害实验。实验选择大牛地气田储层岩心，使用钾铵基聚合物钻完井液体系配方，在岩心动态损害评价仪上模拟井下条件对岩心进行钻完井液动态损害评价。这种损害是泥浆固相和液相综合的损害结果。实验条件选择为压差 3MPa，围压 5MPa，工作液循环时间 1~2 个小时。

实验结果表明(表 3-4-7)，在动态条件下，由于固相损害的存在，岩心渗透率的损害程度进一步加大，损害率在 77.6%~94.7%之间，平均为 84.38%，比滤液的单一损害增加 30%左右。这说明原钻完井液体系中固相颗粒的侵入，加上滤液的侵入，会给储层造成严重伤害。

表 3-4-7　钾铵基聚合物钻井完井液对岩心的动态损害实验

岩心号	渗透率/$10^{-3}\mu m^2$			损害率/%	压差/MPa	时间/h	失水/mL
	K_∞	K_0	K_w				
大 1-13-1	0.717	29.40	6.58	77.6	3	2	5.2
大 1-104	0.1179	68.71	3.63	94.7	3	1.5	3.6
大 10-102	0.081	124.2	12.6	89.9	3	2	3.7
大 1-72	0.441	43.5	10.73	75.3	3	2	4.1
平均损害率				84.38			

备注：(1) K_∞、K_0、K_w分别表示克氏渗透率、地层水测渗透率、损害后的地层水测渗透率。

(2) 损害率=$(K_0-K_w)/K_0\times100\%$。

从上述钻井液对储层伤害评价结果可以看出，由于钻完井液滤液和固相的侵入，过去使用的钻完井液体系对气田上古生界储层具有较大的伤害。必须从伤害机理入手，研究能够有效防止滤液和固相侵入的技术措施，保护储层，为大牛地气田的经济高效开发提供优质的钻完井液体系。

（二）屏蔽暂堵机理和物理模型

1. 屏蔽暂堵机理

屏蔽暂堵技术是利用钻完井液液柱压力与储层压力之间的压差，在极短时间内，使钻井液中人为加入的各种暂堵粒子进入储层孔喉或裂缝的狭窄处，在井壁附近形成渗透率接近于零的屏蔽暂堵带，以有效地阻止钻井液滤液和固相颗粒继续侵入油气层，防止储层伤害。由于形成的屏蔽暂堵带厚度一般小于5cm，且具有逆向消除性，所以，屏蔽暂堵带可通过射孔射穿，或通过井筒流体返排而消除。

屏蔽暂堵是通过暂堵粒子而实现的，所采用的暂堵粒子包括架桥粒子、填充粒子和变形粒子等。架桥粒子的作用是堵塞孔隙喉道或裂缝，填充粒子的作用是进一步堵塞架桥粒子堵塞后形成的次级喉道和空隙，变形粒子既可以堵塞填充粒子未堵住的更次一级的微小吼道，也可与其他粒子一起堵塞较大孔隙喉道。根据2/3架桥理论，暂堵粒子直径相当于孔喉直径的2/3时，即可形成有效的堵塞，因此，屏蔽暂堵技术的关键在于钻井液中含有足够多的能与储层孔喉尺寸分布相匹配的各种架桥粒子及填充粒子。对于裂缝性储层，则需要有相应的非规则架桥粒子。

2. 屏蔽暂堵物理模型

1）单粒逐一堵塞模型

“单粒逐一堵塞模型”即为对喉道的每一次堵塞、填充都是单粒的行为，而且是粒径从大到小的粒子逐粒的行为，只有大小和形状与喉道(直径和类型)相当的粒子，才能“卡死”在喉道处。桥塞粒子堵塞喉道后，形成直径更小的喉道，在此新喉道处，固相粒子重复上述堵塞过程，直径大小和形状与新喉道相当的粒子又将“卡”在新喉道上。每次堵塞喉道的粒子直径不同。

2）双粒(多粒)桥架堵塞模型

当固相粒子浓度很高，固相通过喉道时，任意时刻在喉道截面上同时有两个或多个固相粒子存在，尽管每一个微粒粒径大小均不足以产生桥塞或填充，但两个或多个粒子同时挤在喉道处，当其直径之和达到与喉道相当时，则可由两个或多个粒子以桥架方式在喉道处桥塞或填充，这样的喉道堵塞过程，称为微粒的双粒或多粒架桥模型。

一般认为，对于孔隙型储层，上述两种模型同时存在，按单粒堵塞模型建立的堵塞技术，对发生多粒堵塞的过程效果会更好。

3）裂缝型储层屏蔽暂堵模型

对裂缝型储层进行屏蔽暂堵时，固体粒子对裂缝的堵塞主要是桥塞粒子首先在裂缝狭窄处产生一系列架桥作用，把“缝”变成“孔”，然后再在孔上进行类似孔隙性地层暂堵模型的堵塞过程。按此模型建立的堵塞方案关键在于泥浆中含有能在裂缝喉道处架桥的粒子。

国内外研究表明，这类粒子以长轴尺寸与喉道狭缝宽度相当的纤维状粒子最有效。

（三）屏蔽暂堵方案研究

1. 架桥粒子大小的确定

根据2/3架桥理论，暂堵粒子直径相当于孔喉直径的2/3时，即可形成有效的堵塞，因此，架桥粒子需要根据被暂堵储层的孔喉结构和裂缝特征来确定。

根据储集特征研究成果，大牛地气田上古生界储层的排驱压力一般大于 0.10MPa，即最大连通孔喉半径不超过 7.5 μm，即孔喉直径<15 μm。图 3-4-4 和图 3-4-5 表明对渗透率贡献的孔喉半径主要分布 0.1~4.0 μm 范围，因此，孔隙型储层屏蔽暂堵时，架桥粒子大小的确定可以此为依据来确定。

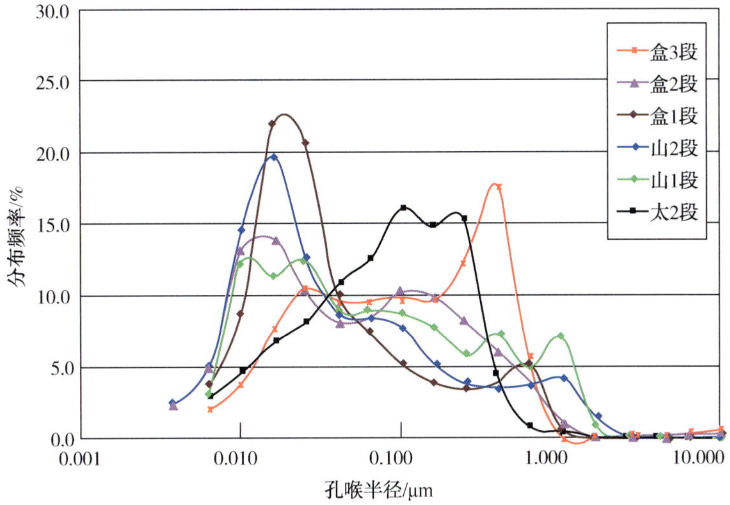

图 3-4-4　上古生界储层喉道分布频率曲线

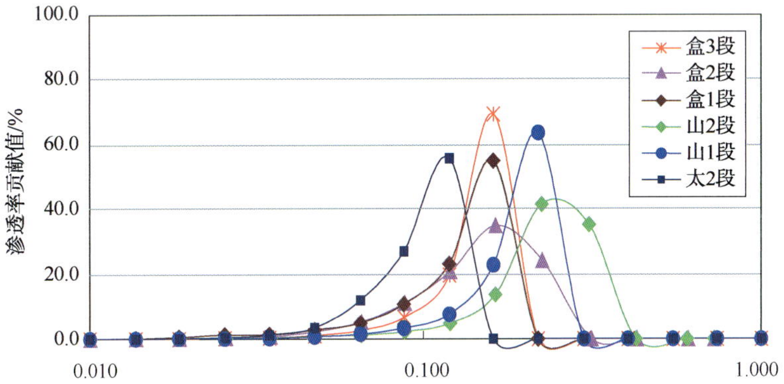

图 3-4-5　上古生界储层渗透率贡献值分布频率曲线

由于气田储层有裂缝发育，选择架桥粒子时还应考虑裂缝的宽度，以选择堵塞裂缝的架桥粒子。根据裂缝发育特征研究，对渗透率有贡献的裂缝宽度总区间为 10~50 μm，考虑到储层应力敏感性及可能的较宽裂缝的存在，裂缝宽度最大应按 100~150 μm 来考虑，因此，架桥粒子中应包含能堵塞此宽度裂缝的架桥粒子。

2. 暂堵剂选择和暂堵液配方的确定

为了对储层进行有效的屏蔽暂堵，暂堵液中必须包含足够的能够堵塞孔喉和裂缝的暂堵粒子，因此，选择了 4 种暂堵剂进行配方实验，分别是纤维状架桥粒子、填充粒子和变形粒子以及复合暂堵粒子。纤维状粒子主要为石棉短纤维，主要用于堵塞裂缝；填充粒子选用超细碳酸钙，用于堵塞纤维状粒子所形成的次级空隙和细小孔隙喉道；变形粒子选用磺化沥青、乳化石蜡等材料，用于堵塞填充粒子未堵住的更次一级的微小吼道和与其他粒子一起堵塞较大孔隙喉道；复合粒子则是多种粒子的复合，目的是为了增加暂堵粒子粒径分布范围和浓度，进一步增强暂堵效果。4 种暂堵剂混合使用，则可有效地堵塞裂缝和孔喉以及堵塞、封堵大喉道分割而成的次级小吼道等。

一定数量的上述暂堵剂与钻完井液进行合理混配，就形成了屏蔽暂堵钻完井液的基本配方：

原钻完井液+2%~3%复合暂堵剂 A(主要为纤维状暂堵粒子，150~200 目，主峰位 50~80μm)+1%~2%复合暂堵剂 B(500~1250 目，主峰位 15~35μm)+2%~3%变形粒子(主峰位 1~10μm)+1%~2%填充粒子($CaCO_3$，2250~4000 目，主峰位 1~3μm)。

它们的粒度分布分别如图 3-4-6 和图 3-4-7 所示。可以看出，这种配方屏蔽暂堵钻完井液，暂堵粒子完全覆盖了储层孔隙喉道和裂缝宽度范围，可以保护储层喉道直径范围 0.1~15 μm、保护裂缝宽度的范围为 5~160 μm，完全适应大牛地气田对致密砂岩储层进行屏蔽暂堵的要求。

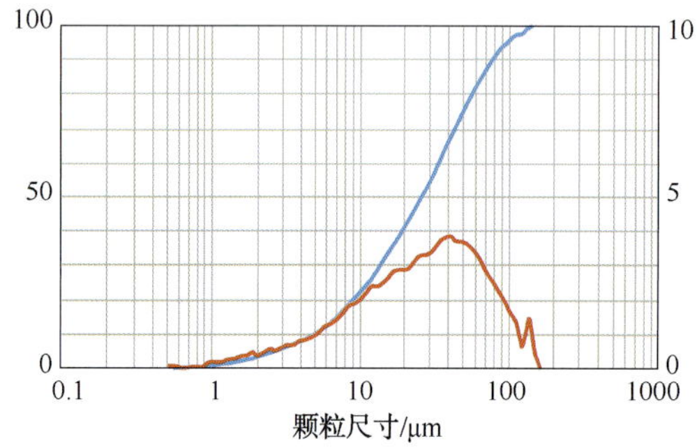

图 3-4-6 屏蔽暂堵钻井完井液颗粒粒度分布图(1)

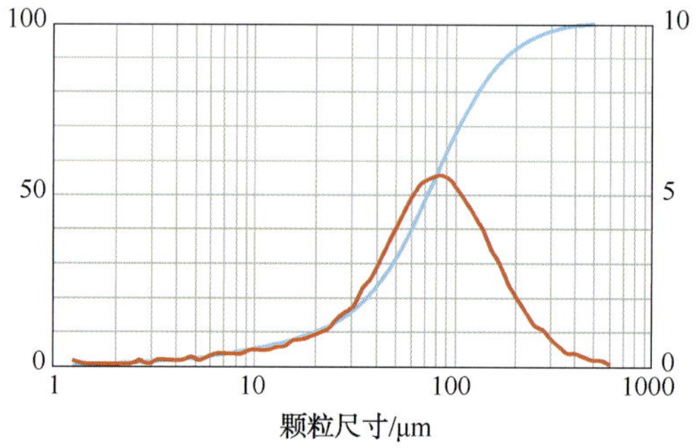

图 3-4-7 屏蔽暂堵钻井完井液颗粒粒度分布图(2)

3. 屏蔽暂堵现场实施方案

1) 合理的井底正压差

大量的理论研究和实验证实，进入孔喉的屏蔽暂堵粒子大小与储层的渗透率和钻井液对地层的正压差成正比。当渗透率一定时，正压差就决定了暂堵粒子能否进入储层孔喉实现屏蔽暂堵的主要因素。正压差过小，满足暂堵要求的架桥颗粒就不能进入孔喉。所以，要保证屏蔽暂堵的效果，必须确定合理的最小正压差。根据理论分析和室内试验证明，在 3.5MPa 时已能形成比较稳定的屏蔽环，此时对钻井生产又无明显影响。所以，采用了 3.5MPa 作为最小正压差。

大牛地气田钻完井液密度为 1.08~1.14g/cm^3，在此密度下，能够保证钻完井液对屏蔽暂堵层段 3.5MPa 最小正压差的实现，从而保证了屏蔽暂堵粒子能够进入储层堵塞孔隙喉道。

2) 钻井过程中环空上返速度的制定和实施

进入孔喉的粒子大小与剪切速率(即环空返速)成反比，返速越大，进入储层孔喉的颗粒直径就小，反之亦然。所以要实现对储层的理想暂堵，就必须确定针对该储层的最大上返速度，环空返速必须控制在该值以内，才能保证满足尺寸要求的暂堵颗粒尽快地进入孔喉，并形成有效的暂堵，如果超过该值，就会出现长时间不能形成屏蔽环的结果，导致不良的保护效果。

经理论分析、室内和现场试验结果表明，要保证试验区的屏蔽暂堵效果，进入气层后，钻铤外环空返速应小于 1.6m/s。

3）转换前钻井液处理

在进入气层前 50 m 左右对钻井液进行预处理，开动所有的固控设备清除钻井液中原有的无用固相颗粒，降低固相含量，必要时替换部分钻井液以达到要求；加入新鲜预水化膨润土浆，调整 MBT 值 35~40g/L；降低滤失量，提高抑制性，使改造后的钻井液性能稳定，便于控制，最终将原浆性能调整至密度略低于设计的 0.02~0.03g/cm^3。

4）现场转换施工过程及维护处理

具体的技术措施包括：

（1）现场取井浆做好小型试验，确定各种暂堵材料的加量以及对钻井液性能的影响。

（2）按配方要求分五个以上循环周，向钻井液中均匀加入配方设计中的各种暂堵材料。配置过程中要开动双泵，边循环边加入，注意保证泥浆性能稳定。

（3）钻进过程中应不断检测钻井液性能和暂堵材料的含量，根据需要不断调整和添加屏蔽暂堵剂。具体要求是：每钻进 40~80m 应根据配方设计的暂堵材料添加，累计加入的暂堵材料可按每钻井 100~150m 加入 100% 设计量。应检测固相颗粒含量及粒度分布，然后依据检测结果添加暂堵材料，确保屏蔽环能快速致密地形成。

（4）采取措施防止屏蔽环遭受破坏，保持动塑比为 0.5~1.0Pa/mPa·s，控制泵排量小于 30 L/s，钻铤外环空返速小于 1.6 m/s，防止钻井液对屏蔽井段破坏；气层段起钻前 300m，控制起钻速度，防止抽吸和拔活塞造成负压破坏屏蔽环。

5）暂堵材料含量及其粒度分布检测

因施工井实施屏蔽暂堵保护的井段较长，钻井过程中和钻井液处理过程中有屏蔽暂堵材料的消耗。因此钻进过程中应不断检测钻井液性能和暂堵材料的含量，按要求每口井 50~80m 检测一次固相颗粒含量及粒度分布，然后依据检测结果添加暂堵材料，确保屏蔽环能快速致密地形成。60~120μm 的裂缝性架桥粒子，浓度控制在 20%~40%；0.5~50μm 的粒子浓度控制在 10%~20%左右是满足要求的。

（四）屏蔽暂堵钻井完井液实验评价

1. 屏蔽环形成及强度评价

根据钻井保护油层的要求，屏蔽环不但应能承受钻井过程中的压差，而且能在固井作业承受更大的压差不被破坏。对不同类型的储层来讲，最重要的是确保裂缝性储层的屏蔽环能承受较高的压差，在实验中分别选择了基块岩心和造缝岩心进行了屏蔽环暂堵强度的评价。表 3-4-8 的实验结果表明，加入屏蔽暂堵剂后，钻井完井液可以在岩心前端形成致密的桥堵带，从而防止钻井完井液固相和液相对储层岩心的进一步损害，同时降低滤液和固相颗粒的侵入深度。在最大实验压差 11MPa 的情况下，失水没有突然增加，暂堵后的渗透率基本为零，说明屏蔽环在此压差下稳定可靠，没有受到破坏。可见屏蔽环的强度可以满足钻井完井作业的需要。

表 3-4-8 屏蔽环强度实验评价

样 号	渗透率/$10^{-3}\mu m^2$						
	K_∞	K_0	$K_{3.0}$	$K_{5.0}$	$K_{7.0}$	K_9	K_{11}
大 1-103	0.1009	23.5	<0.01	<0.01	<0.01	<0.01	<0.01
大 10-4	0.089	4.78	<0.01	<0.01	<0.01	<0.01	<0.01
大 10-10	0.084	23.4	<0.01	<0.01	<0.01	<0.01	<0.01

备注：$K_{3.0}$、$K_{5.0}$、$K_{7.0}$、$K_{9.0}$、K_{11}分别为暂堵后在 3.0MPa、5.0MPa、7.0MPa、9.0MPa、11.0MPa 压差下用地层水测得的渗透率。

2. 返排恢复率

返排恢复率的实验结果如表 3-4-9 所示。由实验结果可知，实验进行的 4 块岩心中，岩心自然返排渗透率恢复率为 76.92%~89.4%，平均为 81.75%，说明在自然返排情况下，储层渗透率可以得到有效恢复，达到了致密砂岩储层保护的要求。

表 3-4-9 屏蔽环形成及返排恢复率实验评价

样 号	渗透率/$10^{-3}\mu m^2$			自然返排恢复率/%	暂堵条件			实验液体
	K_∞	K_0	K_w		压差/MPa	时间/min	滤液/mL	
大 1-13-2	0.2154	12.36	9.65	78.1	3.0	30	1.6	配方 3
大 10-13	0.078	54.48	48.73	89.4	3.0	30	0.2	配方 4
大 1-121	0.087	12.61	9.70	76.92	3.0	30	<0.1	配方 4
大 1-22-2	0.4944	10.34	8.54	82.6	3.0	30	0.3	配方 4
平均值				81.75				

备注：① K_∞、K_0、K_w分别表示克氏渗透率、地层水渗透率、损害后的地层水渗透率。

② 损害率=$(K_0-K_w)/K_0\times100\%$。

3. 暂堵剂加入后对钻井液性能的影响

在改造钻井液时，需要加入一定量的屏蔽暂堵剂，一般而言，暂堵剂加入对钻井液性能影响不大，但有些暂堵剂加入后对钻井液流变性能确有一定的影响。表 3-4-10 是暂堵剂加入后对钻井完井液流变性能的影响。实际作业中只需事先对原井浆进行预处理，降低无用固相含量；或在加入暂堵剂过程中充入稀胶液即可保持性能参数的稳定。

表 3-4-10 暂堵剂对钻井完井液流变性能的影响

性 能 类 型	塑性黏度	表观黏度	动切力/Pa
	mPa·s		
改造前钻井完井液	21	47.5	2
改造后钻井完井液	30	54	3

(五) 保护气层屏蔽暂堵钻井完井液现场实施要点

屏蔽暂堵钻井完井液技术实施的成功与否，除做好细致的室内筛选工作外，应制定一整套配合该技术的实施细则，否则也难以使技术的应用准确到位，影响到气田气层保护的最终效果。根据气田塔巴庙区块的具体情况和室内评价的结果，推荐下述实施要点和技术要求。

（1）成立由钻井技术人员、泥浆技术人员以及有关管理和研究人员组成的现场实施小组，确保各项工作的协调和落实。

（2）试验井次确定后，试验所需药品应提前 1~2 周运抵井场，并进行样品抽样检测，对不合格的产品及时更换。

（3）试验前，应将现场试验技术方案即单井设计方案（原钻井泥浆的改造配方及要求）以文字形式通知井队钻井监督、泥浆技术员和其他有关人员。

（4）试验井泥浆在进行改造之前，应加够药品，维护好泥浆性能。进入油层前应使用好除砂器和除泥器，清除无用固相，相对密度控制在 1.00~1.10 左右，失水应小于 5mL，黏度 40~60s，泥饼厚度小于 0.5mm。

（5）进入气层前泥浆改造，钻至距气层顶部 30~50m 井深时停钻，钻头提离井底循环处理泥浆，至少应在 1~2 个循环周内加入上述配方的屏蔽式暂堵材料，混合要均匀。然后循环二周，测定常规性能后开钻进入气层，改造后泥浆相对密度应在 1.00~1.10 之间，以便给屏蔽环的形成提供足够的正压差。

（6）泥浆改造前，取泥浆样 100mL，改造后取泥浆样 100mL，由实施小组送样到有关单位，用激光粒度仪测定泥浆改造前后的粒度分布，以便按储层孔喉分布和实际泥浆中粒度分布修改配方。

（7）进入气层前泥浆改造过程，由实施小组成员监督进行，合格后由该组技术人员签字才可打开气层，无签字擅自打开油层的试验井不予验收。

（8）屏蔽环的形成与保护。进入气层后，由于该区块储层属低渗气层，可适当降低泵的排量和转盘转速，以利于屏蔽环的形成。进入气层后的起下钻在气层段采用 I 挡车起钻，下钻挂水刹车，平稳操作，严格控制抽吸和冲击压力，避免屏蔽环受到破坏，同时停止使用除砂器和除泥器，以免除掉泥浆中的暂堵材料。万不得已也只能使用除砂器。

（9）下套管过程中，进入气层后应平稳操作轻提慢放，气层段不要使用刮泥器，以免破坏屏蔽环。

（10）对射孔工艺及射孔采用的负压差应按储层特征进行优化。

（11）应使用优质射孔液、压井液，以确保钻井完井过程中保护气层的连续性和有效性。

（六）提高屏蔽环渗透率恢复及滤饼清除技术研究

根据屏蔽暂堵原理，保护油气层形成的屏蔽环实际上类似如一个单向阀，正向上它能承受较大的正压差，防止储层进一步受到损害，而反向上（在以后的试油试气作业或者生产作业中）只要有一定的负压差，屏蔽环就很容易被破坏。因此，保护油气层中形成的屏蔽暂堵环很容易消除，这也是屏蔽暂堵技术得到广泛应用的原因之一。

1. 屏蔽环的解堵技术研究

屏蔽暂堵环的解堵一般有负压返排、抽吸或液氮返排和酸洗等三种方式。通常认为在生产过程中，由于生产压差的作用，形成的滤饼会被自动清除。然而，事实上并非如此，与直井相比，水平井的返排压降相对较小，这种压降尚不能有效清除微粒和滤饼。

1）负压返排

这是屏蔽暂堵后储层解堵的最主要方法，通常在测试过程中形成的负压可以使屏蔽环可以得到80%~90%以上的解除，储层渗透率恢复率在80%以上，因而这类储层在负压解堵后一般不需要其他解堵措施。而裂缝性储层的屏蔽暂堵环的解除率要相对低些，一般在60%~80%，常常需要一些辅助的解堵措施，使保护的储层完全恢复自然渗流能力。

对于射孔完成的油气井，由于射孔穿透带一般远大于屏蔽环深度，因此无论是砂岩储层还是其他类型的储层，都不需要辅助其他的解堵措施，射孔完成后的负压返排一般都足以解除屏蔽环的堵塞，恢复储层自然产能。

2）抽吸或液氮返排

这是普通的返排辅助措施，常用于储层自然能量低，地层压力低的储层。更多意义上讲，抽吸和/或液氮返排是测试过程中的诱喷措施。

3）酸洗

酸洗常用于没有进行屏蔽暂堵或者裸眼完成的油气井。对于屏蔽暂堵的水平井，在保证井壁稳定的情况下，可以采用先酸洗后抽吸或负压返排的解堵方法。

4）氧化解堵

氧化解堵技术是近年来国外在增产增注中应用的一项新技术，常用二氧化氯作为氧化解堵剂。室内实验效果良好，尤其与盐酸的合用，更显出其无可比拟的优越性。

表3-4-11是屏蔽暂堵环的解除率(渗透率恢复率)实验结果。实验的5块岩心中，屏蔽环解除率为49.33%~91%，平均为71.74%，虽然达到了储层保护的要求，但相对砂岩储层屏蔽环解除率而言仍然太低。因此在测试、生产前，仅仅采用负压返排消除屏蔽暂堵环的堵塞效果较差，必须辅以其他的解堵措施。

表3-4-11 屏蔽暂堵后屏蔽环的氧化解除率实验

岩　心	K_∞	K_0	K_w	屏蔽环清除率/%	暂堵试验条件			实验液体
	$10^{-3}\mu m^2$				压差/MPa	时间/min	滤液/mL	
大8-136	0.202	6.71	3.31	49.33	3.0	30	1.6	配方3
大10-37	0.191	96.56	60.45	62.6	3.0	30	0.8	配方4
大10-4	0.089	4.78	4.35	91.00	3.0	30	<0.1	配方4
大10-21	0.068	64.40	50.78	78.85	3.0	30	0.2	配方7
大1-121	0.087	12.61	9.70	76.92	3.0	30	<0.1	配方7
平均值				71.74				

2. 氧化解堵实验研究

1）实验原理

造成储层堵塞的物质中，除酸溶性、水溶性及油溶性化合物外，还存在大量的非酸溶性物质如铁硫化物、细菌及聚合物等，通过氧化剂的氧化作用可以消除这些化合物和微生物的堵塞损害，从而实现解堵目的。

2）程序

氧化解堵实验的基本程序是：①制备储层岩心；②用地层水抽空饱和；③在一定围压下测定岩心渗透率；④用屏蔽暂堵钻井完井液反向作用岩心；⑤用地层水正向测定岩心渗透率；⑥用 12%的 HCl 冲洗岩心损害端；⑦用氧化解堵剂或氧化剂反向挤入岩心；⑧用地层水正向测量岩心渗透率恢复率；⑨计算解堵率(岩心渗透率恢复率)。为了对比氧化解堵和 HCl/ClO_2解堵的效果，以及对比屏蔽暂堵和非屏蔽暂堵的解堵效果，其部分实验的程序与上述有所不同。

3）氧化清除实验结果

目前，国内外常用的氧化剂有：ClO_2、$KClO_3$、H_2O_2、$(NH_4)_2S_2O_8$等，其中以 ClO_2最为广泛，采用了 ClO_2、$KClO_3$和 LY-1、EX3-7 等 4 种氧化剂进行了实验。实验结果表明，这 4 种氧化解堵剂最终解堵效果平均达到 106.8%，都能达到很好解堵的目的，实验结果见表 3-4-12 所示。

表 3-4-12　氧化清除实验结果

岩心号	K_0/ $10^{-3}\mu m^2$	解堵剂名称或代号	返排率/%	氧化解堵率/%
大 10-4	4.06	$KClO_3$	91.0	148.0
大 8-136	6.71		49.33	89.0
大 10-37	60.5	TY-1	62.7	110.2
大 1-20-4	3.85		81.6	94.5
大 1-121	10.6	ClO_2	76.92	95.9
大 1-10	52.7		69.7	103.4
大 1-13-1	23.6	EX3-7	75.3	106.8

3. 酸洗/氧化清除实验结果

实验研究表明在增产增注的酸化作业中，采用 HCl/ClO_2处理技术比用酸单独处理的效果要高 5~10 倍。同样地，我们在进行氧化解堵时，如果辅以酸洗措施，也会得到比单独氧化解堵更好的效果，这是因为二氧化氯与盐酸的协同效应所致。

表 3-4-13 是 HCl/ClO_2解堵实验结果。实验结果表明，在进行氧化解堵前进行酸洗可以明显提高屏蔽暂堵环的解堵效果。建议采用的氧化解堵配方为：12%~15%HCl+3%KCl+0.2%~0.3%ClO_2+0.5%~1%缓蚀剂+其他。

表 3-4-13　屏蔽暂堵后岩心 HCl/ClO_2滤饼清除实验结果

岩心号	K_0/ $10^{-3}\mu m^2$	处 理 措 施	暂堵压力/MPa	K_1/ $10^{-3}\mu m^2$	恢复率/%
大 1-73	43.6	12%HCl 冲洗，注入氧化剂，关井 1 小时，然后进行压力返排	3.0	45.6	104.6
大 10-31	68.2		3.0	98.4	144.3
大 1-26-2	45.7		3.0	51.0	111.6

(七)屏蔽暂堵钻完井液应用效果评价

1. 屏蔽暂堵技术对测试效果的影响

为了评价屏蔽暂堵技术对减少储层伤害的应用效果，对采用和未采用屏蔽暂堵技术井层的压前 DST 测试结果进行了对比(表 3-4-14)。

表 3-4-14　大牛地气田压前地层测试解释结果统计表

井号	层位	渗透率/$10^{-3}\mu m^2$		地层测试气产量/(m^3/d)	表皮系数	探测半径/m	备注
		气	水				
大 5	太 2	0.00002	0.00003	25.79	0.01	9.95	非屏蔽暂堵
大 8	太 2	—	0.0308	少量	52.23	17.41	非屏蔽暂堵
大 9	太 2	0.00117	—	22	57.18	2.17	非屏蔽暂堵
平均				15.93	36.47	9.84	非屏蔽暂堵
大 11	山 1	0.0016	0.0133	14.52	36.15	9.1	先期介入
大 1	山 1	0.0018	0.034	60.3	17.8	26.44	非屏蔽暂堵
大 4	山 1	0.0002.	—	10.5	16.23	1.12	非屏蔽暂堵
大 6	山 1	0.039	—	10.6	39.70	20.34	非屏蔽暂堵
大 7	山 1	0.00041	—	5.7	14.00	1.46	非屏蔽暂堵
大 8	山 1	0.003	0.0196	26	33.50	5.6	非屏蔽暂堵
大 26	山 1	0.00095	0.001		4.13		屏蔽暂堵
平均				22.62	23.07	10.99	非屏蔽暂堵
大 12	山 2	0.0023	0.011	272.7	7.77	29.82	屏蔽暂堵
大 2	山 2	—	0.008	2.49	2.71	10.37	非屏蔽暂堵
大 8	山 2	0.0024	—	140	8.71	6.02	非屏蔽暂堵
DK5	山 2				1.35		屏蔽暂堵
平均				71.25	5.14	8.2	非屏蔽暂堵
大 10	盒 3	0.00058	0.0017	66.97	1.49	3.97	屏蔽暂堵
大 7	盒 3	0.0017	0.0095	40.5	22.67	2.68	非屏蔽暂堵
DK2	盒 3				5.88	24.53	屏蔽暂堵
J3	上石盒子组		0.0046	—	0.996	7.33	屏蔽暂堵
	上石盒子组		0.012	—	2.55	17.6	屏蔽暂堵
J4	盒 1		0.0038	—	0.93	5.4	屏蔽暂堵
大 28	盒 1	0.0072	0.152		0.31		屏蔽暂堵
JP1	盒 1		0.012	—	-1.2		非屏蔽暂堵
	盒 2	0.016	0.2	161.54	14	9.4	非屏蔽暂堵
	盒 3		23.28	1993	4.48		非屏蔽暂堵
J2	盒 3		0.3	—	-0.4	45.2	非屏蔽暂堵

1）表皮系数

表皮系数是衡量储层损害程度的一项重要指标。从表3-4-14可以看出，实施屏蔽暂堵技术井的表皮系数平均值为2.82，最高值仅7.77（D12井山2段），远远低于2001年底前非屏蔽暂堵井的表皮系数平均值（19.14）。尽管对实施屏蔽暂堵技术井进行了压前地层测试的井较少，但表皮系数地下降仍能反映实施屏蔽暂堵技术的保护效果。

2）压前气产量

采用屏蔽暂堵技术钻井中，山2段气层和盒3段气层的压前平均气产量有所提高，其中山2气层平均气产量提高了3.8倍，盒3段气层气产量提高了1.6倍，而太原组和山1段气层的平均气产量均略有降低，变化不明显。

3）探测半径

在采用屏蔽暂堵技术的钻井中，山2段气层和盒3段气层的探测半径比未屏蔽暂堵钻井求得的探测半径要长一些，其中山2段气层平均提高了3.6倍，盒3段气层提高了1.5倍，而太原组的探测半径则减小明显，山1段气层的探测半径相差甚小，基本无变化。

从以上对表皮系数、气产量和探测半径分析可以看出，屏蔽暂堵技术的应用效果在表皮系数方面最为明显，就层位而言，对盒3段、山2段气层的应用效果似乎较好，山1段、太原组的应用效果则不明显，似乎反映出屏蔽暂堵效果与储层物性有关。

2. 对地层稳定性和井径扩大的影响

气田二叠系石炭系地层具有一定的不稳定性，受到钻井液滤液的浸泡，易发生井径扩大，屏蔽暂堵钻井完井液能在近井壁形成致密的内外泥饼，可起到稳定井壁、防止井径扩大的效果。据未进行屏蔽保护的大探1井等6口井统计，全井平均井径扩大率达29.31%，目的层井段平均井径扩大率达16.49%。而根据实施屏蔽暂堵的大10、大11等27口井统计，全井平均井径扩大率为17.65%，比未进行屏蔽暂堵的井缩小了11.66个百分点。目的层井段平均井径扩大率为10.32%，比未保护的井缩小了6.17个百分点。详见表3-4-15。

显然，屏蔽暂堵技术的应用提高了井眼稳定性，为正确认识、评价气层奠定了基础。同时，比较规则的井眼有助于减少井内复杂情况，有利于安全钻井。

3. 屏蔽暂堵对测井质量的影响

1）自然伽马

自然伽马测井是砂泥岩地层岩性识别的主要手段，井径变化和泥浆滤液侵入是自然伽马测井的主要干扰因素。经对比分析，屏蔽暂堵技术应用后，山1段的自然伽马测井API单位下降了31，山2段下降了14，盒1段下降了11，盒3段下降了32（表3-4-15）。这表明屏蔽暂堵的实施在减少对自然伽马测井的干扰起到了一定的作用。

2）声波时差

声波测井是油气层分析评价中不可替代的手段。常规声波测井记录沿井壁旅行的纵波，井眼和泥浆介质及其侵入是声波测井应用中不可忽视的因素。经统计分析，屏蔽暂堵技术应用后的钻井中，山1段的声波时差增加了1μs/m，山2段增加了9.1μs/m，盒1段基本持平，盒3段增加了20.3μs/m。并且，存在增幅同岩性致密程度有关的现象，即岩性越致密，声波时差越小，而改善量也越大。

3）自然电位

自然电位测井是判断储层渗透能力的重要手段。井径和泥浆滤液侵入是自然电位测井的主要干扰因素。统计表明，屏蔽暂堵技术应用后，山 1 段的平均自然电位负幅度增加了 4. 71mV，山 2 段降低了 2. 34mV，盒 1 段增加了 3. 37mV，盒 3 段增加了 26. 49mV（表 3-4-15），总体上加大了气层识别的响应。

表 3-4-15　屏蔽暂堵前后目的层段测井响应统计表

层　位	屏蔽暂堵前平均值					屏蔽暂堵后平均值				
	统计层数	自然伽马/API	声波时差/(μs/m)	深电阻率/Ω·m	自然电位/-mV	统计层数	自然伽马/API	声波时差/(μs/m)	深电阻率/Ω·m	自然电位/-mV
盒 2+3 段	8	86. 88	217. 5	44. 75	8. 13	13	54. 08	237. 85	150. 85	34. 62
盒 1 段	8	79. 5	229. 5	55. 63	11. 25	13	68. 62	229. 85	31. 08	14. 62
山 2 段	5	87. 4	222	66	20. 8	13	73	231. 08	53. 85	18. 46
山 1 段	8	96. 13	227. 25	61. 88	28. 63	12	65. 42	228. 25	47. 58	33. 33

上述分析表明，屏蔽暂堵技术的应用对改善测井响应的质量起到了正面效应。通过提高井壁稳定性和井眼的规则性，改善了井下数据采集环境，使砂层段的测井曲线不规则跳、抖动减少，提高了曲线的可视性和纵向分层能力，从而使储层岩性、物性的测井响应特征在一定程度上得到改善，提高了解释精度。

4. 屏蔽暂堵技术应用减小了侵入带半径

采用测井资料，主要是深浅侧向电阻率、微球形电阻率和高精度感应测井资料对部分井层的泥浆侵入带深度进行了计算。从表 3-4-16 中典型井/层计算结果可以看出，采用屏蔽暂堵技术后，侵入带深度明显减少，非试验井平均侵入深度 144. 58cm，屏蔽暂堵技术试验井侵入深度 64. 27cm。表明屏蔽暂堵技术确实起到了减少滤液侵入、保护储层的作用。

表 3-4-16　大牛地气田部分井层泥浆侵入带深度计算结果

层　位	非屏蔽暂堵			屏蔽暂堵		
	井　号	层位深度/m	侵入深度/cm	井号	层位深度/m	侵入深度/cm
盒 3 段	E11		114. 00	D10	2523. 0～2525. 0	114. 75
				D15	2550. 0～2553. 0	51. 92
				D16	2700. 0～2703. 0	93. 19
				D40	2690. 0～2695. 5	61. 28
盒 2 段	E5		203. 00	DK5	2680. 0～2692. 0	61. 00
盒 1 段	D1	2740. 0～2750. 0	179. 44	DK5	2731. 0～2734. 5	57. 00
	D6		57. 00			
	E5		203. 00			
山 2 段	D2	2810. 4～2816. 3	168. 65	D12	2742. 2～2744. 3	22. 01
				D21	2643. 0～2646. 0	49. 78
				DK4	2823. 6～2828. 6	89. 00

续表

层位	非屏蔽暂堵			屏蔽暂堵		
	井号	层位深度/m	侵入深度/cm	井号	层位深度/m	侵入深度/cm
山1段	D1	2829.1~2838.4	220.22	D12	2778.0~2880.0	53.58
				D14	2791.0~2793.0	57.33
	D4	2856.0~2867.0	81.83	D15	2843.0~2849.0	100.72
				D16	2866.0~2869.0	68.84
太2段	D5	2845.0~2848.0	74.22	D18	2772.0~2775.0	29.48
				D22	2769.2~2772.5	54.26
平均			144.58	平均		64.27

四、钻完井液体系优化研究

屏蔽暂堵钻完井液对于气田低压致密砂岩气藏具有良好的保护作用，在大牛地气田勘探开发过程中得到了广泛应用。然而，对于大牛地气田的高效开发而言，还需要开发出一种成本更为低廉，且具有良好储层保护功能的优质钻完井液，以满足大牛地气田开发的需求。为此，开展了大牛地气田钻完井液的优化研究。

（一）大牛地气田对钻井完井液的要求

（1）具有较好的储层保护性能。大牛地气田储层低压致密，储层易受到敏感性矿物伤害、水相圈闭伤害和固相侵入伤害，从保护储层角度出发，钻完井液必须具备强黏土抑制性、低滤失、低密度和低固相含量的特点，以减少泥页岩水化分散和吸水膨胀、减少钻完井液地滤失、减少固相侵入。在安全的条件下，钻井液密度应尽量接近地层孔隙压力，实现近平衡钻井；要保持低固相，钻井液中的微粒含量越低越好；要提高钻井液的抑制性，有效地抑制地层泥页岩水化分散和吸水膨胀；使用低滤失量、较低 pH 值的钻井液，减少钻井液滤液的侵入，从而减少水相圈闭伤害。

（2）具有良好的施工安全性。由于研究区地层易于垮塌，发生各类钻井事故，因此，钻井液必须具有优良的技术性能，如合理的密度、适合的黏度、切力，良好的携屑能力。钻井液的胶凝强度不能过大，以免造成起下钻及开泵时压力波动过剧引起井塌。

（3）能够满足提高机械钻速的要求。钻完井液应具有良好的剪切稀释性，较强的清洁井底及携屑能力，满足提高机械钻速的需要。机械钻速的提高，可以缩短钻井周期，减少泥浆浸泡时间，有利于减轻钻完井液对储层的伤害。

（4）具有低成本的优势。大牛地气田储层为低孔低渗，单井产气量也普遍较低，开发难度大。为了提高气田开发的经济效益，气田开发要以“降本增效”为核心。因此，在快速、优质、低伤害的基础上，钻完井液还应具备低成本特点。

（二）钻完井液体系优选

为了进行钻完井液体系的优选，在大牛地气田共使用和试验了 4 种钻完井液体系：钾铵基聚合物钻井完井液体系、两性离子钻井完井液体系、聚醚多元醇钻井完井液体系和改性天然高分子钻井完井液体系，其中，钾铵基聚合物和两性离子钻完井液体系还分别配制了屏蔽暂堵钻完井液。

屏蔽暂堵钻井完井液体系的应用成功解决了大牛地气田钻完井过程中的储层保护问题，取得了较好的研究成果。但是，也存在着一些问题：首先，屏蔽暂堵钻井完井液体系在使用中加入大量的固相颗粒，在一定程度上影响和制约着钻井速度的提高；其次，由于储层孔喉细小，与孔喉直径相匹配的暂堵材料选择困难；第三，屏蔽暂堵钻井完井液体系的应用成本较高。对于其他钻完井液体系，由于两性离子、聚醚多元醇、改性天然高分子钻井完井液在大牛地气田的应用较少，在钻井液的配方、维护处理等方面缺乏经验，且成本较高，而钾铵基聚合物钻完井液体系具有低成本优势，在大牛地气田的应用最为广泛，在钻井液的配方、维护处理等方面也十分成熟。

基于以上问题，本着低伤害、低成本、快速优质的原则，选择钾铵基聚合物作为基本的钻完井液体系，以其为基础，开展性能优化研究，以达到形成一种符合上述原则、满足大牛地气田开发要求的优质、低伤害、低成本的钻完井液体系。

（三）钾铵基聚合物钻完井液体系性能优化

钾铵基聚合物钻完井液体系具有低成本的特点，但对储层伤害较大，为了降低对储层的伤害，达到保护储层的目的，对其配方和性能进行优化。

1. 处理剂优选

1）抑制剂的筛选

在 4%膨润土中分别加入一定量的大分子高聚物，做岩屑滚动回收试验。试验结果见图 3-4-8。从图中可见，实验的 4 种大分子高聚物均有较好的抑制钻屑分散效果，它们的抑制钻屑分散的能力依次是：KPAM>FPK>80A51>PAC141，KPAM 明显优于其他三种抑制剂。

相同浓度的抑制剂在 NP-01 膨胀测试仪器测试其线性膨胀量，结果见图 3-4-9、图 3-4-10。由膨胀曲线表明，抑制膨胀能力由强到弱依次是 KPAM、FPK、80A51、PAC141 和 KPAM、80A51、PHP。因此，选用 KPAM 作为钻完井液体系的抑制剂。

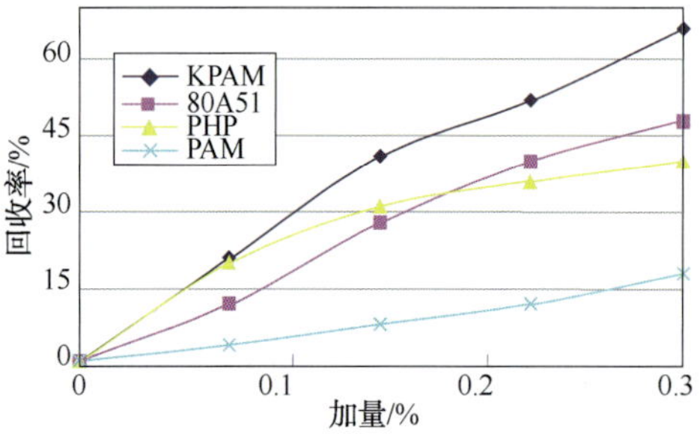

图 3-4-8 抑制剂岩屑回收率曲线

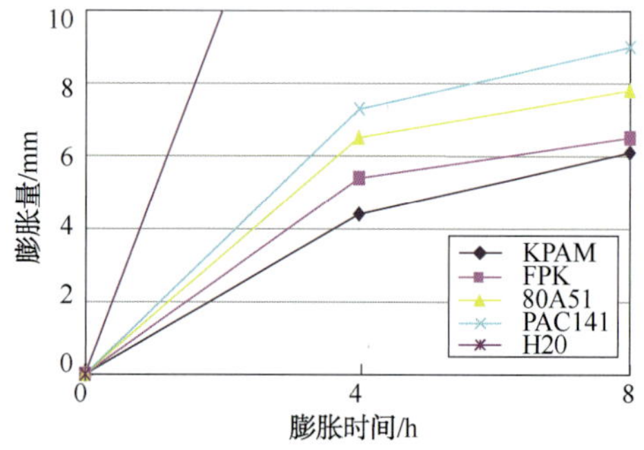

图 3-4-9 抑制剂黏土膨胀曲线

2）降滤失剂的筛选

在中小分子聚合物降滤失剂 NH_4HPAN、KHPAN、CPAN、HPAN 水溶液（浓度均为 0.1%）进行分散性试验，并用 NP-01 膨胀仪进行膨胀性试验，其结果见图 3-4-11、图 3-4-12。图 3-4-13 是 0.5%的中小分子聚合物降滤失剂在三轴应力防塌仪上的防塌试验。由图可以看出防塌效果由强到弱依次是 KHPAN、NH_4HPAN、HPAN、CPAN，而且 KHPAN 的防膨效果也最好，因此，选用 KHPAN 和 NH_4HPAN 作为降滤失剂。

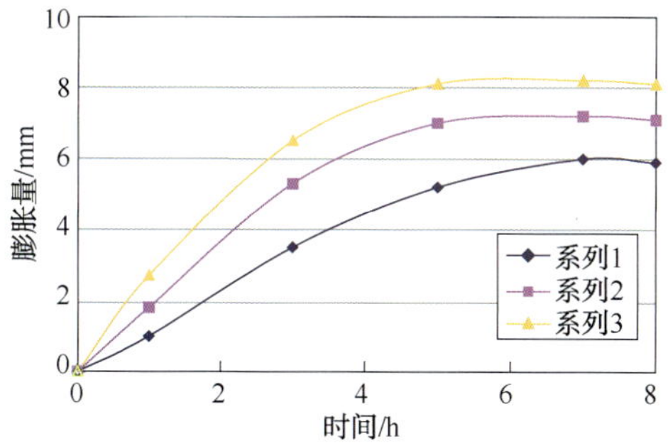

图 3-4-10　抑制剂抑页岩膨胀曲线

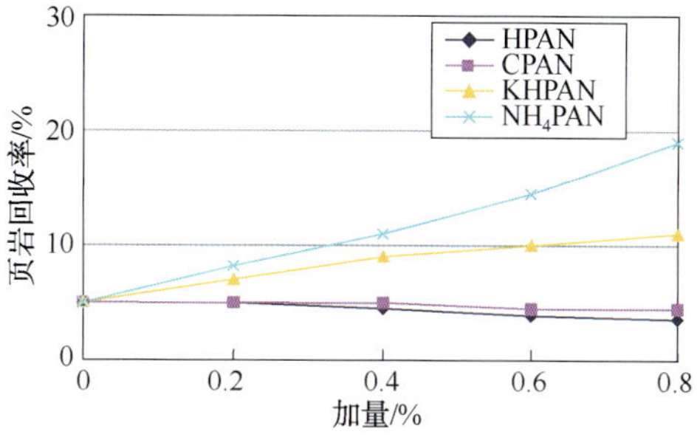

图 3-4-11　页岩回收率曲线

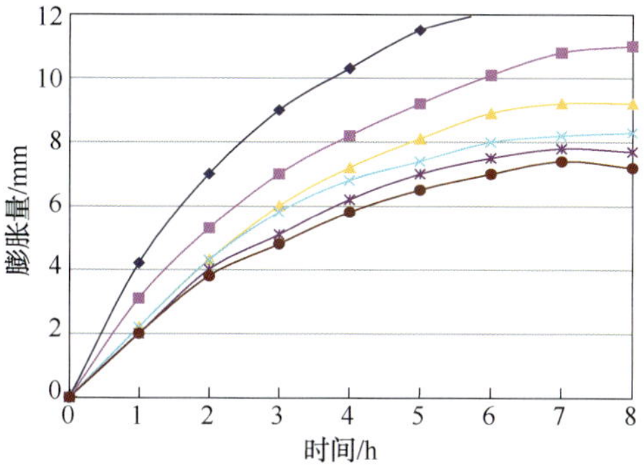

图 3-4-12　泥页岩膨胀曲线

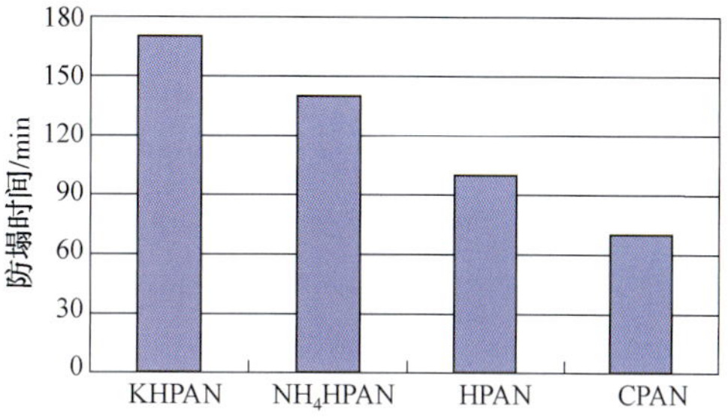

图 3-4-13　小分子聚合物防塌时间对比

2. 配方优化

在处理剂筛选的基础上，配合无荧光防塌剂进行复配试验，反复调整处理剂加量进行配方优化，形成了 3 种较为完善的新的钾铵基聚合物钻井液配方，其性能见表 3-4-17。对上述 3 种配方进行了岩屑回收率和页岩膨胀率实验，结果见图 3-4-14、图 3-4-15。从上述表图可以看出，3#浆配方具有良好的抑制性和防滤失性，因此，选用该配方作为优选配方。3#钻井液配方为：4%钠土+0.4%KPAM+0.3%KHPAN+0.5%NH_4HPAN+0.8%低黏CMC+2%防塌剂。

表 3-4-17　钾铵基聚合物钻井液优化配方

钻完井液 \ 性能		ρ g/cm³	*AV* mPa·s	*PV* mPa·s	*YP* Pa	BAPI mL/mm	HTHP mL/mm	岩屑回收率/%	8h 页岩膨胀率/%	备　注
钾铵基聚合物钻井液	1#	1.03	18	11	6.5	9.3/0.3	25/0.5		36	常温
		1.03	18	10	4	12/0.3		68		130℃
	2#	1.03	25	17	8	10.5/0.3	19/0.5		31	常温
		1.03	23	13	4	9/0.3		72		130℃
	3#	1.03	34	20	12	5/0.3	15/0.5		27	常温
		1.03	29.5	15	6	4/0.3		81 *		130℃

备注：* 为 130℃热滚 24h 后的岩屑回收率，所用岩屑为大 6 井 2000~2400m 岩屑。

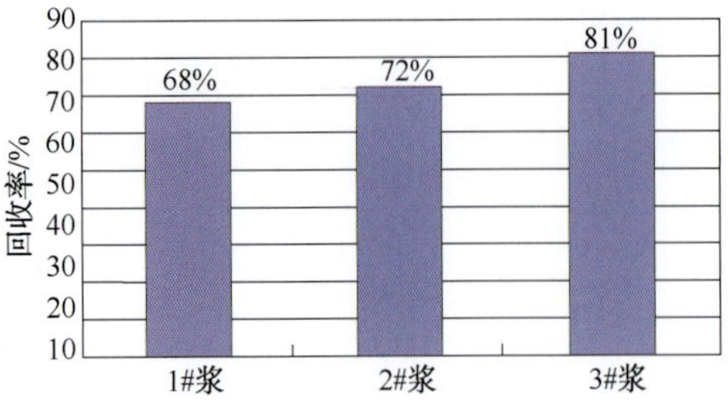

图 3-4-14　1#、2#、3#浆岩屑回收率对比

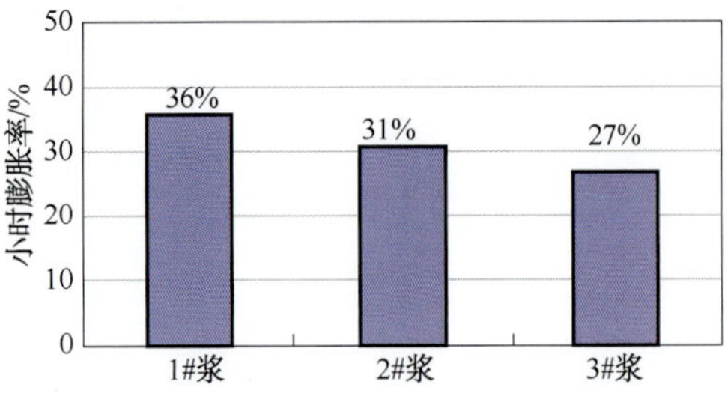

图 3-4-15　1#、2#、3#浆 8h 页岩膨胀率对比

3. 优化钻完井液储层伤害评价

为了评价和验证优化后的钾铵基钻井完井液体系在钻井过程中对气层保护性能，特委托中国石油勘探开发研究院采油所储层保护与改造研究室进行了钻井完井液动态损害实验。

本实验按照钻井完井液污染标准程序进行，实验参数为：

污染压力：3.5MPa；污染时间：120min。

剪切速率：300s^{-1}；温度：模拟岩心在井下的实际温度。

图 3-4-16 和图 3-4-17 分别是岩心污染后渗透率恢复值和污染端切去后的渗透率恢复值柱状图。切去的长度分别为 1.41cm、1.72cm、1.46cm 和 1.20cm。

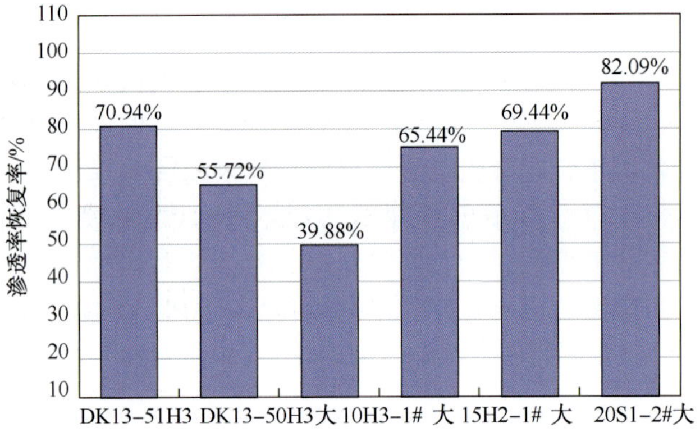

图 3-4-16　钾铵基聚合物钻井液对储层岩心渗透率恢复率评价结果

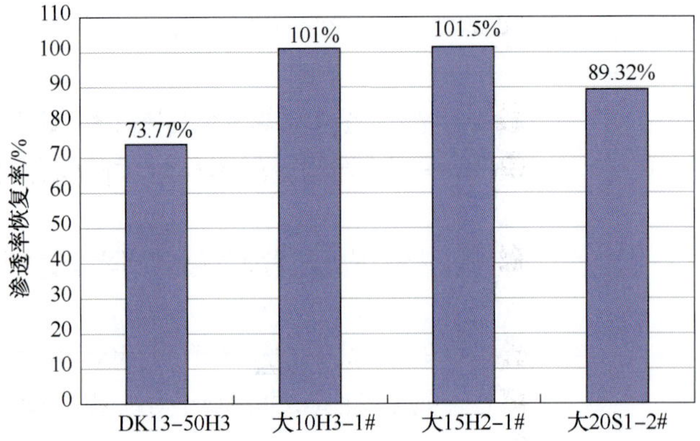

图 3-4-17　从污染端切去 1.2~1.7cm 后岩心渗透率恢复值

从上述图表可以看出：用优化后的钾铵基聚合物钻完井液进行实验，在6块实验样品中，有2块岩心渗透率恢复率分别达到70.94%和82.09%，达到砂岩储层保护的要求。其余4块岩心渗透率恢复值虽然低于70%，但从污染端切除约1.2~1.7cm后，有2块岩心渗透率无损害，另2块岩心渗透率恢复值分别达到了73.77%和89.32%。这说明在实验条件下，钾铵基钻井完井液体系对储层的伤害深度很浅（远远小于屏蔽暂堵所形成的5~10cm的屏蔽环），易于消除。

上述岩心渗透率伤害实验表明，改进后的钾铵基聚合物钻完井液体系储层保护性能大为改善，达到了保护储层，减少污染的要求。

4. 钻完井液密度优化

钻井液的密度主要用来调节钻井液静液柱压力，以平衡地层孔隙压力和地层构造应力，防止发生井喷和井塌。钻井液的密度必须符合储层保护的要求，若密度过大会加大钻井液滤失和固相侵入，损害气层。

大牛地气田目的层为低压-正常压力系统，气层低孔低渗低产，井喷的风险较小，在钻井液密度的选择上以地层孔隙压力为基础，选择密度附加值为0.07g/cm³。以此确定钻完井液密度为1.08~1.10g/cm³。此密度在孔隙压力和破裂压力的安全窗口内，实现了安全性经济性。同时，目的层段保护钻井液密度小于<1.10g/cm³，在保证井下安全的前提下，减小了井底压差，有利于保护气层。多口井的现场施工表明，这样的钻井液密度是安全的、合理的。大牛地气田地层孔隙压力梯度、破裂压力梯度和钻井液密度见表3-4-18。

表3-4-18 大牛地气田钻井液密度设计参数表

地层组段	地层破裂压力梯度/（当量密度 g/cm³）	地层孔隙压力/（当量密度 g/cm³）	钻井液密度/（g/cm³）
白垩系、侏罗系上部	4.20~4.70	1.00~1.05	<1.05
侏罗系下部、三叠系中、上统	1.40~1.60	1.00~1.05	<1.08
三叠系下统	1.35~1.40	1.00~1.05	<1.08
上古生界	1.58~1.98	0.89~0.99	<1.10

5. 钻井液流变参数优化

钻井液流变参数的好坏直接影响钻井液的携屑能力。若井底的岩屑不能及时被带走，钻速及钻头寿命就会受到影响。造成两种可能的不利后果：一是环空内钻井液中岩屑含量增加，液柱压力变大，不仅增加泥浆滤失和固相侵入，而且会造成钻速下降；二是环空岩屑浓度过大，易堵塞环空空间，对井壁的压力也增大，易发生井漏、下钻阻卡甚至卡钻事故。

在优化研究的基础上，对钻井液流变参数进行了调整优化，如动切力控制在4Pa左右，动塑比值控制在0.36~0.48Pa/mPa·s，幂律模式的n值控制在0.5~0.7。实践证明调整后的钾铵基钻井液具有较好的剪切稀释特性，携岩能力强，有利于井眼净化，钻井液具有良好的流变性，能够满足钻井安全施工的要求，实现了优质快速低伤害低成本。

（四）钾铵基聚合物钻完井液应用效果评价

1. 井身质量得以改善

优化后的钾铵基聚合物钻完井液由于具有良好钻井性能指标，在钻井中应用后，对于改善井身质量起到了良好作用。井径扩大率明显下降，二开井段和目的层段全面满足了钻井工程对井身质量的要求，井径扩大率，二开井段为 2.9%～14.9%，目的层段为 1.06%～9.81%。

2. 机械钻速得以提高

图 3-4-18 是钾铵基聚合物钻完井液改进前后平均机械钻速和平均钻井周期统计。由图 3-4-18 可以看出：全井平均机械钻速由项目实施前的 6.50m/h 提高到 9.59m/h，提高了 32.36%，比 2002 年的 5.40 m/h 提高了 43.81%；平均钻井周期（开发井）由改进前的 34.58d，缩短到改进后的 25.30d，缩短了 26.84%。其中 D1-1-27 井钻井周期仅 14.67d，平均机械达 14.70m/h。钻井周期的缩短减少了钻完井液对储层浸泡时间，对保护气层十分有利。

3. 改善了井下数据采集环境

钾铵基聚合物钻完井液体系的使用提高了井壁稳定性，井眼规则、钻井液滤失量小，侵入深度浅，改善了井下数据采集环境。从一定程度上减少了对测井的干扰，有利于发现和识别气层。

4. 降低了开发井钻完井液成本

在实际应用中，两性离子钻完井液的成本最高，明显高于钾铵基钻井完井液体系的成本，聚醚多元醇钻井完井液体系与天然高分子钻井完井液体系基本相当，均高于钾铵基聚合物钻完井液成本。与其他钻完井液体系相比，钾铵基钻井完井液体系成本最低，据统计：其材料费用比 2003 年钾铵基聚合物屏蔽暂堵钻完井液体系降低 52.10%；比 2003 年两性离子屏蔽暂堵钻完井液体系降低 58.34%；比 2004 年钾铵基聚合物屏蔽暂堵钻完井液体系降低 42.00%；比聚醚多元醇钻完井液体系降低 46.69%；比天然高分子钻完井液体系降低 41.79%。钾铵基聚合物钻完井液体系在大牛地气田中的使用明显降低了钻井施工成本，仅钻井液材料费用一项每口井平均节约（15～20）万元左右，提高了大牛地气田开发经济效益。

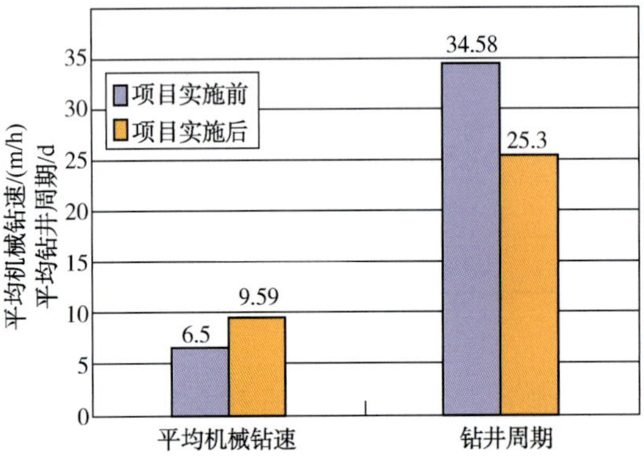

图 3-4-18 项目实施前后平均机械钻速和钻井周期对比

五、保护低压致密气藏射孔完井技术研究

（一）射孔方案优化研究

1. 射孔枪、射孔弹的选取

根据大牛地气田的实际情况，在射孔弹选取上，目前考虑国内的两个主要弹厂（大庆

和四川)的射孔弹。射孔弹系列的射孔孔深从140~543mm，孔径9.1~28.6433mm，这使得在选择适合气田特征的最佳射孔弹时，有较大的选择范围。大牛地气田射孔枪、射孔弹的优选结果见表3-4-19。

表3-4-19 大牛地气田射孔优化设计选用的射孔弹和射孔枪(大孔径、高孔密)

序号	适用枪最大外径/mm	适用枪套管最小外径/mm	可实现的最大孔密/(孔/m)	射孔弹名称	贝利砂岩靶		相位及布孔格式/(°)	射孔方式
					入口孔径/mm	穿透深度/mm		
1	139.7	177.8	39	BH46RDX-1A	18.9511	181.74	60	油管传输
2	114	177.8	39	BH43RDX-1	18.9511	165.36	60	油管传输
3	159	244.5	39	BH46RDX-1	17.6869	195.39	60	油管传输
4	159	244.5	39	BH54RDX-2	17.79225	180.921	60	油管传输
5	159	244.5	39	BH43RDX-1	18.9511	188.019	60	油管传输

2. 大牛地气田气井射孔负压方案

射孔负压差大小影响着孔眼流动效率，因而负压射孔的关键参数是负压值的大小，这个负压值必须保证能够形成清洁、无损害的孔眼，并能够移去孔眼周围压实带中的碎屑等伤害物质，同时也不能超过一定的限度，否则易发生地层垮塌、套管挤毁等事故。本研究主要是用有限元数值模拟ANSYS软件，对孔眼内流体的流动压差的变化和孔眼稳定性进行了详细的力学分析，计算出孔眼稳定性的生产压差，然后反过来确定射孔时所需要的负压差，结果见表3-4-20所示。

表3-4-20 气田负压设计表

层　位	石盒子组气层	山西组气层	太原组气层
保证孔眼清洁的最小负压值/MPa	4.20	6.50	6.70
防止地层坍塌的最大负压值/MPa	5.12	5.23	5.30
优化设计推荐的施工负压值/MPa	4.50	4.40	5.00

表3-4-20中射孔压差的设计，是气田射孔压差选择的理论依据，具体到每一口井，应在现场取全、取准资料的前提下，做更准确的射孔压力设计。

3. 大牛地气田射孔方式方案

目前，油田大量使用的射孔方式主要有三种，即电缆传输射孔、过油管射孔、油管传输射孔，超正压射孔属油管传输射孔类，相比之下，采用较多的是油管传输射孔方式。

(二)保护低压致密砂岩气藏射孔液

射孔液是继钻完井液之后与储层接触的一种入井液体。射孔液体系配方的合理选择，不仅关系到测试压井过程对储层的保护程度，而且影响到钻井完井过程中储层保护的有效性。因此，在射孔、压井等作业过程中，除采用合理的钻完井工艺外，选择适当的射孔液也是保护低压低渗气层的又一个重要环节。

通过一系列实验，确定气田储层射孔液配方为：

清水+NaCl+1.5%KCS-18+1.5%HV-CMC+(500~1200)×10^{-6}ZBL-98+500×10^{-6} DW-3。

密度：1.04~1.18g/cm^3。

根据上述配方，在调整部分处理剂及其加量的情况下，对储层岩心进行了动态污染实验，结果见表3-4-21，由表可见，在确定射孔液基本配方后，配方1~配方4的岩心渗透率恢复率都在85%以上，能满足现场施工的需要。

表3-4-21 射孔液体系评价实验结果

岩心号	渗透率/$10^{-3}\mu m^2$				K_w/K_0/%	效果评价
	K_∞	K_0	配方	K_w		
大10-4	0.089	4.54	配方1	4.23	93.2	好
大1-103	0.1009	22.4	配方2	22.5	100.4	好
大1-63	0.64	44.8	配方3	43.7	97.5	好
大10-37	0.191	65.2	配方4	62.6	96.0	好

备注：基本配方：蒸馏水+NaCl；

配方1：基本配方+2%BCS-851+1.5% HV-CMC+500×10^{-6}KH-01；

配方2：基本配方+2%BCS-851+1.5% HV-PAC+500×10^{-6}ZBL-98；

配方3：基本配方+2%KCS-18+1.5% HV-CMC+500×10^{-6}KH-01；

配方4：基本配方+2%KCS-18+1.5% HV-PAC+500×10^{-6}ZBL-98；

K_0、K_w分别表示用地层水、实验流体所测的岩心渗透率。

值得注意的是，如果配制的无固相射孔液不清洁，则可能引起较严重的储层损害，因此，配制射孔液时，各种处理剂杂质含量要小，严禁使用工业盐配制射孔液，射孔液中悬浮物浓度小于5mg/L。

第五节 开发先导试验成果

按照"抓实创新、攻坚上产、降本增效"的方针，将开发先导性试验和深化勘探紧密结合，着重开展了评价储量、落实产能、三维地震储层预测攻关研究以及钻完井工艺、储层改造工艺、采气工艺、地面集输工艺等试验，取得了显著的进展和成效。其中，优选的4个可开发区的可动用储量为973.26×10^8m^3，具备了建成年产10×10^8m^3以上产能的储量基础；盒3段、盒2段气层的32口井经压后试气，平均单井日产天然气无阻流量大于10×10^4m^3(其中，DK13井盒3段气层无阻流量最高57.95×10^4m^3/d)，单井日配产(1.5~3)×10^4m^3，进一步明朗了盒2+3段气层是大牛地气田近期开发的主力产层，可以实现经济、有效地开发；2004年部署实施的25口开发准备井油气成果表明，三维地震资料储层预测成果可靠可信，可以作为气田开发井部署的主要依据；试验并初步确定了适合大牛地气田开发需求的系列钻井、固井、压裂和采气、集气工程工艺技术。48口先导试验井(其中开发准备井37口、探转采井11口)累计新建产能2.3×10^8m^3。83天建成了与先导性试验相配套的地面集气工程和138km的大牛地-杭锦旗输气管线，2003年9月7日正式向用户供气，当年累计生产天然气657.13×10^4m^3，外销商品气616.72×10^4m^3。由此，揭开了大牛地气田规模开发的新篇章。

一、深化气田地质特征认识

大牛地气田是河流、三角洲和滨海相沉积控制的无边底水弹性驱动岩性气藏，沉积相控制储层，储层控制产能。气田发育 6 套气层，太原组 1 套，储层为障壁砂坝；山西组 2 套，储层为三角洲平原分流河道砂体，下石盒子组 3 套，储层为河流相河道砂体。气田储层以低孔低渗为主，而且非均质性强，横向变化大，但由于沉积环境以及成岩和成藏条件不同，6 套储层特征和含气性也存在差异，其中，盒 2 段、盒 3 段储层条件和含气性最好，是目前气田开发的主力气层。该气田资源丰富且落实，并且具有多套气层叠合特点，具有良好的开发前景。

二、初步落实单井单层产能及储量

气田单井单层产能以低产为主，高中产次之，其中，太 2 段、山 1 段、山 2 段、盒 1 段为低产层，无阻流量一般$<5\times10^4m^3/d$，盒 2 段、盒 3 段为中高产层，平均无阻流量$11.57\times10^4m^3/d$，最高达$38.37\times10^4m^3/d$，其储量为优质储量。根据试采和产能试井资料分析和研究，初步确定了产能评价方法，低产层采用修正后的一点法，高产层采用修正等时试井法。对山 1段、山 2 段、盒 2+3 段探明储量重新复算，储量分别减少 20.7%，28.6%和 28.3%，符合储量规范要求，复算后的储量是可靠的。根据单井经济极限产量预测，单层开采（盒 2+3）可动用储量为$216.97\times10^8m^3$，多层合采可动用储量为$756.29\times10^8m^3$，合计可动用储量$973.26\times10^8m^3$，可建成年产能$17.22\times10^8m^3$。

三、确定气田开发指标

根据气田特征，采用衰竭式开采，盒 2+3 段高产层为一独立开发层系，低产层组合为一开发层系。合理配产为无阻流量的 1/6～1/5，盒 2+3 段高产层采气速度以 3%为宜，低产层合层采气速度以 1.5%为宜。高产层和合采井距均为 1000m。废弃压力为 8MPa。盒 2+3 段采收率为 55%，低产多层合采采收率为 50%。单井经济极限为$1.1\times10^4m^3/d$，单井经济极限累计产量$2590\times10^4m^3/d$。盒 2 段、盒 3 段气层单层开采具有较好的经济效益，太 2 段、山 1 段、山 2 段、盒 1 段低产层只有合层开采才具有较好的经济效益。

四、确定气田采气工艺

采气方式，盒 2+3 高产层采用单层开采，太 2 段、山 1 段、山 2 段、盒 1 段低产层合层开采可行，采用合层开采，单层低产层则采用间歇开采；单层采气选用 2⅞in 油管，多层合采采用 2in 油管；排水采气采用化学排液法，水合物防治采用注醇法。

五、形成适合于大牛地气田开发的工程工艺技术

钻井方式以直井方式为主，井身结构为：一开用 ϕ311mm 钻头钻至 300m 下入 ϕ245mm 表层套管，二开使用 ϕ216mm 钻头钻穿目的层下入 ϕ140mm 套管；表层套管为：J55×10.03，目的层使用 N80×9.17；钻头以 PDC 为主（取参数井用牙轮钻头）。储层保护基本配方为"原钻井液+4%～6%复合暂堵剂 FH+1%～2%屏蔽暂堵剂 PD-1+2%～3%油溶性暂堵剂 WZD-2+稀胶液"，根据不同储层孔喉特征及原钻井液颗粒做适当调整。完井方

式采用套管射孔完井。固井方案采用全井封固，可采用一级注或分级注水泥。射孔采用电缆传输正压射孔，102 枪 127 射孔弹，孔密 16～18 孔/米，相位角 60°～90°。压裂液采用全程伴氮压裂液体系，压裂规模一般为：施工压力 40～60MPa，砂量 30～60m^3，砂比 25%～30%，排量 2.5～3m^3/min，氮量 6%～9%，裂缝长度 250～300m；根据不同储层特征适当调整配方和压裂规模。

六、形成适合于大牛地气田开发的地面集输工艺

地面集输系统采用辐射枝状组合式管网系统，井口工艺采用两种方式，一种是加热、节流、分离储存缓冲流程，另一种为高压集气。集气站采用橇块装置，每站 10～15 口井，采用“多井集气、切换计量、常温分离”流程；天然气处理采用“常温重力分离及乙二醇脱水”工艺。外输管线为两段，即 ϕ219.6mm×6.3mm 和 ϕ159mm×5mm，起输压力 6.3MPa。

第四章 10亿立方米直井开发产能建设

规模化气田开发，其主要任务是根据气藏地质特征研究，特别是通过精细三维地质模型建立及气藏工程研究，分井区设计不同井距、不同产量(采气速度)的初步方案，对初步设计方案及不同方案组合进行数值模拟，选择最优的开发方案，包括制定钻(完)井工程方案，采气工程方案。本章详细阐述了大牛地气田第一个 $10\times10^8m^3$ 产能建设方案制定、实施及开发成效。

第一节 油藏地质模型建立及方案设计与优选

一、三维地质模型的建立

（一）建模方法

针对大牛地气田的基本地质情况，采用了储层定量化研究中最为常用的随机建模技术来建立气田的储层地质模型。

建模的总原则是：在建立地质模型时，以储层砂体分布模型为基础，以储层属性参数空间分布的相关制约关系为模拟次序原则，在可靠的砂体空间分布上，逐个建立物性参数分布模型。所采用的建模方法分别为：用序贯指示模拟和序贯高斯模拟相结合的模拟方法，发挥两种方法的优势，协同预测砂体厚度的分布；用多元序贯高斯方法，多参数约束协同模拟预测储层物性参数的分布。例如：以砂体分布作协变量，模拟孔隙度分布；以孔隙度分布作协变量，模拟渗透率分布；以砂体分布、孔隙度、渗透率分布共同约束砂层含气饱和度及有效厚度分布的模拟。

（二）建模单元划分

建模单元的划分是建立在小层对比与划分结果的基础之上，根据小层对比结果，大牛地气田从下石盒子组到太原组共分出了28个小层，综合考虑各气层组气层发育情况及气田开发气藏工程的需要，建模时将划分出的28个小层组合成了14个建模单元(表4-1-1)。各气层组的模型则是通过建立的单元地质模型叠合而成。

表4-1-1 大牛地气田储层建模单元划分

气层组	建模单元				叠合单元
盒3段	盒 3^{3+4} 小层	盒 3^{1+2} 小层			盒3
盒2段	盒 2^4 小层	盒 2^{1+2} 小层			盒2
盒1段	盒 1^3 小层	盒 1^{1+2} 小层	盒 1^{4+5} 小层		盒1
山2段	山 2^5 小层	山 2^{3+4} 小层	山 2^2 小层	山 2^1 小层	山2
山1段	山 1^{5+6} 小层	山 1^{1+2+3} 小层			山1
太2段	太2				太2

（三）地质模型建立

在上述建模单元划分基础上，应用随机建模方法，结合沉积相研究结果首先建立 14 个建模单元的地质模型。完成的每个单元的地质模型包括：砂层厚度、气层有效厚度、孔隙度、渗透率及含气饱和度 5 个分模型。然后，应用每个气层组的各建模单元的分模型叠合构建完成气层组的储层地质模型，如用各单元的砂体厚度模型叠合构建气层组砂体厚度模型，用各单元的物性参数（孔隙度、渗透率、饱和度）模型叠合构建气层组物性参数模型。

为了满足气藏工程数值模拟研究的需要，地质模型采用了 250m×250m 的网格尺寸，X、Y 方向的网格数分别为 175 和 191，每个层模型的网格数为 33425。

（四）模型可靠性分析

可以从两个方面分析储层地质模型的可靠性：一是所建立的地质模型反映的储层属性参数的总体分布趋势；二是所建储层属性参数分布模型的变异性（即非均质特性）。即通过分析这两方面的特征是否与实际地质特征相吻合来验证模型的可靠性。

1. 属性模型的展布趋势分析

大牛地气田储层地质模型的建立，充分考虑了气田的地质背景、沉积特征、沉积相对砂体分布的控制以及储层参数之间的相互制约关系等因素，采用多种方法相结合的建模方法构建各单元的砂体分布模型及物性参数分布模型，构建的各个分模型较好地反映了各单元沉积物源方向对沉积砂体的影响和控制作用，尤其是存在多方向物源沉积的一些建模单元（如盒 3^{3+4} 小层、盒 3^{1+2} 小层及盒 2^{1+2} 小层建模单元），也较好地表现出了多物源方向对砂体分布的控制作用。因此，储层属性的空间分布与气田的基本地质特征及沉积特征相吻合。

以盒 3 段为例，图 4-1-1 为由单元模型叠合的盒 3 段砂体分布模型。从图 4-1-1 可见，气田内砂体总体上呈现出北东-南西向的展布趋势，而砂体最发育区则出现在气田的西南部。根据沉积相研究结果可知，盒 3 段沉积时，气田内发育有多个方向物源，从北东方向到正北方向到西北方向都发育有河道。而这些河道主要在气田西南区发生沉积交汇作用，也即这些河道对气田西南部砂体的沉积和展布都具有影响和控制作用。盒 3 段的孔隙度、渗透率、饱和度及气层有效厚度分布分别见图 4-1-2～图 4-1-5。从图中可见盒 3 段孔隙度、渗透率分布也与沉积时物源方向具有较好的一致性。含气饱和度分布除了受沉积特征影响外，还受孔隙度、渗透率的分布制约，而气层有效厚度分布则同时影响砂体厚度、孔隙度、渗透率、饱和度参数的分布。显然，从图 4-1-2～图 4-1-5中可以容易地看到，储层地质模型所反映出的储层物性参数之间的相关性以及其与沉积特征之间的一致性。

由此可见，所选用的协同建模方法适用于大牛地气田地质模型的建立，建立的储层地质模型能够较真实、可靠地反映储层砂体及物性参数（孔隙度、渗透率、含气饱和度、有效厚度）的展布特征，符合目前勘探开发阶段对气田实际地质情况的认识。

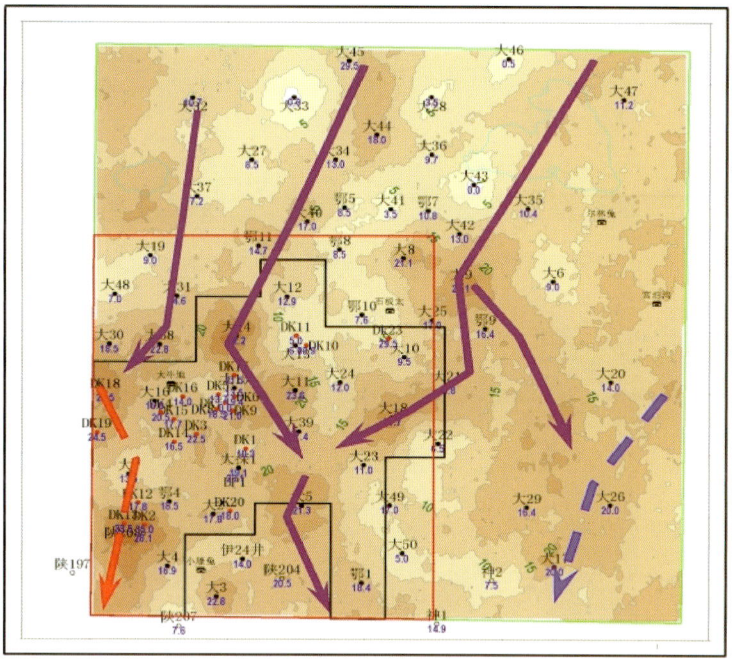

图 4-1-1 大牛地气田盒 3 段砂体分布图

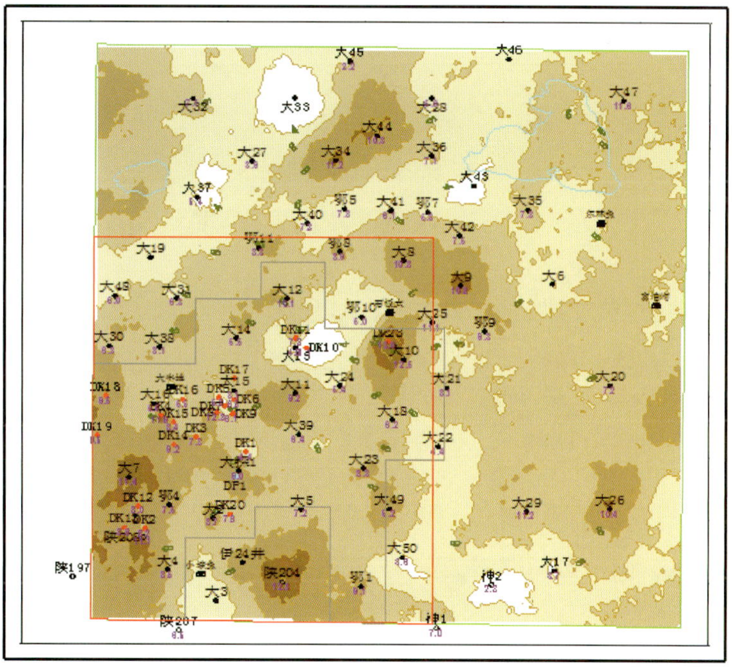

图 4-1-2 大牛地气田盒 3 段孔隙度分布图

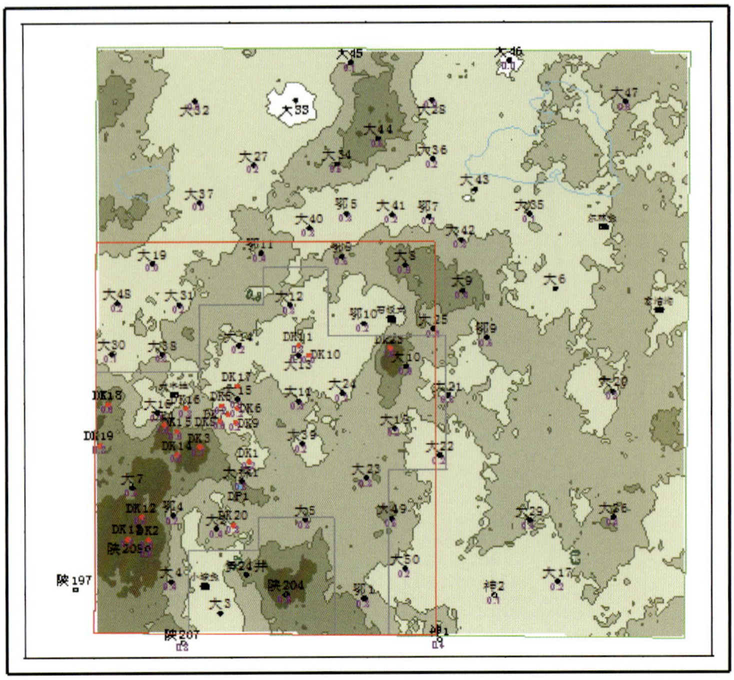

图 4-1-3　大牛地气田盒 3 段渗透率分布图

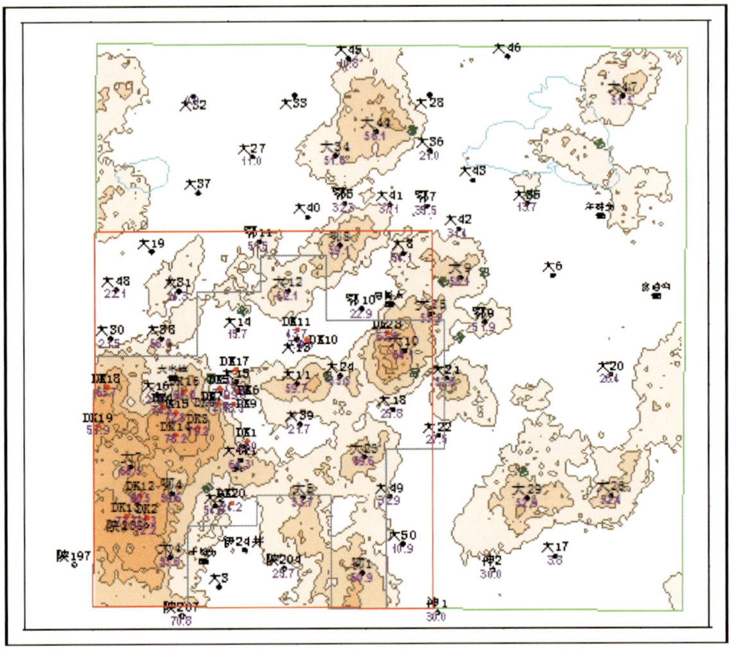

图 4-1-4　大牛地气田盒 3 段含气饱和度分布图

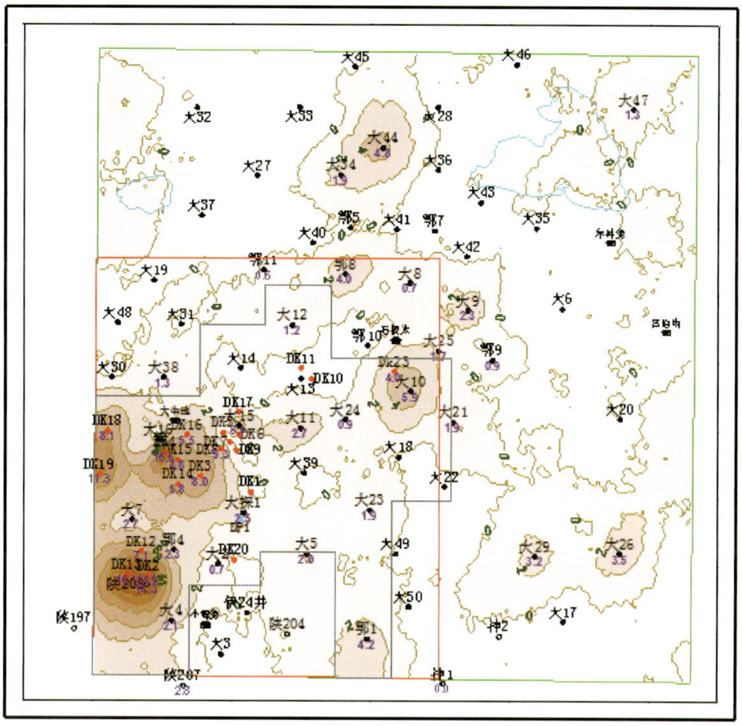

图 4-1-5　大牛地气田盒 3 段有效厚度分布图

2. 模型的非均质特征分析

随机建模的一大优势就是随机地质模型能够较好地再现储层参数分布的变异性，即非均质特性。所建立的大牛地气田各气层组的地质模型是否真实地再现了各个单元及各气层组物性参数的非均质特征，从根本上决定了模型的可靠性。鉴于此，分别用所建立的各单元渗透率分布模型数据及叠合的层模型数据统计了渗透率非均质参数，结果见表 4-1-2、表 4-1-3，以此与前述实际井点数据统计的渗透率非均质参数进行对比分析。

表 4-1-2　大牛地气田单元模型渗透率非均质性对比

气层组	建模单元	平均渗透率/$10^{-3}\mu m^2$		变异系数		突进系数		级差	
		井点	模型	井点	模型	井点	模型	井点	模型
盒 3 段	盒 3^{3+4}	0. 321	0. 283	0. 84	0. 81	4. 67	5. 09	38	47
	盒 3^{1+2}	0. 397	0. 354	0. 83	0. 85	4. 08	4. 17	54	39
盒 2 段	盒 2^{4}	0. 266	0. 213	0. 68	0. 61	3. 65	4. 06	19	28
	盒 2^{1+2}	0. 301	0. 316	0. 86	0. 81	6. 25	5. 95	38	44
盒 1 段	盒 1^{4+5}	0. 243	0. 206	0. 60	0. 58	3. 21	3. 79	20	38
	盒 1^{3}	0. 385	0. 355	1. 00	0. 96	7. 65	8. 30	30	34
	盒 1^{1+2}	0. 374	0. 409	0. 62	0. 59	3. 02	3. 03	23	22

续表

气层组	建模单元	平均渗透率/$10^{-3}\mu m^2$		变异系数		突进系数		级差	
		井点	模型	井点	模型	井点	模型	井点	模型
山 2 段	山 2^5	0.490	0.439	0.69	0.65	3.51	3.68	19	17
	山 2^{3+4}	0.361	0.332	0.68	0.62	3.32	3.62	24	29
	山 2^2	0.450	0.428	0.68	0.66	3.62	3.56	16	18
	山 2^1	0.455	0.414	0.68	0.67	3.87	3.67	35	39
山 1 段	山 1^{5+6}	0.369	0.294	0.48	0.53	2.66	3.04	12	20
	山 1^{1+2+3}	0.462	0.396	0.82	0.85	4.57	5.13	30	37

注：“模型”指用模型渗透率统计，“井点”指用单元井点渗透率统计。

表 4-1-3　大牛地气田气层组叠合模型渗透率非均质性对比

气层组	平均渗透率/$10^{-3}\mu m^2$		变异系数		突进系数		级差	
	井点	模型	井点	模型	井点	模型	井点	模型
盒 3 段	0.401	0.390	0.65	0.59	3.41	3.93	25	23
盒 2 段	0.364	0.337	0.61	0.63	3.08	4.18	12	14
盒 1 段	0.455	0.429	0.58	0.60	4.28	4.62	15	19
山 2 段	0.536	0.513	0.48	0.38	2.52	3.27	11	12
山 1 段	0.492	0.463	0.61	0.59	4.29	5.24	18	21
太 2 段	0.402	0.385	0.52	0.56	2.56	4.47	13	17

从表 4-1-2 可见，用单元渗透率模型数据计算的渗透率平均值、变异系数、突进系数与实际数据统计结果基本一致。对比各参数发现，各单元井点渗透率与模型渗透率之差为(0.015~0.075)×$10^{-3}\mu m^2$，平均误差为 0.041×$10^{-3}\mu m^2$；而各单元井点渗透率与模型渗透率的变异系数之差为 0.013~0.074，平均误差为 0.037；突进系数之差为 0.015~0.63，平均误差为 0.319。用气层组渗透率数据统计的非均质参数的对比也得到了同样的结果。表 4-1-3 表明，各气层组的井点渗透率与模型渗透率的非均质参数基本相同，井点渗透率与模型渗透率变异系数的平均误差为 0.022，而突进系数的平均误差为 0.43。由此可见，单元渗透率模型较准确地反映了实际储层的非均质特征。

综上所述，两方面分析表明建立的大牛地气田各气层组的非均质地质模型能够较为真实地反映实际储层的地质特征和沉积特征，具有较高的可靠性。

(五)气田开发区块储量复核

本次气田储量复算，主要是对根据所建立的储层地质模型确定的开发区块内的天然气探明储量采用积分容积法进行复核和评价。利用储层地质模型，提交了开发区块内盒 3 段–太 2 段气层组的 14 个储量计算单元及 6 个气层组的详细储量计算结果及储量丰度分布。

1. 开发区块确定

根据储层地质模型及气藏工程研究结果，本次编制大牛地气田开发方案所选定的开发区块共4个，即盒3段开采区、盒2段开采区、西南合采区、中部合采区。开发区块的位置如图4-1-6所示。

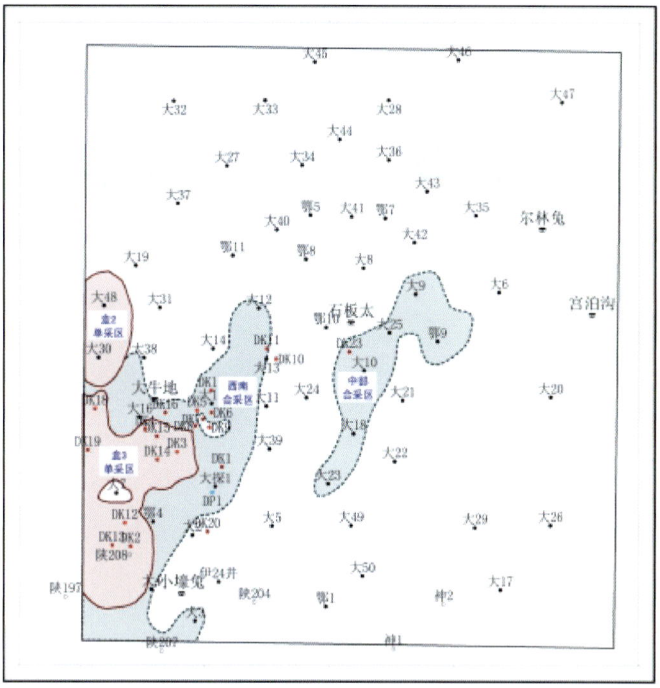

图4-1-6 大牛地气田开发区块分区示意图

2. 计算方法

基于储层地质模型的储量计算模式和储量分布模型：

储量分布模型主要依据定量储层地质模型描述储层内油、气、水的分布状态，油、气储量的大小和分布，储量丰度的大小和分布等。储量分布模型是数值模拟、动态分析、井网部署等的基础和重要依据。

油气藏内部存在着非均质性，其储量参数及储量的分布也应是非均质的，这是油气藏的特点之一。然而，传统的容积法储量计算模式是建立在平均指标的基础上的，它按均质体来描述油气藏，因而这样计算的储量不仅是一个被歪曲了的笼统的储量数字，而且不能反映油气储量在油气藏内部的不均匀分布，这就不利于进行数值模拟和开发设计，甚至可能会造成重大的经济损失。因此，为了满足油气藏数值模拟和开发设计的需要，应当建立非均质油气藏储量计算与分布的新模式。

考虑到油气藏的非均质性，将油气藏视为一个"容积单元"化的地质系统，即把整个油气藏划分为若干个细小的"容积单元"，每个"容积单元"内是均质的，有相同的储量参数、均匀的储量分布，但各个"容积单元"之间则有差异，这种差异正是储层非均质性的体现。其原理如下：

在三维空间中油气储量的计算公式应为：

$$Q=\iint_V \varphi(x,\ y)\cdot S(x,\ y)\cdot M(x,\ y)\,\mathrm{d}x\mathrm{d}y\mathrm{d}z \tag{4-1-1}$$

在实际工作中，一般分层计算储量，则三维空间中油气储量的计算可转化为二维空间中的油气储量计算，计算公式为：

$$Q=\int_{A} h(x,\ y)\cdot\varphi(x,\ y)\cdot S(x,\ y)\cdot M(x,\ y)\mathrm{d}x\mathrm{d}y \tag{4-1-2}$$

根据式(4-1-2)，在油气储集层上设计二维网格模型，依其非均质性的强弱程度，将油气储集层“容积单元”化(网块化)，则整个油气藏成为一个“容积单元”化的地质系统。各个“容积单元”的储量按均质模式计算，油气藏总地质储量为各个“容积单元”的储量之和。其数学模型为：

$$Q=\sum_{i=1}^{N}\sum_{j=1}^{M} Q_{ij}$$

$$Q_{ij}=A_{ij}\cdot h_{ij}\cdot\varphi_{ij}\cdot S_{ij}\cdot M_{ij} \tag{4-1-3}$$

式中 Q——总储量；

N——横向容积单元(网块)个数；

M——纵向容积单元(网块)个数；

Q_{ij}——“容积单元”的储量；

A_{ij}——“容积单元”的面积，km^2；

h_{ij}——“容积单元”的有效厚度，m；

i、j——“容积单元”的有效孔隙度，小数；

S_{ij}——“容积单元”的含油(气)饱和度，小数；

M_{ij}——“容积单元”的物性综合系数，对于气藏，$M_{ij}=(T_{sc}P_{i0}/P_{sc}TZ_{i0})_{ij}$。

只要求出各个“容积单元”的储量参数，就可按均质模式计算每个“容积单元”的储量，进而计算总储量，建立储量分布模型，最后输出反映油气藏非均质性的储量分布图，储量丰度分布图等，为动态分析、开发井网部署以及拟定增产措施提供可靠的地质依据。

3. 储量复核计算单元

纵向上，以建模单元作为储量复算单元(表4-1-4)，平面上按本次方案中确定的单采、合采区分别计算储量。

表4-1-4 储量计算单元

气层组	储量计算单元(代码)				储量叠合单元
盒3段	盒3^{3+4}($H_3{}^{3+4}$)	盒3^{1+2}($H_3{}^{1+2}$)			盒3(H_3)
盒2段	盒2^{4}($H_2{}^{4}$)	盒2^{1+2}($H_2{}^{1+2}$)			盒2(H_2)
盒1段	盒1^{3}($H_1{}^{3}$)	盒1^{1+2}($H_1{}^{1+2}$)	盒1^{4+5}($H_1{}^{4+5}$)		盒1(H_1)
山2段	山2^{5}($S_2{}^{5}$)	山2^{3+4}($S_2{}^{3+4}$)	山2^{2}($S_2{}^{2}$)	山2^{1}($S_2{}^{1}$)	山2(S_2)
山1段	山1^{5+6}($S_1{}^{5+6}$)	山1^{1+2+3}($S_1{}^{1+2+3}$)			山1(S_1)
太2段	太2($C3t_2$)				太2($C3t_2$)

4. 储量参数的确定

1）有效厚度、有效孔隙度、含气饱和度

储量复核中采用的有效厚度划分下限为上报探明储量时采用的有效厚度下限值标准，即：渗透率≥0.1×10^{-3}μm^2，孔隙度≥4%，含气饱和度≥50%，泥质含量≤15%，声波时差≥190ms/m，电阻率≥20Ω·m。

各储量计算单元的每个网格的储层有效厚度、有效孔隙度、含气饱和度值则是直接采用本次研究所建立的地质模型提供的参数场。例如，以储层地质模型网格中心的有效孔隙度值作为该网格单元的有效孔隙度值，模型网格中心的含气饱和度作为该网格单元的含气饱和度值。

2）含气面积

含气面积的取值原则：在开发区块内，计算网块（网块单元大小：$0.25\times0.25km^2$）中心有效厚度>0.5m、渗透率≥$0.1\times10^{-3}\mu m^2$、孔隙度≥4%、含气饱和度≥50%的区域。

各个储量计算单元内所有有效的含气网块面积之和即为该单元的含气面积，而各气层组的含气面积则为相应的储量计算单元的含气面积的叠合。

3）原始地层压力、平均地层温度和气体偏差系数

采用上报探明储量时采用的数据（表4-1-5）。按天然气储量规范（GBN 270—1988），地面标准压力取0.10MPa，地面标准温度取293K（20℃）。

表4-1-5　大牛地气田各开发区块储量复算结果

气层组	计算单元	原始地层压力/MPa	平均地层温度/K	天然气偏差系数	盒3开采区		盒2开采区		西南合采区		中部合采区	
					原始地质储量/10^8m^3	含气面积/km^2	原始地质储量/10^8m^3	含气面积/km^2	原始地质储量/10^8m^3	含气面积/km^2	原始地质储量/10^8m^3	含气面积/km^2
盒3段	H_3^{3+4}	25.23	356	0.931	25.33	76.8	0.15	1.4	9.04	49.3	2.00	9.6
	H_3^{1+2}				110.90	90.7	1.24	5.3	28.58	98.9	22.60	55.8
	H_3				136.23	90.7	1.39	5.3	37.62	101.8	24.60	57.3
盒2段	H_2^4	25.23	356	0.931	2.45	24.4	0.00	0.0	18.81	89.3	7.22	45.5
	H_2^{1+2}				7.87	39.1	41.39	28.2	44.82	89.5	22.13	68.3
	H_2				10.32	55.5	41.39	28.2	63.63	114.9	29.35	70.8
盒1段	H_1^{4+5}	23.70	358	0.952	0.20	5.7	0.01	0.2	0.48	9.2	13.49	64.9
	H_1^3				2.71	22.9	2.77	18.6	21.49	96.1	11.94	42.7
	H_1^{1+2}				8.73	29.9	3.00	22.8	43.23	100.9	44.61	75.3
	H_1				11.65	40.7	5.77	27.0	65.20	116.9	70.04	75.3
山2段	S_2^5	23.97	356	0.928	9.78	43.6	0.35	6.6	27.11	78.6	13.72	69.3
	S_2^{3+4}				9.77	30.9	0.58	8.1	14.06	57.6	41.98	74.9
	S_2^2				2.56	34.1	0.86	9.9	34.95	112.8	0.24	5.8
	S_2^1				17.37	80.8	4.96	20.8	23.22	104.1	13.40	30.1
	S_2				39.49	90.7	6.75	24.3	99.34	132.4	69.33	75.8
山1段	S_1^{5+6}	27.37	360	0.928	16.44	75.3	1.87	13.8	24.53	98.6	3.79	36.2
	S_1^{1+2+3}				36.81	81.1	2.42	12.8	56.85	116.4	14.92	35.5
	S_1				53.25	87.8	4.28	15.4	81.38	130.9	18.71	39.4
太2段	C_3t2	27.37	360	0.928	4.41	21.6	0.70	6.0	7.65	28.0	84.65	72.3
盒2+3段	H_2+H_3				146.56	90.7	42.78	28.2	101.24	128.6	53.95	73.3
合　计					255.35	90.7	60.3	28.2	354.82	132.4	296.69	76.75

5. 开发区块储量评价

1）储量计算结果

如上所述，本次对选定开发区块的储量复核，是根据建模结果，按照划分的储量计算单元(表4-1-4)分层计算的，即盒3段分为2个单元、盒2段2个单元、盒1段3个单元、山2段4个单元、山1段2个单元、太二段1个单元。分区块、分层储量计算结果见表4-1-5。为了满足编制开发方案的需要，4个开发区块(即使是本次暂定的单采区)均计算了上述各层的天然气地质储量。

从表4-1-5可知，4个开发区块共计动用探明地质储量967.16×10^8m^3，含气面积328.1km^2，占上报探明储量2615.71×10^8m^3的37%。

盒3段单采区的天然气储量主要由盒3段的天然气储量构成，占该区总储量的53%以上，其余5个层系在该区域的储量均较低，较高的为山1段(占总储量的21%)、山2段(占总储量的15%)，其余层系的储量均不超过总储量的5%，可见确定该区为盒3段单采区是恰当的。与此相似，盒2段单采区的天然气储量主要由盒2段的天然气储量构成，占该区总储量的68%以上，其余5个层系在该区域的储量均较低，较高的为山2段(占总储量的11%)，其余层系的储量均不超过总储量的10%，这也正是确定该区为盒2段单采区的原因之一。而西南合采区及中部合采区的天然气储量则主要是由多个层系的储量构成的，西南合采区除了太2段储量较低外，其余5个各层系的储量占总储量的比例相差不大，最高23%，最低11%，中部合采区与之相似，但太2段的储量占总储量的比例较高，达到29%。

2）开发区块储量评价

为了进一步对开发区块的储量进行评价，我们将14个建模单元的储层地质模型叠合，形成6个叠合储层地质模型(即盒3段、盒2段、盒1段、山2段、山1段、太2段)，并根据叠合模型，按不同的储层有效厚度起算标准计算储量，以评价储量丰度及不同有效厚度的储层对天然气储量的贡献。计算结果见表4-1-5。

各开发区块中，叠合有效厚度大于4m的储层分布区域的天然气储量占整个开发区块储量的比例均较高。盒3单采区中，储层有效厚度为0~4m的区域的天然气储量不到该区块储量的15%，而有效厚度大于6m的区域的天然气储量占总储量的60%以上。盒2段单采区中，储层有效厚度为0~4m的区域的天然气储量占该区块储量的19%，有效厚度大于6m的区域的天然气储量占总储量的57%。西南合采区中，储层有效厚度为0~4m的区域的天然气储量占该区块储量的27%，有效厚度大于6m的区域的天然气储量占总储量的54%。中部合采区中，储层有效厚度为0~4m的区域的天然气储量占该区块储量的16%，而有效厚度大于6m的区域的天然气储量占总储量的70%以上。因此，本次开发方案所选定的开发区块应是工区内最有利的天然气开采区域。

3）储量分布模型

除了计算出上述4个开发区块各储量单元的含气面积和储量，本次研究中还根据储层地质模型建立了各储量计算单元的储量分布模型和储量丰度分布模型，分别绘制了每一个储量计算单元的天然气储量分布图和储量丰度分布图，储量分布图和储量丰度图直观地反映出了天然气储量和储量丰度的分布情况。因此，这些储量分布模型可以直观地反映出天然气储量和储量丰度在气藏内部的非均质分布特征。从储量分布图可见，所选的 4 个开发区块均是储量丰度最高的区域（特别是盒 3 段单采区和盒 2 段单采区），为工区内最有利的天然气储量开采区域。

二、气藏数值模拟

（一）相态拟合

由于大牛地气田的盒 1 段、山 2 段、山 1 段气藏所产天然气为湿气，在实际生产过程中有少量凝析油产出，为了数值模拟能够准确描述天然气的相态变化，在进行单井和方案数值模拟前，进行了相态拟合。

相态拟合包括拟组分划分、露点压力拟合、恒组成膨胀实验数据拟合等三部分内容。各部分拟合程度良好，并把湿气井流物的 11 个组分归并为 C_1-N_2、CO_2-C_2、C_3、C_4-C_6、C_{7+}共 5 个拟组分，优化了组分模型中状态方程参数，为单井和气田数值模拟的准确性提供了保障。

（二）单井数值模拟研究

1. 单井试采历史拟合

对 8 口井 9 层次进行了历史拟合。通过单井历史拟合确定了渗透率的取值比例，为气田数值模拟提供了可靠的参数调整依据。图 4-1-7～图 4-1-10 显示了部分井的拟合结果。拟合结果表明，各井拟合精度较高，参数调整可信。

2. 单井合理配产比例的确定

在单井历史拟合的基础上，选择代表井对各类生产井的合理配产比例进行了研究。由三口井的盒 3 段单层开采不同配产比例生产预测结果可以看出，稳产时间为 3～10a 时，配产比例为 1/8～1/5；由盒 2 段单层开采不同配产比例生产预测结果可以看出，稳产时间为 3～10a 时，配产比例为 1/10～1/4；由合采井不同配产比例生产预测结果可以看出，稳产时间为 3～10a 时，配产比例为 1/8～1/5；由低产单层开采不同配产比例生产预测结果可以看出，基本无稳产期。由此判断，大牛地气田合理配产比例应为无阻流量的 1/8～1/5；低产气层需要采用多层合采方式进行开采。

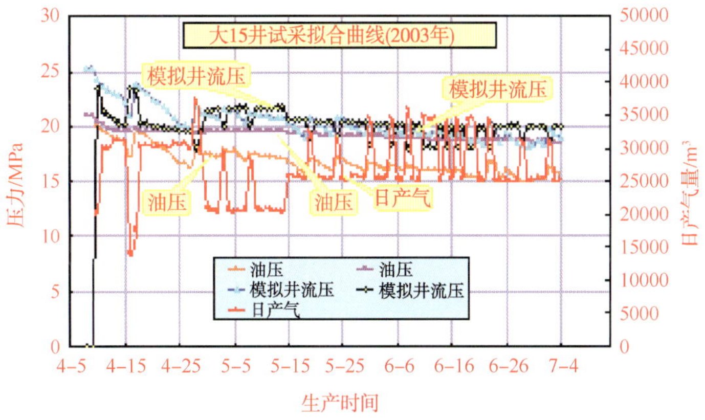

图 4-1-7　大 15 井试采拟合曲线（H_3）

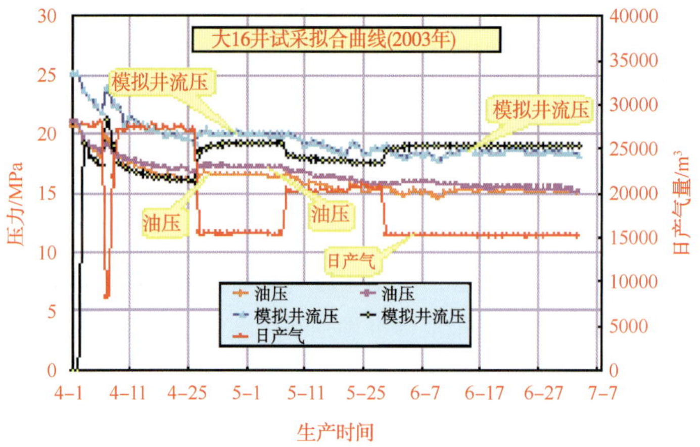

图 4-1-8　大 16 井试采拟合曲线(H_2)

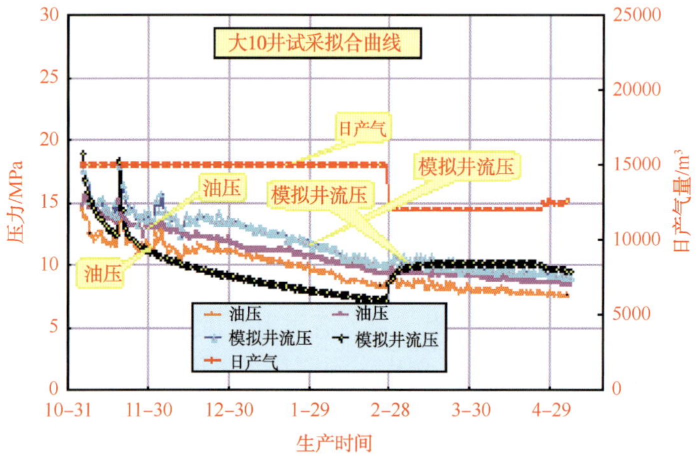

图 4-1-9　大 10 井试采拟合曲线($H_3+H_1+S_1+T_2$)

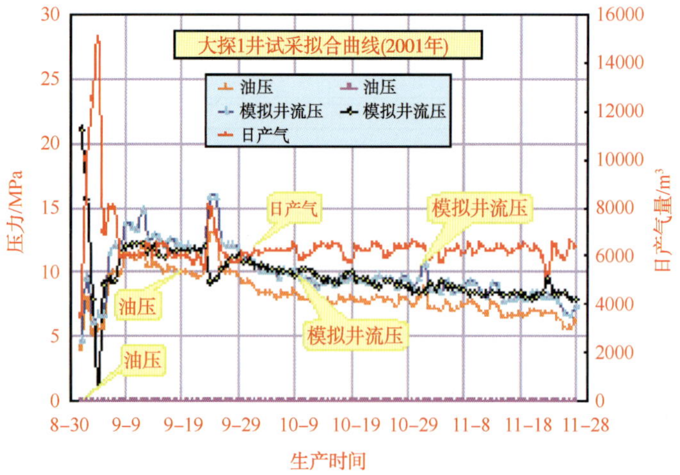

图 4-1-10　大探 1 井 2001 年试采拟合曲线(S_1)

（三）气田数值模拟

1. 数值模拟网格划分及基础参数的选取

本次模拟研究对象是盒 3 段、盒 2 段、盒段 1、山 2 段、山 1 段和太 2 段共 6 个层位，为此，在数值模拟网格划分中，纵向上划分为 6 个网格。平面上 X 方向网格数为 174，步长 170～250m；Y 方向网格数为 190，步长 190～250m。总网格数为 174×190×6＝198360。

选取的渗透率数据是通过单井历史拟合，按一定比例缩小的测井渗透率数值。

2. 储量拟合

根据研究成果建立的地质模型计算储量与原始地质储量拟合较好。说明静态地质模型具有较高的精度。

3. 试采动态历史拟合

选择大牛地气田 18 口生产时间较长的井进行了试采动态历史拟合。图 4-1-11 显示拟合较好。说明动态模型具有较高的精度。

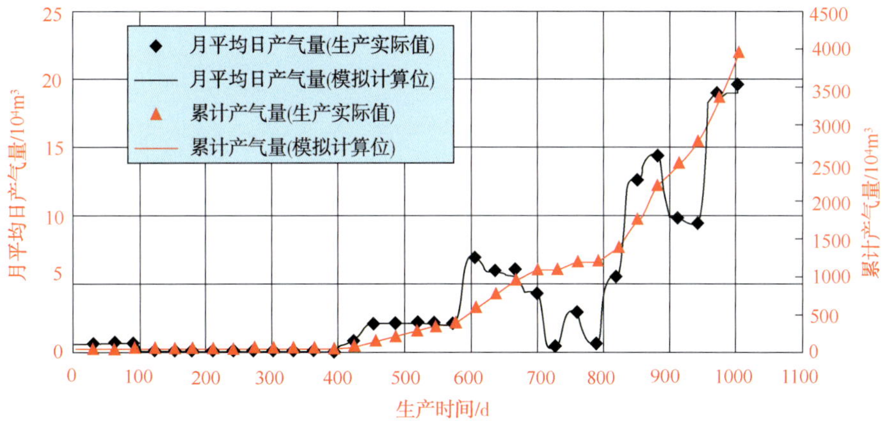

图 4-1-11　大牛地气田试采动态历史拟合曲线

三、方案设计及优选

（一）开采区域划分

根据气藏工程设计，共有 4 个开采区，分别是：盒 3 段开采区、盒 2 段开采区、西南合采区和中部合采区，盒 2 段、盒 3 段开采区采用单层开采，合采区采用多层合采。

（二）井距和无阻流量

根据气藏工程研究确定的合理井距范围，针对 4 个开采区，设计 3 种不同的井距，分别是：1000m、1250m 和 1500m，各区域采气井数及平均无阻流量见表 4-1-6。

表 4-1-6　各区域采气井数及平均无阻流量

分区号 采气区域名称	井距/ m	允许最多布井数	平均无阻流量/ [10^4m^3/(d·井)]	采用 井数*	平均无阻流量*/ [10^4m^3/(d·井)]
盒 3 段单采区	1000	88	12.2879	86	12.4711
	1250	60	12.8399	58	13.1295
	1500	46	13.1673	42	13.9528
盒 2 段单采区	1000	25	7.3589	25	7.3589
	1250	18	7.3394	18	7.3394
	1500	14	7.2948	14	7.2948
西南合采区	1000	123	6.8643	81	7.7049
	1250	87	6.9288	65	7.5580
	1500	67	7.0433	46	7.9410
中部合采区	1000	65	7.4966	56	7.8399
	1250	50	7.0572	36	7.9226
	1500	36	7.3067	30	7.7168

注：* 扣除单井无阻流量小于 $6\times10^4m^3$/d 的井。

（三）单井配产和采气速度

根据气藏工程研究结果和单井数值模拟结论，单井配产应为无阻流量的 1/8~1/5。因此，各单层开采区和合采区单井平均产能均设计 4 种方案：无阻流量的 1/5、1/6、1/7、1/8。

（四）方案设计

根据模拟区域划分、井距和无阻流量、单井配产和采气速度等方面的确定结果，共设计了 12 个气田模拟方案(表 4-1-7)。

表 4-1-7　大牛地气田数值模拟预测方案编号

方案编号	单井平均产能/(10^4m^3/d)	井距/m	各区域采气井数/口
F01	按 1/5 无阻流量配产	1000	①盒 3 单采区　86 ②盒 2 单采区　25 ③西南合采区　81 ④中部合采区　56
F02	按 1/6 无阻流量配产		
F03	按 1/7 无阻流量配产		
F04	按 1/8 无阻流量配产		
F05	按 1/5 无阻流量配产	1250	①盒 3 单采区　58 ②盒 2 单采区　18 ③西南合采区　65 ④中部合采区　36
F06	按 1/6 无阻流量配产		
F07	按 1/7 无阻流量配产		
F08	按 1/8 无阻流量配产		
F09	按 1/5 无阻流量配产	1500	①盒 3 单采区　42 ②盒 2 单采区　14 ③西南合采区　46 ④中部合采区　30
F10	按 1/6 无阻流量配产		
F11	按 1/7 无阻流量配产		
F12	按 1/8 无阻流量配产		

(五) 方案优选

1. 动态预测结果及方案初选

根据各方案数值模拟动态预测结果，各开采区 1000m 井网较为适宜，各区域按无阻流量的 1/7～1/5 进行产能设计较为合理(F02、F03)(表 4-1-8)。

表 4-1-8　主要开发指标对比(1000m)

开采区	井数/口	无阻流量配产系数	方案编号	初期			累计产气/10^8m^3	采出程度/%	单井平均累计产气/10^8m^3	稳产年限/a
				日产气/10^4m^3	年产气/10^8m^3	采气速度/%				
盒 3 段单采区	86	1/5	F01	179.71	5.93	4.35	67.22	49.34	0.78	3
		1/6	F02	152.36	5.03	3.69	66.17	48.57	0.77	5
		1/7	F03	131.68	4.35	3.19	64.65	47.46	0.75	7
		1/8	F04	115.75	3.82	2.80	62.61	45.96	0.73	9
盒 2 段单采区	25	1/5	F01	36.18	1.19	2.88	19.22	46.43	0.77	6
		1/6	F02	30.46	1.01	2.43	18.10	43.72	0.72	8
		1/7	F03	26.19	0.86	2.09	16.56	40.00	0.66	12
		1/8	F04	22.92	0.76	1.83	14.90	35.99	0.60	17
西南合采区	81	1/5	F01	122.25	4.03	1.14	63.79	17.98	0.79	5
		1/6	F02	102.58	3.39	0.95	60.57	17.07	0.75	7
		1/7	F03	88.37	2.92	0.82	55.63	15.68	0.69	11
		1/8	F04	77.60	2.56	0.72	49.98	14.09	0.62	16
中部合采区	56	1/5	F01	73.98	2.44	0.82	32.08	10.81	0.57	3
		1/6	F02	67.36	2.22	0.75	31.22	10.52	0.56	3
		1/7	F03	60.16	1.99	0.67	30.05	10.13	0.54	4
		1/8	F04	53.60	1.77	0.60	28.91	9.74	0.52	6

注：初期系指 2005 年；累计产气量、采出程度和单井平均累计产气量系指开发 20 年后的指标。

2. 方案预测

根据新初选结果，产生了 4 套方案，并对 4 套方案进行了开发指标预测：

方案一：开采区域由 2 个单层开采区和 2 个合采区构成，总井数 248 口井，动用储量 $829.13\times10^8m^3$。单采区单井平均日产 $1.46\times10^4m^3$，合采区平均单井日产 $1.14\times10^4m^3$，总平均单井日产 $1.28\times10^4m^3$。初期日产气量 $318\times10^4m^3$，年产气 $10.52\times10^8m^3$，稳产期 5～7a，主要开发指标见表 4-1-9 和图 4-1-12。

表 4-1-9　大牛地气田方案一主要开发指标汇总（$10\times10^8m^3$）

采气区域	方案编号	井距/m	无阻流量配产系数	井数/口	初期 日产气/10^4m^3	初期 年产气/10^8m^3	初期 采气速度/%	累计产气/10^8m^3	采出程度/%	单井平均累计产气/10^8m^3	稳产年限/a
盒3段单采区	F03	1000	1/7	86	131.68	4.35	3.19	64.65	47.46	0.75	7
盒2段单采区	F02	1000	1/6	25	30.46	1.01	2.43	18.10	43.72	0.72	8
西南合采区	F02	1000	1/6	81	102.58	3.39	0.95	60.57	17.07	0.75	7
中部合采区	F04	1000	1/8	56	53.60	1.77	0.60	28.91	9.74	0.52	6
合计/平均	—	—	—	248	318.32	10.52	—	172.23	—	0.69	5~7

注：初期系指2005年；累计产气量、采出程度和单井平均累计产气量系指开发20年后的指标。

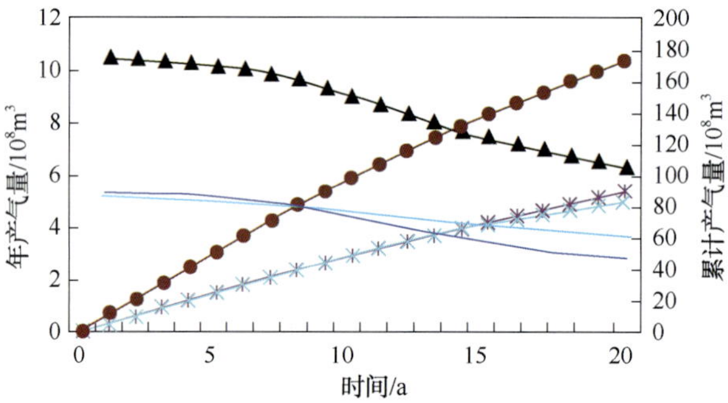

图 4-1-12　方案一数值模拟预测结果

方案二：开采区域由2个单层开采区和1个合采区（西南合采区）构成。总井数192口井，动用储量$532.44\times10^8m^3$，总井数192口井。单采区单井平均日产$1.46\times10^4m^3$，合采区平均单井日产$1.27\times10^4m^3$，总平均单井日产$1.38\times10^4m^3$。初期日产气量$264\times10^4m^3$，年产气$8.75\times10^8m^3$，稳产期7~8a。主要开发指标见表4-1-10和图4-1-13。

方案三：将盒2段、盒3段单采区全部变为合采区，由2个单采区和1个合采区构成开采区域，动用储量$670.47\times10^8m^3$，总井数192口井。全区平均单井日产气量$1.625\times10^4m^3$，初期日产气量$312\times10^4m^3$，年产气$10.31\times10^8m^3$，稳产期5~7a。主要开发指标见表4-1-11和图4-1-14。

表 4-1-10 大牛地气田方案二主要开发指标汇总（$9\times10^8m^3$）

采气区域	方案编号	井距/m	无阻流量配产系数	井数/口	初期 日产气/10^4m^3	初期 年产气/10^8m^3	初期 采气速度/%	累计产气/10^8m^3	采出程度/%	单井平均累计产气/10^8m^3	稳产年限/a
盒3段单采区	F03	1000	1/7	86	131.68	4.35	3.19	64.65	47.46	0.75	7
盒2段单采区	F02	1000	1/6	25	30.46	1.01	2.43	18.10	43.72	0.72	8
西南合采区	F02	1000	1/6	81	102.58	3.39	0.95	60.57	17.07	0.75	7
合计/平均	—	—	—	192	264.72	8.75	—	143.32	—	0.74	7~8

注：初期系指 2005 年；累计产气量、采出程度和单井平均累计产气量系指开发 20a 后的指标。

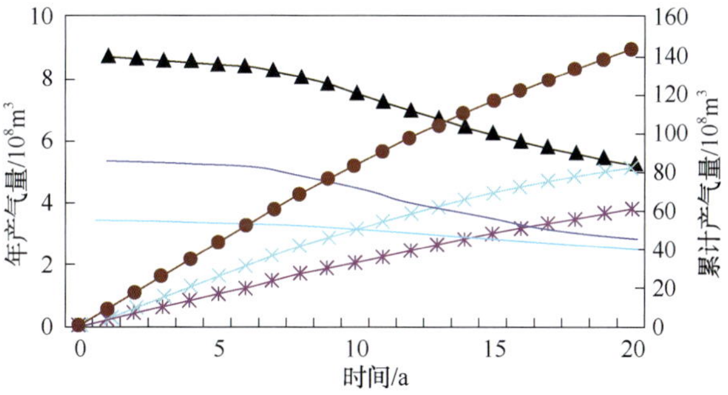

图 4-1-13 方案二数值模拟预测结果

表 4-1-11 大牛地气田方案三主要开发指标汇总（$10\times10^8m^3$）

采气区域	方案编号	井距/m	无阻流量配产系数	井数/口	初期 日产气/10^4m^3	初期 年产气/10^8m^3	初期 采气速度/%	累计产气/10^8m^3	采出程度/%	单井平均累计产气/10^8m^3	稳产年限/a
盒3段合采区	F15	1000	1/7	86	171.80	5.67	2.22	86.46	33.86	1.01	6
盒2段合采区	F16	1000	1/7	25	37.97	1.25	2.07	21.2	35.16	0.85	6
西南合采区	F02	1000	1/6	81	102.58	3.39	0.95	60.57	17.07	0.75	7
合计/平均	—	—	—	192	312.35	10.31		168.23		0.87	5~7

注：初期系指 2005 年；累计产气量、采出程度和单井平均累计产气量系指开发 20a 后的指标。

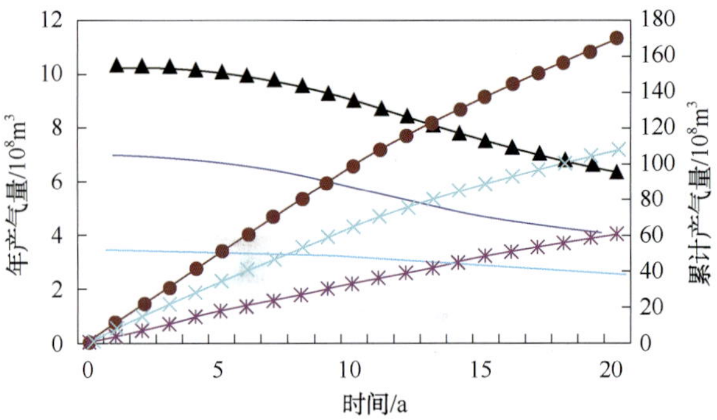

图 4-1-14　方案三数值模拟预测结果

方案四：两个合采区和两个单采区投产，中部和西南部合采区分别去掉 18 口和 14 口产能较低和较分散的井，总井数 216 口井；动用储量 $718\times10^8m^3$。单采区单井平均日产气量 $1.69\times10^4m^3$。合采区平均单井日产气量 $1.25\times10^4m^3$，总平均单井日产气量 $1.48\times10^4m^3$。初期日产气量 $319.73\times10^4m^3$，年产气量 $10.56\times10^8m^3$，稳产期 3～11a，主要开发指标见表 4-1-12和图 4-1-15。

表 4-1-12　大牛地气田开发推荐方案主要开发指标汇总（$10\times10^8m^3$）

采气区域	方案编号	井距/m	无阻流量配产系数	井数/口	初期			累计产气/10^8m^3	采出程度/%	单井平均累计产气/10^8m^3	稳产年限/a
					日产气/10^4m^3	年产气/10^8m^3	采气速度/%				
盒 3 段单采区	F02	1000	1/6	86	152.36	5.03	1.97	85.71	33.57	1.00	10
盒 2 段单采区	F01	1000	1/5	25	36.18	1.19	1.97	21.09	34.98	0.84	11
西南合采区	F02	1000	1/6	67	85.48	2.83	1.10	50.48	19.15	0.75	7
中部合采区	F02	1000	1/6	38	45.71	1.51	1.04	21.19	14.56	0.56	3
合计/平均	—	—	—	216	319.73	10.56	1.50	178.47	24.86	0.83	3～11

注：初期系指 2005 年；累计产气量、采出程度和单井平均累计产气量系指开发 20a 后的指标。

3. 方案优选

根据 4 套方案对比，优选方案四为本次实施方案，部署示意图如图 4-1-16 所示。

方案四为采用一套井网开采两套含气层系，即首先动用盒 2 段、盒 3 段高产层，待稳产期过后或产量下降到一定程度后，将下部含气层系打开作为接替层。

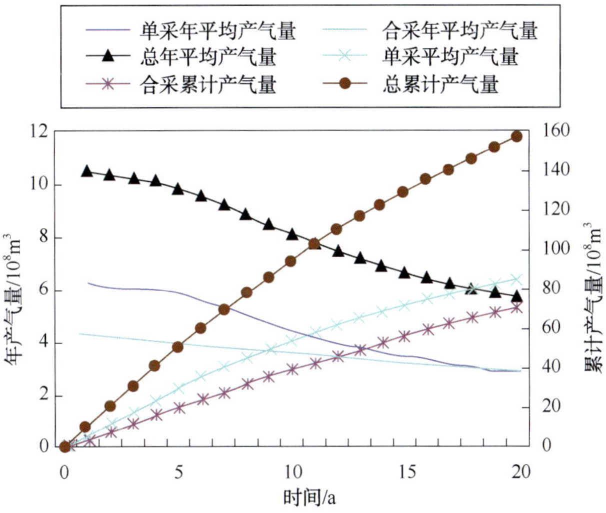

图 4-1-15　方案四模拟预测结果

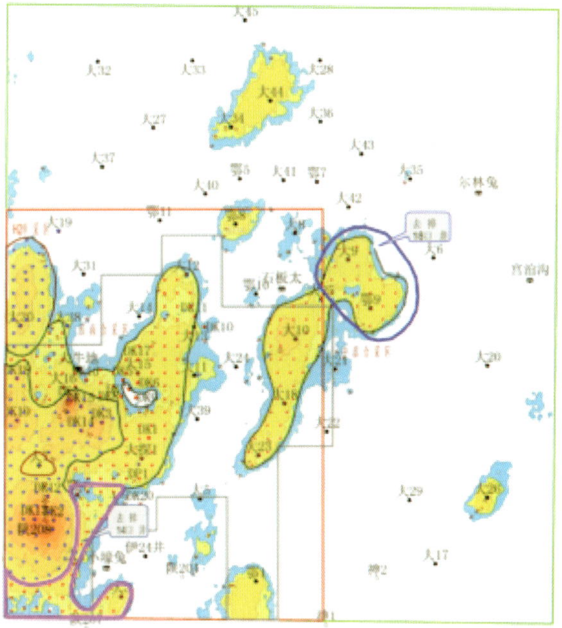

图 4-1-16　方案四的 1000m 井网实际部署示意图

（红色井点代表实际布井，蓝色井点代表由于产能太低不准备打的井）

该方案动用面积 248 km^2，储量 718×10^8m^3，平均采气速度为 1.5%；建井 216 口，平均单井产量 1.48×$10^4m^3/d$，建产能 10.56×10^8m^3，稳产期 3～11a。其中，盒 2 段、盒 3 段开采区动用面积 118.9 km^2，储量 315.65×10^8m^3，平均采气速度 1.97%；建井 111 口，平均单井产量 1.69×$10^4m^3/d$，建产能 6.22×10^8m^3。合采区动用面积 129.49 km^2，储量 402.35×10^8m^3，平均采气速度为 1.07%；建井 105 口，平均单井产量 1.25×$10^4m^3/d$，建产能 4.34×10^8m^3。

第二节 10亿立方米开发方案要点

在进行油藏地质特征分析、开发先导试验及开发对策、油藏三维模型建立及数值模拟基础上，形成了大牛地气田第一个 $10\times10^8 m^3$ 开发方案，主要包括气藏工程方案、钻(完)井工程方案及采气工程方案，要点如下：

一、气藏工程方案及开发对策

大牛地气田储层在平面和纵向上非均质性都较强，砂体展布受河流方向的限制，气层的分布受到沉积相、岩性、物性和孔喉结构等综合因素的制约，绝大部分气井压裂前无产能，压裂后总体产能也较低，产少量地层"残余水"或凝析水。为高效持续开发气田，进行了开发原则与方式、合理井距及井网部署、气井合理工作制度、采气速度、废弃压力等开发技术对策研究，开展了储层敏感性分析、储层伤害机理、储层保护、钻井液体系优化等工程工艺实验。

(一) 开发原则、开发方式的确定

1. 开发原则

大牛地气田储层在平面与纵向上非均质性都较强，砂体展布受河流方向的限制，气层的分布受到沉积相、岩性、物性和孔喉结构等综合因素的制约，绝大部分气井压裂前无产能，压裂后总体产能也较低，产少量地层"残余水"或凝析水。

尽管气田储层变化较大，但基本上叠加连片，且气藏处于同一个水动力系统中。结合气田的静动态特征，确定大牛地气田开发的总体原则为：

(1) 效益优先原则。鉴于大牛地气田是一经济边际气田，因此开发过程中，首先应保证气藏开发的经济效益。在此前提下，考虑开发技术的先进性、开发指标的合理性，充分应用先进成熟的工艺技术，优选单井产能大于经济界限的高产富集区优先投入开发。坚持少投入、多产出，努力提高开发效益。

(2) 总体部署、分批实施、动态调整的滚动开发原则。鉴于该气田非均质性强的特点，采取"总体部署、分批实施、边开发、边评价、逐步认识、不断完善"的滚动勘探开发方式，有利于加深对气田的认识，降低开发风险。

(3) 稳定供气原则。在确保开发效益的前提下，适当控制采气速度，努力延长气井稳产期，以满足下游工程对气田稳定供气的要求。同时，达到最佳的经济效益和社会效益。

2. 开发方式及开发层系划分

1) 开发方式

参照国内外不同类型气藏的开发经验，对弹性驱动气藏一般采用衰竭方式开发，以降低开发投资，提高开发的经济效益，取得较好的开发效果。根据大牛地气田低压、低渗、低产、弹性驱动和气井(层)产能释放缓慢等特点，确定采用衰竭式开发方式。

2) 开发层系划分

大牛地低压致密气田含气层位多但单井产能低，层系的合理组合是气藏合理有效开发的前提。开发层系划分与组合应遵照以下原则：

(1) 具备一定的地质储量，能满足一定的采气速度，达到较好的经济效益，采用单层开采。

（2）同一层系内气层展布、压力系统与流体性质接近，层间干扰小，而且层系之间有良好的隔层，以保证在开发过程中或措施过程中，层系之间不发生窜流和干扰，便于开发管理和动态分析的叠合气层，作为一套开发层系，进行合层开采。

（3）开发层系划分不宜过细，以减少产能建设工作量。根据对大牛地气田的地质与开发试采特征的认识，结合三维地震解释结果，大牛地气田具有分层系开发的地质条件，但细分层系后，存在气藏开发所需生产井较多、投资大、储量控制程度较低、单井控制储量小、稳产期短、效益差等问题。综合考虑气藏分层系开发的优缺点，认为开发层系划分不宜过细，否则难以取得较好的经济效益。按照开发层系划分与组合原则，以将6套气层组划分为一套开发层系为宜，但气田内盒2段、盒3段气藏产能相对较高、储量相对富集，与其叠合发育的其他层位物性较差、储量丰度和产能较低，因此在盒2段、盒3段气藏高产区，采用“一套井网钻穿所有气层”的方案，先采盒2段、盒3段高产层，低产层作为接替层。在太2段、山1段、山2段、盒1段及相对低产区域的盒2段、盒3段气层多层叠合的有利区，将各气层组合为一套开发层系，进行多层合采开发。

（二）合理井距和井网部署

1. 合理井距

确定气藏合理井距和合理井网密度重点考虑以下两个因素：①气田地质与气层物性的特征；②经济合理性。

大牛地气田采用6种方法综合确定合理井距：①规定单井产能法；②合理采气速度法；③储量丰度法；④导压系数或探测半径法；⑤经济极限井网密度法；⑥经济最佳-极限——合理井网密度法。

1）规定单井产能法

设一个气藏地质储量为G，含气面积为A，采气速度为v_g，平均单井产能为q_g，气井综合利用率η，则气藏开发所需气井数为：

$$n=\frac{G\cdot v_g}{360q_g\cdot\eta} \tag{4-2-1}$$

故，井网密度为：

$$SPC=\frac{n}{A} \tag{4-2-2}$$

三角形布井方式下井距计算公式为：

$$L_w=2\cdot\sqrt{\frac{1}{\pi\cdot SPC}} \tag{4-2-3}$$

四边形布井方式下井距计算公式为：

$$L_w=1.0748\cdot\sqrt{\frac{1}{SPC}} \tag{4-2-4}$$

按规定单井产能法计算各井区合理井距结果见表4-2-1。根据计算结果，总体上单采区域的井网密度比合采区的小，单采区的井距为1000m左右适宜，合采区的合理井距为1000~1200m。

表 4-2-1　规定单井产能法计算井网密度

区 域	地质储量/10^8m^3	含气面积/km^2	采气速度/%	单井产能/($10^4m^3/d$)	气井数/口	井网密度/(口/km^2)	井距/m
盒 3 段单采区	136.23	90.69	3.5	1.876	78	0.865	1132
	136.23	90.69	4	1.876	90	0.989	1059
	136.23	90.69	4.5	1.876	101	1.112	998
盒 2 段单采区	41.39	28.19	1.5	1.048	18	0.648	1307
	41.39	28.19	2	1.048	24	0.865	1132
	41.39	28.19	2.5	1.048	30	1.081	1013
西南合采区	354.82	132.44	0.5	1.080	51	0.383	1701
	354.82	132.44	1	1.080	101	0.766	1203
	354.82	132.44	1.5	1.080	152	1.149	982
中部合采区	296.69	76.75	0.5	1.132	40	0.527	1450
	296.69	76.75	1	1.132	81	1.054	1025
	296.69	76.75	1.5	1.132	121	1.581	837

2）合理采气速度法

根据气藏的地质和流体物性，可以计算出在一定的生产压差下，满足合理采气速度所要求的气井数，进而求出井网密度。气藏开发所需气井数为：

$$n=\frac{G \cdot v_g}{330\eta \cdot \frac{kh}{\mu}\Delta P}\times 10^4 \qquad (4-2-5)$$

利用该方法，对大牛地气田开发区域进行了合理井距计算，计算结果与规定单井产能法计算结果大致相同，仍表现为总体上单采区域的井网密度比合采区的小，单采区的井距为 1000m 左右适宜，合采区的合理井距为 1000~1200m。

3）储量丰度法

借鉴川东石炭系气藏开发的经验，按储量丰度计算单井的井距。

在低渗区：

$$L_w=\frac{1.43}{\sqrt{G_d}}\times 10^3 \qquad (4-2-6)$$

在高渗区：

$$L_w=\frac{1.13}{\sqrt{G_d}}\times 10^3 \qquad (4-2-7)$$

大牛地气田计算结果见表 4-2-2。计算结果显示，合采区的井距比单采区小，主要是由于合采区的储量丰度比单采区大。该方法仅单纯考虑储量或储量丰度，而未涉及储层的物性或经济等因素。另外，该储量丰度法借用的是四川碳酸盐岩气田的经验总结公式，毕竟与大牛地气田砂岩物性、岩性等方面都存在极大的差别。因而该结果仅供参考。

表 4-2-2　根据储量丰度法计算井网密度

区 域	地质储量/10^8m^3	含气面积/km^2	储量丰度/($10^8m^3/km^2$)	井距/m	井网密度/(口/km^2)	气井数/口
盒 3 段单采区	136.23	90.69	1.50	1167	0.814	74
盒 2 段单采区	41.39	28.19	1.47	1180	0.796	22
西南合采区	354.82	132.44	2.68	874	1.452	192
中部合采区	296.69	76.75	3.87	727	2.095	161

4)导压系数或探测半径法

气井的导压系数反映地层中压力波传播的快慢，导压系数高的井区，单井控制的供气面积大，要求的井距大，反之则要求井距小。由导压系数和生产时间则可推算生产井的探测半径。气井井距应不小于稳产期末探测半径的两倍为宜。

大牛地气田储层低渗致密，气层有效渗透率低，压力传播慢，压恢测试时恢复时间一般在 3~14d，平均仅 5d，压恢前稳定生产时间也短，试井解释探测半径小。根据稳产期末探测半径推算，稳产期末探测半径可达到 650 ~ 750m，井距可达 1300 ~ 1500m（表 4-2-3），由于低渗气藏大部分储量在递减期产出，本方法计算的井距偏大。

表 4-2-3　导压系数法计算井网密度

区 域	地质储量/10^8m^3	含气面积/km^2	测试解释平均探测半径/m	稳产期/a	稳产期末探测半径/m	井距/m	井网密度/(口/km^2)	气井数/口
盒 3 段单采区	136.23	90.69	51.6	3	692.29	1384.57	0.5782	52
盒 2 段单采区	41.39	28.19	38.6	5	668.57	1337.14	0.6199	17
西南合采区	354.82	132.44	36.36	7	745.08	1490.16	0.4991	66
中部合采区	296.69	76.75	33.57	8	735.42	1470.83	0.5123	39

5)经济极限井网密度法

气井钻井费用、油建费用与操作费之和，至少等于每年的天然气的销售额，因而必须有足够的单井控制经济极限储量，设 G_{sg} 为视单井控制储量，A_G 为天然气销售价格，C 为单井钻井和油建合计费用，E_R 为天然气采收率，P 为单井年平均采气操作费用，t 为稳定年限，则：

$$G_{sg}=\frac{C+t\cdot P}{A_G\cdot E_R} \tag{4-2-8}$$

根据计算出的视单井控制储量，计算出经济极限井距：

$$d=\sqrt{G_{sg}\cdot\frac{A}{G}} \tag{4-2-9}$$

经计算，大牛地气田经济极限单井控制储量$(0.1610\sim0.3397)\times10^8m^3$，在天然气价格0.8元/立方米时，盒3段、盒2段单采区、西南合采区、中部合采区的平均单井经济极限视控制储量分别为$0.2102\times10^8m^3$、$0.2111\times10^8m^3$、$0.2650\times10^8m^3$和$0.2661\times10^8m^3$，因此大牛地气田开发区域的经济极限井距为225~369m。只要超过此极限值，就会有经济效益，因此400m井距应是无效益的临界点。

6）经济最佳-极限——合理井网密度法

当投入资金与产出效益相同，即气田开发总利润为0时，对应的井网密度即为极限井网密度。设A为含气面积，G为探明天然气地质储量，A_G为天然气销售价，C为单井钻井和油建等总投资，E_R为天然气采收率，T为评价年限，P为平均采气操作费用，R为贷款利率，a为商品率，T_a为税收率，L_R为合理利润，则极限井网密度为：

$$SPC_{min}=\frac{a\cdot G\cdot(1-T_a)\cdot(A_G\cdot E_R-P)}{A\cdot C\cdot(1+R)^{T/2}} \tag{4-2-10}$$

考虑资金投入与效益产出因素，当经济效益最大时的井网密度为气田的最佳经济井网密度：

$$SPC_a=\frac{a\cdot G\cdot(1-T_a)\cdot(A_G\cdot E_R-P-LR)}{A\cdot C\cdot(1+R)^{T/2}} \tag{4-2-11}$$

气田的实际井网密度应在合理最佳井网密度和极限井网密度之间，并尽量靠近最佳井网密度。可采用“加三分差法”原则计算：

$$SPC=SPC_a+\frac{SPC_{min}-SPC_a}{3} \tag{4-2-12}$$

根据计算，盒3段与盒2段单采区的合理井距均为830~900m，合采区的合理井距为580~750m，从大牛地气田开发中后期井网加密的可能和取得更好经济效益的角度出发，可以将合理井距适当放大。

综合以上几种方法，结合大牛地气田的实际，盒3段与盒2段单采区的合理井距为1000m，西南合采区与中部合采区合理井距范围为800~1000m。

2. 井网部署

合理的开发井网是高效开发气田的重要因素之一。大牛地气田的井网部署原则：①最有效的控制气藏的储量；②保证达到一定的生产规模和一定的稳产期；③尽可能高的采收率；④钻井投资及工作量最小；⑤为开发调整或加密留有一定余地；⑥尽量利用现有探井、评价井和已钻开发井。

大牛地气田气层主要受沉积相控制，非均质性强，部分区域储层有效厚度大，渗透率高，储量丰度高，而部分区域储层厚度小，渗透性较差，储量丰度低，因此应采用“河道主体均匀+边部不均匀近似正方形井网”进行开发，沿河道和主应力方向井距适当加大，垂直河道和主应力方向适当减小，同时，遵循“高密低疏”的布井原则，即采用高渗透区密集井网采低渗透区气的这种方式，提高整个气藏产能与采气速度，减小钻井工作量，提高经济效益。

（三）气井合理工作制度的确定

生产井合理工作制度的确定实际上是合理产量和合理生产压差的确定。气井合理产量与合理生产压差是紧密相关的两个问题，所谓气井合理产量，就是在相对较高的产量下有较长的稳定生产时间，气井合理产量不是一个严格的定义，对不同气藏类型的气井，在不同的生产方式下，根据市场需求和开发规划，有不同的合理产量与生产压差选择。

大牛地气田合理工作制度确定采用了采气指示曲线法和生产动态预测模型法。

1. 采气指示曲线法

根据二项式产能方程 $\Delta P^2 = Aq_g + Bq_g^2$，当气井产量较低时，生产压差较小，地层中气体流速低，表现为线性流动，气井产量与压差之间成直线关系；当气井产量增大时，随着气体流速增加，第二项逐渐起着主要作用，表现为非线性流动，气井产量和压差之间成抛物线关系。显然，如果气井生产压差过大，气井产量超过了一定值后，就会把一部分压力降消耗在非线性流动上，降低了生产效率。因此，根据采气指示曲线，直线段最后一点所对应的压差为气井合理生产压差，所对应的产量作为气井合理产量。图 4-2-1 为大 15 井 IPR 曲线与采气指示曲线。

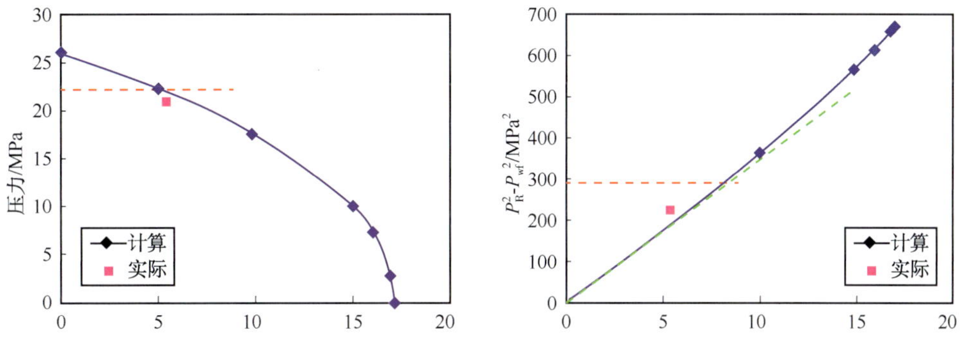

图 4-2-1　大 15 井(盒 3 层)IPR 曲线与采气指示曲线

根据采气指示曲线法确定的结果统计(表 4-2-4)，大牛地气田平均合理生产压差为 4.6~7.5MPa，相当于静止地层压力的 20%~29%，而一般气田在生产时的合理压差为原始地层压力的 10%~15%，结果统计表明，低渗气藏须依靠放大压差，才能提高单井产量。

表 4-2-4　大牛地气田气藏平均合理生产压差统计

层 位	深度范围/m	静压范围/MPa	平均合理压差/MPa	压差/静压
盒 2+3 段	2294~2777	17. 60~28. 04	4. 61	0. 20
盒 3 段	2294~2725	17. 60~26. 91	5. 69	0. 26
盒 2 段	2338~2777	18. 55~28. 04	5. 15	0. 22
盒 1 段	2382~2835	17. 69~28. 16	5. 43	0. 24
山 2 段	2435~2897	22. 18~25. 41	5. 42	0. 23
山 1 段	2488~2943	23. 30~29. 17	7. 49	0. 29
太 2 段	2557~2972	19. 63~30. 88	5. 92	0. 23

2. 生产动态预测模型法

试采资料证实，在保持气井产量稳定的条件下，井口压力和井底流压持续下降，生产压差不断增大，很难保证在稳定的压差下保持稳定产量生产。气井产量的稳定，只能通过增大压差实现。气井稳产期的长短取决于产量的高低，配产产量越高，稳产期越短，稳产期累计采出量越小，稳产期采出程度越低，可采储量中的大部分将不得不在递减期采出。鉴于此，大牛地低渗致密气藏，确定了气井合理产量，即确定了气井的合理工作制度。

根据“气井试采动态特征”章节阐述的气井在不同产量下的压力变化预测模型，可计算该产量条件下的稳产期。气井稳产时间计算公式为：

$$t=\frac{p_{\mathrm{i}}{}^{2}(p_{\mathrm{R}}{}^{2})-p_{\mathrm{wf}}{}^{2}}{Aq_{\mathrm{g}}} \tag{4-2-13}$$

其中：

$$A=\frac{1.92\times10^{4}ZTp_{\mathrm{sc}}\sqrt{\mu_{\mathrm{g}}/\varphi C_{\mathrm{t}}K}}{hX_{\mathrm{f}}T_{\mathrm{sc}}} \tag{4-2-14}$$

大牛地气田设计外输压力 4MPa，以 4MPa 作为气井稳产的边界条件，计算大牛地气田生产井不同产量对应的稳产期，与方案设计稳产期相当的配产产量即为合理产量。经过计算，高产井合理产量相当于无阻流量的 1/9～1/7，低产井合理产量相当于无阻流量的 1/7～1/5。各层生产井合理产量的平均值见表 4-2-5。

表 4-2-5　生产动态预测模型法计算试采井合理产量结果表

层 位	无阻流量/($10^4m^3/d$)	合理产量/($10^4m^3/d$)	合理产量/无阻流量
盒 3 段平均	17.01	2.26	约 1/8
盒 2 段平均	6.19	0.95	约 1/6.5
其他单层及合采平均	4.53	0.77	约 1/6

(四)采气速度

采气速度的确定需考虑的因素很多，例如气藏类型、流体物性、储量或储量丰度、生产压差、油田产能规划、市场对天然气的需求等。气藏的合理采气速度应满足如下条件：①气藏能保持较长时间稳产；②气藏压力均衡下降；③气井无水采气期长；④气藏采收率高；⑤所需井数少，投资省，经济效益好。

大牛地气田采气速度确定采用两种方法确定：①采用经验法取值法；①通过经济极限井网密度和经济合理井网密度计算，得到气井井数后，按单井平均产量计算采气速度。

经验法确定采气速度的基础为衰竭式开发方式。对于储量大小不同的气田或气藏，其采气速度和稳产年限可按表 4-2-6 所列标准控制。

表 4-2-6　不同储量大小气藏采气速度和稳产年限表

地质储量/10^8m^3	采气速度	稳产期/a
≥50	3%～5%	>10
10～50	5%左右	5～8
<10	5%～6%	5～8

大牛地气田各气层组地质储量≥$50\times10^8m^3$，采气速度应在3%~5%之间。鉴于大牛地气田具低渗、致密特征，气井只有进行加砂压裂改造才能进行生产，且可利用的压差小，因而其采气速度不能过高，采气速度应小于3%。

根据"合理井距"章节已经进行阐述过的经济极限井网密度和经济合理井网密度计算结果，确定合理井数之后按下式计算采气速度：

$$v_g=\frac{n\cdot q_g\cdot\eta\cdot360}{G}\times10^4 \tag{4-2-15}$$

根据气井产能的研究，结合地质研究成果预测出的研究区域内所布井的单井平均产量，计算出盒3段与盒2段单采区域的合理采气速度分别为3.2%~4.3%和2.1%~2.88%，西南合采区与中部合采区的合理采气速度分别为0.7%~1.1%和0.6%~0.8%。

（五）废弃压力

废弃压力是指气井具有工业开采价值的极限压力。大牛地气田采用多种方法来计算气井废弃地层压力。

1. 废弃压力经验取值法

废弃压力主要是由气藏埋藏深度、非均质性、渗透率决定(表4-2-7)。

表4-2-7　不同类型气藏废弃压力

气藏类型	适用条件	经验公式
弱水驱裂缝性		$P_a/Z_a=(0.2\sim0.05)P_i/Z_i$
强水驱裂缝性		$P_a/Z_a=(0.6\sim0.3)P_i/Z_i$
定容高渗透孔隙型	$K\geq50\times10^{-3}\mu m^2$	$P_a/Z_a=(0.2\sim0.10)P_i/Z_i$
定容中渗透孔隙型	$K=(10\sim50)\times10^{-3}\mu m^2$	$P_a/Z_a=(0.4\sim0.2)P_i/Z_i$
定容低渗透孔隙型	$K=(1\sim10)\times10^{-3}\mu m^2$	$P_a/Z_a=(0.5\sim0.4)P_i/Z_i$
定容致密型	$K<1\times10^{-3}\mu m^2$	$P_a/Z_a=(0.7\sim0.5)P_i/Z_i$

注：P_i、Z_i分别为原始地层压力及其压缩系数。
P_a、Z_a分别为废弃地层压力及其压缩系数。

大牛地气田属于低渗-致密气藏，单井产量低，生产压差大，所以大牛地气田视废弃地层压力与视原始地层压力之间的关系满足：

$$P_a/Z_a=0.5P_i/Z_i$$

根据计算，大牛地气田废弃地层压力高于10MPa(表4-2-8)。

表4-2-8　经验取值法计算气藏废弃地层压力

层位	废弃地层压力/MPa	层位	废弃地层压力/MPa
盒2+3段	10.809~11.746	山1段	10.971~12.294
盒1段	9.643~11.622	太2段	10.618~12.046
山2段	10.631~11.068		

2. 气藏埋深计算法

1958 年，加拿大休梅克对封闭型无边底水气驱气藏提出了 6 种经验法计算废弃压力。根据该方法，对大牛地气田的废弃压力进行了计算，得到其平均废弃压力为 7.30MPa（表 4-2-9、表 4-2-10）。

表 4-2-9　大牛地气田气藏埋深计算法预测废弃压力

计算公式	备注
$P_a=0.1P_i$	$D<1524$m，$P_R<12.857$MPa
$P_a=1.131\times10^{-3}D$	D——气藏深度，m
$P_a=2.262\times10^{-3}D$	
$P_a=2.149\times10^{-3}D$	
$P_a=0.1P_i+0.6894$	
$P_a=0.3447+1.131\times10^{-3}D$	一般通用计算（双 50 法）

表 4-2-10　大牛地气田气藏埋深计算法预测废弃压力

层位	废弃地层压力/MPa	层位	废弃地层压力/MPa
盒 3 段	7.007	山 2 段	7.370
盒 2 段	7.219	山 1 段	7.505
盒 2+3 段	7.113	太 2 段	7.643
盒 1 段	7.224	平均	7.30

3. 经济-产能方程-井底流压法

1）经济极限产量

符合废弃条件时的气田产量为经济极限产量。经济极限产量可根据式（4-2-16）计算确定：

$$Q_{el}=\frac{C_1}{\eta A_g\cdot(1-T_x)} \tag{4-2-16}$$

式中　Q_{el}——气田经济极限产量，10^4m^3/年；

C_1——气田目前的年生产总成本和费用，10^4元/年；

η——天然气商品率；

A_g——气价，元/立方米；

T_x——年综合税率。

对大牛地气田，取气价 0.90 元/立方米；年生产总成本费用 38.6×10^4元/年；油气商品率 0.97，年综合税率 0.115。则可以计算出单井目前的经济极限产量约 $0.1514\times10^4m^3/d$。

2）废弃时气井稳定产能方程

气井稳定二项式产能方程表示为：

$$P_i^2-P_{wf}^2=Aq_g+Bq_g^2 \tag{4-2-17}$$

假设气井在开发初期和废弃时的二项式系数分别为 A_1、B_1 和 A_a、B_a，对应的天然气黏度和偏差系数分别为 μ_{g1}、Z_1 和 μ_{ga}、Z_a，则：

$$\frac{A_a}{A_1}=\frac{Z_a\mu_{ga}}{Z_1\mu_{g1}}$$
$$\frac{B_a}{B_1}=\frac{Z_a}{Z_1} \tag{4-2-18}$$

废弃地层压力所对应的产能方程为：

$$P_a^2-P_{wfa}^2=A_a q_{ga}+B_a q_{ga}^2 \tag{4-2-19}$$

3）气井废弃井底流压及废弃地层压力的确定

废弃流压的计算将牵涉到管流的计算，可采用迭代算法。

经过计算大牛地气田的废弃地层压力约 7.17~8.61MPa，平均 7.90MPa(表 4-2-11)。

表 4-2-11 大牛地气田气藏经济-产能方程-井底流压法预测废弃压力

层 位	废弃地层压力/MPa	平均废弃地层压力/MPa
盒 2+3 段	7.213~7.119	7.17
盒 1 段	7.848~7.297	7.57
山 2 段	7.849~7.819	7.83
山 1 段	8.408~8.148	8.27
太 2 段	8.903~8.446	8.61
平 均		7.90

4. 节点系统分析法

以大牛地气田气井井口天然气外输压力 4MPa 作为限制条件，经过计算，大牛地气田废弃地层压力 7.13~8.74MPa，平均 7.89MPa(表 4-2-12)，与经济-产能方程-井底流压法预测出的废弃压力值大致相同。

5. 废弃压力的综合确定

不同的方法计算所得的结果有一定的差别。考虑到节点系统分析法和经济-产能方程法在计算废弃地层压力时既考虑了生产实际状况的影响(产能方程)，又考虑了经济的因素，因此，废弃压力的确定主要以经济-产能方程法计算结果(7.17~8.61MPa)及节点系统分析法计算结果(7.13~8.74MPa)为主要参考值，同时参考经验取值法计算结果，综合确定大牛地气田气藏废弃压力为 8.0MPa(表 4-2-12、表 4-2-13)。

表 4-2-12 节点系统分析法预测废弃压力

层 位	废弃地层压力/MPa	层 位	废弃地层压力/MPa
盒 2+3 段	7.13	山 1 段	8.28
盒 1 段	7.48	太 2 段	8.74
山 2 段	7.82	平 均	7.89

表 4-2-13 大牛地气田气藏废弃地层压力综合取值

层位	废弃地层压力/MPa	层位	废弃地层压力/MPa
盒 2+3 段	7.15	山 1 段	8.28
盒 1 段	7.53	太 2 段	8.68
山 2 段	7.83	平均	7.89

6. 气藏采收率

大牛地气田表现出定容封闭气藏的特性，采用以下方法估算采收率：

1）物质平衡原理—容积法近似地估算采收率

取大牛地气田：$S_{ga}=0.1\sim0.2$，$S_{wi}=0.2\sim0.3$ 或采用经验公式计算：$S_{ga}=(0.483\sim0.68)\times S_{wi}$。估算采收率见表 4-2-14。

表 4-2-14 大牛地气田气藏采收率计算结果

层位	采收率/%			
	不考虑束缚水与残余气饱和度影响	平均	考虑束缚水与残余气饱和度影响	平均
盒 2 段、盒 3 段	59.74~64.42	62.08	47.80~51.54	49.67
盒 1 段	57.08~63.78	60.43	45.66~51.03	48.35
山 2 段	50.74~55.03	52.88	40.59~44.02	42.31
山 1 段	53.15~53.98	53.56	42.52~43.18	42.85
太 2 段	48.79~53.03	50.92	39.04~42.42	40.73
平均		55.97		44.78

2）类比法

有关天然气储量计算规范列出的采收率对比见表 4-2-15，大牛地气田采收率在致密气驱气藏的范围之内。

表 4-2-15 不同类型气藏的采收率范围表

我国天然气储量计算规范列出的采收率	加拿大 G. J. Desorcy 统计的采收率
弹性气驱气藏：80%~95%	弹性气驱气藏：70%~95%
弹性水驱气藏：45%~60%	弹性水驱气藏：45~70%
致密气驱气藏：<60%	致密气驱气藏：可低至 30%
凝析气藏：天然气 65%~85%，凝析油 40%	

综合确定大牛地气田盒 2 段和盒 3 段气藏采收率 60%，其余气藏采收率 55%。

二、钻(完)井工程方案

(一) 影响钻(完)井工程地质因素

1. 地层稳定性特征

泥页岩的分散、水化、剥落是大牛地气田井壁失稳的主要原因，为此对不同的泥页岩特性分别进行了页岩分散性 CST 实验、页岩吸附膨胀实验、页岩岩屑滚动回收率及 CEC 值实验。把地层分为三组，第一组：第四系、白恶系志丹群、侏罗系的安定组、延安组。第二组：三叠系延长组、二马营组、和尚沟组、刘家沟组。第三组：二叠系石千峰组、上石盒子组、下石盒子组及石炭系的山西组、太原组。不同井段泥岩岩性特征见表 4-2-16，泥页岩的强分散性常引起井壁失稳，造成井壁剥落掉块、垮塌、遇阻等复杂情况。

表 4-2-16　泥页岩特性表

泥页岩特性 地层分组	分散性 CST 实验	吸附膨胀实验	岩屑滚动回收及 CEC 实验
第四系、白垩系志丹群、侏罗系安定组、延安组	强分散	强膨胀	钻屑活性强、易膨胀
三叠系延长组、二马营、和尚沟组、刘家沟组	中-强分散	中等强度膨胀	钻屑活性较强、较易膨胀
二叠系石千峰、上石盒子组、下石盒子组、石炭系山西组、太原组	强分散	弱膨胀	钻屑活性低、微膨胀

2. 储层敏感性综合评价

储层敏感性综合评价见表 4-2-17。

表 4-2-17　储层敏感性综合评价

气层组	速敏	水敏	盐敏	HCl 敏	HF 敏	碱敏
盒 3 段	弱-中	弱	弱	弱	强	中-强
盒 2 段	中	弱-中	中	无	强	中
盒 1 段	弱	弱	中	中-弱	强	中
山 2 段	弱	弱	中-强	弱	强	中
山 1 段	弱	弱	弱-中	弱	弱-中	强
太 2 段	中-弱	中-弱	中-弱	弱	弱	中

3. 钻(完)井过程中可能遇到的复杂情况

钻(完)井过程中可能遇到的复杂情况见表 4-2-18。

表 4-2-18　钻井复杂情况表

地层组段	钻井复杂情况提示
Q、K	防斜、防塌、防漏
J	泥岩水化膨胀、防卡
T	砂岩段缩径性卡钻、渗漏
P	防掉块、煤层坍塌、防井漏、井涌、防斜
C	
O	防漏、防钻具放空、防钙侵

（二）井身结构选择、套管设计及井身质量要求

1. 井身结构选择

气田范围内，第四系为松散的砂层，下白垩统志丹群砂砾岩结构疏松，钻井时井壁不稳定易发生垮塌。同时该层也是当地主要的含水层，必须保证不被污染。下白垩统以下井段，地层较为致密稳定。因此，直井的井身结构选择如下：ϕ311mm×301m；ϕ245mm×300m；ϕ216mm×完钻井深；ϕ140mm×完井井深（套管尺寸×井深）。

以下石盒子组、山西组为主要目的层的井身结构如图 4-2-2 所示。

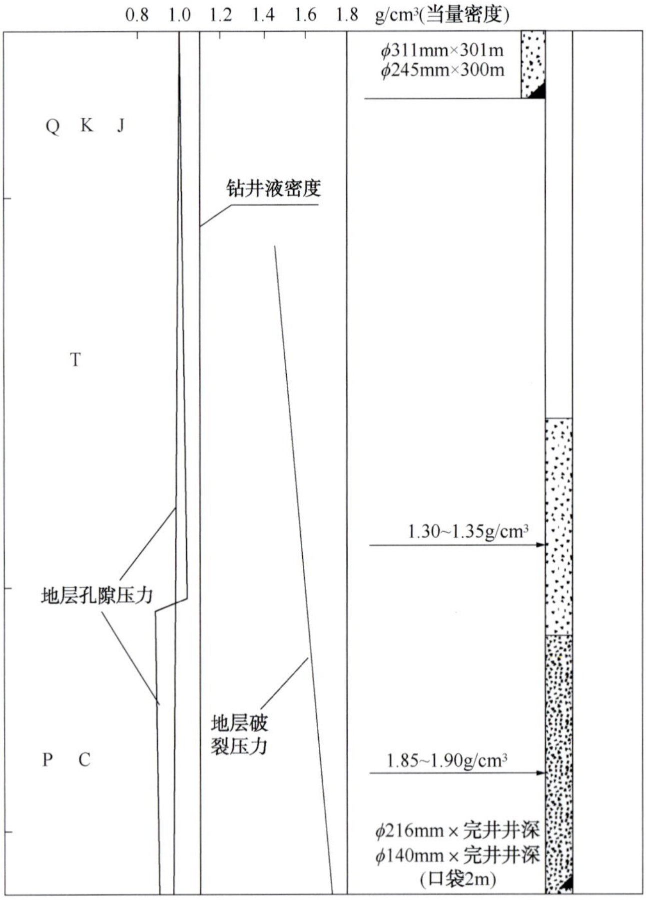

图 4-2-2　地层压力预测、井身结构示意图
（以石盒子组、山西组为主要目的层）

以太原组为主要目的层的井身结构如图 4-2-3 所示。

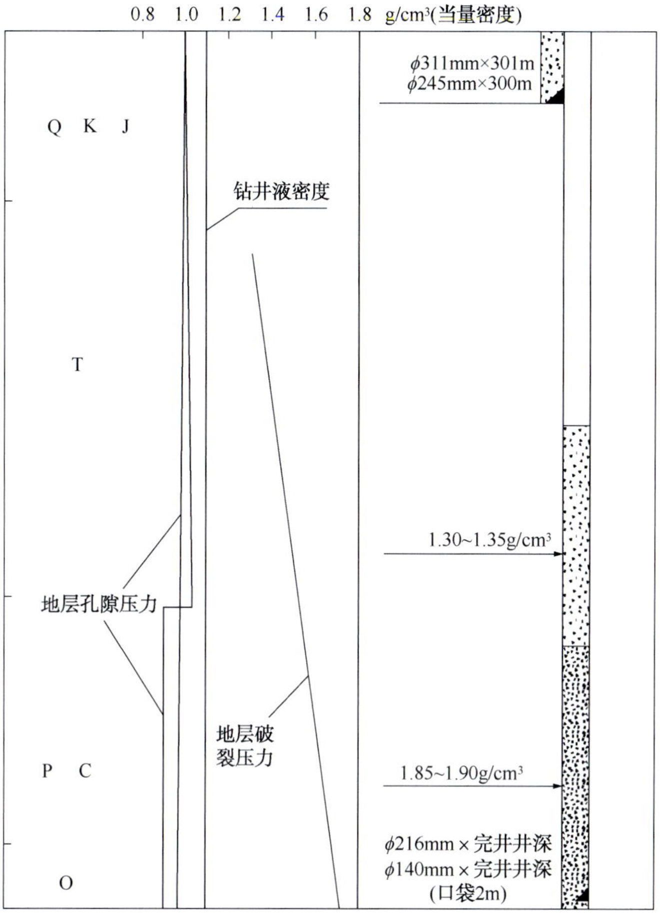

图 4-2-3 地层压力预测、井身结构示意图
(以太原组为主要目的层)

2. 套管设计

套管强度设计见表 4-2-19。

表 4-2-19 套管强度设计表

项 目	表层套管	生产套管
井段/m	0~300	0~2898
套管直径/mm	245	140
段长/m	300	2898
下深/m	300	2898
钢级	J55(或 K55)	N80
壁厚/mm	8.94	9.17
线重/(kg/m)	53.57	29.76
总重/t	16.07	86.24

续表

项 目			表层套管	生产套管
抗拉/t			205.5	194.1
抗挤/(kg/cm^2)			142	620.7
抗内压/(kg/cm^2)			247.25	646.1
扣型			长圆	长圆
安全系数	抗拉	设计	1.80	1.80
		实际	8.83	2.25
	抗挤	设计	1.125	1.125
		实际		1.95
	抗内压	设计	1.25	1.25
		实际		2.12

3. 井身质量要求

根据规范要求和气田开发对井身质量的要求，提出以井眼曲率、水平位移和井径扩大率三项指标为主的井身质量要求。详见表 4-2-20。

表 4-2-20 井身质量要求

井段/m	井斜/(°)	水平位移/m	井眼曲率/[(°)/30m]	平均井径扩大率/%
0～301	≤1		1.60	≤15
301～1000	≤3		1.80	
1000～1500			2.10	
1500～2000	≤ 5		2.50	
2000～2500			3.00	
2500～3000		≤ 60	3.90	≤10

参照规范 SY/T 5088—2002 评定井深质量的项目和计算方法及 DSB 9103 直井井斜控制技术规范。

（三）钻机选择及配套工具

（1）钻井设备的选择原则，以设备使用 5in 钻杆的额定钻深为最大设计井深。大牛地气田井深 3000m 左右，以使用 F-200、ZJ-32、ZJ-40 钻机为宜。

（2）配备 2 台 F-1000 或 F-1300 泥浆泵及配套齐全的泥浆罐循环系统及加重混合系统。固控系统配备振动筛、除砂器、除泥器、离心机和液气分离器；配备 35MPa 井控装置、远程控制台、司钻控制台、节流管汇、防喷管线、方钻杆上、下旋塞；投掷式止回阀、箭形回压凡尔、钻具旁通阀等内防工具；二层台安全逃离装置。

（3）钻具及工具配套，所有钻具包括钻杆(钢级 G105)、钻铤、配合接头，新度要达到 1 级以上；配备川-74 型取心工具。

（4）井口配备卸扣器和滚子方补心。

（5）配置下套管扶正台。

（6）钻井液试验设备必须配备六速黏度计、高速搅拌机、黏滞系数测定仪及其他常用测量设备。

（7）井队必须配备所有入井钻具、工具的打捞工具，主要应包括可退式卡瓦打捞矛、可退式卡瓦打捞筒、反循环打捞兰、随钻打捞环、强磁打捞器、安全接头、磨鞋等。

（8）配备硫化氢等有毒气体报警仪及防毒急救设备。

（四）钻具组合设计、钻头选型及钻井参数优化

1. 钻具组合设计

参照规范 SY/T 5172—1996 直井下部钻具组合设计方法及 DSB 9103 直井井斜控制技术规范。

大牛地气田地层平缓，地层倾角小于 1°，地层各向异性指数小，不易发生井斜。但强化钻井参数后，也存在发生井斜的风险，必须注意用好扶正器，同时加强井斜的检测。

1）一开

ϕ311mm 钻头+ϕ203mm 钻铤（3 根）+ϕ178mm 钻铤（3 根或 6 根）+ϕ159 钻铤（6 根）+ϕ127mm 钻杆+ϕ133mm 方钻杆。

2）二开

ϕ216mm 钻头+ϕ159mm 钻铤（2 根）+ϕ214mm 扶正器+ϕ159mm 钻铤（1 根）+ϕ212mm 扶正器+ϕ159mm 钻铤（21 根）+ϕ127mm 加重钻杆（9 根）+ϕ127mm 钻杆+ϕ133mm 方钻杆。

井深 2500m 以后可去掉扶正器。

2. 钻头选型

第一井段（0~301m）：使用 ϕ311mmP2 型 3A 钻头或 ϕ311mmPDC 钻头。

第二井段（301m 至延长组底）：使用 ϕ216mm517 型 3A 钻头。

第三井段（延长组底至完井）：使用 ϕ216mmPDC 钻头。

3. 钻进参数优化

优化后的钻井参数见表 4-2-21。

表 4-2-21 钻井参数表

层 段	钻头类型	IADC 编码	钻压/t	转速/(r/min)	排量/(L/s)	泵压/MPa
延长组及以上	三牙轮	517	10~20	80~110	25~26	14~15
二马营至石炭系	PDC		7~10	80~100	25~28	13~14
奥陶系	PDC		7~10	80~90	24~26	12~13

注：参照规范 SY/T 5164—1999 三牙轮钻头及 SY/T 5234—1991 喷射钻井水利参数计算方法。

（五）钻井完井液方案

根据对多种泥浆体系的现场应用试验、实验室泥浆储层伤害实验和成本对比分析，认为钾铵基聚合物钻井完井液体系具有性能良好、储层伤害小和成本较低的优点，因此，选用钾铵基聚合物钻井完井液体系作为大牛地气田开发井的主要钻完井液体系。

1. 钻井液类型及配方

分井段的钻完井液配方见表4-2-22。

表4-2-22　钻井液类型及配方

一开井段/m	0~301	聚合物钻井液 清水+0.2%~0.3%Na_2CO_3+6%~7%钠土+0.1%~0.2%K-PAM
二开井段/m	301~完井	上部低固相钾基聚合物钻井液 (清水+2%~3%钠土+0.1%~0.3%Na_2CO_3+0.1%~0.2%K-PAM+0.2%~0.3%K-HPAN) 下部调整为钾铵基聚合物钻井完井液体系 (原井浆+0.3%~0.5% K-PAM+0.6%~1% NH_4HPAN+1%~2%无荧光防塌剂) 并视裂缝预测情况适当添加复合暂堵剂

2. 钻井完井液性能及流变参数设计

钻井完井液性能及流变参数设计见表4-2-23。

全井应依据固相控制措施做好固相控制，环空钻屑含量二开上部以上井段控制在7%以下，二开下部井段控制在5%以下。

表4-2-23　分段钻井液性能及流变参数

井段性能及参数		0~301m	301m~刘家沟组	石千峰组~上石盒子组	目的层
钻井液性能	密度/(g/cm^3)	<1.05	1.05~1.08	<1.08	<1.10
	T/S	40~60	25~40	30~40	30~45
	FLB API/mL	10~12	<8	<8	≤5
	K/mm	0.5	0.5	0.3	0.3
	HTHP/mL				≤15
	π/%	0.5	0.5	0.3	0.2
	(Q_1/Q_{10})/Pa		(1~2)/(1~3)	(2~4)/(4~6)	(2~4)/(4~6)
	pH		8~10	8~10	8~10
	固含/%		6~9	5~8	5~8
	坂含/(g/L)		25~40	25~40	25~40
	K_f		<0.1	<0.08	<0.08
流变参数	*YP*/Pa		1.5~3	2~5	2~5
	PV/mPa·s		3~6	3~10	3~10

备注：表中漏斗黏度为苏氏漏斗黏度度测定值。

3. 钻井液维护和处理

1）一开井段(0~301m)

该井段地层胶结性差，可钻性好，易漏、易垮塌，钻井液主要以携带岩屑、稳定井壁为主。开钻前按配方配制新浆80m^3，坂土浆要充分预水化，性能调整到设计要求。钻进中，视地层造浆情况适当补充K-PAM稀溶液，保持钻井液较高黏度(40~60s)，一开使用罐循环，开钻后使用固控设备。一开完钻后大排量冲孔，保持井底干净，确保表套顺利下入。

2）二开井段

（1）二开上部井段的维护与处理（301m～刘家沟组）：

二开上部井段岩石可钻性较好，机械钻速快，适当加大 K-PAM 的用量，防止泥页岩掉块。延长组易缩径卡钻，可加入 1%～2%的润滑剂，降低黏滞系数。钻进过程坚持补充 K-PAM 和 K-HPAN 胶液，保持低密度、低黏切，使用固控设备保持低固相，保证此段快速穿过，减少井壁浸泡和冲刷时间。

（2）二开中部井段的维护与处理（石千峰组～上石盒子组）：

钻至石千峰组前，开动全部固控设备，彻底清除钻井液中的无用固相，注意提高黏度，采用钠土浆或 K-PAM 把钻井液黏度提高到 35s 左右。

钻进过程中，用 K-PAM 和 K-PAN 复配成胶液，以细水长流方式均匀维护，保持聚合物含量，使泥浆具有足够的抑制性，抑制泥页岩、岩屑分散，控制地层造浆。定期补充 NH_4-HPAN 和 CMC，控制失水在设计范围。

（3）目的层井段的维护及处理（下石盒子组～完井井深）：

为了保护好气层，在钻达气层之前应调整好钻井液性能，保持聚合物含量，并配合 CMC 降失水剂严格控制失水性能。

要求钻井液有较强的抑制性和良好的携砂能力，控制黏度在 35s 左右，动塑比 0.48Pa/(mPa·s)左右。将 pH 值控制在 8～10 之间，最高不得超过 10，以控制对泥页岩的水化。

进入气层段前，要储备相应的加重材料，供提高钻井液密度使用。

钻井过程中要适当补充钠土浆，控制坂土含量在 25～40g/L 之间，保证造壁性。视井内情况及时补充无荧光防塌剂，防止井壁坍塌掉块，若地层掉块严重，可利用稠浆塞清洗井眼，保证把掉块携带出井眼。进入太原组之前加入 1%～2%防塌剂，防止太原组煤层的坍塌与掉块。

钻进过程中若发生渗漏可随钻加入 1%～2%的单向压力封闭剂。遇较大的漏失加入可酸溶性的复合堵漏剂堵漏，实施前做好现场实验。

控制排量 24～26L/s，调整好泥浆流型，避免紊流对井壁的冲刷。

钻至完钻井深后充分循环泥浆，调整好钻井液性能，必要时加入 1%～2%的润滑剂，确保测井、下套管的顺利进行。

4. 固相控制措施

钻井队必须按设备配套标准配齐各类固控设备（除砂器、除泥器、除气器和振动筛）和离心机。并于开钻前安装好固控设备，确保固控设备性能良好，并有专人负责使用和保养。

振动筛安装双层网，选择合适的筛网，使钻井液覆盖筛网面积的 75%左右。建议软地层选用 60 目筛布，中硬、硬地层选用 80 目筛布。在使用 PDC 钻头井段，因岩屑较为破碎，选用 80 目以上的筛布。保证振动筛使用率 100%。

每口井开钻前，除砂、除泥器必须进行试运转，试压要求达到 0.3～0.4MPa。旋流器的正常工作状态是底流伞状喷出，底流密度 1.5g/cm^3 以上，当底流成串状排出时，应调大底流口。正常钻进中，除砂器的开动率不能低于 90%，除泥器的开动率不能低于 80%。

除气器、离心机保护完好运转状态。定期清理泥浆罐，一般要求在每次固井前清理。

认真做好废泥浆、废水和钻屑的处理排放工作，废水尽量回收利用。在生活用水层位钻井时，泥浆不得使用有毒处理剂。

5. 钻井液性能测试仪器配备要求

配备以下钻井液测试仪器，在生产过程中及时检测钻井液性能和做维护处理试验。测试仪器应按标准定期校正，以保证所测数据的准确性，详见表 4-2-24。

表 4-2-24　井队钻井液性能测试仪器

名称	数量	名称	数量
比重称	1	MBT 测量仪器、试剂	1
漏斗黏度计	1	秒表	2
六速旋转黏度仪	1	闹钟	1
API 常温失水仪	1	搅拌机	1
固含测定仪	1	1000mL 泥浆杯	2
API 高温高压失水仪	1	托盘天平	1
黏滞系数测定仪	1		

6. 大牛地气田开发井单井钻井液材料计划及成本预算

大牛地气田开发井单井钻井液材料计划见表 4-2-25。

表 4-2-25　钻井液材料计划

名称	一开井段/t	二开井段/t	累计量/t	单价/元	合计	备注
坂土	7	18	25	450.00	11250.00	
Na_2CO_3	0.5	1	1.5	1300.00	1950.00	
KOH			0.5	4750.00	2375.00	
K-PAM	0.5	3.5	4	14000.00	56000.00	
K-HPAN		2	2	6500.00	13000.00	
NH_4-HPAN		4	4	5100.00	20400.00	
LV-CMC		2	2	14500.00	29000.00	
无荧光防塌剂		3	3	5100.00	15300.00	
润滑剂(NPL-3)		3	3	8500.00	25500.00	备用
总计					189275.00	
复合堵漏剂			4	4000.00	16000.00	
复合暂堵剂			4	4500.00	18000.00	备用
WZD-2			3	9000.00	27000.00	备用
加重材料		10	10	500.00	5000.00	备用

备注：表中所列材料价格仅为参考价。

7. 气层保护技术措施

大牛地气田目的层为低孔低渗储层，水锁是储层伤害的主要因素，因此降低钻井液滤失是减少储层伤害的关键因素之一。钾铵基聚合物钻井完井液体系具有对储层低伤害的特点，但还应对钻井液进行进一步的处理和维护，以便对储层进行更好的保护。

在进入目的层前50m，调整好钻井液密度在1.10g/cm^{3}左右，使之处于近平衡状态。加入高分子抑制剂K-PAM，提高钻井液体系的抑制性，减少固相颗粒对储气层的伤害。加入无荧光防塌剂，在井壁形成弹性好、结构力强、致密的泥饼，增加钻井液的防塌抗冲刷能力。加入NH_4HPAN、CMC提高滤液黏度控制较低的滤失量(控制失水量≤5mL,)从而减少水锁伤害。

相关研究表明，大牛地气田储层有裂缝存在，裂缝宽度值范围5~25μm，最大不超过100μm。因此，在钻井过程中，要依据裂缝预测资料，对预测的裂缝发育段采用屏蔽暂堵技术，对储层中可能存在的裂缝进行保护。

钻井完井液配方为原浆+3%复合暂堵剂(150~200目，主峰位50~80μm)+3%WZD-3(主峰位2~10μm)。

(六) 井口装置及井控技术要点

1. 井口装置的配置

根据气田地层压力资料和开发井井深，预计井底压力在30MPa左右，故选择额定工作压力为35MPa级别的井口防喷装置，其配套组合为：

ϕ245mm×ϕ140mm(或ϕ178mm)×35MPa套管头+ϕ346mm(或ϕ280mm)×35MPa钻井四通+ϕ346mm(或ϕ280mm)双闸板防喷器+ϕ346mm(或ϕ280mm)×35MPa环形防喷器+哈呋防溢管。井口装置的高度控制，要求套管头顶法兰面与地面平。二开井口装置见图4-2-4，完井井口装置见图4-2-5。

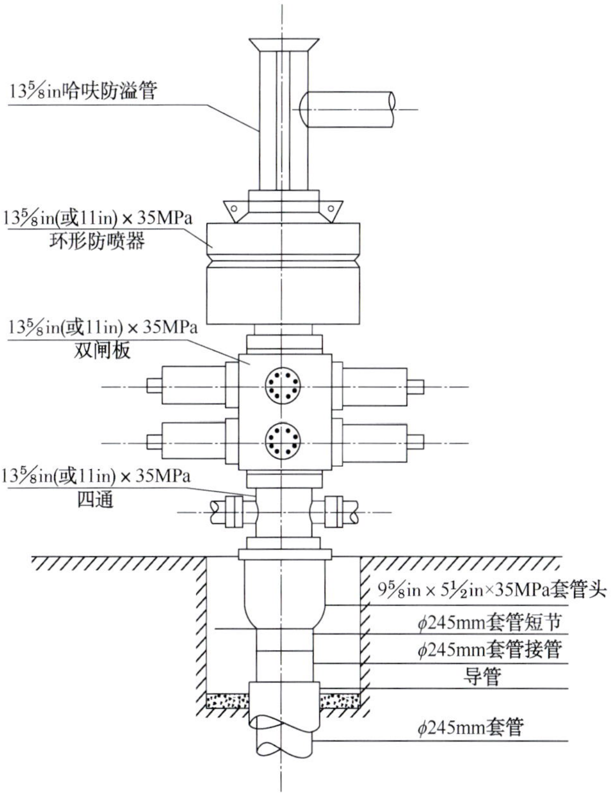

图4-2-4 二开井口装置示意图

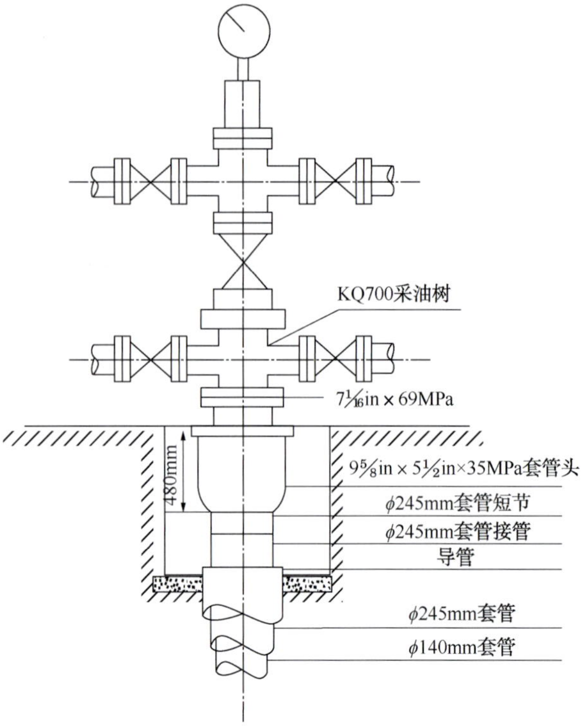

图 4-2-5　完井井口装置图

司钻控制台、遥控台、节流管汇及其连接闸阀等都必须与防喷器额定工作压力相匹配。蓄能器的容量应大于关闭全部防喷器组所需液量的 1.5 倍。

2. 防喷辅助设施及工具

(1) 井控设备试压装置。

(2) 防喷点火安全装置。

(3) 泥浆池液面指示、报警装置。

(4) 泥浆混合加重设备。

(5) 钻具内防喷工具应有方钻杆上、下旋塞、投掷式回压阀、箭形回压阀、钻具旁通阀。

3. 防喷设备的安装、试压

(1) 二开前，对井口装置、阻流管汇、压井管汇、控制系统及各连接闸阀、法兰、管线等都必须安装、试压、调试合格。

(2) 防喷器组安装后，应校正转盘天车与之三点一线对齐，三点中心偏差不大于 10mm，并用钢丝绳将防喷器组绷紧固牢。

(3) 防喷器远程控制台应安装在距井口 20~25m 处，控制台电源应接在井场总电闸的前端并独用开关控制。

(4) 放喷管线至少两条，接出井口 75~200m 处，并要保证在改变风向时至少有一条能用，放喷管线出口不得正对电力线、油罐、宿舍等障碍物。管线转弯夹角不得小于 120°，平均 10~15m 用水泥基墩加地脚螺丝或用地锚固定牢靠。

(5) 井场钻井设备的布局必须考虑防火要求，发电房、锅炉房、油罐区应设在当地季节风的上风向。发电房、油罐区应距井口 30m 以外，锅炉房应距井口 50m 以外，发电房与油罐区相距不少于 20m。

（6）柴油机排气管应有灭火装置，排气管出口不得指向油罐区。

（7）套管试验压力应达到设计的抗内压强度，但最大不超过当时下入井中强度最低套管的抗内压强度的 80%。坐挂套管后要试验套管头密封性能。

（8）防喷器、套管头、钻井四通、节流管汇、压井管汇、立管管汇、水龙带、方钻杆、方钻杆旋塞、全开孔安全阀及回压阀，应以清水为介质进行低压和高压试压。

低压试压 1～2MPa，稳压 3min；高压试压原则，环形防喷器按其额定工作压力的 70%试压，稳压 10min，闸板防喷器按其额定工作压力试压，稳压 10min，其他井控设备按各自的额定工作压力试压，稳压 10min。鉴于表层套管抗内压强度，高压试压至 22MPa。

4. 井控工艺技术

（1）应用 d_c 指数法、气测录井法、井涌求压、井漏求压、中途测试等手段检测地层孔隙压力，及时调整钻井液密度，搞好近平衡压力钻井。立足于一级井控，搞好二级井控，杜绝三级井控。

（2）使用泥浆出口流量计、泥浆罐液面指示报警装置和气测录井仪等，连续检测泥浆总体积的变化，重点检测以下几种情况的泥浆量变化：准备起钻前；起钻钻头进入套管鞋时；开始起出钻铤时；进行短程起下钻后；钻进中遇机械钻速突然加快、放空、井漏、憋跳钻、气测异常及油气水显示时。

（3）发现溢流关井时，其关井压力不得超过井控装备额定工作压力、套管抗内压强度的 80%及地层破裂压力三者中的最小值。

（4）测井、下套管固井、中测和进入油气层钻进后起钻前，要充分循环泥浆除气，确认没有溢流后才能起钻。

（5）下套管和固井前，要换好与套管尺寸相符合的防喷器闸板芯子。

（6）起下钻要控制速度，以免因压力波动而造成井漏或溢流。

（7）尽量缩短空井时间，倒换钻井钢丝绳及修理钻机等待时间较长的作业前，应将钻具下放到套管鞋处。

（8）下入表层套管、技术套管重新开钻，钻入第一个砂岩地层或钻进 5～8m 后，应进行地层破漏试验。

（9）做好井控三项基础工作：①确保所有井控设备处于良好工作状态；②井场应按设计要求储备足够的加重材料；③新钻头入井开始钻井前及每日白班开始钻进前要测慢泵速循环压力，并将所测泵压以及钻机混合泥浆加重能力，允许的最大关井套压等数据填入压井施工表中。

（10）发现溢流应立即关井并求取立管压力，迅速组织压井，井场可根据具体情况，采用一次循环法、两次循环法或边加重边循环等方法进行压井。

参照规范 SY/T 5964—2003 钻井井控装置组合配套、安装调试与维护及 SY/T 6425—1999 钻井井控技术规程。

（七）固井工程方案

表层套管采用一次性全封固方案。生产套管采用一次注水泥双凝水泥浆体系近平衡压力固井的方案，尾浆返高至气层顶界以上 300m，领浆封长按尾浆失重时防止气窜所需的压力来确定。同时，对水泥浆的常规性能、流变性能及防气侵性能进行严格控制，并采取相应的工艺配套措施确保固井工程质量。

1. 基本参数

1）地层压力

考虑到安全系数，目的层地层孔隙压力梯度取 1.15g/cm^3。

2）破裂压力梯度

以邻井资料为依据，无邻井破裂压力梯度，则以 1.6g/cm^3 计算。

3）井身结构

见前述“井身结构选择”。

4）井眼条件

2500m 以上，最大井斜小于 5.0°；井眼曲率小于等于 3.0°/30m；平均井径扩大率小于等于 15%。2500m 以下，最大井斜小于等于 5°；水平位移小于或等于 60m；井眼曲率小于等于 3.9°/30m；平均井径扩大率小于或等于 10%。

5）完井液性能

固井前完井液主要性能要求：固井前循环泥浆时，尽可能地降黏、降切，但不能降低密度。具体指标为：密度 1.08~1.10g/cm^3；黏度 25~45s；含砂<0.2%；切力：Q_1/Q_{10}为 3/5；K_f<0.08。

6）地层温度

按地温梯度(2.79~2.91)℃/100m 为依据进行设计。

2. 表层套管固井

1）施工要求

表层采用常规一次性全封固的方案，如果在施工时未能返出地表，则必须环空回注，确保井口和套管鞋处的封固质量。

2）水泥牌号及水泥附加量

水泥为 525 号以上建筑水泥或油井水泥，计算水泥量时井径扩大率按 30%计算；现场储备水泥量在计算基础上附加 50%。

3）水泥浆配方及性能

水泥浆密度为 1.85g/cm^3；初凝时间：>60min(20℃×0.1MPa)；水泥浆必须做 24h 抗压强度试验，抗压强度大于 3.5MPa。

4）管串结构

自下而上：引鞋(浮鞋)+2 根套管+浮箍+套管+水泥头。

3. 生产套管固井水泥浆配方及性能

根据室内实验和现场固井施工效果评价，采用 DZJ 和 GSJ 这两种水泥浆体系作为大牛地气田开发井固井的主要水泥浆体系。

1）DZJ 水泥浆体系

(1) 配方：

领浆：嘉华 G 级水泥+30%漂珠+3%微硅+1.5%DZJ+1.0%DZC+1.2%USZ+62%水。

尾浆：嘉华 G 级水泥+1.5%DZJ+2.0%DZP+0.5%DZC+0.5%USZ+46%现场水。

（2）DZJ 水泥浆性能：DZJ 水泥浆性能见表 4-2-26。

表 4-2-26　DZJ 水泥浆性能

性　能	领　浆	尾　浆
密度/(g/cm^3)	1.30	1.90
稠化时间(75℃×40MPa)/min	105	76
稠化过渡时间/min	15	16
失水(6.9MPa×75℃)/mL	28.8	11
抗压强度(93℃×38MPa×24h)/MPa	—	18
六速(600/300/200/100/6/3)/(r/min)	99/55/39/18/3/2	128/79/61/39/12/7

（3）特点：

① 水泥浆体系早期强度高、API 失水小、水泥石后期可产生微膨胀防止油气水窜。

② 水泥浆体系稠化和凝结过渡时间均很短，基本上是直角稠化。

③ 流变性能好，易于达到紊流顶替。

2）GSJ 水泥浆体系

（1）配方：

领浆：嘉华 G 级水泥+30%漂珠+1.8%GSJ+0.5%USZ+60%水。

尾浆：嘉华 G 级水泥+2.0%GSJ+0.04%GII-3+44%水。

（2）GSJ 水泥浆性能：GSJ 水泥浆见表 4-2-27。

表 4-2-27　GSJ 水泥浆性能

性　能	领　浆	尾　浆
密度/(g/cm^3)	1.30	1.90
稠化时间(75℃×40MPa)/min	241	146
稠化过渡时间/min	13	11
失水(6.9MPa×75℃)/mL	14	6
抗压强度(93℃×38MPa×24h)/MPa	4.8	22.8
六速(600/300/200/100/6/3)/(r/min)	93/54/36/16/1/0.5	113/66/48/29/7/5

（3）特点：

① 水泥浆体系早期强度高、API 失水小。

② 水泥浆体系凝结过渡时间均很短，基本上是直角稠化。

③ 添加剂混配简单，易于混配。

4. 管串结构

自下而上：引鞋(浮鞋)+3 根套管+浮箍+套管(扶正器)+联顶节+水泥头。

上扣扭矩要求：N-80(9.17)上扣扭矩最大 7.25kN·m，最小 4.35kN·m，最佳 5.8kN·m；

扶正器安放要求：领浆封固段每 50m 加一个扶正器，尾浆封固段气顶以上每 20m 加一个扶正器，尾浆其余封固段每 10m 加一个扶正器。

5. 固井设备、工具及附件

(1) 固井施工设备见表 4-2-28。

(2) 入井附件及工具见表 4-2-29。

(3) 实验仪器见表 4-2-30。

表 4-2-28 固井设备及参数

名 称	参 数	数 量
水泥车	最高工作压力 35MPa，最大排量 25L/s	5
灰罐车	装灰容量 12t、15t、20t，卸灰速度 20~60kg/s	2
背罐车	罐外径 2500mm、3000mm，提罐高度 400~800mm	2
供水车	最大排量 10L/s、20L/s、30L/s	1
压风机组	额定排量 5~20m^3/min，额定压力 0.1~0.5MPa	2
立罐	装灰容量 30t、40t、50t	2
流量计	准确可靠	1
工具车	装载容量 5t、12t	1

表 4-2-29 附件及工具

名 称	规格/mm	型 号	数 量
浮鞋、浮箍	224.5、140		1
弹性扶正器	224.5、140		85
吊 卡	224.5、140	200t	3
水 泥头	224.5、140		1
循环头	224.5、140		1
闸门、弯头	50.8	30MPa	若干
压力表	ϕ150	25MPa	若干

表 4-2-30 实验仪器

名 称	参 数
高温高压稠化仪	压力 0~200MPa，室温~175℃
高温高压失水仪	压力 0~7MPa，室温~250℃
高温高压养护釜	压力 0~100MPa，室温~200℃
恒温水浴锅	室温~95℃
35 型范氏六速黏度仪	转速 600r/min、300r/min、200r/min、100r/min、6r/min、3r/min
高速搅拌机	0~1500r/min 无级变速及 4000r/min、12000r/min 恒速两种功能
抗压强度仪	压力 0~30MPa
电子天平	量程 0~200g，灵敏度 0.1g、量程 0~100g，灵敏度 0.01g
其他	量筒 烧杯 量杯若干

6. 施工程序

(1) 泥浆循环充分后，装井口，接管线试压 15MPa，要求不刺、不漏。

(2) 注隔离液(用量占环空高度 150~200m)。

(3) 注领浆，密度控制在(1.30±0.03)g/cm^3。

(4) 注尾浆，密度控制在(1.90±0.02)g/cm^3；为了保证水泥浆密度均匀、稳定，建议采用二次混浆系统。注水泥过程中连续报出水泥浆密度，便于及时调整。

(5) 井口开挡销、倒闸门，低排量顶通循环正常后，用紊流排量顶替，当井口压力超过预测压力时降低排量顶替。余1.5m^{3}停泵，水泥车顶替碰压。井口密切注意泵压变化，同时派专人观察井口返浆情况，发现异常立即报告施工指挥及时采取应急措施。

(6) 候凝72h后检查固井质量。

(八) 开发井测井方案

1. 测井系列选择原则

(1) 确定地层岩性，能清楚地划分渗透层。

(2) 在岩石物理实验和"岩心刻度测井"的研究基础上，能有效地解释孔隙度、渗透率、饱和度、泥质含量等储层参数。

(3) 识别油层、气层和干层、水层，确定油层、气层有效厚度。

(4) 通过关键井特殊测井能获得流体分布、微裂缝识别等参数。

(5) 能反映并消除或减少非地质因素造成的环境影响，避免测井曲线失真。

(6) 在实现预期地质目标的前提下，力求简化测井系列，降低成本。

2. 大牛地气田测井工作现状

1) 测井仪器及系列

大牛地气田已钻井采用的测井仪器可分为三类。

第一类，德莱塞3700数字测井仪，在鄂1、鄂4–鄂10等井中施工，基本综合测井曲线有自然电位、自然伽马、井径、双侧向–微球聚焦、声波、密度、中子，个别井加测了自然伽马能谱、岩性密度和地层倾角。

第二类，SKD3000、HH2530测井仪，是目前大牛地气田采用的主要测井设备，基本综合测井曲线有自然电位、自然伽马、双井径、双侧向–微球聚焦、声波、密度、中子。

第三类，德莱塞5700和斯仑贝谢EXCEL现代数字测井仪，在D11井、D13井、DK2井、DK3井、DK13井等井中施工，以太2段、山1段、山2段、盒1段、盒2段、盒3段等上古生界储层为主要测量目标层段，除常规测井方法外，还选择了核磁共振、声电成像、偶极横波、高分辨率感应等代表当今测井科技进步的先进方法用于储层评价。

第一类和第二类测井仪器及系列选择属于较成熟的常规测井方法，能够满足大牛地气田以油气层评价为目标的测井处理和解释应用；第三类测井仪器及选择的方法能通过少量关键井的实施获得微裂缝、微观孔喉结构、流体分布等相关信息，可作为常规测井方法的有益补充。

2) 测井解释应用现状

大牛地气田上古生界致密砂岩气层的基本响应特征为：自然伽马曲线低–中值(优势区间50~100API)，个别层段因火成岩屑等高放射性物质而增高；自然电位曲线呈低负异常，物性较好、测试产量较高的少数层位负异常有所增大；双井径稍有扩大并略呈椭圆状；太2段、山1段、山2段、盒1段气层的双侧向曲线为中值(优势区间30~80Ω·m)，盒2段、盒3段气层则为高值(可达数百欧姆·米)；声波时差低–中值(优势区间220~240μs/m)；体积密度较大(优势区间2.5~2.6g/cm^3)；中子曲线低–中值(优势区间10%~25%)，在岩石颗粒中，石英含量高、测试产量较高的层位具有"挖掘效应"。

同时，根据特殊测井资料分析，高产气层（无阻流量>$10\times10^4m^3/d$）的核磁共振 T_2 谱具有延时、差谱、移谱显著的特点，表明孔径、孔喉较大并主要被可动天然气占据的属性；偶极横波的全波列则有振幅、速度能量衰减、弹性模量降低的显示；高分辨率感应电阻率径向差异大，减阻侵入特征清晰。

根据大牛地气田上古生界的气藏特点和气层特征，在测井处理、解释中通过大量的岩石物理实验并采用岩心-测井综合标定建立解释模型，应用 SAND、CRA 等测井分析程序及神经网络软件平台进行解释处理，所得解释结果能满足气层识别、储量计算等生产和科研的要求。此外，利用测井信息的转换和组合应用，能得到诸如弹性模量等多种辅助识别气层的指标。对于核磁共振、偶极横波等高新技术的应用，则进一步揭示了常规方法手段难以获得的如流体产出、微裂缝等潜质的特征、要素，对于深入认识、评价盒 3 段、山 1 段等气层发挥了重要作用。

大牛地气田上古生界无测试验证的水层，据储层研究和分类，测井解释分层可划分气层、差气层、干层三种不同性质的砂层，其解释结果符合率较高。

3. 开发井测井设备及方法系列选择

1）标准测井

标准测井要求能清晰反映大牛地气田整个二开井段的地质情况，准确地划分各类地层、岩层，有利于建立钻井剖面上各个地层的宏观识别标志，便于纵向和横向的地层对比。

根据大牛地气田的勘探历程、钻井剖面的地层组合，以及测井应用的逐步优化，在本次开发方案研究中，采用的标准测井仪器和方法组合为：

SKD-3000、HH2530 型测井仪，双侧向-自然伽马-井径-声波-自然电位曲线组合，提交 1∶500 标准测井图；井斜测井。

标准测井的解释报告随综合测井解释成果一并提交。

2）综合测井

综合测井以气层解释应用为主要目标，能有效地识别、划分气层，进行气层解释，为测试选层提供依据。参照中华人民共和国石油天然气行业标准《天然气测井解释规程》（SY/T 6161—1995）要求，大牛地气田上古生界砂岩气层段综合测井解释应提交如下成果：砂、泥体积含量及煤岩等其他岩石成分，以及孔隙度、渗透率、原始含水饱和度、储层解释结论。在关键井进行核磁共振、偶极横波、声电成像、高分辨率感应等特殊测井作业后，应提交裂缝识别、地应力剖面、可动烃剖面等成果。

因此，在大牛地气田的开发中，综合测井作业的基本设备选择 SKD-3000、HH2530 型测井仪，个别关键井的主要含气评价层段增测德莱塞 5700 或斯仑贝谢 EXCEL 系列的部分特殊测井项目。

（1）基于 SKD3000、HH2530 型测井仪的常规测井方法系列选择：

岩性系列：自然电位、自然伽马、双井径；

电阻率系列：双侧向-微球聚焦；

孔隙度系列：声波、中子、密度。

参照 SY 5633 标准，综合测井应在规定的时间内提交 1∶200 原始测井曲线图，1∶200 解释成果图及全部曲线和解释成果的数据记录盘。综合测井解释报告的编写规范执行 SY/T 5945. 1—1994 标准，在解释报告中应提出测试选层建议。

(2) 关键井特殊测井项目选择：

为了深入评价储层，了解储层的孔隙结构、流体、微裂缝、地应力分布，在关键井主要气层段加测核磁共振、偶极横波、声电成像、高分辨率感应等特殊测井项目。

声电成像测井应提交 1∶20 曲线图，其他项目应提交 1∶200 曲线和解释成果图。每项特殊测井都应提交单项测井解释报告。

常规综合测井解释报告应在 15d 内提交，特殊测井项目解释报告应在 20d 内提交。

3) 固井质量检查测井

固井质量检查测井采用 DF 型数控测井仪，测井项目为声幅-声波变密度-自然伽马-磁定位，在测井作业结束后 7d 内提交 1∶200 曲线和解释成果图，解释内容包括第 、第二界面的水泥胶结质量。

4. 测井质量控制

为了强化测井质量，使大牛地气田的测井作业满足勘探开发的需要，其成果真实、可靠地反映地层、岩层的物理性质，实际施工中应加强现场质量控制。

1) 测井队伍资质

经过质量认证，取得甲、乙级资质及华北分公司准入证的测井队方可承担大牛地气田开发井的测井作业。

2) 严格刻度

只有经过定期刻度合格的测井仪器才能用于测井。在定期区域性二级刻度的基础上，做好现场三级刻度，确保测井仪器的量值能准确地反映工程值。

测井仪器的刻度规范参照 SY/T 5880. 1—1993 执行。

3) 过程控制

各项测井尤其是放射性测井要严格控制测量速度，在目标层段进行不少于 50m 的重复测量，确保重复测量的一致性。在疑难层段要进行重复观察。

4) 现场监督

每井次的测井作业必须有现场监督进行现场质量监控，作业结束后提交监测报告。

5. 单井施工进度计划

根据目前开发井施工的平均作业水平，预测大牛地气田开发井单井施工进度计划见表 4-2-31。

表 4-2-31　进度计划

作业项目	平均钻速/(m/h)	时间利用率/%	纯钻时间/h	需要天数/d	累计天数/d
ϕ311mm 钻头钻进 301m、下 ϕ245mm 套管，固井候凝装井口	15. 00			4	4
ϕ216mm 钻头钻至井深 2900m	8. 50	70		20	24
完钻电测				1. 5	25. 5
通井				1	26. 5
下 ϕ140mm 套管、固井、候凝、测固井质量				2. 5	29
合　计				29	29

6. 健康、安全与环境管理要点

1）健康管理

石油勘探开发钻井作业在野外，设备多、工种多、工艺复杂，常伴随有各种职业危害。健康管理就是要消除或尽可能降低职业危害，保证职工身心健康。

粉尘危害。在钻井液配置和固井过程中常有较多的粉尘，要尽可能避免粉尘飞扬，固井时应采用罐装水泥，施工者要配备口罩、眼镜。

毒物防护。井喷时喷出的原油及天然气中，常含有硫化氢等有害物质，一部分钻井液处理剂也含有一定的毒性。应配备硫化氢等有害气体报警装置及防毒急救设备。

减少噪声及振动。在钻井过程中，钻井及动力设备发出较强的噪声和振动。职工宿舍及活动区应适当离开井场，保证职工休息、睡眠好。现场工作人员要加强个人防护。

减少放射性伤害。在放射性测井中，使用同位素、中子源及伽马源，操作人员会受到放射伤害，应加强防护措施，严格执行操作规程。

预防职业性多发病。由于野外作业、不良环境及气象条件差，关节炎、肠胃病、冻伤等成为多发病。应加强预防措施，改善职工工作和休息条件，定期进行体检，加强个人防护，搞好卫生保健。

2）安全管理

钻井工程作业中安全工作的重点是针对高空作业、高压容器及高压流体、有毒物质侵害、火灾危害等主要危险源采取相应措施，保证人身和生产安全。

高空作业安全防护设施按要求配备齐全，二层台应配备逃离装置，且保持性能良好。钻台要安装逃生滑道。

泥浆泵、空气包等高压设施的安全阀必须按规定装好并定期检查保养。

电线、电器的安装和使用应符合有关安全用电的规程和规范。井架、机房、循环系统的电器设备及照明设施必须具备防爆功能。

井场需动火时，要按照动火级别申请动火，动火时要按规定做好防火准备。

配备有毒气体报警仪和防毒器械、保护用品，加强个人防护，防止毒气毒物伤害。

凡有可能钻遇硫化氢的气井，钻井工艺措施必须执行 SY 5087—1985 标准，即符合《含硫化氢油气田安全钻井推荐做法》的有关规定。

3）环境管理

修筑钻屑池，深度大于 2.5m，体积大于 300m^3；污水池，深度大于 2m，体积大于 900m^3，应有防渗措施，以便存放废弃泥浆、污水及岩屑等。禁止井场污水、废弃泥浆等外溢，以免破坏农田和草场，保护植被不受损害。

钻进中出现的可燃、有害气体，立即采取有效保护措施。气侵、放喷流出的气体应及时引入燃烧装置烧掉。放喷管线排放处安装自动点火装置。

钻井废料及废油等应存放在合适的容器内，所有化学处理剂必须集中存放、盖好。

钻遇浅水层，下套管时应注水泥封固，防止地下水层被污染。

完井后，钻屑池和污水池上面用至少 300mm 厚的净土盖好。废油、废化学处理剂要运到其他地方进行加工处理。

需要弃井时，必须在表层套管（或技术套管）内注 200m 以上的水泥塞封井。

三、采气工程方案

(一)采气方案设计依据及原则

1. 方案设计依据

(1)参考中国石化《气田开发建设项目可行性研究报告编制方法》要求，结合鄂北大牛地气田采气工程方案研究进行采气工程方案的编制。

(2)依据大牛地气田开发先导性试验成果。

(3)依据大牛地气田钻采工程研究研究成果。

(4)依据大牛地气田气藏工程对采气工程的要求。

(5)实际生产中存在的问题及室内实验结果。

(6)有关技术法规和技术要求。

2. 方案编制主要原则

(1)树立新的气田开发经营理念。紧紧依靠科技进步，大力推广和应用新工艺新技术，实现大牛地气田开发目标，提高大牛地气田开发水平和经济效益。

(2)坚持运用系统工程理论和方法的原则。切实做到采气工程以气藏地质为基础，与气藏工程、钻井工程和地面工程紧密结合，互为依据、互相论证、同步设计，使采气工程设计最优化。

(3)坚持科学化、程序化设计原则。充分利用采气工程最新理论及计算机软件技术进行优化设计，使方案具有科学性和准确性，提高方案设计水平和质量。

(4)坚持以降低成本为中心的原则。优先选择技术先进、经济高效、生产管理和操作方便的工艺技术，最大限度地降低采气成本。

(5)坚持以核心技术为主导的原则。重点研究设计并完善配套气层保护、气层压裂改造、排液采气、生产监测(试井、测井)技术等核心技术，确保气田开发需要。

(6)坚持以防为主的原则。重点开展早期防污染、防井底积液、防水合物等工艺技术的研究与应用。

(7)坚持安全生产为第一的原则，同时采取先进、有效的工艺技术措施，提高采气效率，有效地保护气层。

(二)射孔工艺

1. 射孔工艺现状

大牛地气田目前采用套管固井射孔压裂完井，井身结构一般使用 ϕ244.5mm 表层套管和 ϕ140.0mm 的生产套管(部分井生产套管 ϕ178mm 套管)，目前采用的射孔工艺按照传输方式可分为两种，即电缆输送射孔枪射孔和油管传输射孔枪射孔。电缆传输射孔均为正压射孔，油管传输射孔与地层测试联作，为负压射孔。均采用 YD-102 射孔枪(相位90°)、YD-127 射孔弹(孔径≥13mm)，孔密为 16 发/米。从 2004 年 8 月，开始采用 YD-102 射孔枪，YD-127 射孔弹(孔径≥13mm)，相位 60°，孔密为 20 发/米射孔，并已在 DK21、DK22 和 DK23 井应用。射孔液为 2%KCl 水溶液和 1.5%EX3-3 射孔液。

2. 射孔方式选择

由于大牛地气田属低压、致密气藏，不进行水力压裂改造几乎无自然产能，负压射孔起不到对射孔孔眼有效清洗的作用。另外，射孔优化设计时必须考虑压裂施工的协同效应，除地层测试本身的需要外，实行负压射孔的必要性不大，因此，本方案确定的射孔方式为：除压前 DST 测试井层采用油管传输有枪身负压射孔外，开发井其他井层均采用电缆传输有枪身正压/平衡压射孔方式。

3. 射孔参数优选

为了进一步提高射孔参数对压裂施工的协同效应，需要对射孔参数进一步优化，以提高压裂效果。

1）孔深、孔密和孔径的影响

大牛地气田钻井过程中气层平均泥浆浸泡时间一般在 15d 左右(范围在 10~25d 不等)，研究和实验表明，泥浆侵入深度一般小于 100mm。目前，大牛地气田射孔普遍使用 127 射孔弹，其穿透深度为 700mm，足以穿透泥浆侵入带。因此，127 射孔弹足以满足孔深需要。

射孔孔眼数增多，将降低压裂时的孔眼摩阻。研究表明，目前 16 孔/米的孔密基本满足压裂要求，为了进一步提高压裂效果，可将孔密增加为 18~20 孔/米。

射孔孔径不但影响施工注入压力，而且直接影响支撑剂尺寸和浓度，孔径应足够大，以避免支撑剂在通过孔眼时发生桥堵。

研究表明，当孔径是支撑剂颗粒直径的 6 倍时，可以增大支撑剂浓度而不会有桥堵的危险，8~10 倍时最好。大牛地气田目前压裂用支撑剂粒径在 0.5~0.9mm 之间，相应的孔径应在 10mm 左右。YD-127 射孔弹的孔径大于 13mm，满足压裂时添加中高浓度支撑剂的要求。

2）相位角的影响

合理的射孔相位角可以控制裂缝的起裂位置，防止多裂缝的产生，避免较高的附加裂缝迂曲摩阻，理想射孔方位是孔眼和储集层的最大主应力方向一致。主裂缝的形态与最大主应力面与孔眼的夹角密切相关，如果此夹角大于 10°，主裂缝将不会在孔眼处产生，从而造成裂缝迂曲效应的产生，此夹角越大，迂曲阻力就越大。采用 180°相位定向射孔，可以大大减少射孔孔眼摩阻和提高压裂施工处理效果；在 120°、90°、60°相位中，60°相位射孔时孔眼与最大主应力方向的夹角最小。在定向射孔还不易实现的情况下，60°相位射孔是最好的选择。

4. 射孔液(完井液)优选

射孔液要求既要与岩石和流体配伍，防止射孔过程中和射孔后对气层的伤害，又能满足射孔施工要求，同时要求成本低、配置方便。目前，大牛地气田采用的射孔液主要有两种，即 1.5%EX3-3 水溶液和 2%KCl 水溶液。

5. 射孔工艺方案

大牛地气田开发井采用电缆传输正压射孔，5½in 套管选择 102 射孔枪、127 射孔弹，7in 套管选择 127 射孔枪、127 射孔弹。射孔参数为孔密 20 孔/米，60°相位角。建议采用 2%KCl 水溶液作为开发井的射孔液(完井液)。

(三) 压裂改造方案

压裂工艺方案要点：

1. 压裂液体系及其配方

基液：0.4%～0.45% HPG＋1.0% KCl＋0.1% HCHO＋0.2% DL－10＋1% YFP－1＋0.2% Na_2CO_3。

交联液：BCL-61（A∶B＝100∶6），交联比：100∶0.3，液氮量：5%～9%。

破胶剂：过硫酸铵（APS）0.01%～0.08%（现场追加）；胶囊破胶剂（NBA－101）0.01%～0.05%（现场追加）。

2. 支撑剂

选用中高密度 0.45～0.9mm 陶粒作为大牛地气田压裂用支撑剂。

3. 施工参数

盒2段、盒3段加砂量为 40～50m^3，其他层位的加砂量为 35～45m^3，施工排量为 2.5～3.2m^3/min（2⅞in 油管注入），平均砂液比：25%～30%（铺砂浓度 4～6kg/m^2以上），前置液百分比：25%～35%，液氮伴助比 7%。

4. 压裂工艺技术的总体方案

针对大牛地气田多气层叠合发育的特点，对连续油管、投球和卡封分层等多种分层压裂工艺进行了研究，确定了分层压裂工艺技术的总体方案和连续分层压裂工艺工具的选型。

1）分层压裂工艺技术的总体方案

（1）对于层间跨距较小（<30m）、无明显隔层或隔层不足以形成有效遮挡的气层，选用多层合压工艺。

（2）对于中等层间距（30～50m）且储层特征差异较大的气层，采用投球分压工艺，对多套气层实施分层压裂改造。

（3）对于层间跨度较大（>50m）或隔层较好的储层，采用封隔器不动管柱连续分层压裂工艺。

2）连续分层压裂工艺选择方案及工具选型

初步确定的连续分层压裂工艺为“封隔器卡封、不动管柱连续分层压裂 2 层”的分层压裂工艺，并将开展“油管和环空分别注入连续分层压裂 2 层”等其他分层压裂工艺研究。

所选定卡封封隔器选型为：Y341-114、Y221-114（B）、Y344-115。

（四）采气工艺

大牛地气田上古生界 6 套气层的压裂、试气成果表明，盒2段、盒3段气层（部分井）的气产量相对较高，其他层气产量相对较低，在试气过程中盒2段、盒3段气层不产水，其他层在试气过程中均有水产出，因此在采气过程中井底可能会产生积液，同时较易形成水合物，严重影响气井的正常生产。基于此，在大牛地气田开发先导性试验区针对采气方式、排水采气工艺和水合物防治技术进行了试验，形成了一套适合大牛地气田天然气开发的采气技术，为大牛地气田 $10\times10^8m^3$ 产能开发方案编制提供了技术保障。

1. 井口装置及生产管柱优选

1）井口装置

井口装置的选择主要根据采气方式、气藏最大地层压力、气藏地质特点以及费用等来确定。目前在低压气井广泛使用的井口装置见表 4-2-32。大牛地气田产出天然气中不含硫化氢，因此不需特殊抗硫井口装置。但考虑到压裂作业时作业压力高（地层破裂压力较高 40~60MPa），开关井频繁，容易出砂，因此试气时选择 KQ600 型或 KQ700 型井口装置。

大牛地气田上古生界地层压力较低，均在 30MPa 以下，而采气井开关不频繁，地层出砂少，虽平板阀与楔型阀相比，具有使用寿命长、开关力矩小、密封可靠和自封效果好的优点，但楔型阀（CQ 型）较平板阀（KQ 型）在价格上低了近一半，因此选用楔型阀井口装置即可。虽然 250 型井口其压力适用范围基本接近大牛地气田气藏的最大井口压力，但 250 型井口装置的底法兰型号为 R45，与套管头的法兰型号不同，需要增加变径法兰与其匹配，其所增加的费用较使用 350 型井口装置高，因此采气井口装置选择 CQ350 型。

表 4-2-32　井口装置一览表

型　号	闸阀类型	底法兰型号	压力适用范围/MPa	价格/万元
CQ250	楔型阀	R45	<25	1
KQ250	平板阀	R45	<25	2~3
CQ350	楔型阀	BX-156	<35	2
KQ350	平板阀	BX-156	<35	5~8
CQ600	楔型阀	BX-156	<60	5
KQ600	平板阀	BX-156	<60	10
KQ700	平板阀	BX-156	<70	>10

2）生产管柱优选

生产管柱的选择由气井的产能、携液能力、油管规格、性能及成本等几项因素综合确定，根据不同油管中气流的压力损失大小，应用气井生产系统节点分析方法选择不扼制产量的合理尺寸。同时为使气井能够自喷携液生产，利用携液理论，通过计算不同油管尺寸临界流量确定满足要求的生产管柱尺寸。

3）气井节点系统分析

气井节点系统分析就是将流入和流出动态特性综合在一起进行系统分析的一种方法。通过选择节点，计算节点压力随流量和系统参数的变化，分析压力损失的大小，绘制流入和流出动态曲线，得出最佳协调点。通过节点分析可以指导选择合理工作制度、确定油管尺寸、优化排液采气方式以及预测产量变化等。

图 4-2-6 和图 4-2-7 是大 13 井节点系统分析结果（在目前地层压力、井口 4.0MPa 下），由图 4-2-7 可以看出，油管尺寸对产量的影响，油管尺寸越大，气产量越高，随着油管尺寸的增加，其对气产量的影响逐渐减小，管径越大，要求配产越高，方能达到最佳气井生产状态，达到最大的能量利用效率。即增加油管尺寸将增大气井的产量，但超过临界油管尺寸，将会导致产量的减少。

通过对大牛地气田高中低产井的节点分析认为，无阻流量小于 $20\times10^4m^3/d$ 可选择内径 26.64mm 或 40.3mm 的外加厚油管进行采气，而对于无阻流量大于 $20\times10^4m^3/d$ 可选择内径 40.3mm 或 50.3mm 的油管进行采气。考虑到其他配合作业对采气管柱的要求，选择内径为 50.3mm 的油管，且钢级至少为 N80。

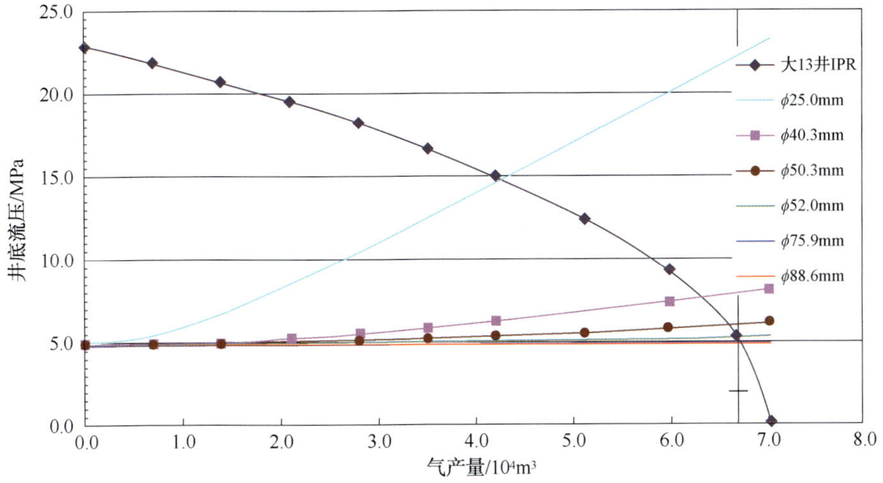

图 4-2-6　大 13 井山 2 流入流出动态曲线

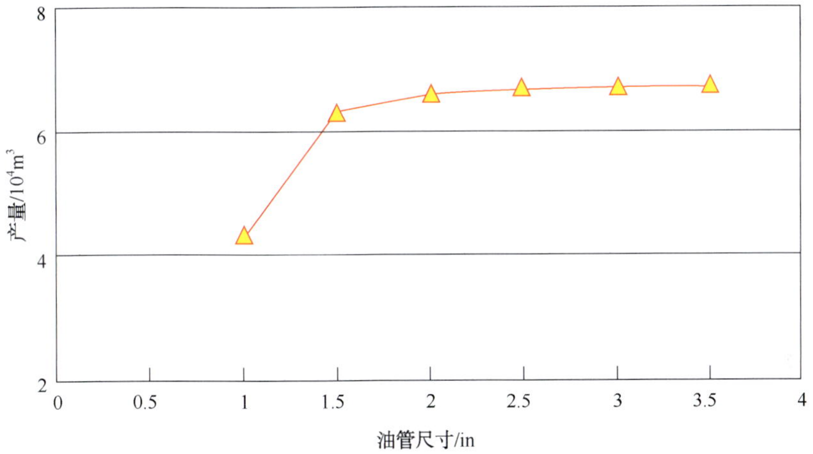

图 4-2-7　大 13 井山 2 油管尺寸与气产量关系曲线

4）携液能力

气井产水，如果井底积液不能及时排出，轻者影响气井的产量，重者造成气井停喷而不能生产。因此，含液气井的生产，应考虑临界携液气量。井口压力不同，油管内径不同，气井生产需要的临界携液气量就不同，气井携液能力可通过李氏计算公式计算，其公式为：

$$q_c = 113 \times \frac{Ap(1074-7.64p)^{\frac{1}{4}}}{(7.64p)^{\frac{1}{2}}} \tag{4-2-20}$$

式中　q_c——临界携液气量，m^3/d；

A——油管截面积，m^2；

p——井口压力，MPa。

采用该公式，分别以 4MPa、8MPa、12MPa、16MPa 为井口压力，计算不同油管内径不同压力下的临界携液气量（表 4-2-33）。

表 4-2-33 不同油管尺寸下的临界流量

井口压力/MPa	临界流量/($10^4m^3/d$)			
	油管内径			
	40.3mm	50.3mm	62mm	75.9mm
4	0.59	0.92	1.40	2.1
8	0.83	1.30	1.97	2.95
12	1.01	1.57	2.39	3.59
16	1.16	1.80	2.74	4.11

由表 4-2-33 和图 4-2-8 可知，不同开采时期，气井的携液能力不同；油管直径越小，携液能力越强，若仅仅从管柱的携液能力出发，建议采用小油管 2⅜in（内径 50.3mm）进行采气。

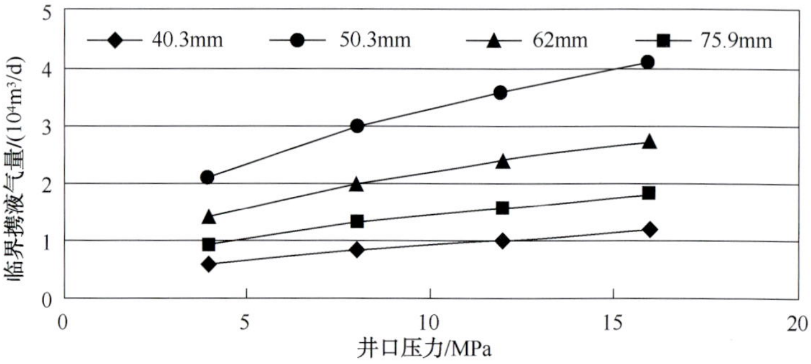

图 4-2-8 临界携液气产量与井口压力的关系

5）生产管柱优选

根据多相管流理论，每一个产量下都有一个最佳油管尺寸使得气井中压力梯度或者说压力损耗最小。给定产量时，油管尺寸太小，速度可能会更高，使得摩阻损失增大；油管尺寸太大，流速偏低，气体的滑脱效应会很严重，因此只有油管尺寸恰当时，才会使摩阻损失和滑脱损失保持最佳状态，达到最大的能量利用效率。一般来说，增加油管尺寸将增大气井的产量，但超过临界油管尺寸，将会导致产量的减少。从油井生产优化出发，利用节点系统分析，确定最优的油管尺寸，同时考虑增产措施和采气期间其他工程作业（诸如生产测井等）油管尺寸的要求以及携液能力，确定合理的生产管柱。根据上述节点分析和携液能力分析，拟定的生产管柱见表 4-2-34。

表 4-2-34 生产管柱优选方案

油管内径/mm	50.3	62	75.9
优 点	携液能力强	满足生产测井，可进行大规模的（排量小于 $3.5m^3/d$）加砂压裂作业	满足生产测井，可进行大规模的（排量大于 $3.5m^3/d$ 加砂压裂作业
缺 点	压裂施工时摩阻大，一般不采用进行压裂作业，无阻流量小于 $20\times10^4m^3/d$	不能完全携液	携液能力差

不同尺寸油管的油管摩阻对施工压力及施工状况有一定的影响，因此选择油管尺寸应满足压裂施工对油管的要求，压裂要求的最小油管内径为 62mm。由于单层开采时一般不更换试气管柱，因此仍采用原试气管柱采气，即采气管柱为 2⅞in(内径 62mm)的油管。

另外，对于多层采气而言，在生产过程中需要进行生产测井了解各层的产气情况，要求油管内径大于或等于 50mm。

综合分析认为，对于采用原试气管柱进行单层采气，其生产管柱选择 62mm(外径 73mm)的油管最佳，多层合采时采用 50.3mm 的油管，既降低了开发成本，又有利于排水采气。

2. 工作制度选择

气井工作制度是指在井底(井口)压力或地面装置上控制一定的压力和产量变化条件，从而确定气井的安全生产和保护储层的要求。目前，常用的气井工作制度主要是定产量和定压生产两种。大牛地气田采用定产生产，采用定产量生产具有采气成本低、易于管理的优点。

在进行采气时，根据开发方案气藏工程确定的合理生产压差及配产要求进行定产量生产，其压降速率低于 0.01MPa/d。

3. 采气方式选择

根据试采试验结果分析和经济效益分析，大牛地气田采用单层开采、多层开采两种方式进行开采。对盒 2 段、盒 3 段产能较高的区块采用单层开采，对其他产能较低层位的开发，采用多层开采方式开采。

4. 排水采气工艺

1）气井产水情况

大牛地气田未发现明显水层，但气层出水，产水量不大。表 4-2-35 为大牛地气田产出水特征。若地层产水，地层水沿裂缝窜入井筒后，不仅使地层的气相渗透率降低，有效产出井段减少，在井筒外围形成部分水封气，而且也大大增加了井底回压，致使气井生产能力大幅度下降。因此，针对大牛地气田的产水情况，对产水气井采用泡沫排水进行采气，以有效地排出井筒内的液体，保证采气工作顺利进行。

表 4-2-35　大牛地气田产出水特征

层　位	产水量(平均)/(m^3/d)	氯根(平均)/(mg/L)	矿化度(平均)/(mg/L)	水 型
盒 1 段	0~4(0.66)	9309~41718(17586)	18349~67519(29800)	$CaCl_2$
山 2 段	0~2.09(0.6)	10722~60113(20456)	17238~42717(35789)	$CaCl_2$
山 1 段	0~6.8(2.24)	13185~87911(40099)	22262~148475(71217)	$CaCl_2$
太 2 段	0.3~14.77(2.93)	29429~135402(53848)	52747~215189(90584)	$CaCl_2$

2）大牛地气田排水采气工艺试验

由于大牛地气田产液气层的产液量较小，结合地层产水情况及试采产量，在大牛地气田排水采气方法主要为泡沫排液法、控制放喷排液法、优选管柱法(小油管采气)。

(1) 油管排水采气。

大牛地气田目前 DK6 井、DK7 井和 DK11 井采用优选管柱法(即将原来 2⅞in 油管更换为 2⅜in 油管)进行排水采气，图 4-2-9 为 DK6 井试采曲线，从图中可以看到 DK6 井在气产量12000m³/d时，采用2⅜in油管生产，平均日产水0.35m³/d，实现了连续排水的目的。

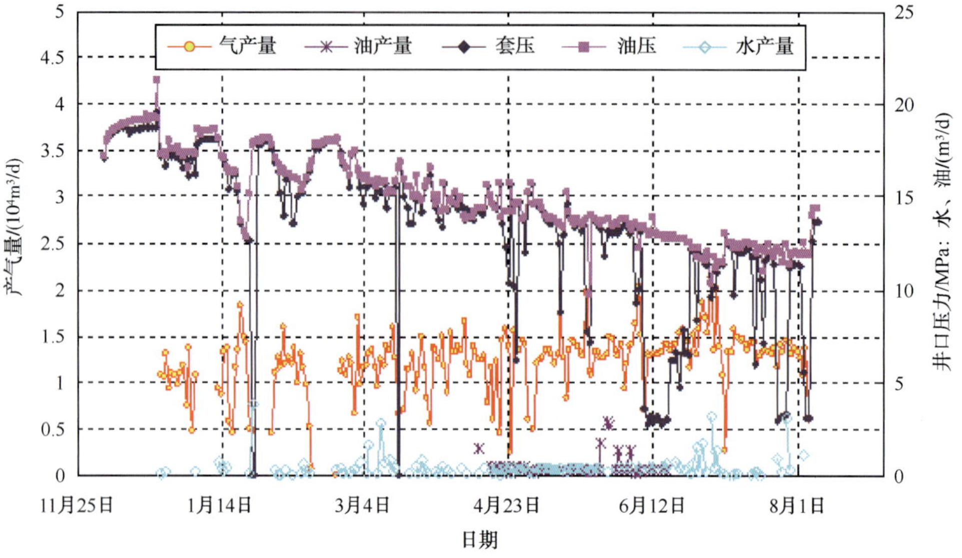

图4-2-9 DK6井试采曲线

（2）泡沫排水采气。

针对各试采井生产及产液情况，选择UT-4固体泡排棒、UT-11B液体泡排剂、UT-6固体泡排棒、PDPT、XH-6五种药剂进行泡沫排液试验(表4-2-36)。

表4-2-36 大牛地气田泡排剂使用情况

井 号	层 位	油管尺寸(外径)/in	气产量/($10^4m^3/d$)	水产量/(m^3/d)	泡排剂	效 果
大探1	山1	2⅞	0.6	0.89	UT-4、UT-6	较好
大13	山2	3½	0.7		UT-6、UT-11	不好
DK3	盒3	3½	1.5	0.43	PDPT	较好
大10	太2+山1+盒1+盒3	2⅞	0.85	无法计量	UT-11	较好
DK11	山2+盒2+盒3	2⅜	0.57	0.73	XH-6	较好

大探1井2003年以平均气产量$0.6\times10^4m^3/d$进行生产，由(图4-2-10)可以看出，在试采初期(15d)未使用泡排剂，不能携液，采用控制放喷的方式(气产量调整到$1\times10^4m^3/d$)进行排液，平均日产水$0.49m^3$，油压由17.7MPa降为9.2MPa。之后(102d)使用UT-4泡排棒和UT-6泡排棒进行排液，开始泡排棒的加注量为4kg时平均每天排水$1.05m^3$，当调整加注量为2kg时，每天排水约$0.81m^3/d$。从排水效果看，大探1井气在产量$6000m^3/d$，平均产水$0.89m^3/d$的情况下，采用每天加注2kg(0.2%的浓度)的泡排剂可以满足排水要求，达到连续排水，实现排水采气的目的。

（3）控制放喷排水采气。

控制放喷排液是指在现场采取加大放喷气产量，以短时间较高气产量带出井内积液，而后按原产量进行生产的方法，一般在泡沫排水和小油管排水采气效果不佳时采用控制放喷排水采气。

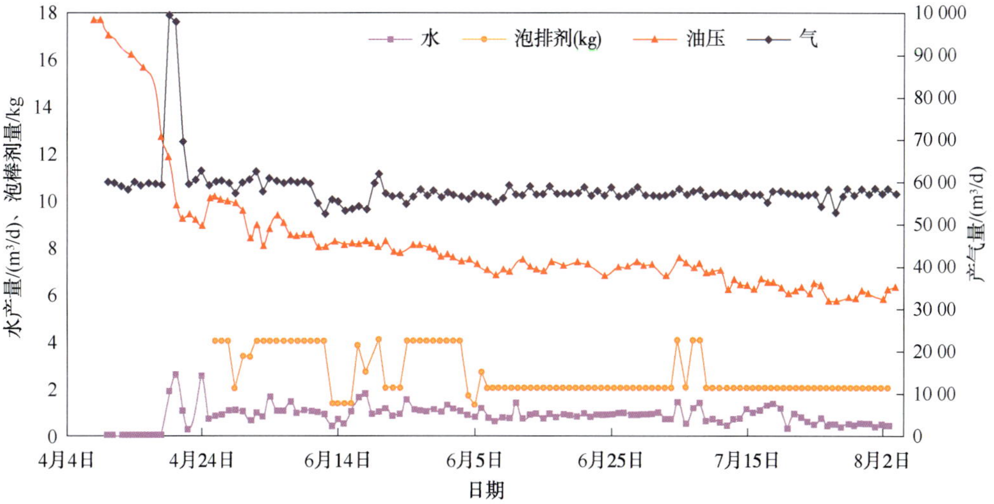

图 4-2-10　大探 1 井泡排曲线

3）排水采气方案

（1）在合层采气时采用 2⅜in 小油管排水采气，单层采气时采用原试气管柱。

（2）在 2⅜in 小油管和原试气管柱（2⅞in、3½in 油管）排水采气不能实现连续携液时，采用泡排法进行排水采气，针对不同层位和不同产水量泡排剂选择 UT-6、UT-11、PDPT 和 XH-6 进行排水采气。

（3）在小油管和泡排法进行采气时不能实现连续携液影响气井正常生产时，采用控制放喷法进行排水采气。

4）水合物防治工艺

水合物生成条件分析：在大牛地气田试气、试采、采气生产过程中，大部分井层在作业过程中都有水合物生成。天然气井水合物生成主要在以下两个部位：①地面流程管线内生成水合物造成堵塞；②井筒内（油管内）。

大牛地气田各气层压力、温度及其天然气密度不同，因此生成水合物的条件有所不同，目前采用波诺马列夫预测法和天然气水合物 P-T 相图回归法进行天然气水合物生成条件预测，以更好地预防和处理水合物。

（1）波诺马列夫预测法。

波诺马列夫预测法可以用来预测水合物的生成压力，由此计算的水合物生成压力值可以用来指导大牛地气田天然气井的施工与生产，表 4-2-37 为大牛地气田不同天然气相对密度条件下水合物的生成条件。

表 4-2-37　鄂北大牛地气田天然气水合物生成压力预测表

层　位	天然气相对密度	-20℃	-10℃	0℃	10℃	20℃	30℃
		水合物生成压力/MPa					
太 2 段	0.6332	0.36	0.53	0.79	2.59	9.01	31.32
山 1 段	0.6366	0.35	0.52	0.76	2.55	8.86	30.81
山 2 段	0.6458	0.32	0.48	0.71	2.45	8.53	29.64

续表

层　位	天然气相对密度	-20℃	-10℃	0℃	10℃	20℃	30℃
		水合物生成压力/MPa					
盒1段	0.6289	0.37	0.55	0.82	2.65	9.23	32.06
盒2段	0.5896	0.58	0.87	1.29	3.91	13.59	47.23
盒3段	0.5768	0.71	1.06	1.57	4.93	17.14	59.55

由于大牛地气田天然气井生产时地面管线节流后天然气压力值(选用流量计上流压力)在0~2MPa之间，由表4-2-37可知所有气层在地面温度低于0℃(冬季)生产时，若不采取有效措施，地面管线部分将会生成水合物，在地面温度高于10℃(春、夏、秋三季)时，若节流效应引起的温度降不大，将不会生成水合物，而当气井产量较高，节流效应引起的热能损失较大时，即使在环境温度较高的季节，也应采取适当的水合物防治措施，否则有可能生成水合物影响生产。

当气层进行生产时井口压力一般保持在3~15MPa之间，此时对应水合物生成温度为10~20℃，冬季受地面低温影响，井内油管井口附近温度也较低，此时井内管柱容易生成水合物，夏季由于环境温度较高(温度一般高于20℃)，一般不会生成水合物。

(2) 天然气水合物 *P-T* 相图回归法。

由天然气水合物 *P-T* 相图回归法原理可以绘出各气层相对应的 *P-T* 相图，由这些相图可以有效地预测对应层位对应生产压力下水合物的生成温度。同时依据井筒内的温度，也可预测井下管柱水合物形成的深度。

图4-2-11为大13井天然气水合物生成条件预测图，由该图可以看出，水合物生成压力曲线和井筒内压力分布曲线交点(300m左右)以浅就是水合物生成的可能位置。大13井山2气层在采气过程中经常因为水合物的生成影响采气的正常进行，其中4月29日下压力计测流压时，先后3次在165m处遇阻，关井注甲醇150L；6月18日下压力计测流压时，在4m、16m处遇阻，关井注甲醇240L；8月1日下压力计测流压时，于30~55m处遇阻，注甲醇300L，未解堵，8月2日在50m、80m、119m处遇阻，从油管加注甲醇400L，解堵，从而说明采用该预测法可以指导现场水合物的防治。

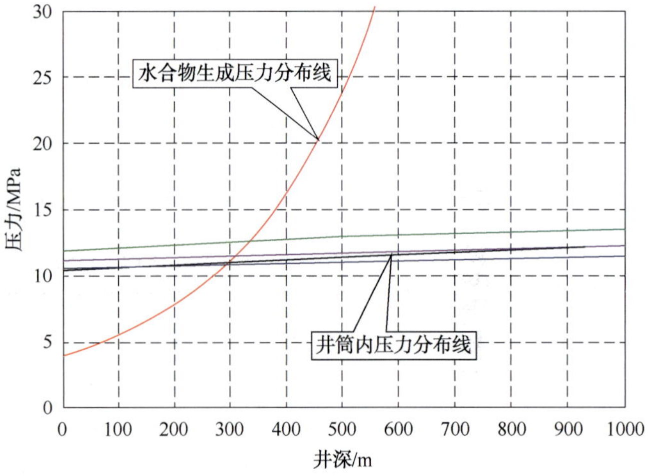

图4-2-11　大13井天然气水合物生成条件预测图

通过对大牛地气田其他井层水合物生成条件的分析表明，当地面温度小于 0℃时，地面管线易形成水合物堵塞，当地面温度大于 10℃时，地面管线不易形成水合物堵塞。井筒内水合物生成深度一般在 300m 以内，温度在 10~20℃。

水合物防治措施：水合物生成的位置主要在井内采气管柱、采气树针阀处或井口附近管线、采气树至加热炉、采气管线中部。主要采取三种方法来防治水合物的生成，即在地面流程中采用加热法、井下管柱采用加注水合物热力学抑制剂和井下节流。

(1) 加热法。

加热法一般采用地面水套加热炉加热，鄂 9 井、大 10 井冬季试采施工中还使用电伴热带加热的方法对地面流程进行加热。

水套炉加热是目前大牛地气田天然气井地面流程普遍使用的一种水合物防治措施，所有试气井、试采井和低压进站的采气井在进入分离器之前均采用水套加热炉进行加热，通过水套炉加热可以有效地解决正常条件下试气试采作业过程中由于水合物生成给地面管线带来的各种问题。

电伴热带+保温层加热保温：鄂北地区冬季气温极低，最低温度在-30℃以下，此时仅仅依靠水套炉加热来防治水合物已不能满足施工要求，2002 年冬季，大 10 井、鄂 9 井试采作业初期经常出现地面流程被水合物堵死的现象。为此，采用安装电伴热带和保温层，通过控制器控制加热温度，结合水套加热炉对地面流程进行加热和保温，取得了较为理想的防治效果。

(2) 水合物抑制剂法。

水合物抑制剂法主要是通过对堵塞部位的判断，采用不同的注入方式(油管、环空和管线)加注甲醇和乙二醇来防治和解堵水合物形成的堵塞。

① 从油管注入。

当井内被水合物堵死或堵塞严重时，可通过采气树向油管内加注甲醇，之后关井，依靠重力作用使甲醇下落与水合物接触并反应，解除堵塞。当要进行起下压力计作业时，若井内有水合物，则关井，从油管内加注甲醇。

大 10 井、大 13 井、大 16 井在试采初期(井口压力高，井口节流降压后由于热能损失引起温度下降)及起下压力计试采用，效果较好，但在这种情况下，甲醇加注量较大，最大为 400L。DK5 井和 DK7 井等采气井在井内发生堵塞的情况下，采用从油管注入甲醇，解堵效果较好，具体使用情况见表 4-2-38。

表 4-2-38　从油管加注甲醇情况

井　名	层　位	气产量/(m^3/d)	井口油压/MPa	遇阻情况	甲醇量/L	效果
大 16 井	盒 2 段	28000	17.9	油压由 17.9MPa 降为 0	220	解堵
大 13 井	山 2 段	12000	16	油压由 16MPa 降为 0.4MPa	450	解堵
大 10 井	太 2 段+山 1 段+盒 1 段+盒 3 段		17.55	测静压时下压力计在 16m 遇阻	350	解堵
大 13 井	山 2 段	12000	11.3	下压力计在 165m 遇阻	150	解堵
		7000	11.2	下压力计在 4m、16m 遇阻	240	解堵
		7000	10.5	下压力计在 50m、80m、119m 遇阻	400	解堵
DK5 井	山 2 段+盒 1 段+盒 2 段	5000	3.5	井内堵塞	60	解堵
DK7 井	山 1 段+山 2 段+盒 1 段+盒 2 段	5000	8.5	井内堵塞	250	解堵

② 从油套环空注入。

当井内有水合物生成而未堵死油管且气体流速较高时，可通过采气树向环空加注水合物抑制剂，通过气流携带来解除水合物堵塞。

大10井、大16井试采中期注入甲醇，效果较好，使用情况见表4-2-39。通过油套环空加注甲醇，加注量相对较小，在100L左右。大15井和DK4井在采气阶段通过连续向油套环空注入浓度为75%~80%的乙二醇，实现了长时间(78d)连续生产无堵塞(表4-2-40)。

表4-2-39 试采井从油套环空加注甲醇情况

井名	层位	气产量/(m^3/d)	井口油压/MPa	甲醇量/(L/d)
大10井	太2段+山1段+盒1段+盒3段	15000	12.2~10.4	100
		15000	8.8~10.2	50
		12000	7.5~8.7	0
大16井	盒2段	27000	15.9~17.5	140
		15000	16.5~17.5	100
		15000/20000	15.2~16.5	80
		15000	14.6~15.2	60

表4-2-40 采气井从油套环空加注甲醇情况

井名	层位	注醇量/L	连续生产时间/d	效果评价
大15	盒3段	456	77	良好
DK4	盒3段	456	79	良好

③ 从管线注入。

为防止集气管线堵塞及对集气管线解堵，采用向集气管线定时定量注乙二醇的方式进行防堵，堵塞时采用直接向管线注甲醇的方式进行解堵，效果较好。

DK2井不产液，水合物堵塞主要出现在集气管线，因此采用井口集气管线每天定时定量注75%~80%乙二醇150~200L/d，保证了连续生产。在采气过程中与遇到管线堵塞时采用向管线注甲醇的方式进行解堵，在DK5井、DK7井的效果较好。

④ 抑制剂效果对比。

甲醇和乙二醇都有较低的冰点，水合物遇到甲醇或乙二醇后，会迅速溶解，从而起到解堵的效果。因甲醇的冰点(-97.8℃)远低于乙二醇(-13℃)，从解堵效果来看(表4-2-41和表4-2-42)，证实甲醇的解堵效果好于乙二醇，而且价格较乙二醇低。当管线完全堵死时，通过泵车向堵塞管线注甲醇能很快解堵，但若注入乙二醇，效果并不明显，特别是堵塞段较长情况。故推荐采用甲醇作为大牛地气田水合物抑制剂。

表4-2-41 DK5井注醇解堵记录表

日期	油压/MPa		套压/MPa		进压/MPa		堵塞类型	注醇方式	注醇类型	注醇量/L	解堵效果
	解堵前	解堵后	解堵前	解堵后	解堵前	解堵后					
4月1日	8.00	7.90	10.8	10.9	6.6	3.9		油管注入	乙二醇	150	预防
4月8日					0	0	集气管线	站内-井口	乙二醇	160	未解堵

续表

日期	油压/MPa		套压/MPa		进压/MPa		堵塞类型	注醇方式	注醇类型	注醇量/L	解堵效果
	解堵前	解堵后	解堵前	解堵后	解堵前	解堵后					
4月8日	14.9	13	15.1	13.2	6.7	14.0	集气管线	管线放空			恢复生产
4月14日	13.2	0	13.4	13.4	1.0	2.6	集气管线	管线放空			未解堵
4月14日					2.6	2.6	集气管线	站内-井口	乙二醇	200	未解堵
4月14日	0	12.6	13.6	13.6	2.6	12.4	集气管线	管线放空			恢复生产
4月24日	3.5	12.5	14.5	13.0	3.5	10.0	井内堵塞	油管注入	甲醇	60	恢复生产
4月26日	0	12.7	13.6	12.4	0.2	12.3	集气管线	管线注入	甲醇	50	恢复生产
4月29日	10.5	10.5	12.8	11.8	3.0	10.4	集气管线	管线注入	甲醇	20	恢复生产

表4-2-42　DK7井注醇解堵记录表

日期	油压/MPa		套压/MPa		进压/MPa		堵塞类型	注醇方式	注醇类型	注醇量/L	解堵效果
	解堵前	解堵后	解堵前	解堵后	解堵前	解堵后					
4月12日	13.7	11.2	14.5	14.0	0	10.8	集气管线	管线放空			恢复生产
4月13日					0	9.3	集气管线	站内-井口	乙二醇	20	恢复生产
4月13日					0	0	集气管线	站内-井口	乙二醇	195	未解堵
4月13日					0	6.0	集气管线	站内-井口	乙二醇	100	未解堵
4月14日	13.3	0	13.5	13.5	1.4	1.5	集气管线	管线放空			未解堵
4月14日					1.5	2.1	集气管线	站内-井口	乙二醇	200	未解堵
4月15日	1.5	14.0	15.2	14.8	1.5	12.2	集气管线	管线注入	甲醇	50	恢复生产
4月24日	0	12.0	14.0	13.5	0	11.9	集气管线	管线注入	甲醇	50	恢复生产
4月30日	8.7	8.5	10.7	10.7	7.7	6.0		油管注入	甲醇	250	预防

水合物防治方案：采用加注甲醇抑制剂进行水合物的防治。

（五）CO_2防腐技术

CO_2是造成低硫气井腐蚀的主要原因。CO_2溶于水会形成碳酸，降低了水的pH值，从而增大了地层水对套管和油管的腐蚀性。当水的pH值降低到6.6以下时，就变得具有腐蚀性。

1. 影响CO_2腐蚀的主要原因

CO_2的腐蚀过程是一种错综复杂的电化学过程，影响腐蚀速度的因素很多。主要的影响因素有：温度、CO_2分压、流速及流型、pH值、Fe^{2+}含量、产出水的矿化度、金属的微观结构(金相)及金属的预处理过程等。

1) CO_2分压的影响

CO_2分压按式(4-2-21)计算：

$$p_{CO_2}=p_{wf}\times CO_2\% \tag{4-2-21}$$

式中　p_{CO_2}——CO_2的分压，MPa；

p_{wf}——天然气总压(即井底流压)，MPa；

$CO_2\%$——天然气中CO_2的百分含量(体积分数或摩尔分数)。

通常认为，CO_2分压是腐蚀危害的主要因素。目前，现场一般根据CO_2分压大小预测气井CO_2腐蚀程度：当CO_2分压<0.021MPa时，腐蚀可以忽略；当CO_2分压为0.021~0.21MPa时，产生腐蚀；当CO_2分压>0.21MPa时，产生严重腐蚀。

低合金钢点蚀实验研究表明，当CO_2分压低于0.05MPa时，观察不到任何因点蚀而造成的破坏。

2）pH值的影响

增大pH值降低$FeCO_3$的溶解度，有利于生成$FeCO_3$保护膜。pH值的增大也使得H^+含量减少，H的还原反应速度降低，故可以减少腐蚀速度。

3）温度的影响

高温能加速电化学反应和化学反应速度，从而加速腐蚀。但温度升高，$FeCO_3$的沉淀速度也增大，保护膜更容易形成，故又可以降低腐蚀速度。

4）$FeCO_3$溶解度的影响

当达到或超过$FeCO_3$的容度积时，$FeCO_3$便沉积在金属表面，形成保护膜。由于沉淀反映并不是在热力学饱和点立即发生，通常在腐蚀体系中均以过饱和状态出现，过饱和是金属/水比，温度和pH的函数。

5）碳化铁膜(Fe_3C)的影响

Fe_3C存在于金属的表面膜中被认为能够加速腐蚀，因其可以选择性地增大阴极的反应速度。

6）Cl^-的影响

在有$FeCO_3$保护膜存在的情况下，Cl^-浓度越高腐蚀速度越大，特别是Cl^-浓度大于3×10^4mg/L时更明显。

2. CO_2防腐措施

大牛地气田含有CO_2，天然气中CO_2含量见表4-2-43。当气井在合理生产压差下生产时，井底流压p_{wf}一般在17~22MPa之间，取平均值20MPa进行计算。从中可以看出（表4-2-43），当CO_2含量超过1%的气井，分压就会超过0.2MPa，会有一定程度的腐蚀，因此需要采取防腐措施。

表4-2-43　CO_2含量及分压

井　号	大10	大探1	鄂9	大2	大4	鄂5
CO_2含量/%	1.43	1.654	1.0	2.379	0.526	0.241
CO_2分压/MPa	0.29	0.33	0.2	0.48	0.11	0.048

目前，防止CO_2腐蚀的主要措施是加注缓蚀剂、采用抗腐蚀金属材料，表面涂层保护，以及在采气工艺过程中尽量避免气井积液或减轻各种加速腐蚀的因素。

（1）加注缓蚀剂。在含CO_2气藏的开发中，加注缓蚀剂是抑制腐蚀的有效方法。页氮粗吡啶、1901等吡啶类缓蚀剂以及7251、CT2-1、CT2-15等CT胺类缓蚀剂在我国含CO_2气藏开发中发挥了重要作用。CT2-1、CT2-15都是气液两相成膜抑制剂。其中，CT2-15对含CO_2气藏效果更佳，可使油套管腐蚀得到很好的控制。CT2-15缓蚀剂已经成功用于四川气田M133井和大港BS8井。对大牛地CO_2含量大于1%的气井，推荐使用

CT2-15 作为缓蚀剂。

（2）降低 CO_2分压。降低 CO_2分压将使腐蚀速率降低，但降低的幅度不是很大。所以，在气藏开发过程中，随着井底压力的降低，腐蚀速率也会降低。

（3）对于 CO_2含量大于 1%的气井，油套推荐适用 N-80 钢级以上的材料。

（4）避免井底积液。对于含 CO_2气藏，即使气井产水量小，若不及时排液，造成井底积液将严重加剧腐蚀。因此，必须抓好排液采气工艺的及时治理。

（六）动态监测方案

1. 动态监测的目的和内容

生产动态监测的目的是认识气藏的生产能力，了解生产动态和地层流体物性的变化以及井下套管技术状况，从而科学地选择气藏采气工艺技术和正确分析采气工艺技术措施效果，为合理高效开采气藏提供重要依据。

根据大牛地气田储层地质特征及气田勘探开发需要，大牛地气田动态监测内容主要包括压力温度监测、产能监测、流体性质监测和产出剖面监测等。

2. 动态监测工艺技术

采气井动态监测是科学管理气井的重要技术手段，它通过对气井在生产过程中的产量、压力、流体物性的变化，以及井下、地面工程的变化等的监测，及时有效地指导其合理开采。动态监测技术主要有试井测试技术和生产测井技术。

1）试井测试技术

试井测试技术是气藏获取动态参数的重要手段之一，通过试井测试可以确定气层的产出情况、地层压力、渗透率等储层参数、井筒污染情况，为增产措施的选择、气田动态分析和制定合理的开发方案提供依据。试井技术包括不稳定试井和稳定试井。

（1）不稳定试井技术。

不稳定试井是利用气井压力恢复或压力降落曲线研究气藏动态和气井生产特性的方法。利用不稳定渗流理论处理压力恢复(或压力降落)曲线可以判断储层特性，估算测试井的完井效率和井底污染情况，判断是否需要进行增产措施并分析措施效果，估算测试波及范围内气井的控制储量，计算地层压力和地层参数，探测气层边界，分析井间连通情况和确定气井产能等。针对大牛地气田气藏低渗、致密的地质特点，推荐采用的不稳定试井方法为压力恢复测试。

（2）产能试井技术。

产能试井包括系统试井、修正等时试井和一点法试井。针对大牛地气田的地质特征，在大牛地气田主要采用修正等时试井和一点法试井。修正等时试井是在不稳定渗流状态下的试井，结合一个稳定流动点，就可以用来替代完全稳定的常规产能试井。修正等时试井开关井时间相同，该方法与等时试井相比具有省时、高效的特点。在测试过程中要求严格按设计执行，连续记录井底压力、井口油、套压和产量。试井时产量序列由小到大递增，且最小产量至少能保证井内液体被举升上来，并使井口温度保持在水化点以上。等时间隔应保证消除井筒储集效应的影响，达到无限大作用。

一点法试井只测一个工作制度下的稳定产量和压力，该方法可大大缩短测试时间，减少气体的放空和节约大量的费用，减少资源的浪费。但资料分析时具有一定的经验性和统计性。

（3）试井测试设备性能要求。

根据大牛地气田的压力和温度特点，要求测试仪器仪表的主要技术指标应达到：

① 压力、温度测试采用兼有温度测试功能的电子压力计，其性能要求压力精度0.02%，分辨率0.03psi，耐压69MPa；温度精度0.2℃，分辨率0.01℃，耐温150℃。

② 流量测试仪根据流量的大小分别采用临界速度流量计或垫圈流量计。

③ 试井设备包括试井车、井口防喷装置、电缆、录井钢丝、井下工具及其他辅助设施。

④ 试井解释采用Pansystem试井解释软件。

2）生产测井技术

（1）生产测井技术。

监测产气剖面的目的是了解分层产量和地层参数，找准出气、水层位，检查工程措施实施效果，验证地质认识上存在的疑难层，并确定不同介质液面位置。大牛地气田目前采用产气剖面的测井方法为当气井稳定生产时，将流量、密度、持水率、温度、压力、自然伽马、磁定位、WTC（多路遥测系统）等仪器组合起来一次下井，采取连续和定点测量的方式，测量气井的体积流量、持水率、流体密度、温度、压力等参数。

（2）生产测井设备性能要求。

大牛地气田生产测井装置主要采用DDL-III地面测井系统进行七参数产气剖面测井。

3. 生产动态监测方案设计与实施要求

根据大牛地气田气藏工程和采气工艺要求，编制具体动态监测方案，应在不动管柱及不压井的条件下实施，测试资料合格率及仪表定期达标率应达100%。

1）压力、温度监测

气藏开发初期，地层压力变化较大，应对气藏分区块进行连续压力、温度跟踪测试，在气藏的稳产阶段和中后期开发阶段，选择气藏不同构造部位的井，每半年测试一次地层压力、流动压力、井底温度和井温梯度。

2）产能监测

投产初期，气井须进行产能测试，投产后每两年进行一次产能测试。当预计无阻流量大于$50\times10^4m^3/d$时，进行系统试井，当预计无阻流量在$(10\sim50)\times10^4m^3/d$时，进行修正等时试井，预计无阻流量小于$10\times10^4m^3/d$时，进行一点法试井。

针对不同需要对生产井进行不稳定试井，其中包括地层测试、压恢测试、压降测试和干扰试井。

由于盒2段气层尚无准确的原始地层压力资料，因此需对盒2段气层进行地层测试，以获得准确可靠的压力数据。

针对山2段、盒2段和盒3段气层进行压恢测试，以核实储量和计算泄气半径。

对盒3段气藏进行干扰试井，以研究井间连通情况，进一步确定该区含气情况及地下储层分布。

3）流体性质监测

所有生产井每天应监测并记录井流物性质变化，每日进行氯根滴定，油、水产量及性质发生突变时应及时取样并进行分析。每月对各生产井井流物进行一次全分析，净生产时间达半年后改为每季度进行一次全分析。

4）产出剖面

选择部分多层合采井进行DDL-III生产测井，了解出气层位及各层产气情况。

第三节　直井开发模式

致密低渗大型岩性气田直井开发方案一般可分为三个阶段，即开发早期评价阶段、开发先导性试验阶段和产能建设阶段，是呈螺旋式上升、互为基础、密不可分的三个阶段，是受致密低渗岩性气田基本开发地质特征和认识规律所制约的，其中开发评价阶段是解决气田能否经济开发的矛盾，先导性试验阶段主要解决气田如何经济开发的矛盾，产能建设阶段是在前两个阶段基础上进行实际操作。在开发中如果想超越其中一个阶段，都有可能带来开发的失败，给企业和国家带来损失。本章详细阐述了“整体部署”“分批实施”“精细跟踪”“调整部署”“完善井网”“综合布井”直井开发方案实施与直井开发模式。

一、直井优化实施方案

大牛地气田储层非均质性严重，通过密井网解剖和野外露头观察，单期河道宽度在100~500m，储层横向变化极大。虽然在开发方案编制时对气田的地质特征做了全面研究，对各种方案做了对比和优选。但因编制开发方案的资料有限，认识不够深入，在储层非均质性强的情况下，如何保证开发井成功率是方案实施时的一个难点。在气田开发过程中，总结出一套针对非均质性强的低压致密砂岩气藏的优化实施方案，主要有两个方面：

一是整体部署，分批实施，精细跟踪，动态调整，完善井网。整体部署是解决非均质性强的低压致密砂岩气藏在部署开发井时，确保成功率的有效方法。其实质是一个由实践到认识，再由认识到实践不断往复的认识过程，是人类认识复杂客观体的必然过程。在初期虽然有了整体方案，但由于资料和认识的局限，整体方案中必然存在很多不当之处，如果按整体方案同时实施，势必造成不必要的失误。只能分批分轮次的实施，每一批每一轮次实施少量的开发井，在精细跟踪研究的基础上，提高认识程度，及时对下一轮次的开发井部署方案进行调整，同时在每一轮次的调整中，逐步完善井网。这样通过多轮次的实施、跟踪、调整，提高开发井成功率。

二是“三统一”的综合布井技术。下面以 DK13-D52 井区的开发井部署为例进行阐述。

（一）整体部署

整体部署是解决非均质性强的低压致密砂岩气藏在部署开发井时，确保成功率的有效方法。其实质是一个由实践到认识，再由认识到实践不断往复的认识过程，是人类认识复杂客观体的必然过程。

1. 部署方案

以 DK13-D52 井区为例，根据开发方案，主要针对盒 2 段单采区、盒 3 段单采区和 D52 井区、西南合采区部署 233 口开发井，建设产能 $10\times10^8m^3$（表 4-3-1、图 4-3-1）。

2. 实施方案

依据“整体部署，分批实施，精细跟踪，动态调整，完善井网”方法，在不断跟踪和调整后，最后实施 233 口开发井，其中盒 2 段单采区实施 38 口井，盒 3 段单采区实施 124 口井，D52 井区实施 55 口井，西南合采区实施 16 口井（表 4-3-1、图 4-3-2）。可见实施后对原部署方案进行了很大调整，正是这些调整，确保了成功率。最后统计失利井 11 口，开发井成功率 96%。

表 4-3-1　方案设计与实际实施井位对比表

井 区	方案设计井数/口	实际实施井数/口
盒 3 段单采区	86	124
盒 2 段单采区	25	38
西南合采区	67	16
DK25-D52 井区	55	55
合 计	233	233

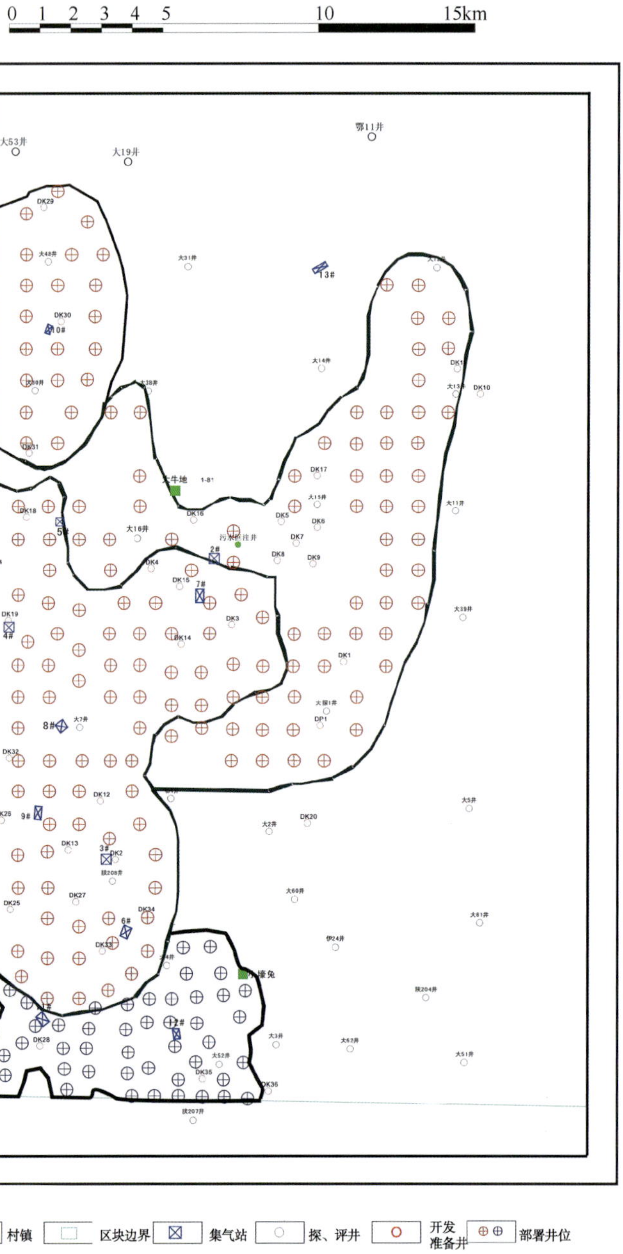

图 4-3-1　方案设计井位图

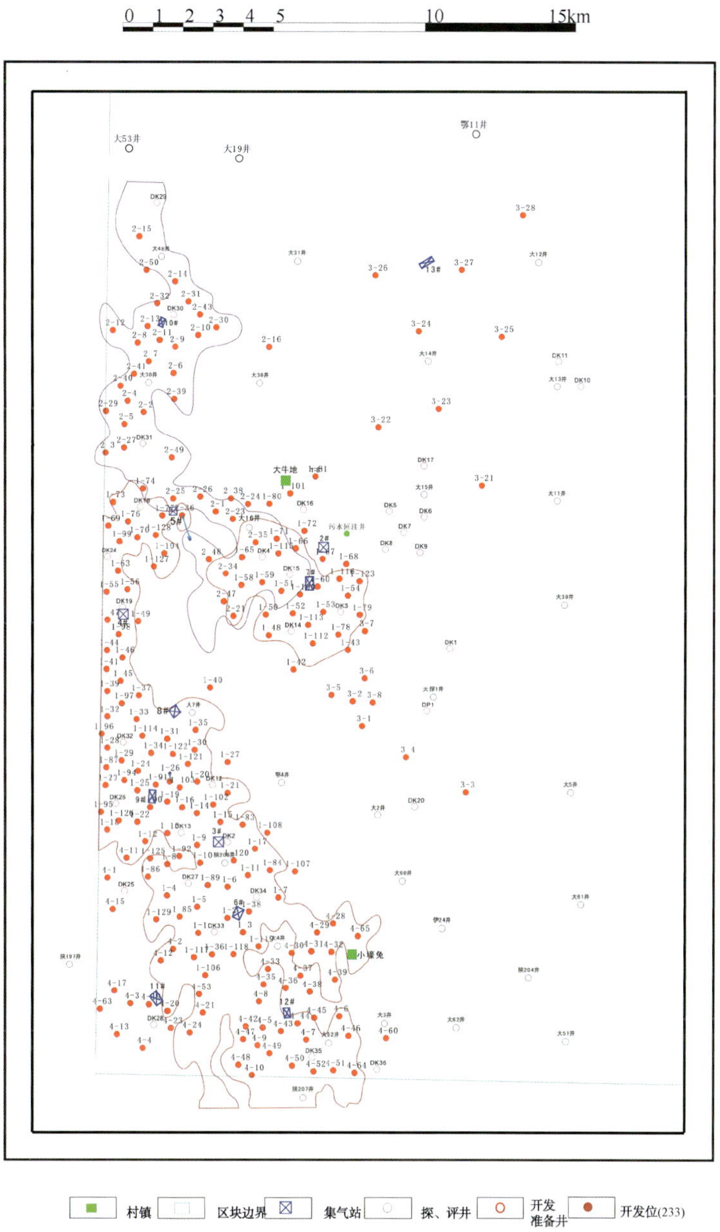

图 4-3-2　实际实施井位图

（二）分批实施

在初期虽然有了整体方案，但由于资料和认识的局限，整体方案中必然存在很多不当之处，如果按整体方案同时实施，势必造成不必要的失误。只能分批、分轮次地实施。在实际实施中，分批实施又分两个层次进行，第一个层次按井区评价排序，有重点、有先后地实施，称为批次；第二个层次是针对每个批次，即对每一个井区的部署，以整体评价井区和各井可靠程度，又分轮次实施，称之为轮次。

1. 批次

对每个井区的评价，认为盒 3 段单采区最好，次之为盒 2 段单采区，再其次为 D52 井区，最后为西南合采区。所以，在进行分批次时，第一批次主要针对盒3段单采区、兼顾在D52井区部署，第二批主要针对盒3段单采区、盒2段单采区进行部署，兼顾在D52井区部署，第三批次主要针对D52井区部署，兼顾在西南合采区部署，第四个批次主要针对西南合采区部署及在DK18-DK13井区、DK15井区、DK30井区和D52井区进行加密、扩边、完善井网的调整部署(表4-3-2)。

表4-3-2　233口开发井实施批次表

批　次	DK18-DK13井区/口	DK30井区/口	D52井区/口	合采区井数/口	合计/口
一	35		8		43
二	73	11	10		94
三			32	11	43
四	15	15	13	10	53
合　计	123	26	63	21	233

2. 轮次

在每一个批次下，即针对每个井区，依据“整体评价、分轮次实施”的原则实施，第一轮次抽稀，以评价整个井区为目的进行有边部、有内部，有最有利区、次有利和不有利区的部署，在跟踪研究的基础上，再进行调整部署。

233口井共分13个轮次实施(表4-3-3)，在此过程中做了细致、艰苦的跟踪研究工作，确保了开发井的成功率。

表4-3-3　233口开发井实施轮次表

批次	轮次	实施井数/口	批次	轮次	实施井数/口
一	1	15	三	1	20
	2	20		2	12
	3	8		3	11
二	1	20	四	1	21
	2	25		2	20
	3	27		3	12
	4	22			
合计					233

(三) 精细跟踪

每一批每一轮次实施少量的开发井。精细跟踪是对每一批次、每一轮次开发井的钻探结果，结合以往资料，进行跟踪研究，提高和修正原来的认识，为下一批次和下一轮次的开发井调整部署提供依据。

精细跟踪研究内容包括两个方面的跟踪研究：一方面是开发地质的精细跟踪研究；另一方面是三维地震的精细跟踪研究。

1. 开发地质精细跟踪研究

主要是根据前一批次或轮次的钻井资料、测井资料和试气资料，结合以往的成果，进行沉积相、气层评价和产能评价，指出下步部署的有利部位。

图 4-3-3 是根据不同批次资料，对盒 3 段气层组砂体展布的认识，可见前期和后期的认识，有明显的变化，对河道的范围、变化认识更为清楚。

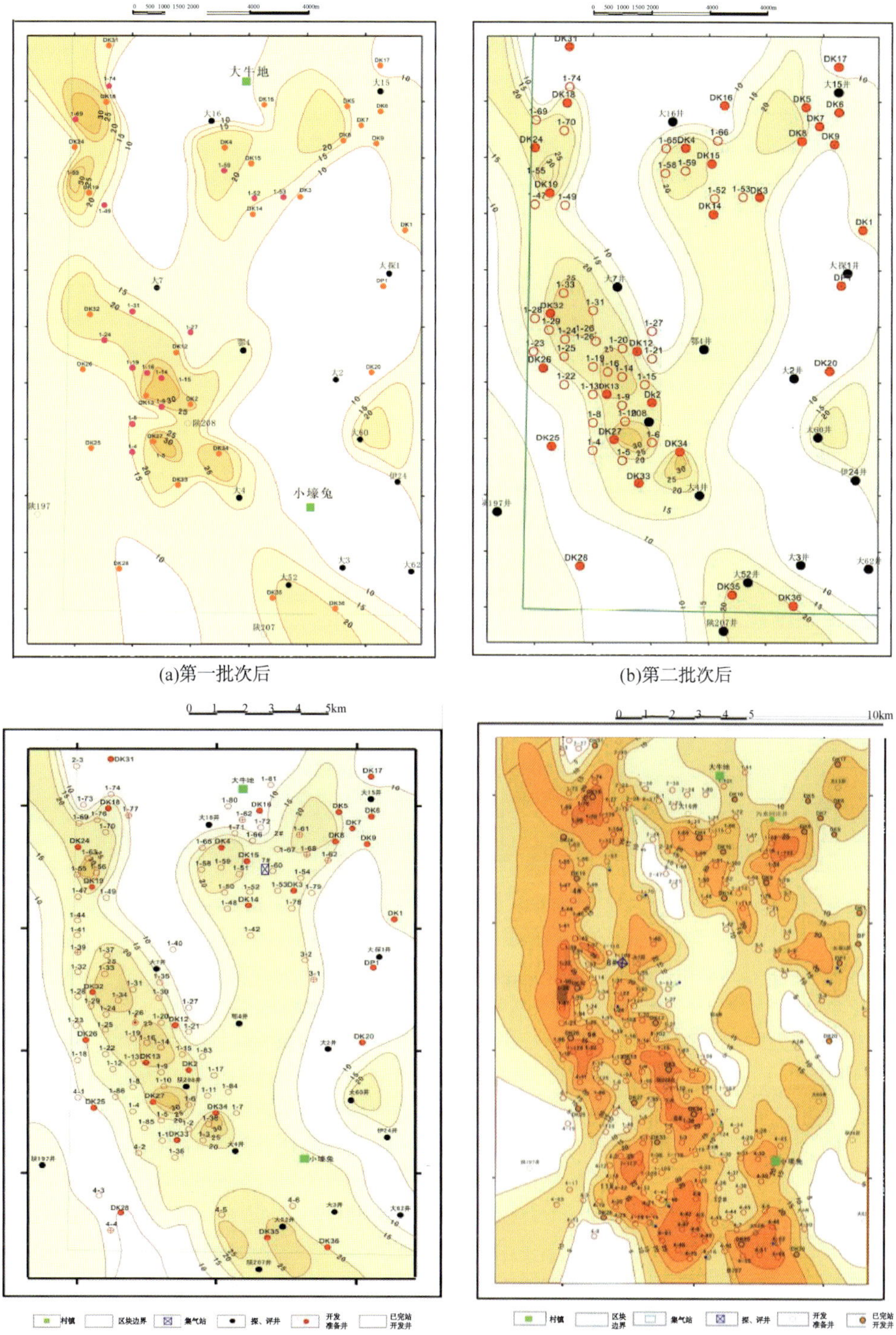

(a)第一批次后　(b)第二批次后

(c)第三批次后　(d)第四批次后

图 4-3-3　不同批次的盒 3 段砂岩厚度分布图

2. 三维地震精细跟踪研究

主要根据新完钻的开发井资料，及时进行新钻井的精细标定，在开发地质最新的沉积相、气层评价和产能评价的基础上，进行新的属性分析、岩性反演和含气性预测，为下步开发井调整部署提供依据(图 4-3-4、图 4-3-5)。

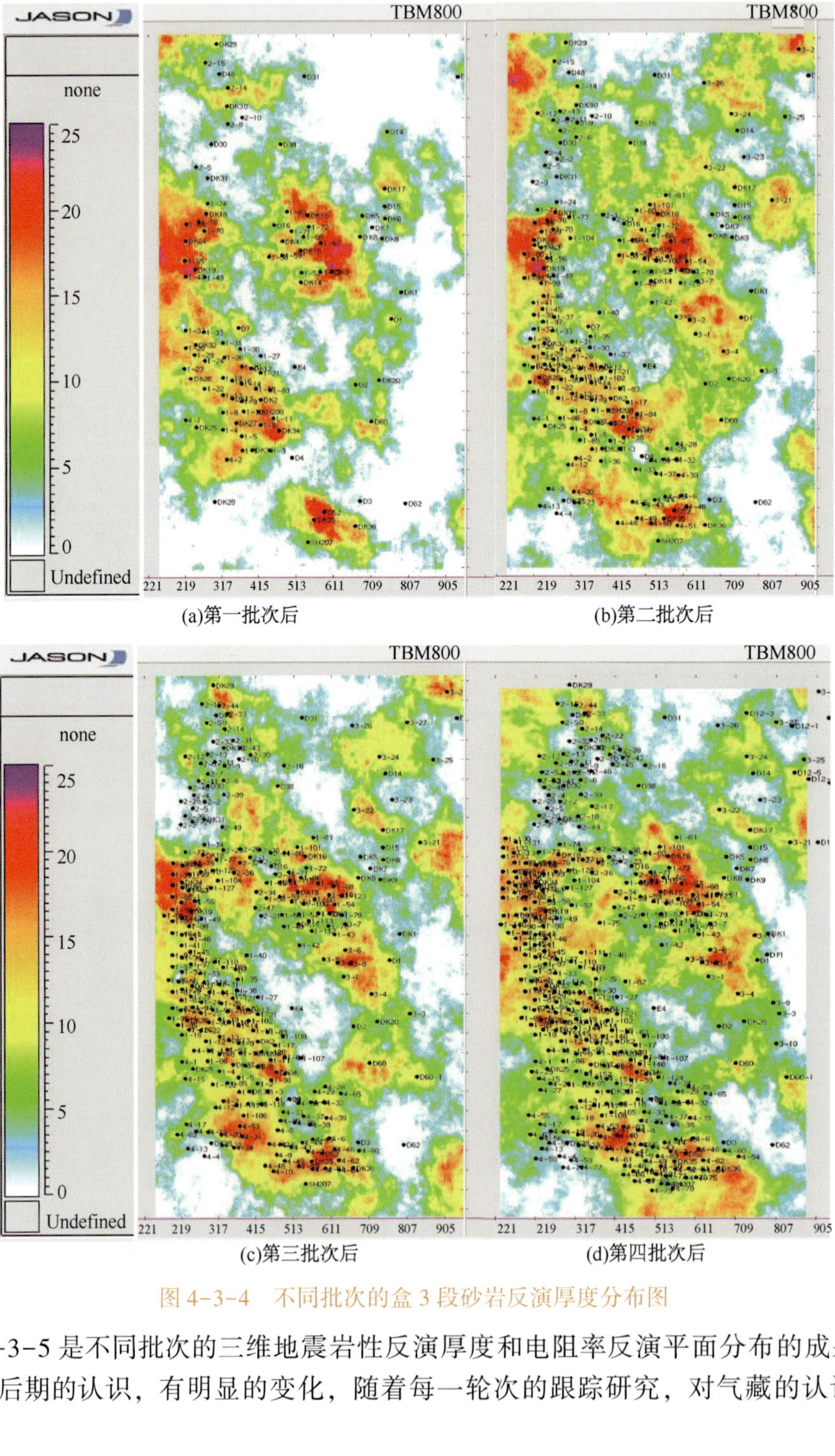

(a)第一批次后　(b)第二批次后

(c)第三批次后　(d)第四批次后

图 4-3-4　不同批次的盒 3 段砂岩反演厚度分布图

图 4-3-5 是不同批次的三维地震岩性反演厚度和电阻率反演平面分布的成果图，可见前期和后期的认识，有明显的变化，随着每一轮次的跟踪研究，对气藏的认识越来越深入。

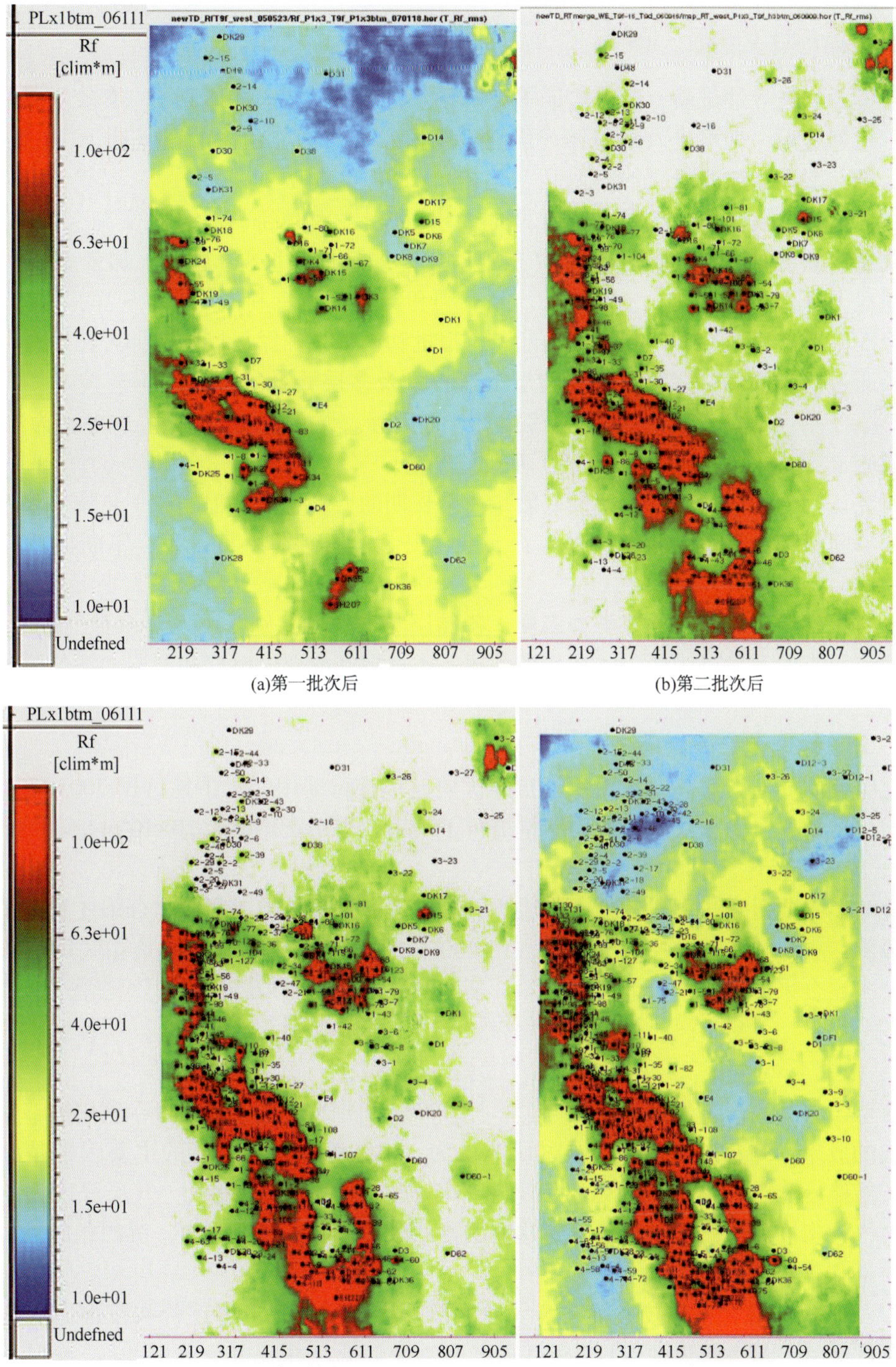

(a)第一批次后　(b)第二批次后

(c)第三批次后　(d)第四批次后

图 4-3-5　不同批次的三维地震岩性反演厚度和电阻率反演平面分布图

（四）调整部署，完善井网

“调整部署，完善井网”就是根据精细跟踪研究的最新认识，进行下一批次或下一轮次的重新调整部署，确保开发井成功率。

二、直井开发原则及措施

通过开发先导性试验，实际验证了气田开发经济可行性，并形成了一套较为成熟的开发技术系列之后，即可进入到整体产能建设阶段。气田产能建设阶段坚持了“先肥后瘦，先易后难，滚动立体开发”的原则。

在优选的开发区内，按照开发井网的要求，坚持“整体部署，分批实施，精细跟踪，动态调整，完善井网”的原则，坚持“先肥后瘦，先易后难”部署思路，加强基础资料论证，建立了开发地质有利、三维储层预测有利和产能预测有利的“三统一”的井位筛选流程，分 5 个批次完成 233 口井井位的部署、报批和调整，确保每口井都部署在最有利的位置。并通过研究的钻、完井技术、储层改造技术及多层叠合气藏采气工艺技术，实现了“多打高产井、少打低产井、避免落空井”的目标。开发井成功率达 96%，为第一个 $10\times10^8m^3$ 产能建设及后续稳产奠定了基础。

研究认为，低渗气田产能建设一般是一个长期的、随着认识程度和工艺技术水平不断提高而不断滚动、深入的过程，是一个评价—开发、再评价—再开发，不断循环往复的过程。

针对大牛地气田具有储层类型多样、各储层类型物性差别大、发育多套气层的特点，大牛地气田直井开发分为两个时期，即单层一类气层产能建设时期和多层二类气层产能建设时期。

1. 单层一类气层产能建设时期

此时期主要对产量高、大面积分布的优质储量进行动用，大牛地气田 2005 年主要对盒 3 段、盒 2 段、山 1 段高产优质储量进行了动用，当年新建产能 $10\times10^8m^3$。

2. 多层产能建设时期

此时期主要对产量相对较低，单层不具有经济产量，必须 2 套以上合采才具有经济开发阶段的二类储量进行动用，大牛地气田 2006～2010 年产能建设主要是在气田中部的二类气层多层合采区内进行产能建设，累计新建产能 $13.53\times10^8m^3$。

三、“三统一”综合布井

在认识气井高产富集因素的基础上，抓住影响气井高产的主要因素，利用能够反映这些因素的成果，综合进行部井。通过研究认为，本区影响气井产能的主要因素是沉积微相、气层厚度和含气性。认为处于河道主体部位，一般砂体厚度大、气层厚度大、物性好、含气性丰度高，产能就高。反映这些因素的成果主要有三个方面：沉积相成果、产能评价成果和三维地质成果。

“三统一”的综合布井技术就是开发井要部署在沉积相、产能评价和三维储层预测成果都有利部位，最大限度地保证“多打高产井，少打低产井和避免落空井”，确保开发井成功率。

1. 盒 3 段、盒 2 段气层组井位部署

部署盒 3 段、盒 2 段开发井时，要从沉积相、产能评价和三维储层预测成果等 6 个方面认识有利的部位。

井位部署在主河道的气层发育部位，砂岩厚度一般超过 4m；在产能评价方面，要求

邻井获得较高产能；三维储层预测成果：①处于振幅中强区(认为中强振幅为盒 3 段、盒 2 段储层发育响应)；②处于岩性反演较厚的部位，一般大于 5m；③处于电阻率反演较高的部位，一般大于 80Ω·m。

下面是井位部署的一个实例：

综合考虑了沉积相、产能评价和三维地震储层预测的成果，把 1-6 井部署在盒 3 段主河道之上，砂岩预测厚度 27m，邻井 DK27 井无阻流量 $33.12\times10^4m^3/d$，DK34 井无阻流量 $41.75\times10^4m^3/d$，1-11 井无阻流量 $13.05\times10^4m^3/d$，位于三维地震强属性区，岩性反演厚度 26m，电阻率反演较高的部位，电阻率为 105Ω·m，钻井揭示砂岩厚度 25m，气层厚度 19m，电阻率 110Ω·m，获得产能 $24\times10^4m^3/d$(图 4-3-6)。

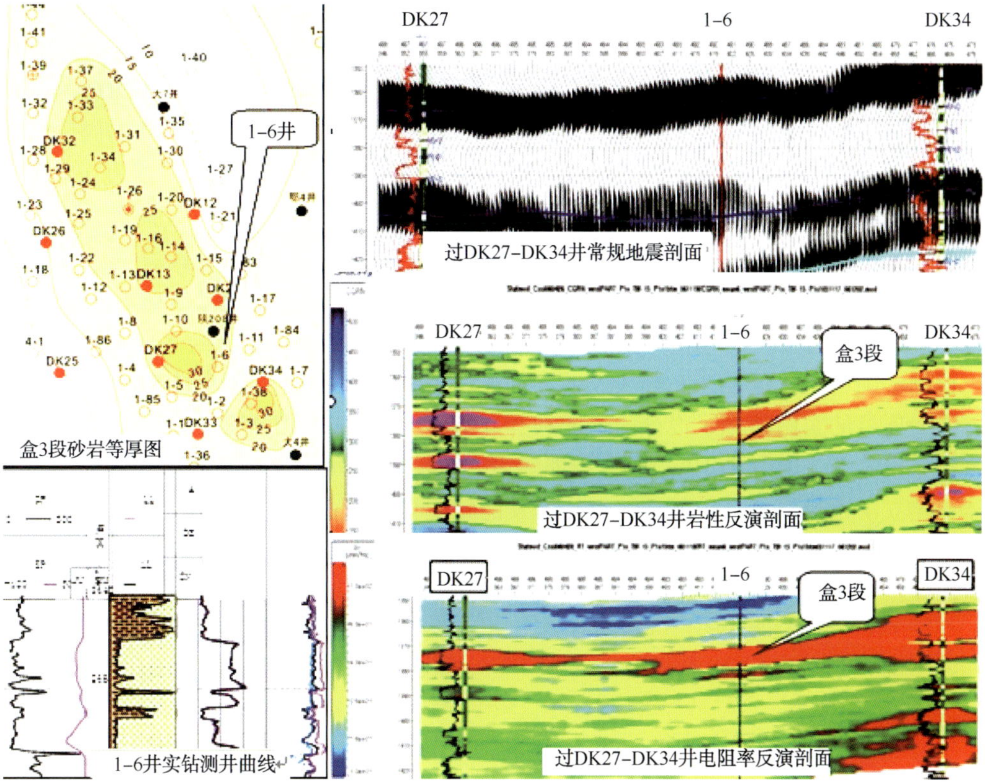

图 4-3-6　1-6 井部署依据图

2. 山 1 段气层组井位部署

部署山 1 段开发井时，要从沉积相、产能评价和三维储层预测成果等 5 个方面认识有利的部位。

沉积相为河道主体气层发育部位，砂岩厚度一般超过 4m。在产能评价方面，要求邻近井获得较高产能。从三维储层预测成果考虑，应处于岩性反演较厚的部位，一般超过 5m，电阻率反演一般大于 80Ω·m 的部位。

3. 太 2 段气层组井位部署

部署太 2 段开发井时，要从沉积相、产能评价和三维储层预测成果等 5 个方面认识有利的部位。

在沉积相方面，井位应处于障壁砂坝主体气层发育部位，砂岩厚度一般大于 6m。在产能评价方面，要求邻近井获得较高产能。考虑三维储层预测成果，井位应处于岩性反演较厚的部位，一般大于 5m，处于含气吸收有利的反射结构。

第四节　开发效果

截至 2005 年 11 月 16 日，共完成开发井 233 口，累计进尺 68.35×10^4m，开发井成功率达 96%；完成压裂试气 193 口、254 层次；投产新井 188 口，当年 12 月开井 181 口，日产天然气 $233.8\times10^4m^3$，新建天然气生产能力为 $10.001\times10^8m^3/a$，其中，盒 3 段单采区产能为 $6.2241\times10^8m^3/a$，盒 2 段单采区产能为 $1.3398\times10^8m^3/a$，西南合采区产能为 $0.4026\times10^8m^3/a$，DK25-D52 井区产能为 $2.0345\times10^8m^3/a$。建成集气站 11 座，建成大榆管道线，全长 82.54km，建成首站 1 座，建成末站 1 座，建成污水处理厂 1 座。并于 2005 年 7 月 8 日，一次点火投产成功；7 月 17 日，大榆管线末站和陕京二线首站同时开启阀门，对接输气一次成功，大牛地气田生产的洁净天然气经大榆线、中国石油陕京二线直送北京，提前 13d 正式向北京供气，当月供气 $703\times10^4m^3$，兑现了中国石化向国家、向北京人民的庄重承诺。2005 年底，大牛地气田累计天然气生产井 236 口(含 2005 年探井和开发准备井 48 口)，累计建成天然气年生产能力 $11.5\times10^8m^3$，日生产水平达到 $275\times10^4m^3$，2005 年当年生产天然气 $4.27\times10^8m^3$。

根据中国石化总部要求，华北分公司组织了 $10\times10^8m^3$ 天然气产能建设项目经济评估，认为项目的实施达到了设计的产能和开发指标，认定项目已经取得了较好的经济及社会效益。通过大牛地气田 $10\times10^8m^3$ 产能建设，把传统的大会战和现代的市场化运作融为一体，建立了市场经济条件下油气勘探开发的新型会战模式，高效、高速地建成了大牛地气田，形成了适合油气勘探开发独具特色的“大牛地部署、大牛地管理、大牛地精神和大牛地速度”。

第五章　直井规模开发配套技术

针对大牛地气田含煤岩系致密储层的特点，在区域沉积体系、储层沉积相态和单井储层地质分析的基础上，采用测井数据校正及标准化技术，有效解决了影响反演精度的井径和归一化因素的问题；采用储层岩石物理特征分析技术，明确伽马和中子孔隙度是区分岩性的敏感参数；采用弹性波正演模拟技术，明确了含煤岩系致密储层及围岩的地震响应特征；采用地震属性分析技术、频谱成像技术等确定储层宏观分布；采用地质统计多参数(岩性、孔隙度、电阻率等)反演技术进行有效储层的精细预测；采用可视化技术进行了三维空间的分析及雕刻，精确刻画砂体展布特征；采用电阻率曲线随机模拟反演、含气指示曲线随机模拟反演、多属性神经网络优化、多子波分解与重构、分频处理、高频吸收衰减及叠前 AVO 属性反演技术和地震结构数据体技术对该区储层的含气性进行了预测，提高了储层及含气性预测的精度。本章详细阐述了大牛地致密砂岩气田直井规模开发配套技术。主要包括致密砂岩储层预测、含气性预测、产能评价、钻完井、储层改造等技术。

第一节　致密砂岩储层预测技术

针对大牛地气田含煤岩系致密储层的特点，在区域沉积体系、储层沉积相态和单井储层地质分析、测井数据校正及标准化、进行储层岩石物理特征分析，明确伽马和中子孔隙度是区分岩性的敏感参数基础上；采用地震属性神经网络分析技术、地质统计多参数(岩性、孔隙度、电阻率等)反演技术进行有效储层的精细预测；采用可视化技术进行了三维空间的分析及雕刻，精确刻画砂体展布特征。

一、多属性神经网络优化岩性预测技术

由于地震储层预测是一个典型的信息不对称问题，充分地占有多元信息对于减少问题的不对称性、减少储层预测的多解性至关重要。量纲不同、机理不同的信息如何充分地融合是业内人员始终关注的问题。目前，比较成熟的方法主要有两种：一种是神经网络方法，另一种是地质统计学方法。

在神经网络多属性优化过程中，测井曲线被作为学习目标曲线，不参与到新属性的合成之中，其自身高频成分往往不能在优化属性上得到直接的反映，因而优化属性只是多种地震属性的一种组合，垂向分辨能力较低。在地质统计学随机模拟(反演)过程中，测井信息是作为条件数据(硬数据)出现的，直接参与到模拟结果之中，因而具有较高的垂向分辨能力。在适用性上，在研究区钻井数目较少的情况下，如果钻井分布均匀，采用神经网络方法虽然分辨率低一些，但能较客观地预测储层参数的横向分布状态。

针对这种情况，研究中多种信息的利用成为优先考虑的问题。研究认为，单一属性分析存在的主要问题是由原始地震数据带来的分辨能力不够、多解性强、缺少明确的地质含义；储层参数反演存在的主要问题是所使用的地震约束数据体(波阻抗)对一些储层参数，

如致密层段的岩性、孔隙度、含气性的分异度不够，从而导致在复杂层段和区域不能很好地起到侧向的约束作用，同时由于反演在时间域进行，需要分层段在空间域进行统计分析的参数模型很难求取准确。

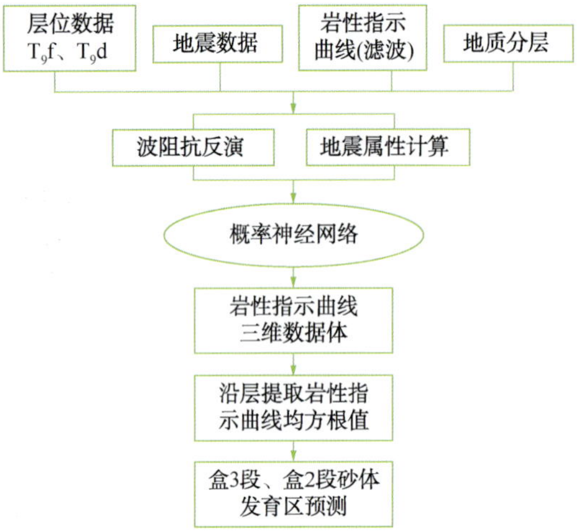

图 5-1-1　盒 2 段、盒 3 段多属性概率神经网络优化技术岩性预测流程图

研究中选择概率神经网络方法，以测井曲线作为学习目标，进行多种地震属性优化，获得地质含义较为明确的新的属性数据体。在流程图（图 5-1-1）中，以合成岩性指示曲线为目标测井曲线，应用概率神经网络，对地震属性进行优化。经过调试，最终确定了阻抗、二阶导数、绝对振幅积分、道积分、55～70Hz 信息、视极性、优势频率、瞬时相位余弦、瞬时相位 9 种地震属性作为敏感属性参与神经网络学习，学习得到的新的优化属性"岩性指示曲线"数据与钻井合成的岩性指示曲线有较好的相关性，相关系数达到 84.54%（图 5-1-2）。因为优化属性以岩性指示曲线为学习目标，因而具有明确的地质意义，优化岩性指示曲线数据体的低值（<270）代表了砂岩的存在。图 5-1-3 给出了两条属性优化剖面，尽管垂向精度不够高，但较好地反映了砂岩侧向的展布趋势，针对砂泥岩有一定波阻抗差异的盒 2 段、盒 3 段地层，可以作为较客观的、定性的岩性预测结果。

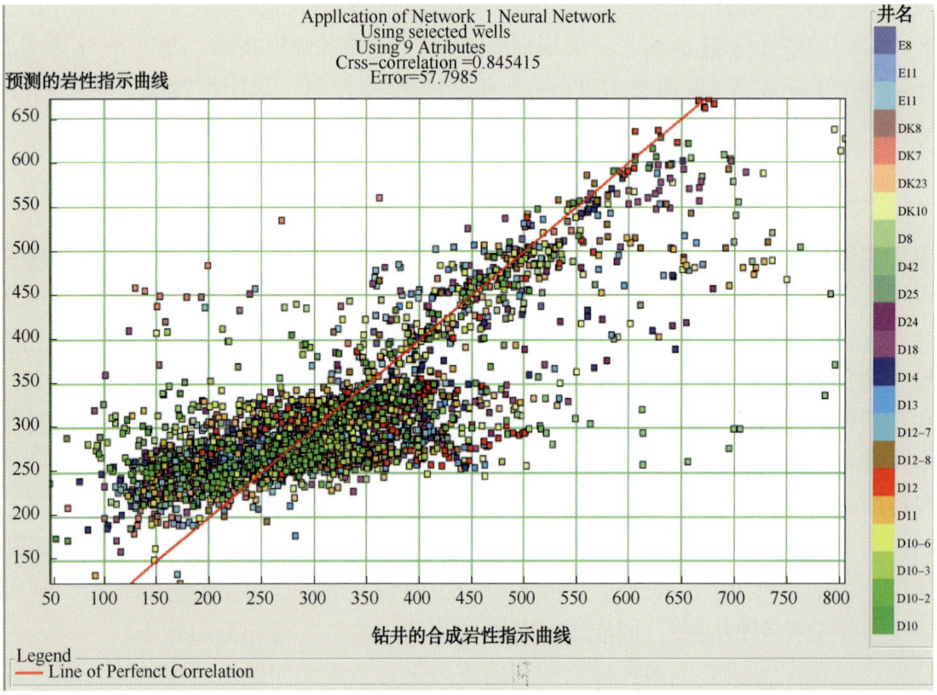

图 5-1-2　多属性优化预测结果与岩性指示曲线的相关性比较
（横轴：钻井的合成岩性指示曲线，纵轴：预测的岩性指示曲线）

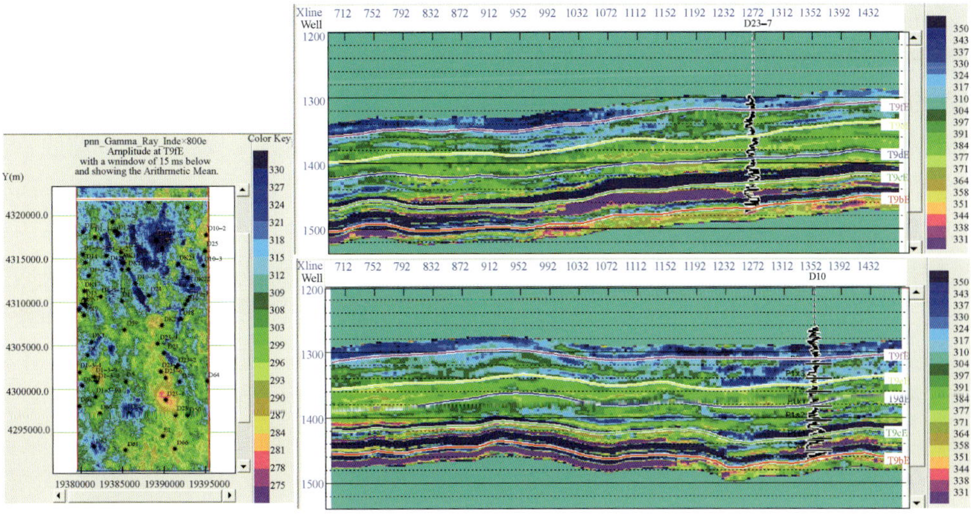

图 5-1-3　多属性优化岩性指示曲线剖面揭示的砂体侧向展布
（左图：沿层提取的盒 3 段岩性指示曲线均方根平面图）

二、储层地质统计学随机模拟反演技术

在众多的地震反演软件中，Jason 软件是应用较为普遍、效果较好的软件之一。在大牛地气田的勘探、开发过程中，应用 Jason 反演平台完成了塔巴庙区块 2000km^2 的三维地震工区的反演工作，对工区内的岩性、物性和含气性进行了定量预测。

岩性反演技术在大牛地气田地震储层预测中已经成为常规目标处理的一项关键技术。这项技术以约束稀疏脉冲反演的波阻抗数据体为软趋势，进行岩性指示曲线的随机模拟，得到高分辨率的、可分离砂岩、泥岩和煤层的岩性指示曲线三维数据体，从而实现对砂、泥岩的分离。岩性指示曲线的随机模拟反演技术在鄂北地区地震资料分辨率低、储层为河流相沉积(岩性横向快速相变、非均质性极强)的地震、地质条件下，成功地实现了岩性预测。岩性预测结果：①对地震资料进行了准确、直观的解译，为地质家提供了地层、沉积、岩性等方面的客观预测资料；②提高了地震预测的精度，岩性预测数据体与开发层系可对比，预测可准确到盒 3 段上、盒 3 段下等小层；③在地震波组和岩性预测剖面的约束下，可进行小层地层对比。

这项技术以地质统计学为纽带，将测井、地震信息紧密地结合起来，对于克服地震资料分辨能力的不足和砂泥岩间波阻抗差异微弱的缺陷，实现较为精细的岩性预测很有价值。由于应用思路和相关算法与储层随机建模非常相近，因此，在某种意义上，岩性指示曲线、孔隙度曲线随机模拟可以视作时间域的储层随机建模。

鄂北地区地势平缓，构造简单，无大的断层、断裂系统，用于反演的初始地质模型相对容易建立。这种构造、地层特征最适合应用随机模拟反演技术来精细地刻画储层特征，进而进行精细的储层预测。

（一）岩性指示曲线随机模拟反演技术

1. 反演方案的确定

根据大牛地气田储层预测难点，反演方案的选择必须坚持两个原则：①由于目的层为河流相沉积，岩性横向变化快，必须充分利用地震资料的横向分辨率；②由于砂泥岩的波阻抗差异小，无法直接应用波阻抗数据预测砂泥岩，需要寻找岩性敏感参数，通过对岩性敏感参数的随机模拟，间接地实现岩性预测。岩性敏感参数应具有以下特征：能灵敏地指示岩性的变化，且与波阻抗具有良好的相关性。

根据这样的原则，大牛地气田随机模拟反演以合成指示曲线为模拟的目标曲线，岩性反演选择 Jason 反演软件中的地质统计学反演，即 Stat Mod 模块(Geostatistical Inversion)，算法为基于地质统计学理论的序贯高斯配置协模拟算法。这种算法以波阻抗数据体为背景趋势，对目标参数进行随机模拟，它充分利用了地震资料的横向分辨率和测井资料的纵向分辨率，二者的结合提供了一个高分辨率的目标参数数据体。受地震资料分辨率和频带宽度的影响，约束稀疏脉冲反演的波阻抗数据体具有与地震数据相近的纵向分辨率，不能满足薄层研究的需要，但它保持了地震数据的横向分辨率。因此，在随机模拟反演中，应用约束稀疏脉冲反演的波阻抗数据体作为软趋势，进行岩性指示曲线的随机模拟。

1）岩性反演层系的划分

根据上古生界目的层系(下石盒子组、山西组、太原组)的地球物理特征，反演地层单元在纵向上划分为三个单元(图 5-1-4)，每个单元的地层具有相近的波阻抗特征。反演时，以盒 2 段、盒 3 段为一个反演单元，地层的地球物理特征为砂岩具有高波阻抗、泥岩具有低波阻抗特征；盒 1 段、山 2 段为一个单元，尽管从沉积上来说，山 2 段、盒 1 段属于不同的沉积体系，二者间的地层界面为冲刷间断面，但这两套地层均具有相近的地球物理特征，泥岩与致密砂岩为高波阻抗特征，含气砂岩具有较低波阻抗特征，故反演时将其划分为同一地层单元；山 1 段、太 2 段、太 1 段为一个单元，它们均为煤系地层，煤层具有极低的波阻抗特征，三套地层的砂泥岩波阻抗差异极小。

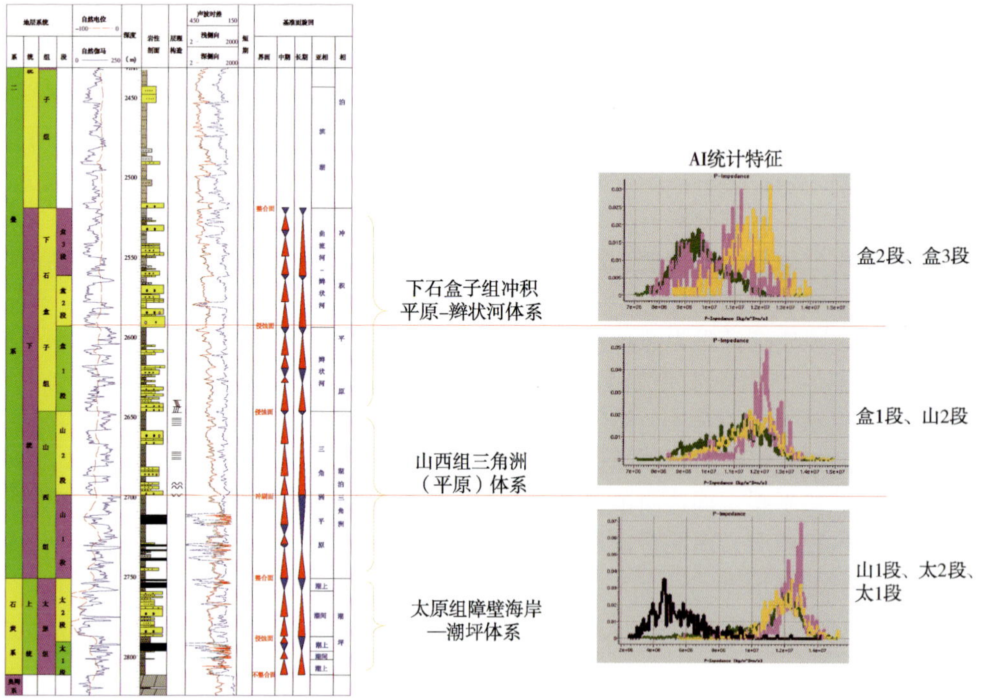

图 5-1-4　按照不同沉积体系和岩石物理特征对反演层系的划分

（波阻抗直方图中，黄色：粗砂岩，粉红色：细砂岩，绿色：泥岩，黑色：煤层）

2）地层模型的建立

根据地震反射层位的地质含义分析得知，大牛地气田上古生界具有地质上等时意义的反射层主要有三个，一个为 T_9f 波（近似为盒 3 段顶界面），一个为 T_9b 波（近似为太 1 段底界面），另外一个为 T_9d 波（在 P_1x_1 上下摆动）。初次反演时，使用这三个反射层作为参考层位建立地层模型。由于 T_9d 与盒 1 段底界面存在偏差（图 5-1-5），在山西组主煤层极发育的区域，T_9d 波被下拉，如大 23 井，为了避免井间岩性对比出现偏差，定义地层接触关系时采用方案：①下石盒子组地层定义为平行顶；②山西组、太原组地层定义为平行底。在岩性反演数据体上可对盒 1 段底界面进行精细解释。在再次反演时，可应用 T_9f、P_1x_1（在反演岩性数据体上解释的 P_1x_1 地质层位）和 T_9b 作为参考层建立地层模型，地层接触关系均定义为平行顶、底（图 5-1-6）。

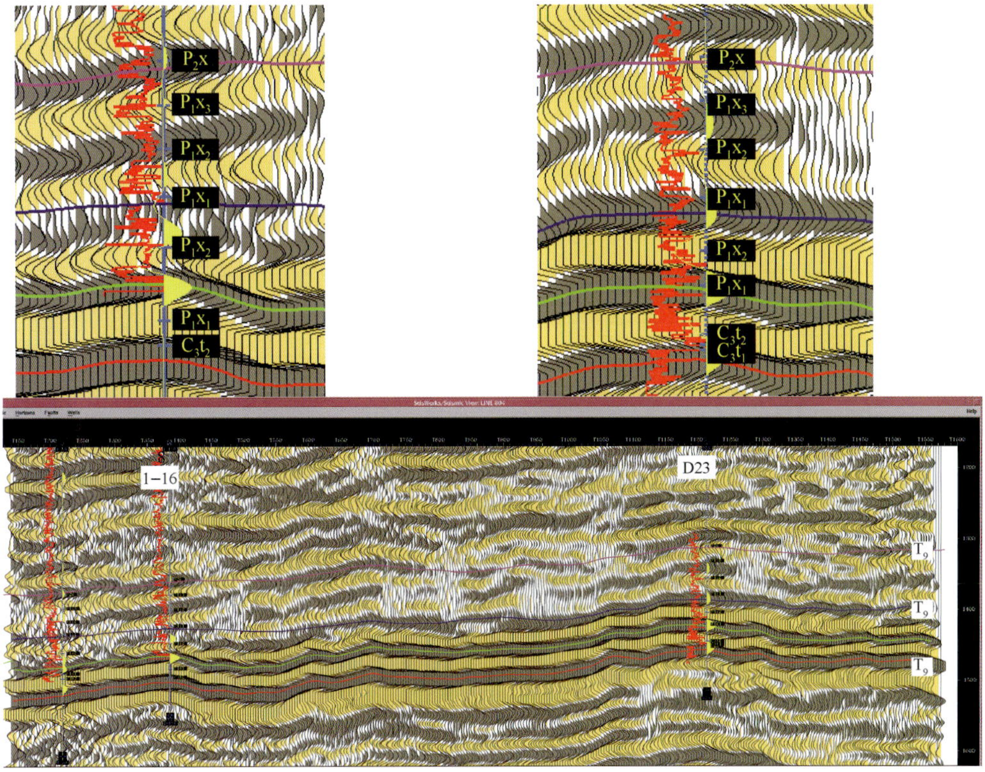

图 5-1-5　地震剖面 Line804 线 T_9d 与盒 1 段底界面的偏差

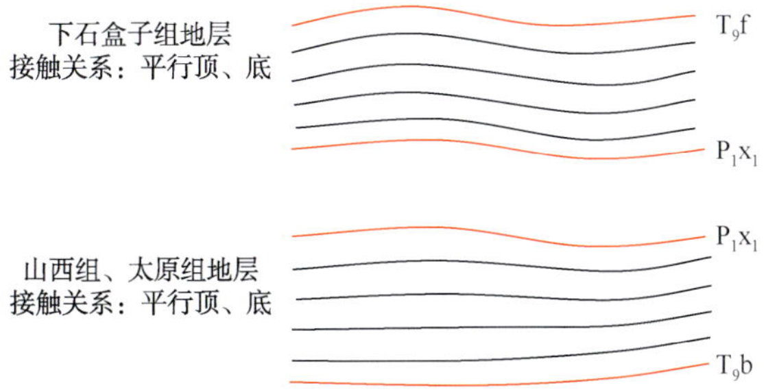

图 5-1-6　再次反演时地层模型的接触关系定义

3）随机模拟算法与空间变异结构分析

随机模拟反演算法选择高斯配置协模拟算法。在随机模拟反演中，对每一个地层单元分别统计变差函数的空间变异结构，见图 5-1-7。根据分析确定，大牛地气田下石盒子组盒 2 段、盒 3 段的变程：南北方向约为 2500m，东西方向为 2500m；搜索半径为 3000m。

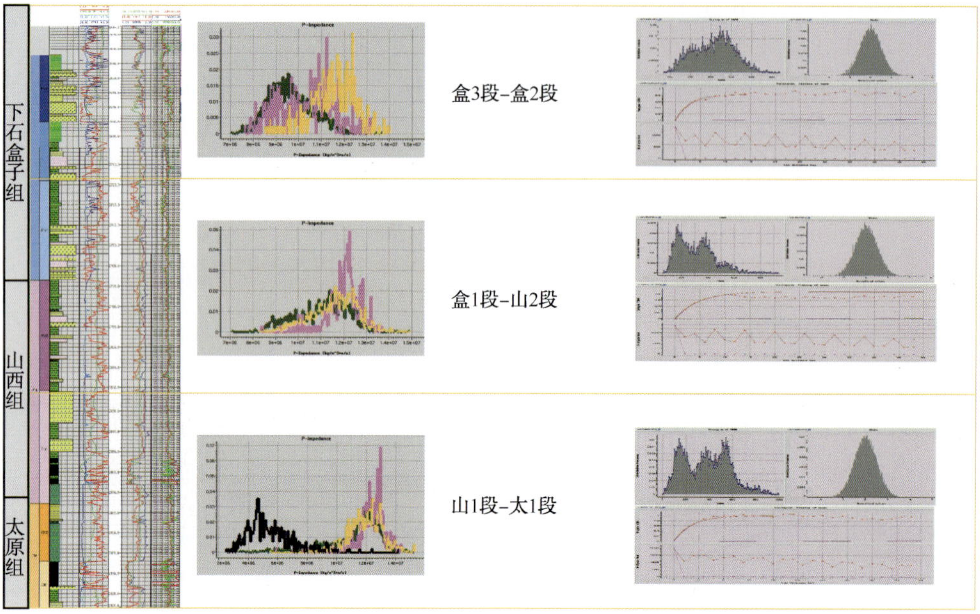

图 5-1-7　分层系的随机模拟目标参数——合成岩性指示曲线变异结构分析（变差函数与直方图）

4）岩性、物性反演的技术流程

储层参数随机模拟反演流程如图 5-1-8 所示。

2. 随机模拟等概率体的选择

理论上讲，每一次的随机模拟均可以产生 $n(\geqslant 1)$ 个符合已知条件的等概率体。对模拟得到的等概率体的取舍需要对研究区的地质、测井情况有非常深入的了解，这样才能根据已知地质情况确定哪些等概率体是合理的。等概率体的选择可从关键井和关键剖面去考察，选择符合大牛地气田地质规律的数据体。再对所选择的不同的等概率体取加权平均作为最后的随机模拟反演结果。另外一种方法是应用最大似然算法，将多个等概率体生成最终岩性数据体。

通过随机模拟得到岩性指示曲线数据体，根据钻井统计的岩性指示曲线的砂岩、泥岩、煤层的门槛值，即可从岩性指示曲线数据体得到砂岩数据体、泥岩数据体和煤层数据体，从而进行储层分布、沉积演化方面的分析。

3. 基于岩性预测模型的地质界面解释

在岩性反演数据体上，可按照沉积旋回，精细地解释地质界面，如图 5-1-9 所示。在大牛地气田岩性定量预测中，在岩性数据体上解释了 7 个地质界面：盒 3 段底、盒 2 段底、盒 1 段底、山 2 段底、山 1 段底、太 2 段底和太 1 段底，使地震解释的地层格架精细到地质分层的段的级别。依据这个地层格架，可准确地提取盒 3 段、盒 2 段等地层的储层参数平面图，如砂体厚度图等；可近似准确地提取盒 3 段上、盒 3 段下等小层的储层参数平面图。

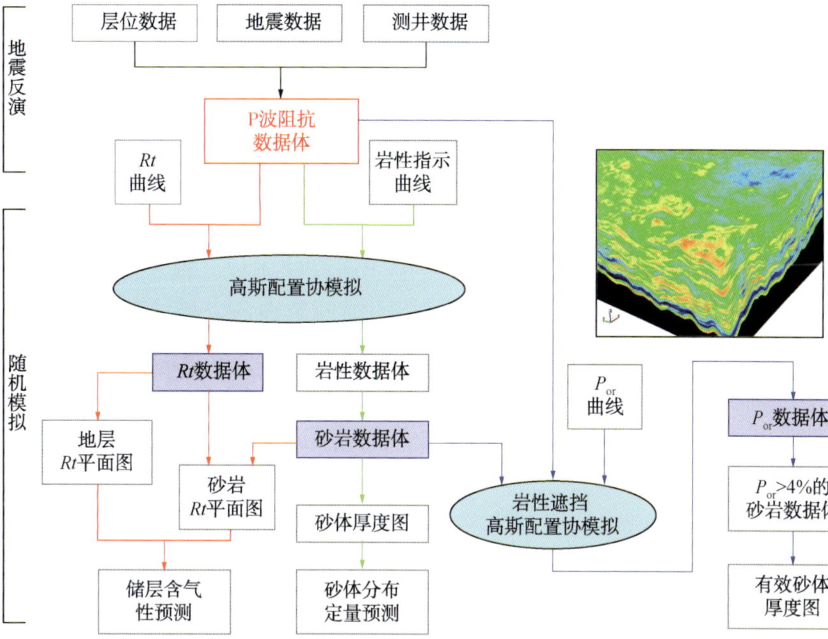

图 5-1-8　储层参数随机模拟反演技术流程图

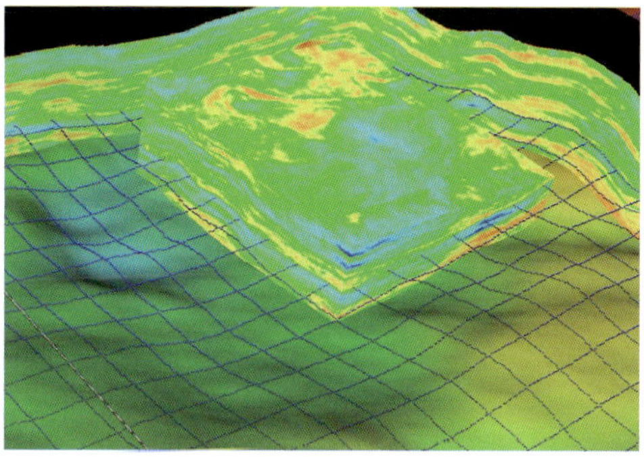

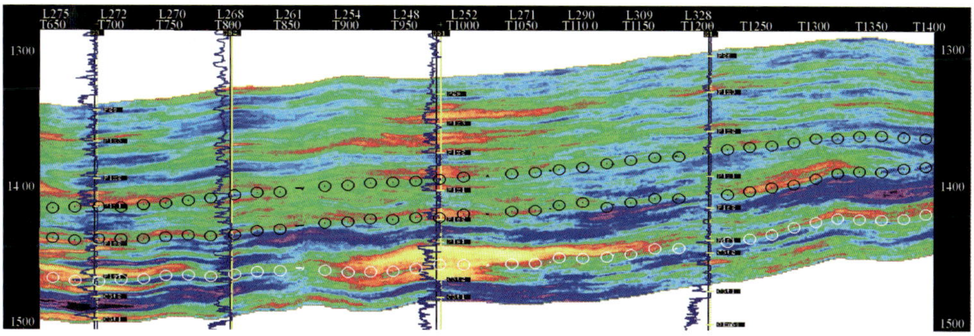

图 5-1-9　基于岩性反演数据体的地质界面解释

4. 大数据量随机模拟反演的实施方案

地震反演技术在大牛地气田储层预测中的成功应用，除了把握上述理论问题外，还必须解决海量数据的计算问题。地震反演常常会碰到海量数据的瓶颈问题，大牛地气田的反演也存在类似的技术难题。通过不断地实践、比较、总结，摸索出了适合气田地震地质条件的反演实施方法。

地质统计学运算使得随机模拟反演作业耗时很长，而且对计算机硬件要求比较高，要有比较大的内存方可保证反演作业的顺利进行。然而，大牛地气田的储层预测常常要求进行大范围的岩性、物性预测，所需预测的面积通常为 600~800km^2。大牛地气田的目的层为 1200~1600m，地震采样率为 1ms，线间距和道间距为 20m，三维地震数据体的数据量非常大。如果实施 600 km^{2}以上面积的反演运算，势必导致反演作业无法运行，这一点在项目进展过程中已被证实。为了高效、高质量地完成反演工作，既保证纵、横向分辨率，也能保证兼顾更多具有相似地质条件的平面范围与时间范围，以五连片地震工区为例，实验了多种反演实施方案：2ms 重采样反演方案，可以完成全工区范围的整体反演，但会降低纵向分辨率；跳线跳道的反演方案，需将测网抽稀到 4m×4m 的网格方可实现全工区范围的反演，但会降低反演数据体的横向分辨率。这两种方案对于大牛地气田横向快速变化的薄储层的预测极为不利。在反复试验的基础上，配以地质分析选定了优化反演方案，采样率保持 1ms，线、道间隔选择 2m×2m 测网，反演数据体的面元为 40m×40m。在平面上，将五连片工区分为东西两个区域分别反演（见图 5-1-10，西边区块主要针对盒 2 段、盒 3 段，东边区块主要针对山 2 段、太 2 段），相邻的区块在横向上有一定的叠合部分。

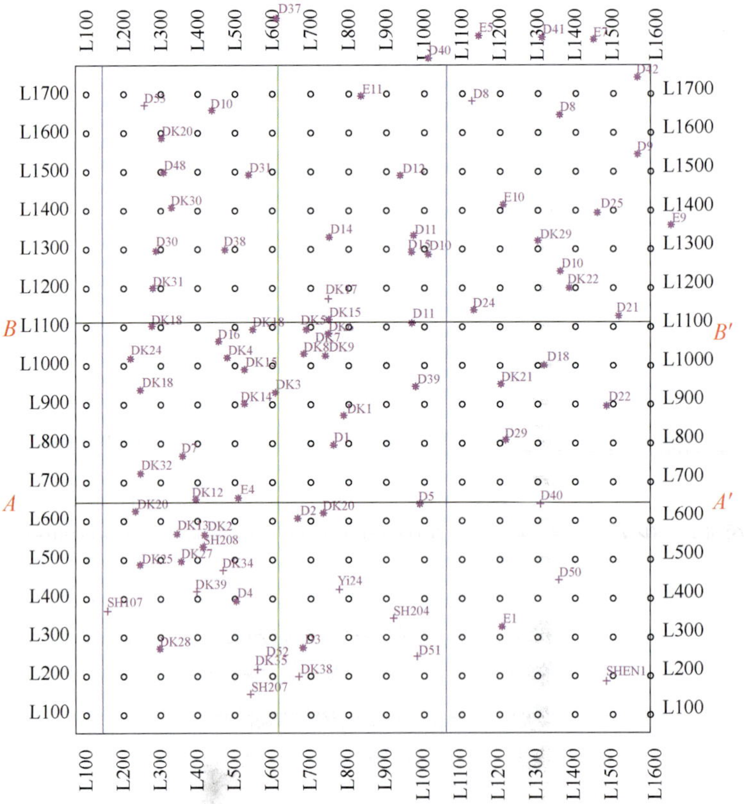

图 5-1-10　5 连片工区分区反演示意图

（绿色与蓝色矩形为分别反演的东西 2 个区域范围）

在分区域、分层系反演后，在全工区进行数据体平滑拼接合并。这样的工作方案既保证了纵横向分辨率，也具有一定的地质相控作用，还能基本满足大牛地气田快节奏的开发进程的需求。实践证明，在大牛地气田开发中，该方案是比较成功的，能够快速提供储层预测成果。使用这一反演方案完成的 $800km^2$ 反演数据体，拼接区在纵向上没有拼接痕迹(图 5-1-11)，在横向上，异常的展布过渡自然，符合地质规律。高质量的大面积反演数据体已在大牛地气田开发中发挥了重要作用。

以上方案是针对工作站单机运行 Jason 软件而言的，如果使用目前最先进的高性能并行机群，海量数据的反演运算能力会有明显提高。

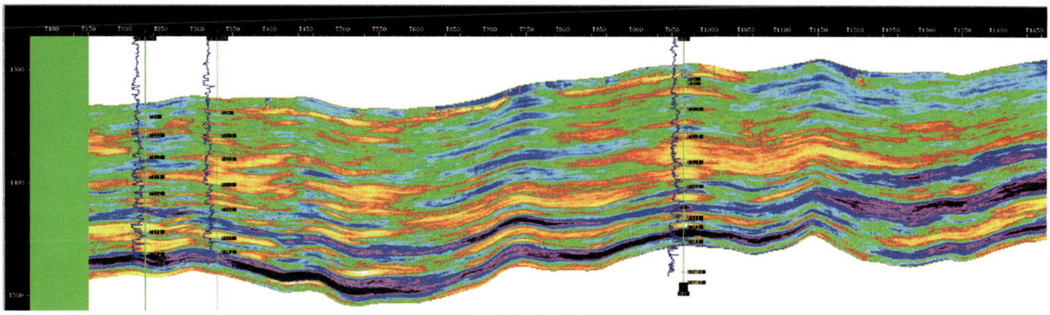

(a) 剖面*A*–*A*′

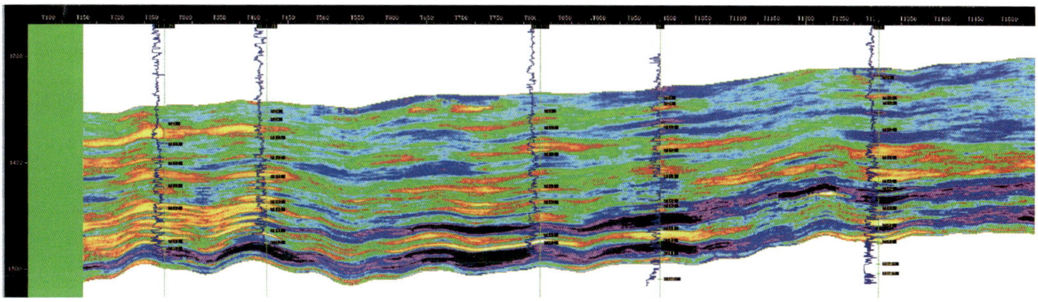

(b) 剖面*B*–*B*′

图 5-1-11 分区反演拼接效果剖面

(剖面位置见图 5-1-10)

5. 岩性定量预测的技术关键

(1) 选择合适的表征岩性的参数——岩性指示曲线的合成，有 3 个关键点：①GR 曲线的归一化，②归一化 GR 曲线与中子孔隙度曲线的加权平均，③合成曲线与波阻抗曲线的相关系数需保持在 0.7 以上，一般不得低于 0.6。

(2) 随机模拟反演技术。

(3) 选择合适的变差函数模型以及确定合适的变程等参数，结合大牛地气田的露头信息、研究目标区、目标层系的地质信息，如河道砂体的宽度/厚度比等信息，构建侧向变差函数模型。

(4) 精细地层格架的建立，基于岩性模型的地质界面解释提供精细到地质分层的段一级的地层格架，以准确提取目的层的砂体厚度、孔隙度等储层参数。

6. 岩性反演技术应用效果分析

在大牛地气田开发中，应用随机模拟反演技术，在塔巴庙区块 $2000km^2$ 范围内，预测了砂体展布形态和储层物性分布，如图 5-1-12～图 5-1-14 所示。应用反演结果，综合地震属性分析的成果，在大牛地气田第一个 $10\times10^8m^3$ 产能建设中，共提交了 200 余口开发准备井及开发井井位建议，砂体预测成功率达到 90% 左右。钻探结果表明，基于地质统计学理论的高斯配置协模拟反演方法在鄂北地区的储层精细描述中是行之有效的。

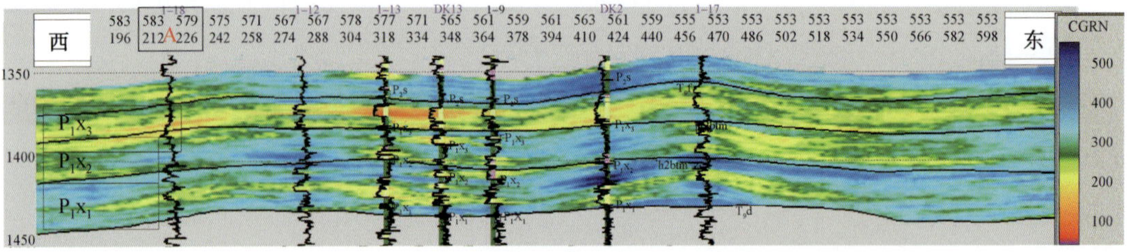

图 5-1-12　下石盒子组岩性反演剖面(A 井未参加约束反演)

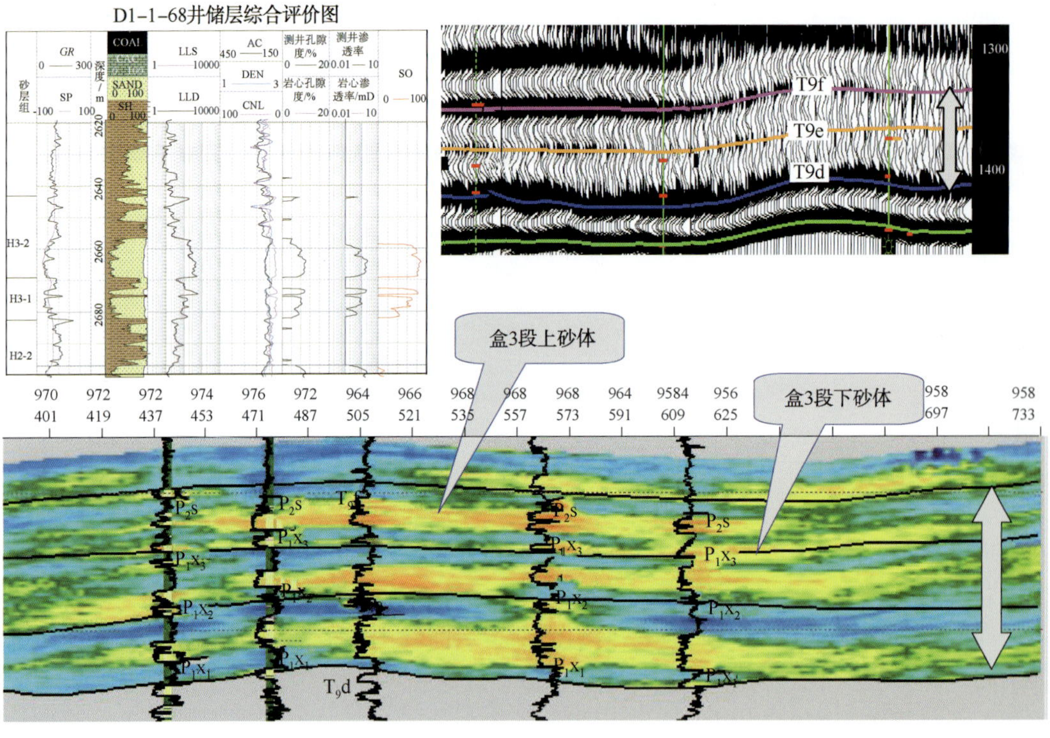

图 5-1-13　岩性随机模拟反演将预测精度提高到小层

为了测试随机模拟反演方法的预测性和可信度，在大牛地气田滚动开发中，应用设计井的预测数据与钻后重新反演的数据体的对比，确认这种反演方法的可靠性。图 5-1-15 是 1-22 井和 1-13 井约束前后的反演对比剖面，上图为预测剖面，从图中看出，盒 3 段和盒 1 段砂体的实钻结果与预测剖面吻合较好，岩性反演成功地预测了砂体的发育形态和厚度。加入 1-22 和 1-13 两口井后的反演剖面显示与预测剖面的沉积趋势一致，砂体发育的细节和砂体的位置略有出入。2 口井相距不足 2km，岩性反演准确地预测了 1-22 井

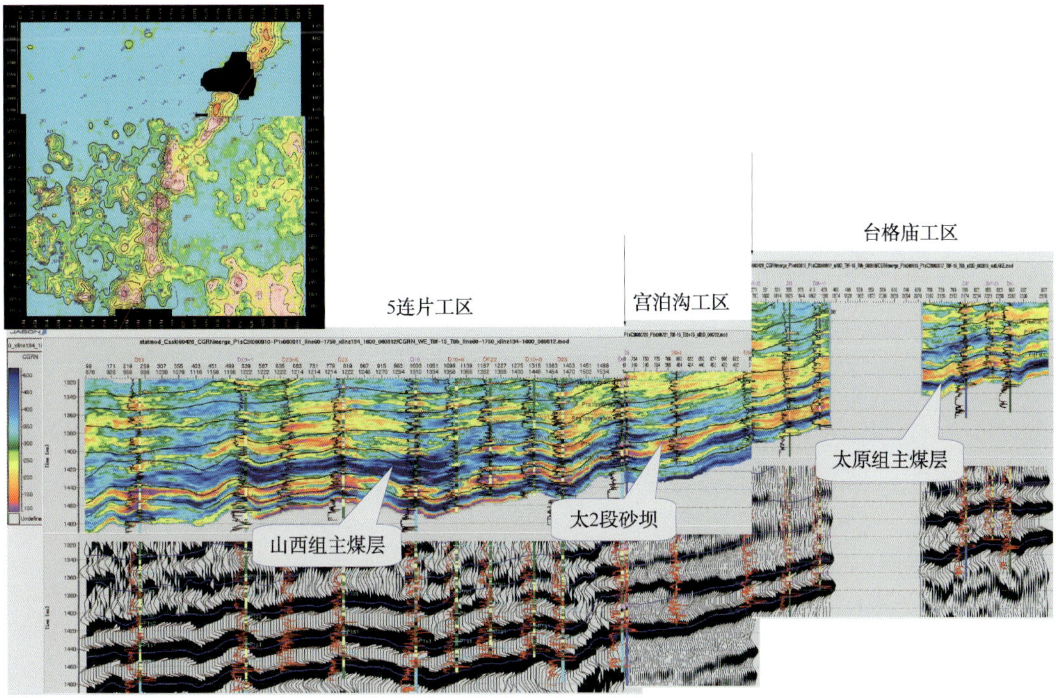

图 5-1-14　跨越 3 个地震工区的岩性预测剖面

（平面图为岩性反演预测的塔巴庙区块 2000km² 太 2 段砂体厚度图）

盒 2 段的大套泥岩，及岩性在横向上的快速变化。大量的钻井跟踪研究表明对合成的岩性指示曲线进行随机模拟反演进行岩性预测的方法在鄂北地区的适用性。图 5-1-16 也显示预测剖面与实钻井在大多数层位吻合良好，加入新的控制井后，反演剖面与预测剖面的岩性变化趋势一致。

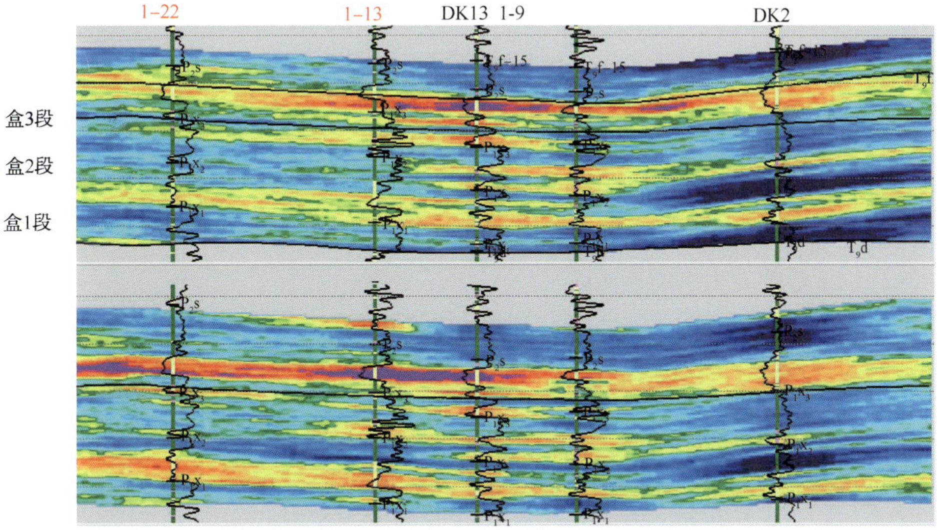

图 5-1-15　钻井约束前后的岩性反演效果对比（1）

上图—1-22、1-13 井未参加约束反演；下图—加入 2 口井后的反演剖面

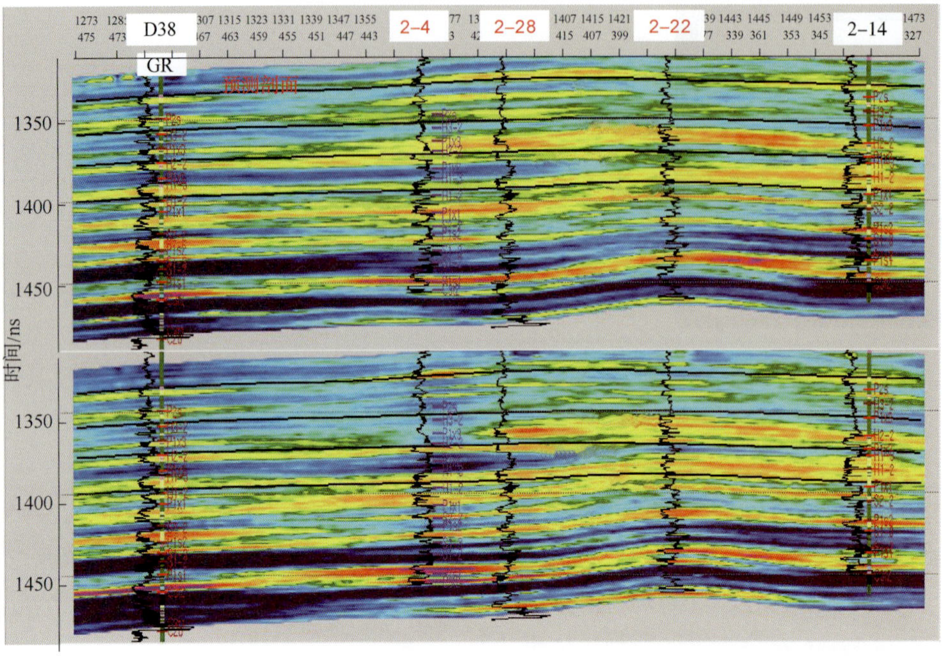

图 5-1-16　钻井约束前后的岩性反演效果对比(2)

(红色井名为预测井，黑色井名为反演约束井)

上图—原始预测剖面+实钻井曲线；下图—加入实钻井曲线重新反演剖面

在大牛地气田随机模拟反演方法的运用过程中，有 5 个关键点需要特别注意：

(1) 对所研究工区地质情况的熟悉掌握，因为这直接决定了随机模拟反演过程中，目标体的三维地质统计的范围(即 x、y、z 方向统计范围的大小)，其中纵向(即 z 方向)统计范围可以从测井曲线的变差图中分析得到 z 方向的值，而水平两个方向的参数则靠地质背景来确定，结合鄂北地区露头信息，如河道砂体的宽度/厚度比等信息，构建侧向变差函数模型。

(2) 在随机模拟的过程中，所要模拟的岩性指示参数必须与波阻抗有良好的相关性，否则，此法就失去了模拟的基础。随机模拟算法中二阶无偏假设条件的作用：在应用高斯配置协模拟进行岩性模拟中，如果应用二阶无偏假设，那么作为第二变量的波阻抗对模拟结果的贡献量将相对减小，模拟结果更多的遵从井的数据，即反演以钻井约束为主，否则，以地震约束为主。在开发区井控程度高的区域，可以提高测井约束的作用，在勘探区，可选择以地震约束为主的算法。

(3) 理论上讲，每一次的随机模拟均可以产生 $n(n \geqslant 1)$ 个符合已知条件的等概率体。对模拟得到的等概率体的取舍需要对研究区的地质、测井情况有非常深入的了解，这样才能根据已知地质情况确定那些数据体是合理的，再对所选择的不同的等概率体取加权平均作为最后的随机模拟反演结果。或者依赖于数学算法，对生成的多个岩性等概率体，使用最大似然算法生成最终岩性数据体，并计算出砂岩概率体。

(4) 从变差函数的变程统计来说，地层单元在纵向上划分越细，空间变异结构数据(即 x、y、z 方向统计范围的大小)的统计越准确。在目前的反演方案中，盒 1 段、山 2 段作为一个地层单元。因盒 1 段、山 2 段属于不同的沉积体系，砂体发育规律不同，变差函数的空间变异结构也不同，将这两个地层作为一个单元统计变差函数的变程是不够准确的。但是，由于目的层较薄，地质界面的解释误差的影响相对较大，因此，随机模拟反演的地层单元不易划分得过小，目前上古生界随机模拟反演在纵向上划分了三个地层单元，即以盒2段、盒3段为一个单元，盒1段、山2段为一个单元，山1段至太1段为一个单元。

（5）岩性指示曲线随机模拟反演技术最初是以盒2段、盒3段地层的地球物理特征为基础研发的，推广应用到盒1以下层系，由于砂、泥岩的速度、密度、波阻抗等地球物理特征发生变化，应用效果不如盒2段、盒3段。

7. 孔隙度曲线随机模拟反演技术

通过随机模拟得到岩性指示曲线数据体，根据钻井对岩性指示曲线的砂岩门槛值的确定可以得到砂岩数据体。对于储层物性的预测，主要是孔隙度的预测，应用泥岩遮挡的孔隙度曲线随机模拟方法预测砂体的孔隙发育情况，技术流程见图5-1-1。在确定砂体分布范围的基础上，通过孔隙度随机模拟来预测储层的空间变化图5-1-17，大于储层物性下限的砂体为有效储层，从而确定储层发育的优势区域图5-1-18。

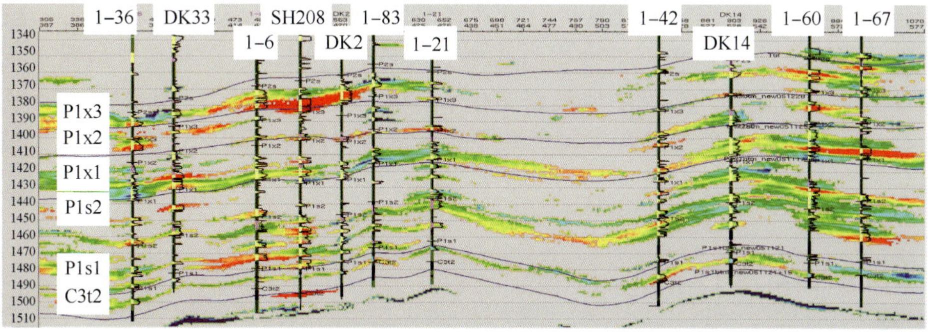

图 5-1-17 孔隙度随机模拟反演剖面

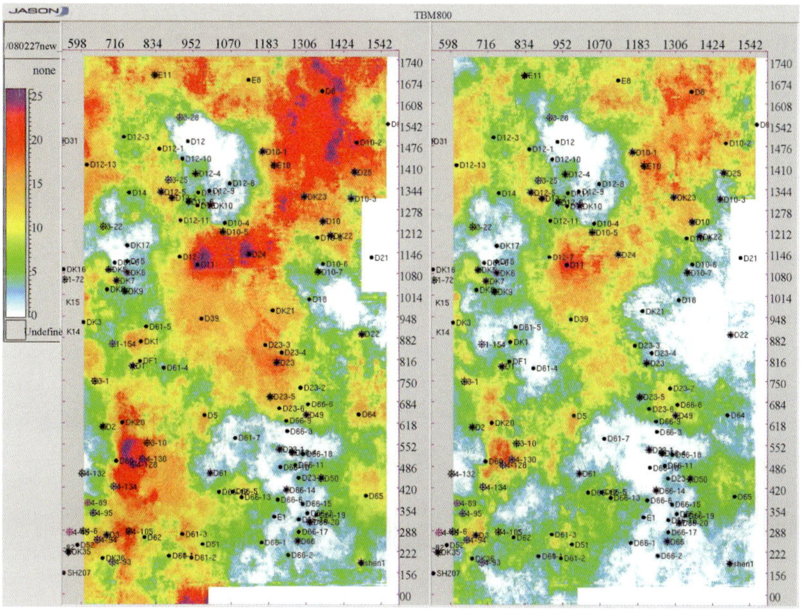

图 5-1-18 大 12-大 66 井区盒 1 段砂岩厚度图与 P_{or}>4%的有效砂体厚度图(时间域)

（二）山 1 段、太 2 段石英砂岩与岩屑石英砂岩分离预测技术

山 1 段、太 2 段储层存在石英砂岩储层与岩屑砂岩储层，测试成果表明，石英砂岩储层为高产气层，岩屑石英砂岩储层产能略低。因此，对山 1 段、太 2 段高产气层的预测，落脚点在石英砂岩与岩屑石英砂岩的分离预测上。找到石英砂岩的分布，就找到这两个层位的高产气层发育区。

根据山 1 段、太 2 段储层测井响应特征分析，石英砂岩与岩屑砂岩在电性、物性及含气性上均存在一定差异，以山 1 段为例，石英砂岩储层较岩屑石英砂岩储层具有三低一高的特征，即低自然伽马、低中子、低密度、高电阻。据此确定分离石英砂岩与岩屑石英砂岩的反演预测方案，首先通过岩性反演得到砂岩数据体，然后在砂岩数据体上进行电阻率曲线随机模拟，高电阻率区域为石英砂岩发育区。通过井旁道电阻率曲线反演数据体的统计，确定在反演数据体上区分石英砂岩与岩屑石英砂岩的电阻率门槛值为 90Ω · m，电阻率大于 90Ω · m 为石英砂岩，小于 90Ω · m 为岩屑石英砂岩，见如图 5-1-19 和图 5-1-20 所示。应用这个门槛值将砂岩电阻率数据体分离为石英砂岩数据体和岩屑石英砂岩数据体，计算出石英砂岩厚度图和岩屑石英砂岩厚度图。这样，通过两步随机模拟，成功地将石英砂岩与岩屑石英砂岩分离开来，准确地预测石英砂岩与岩屑砂岩的平面分布。在大牛地气田 2007～2008 年产能建设中，山 1 段石英砂岩厚度图为针对山 1 段石英砂岩高产气层水平井的部署、和目标砂体的选择，提供了最直接的依据。

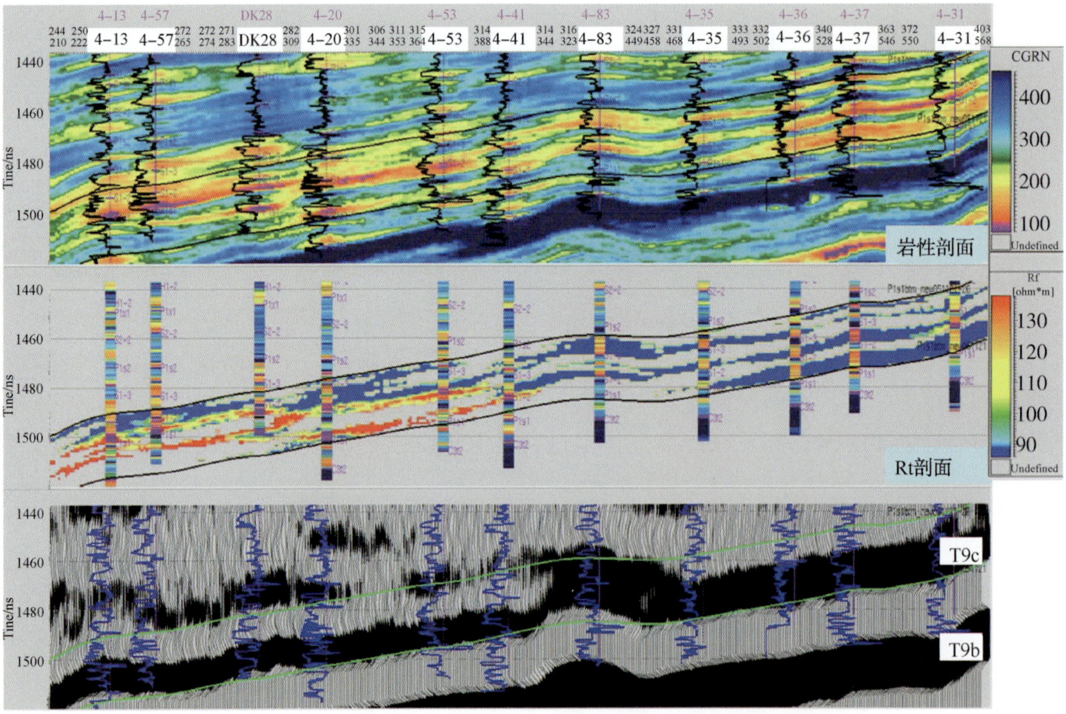

图 5-1-19　山 1 段砂岩电阻率随机模拟反演效果

（上图：岩性反演剖面，中图：砂岩电阻率随机模拟反演剖面，下图：地震剖面）

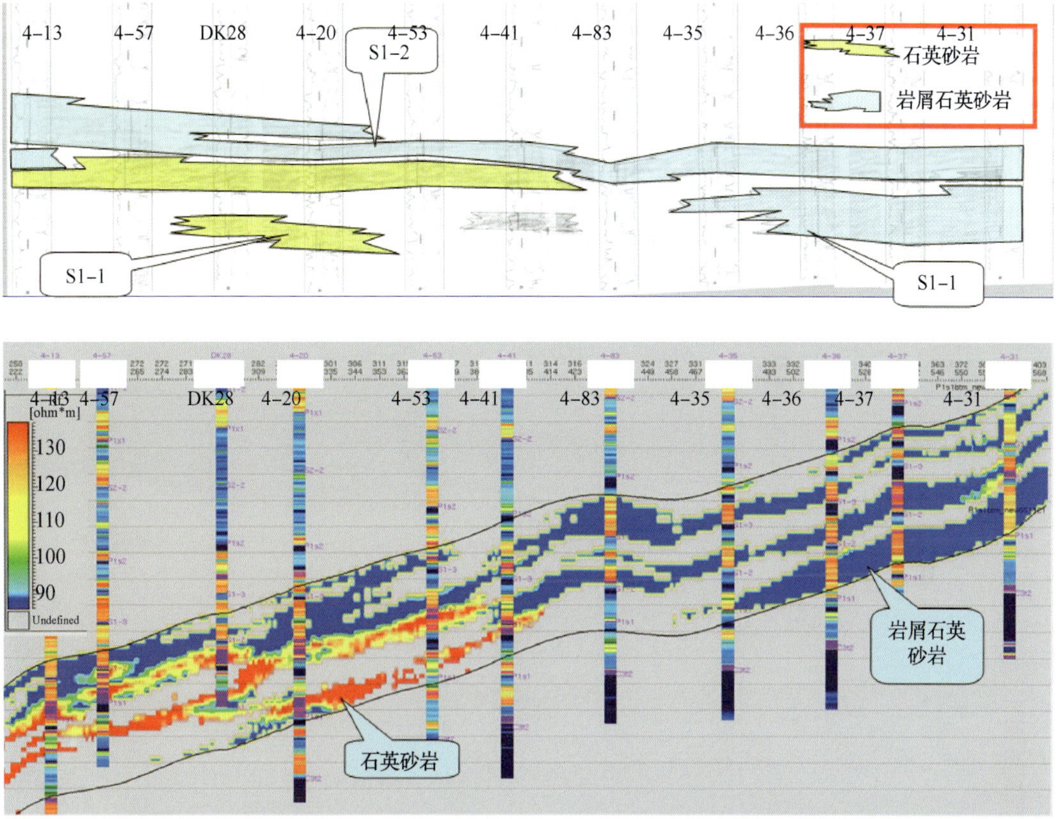

图 5-1-20　山 1 段气藏剖面与砂岩电阻率随机模拟反演剖面的对比

（三）太原组砂岩与灰岩分离预测技术

在太原组地层中，灰岩比较发育。在岩性指示曲线随机模拟反演得到的岩性数据体上，往往是砂岩与灰岩的值域相近，很难分开。为了准确预测太原组砂岩的分布，在岩性反演基础上，开展了砂岩与灰岩的分离预测技术研究。

太原组储层测井响应特征分析表明，灰岩与其他岩性在声波、密度、波阻抗直方图显示有清晰的分界线，利用波阻抗与孔隙度曲线交会图、波阻抗与中子曲线交会图，可清楚地区分出灰岩与砂岩。据此确定分离砂岩与灰岩的反演方案，首先通过岩性反演得到砂岩与灰岩的混合数据体，然后在此数据体上进行孔隙度曲线随机模拟，高孔隙发育区域为有效砂岩发育区，低孔隙区域为灰岩与致密砂岩发育区。

通过井上及井旁道孔隙度反演数据体的统计分析，确定区分砂岩与灰岩的孔隙度门槛值为 2.5%，利用孔隙度数据体对岩性数据体进行滤波，滤除砂岩与灰岩混合体中孔隙度小于 2.5%的那部分数据(认为是灰岩和致密砂岩)，余下的高孔隙砂岩认为是有效砂岩，从而将砂岩与灰岩分离开，如图 5-1-21 和图 5-1-22 所示。这样，通过两步随机模拟，成功地将太原组砂岩与灰岩分离开来，准确地预测了砂岩与灰岩的平面分布。

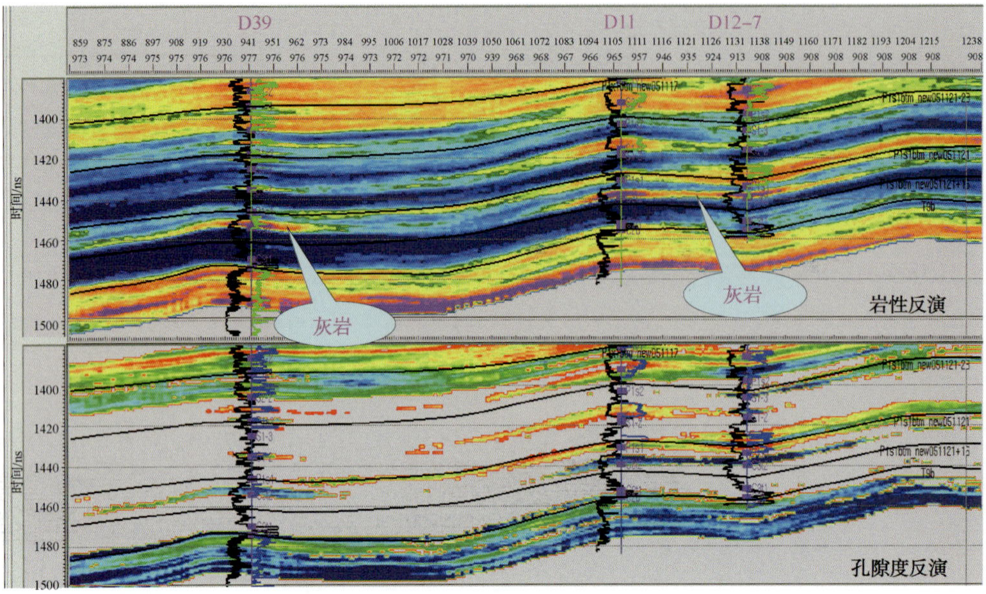

图 5-1-21　太 2 段灰岩发育区南北向岩性反演与孔隙度随机模拟反演剖面对比

（在岩性剖面上灰岩对应粉红色，在孔隙度剖面上灰岩为深蓝色。钻井曲线：*GR* 黑色，P_{or} 蓝色。）

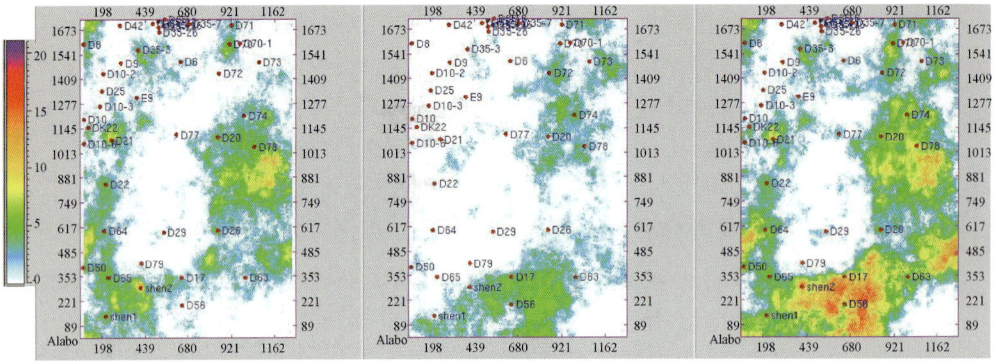

(a)P_{or}>2.5%的有效砂岩分布　(b)灰岩分布　(c)砂岩与灰岩混合厚度图

图 5-1-22　大 17-大 70 井区太 1 段灰岩与砂岩厚度分布图

第二节　致密低渗储层的含气性预测技术

采用电阻率曲线随机模拟反演、含气指示曲线随机模拟反演、多属性神经网络优化、多子波分解与重构、分频处理、高频吸收衰减及叠前 AVO 属性反演技术和地震结构数据体技术对该区储层的含气性进行了预测，提高了储层及含气性预测的精度。

一、电阻率曲线随机模拟反演技术

应用盒 2 段、盒 3 段含气敏感曲线电阻率曲线进行随机模拟反演，对大牛地气田老开发区大 30-大 52 井区储层含气性进行预测，效果如图 5-2-1 所示，高电阻率异常对应于盒 3 段高产气层，其中 DK2 井和 DK13 井均为盒 3 段高产气层。为了确认电阻率随机模拟反演结果的可信度和预测性，对 2 口开发井的预测与实钻效果进行对比，如图 5-2-2 所示。1-22 与 1-13 井的电阻率预测剖面较准确地预测了盒 3 段的高产气层，与盒 1 段、盒 2 段的低电阻率地层。2 口井约束前后的电阻率反演剖面显示出高度的一致性，表明电阻率随机模拟结果的可靠性和预测性。在大牛地气田老开发区大 30-大 52 井区，以盒 2 段、盒 3 段为开发层系的开发井部署中，电阻率曲线随机模拟反演结果作为含气性指示的重要指标指导了开发井的部署。

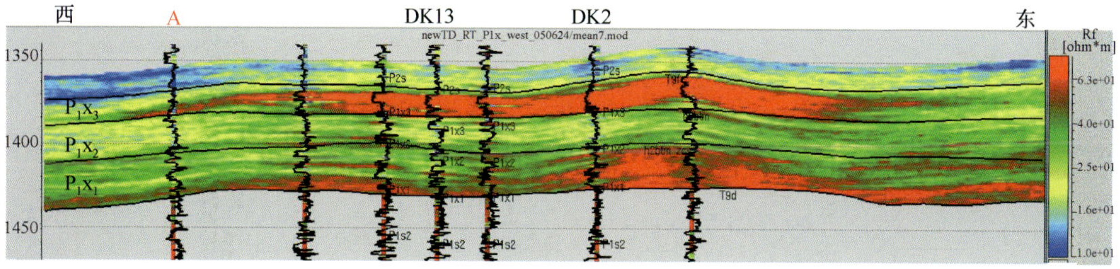

图 5-2-1 下石盒子组电阻率曲线随机模拟反演剖面（井 A 未参加反演）

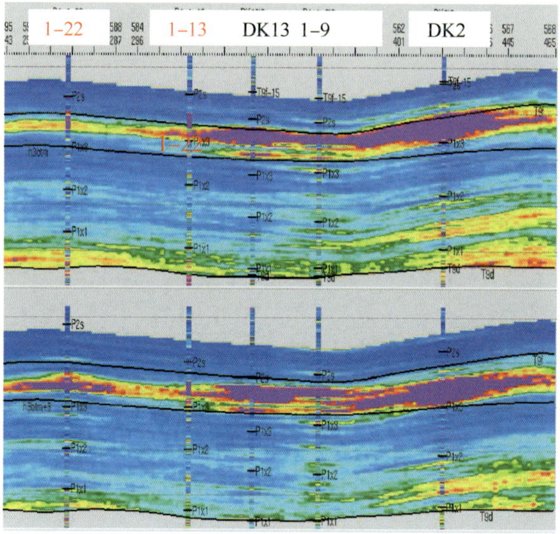

图 5-2-2 钻井约束前后的电阻率反演效果对比

（钻井的电阻率曲线用颜色显示，色标与剖面图一致，紫色：高电阻率，蓝色：低电阻率

上图：1-22、1-13 井未参加约束反演，下图：加入 2 口井后的反演剖面）

电阻率曲线随机模拟反演技术应用的技术关键：

（1）电阻率曲线与波阻抗的相关性。

（2）地质统计学随机模拟反演。

使用电阻率曲线作为盒 2 段、盒 3 段含气性指示参数需注意的问题：

（1）老开发区局部区域的致密砂岩也会引起高电阻率异常，需结合储层物性预测，综合判断储层的含气性，只有高孔隙砂岩的高电阻率异常才是高产气层。

（2）电阻率曲线随机模拟反演可选择两种方案：①使用全部地层数据进行随机模拟；②使用泥岩遮挡的砂体数据体进行随机模拟，选择时需考虑电阻率曲线与波阻抗的相关性。

二、含气指示曲线随机模拟反演技术

1. 盒 1–山 2 段高声波、低电阻气砂岩预测

盒 1–山 2 段高声波、低电阻气砂岩预测应用合成含气指示曲线 Soind_H_1S_2随机模拟反演技术。由于山 2 段发育有少量煤层，煤层具有低速、低密度特征，因此山 2 段、盒 1 段含气指示曲线随机模拟反演对气砂岩的预测需要遮挡煤层，具体技术流程如下：

（1）通过波阻抗随机反演、或岩性反演预测煤层。

（2）在煤层遮挡下的砂泥岩地层中，以约束稀疏脉冲反演的波阻抗数据体为软趋势进行含气性指示曲线 Soind_H_1S_2的随机模拟。在含气性指示曲线数据体上寻找低值区，即为山 2 段、盒 1 段的含气砂体发育区。基于随机模拟反演技术的盒 1 段、山 2 段地层储层参数预测技术路线如图 5–2–3 所示。

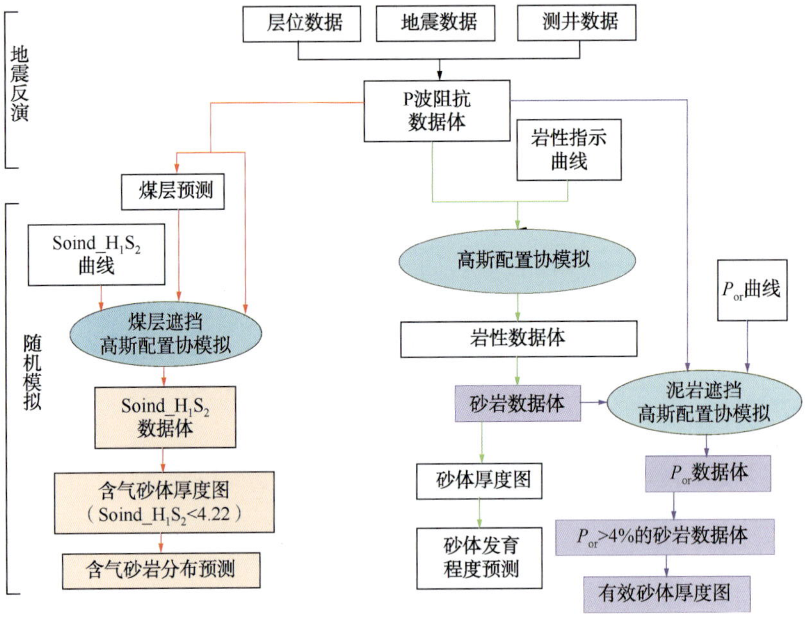

图 5–2–3　盒 1 段、山 2 段地层储层参数预测技术路线图

图 5–2–4 表明山 2 段、盒 1 段含气敏感曲线随机模拟结果不但与已知井气层能很好吻合，同时对检验井也有较好的预测效果，说明由声波、密度、中子合成的含气指示曲线随机模拟反演方法对盒 1 段、山 2 段高声波、低电阻气层的预测是有效的。

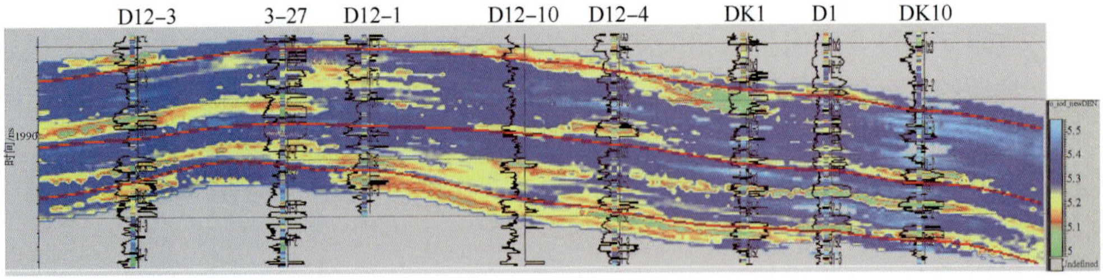

图 5–2–4　大 12 井区含气性指示曲线 Soind_H_1S_2随机模拟反演数据体对山 2 段、盒 1 段气层的预测

（红色井名为预留检验井，黑色井名为反演约束井，测井曲线：左为 GR 曲线，右为 So 曲线，变密度显示的井柱子曲线为合成的含气性指示曲线 Soind_H_1S_2）

含气性指示曲线随机模拟反演方法在运用时需注意：

（1）含气性指示曲线的构筑基于致密储层含气后，中子孔隙度曲线与密度曲线出现挖掘效应这一现象。当储层物性较好，孔隙度较高时（一般>12%时），中子孔隙度曲线主要反映储层的物性，数值偏高，因此，不会出现挖掘效应。在这种情况下，含气性指示曲线的应用可能会漏掉一些气层。

（2）含气指示曲线随机模拟结果会受到低速、低密的薄煤层、或碳质泥岩的干扰，当预测剖面上出现极低的 Soind_H_1S_2异常时，如果在无井控制区，可能为煤层的干扰，也可能为Ⅱ类气层发育；如果在有钻井控制区，并且低值异常与山 2 段、盒 1 段气层吻合时，可对预测结果给予肯定。为了避免极低的 Soind_H_1S_2异常对含气性预测的风险，含气指示曲线的色标特意将低于 4 的异常值定义为冷色（绿色），以示警告。

2. 山 1-太 1 段煤层遮挡的含气指示曲线随机模拟反演技术

基于合成含气指示曲线 Soind_S_1T_2对山 1-太 1 段气层与砂泥岩地层的识别能力，如果能够准确地遮挡煤层，则在剩下的砂泥岩地层中，寻找 Soind_S_1T_2的低值区，则为山 1 段、太 2 段、太 1 段的含气砂体发育区。由此，制定山 1 段、太 2 段含气砂体预测反演方案，分为两个步骤：

（1）通过随机反演波阻抗、或岩性反演预测煤层。

（2）在煤层遮挡下的砂泥岩地层中，以约束稀疏脉冲反演的波阻抗数据体为软趋势（以充分利用地震数据的横向分辨率）进行含气性指示曲线 Soind_S_1T_2的随机模拟。

在含气性指示曲线数据体上寻找低值区，即为山 1、太 2 段的含气砂体发育区。图 5-2-5 为山 1-太 1 段地层储层参数预测技术路线图。在技术路线图上，煤层的预测有两种方法：①应用岩性反演数据体（岩性指示曲线随机模拟）预测煤层；②应用随机反演波阻抗数据体预测煤层。

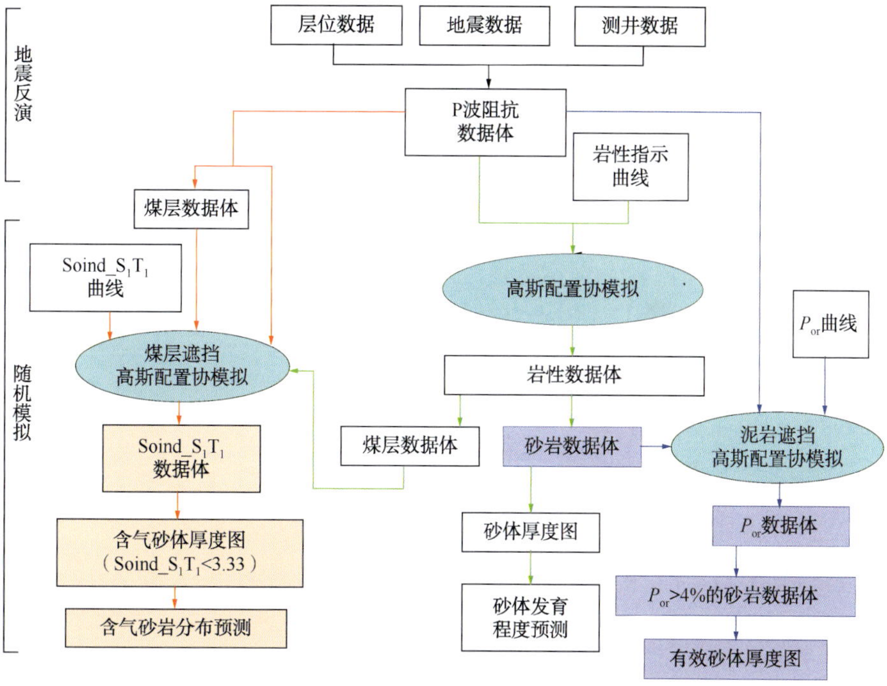

图 5-2-5　山 1～太 1 段地层储层参数预测技术路线图

第一步：煤层的预测：

应用岩性反演方法可同时生成砂岩数据体和煤层数据体(图 5-2-6)。

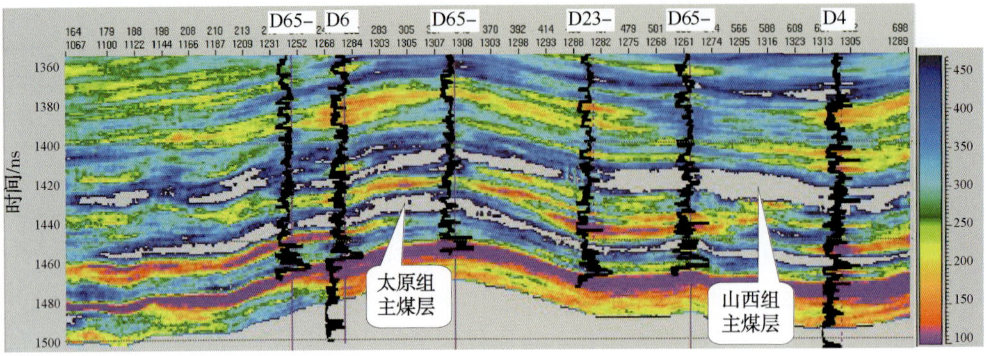

图 5-2-6　岩性反演对煤层的预测

(镂空部分为岩性指示曲线 Lith_ind>450 的数据，为预测的煤层)

使用波阻抗反演数据预测煤层需要高分辨率的波阻抗反演数据体。随机反演波阻抗数据可以满足要求。根据煤层的波阻抗曲线直方图统计和波阻抗反演剖面与钻井波阻抗曲线的标定，确定山西、太原组煤层的门槛值(图 5-2-7)。2 套煤层的波阻抗区间略有差异，从直方图分布看，山西组主煤层的波阻抗值偏高。为了准确地预测煤层，使用不同的门槛值分别预测山西、太原组的煤层。

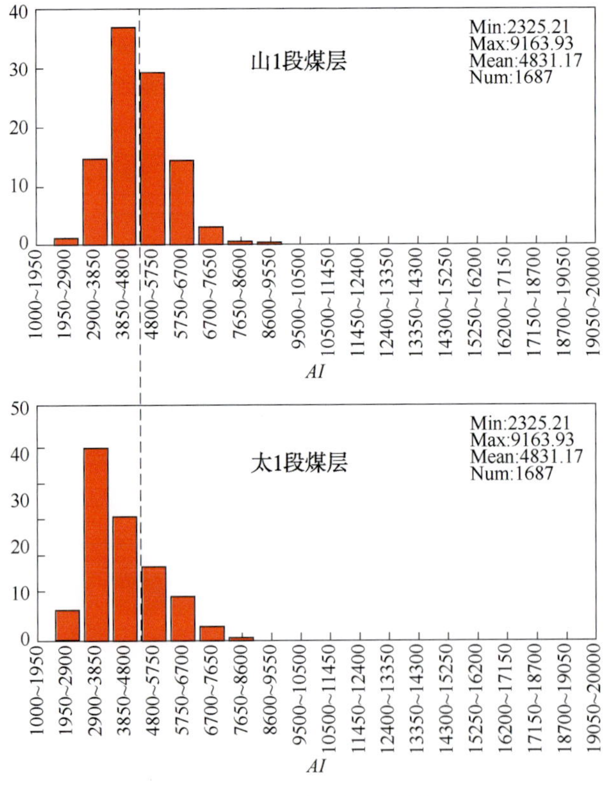

图 5-2-7　山西、太原组波阻抗直方图

(从煤层的直方图分布看，山西组主煤层的波阻抗值偏高。)

山 1 段煤层：$AI<9.0\times10^{6}$ kg/[m^3·(m/s)]。

太 1 段煤层：$AI<8.4\times10^{6}$ kg/[m^3·(m/s)]。

使用上述门槛值将随机反演波阻抗数据体转换为煤层数据体(图 5-2-8)。

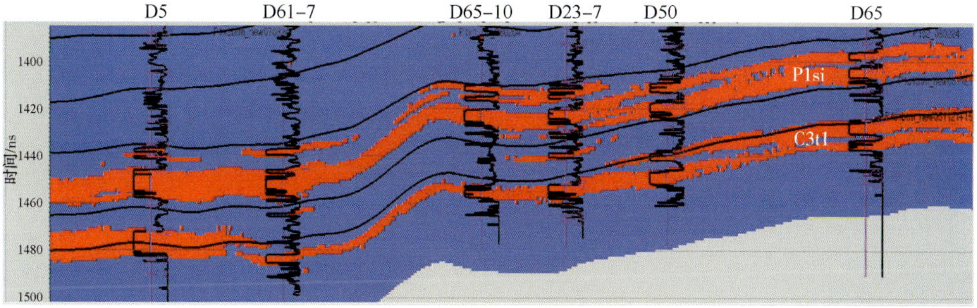

图 5-2-8　波阻抗随机反演对煤层的预测

（测井曲线为波阻抗曲线，红色为预测的煤层）

第二步：含气砂体的预测。

应用煤层遮挡的含气性指示曲线随机模拟，即可以反演出含气性指示曲线数据体，应用这一数据体即可实现对山西、太原组地层的含气砂体的预测。图 5-2-9 为含气性指示曲线随机模拟结果对山 1 段、太 2 段气层的预测，模拟结果准确地预测了大 61-1 井和大 61-2 井的山 2 段气层和太 2 段气层。图 5-2-10 岩性反演剖面与含气指示曲线随机模拟反演剖面的太 2 段预测效果对比，在同样井控条件下，含气指示曲线随机模拟结果对太 2 段气层的预测更合理，如五连片工区外的大 21 井，没有参加反演约束，预测剖面显示，太 2 段含气砂体向大 21 井方向延伸，而岩性反演剖面则显示砂体尖灭。大 21 井太 2 段砂体发育，证实含气指示曲线随机模拟结果更合理。

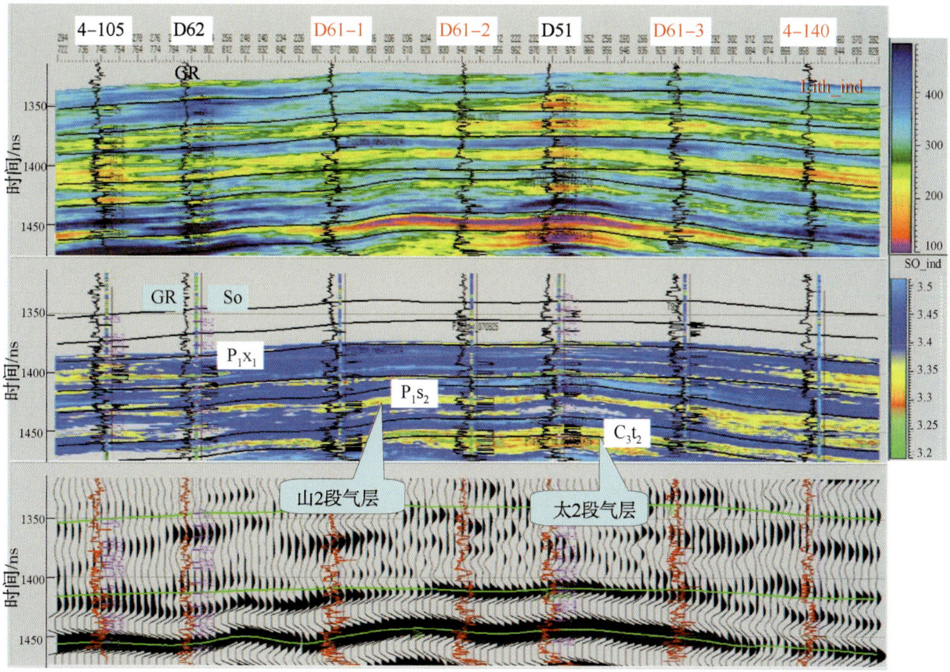

图 5-2-9　含气性指示曲线随机模拟反演数据体对山 1 段、太 2 段气层的预测

（红色井名为未参加反演的井，黑色井名为反演约束井）

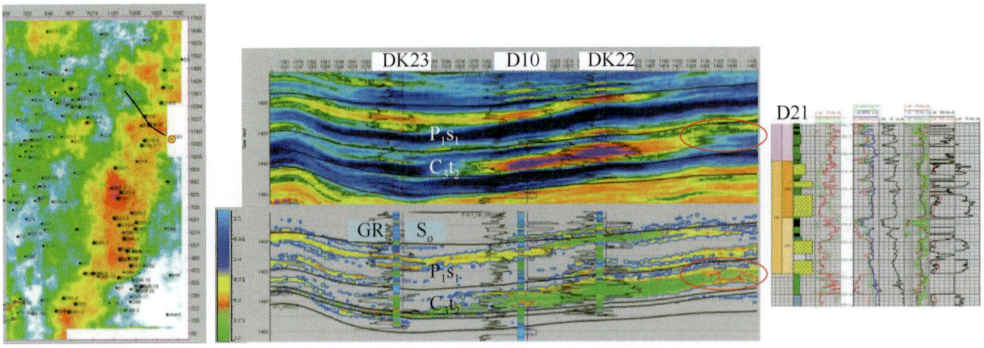

图 5-2-10　太 2 段岩性预测与含气砂岩预测效果分析

[平面图为根据含气指示曲线随机模拟反演数据体计算的太 2 段含气砂体厚度图；垂直于太 2 段砂坝的剖面，上：岩性指示曲线随机模拟剖面，下：含气指示曲线随机模拟剖面(滤掉煤层与泥岩)]

在同样井控条件下，含气指示曲线随机模拟结果对太 2 段气层的预测更合理，如 5 连片工区外的大 21 井，没有参加反演约束，预测剖面显示，太 2 段含气砂体向大 21 井方向延伸，而岩性反演剖面则显示砂体尖灭，大 21 井证实，含气指示曲线随机模拟结果更合理。

含气指示曲线随机模拟反演技术应用的技术关键：

(1) 煤层的预测：如果煤层预测得过多，则会遮挡掉部分气层，如果煤层预测得偏少，则在含气指示曲线随机模拟数据体的低值区会混有煤层的数据点，对含气砂体的预测形成干扰。

(2) 含气指示曲线 $Soind_S_1T_2$的合成：提高对Ⅲ类气层的识别能力和随机模拟结果的抗噪性。

(3) 地质统计学随机模拟反演：使用约束稀疏脉冲反演波阻抗数据体作为第二变量约束的随机模拟反演技术。

含气性指示曲线随机模拟反演方法在运用时需注意三个问题：

(1) 煤层预测的准确度影响含气砂体预测的结果。当煤层较薄，或存在碳质泥岩时，煤层不能完全被准确地预测，从而不能完全遮挡煤层，在含气性指示曲线随机模拟结果的低值区会包含非含气的数据点，这种现象的存在会影响对含气性预测的准确性。因此，在应用此项技术进行含气性预测时，必须与沉积相带的研究相结合，以减少多解性。

(2) 含气性指示曲线的构筑基于致密储层含气后，中子孔隙度曲线与密度曲线出现挖掘效应这一现象。当储层物性较好，孔隙度较高时(一般>12%时)，中子孔隙度曲线主要反映储层的物性，数值偏高，因此，不会出现挖掘效应。在这种情况下，含气性指示曲线的应用可能会漏掉一些气层。

(3) 煤层预测技术问题。尽管煤层与围岩存在大的波阻抗差，在地震数据上形成强反射，但是在反演中，煤层的预测仍然不能做到完全准确。目前使用的煤层预测方法主要有两种：一是利用岩性指示曲线随机模拟反演得到的岩性数据体预测煤层(高值为煤层)，二是应用随机反演波阻抗数据体预测煤层(低值为煤层)。应用岩性指示曲线数据体预测煤层存在不够准确的问题，但是随机模拟算法运算速度相对较快，可跟随开发进程随时更新数据体。随机反演波阻抗对煤层的预测较准确，但运算速度慢，开发进程快时，不能及时更新数据。随机反演波阻抗数据纵向分辨率高，反演结果受井控因素影响较大，如果反演数据体存在误差，不能及时更新，对煤层遮挡的含气砂体预测结果将有较严重的影响。

尽管含气性指示曲线的随机模拟反演方法存在局限性，但仍然较有效地解决了山西、太原组储层的含气性预测问题。

三、多属性神经网络优化含气预测技术

针对盒 1 段、山 2 段高声波、低电阻气层，以合成的含气指示曲线 $Soind\_H_1S_2$ 作为学习目标，进行多种地震属性优化，获得地质含义较为明确的新的属性数据体。在流程图（图 5-2-11）中，以合成含气指示曲线为目标测井曲线，应用概率神经网络，对地震属性进行优化。经过调试，最终确定了波阻抗、二阶导数、绝对振幅积分、道积分、视极性、优势频率、瞬时相位余弦、瞬时相位等 18 种地震属性作为敏感属性参与神经网络学习，学习得到的新的优化属性“含气指示曲线”数据与钻井合成的含气指示曲线有较好的相关性，相关系数达到 85.02 %（图 5-2-12）。因为优化属性以含气指示曲线为学习目标，因而具有明确的地质意义，优化含气指示曲线数据体的低值代表了含气砂岩的存在。图 5-2-13 给出了两条属性优化剖面，尽管垂向精度不够高，但较好地反映了盒 1 段、山 2 段含气砂体的侧向展布趋势，针对高声波、低电阻气层，可以作为较客观的、定性的预测结果。

概率神经网络技术在盒 1 段、山 2 段地层宜分地震相带应用，因山西组煤层的变化，在 T_9d 波附近形成强至弱的反射。大 12-大 66 井区的试验结果表明，以大 12-大 66 井区作为一个整体应用概率神经网络优化含气指示曲线，预测曲线与井曲线的相关系数为 77.46%，将大 12 井区（T_9d 弱反射区）与大 66 井区（T_9d 强反射区）分别进行概率神经网络优化，则相关系数提高到 85.02%和 78.34%（图 5-2-14）。

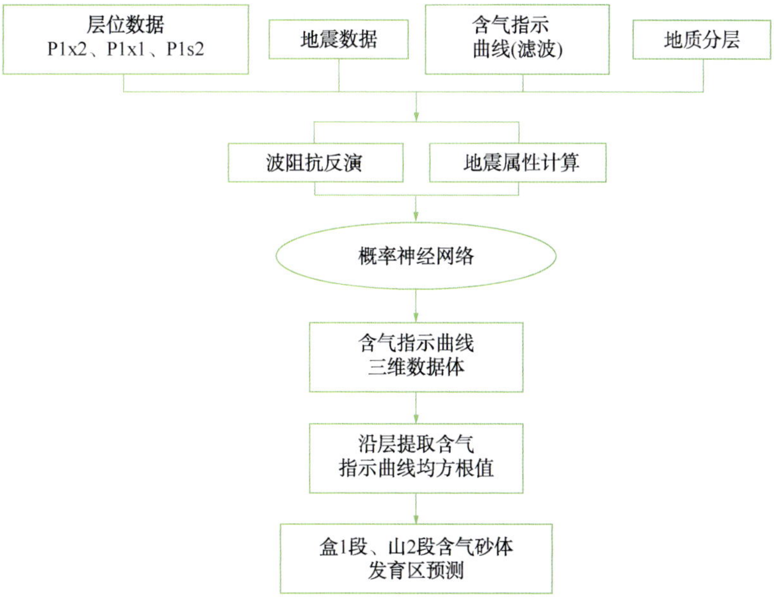

图 5-2-11　盒 1 段、山 2 段多属性概率神经网络优化技术含气砂岩预测流程图

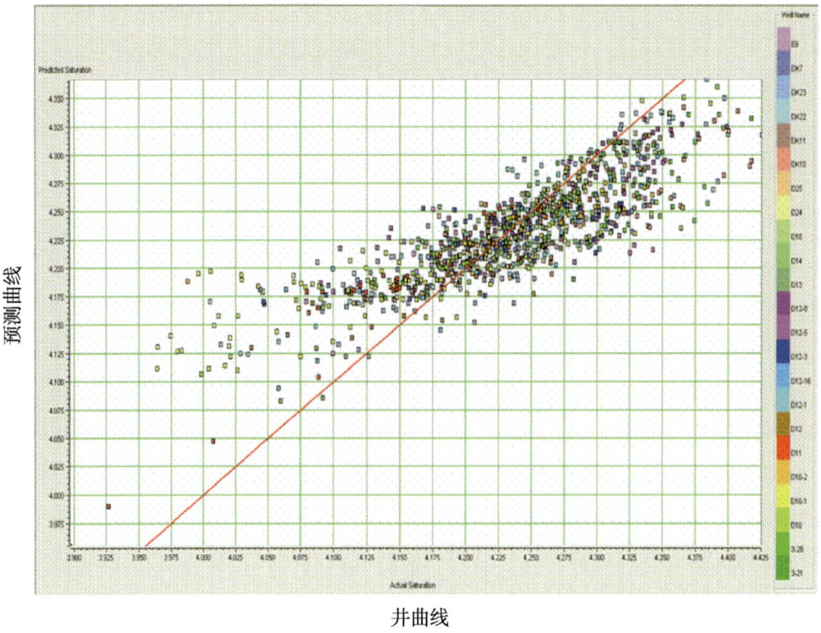

图 5-2-12　盒 1 段、山 2 段多属性优化预测结果与含气指示曲线的相关性比较

（横轴：钻井的合成含气指示曲线，纵轴：预测的含气指示曲线）

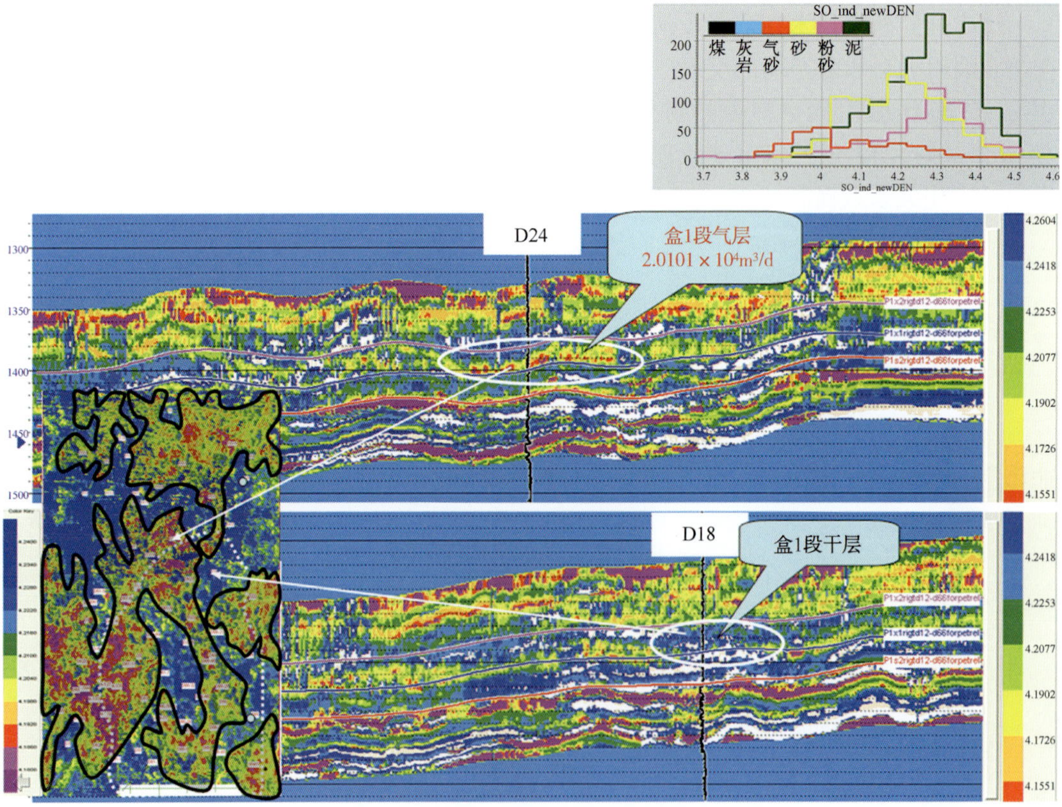

图 5-2-13　多属性优化的盒 1 段、山 2 段含气指示曲线预测数据体

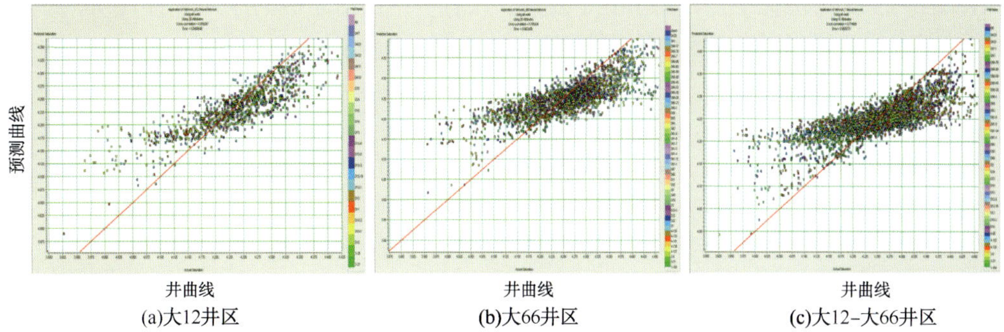

图 5-2-14　不同井区的盒 1 段、山 2 段多属性优化预测结果与含气指示曲线的相关性比较
（横轴：钻井的合成含气指示曲线，纵轴：预测的含气指示曲线）

四、多子波分解与重构技术

多子波地震道分解是把一个地震道分解成一个不同形状的地震子波的集合。地震道分解后，可以对子波进筛选，重构出新的地震道。在重构时，如果使用适当筛选的子波进行重构，可以最大限度地突出地震道在研究目标体与围岩上的差异。

（一）多子波分解与重构技术的基本原理

关于地震子波的选取，常规方法都是基于付氏变换，要求一定的数据长度，因此，得出的子波也是某种意义下的平均子波。如果考虑到在地震资料处理过程中，如滤波、反褶积，以及动校正所引起的拉伸等原因，在叠后数据上提取真正的子波几乎是不可能的。在现今的技术条件下，用任何方法所得到子波，也只是在某种意义的前提下，相对当前的处理或解释目的可用的估计子波。在这种情况下，用雷克子波（Ricker，1953）对叠后数据进行分解，也就是将地震道分解成不同主频的雷克子波的集合，取出反映储层的频率段成分的子波进行叠加，用于储层及含气性预测应当是有较好效果的。实践证明，该方法能够在较低分辨率地震数据的含气砂岩预测中取得理想的效果。

图 5-2-15 给出了反射系数序列的建立。其中，第一列图 5-2-15（a）给出了层状地层模型，其中 v 表示所在层的速度，ρ 表示所在层的密度。图 5-2-15（b）表示深度域的反射系数序列，反射系数的位置与速度分界点的位置一致。图 5-2-15（c）表示时间域的反射系数序列。对时间域的反射系数序列分开表示，使得每一个新的反射系数序列只包含一个非零的反射系数，而原来的反射系数序列就等于所有新的反射系数序列的叠加。

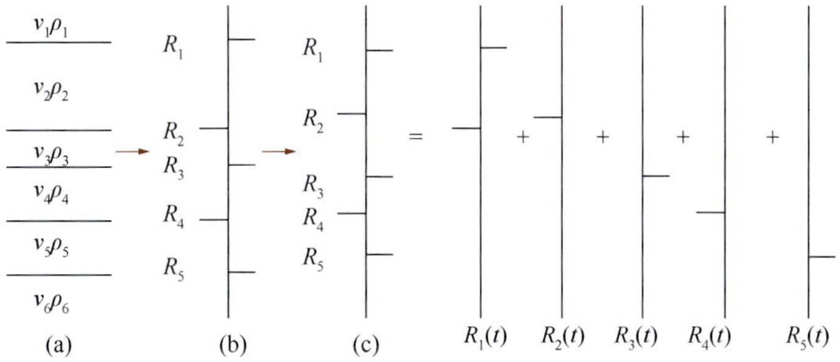

图 5-2-15　层状地层模型与反射系数序列分解

在图 5-2-15 的情况下，分出了五个新的、只有一个反射系数的序列 $R_1(t)$，$R_2(t)$，…，$R_5(t)$。而原来的反射系数序列为：

$$R(t)=\sum_{i=1}^{5} R_i(t) \qquad (5-2-1)$$

假设 $W_1(t)$，$W_2(t)$，…，$W_5(t)$代表一组不同形状的子波，分别与分解后的单一反射序列 $R_1(t)$，$R_2(t)$，…，$R_5(t)$进行褶积，得到一组地震反射信号序列，如图 5-2-16 所示：

$$S_i(t)=W_i(t)\times R_i(t) \qquad (5-2-2)$$

这里 $i=1$，2，…，5，参见图 5-2-17，地震信号 $S(t)$可表示为

$$S(t)=\sum_{i=1}^{5} S_i(t)+\sum_{j=1}^{3} N_j(t)=\sum_{i=1}^{5} W_i(t)\times R_i(t)+N(t) \qquad (5-2-3)$$

这里，$N(t)=\sum_{j=1}^{3} N_j(t)$是干扰信号。

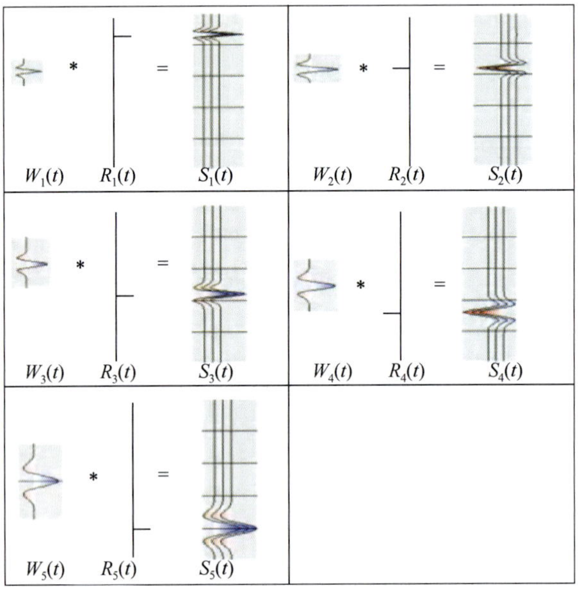

图 5-2-16　不同的反射系数序列与不同的子波褶积，形成了单一子波地震信号

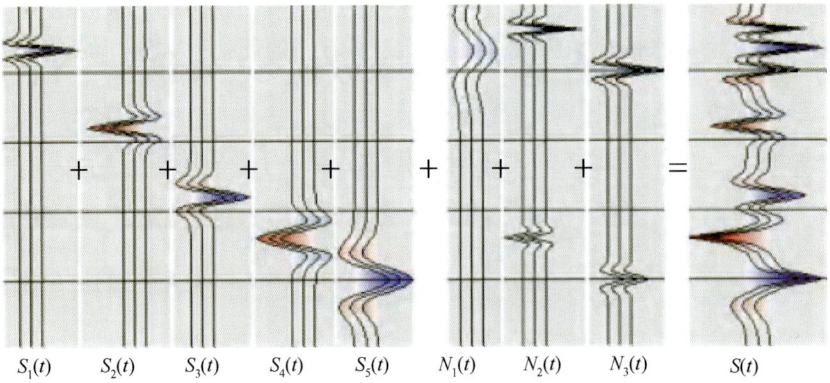

图 5-2-17　多子波地震道形成模型示意图

多子波模型可一般地表示为：

$$S(t)=\sum_{i=1}^{M}W_i(t)\times R_i(t)+N(t)\ (i=1,\ 2,\ \cdots,\ M) \tag{5-2-4}$$

多子波地震道分解是完全基于多子波地震道模型，把一个地震道转换成不同形状的子波的叠加，其分解过程完全是在时间域进行的。对多子波地震道分解和重构技术的应用分做两步：第一是对叠后数据的分解处理，将地震数据中目标层段分解成不同主频的雷克子波的序列或集合；第二是重构分析，用所有子波重构就可以得到原始的地震道或数据体。子波筛选是在重构时从原地震道中删除某些主频的子波。对子波进行筛选后，用部分子波重构就可以得到新的数据体。

（二）地震道重构与储层预测

针对受煤层影响的山 2 段地层，可应用多子波地震道分解与重构技术将煤层反射的子波从地震数据体中分离出来，应用去除煤层子波后的地震子波重构地震道，可去除煤层强反射的影响，突出储层的反射，图 5-2-18 为山 2 段去除煤层反射测试结果，应用高频子波重构后减弱了煤层旁瓣的反射强度，山 2 段产气井与不产气井之间出现明显差异，产气井处的地震数据明显变弱，而不产气井仍为强反射。应用这一技术可突出山 2 段气层的反射特征，描述含气砂体的分布。图 5-2-19 为塔巴庙区块 30～62Hz 子波分量重构数据的山 2 段平均振幅，山 2 段产气井均落在弱反射区。

根据大牛地气田目的层地震响应特征，多子波分解与重构技术主要应用层系为本层内煤层不发育，但受到煤层强反射干扰的地层，一是位于山西组煤层之上的山 2 段、盒 1 段，另一个是位于太原组煤层之下的下古生界风化壳地层。

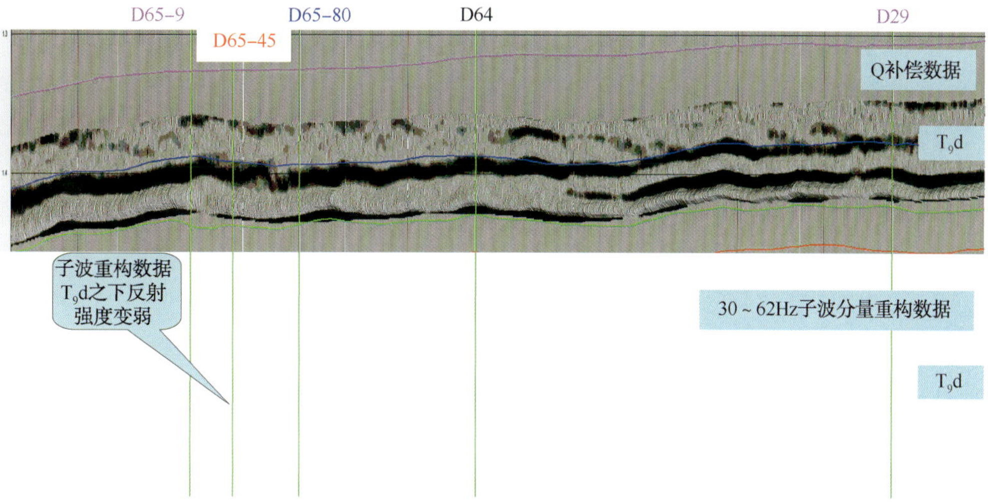

图 5-2-18　多子波地震道分解与重构技术应用于山 2 段的实验效果

（黑色井名为山 2 段干井、红色为无阻流量高于 $4\times10^4m^3/d$、粉色为小于 $4\times10^4m^3/d$、蓝色为未试气）

五、分频处理解释技术

分频处理解释技术是利用小波转换、离散傅立叶变换、提取熵以及某些特殊滤波等数学算法将地震数据由时间域转换到频率域进行处理解释的一种方法。根据地质体在其厚度

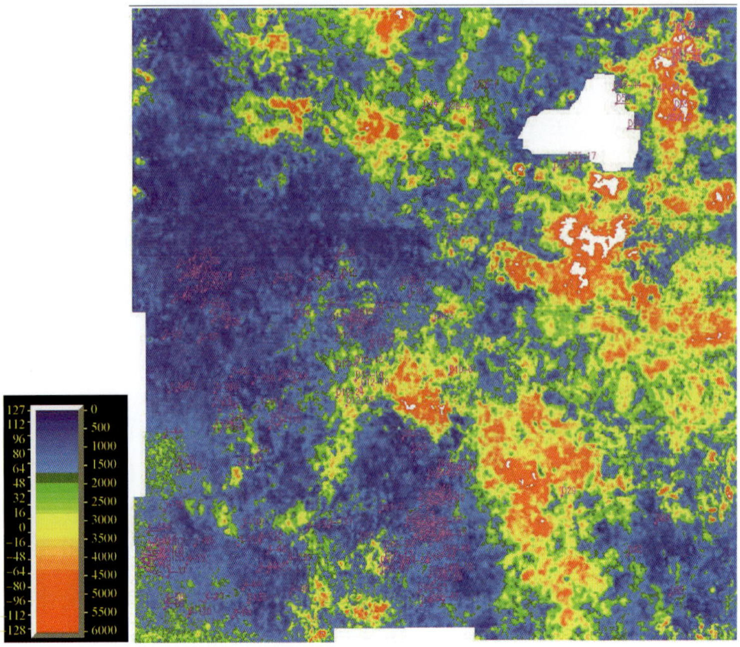

图 5-2-19　塔巴庙区块 30~62Hz 子波分量重构数据山 2 段平均振幅

（区内所上钻井为山 2 段无阻流量大于 $1\times10^4 m^3/d$ 的井）

小于$\frac{1}{4}\lambda$ 时，地层厚度在特定的频率产生调谐作用。通过分频处理后得到的结果，每一个单一频率对应的振幅都是调谐振幅。因此，在频率域内研究薄储层展布范围，可以提高地震资料的有效分辨率，剔除干扰，较准确地预测储层的厚度变化。根据储层测井响应分析，大牛地气田盒 1 段、山 2 段地层的气层与围岩存在着一定的波阻抗差，砂泥岩波阻抗相近，而气层的波阻抗值明显偏低，气层厚度通常为 2~8m 左右，可以通过分频技术将其检测出来。盒 1 段、山 2 段含气砂岩的速度大约为 4200m/s，根据调谐厚度的计算公式 $\Delta Z=\frac{1}{4}\lambda=\frac{1}{4}VT=V/(4f)$（其中 ΔZ 为视调谐厚度，λ 为调谐波长，V 为气砂岩的速度，f 为调谐频率），当调谐厚度为 8m 时，调谐频率应为 65Hz 左右；当调谐厚度为 2m 时，调谐频率应为 260Hz 左右。但由于地质上的薄层多层叠置、波阻抗与岩性对应关系较差，地震数据采集、处理产生的处理误差、频率衰减以及分频处理所选择的算法、时窗和层位等影响，无法定量获得含气砂体的精确厚度，但是可以定性地确定薄层气砂岩大致分布在中高频段范围。

图 5-2-20 为通过分频处理获得的盒 1 段调谐频率（能谱中最大能量所对应的频率），与地质上所推测的河道发育区（图 5-2-21）及实际钻遇情况有较好相关性。

通过研究及与实钻情况对比，多层叠置的、预测目标与围岩波阻抗差较小的储层的预测效果较差，同时，分频处理解释对采集、处理的保真性要求更高。

六、频率类属性预测技术

（一）瞬时频率分析

瞬时频率属性通常用于估计地震波的衰减，含油气储层常引起高频成分衰减，这一属性也有利于测量地层区间的周期性。

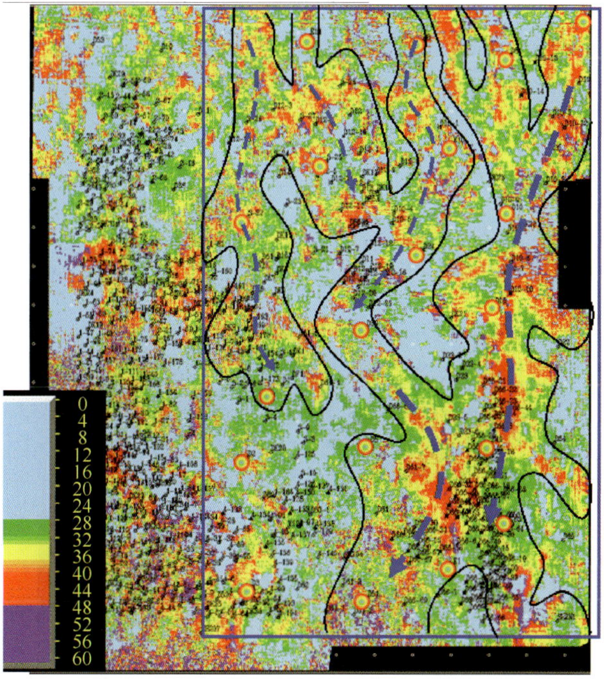

5 连片工区(800km²)盒 1 段分频处理

图 5-2-20　盒 1 段调谐频率

中高频调谐振幅(30~48Hz，红色~黄色)为含气有利区。大 12-大 66 井区盒 1 段发育 3 个含气有利条带，呈南北向展布，以大 42-大 10-大 18-大 66 井区为主，含气有利区连片性较好，呈明显的高频调谐强反射特征。

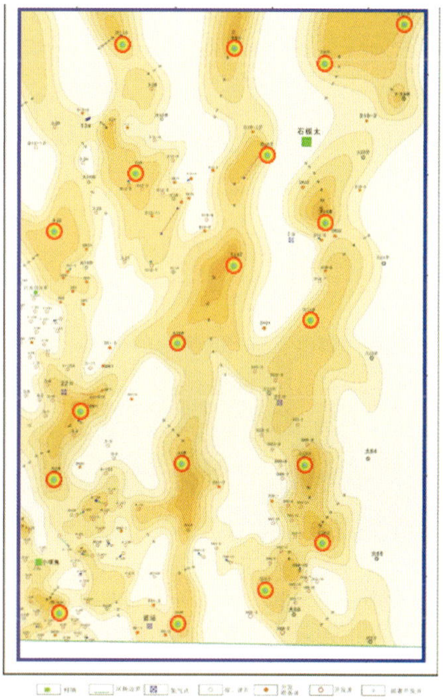

◎盒 1 段气层厚度大于 6m

图 5-2-21　大 12-大 66 井区盒 1 段气层厚度图

进行统计岩石物理研究，探索地震参数与储层物性、含气性之间的统计关系是利用地震属性进行含气性预测的基础。通过对储层岩心、测井、测试、产能数据与地震参数的相关统计分析，建立储层含气饱和度与相应的测井、地震参数之间的统计关系。通过孔隙度、含气饱和度与平均瞬时反射强度、平均瞬时频率等属性的交会，就可以大致了解含气储层的样品点在平均瞬时反射强度、平均瞬时频率二维信息空间中所处的位置，进而利用多元回归或者协克里金等手段对储层含气性进行估计。

根据统计规律，老开发区大 30-大 52 井区和大 66 井区盒 3 段低频、强反射异常与盒 3 段含气砂体发育区有较好的相关性(图 5-2-22)。大 12 井区盒 2 段平均瞬时频率与盒 2 段薄气层有良好的相关性，盒 2 段Ⅱ类气层具有中高频地震响应特征，频率范围：35~45Hz(图 5-2-23)。大 12 井区 2008 年实施的钻井，除大 12-21 井外，均在盒 2 段平均瞬时频率异常的中高频区钻遇盒 2 段优质储层，中高频异常区的展布趋势与盒 2 段主河道发育区一致，均呈北西-南东向展布。2009 年，开发准备井大 12-18 井、大 12-19 井钻遇盒 2 段厚砂体，且具有良好的含气性。2010 年，大 12-15 井区开发井钻遇盒 2 段气层的钻井均位于中高频瞬时频率异常区。瞬时频率剖面显示盒 2 段气层的高频异常特征(图 5-2-24)。

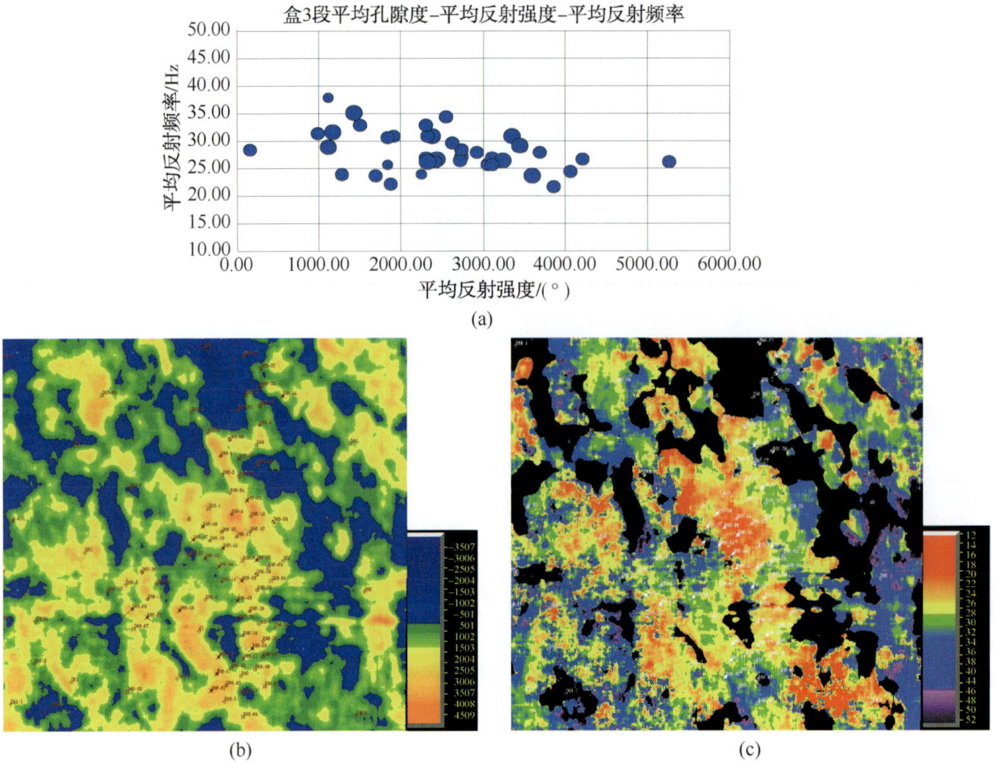

图 5-2-22　大 66 井区盒 3 段含气敏感地震属性

(a)—盒 3 段储层孔隙度与平均反射强度、平均瞬时频率交会图，气泡大小代表平均孔隙度；

(b)—T_9f 波平均振幅(时窗：T_9f 向上 4ms~向下 5ms，强反射区为砂体发育区)；

(c)—盒 3 段平均瞬时频率(时窗：T_9f 向上 5ms~向下 20ms，遮挡 T_9f 波平均振幅小于 200 的区域，砂体发育区的频率特征，低频区含气砂体发育的概率较大)。

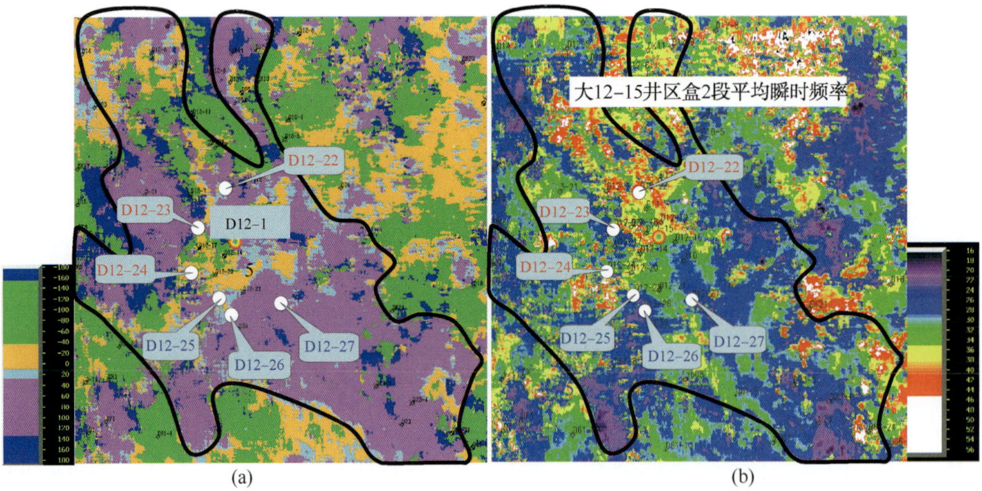

图 5-2-23　大 12 井区盒 2 段平均瞬时频率与薄气层发育区

红色井名为 2010 年开发井钻与盒 2 段气层的井，黑色井名为未钻遇气层的井。

(a)—平均瞬时相位(紫色相位异常为盒 2 段砂体发育区)；

(b)—平均瞬时频率(盒 2 段含气砂体发育区具有中高频特征(红色-黄色区，35~44Hz)，频率过高(白色区，>45Hz)可能由高频噪音的干扰引起)。

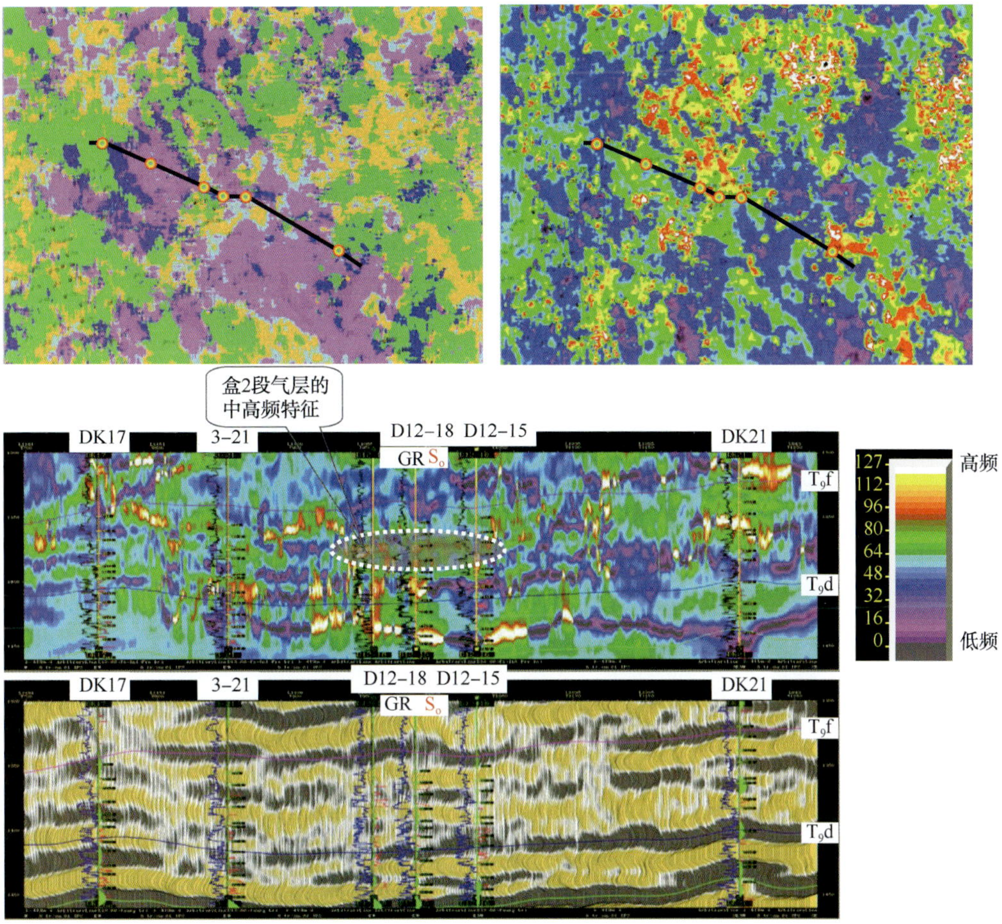

图 5-2-24　过 DK17、3-21、大 12-18、大 12-15、DK21 井盒 2 段瞬时频率剖面
（左上平面图：盒 2 段平均瞬时相位，右上平面图：盒 2 段平均瞬时频率）

（二）吸收衰减系数分析

理论研究表明，与致密的地质体相比，当地质体中含流体如水、油或气时，会引起地震波的散射和地震能量的衰减被流体吸收。而且实验室表明，当储层中含流体饱和度大于30%时，含气和含油造成衰减差异很小，而二者与含水差异很大。当储层中孔隙比较发育而且富含油气时，地震波中高频能量衰减要比低频能量衰减要大。通过提取度量高频能量衰减程度的衰减梯度属性，可以间接地帮助我们检测储层的含油气性。

高频吸收衰减含气性预测技术就是利用傅立叶变换、最大熵、小波变换、特殊滤波（如 Proni 滤波）等数学方法将地震数据转换为频率调谐体，通过对比高低频剖面能量的变化，或计算高、低频能量比值得到的衰减梯度系数来定性地判定储层的含气性。

高频吸收衰减含气性预测技术对于岩性比较纯的区域如碳酸盐岩地区、火山岩地区、裂缝发育区域预测效果较佳；对于砂泥岩互层地区，由于地震波在泥岩中衰减较快，需要先将泥岩从衰减数据体中滤掉，然后在储层内部分析衰减系数；对于某些特殊岩性如煤层、灰岩等，地震波衰减比较强，在计算前应尽量避开。根据该原理，对盒 3 段数据体做了基于小波变换的频率吸收衰减处理。钻井统计分析表明，对大 66 井区盒 3 段高声波、低电阻气层，高产井比低产井的吸收衰减量大(图 5-2-25)，高频吸收衰减系数是在大牛地气田开发新区盒 3 段Ⅱ类气层的含气敏感参数之一。

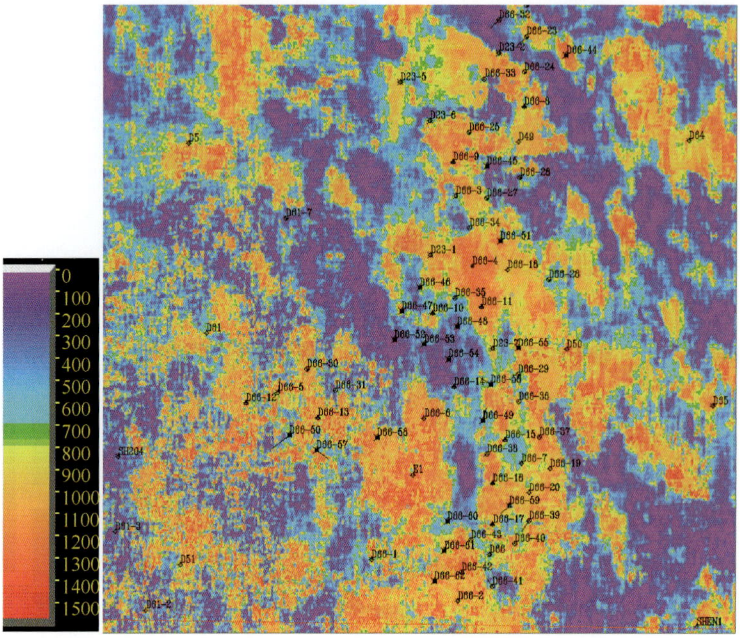

图 5-2-25　大 66 井区盒 3 段吸收衰减系数

（红色—强吸收，紫色—弱吸收，强吸收区为盒 3 段含气有利区，时窗：T_9f~T_9f 向下 14ms）

第三节　低渗致密气层产能评价技术

气井产能评价在气田的勘探开发过程中占据举足轻重的地位。其目的是确定气井产能，进而为气田探明储量申报、气井配产、气田规划和开发方案编制、评价气田开发效益、采气工艺及集输管道设计等重大决策提供可靠依据。

气井产能的主要方法是稳定试井方法，即回压试井、等时试井、修正等时试井和一点法试井。也可利用地震、测井、生产动态资料进行统计预测。

研究中，提出，利用地质、地震、测井、测试信息，通过波形差异可以有效地预测高产区。而利用一点法产能测试即以单一工作制度生产至稳定状态，获得地层压力、产气量和对应稳定井底流压代入相应经验公式，得到无阻流量，可有效预测高产层。

一、基于波形差异分析的致密砂岩高产区预测

众所周知地震子波沿着地下介质传播的时候振幅能量是不断衰减的，最终地震子波达到一个平衡状态，当地下岩石的不同孔隙形态和岩石中饱含物质不同时，地震振幅的能量衰减程度也是不一样的。地震子波在地质体中的传播过程中相当于一个滤波过程，在这个过程中地震仪器所接收到的信息包含了地质体中的基本信息，可以通过地质统计学等手段，利用地震数据体中所含有的信息，进行气层识别、描述和预测。恰恰波形差异分析理论就是基于该特点对目的层的含气性进行评价的。

波形差异高产预测理论认为，不同产层，由于其储层岩性、物性、脆性、含气丰度、产层内部压力、非均质不同，而导致地震波在其内部传播时，波形存在明显差异。这些差异包括由于沉积环境差异造成的地震波形态差异、由于沉积时间差异导致的高程差异、由于沉积成岩动力差异造成的幅度差异、由于沉积过程差异造成的韵律差异、由于沉积水动力及地形差异造成的厚度差异、由于沉积的事件性导致的顶底接触关系差异。这些差异可用波形顶底接触关系、最大波峰振幅、均值、质心、方差、变方差六大基本参数来表达。研究中，在精细储层划分对比基础上，充分利用测井、测试信息，进行优质储层敏感参数重构。将同样的数据处理技术，用于波形差异信息处理，求取含气敏感的波形差异参数。通过概率分析及反演，获得某层波形差异数据体。遵循岩心刻度测井、不同产层测井信息差异刻度地震波形差异，利用生产测试信息，对波形差异信息进行二次刻度，最终实现高产气区的反演。

（一）问题的提出

大牛地气田含气层主要分布在二叠系下统下石盒子组盒 3 段、盒 2 段、盒 1 段及山西组山 1 段储层中。储层具有如下特点（关达等，2005）：①多期河道砂体纵向叠置，横向变化大，不连续，非均质性严重。②砂体普遍具有低孔低渗的特征。③单砂体厚度薄，一般为几米至几十米，气层厚度更薄。④下石盒子组为薄砂泥互层结构，山西组、太原组为夹煤层、灰岩层的砂泥互层结构。⑤储层波阻抗特征不突出，与泥岩间差异不明显。⑥盒 2 段砂体地震速度一般高于泥岩，波阻抗也高于泥岩，但含气引起速度降低，声波时差一般可增大 50μs/m，与泥岩速度一致。⑦砂体相对泥岩具有低自然伽马、低中子、高密度、低声波时差特征，含气砂体一般具有较高电阻率特征。

由于工区特殊的地质地震条件影响了地震资料的品质，表现在频带窄（50～60Hz）、分辨率低（目的层段视主频 20～25Hz）、信噪比低，识别储层困难，识别有效储层更难。砂泥岩之间的波阻抗差异小，特别是山西组、太原组煤层产生强反射，导致储层的地震响应特征不突出。许多专业地球物理公司及科研院所，采用了多种方法和技术（统计、交会分析技术；岩石物理分析技术、拟合、模型正演技术；多属性据类分析技术；地层及砂体精细标定技术；真三维空间域自动追踪技术；地震属性提取、优化组合技术；波形分类技术、相干分析技术；三维可视化技术；叠后资料分频技术地震测井联合反演技术；信息融合技术；综合评价技术），试图对研究区产气层进行预测，总感觉不尽人意。因为，在地震分辨率不能满足直接识别砂体的情况下，薄层调谐作用是预测储层的重要途径，在砂体厚度小于四分之一波长范围内，砂体厚度增大引起反射波振幅的增强，振幅属性主要反映了砂体的厚度变化。因此，依据于地震属性分析的预测结果难以识别出砂体的质量。

众所周知，不同时期或同期不同水动力条件形成的砂体，其厚度、质量差异性明显。具体则表现为地质、地震、测井响应具有明显差异，含气丰度具有明显差异，产能也显示出极大的差异性。

为此，我们提出，从储层、高产气层成因机理出发，利用储层、高产气层地震、地质、测井、测试信息的差异性，通过储层、高产层敏感信息重构，波形差异分析与反演，进行综合识别、评价及预测。实现油田公司多打高产井、少打低产井、不打无效井的总体战略。

（二）波形差异分析基本原理

不同产层测井、地震响应特征不同，总体波形特征类似，但由于不同地震分辨率低，地震波形是整个层段如盒 3 段的整体反映，因此，利用地震信息产特别是振幅或频率等常规属性并不能反映产层的特点，即使有效储层的厚度也不能反映。但从单一波形特征对比可以表明，同类产层间、不同类产层间波形是有差异的，具体可表现为波形的幅度均值、波形的宽窄、形态等具有差异。分析认为同类产层间波形差异，主要由有效储层物性、含气饱和程度、有效储层分布位置等因素引起。不同类产层的波形差异，主要是有效储层厚度、含气饱和度等因素引起。总的来说，引起波形差异的因素包括有效储层厚度、储层物性及储层含气性。如何精细准确地刻画波形差异，直接决定着产能的分布与预测。

进行波形差异分析的时候，主要通过质心、均值、方差及变方差 4 个参数来表征在同一时窗范围内波形随振幅的变化特征，并通过参数的不同组合对油气产能进行评价的。

1. 质心

可以反映地震子波传播过程中在同一时窗各采样点的关系。计算公式为：

$$RM=\sum_{i=1}^{n} i\times x_i/(n\sum_{i=1}^{n} x_i) \tag{5-3-1}$$

式中 RM——质心；

n——采样点数；

x_i——对应某一坐标轴点 i 的振幅值。

2. 均值

波形差异分析中均值表示的是振幅的平均值，在指定研究区目的层的同一时窗范围内，振幅值并不是统一的，会随着能量的衰减而不同，均值即可用来表示同一时窗的振幅平均值。表达的公式为：

$$\overline{X}=\sum_{i=1}^{N}\frac{x(i)}{N} \tag{5-3-2}$$

3. 方差

振幅值随着不同的岩性、流体性质等情况进行变化时，会与实际的振幅均值有一个偏离度，这个偏离度通常就用方差来表示。计算公式为：

$$S=\frac{1}{n-1}\sum_{i=1}^{n}(x_i-\overline{x})^2 \tag{5-3-3}$$

4. 变方差

变方差总的来说用来描述同一时窗下的振幅变化量。计算公式为：

$$r(h)=\frac{1}{N(h)}\sum_{i=1}^{N(h)}[x(i)-x(i+h)]^2 \tag{5-3-4}$$

式中 $N(h)$——时窗内间隔为 $h-1$ 的采样点个数；

$x(i)$——对应于点 i 的振幅值。

（三）波性差异分析流程

研究中，首先充分利用测井、测试信息，进行含气敏感参数重构。在此基础上，将同样的数据处理技术，进行波形差异信息处理，求取含气敏感的波形差异参数。通过概率分析及反演，获得沿层的波形差异数据体。研究过程中，始终遵循岩心刻度测井、不同产层测井信息差异刻度地震波形差异，最终利用生产测试信息，对波形差异信息进行二次刻度，最终实现高产气区的反演。波形差异分类的技术流程包括井-震合一的精细标定、选取目的层、定时窗、波形构造参数的组合及波形差异图形成等环节，具体流程如图 5-3-1 所示。

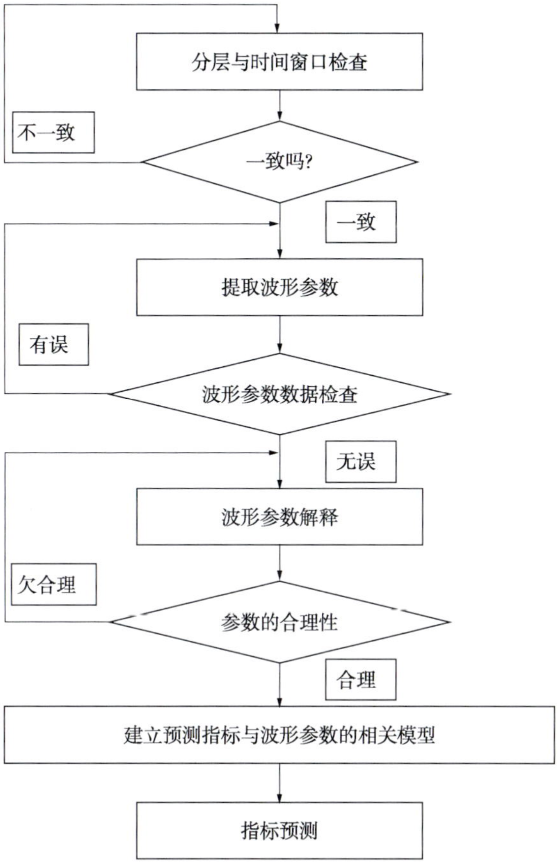

图 5-3-1 波形差异流程图

（四）含气敏感信息分析及波形差异分析

利用波形差异分析方法得到的大牛地气田盒 3 段产能预测如图 5-3-2 所示，由图中看出，盒 3 段高产层主要分布在沿 D1-1-69、D1-1-56、DK19、D1-1-35、DK12、DK13 一线，呈北西向展布。在工区南部，自西向东依次呈 7 个条带近南北向分布，其中沿 D1-4-15、D1-4-17、1-4-63 一线为最西部条带。依次往东分布 D1-4-121-4-18 条带，D1-1-36、D1-4-53、D1-4-21 条带，D1-4-33、D1-4-35、D1-4-8 条带，D1-4-44、D1-4-52 条带及 D1-4-62 条带和 1-4-60 条带。

（五）大牛地气田高产气区-“甜点”预测

利用波形差异分析预测产能，无疑提供了综合利用地质、地震、测井信息预测油气的新思路。如果不与生产实际资料相结合，实际上，仍是某种地球物理信息。为了更加符合生产实际，必须充分利用研究区生产测试资料，对波形差异分析结果进行刻度，才会获得理想的成果。

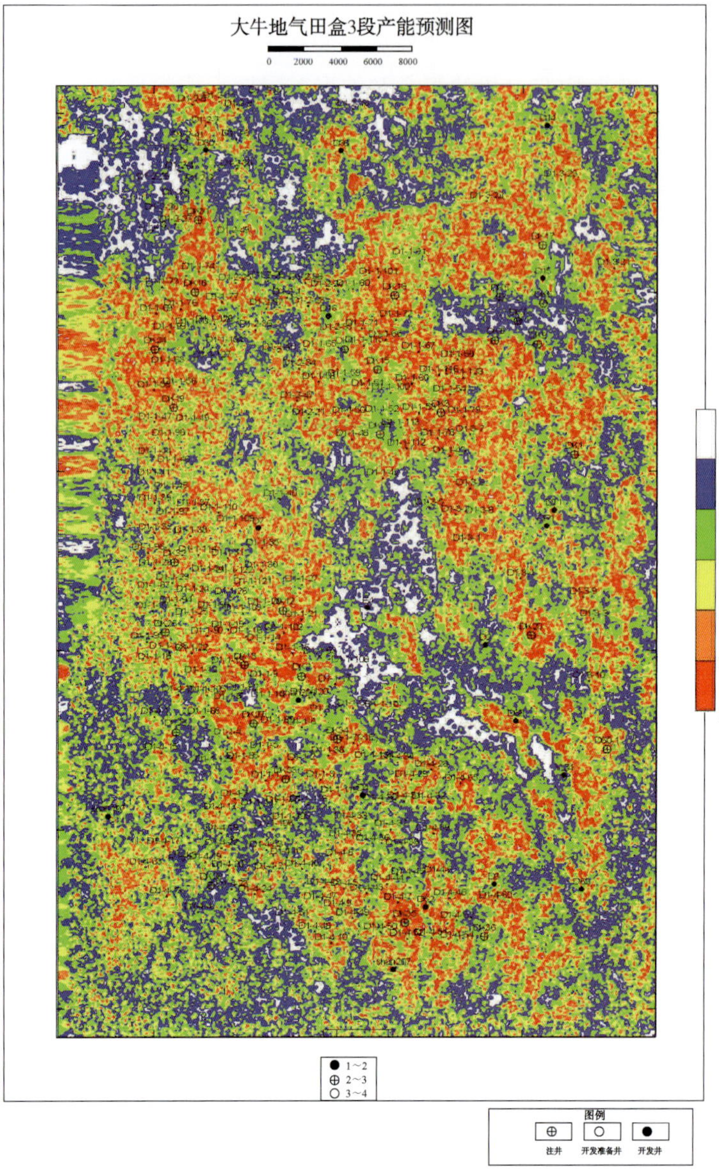

图 5-3-2　大牛地气田盒 3 段产能预测图

图 5-3-3 为大牛地气田 DK13 井区盒 3 段波形差异分析图。图中红色部分为高产区域，黄色代表中产区域，绿色代表地产区域，青色代表特低产区域，白色代表微产区，即小于 $0.1\times10^4m^3$的区域。

此图实际上只是一地球物理属性的转换，很难将其与地质理念融为一体。尽管在进行分析时，已经把不确定性、非线性、随机性以及概率性考虑其中。但为更加真实的反映地下地质信息，我们充分利用生产测试资料，对其进行二次刻度，将其分为高产气区、中产气区、低产气区、特低产气区及微产气区。在刻度时，充分考虑研究区目的层高产井点与波形差异间的关系、沉积背景与波形差异间的关系。由图中看出在工区北部，特别是 D1-1-74 井与 DK34 井之间，有一高产能分布区。

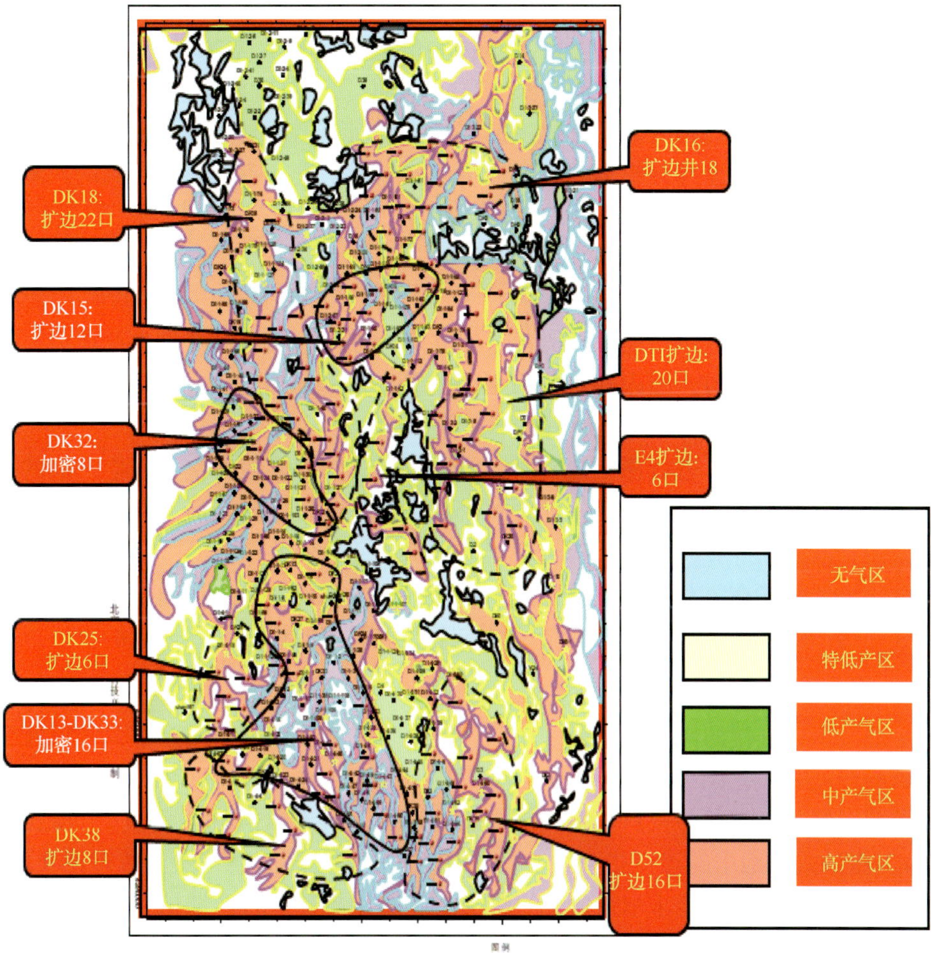

图 5-3-3　大牛地气田盒 3 段甜点预测图

在工区西部，沿 D1-1-69—DK24—D1-1-55—D1-1-47—D1-1-44 井以西，有一东西宽约 1000m、南北长约 6000m 宽的高产条带。而在 D1-1-49 井东侧，也明显发育一近南北向高产条带。北起 D1-1-104 井，南到 D1-1-110 井。在 D1-2-34 井与 D7 井之间发育状如 S 型的中高产条带。在 D1-1-27 井东侧北延到 D1-1-40 井东侧同样发育一中高产条带。

工区东南部，沿 D1-4-65—D1-4-60—DK36 井条带状展布特征极为明显，很有可能是一中高产条带。在工区东部同样也分布 2-3 条近南北向展布的中高产条带，但由于该区到目前为止，除 D15 井获得高产外，其余井生产状况一般，有待于进一步证实。在工区北部，特别是 D15 井以北条带状中高产分布明显，是一有利富气区。

依据所预测的高产、中产、低产、特低产、微产区，与已有生产井进行对比分析。结果表明，在所研究的一类区域内，共 66 口井，预测为一类的占 76%，预测为二类的占 15%，预测为三类占 6%，预测的四类占 3%。在所研究的二类区域内，共 44 口井，预测为二类的占 80%，预测的一类占 2%，预测为三类的占 18%。在所研究的三类区域内，共 45 口井，预测为三类的占 82%，预测为一类的占 5%，预测为四类的占 13%。在所研究的四类区域内，共有 5 口井，均预测为四类。

综合分析认为，依据所划出的预测图进行统计，一二类即中高产（日产气>$5\times10^4m^3$）符合率86.5%，三类即低产（单井日产气$1\times10^4\sim5\times10^4m^3$）符合率86%，四五类即特低产、微产区符合率100%。利用已钻未知的18口井进行预测，总预测符合率可达86%。上述结果表明，由于受到资料精度及拥有程度的限制，任何预测只是对地下地质实际的一种逼近。分析认为，以波形差异分析为基础、以生产测试成果进行刻度后所得到的预测图，精度是高的，并且实现了常规预测不可能实现的精度。

二、基于试井的产能评价及预测技术

气井产能评价是指利用产能试井资料，建立产能方程，确定气井的生产能力、合理工作制度和气藏参数。目前，国内外通常采用的气井产能测试方法，主要有多点回压试井、等时试井、修正等时试井和一点法试井。

对于致密低渗气藏，进行稳定试井时，需要很长时间才能使每次开井生产前的井底流压达到稳定，一般很难实现。目前，评价致密低渗气藏中气井产能最实用的方法是修正等时试井，而且该方法计算的气井无阻流量能够准确地评价气井产能。

一点法试井只需在关井测得地层压力条件下，开井取得一个工作制度的生产资料，便可确定气井的产能方程及绝对无阻流量，是一个经济简便的评价气井产能的方法。

（一）修正等时试井

大牛地气田已进行的修正等时试井中，DK4井、D30井试井曲线正常，常规处理即可求取准确的产能方程，D15井、D16井、DK2井、DK3井修正等时试井资料，由于受诸多因素的影响，修正等时试井资料按常规的方法处理后，紊流系数B为负值（二项式产能曲线反向），指数式方程中的渗流指数$n>1$，求取的产能方程不符合气藏工程理论要求。

鉴于常规处理方法不能求取准确的产能方程，如果重新进行产能试井，不仅增加经济投入，造成资源的浪费，而且影响对气层产能的正确评价认识，延迟勘探开发的进程。为此，对异常资料进行重新处理解释，建立产能方程，进行产能评价，具有十分重要的现实意义。大牛地气田采用异常曲线校正法、LIT分析法对试井资料进行了综合分析，正确评价了气井产能。

异常试井资料求取产能的方法（简称异常曲线校正法）由西南石油学院李允教授等提出。该方法通过假定试井时测取的压力与实际压力存在误差，通过消除误差的方式对异常曲线进行校正。例如，当试井时测取的静压p'_e与实际地层压力p_e相差δ_p时，即：

$$p_e=p'_e+\delta_p$$

二项式方程可写为如下形式

$$(p'_e+\delta_p)^2-p_{wf}^2=Aq_g+Bq_g^2$$

或

$$p_e'^2-p_{wf}^2=Aq_g+Bq_g^2-(2p'_e\delta_p+\delta_p^2)$$

设

$$C_d=2p'_e\delta_p+\delta_p^2$$

则二项式方程变形为：

$$p_e'^2-p_{wf}^2+C_d=Aq_g+Bq_g^2$$

$p_e'^2-p_{wf}^2$并不满足二项式关系，只有加上由地层静压测取不准引起的C_d，才能满足二项式关系。利用试差法求解，求出使得线性关系最佳C_d之后，即可建立气井产能方程。

利用异常曲线校正法，求出各井二项式和指数式方程。对于低渗透气藏，系统试井时，取得一个稳定的测点极其困难，针对这个问题，1976 年 Brar 和 Aziz 提出利用修正等时试井不稳定流动阶段的压降资料来求取产能系数 A 和 B(即 LIT 分析法)。LIT 分析法主要利用修正等时试井等时阶段连续的不稳定测试资料，消除了因开关工作制度转换引起的波动误差。

根据渗流力学，稳定流动和不稳定流动阶段压力响应特征为

稳定流动：

$$\Delta p^2=p_R^2-p_{wf}^2=2m\left[\lg\left(\frac{0.472r_e}{r_w}\right)+\frac{S}{2.203}\right]q_{sc}+0.869mDq_{sc}^2=Aq_{sc}+Bq_{sc}^2 \qquad (5-3-5)$$

其中：$A=2m\left[\lg\left(\dfrac{0.472r_e}{r_w}\right)+\dfrac{S}{2.303}\right]$

不稳定流动：

$$p_r^2-p_{wf(t)}^2=m\left[\lg\left(\frac{Kt}{\phi\overline{\mu_g}\,\overline{C_g}r_w^2}\right)-2.098+0.869S\right]q_{sc}+0.869mDq_{sc}^2=A_tq_{sc}+Bq_{sc}^2 \qquad (5-3-6)$$

$$m=\frac{1.468\times10^{-3}T\mu Z}{kh}$$

其中：$A_t=m\left[\lg\left(\dfrac{K}{\phi\overline{\mu_g}\,\overline{C_g}r_w^2}\right)+-2.098+0.869S\right]+m\lg t$

式中 p_R^2——气层平均地层压力，MPa；

p_{wf}^2——井底流压，MPa；

q_{sc}——产量，m^3/d；

r_e——泄气半径，m；

r_w——井眼半径，m；

S——表皮系数；

D——惯性系数；

K——渗透率，μm^2；

μ_g——气体黏度，mPa·s；

ϕ——孔隙度,%；

C_g——气体等温压缩率，MPa^{-1}；

t——时间，h；

p_r^2——每个关井工作制度的关井恢复压力，MPa；

$p_{wf(t)}^2$——每个开井工作制度下时间对应的井底流压，MPa。

根据稳定流动和不稳定流动阶段压力响应特征，稳定流动和不稳定流动阶段的产能系数 B 是相同的，但产能系数 A 不同。产能系数 B 和不稳定流动阶段不同时刻产能系数 A_t，可根据修正等时试井等时阶段的不稳定测试资料，利用最小二乘法求解，其求解公式为：

$$A_t=\frac{\sum\frac{\Delta p^2}{q_{sc}}\sum q_{sc}^2-\sum\Delta p^2\sum q_{sc}}{N\sum q_{sc}^2-\sum q_{sc}\sum q_{sc}} \qquad B=\frac{N\sum\Delta p^2-\sum\frac{\Delta p^2}{q_{sc}}\sum q_{sc}}{N\sum q_{sc}^2-\sum q_{sc}\sum q_{sc}} \qquad (5-3-7)$$

根据 A_t 表达式，A_t 是时间 t 的函数。N 个时距的 A_t 求出后，经线性回归求出 A_t 与时间

t 的表达式，确定出回归直线的斜率 m，之后可计算泄气半径所对应的稳定产能系数 A，产能系数 B 一般取最长时距所对应的值，确定了 A、B 值，即获得了气井的产能方程。

利用 LIT 法重新处理 4 口井的修正等时试井资料，求取的二项式系数见表 5-3-1。

利用异常曲线校正法和 LIT 法，对大牛地气田修正等时试井资料进行了重新处理，分别建立了二项式产能方程。重新处理后二项式曲线正常($B>0$)，指数式方程中的渗流指数 n 位于正常范围内($0.5<n<1$)，两种方法计算的无阻流量较为接近(表 5-3-2)。

表 5-3-1　修正等时试井资料重新处理结果表

井　号	二项式系数		$q_{AOF}/(10^4m^3/d)$
	A	B	
D15	6.48×10^{-4}	2.40×10^{-8}	15.23
D16	2.71×10^{-3}	1.67×10^{-8}	12.97
DK2	3.54×10^{-4}	1.16×10^{-8}	22.99
DK4	2.13×10^{-3}	8.02×10^{-9}	18.75

表 5-3-2　异常曲线校正法和 LIT 法求取的无阻流量对比表

井　号	异常曲线校正法 $q_{AOF}/(10^4m^3/d)$	LIT 方法 $q_{AOF}/(10^4m^3/d)$	相对差别/%
D15	15.9658	15.23	5
D16	14.6739	12.97	12
DK2	26.8188	22.99	14
DK4	20.3335	18.75	8

(二) 一点法产能试井

由气井无因次 IPR 曲线得到“一点法”产能通式：

$$Q_{AOF}=\frac{2(1-\alpha)Q_g}{\alpha(\sqrt{1+4(1-\alpha)P_D/\alpha^2}-1)} \tag{5-3-8}$$

$$p_D=\frac{P_R^2-P_{wf}^2}{P_R^2}=1-\left(\frac{P_{wf}}{P_R}\right)^2 \qquad \alpha=A/(A+B\times Q_{AOF})$$

只要根据大量可靠的稳定产能试井或等时试井、修正等时试井结果，确定“一点法”产能通式中的经验参数 α 便可建立本气田(藏)一点法经验产能公式，稳定试井资料越多，所建立的经验产能公式越具有代表性。

目前，通常使用的一点法计算公式为陈元千教授根据全国 16 个气田 16 口气井的稳定试井资料分析结果推导获得($\alpha=0.25$)：

$$Q_{AOF}=\frac{6Q_g}{\sqrt{1+48P_D}-1} \tag{5-3-9}$$

紧邻大牛地气田的长庆气田利用上古生界 6 口气井的修正等时试井资料，也推导出自己的一点法计算公式($\alpha=0.8793$)：

$$Q_{AOF}=\frac{0.2745Q_g}{\sqrt{1+0.6244P_D}-1} \tag{5-3-10}$$

大牛地气田利用异常试井资料的校正方法，对 DK2 井、DK3 井、D15 井、D16 井的修正等时试井资料进行重新处理和计算，根据校正过的 DK2 井、DK3 井、D15 井、D16 井修正等时试井资料及 DK4 井、D30 井的实测资料求取的 $\alpha=0.7788$，与长庆公式较接近。

通过研究建立的适用于大牛地气田的“一点法”产能经验公式为：

$$Q_{\mathrm{AOF}}=\frac{0.5861q_{\mathrm{g}}}{\sqrt{1+1.4588P_{\mathrm{D}}}-1}\quad（二项式形式）\tag{5-3-11}$$

或

$$Q_{\mathrm{AOF}}=\frac{q_{\mathrm{g}}}{0.86267P_{\mathrm{D}}^{0.80303}}\quad（指数形式）$$

陈元千公式、长庆公式、大牛地公式计算的无阻流量存在一定差异。其中，长庆公式（$\alpha=0.8793$）计算结果最大，陈元千公式（$\alpha=0.25$）计算结果最小，大牛地公式（$\alpha=0.7788$）居中且更接近于长庆公式。各方法产生差异的原因在于 α 值的不同，α 值越大，计算的无阻流量越大；当产能低于 $1\times10^4\mathrm{m}^3/\mathrm{d}$ 时，α 值对产能计算结果的影响较小（表 5-3-3）。

表 5-3-3　大牛地气田部分气井一点法测试产能分析结果对比表

井　名	层　位	静压/MPa	流压/MPa	产量/($10^4\mathrm{m}^3$/d)	无阻流量/($10^4\mathrm{m}^3$/d)			
					陈元千公式	长庆公式	大牛地公式	备注
鄂 1	盒 3 段	18.83	10.35	0.62	0.7633	0.8585	0.8375	
D7	盒 3 段	25.75	12.38	2.475	2.8797	3.1369	3.0796	
DK6	盒 1 段	24.918	22.69	0.855	2.5232	4.5149	4.1275	
DK15	盒 2 段	25.54	22.27	1.6766	3.9665	6.3726	5.8889	
D30	盒 2 段	25.515	22.83	2.0557	5.4737	9.3261	8.5653	
DK14	盒 3 段	26.34	23.78	2.2695	6.3549	11.0929	10.1643	
DK12	盒 3 段	26.32	23.24	3.7723	9.4211	15.5535	14.3308	
DK13	盒 3 段	26.45	24.86	7.5083	28.7207	57.6237	52.1969	

（三）考虑垂直管流压降合采井产能评价方法

针对合采井单层试气，提出了考虑层间垂直管流压降的方法来评价全井段气井产能。

1. 数学模型

假设各层之间有非常好的非渗透隔层，各层的厚度、孔隙度、渗透率、表皮系数和地层压力等参数可以不同，如图 5-3-4 所示。

则气井单层产量为：

$$\bar{q}_{sfDj}=\frac{\bar{p}_{Dj(rD=1)}-\bar{p}_{iDj}}{u\bar{G}_{Dj}-G_{iDj}}\tag{5-3-12}$$

气井总产量为：

$$\bar{q}_{sfD}=\sum_{j=1}^{N}\frac{\bar{p}_{Dj(rD=1)}-\bar{p}_{iDj}}{u\bar{G}_{Dj}-G_{iDj}}\tag{5-3-13}$$

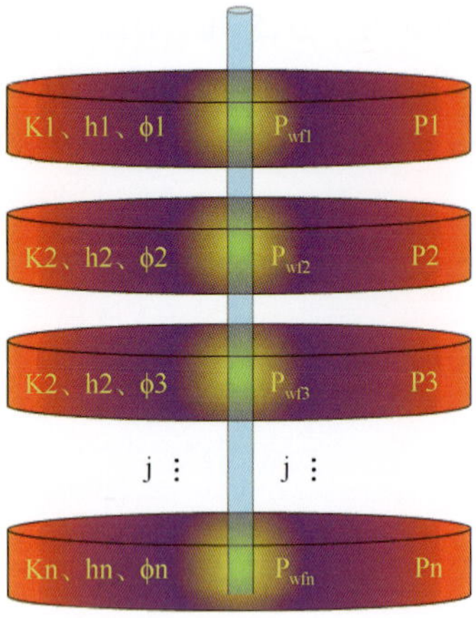

图 5-3-4 多层合采示意图

如果忽略气井垂直管流压降的影响，即在储层中部井筒附近压力相等：$\bar{p}_{wD}=\bar{p}_{Dj(rD=1)}$，则气井产量为：

$$\bar{q}_{sfD}=\sum_{j=1}^{N}\frac{\bar{p}_{wD}-\bar{p}_{iDj}}{u\bar{G}_{Dj}-G_{iDj}} \tag{5-3-14}$$

式中 $\bar{q}_{sfdj}$——第 j 层的产量；

$\bar{q}_{sfD}$——气井的总产量；

$\bar{p}_{Dj(rD=1)}$——井筒处无因次压力；

$\bar{p}_{iDj}$——第 j 层无因次原始压力；

$\bar{G}_{Dj}$——第 j 层无因此产量下的无因此压力解；

G_{iDj}——第 j 层无因此产量下无因此原始压力；

$\bar{p}_{wD}$——储层中部井筒附近无因此压力。

2. 合层产能方程确定方法

设合采气井有三个生产层段，分别是山 2^1 层、山 2^2 层、盒 2+3 层，它们的产能方程分别为：

山 2^1 层： $P_{R1}^2-P_{wf1}^2=A_1q_{sc1}+B_1q_{sc1}^2$

山 2^2 层： $P_{R2}^2-P_{wf2}^2=A_2q_{sc2}+B_2q_{sc2}^2$ （5-3-15）

盒 2+3 层： $P_{R3}^2-P_{wf3}^2=A_3q_{sc3}+B_3q_{sc3}^2$

计算步骤为：

首先根据三个层段的产能方程，如图 5-3-5 所示，按垂直管流原理，以山 2^1层为起点，从下往上依次计算出山 2^2层和盒 2+3 层段的流压和产量。

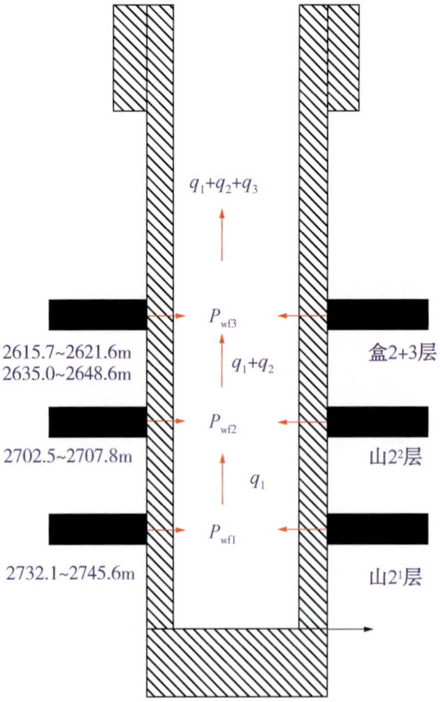

图 5-3-5 垂直管理法计算流程

其次将计算出的三个层段产量相加，得到三个合采层段总产量。

最后根据计算出的合采产量与合采层段中部深度对应井底流压，计算得到三个层段合采产能方程：

$$P_R^2-P_{wf}^2=A_1q_{sc}+B_1q_{sc}^2 \tag{5-3-16}$$

3. 应用效果

以大 66 井区 D65-10 井为例来进行分析，D65-10 井测试层位分别为盒 3 段、山 2 段、太 2 段。D65-10 井测试基本数据如表 5-3-4 所示。

表 5-3-4 实际分层测试气井产能表

井 名	层 位	无阻流量/($10^4m^3/d$)	平均地层压力/MPa	井底流压/MPa	压力比	产量/无阻流量/($10^4m^3/d$)
D65-10	H_3	0.93	25.79	9.94	0.39	0.87
	S_2	3.76	25.01	10.19	0.41	0.85
	T_2	3.35	23.74	10.06	0.42	0.84
合计		8.049				

运用考虑垂直管流压降的合采井产能计算模型计算 H_3、S_2、T_2 管流压降及无阻流量，如表 5-3-5 所示。

表 5-3-5 分层计算垂直管流压降气井产能表

层 位	气层中深/m	层间间隔/m	管流压降/MPa	平均地层压力/MPa	计算的井底流压/MPa	计算的无阻流量/($10^4m^3/d$)
盒 3 段	2579	110	0.21	25.79	10.15	8.002
山 2 段	2689	104	0.13	25.01	10.32	
太 2 段	2793	0	0	23.74	10.06	

由合层计算得到的无阻流量比单层测试的无阻流量之和小 $0.047\times10^4m^3/d$，相对误差 0.64%，可以忽略不计。

从前面的研究结果看，选区含气井段大部分小于 100m，根据垂直管流原理考虑层间影响计算分析看，合层开采全井段无阻流量只略小于各个层段的无阻流量之和，因此，合层开采全井段无阻流量可用各个层段的无阻流量之和。

4. 产能预测

变量的关系可以分为两类，其中，一类是有确定的函数关系，知道其中的自变量，就可以确定因变量。另一类是统计相关关系，即非确定性关系。对于统计相关的变量，我们能够在已知主要影响变量(如 X 变量)变化的情况下，预测感兴趣变量(Y)的变化。回归分析就是要寻找在给定自变量的条件下因变量(Y)的概率分布，从而用一种确定的函数关系近似描述因变量与自变量之间的不确定关系。多元回归分析是用变量的观察数据拟合所关注的变量和影响它变化的变量之间的依存关系式，检验影响变量的显著程度和比较它们的作用大小，进而用两个或多个变量的变化解释和预测另一个变量的变化。

$$Y=B_0+B_1X_1+B_2X_2+\cdots+B_kX_k+\varepsilon$$

Y 为可观察的随机变量；X_1，X_2，…，为可观察的一般变量(自变量)；B_0，B_1，…

为待定模型的回归参数；ε 为是不可观测的随机误差。

多元回归分析的过程就是基于最小二乘法原则，根据一系列独立观察的样本数据，求取回归系数，可以应用 SPSS 社会统计学软件来实现。

无阻流量受气层厚度、物性、含气性等多种地质因素以及其他未知随机因素的影响，因此，无阻流量与储层参数之间为统计相关关系，即非确定性关系，可以应用多元回归分析方法，建立无阻流量的计算模型，其关键在于回归参数的选取和回归方程的建立。

1）无阻流量与储层参数的关系研究

试气层的无阻流量指理论上井底流压为 0.1MPa 绝对压力时的气井产量，因此无阻流量是衡量气井产能的指标，也是评价气层含气性的重要参数。大牛地气田气井无阻流量主要采用一点法经验产能公式计算，使用的一点法计算公式有陈元千公式、长庆公式、大牛地公式等。其中，陈元千公式是陈元千教授根据全国 16 个气田 16 口气井的稳定试井资料分析结果推导获得（α=0.25）

$$Q_{\mathrm{AOF}}=\frac{6Q_{\mathrm{g}}}{\sqrt{1+48P_{\mathrm{D}}}-1} \tag{5-3-17}$$

$$p_{\mathrm{D}}=\frac{P_{\mathrm{R}}^2-P_{\mathrm{wf}}^2}{P_{\mathrm{R}}^2}=1-\left(\frac{P_{\mathrm{wf}}}{P_{\mathrm{R}}}\right)^2 \tag{5-3-18}$$

式中　Q_{AOF}——气井无阻流量，m^3/d；

Q_{g}——产气量，m^3/d；

P_{R}——气层平均地层压力，MPa；

P_{wf}——井底流动压力，MPa。

本次研究应用的无阻流量，根据陈元千公式求取；试气层以单试层为主，合试层各层的无阻流量采用地层系数（KH）进行劈分求得；气层的地质参数主要有气层厚度、泥质含量、粒度中值（岩性参数）、孔隙度、渗透率（物性参数）、含气饱和度（含气性参数）等，根据测井资料求取。由于盒 2 段-盒 3 段、盒 1 段、山西组、太原组分别属于陆相辫状河流、海陆交互相三角洲、海相障壁海岸等不同的沉积体系，无阻流量与储层参数可能存在不同的关系，因此，分四套层系对盒 2 段-盒 3 段、盒 1 段、山西组、太原组分别进行了无阻流量与气层厚度、孔隙度、渗透率、含气饱和度、泥质含量等储层参数的相关分析。

无阻流量与储层参数的单因素相关分析结果表明，气层厚度、含气饱和度、孔隙度与无阻流量的相关性最强，是影响产能的主要地质参数。其中，气层无阻流量与气层厚度为线性正相关关系，与含气饱和度、孔隙度等参数呈指数正相关关系。盒 3 段气层无阻流量与气层厚度、含气饱和度、孔隙度的相关系数分别为 0.76~0.83（图 5-3-6）。

盒 1 段气层无阻流量与气层厚度、含气饱和度、孔隙度的相关系数分别为 0.64~0.84（图 5-3-7）。山西组气层无阻流量与气层厚度、含气饱和度、孔隙度的相关系数分别为 0.73~0.77（图 5-3-8）。太原组气层产能主要受气层厚度、含气饱和度等地质参数的影响，而与孔隙度的关系不明显（图 5-3-9）。

由于无阻流量与孔隙度、含气饱和度呈指数相关关系，将孔隙度、含气饱和度经过线性变换得到 e^{φ}、e^{Sg} 等参数，因此，无阻流量与气层厚度（H）、e^{φ}、e^{Sg} 等参数均为线性相关关系，可以作为回归参数，利用多元线性回归方法，建立无阻流量的回归方程。

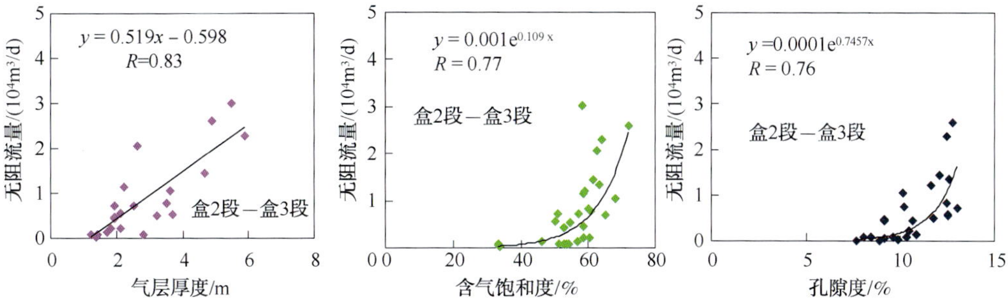

图 5-3-6 盒 2-盒 3 段无阻流量与气层厚度、含气饱和度、孔隙度的关系图

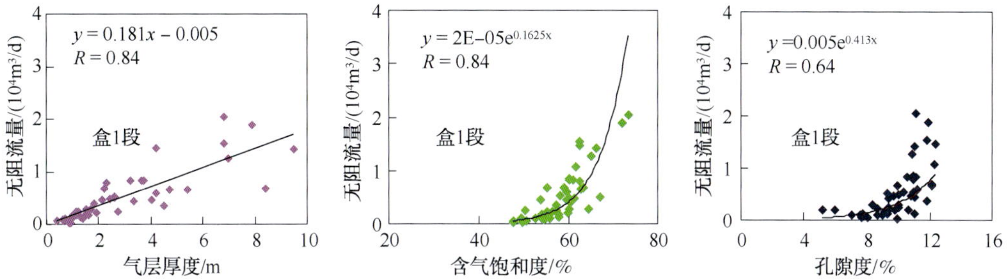

图 5-3-7 盒 1 段无阻流量与气层厚度、含气饱和度、孔隙度的关系图

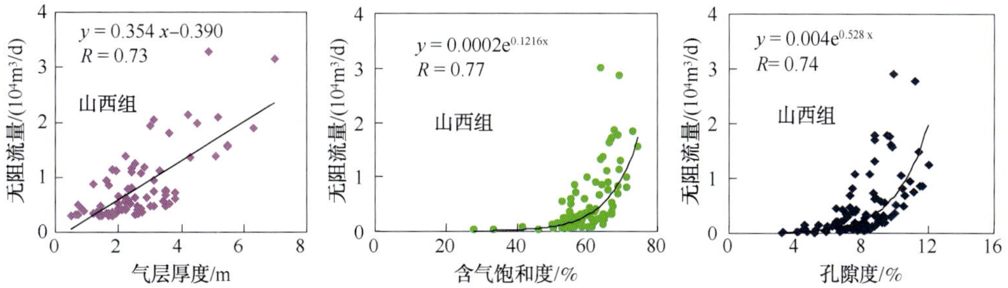

图 5-3-8 山西组无阻流量与气层厚度、含气饱和度、孔隙度的关系图

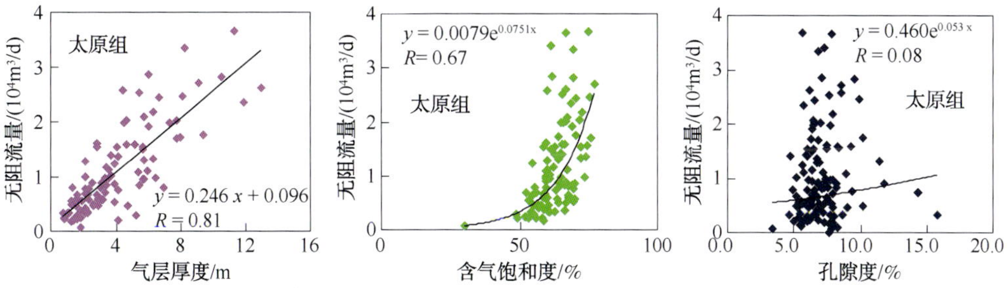

图 5-3-9 太原组无阻流量与气层厚度、含气饱和度、孔隙度的关系图

2）回归方程的建立与检验

（1）回归方程的建立。以无阻流量为因变量，以试气层的气层厚度(H)、e^{φ}、e^{Sg}为自变量，分别以盒 2 段-盒 3 段、盒 1 段、山西组、太原组 4 套层系的试气层数据为样本数据，应用 SPSS 统计分析软件进行多元线性回归，得到 4 套层系的回归方程(表 5-3-6)。

表 5-3-6　不同层位无阻流量计算模型

层　位	无阻流量计算模型
盒 2 段-盒 3 段	$Q=0.532\times H+0.801\times e^{Sg}+3.012\times e^{\varphi}-4.64$
盒 1 段	$Q=0.089\times H+2.239\times e^{Sg}+5.182\times e^{\varphi}-9.116$
山西组	$Q=0.28\times H+0.569\times e^{Sg}+8.14\times e^{\varphi}-9.52$
太原组	$Q=0.216\times H+1.234\times e^{Sg}-2.089$

（2）回归方程的检验。4 套层系的无阻流量回归方程的相关系数在 0.83 以上，最高 0.90，表明判别方程中的自变量(气层厚度、含气饱和度、孔隙度)对因变量(无阻流量)的解释能力较强。从预测无阻流量与测试无阻流量的关系图上可以看出，趋势线基本与 45°对角线重合，除个别异常数据点外，大部分数据点分布在 45°对角线附近(图 5-3-10)，也说明回归方程用于预测无阻流量的精度较高。个别异常数据点的出现，则可能是由于工程因素或其他我们无法考虑到的随机因素造成。

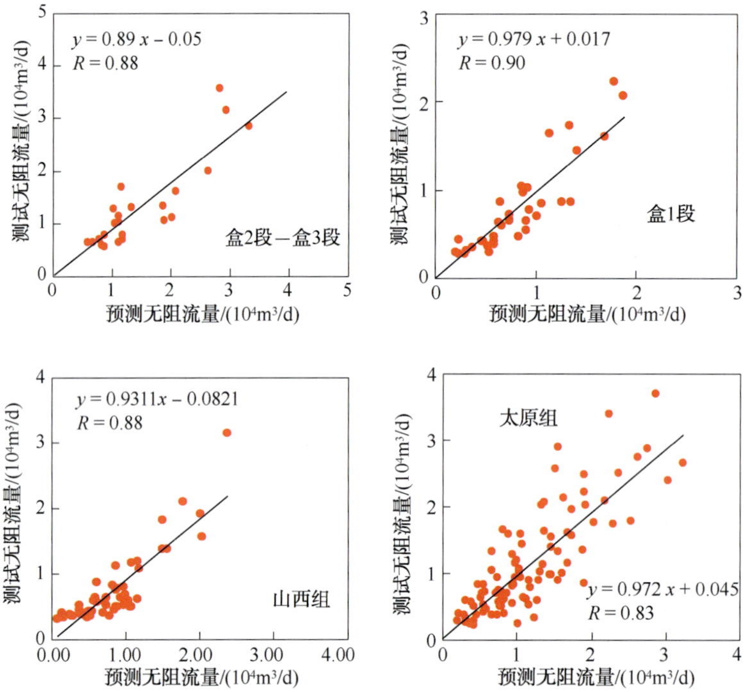

图 5-3-10　计算无阻流量与实测无阻流量的关系图

第四节　致密低渗气田钻完井技术

针对上古生界气藏压力系数低、气层产量低、钻井过程中容易受伤害等特点，在保护气层的同时进一步降低成本，为此，通过开展钻井液和钻井工艺以及固井工艺技术研究，降低了钻井液密度，优化了钻井参数，通过钻头选型和采用平衡压力固井技术，既保护了储层，亦提高了机械钻速，缩短了钻井周期，降低了成本，提高了气田勘探开发效益。

一、合理井身结构的确定

（一）地层压力预测

根据气层测试、钻井完井过程中地层压力监测、测井资料解释以及地层破漏压力试验，预测白垩系、侏罗系上部地层孔隙压力梯度当量密度为1.0~1.05g/cm³，地层破裂压力梯度当量密度4.20~4.70g/cm³；上古生界地层孔隙压力梯度当量密度为1.05~1.10g/cm³，地层破裂压力梯度当量密度1.58~1.98g/cm³；下古生界地层孔隙压力梯度当量密度为0.8~1.08g/cm³，地层破裂压力梯度当量密度1.60~1.92g/cm³。

（二）必封点确定

第四系风积砂散层及下白垩统志丹群砂砾岩，地层不稳定，易发生井壁垮塌，同时，上述层段也是当地居民饮用水的主要采集层及区域性含水层，必须保证其不被污染，因此，第四系和下白垩统志丹群为必封层段。

下古生界奥陶系风化壳与上古生界地层分属两个不同的压力体系，而且地层压力较低，风化壳裂缝和溶蚀孔洞发育，易发生井漏。当钻井需要在下古生界完井时，为分隔不同的压力体系避免井下复杂情况，风化壳顶板以上为必封层段。

（三）生产管柱优选

根据多相管流理论，每一个产量下都有一个最佳油管尺寸，使得气井中压力梯度或者说压力损耗最小。通过分析研究，对于采用原试气管柱进行单层采气，其生产管柱选择62mm(外径73mm)的油管最佳，多层合采时采用50.7mm的油管，既降低了开发成本，又有利于排水采气。

（四）生产套管、完井井眼确定

大牛地气田最优的采气生产管柱是73mm，可供选择的生产套管可以是127mm、139.7mm和177.8mm。其中139.7mm生产套管使用最为普遍，配套的井下工具也比较成熟，可靠性高，127mm生产套管配套的井下工具可靠性要稍差一些，177.8mm生产套管成本相对较高，故选择139.7mm套管作为大牛地气田的主要生产套管。同时根据大牛地气田储层为上古生界，地质条件不太复杂，不需要多层套管和固井的需要，故选择215.9mm井眼作为完井井眼。

（五）合理井身结构的确定

结合大牛地气田地质特征，经对比分析，确定了既有利于钻井、完井、测试、试采等工程作业的顺利完成和油气层保护与发现，又具有较低作业成本，最适合于大牛地气田开发的井身结构。一开：ϕ311mm钻头×301ITI井深+ϕ245mm套管×300m下深；二开：ϕ16mm钻头×完井井深+ϕ139.7mm套管×完井井深，同时选择合理的区块，采用定向井、水平井或多底井开发。

（六）井身结构合理性评价

根据地层压力系统计算表层套管鞋处所需要的最小破裂压力梯度当量密度1.69g/cm³，表层套管鞋处地层破裂压力梯度达4.2g/cm³当量密度以上，大于所需破裂压力梯度几倍。

根据计算下生产套管时的最大压差ΔP为4.6kg/cm²，远远小于169kg/cm²，表明生产套管下入时无被卡的危险。生产套管的实用性、经济性评价认为，ϕ140mm 套管可以满足大牛地气田的生产需要，较 ϕ178mm 套管要经济得多，较 ϕ114mm 套管有更好作后续作业的选择。故 ϕ140mm 生产套管是比较合理的选择。

二、低伤害钻完井液体系

（一）钻井完井液体系要求

根据大牛地气田致密碎屑岩储层矿物组分及其理化性能，要求钻井液具备以下特点：

（1）有较强的抑制性。石千峰组以上地层钻遇大段泥岩、砂岩，均易出现缩径性卡钻，为了防止地层缩径，使钻井液体系保持低固相、低密度、强抑制性，有利于机械钻速的提高和井壁的稳定，石千峰组以下地层多为硬脆性泥岩，层理缝发育，强抑制性能使钻井液滤液沿层理裂隙渗入时，不致于引起黏土矿物的水化膨胀，有利于增强井壁稳定性。

（2）密度低。大牛地气田气层孔隙压力低，造成钻井过程中正压差过大，不利于储层保护，为了有效地保护气层，避免较大的正压差引起井下复杂情况，在满足安全生产的前提下，降低钻井液密度。

（3）滤失低。由于大牛地气田属于低孔特低渗储层，提高钻井液滤液的黏度，降低泥饼渗透率，尽量减少钻井液滤液进入地层的量是降低滤液造成储层损害的关键之一。

（4）流变性好。在不同井段与工程措施下，钻井液应具有与之相适应的流变性，在井壁稳定与快速钻井的井段，具有良好的剪切稀释性和携岩能力，在易掉块、易塌、易漏井段，具有相应的黏切、低触变性，而且能在不同的钻具组合、不同的排量下都能有效携岩。

（5）坚固的造壁性和严密的封堵能力。要求钻井液体系对易发生剥落掉块、井塌井段，严密封堵，形成致密泥饼，既要求钻井液中黏土颗粒具有足够分散度，改善泥饼质量，还要有足够的可变形粒子堵塞微裂缝，目的层钻井液还应有足够的刚性粒子，保证钻井液颗粒的合理级配，并与地层孔喉裂隙分布相配，在井壁附近形成致密的“屏蔽环”，从而有效地减少钻井液滤液进入地层，增强井壁稳定性。

（二）钻井完井液体系配方

1. 处理剂优选

1）抑制剂的筛选

在 4%膨润土中分别加入一定量的大分子高聚物，做岩屑滚动回收试验。试验结果表明，KPAM 抑制钻屑分散能力最好。

相同浓度的抑制剂在 NP-01 膨胀测试仪器测试其线性膨胀量（图 5-4-1、图 5-4-2）。由膨胀曲线表明，KPAM 抑制膨胀能力最强。

2）中小分子聚合物降滤失剂

在中小分子聚合物降滤失剂 NH_4HPAN、KHPAN、CPAN、HPAN 水溶液（浓度均为 0.1%）进行分散性试验，并用 NP-01 膨胀仪进行膨胀性试验。图 5-4-3 是 0.5%的中小分子聚合物降滤失剂在三轴应力防塌仪上的防塌试验，可以看出防塌效果由强到弱依次是 KHPAN、NH_4HPAN、HPAN、CPAN。

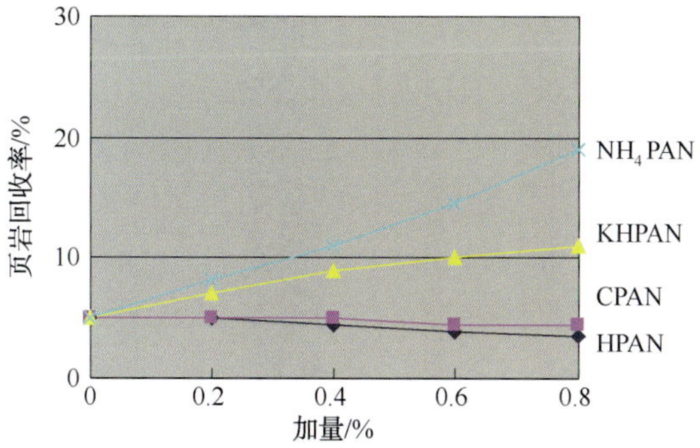

图 5-4-1　页岩回收率曲线

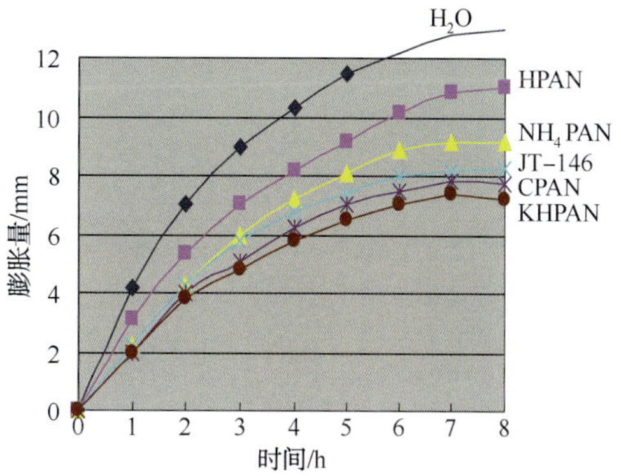

图 5-4-2　泥岩回膨胀曲线

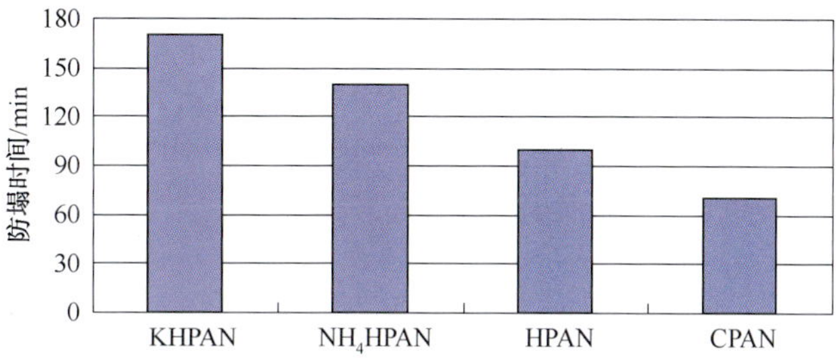

图 5-4-3　小分子聚合物防塌时间对比

2. 配方优选

通过处理剂筛选试验和复配试验，优选出钻井液配方性能见表 5-4-1。图 5-4-1、图 5-4-2 是 1#浆、2#浆、3#浆钻井液的岩屑回收率和页岩膨胀率对比图。从表 5-4-1 和图 5-4-4、图 5-4-5 可以看出 3#浆配方具有良好的抑制性、流变性，130℃热滚 24h 后的 API 失水为 4mL。3#钻井液配方为 4%钠土+0. 4%KPAM+0. 3%KHPAN+0. 5%NH_4HPAN+0. 8%低黏 CMC+2%防塌剂。

表 5-4-1　钾铵基聚合物钻井液配方优选

钻井完井液体系＼性能		*ρ*	*AV*	*PV*	*YP*	*BAPI*	*HTHP*	岩屑回收率/%	8h 页岩膨胀率/%	备　注
		g/cm³	mPa · s	mPa · s	Pa	mL/mm	mL/mm			
钾铵基聚合物钻井液	1#	1. 03	18	11	6. 5	9. 3/0. 3	25/0. 5		36	常温
		1. 03	18	10	4	12/0. 3		68		130℃
	2#	1. 03	25	17	8	10. 5/0. 3	19/0. 5		31	常温
		1. 03	23	13	4	9/0. 3		72		130℃
	3#	1. 03	34	20	12	5/0. 3	15/0. 5		27	常温
		1. 03	29. 5	15	6	4/0. 3		81 *		130℃

3. 钻完井液密度优化

大牛地气田上部井段地层孔隙压力为正常压力系统(表 5-4-2)，目的层为低压—正常压力系统，气层低孔低渗低产，井喷的风险较小，在钻井液密度的选择上以最大孔隙压力为基础，选择密度附加值为 0.07g/cm^3。此密度在孔隙压力和破裂压力的安全窗口内，实现了安全性经济性。目的层以上井段钻井液密度<1.08g/cm^3，目的层段保护钻井液密度小于<1.10g/cm^3，实现了近平衡钻井，有利于机械钻速的提高。

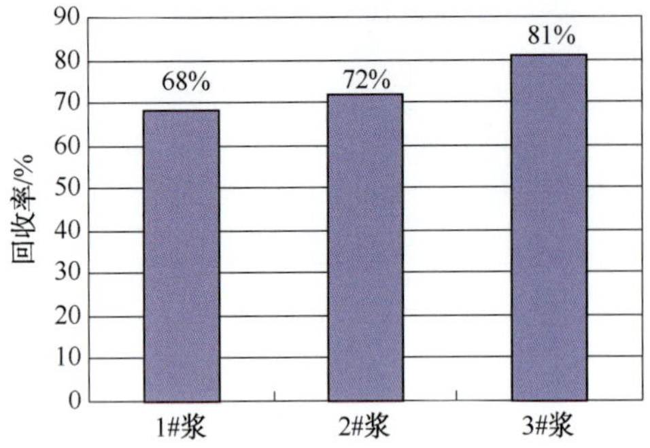

图 5-4-4　1#、2#、3#浆岩屑回收率对比

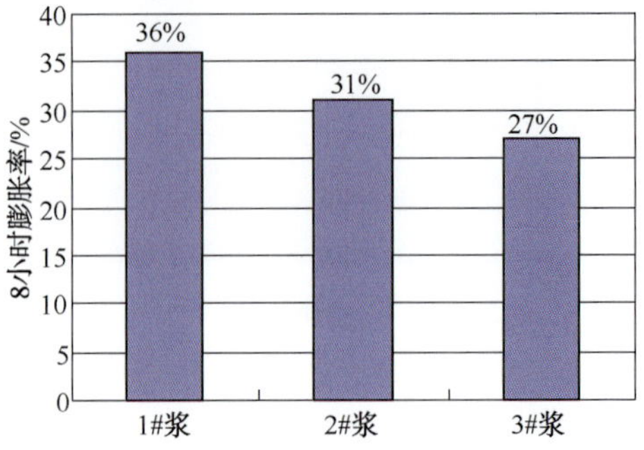

图 5-4-5　1#、2#、3#浆 8h 膨胀率对比

表 5-4-2　大牛地气田地层孔隙压力梯度、破裂压力梯度和钻井液密度

地层组段	地层破裂压力梯度（当量密度）/（g/cm^3）	地层孔隙压力（当量密度）/（g/cm^3）	钻井液密度/（g/cm^3）
白垩系、侏罗系上部	4.20~4.70	1.00~1.05	<1.05
侏罗系下部、三叠系中、上统	1.40~1.60	1.00~1.05	<1.08
三叠系下统	1.35~1.40	1.00~1.05	<1.08
上古生界	1.58~1.98	0.89~0.99	<1.10

4. 钻井液流变参数优化

通过优化，钾铵基聚合物钻井液的宾汉模式动塑比值控制在 0.36~0.48Pa/mPa·s、幂律模式 n 值控制在 0.5~0.7，有利于井眼净化。图 5-4-6 为 DK36 井深与动塑比变化曲线，其动塑比控制在 0.32~0.48 之间，满足净化井眼的要求。

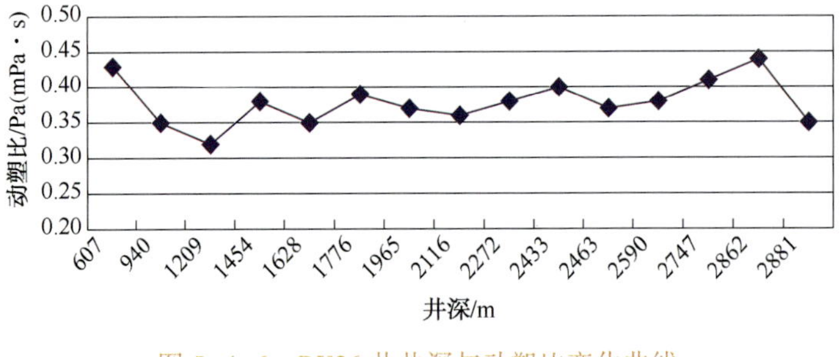

图 5-4-6　DK36 井井深与动塑比变化曲线

5. 钾铵基钻井液井壁稳定机理分析

KPAM 和 NH_4HPAN 提供了大量的 K^+ 和 NH_4^+，K^+、NH_4^+ 水化能分别为 393kJ/mol 和 364kJ/mol，均低于 Li^+、Na^+、Ca^{2+}、Mg^{2+} 和 Ba^{2+} 等阳离子，由于黏土对阳离子吸附具有选择性，它优先吸附水化能较低的阳离子，因而 K^+、NH_4^+ 往往比 Na^+ 或 Ca^{2+} 优选被黏土所吸附；此外，当其被黏土吸附后，由于水化能低，会促使晶层间脱水，使晶层受到压

缩，形成紧密的构造，从而能够有效地抑制黏土水化；而 K^+、NH_4^+的直径分别为 2.66Å 和 2.86Å，可以进入两个氧六角环之间的空间，K^+、NH_4^+的这种作用称为 K^+的晶格固定作用。正是由于这种作用，使 K^+有可能尽量靠近相邻晶层的负电荷中心，因而所形成的致密构造不会在水中再发生较强的水化。这种构造已经过脱水、压缩，所以 K^+很难再被置换。而聚合物特有的吸附-包被作用阻止了页岩分散，有效地稳定页岩，从而促使井壁稳定。在使用钾铵基聚合物钻井液体系已 400 余口开发井中，井身质量均全面达到了工程设计要求，全面满足了安全钻井施工的要求。

6. 钾铵基钻井完井液体系气层伤害评价

通过钻井完井液动态损害实验(实验结果见表 5-4-3 和图 5-4-7、图 5-4-8)，说明钾铵基钻井完井液体系对储层的伤害深度很浅。

表 5-4-3　岩心污染后渗透率恢复情况

岩心号	岩心污染后渗透率恢复情况								在污染端切去部分岩心后的渗透率恢复情况		
	K_a/ $10^{-3}\mu m^2$	T/℃	K_{wa}/ $10^{-3}\mu m^2$	S_w/%	K_{wa}^*/ $10^{-3}\mu m^2$	S_w^*/ %	(K_{wa}^*/K_{wa})/ %	FL_{120}/g	L/cm	$K_{wa}^{*\prime}$/ $10^{-3}\mu m^2$	$(K_{wa}^{*\prime}/K_{wa})$/ %
DK13-51H3	0.47	80	0.21	30.65	0.15	31.03	70.94	8.10			
DK13-50H3	0.66	80	0.42	31.49	0.23	32.18	55.72	11.04	1.412	0.309	73.77
大 10H3-1#	0.36	80	0.10	68.32	0.04	69.08	39.88	1.76	1.716	0.1	101.0
大 15H2-1#	0.42	80	0.09	55.00	0.06	55.50	65.44	0.79	1.456	0.093	101.5
大 20S1-2#	0.51	75	0.18	60.21	0.12	60.73	69.44	5.79	1.196	0.158	89.32
大 15S1-1#	0.55	85	0.33	32.56	0.27	33.02	82.09	9.69			

备注：K_a：岩心气体渗透率；
T：实验温度。
K_{wa}：岩心污染前含水饱和度下气体渗透率；
S_w：污染前岩心含水饱和度；
K_{wa}^*：岩心污染后含水饱和度下气体渗透率；
S_w^*：污染后岩心含水饱和度；
$K_{wa}^{*\prime}$：岩心切取后含水饱和度下气体渗透率；
FL_{120}：120 分钟动态损害过程中岩心的总滤失量；
K_{wa}^*/K_{wa}：岩心污染后渗透率恢复值；
L：切取的岩心污染段长度；
$K_{wa}^{*\prime}/K_{wa}$：岩心切取后渗透率恢复值。

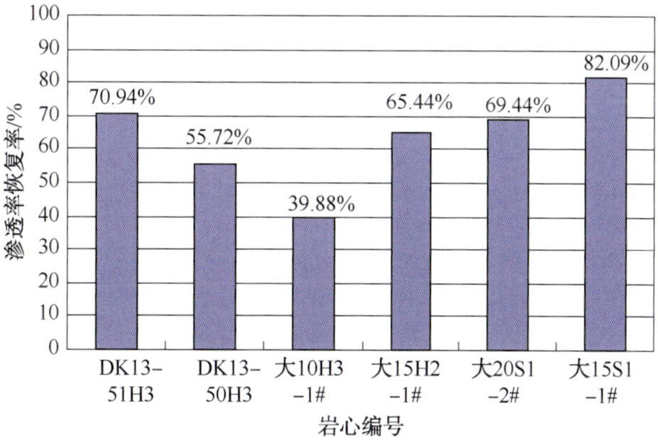

图 5-4-7　对储层岩心渗透率恢复率评价结果

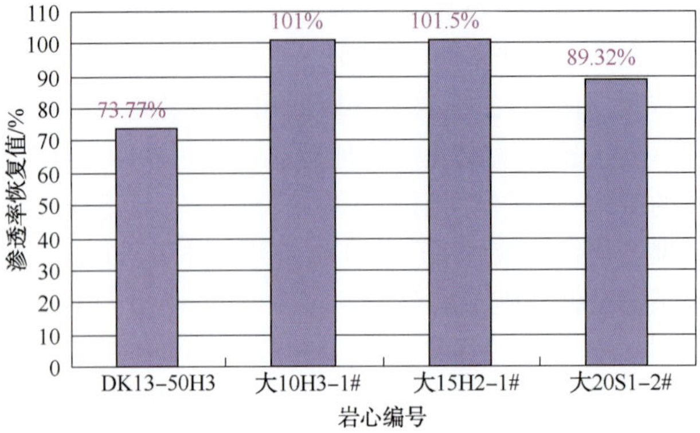

图 5-4-8 从污染切 1.2~1.7cm 后岩心渗透率恢复值

(三) 应用效果评价

(1) 提高了井身质量。表 5-4-4 为大牛地气田气田部分完钻井井径扩大率，钾铵基钻井完井液体系中目的层全部暂堵井二开井段平均扩大率最大值 18.57%，目的层段平均扩大率最大值 9.24%；主要目的层暂堵井二开井段平均扩大率最大值 16.7%，目的层段平均扩大率最大值 10.60%；未暂堵井二开井段平均扩大率最大值 14.91%，目的层段平均扩大率最大值 9.63%。使用钾铵基聚合物钻井完井液体系二开井段和目的层段全面满足了钻井工程对井身质量的要求，平均井径扩大率二开井段≤15%，目的层段≤10%。

表 5-4-4 大牛地气田已完钻部分井井径扩大率统计

井 号	井径扩大率/%	
	二开井段	目的层段
DK12	10.7	9.63
DK14	14.91	7.36
DK16	6.94	9.26
DK17	13.7	9.35
DK24	14.67	6.17
DK25	12.69	3.42
DK27	12.55	9.81
DK29	10.07	3.48
DK30	13.9	9.67
D1-1-4	5.53	6.56
D1-1-14	6.67	2.59
D1-1-19	2.9	1.06
D1-1-69	6.77	9.70
D1-1-17	12.31	6.44
D1-1-53	6.79	5.01
D1-1-59	13.43	4.17

（2）降低了完井液成本。低密度钾铵基钻井完井液体系其材料费用比2003年钾铵基暂堵钻井完井液体系降低52.10%；比2003年两性离子暂堵钻井完井液体系降低58.34%；比2004年钾铵基暂堵钻井完井液体系降低42.00%；比聚醚多元醇钻井完井液体系降低46.69%；比天然高分子钻井完井液体系降低41.79%。钾铵基钻井完井液体系在大牛地气田中的使用大大降低钻井施工成本，仅钻井液材料费用一项每口井平均节约15万~20万元左右，提高了大牛地气田开发经济效益。

（3）提高了机械钻速。表5-4-5是平均机械钻速和平均钻井周期统计，其中2005年、2006年开发井全面推广应用钾铵基钻井完井液体系。由表5-4-5可以看出，全井平均机械钻速逐年提高，截止到2006年，平均机械钻速提高到10.34m/h，平均钻井周期（开发井）缩短到21.05d。其中D47-50井钻井周期仅6.71d，平均机械达32.81m/h。钻井周期的缩短减少了储层浸泡时间，对保护气层十分有利。

表5-4-5　平均机械钻速和平均钻井周期统计表

项　目	2002年	2003年	2004年	2005年	2006年
平均机械钻速/(m/h)	6.69	6.99	8.09	9.93	10.34
平均钻井周期/d	35.65	34.56	27.84	21.16	21.05

（4）改善了井下数据采集环境。钾铵基钻井液体系的使用提高了井壁稳定性，井眼规则，钻井液滤失量小、侵入深度浅，从一定程度上减少了对测井的干扰，改善了井下数据采集环境，有利于发现和识别气层。

三、钻头选型

（一）利用地层抗压强度优选钻头

根据大牛地气田井身结构、地层分层及岩性资料，及该地区已钻井的钻头使用资料，应用美国哈里伯顿公司地层分析软件，通过大牛地气田地层的岩石性质、塑性强度、岩石单轴和三轴抗压强度等参数综合分析，确定的钻头选型。大牛地气田井层泥浆侵入情况见表5-4-6。

表5-4-6　大牛地气田部分井层泥浆侵入带深度计算结果

层　位	非屏蔽暂堵			屏蔽暂堵		
	井号	层位深度/m	侵入深度/cm	井号	层位深度/m	侵入深度/cm
盒3段	鄂11		114.00	大10	2523.0~2525.0	114.75
				大15	2550.0~2553.0	51.92
				大16	2700.0~2703.0	93.19
				大40	2690.0~2695.5	61.28
盒2段	鄂5		203.00	DK5	2680.0~2692.0	61.00
盒1段	大1	2740.0~2750.0	179.44	DK5	2731.0~2734.5	57.00
	大6		57.00			
	鄂5		203.00			

续表

层位	非屏蔽暂堵			屏蔽暂堵		
	井号	层位深度/m	侵入深度/cm	井号	层位深度/m	侵入深度/cm
山 2 段	大 2	2810.4～2816.3	168.65	大 12	2742.2～2744.3	22.01
				大 21	2643.0～2646.0	49.78
				DK4	2823.5～2828.6	89.00
山 1 段	大 1	2829.1～2838.4	220.22	大 12	2778.0～2880.0	53.58
				大 14	2791.0～2793.0	57.33
	大 4	2856.0～2867.0	81.83	大 15	2843.0～2849.0	100.72
				大 16	2866.0～2869.0	68.84
太 2 段	大 5	2845.0～2848.0	74.22	大 18	2772.0～2775.0	29.48
				大 22	2769.2～2772.5	54.26
平　均			144.58	平　均		64.27

综上所述，优选出了大牛地气田各地质层段使用的钻头类型，见表 5-4-7。第四系、白垩系、侏罗系安定组(表层井段)，适应性的钻头为：ϕ311mm PDC、JA114；侏罗系安定、直罗、延安、延长组，适应性的钻头为 ϕ216mm HJ517、H517G；侏罗系中统、下统，二叠系、石炭系适应的钻头型号为 ϕ216mm P266MF、P156M。

表 5-4-7　钻头选型推荐表

地　层	地　层	地层硬度	岩石类型	声波/(s/ft)	抗压强度/MPa	适用钻头
侏罗系	安定组	软	泥岩、泥灰岩、砂岩	53～112	14.5～54.6	牙轮钻头
	直罗组		砂岩、泥岩	77～100	11.7～59.9	
	延安组	软硬交替	砂岩、泥岩、含砾粗砂岩	70～132	13.1～130.9	
	延长组	软含硬夹层	砂岩、泥岩、含砾砂岩	57～110	15.8～99.9	
三叠系	二马营组		砂岩、泥岩互层	40～112	18.6～110.2	PDC 钻头或牙轮钻头
	和尚组	软-中硬	泥岩、砂岩互层	57～75	53.1～124.0	
	刘家沟		泥岩、砂岩、凝灰岩	57～69	79.2～143.7	
二叠系	石千峰组		泥岩、砂岩	59～78	44.8～134.4	
	上石盒子组		泥岩、细砂岩	57～89	298～182.9	
	下石盒子组		中砂岩、泥岩	58～94	22.7～15.2	
	山西组		泥岩、中砂岩	61～124	17.5～150.2	
石炭系	太原组		泥岩、砂岩、灰岩	51～130	12.7～205.0	

(二) 利用纵波时差优选钻头

研究证明，岩石纵波时差越小，地层越硬，可钻性级值越大，地层抗压强度也越大，因此利用纵波时差优选钻头是可行的。由于纵波的传播形式上反映岩石的强度及变形特性且受岩性变化影响较大，为了使纵波能准确真实地反映岩石特性，消除岩性变化对纵波时差的影响，必须对其进行修正。在大牛地气田多口井钻头数据处理与分析中发现，纵波时差接近时，泥质含量接近，机械钻速也几乎相同；泥质含量差异大，机械钻速也随之变化较大，说明不同的泥质含量对钻速影响很大，通过数据分析，泥质含量大于20%与泥质含量小于20%相比，机械钻速相差约30%以上，由于声波时差同地层硬度和抗压强度成反比，与机械钻速成正比，因此，在统计分析基础上提出泥质含量大于20%时，对纵波时差进行校正的公式为

$$\Delta T_{PC}=\alpha\Delta T_{P} \tag{5-4-1}$$

式中 ΔT_{PC}——纵波时差校验值，μs/m；

ΔT_{P}——纵波时差值，μs/m；

α——纵波时差校正系数。

根据多口井的声波资料，建立声波时差与钻头IADC的对应关系表，见表5-4-8。

表5-4-8 纵波时差优选钻头类型推荐表

纵波时差/(μs/m)	钻头(IADC码)		备注
	铣齿钻头	镶齿钻头	
>310	11	43/51	纵波时差小于210μs/m指时差值在150~210μs/m之间
265~310	12	43/51	
210~265	13/21	51/52	
<210		61/63	
>280	21	41/42	适应泥质含量在20%以上地层
240~280		51	
210~240		51~52	
<210		61/63	

(三)利用岩石可钻性优选钻头

1. 用实钻资料求地层可钻性

对大牛地气田近年来10口井的实钻资料进行收集整理，对不同时代地层收集了213组数据，求取不同地层、不同井段地层可钻性级值213个，然后将数据进行回归选择处理，建立大牛地气田地层可钻性的梯度公式见表5-4-9。从求得的可钻性梯度公式来看，侏罗系、三叠系、二叠系、石炭系、奥陶系井深与可钻性极值线形关系较好，相关系数均在0.8以上，可以作为钻头选型依据。

表5-4-9 大牛地气田地层可钻性梯度

地层	可钻性级值梯度公式	a	b	相关系数
白垩系	$K_d=0.00481H+0.337$	0.0481	0.337	0.622
侏罗系	$K_d=0.00213H+1.10$	0.0213	1.10	0.805
三叠系	$K_d=0.001984H+2.62$	0.001984	2.62	0.9429
二叠系	$K_d=0.00122H+2.70$	0.00122	2.70	0.834
石炭系	$K_d=0.00165H+2.83$	0.00165	2.83	0.845
奥陶系	$K_d=0.0012H+2.67$	0.0012	2.67	0.89
寒武系	$K_d=0.0026H+3.24$	0.0026	3.24	0.25

2. 用岩心试验求地层可钻性(PDC 钻头)

目前 PDC 钻头的使用越来越广泛，牙轮钻头的模式不适合 PDC 钻头。因此，需要建立 PDC 钻头可钻性与牙轮钻头可钻性之间的关系。通过室内岩心实钻试验求得牙轮钻头和 PDC 钻头地层可钻性对应关系见表 5-4-10 和图 5-4-9 所示。

表 5-4-10　PDC 钻头可钻性与牙轮钻头可钻性实验结果对比

序　号	取心井深/m	K_{dc}	K_{dp}	序　号	取心井深/m	K_{dc}	K_{dp}
1		4.5	3.27	13	2110.7	5.23	4.46
2	929.9	5.11	4.25	14	2112	4.23	3.9
3	933.5	3.08	1.85	15	2157.12	5.32	4.6
4	933.9	3.74	2.49	16	2169.32	5.32	5.11
5	2019.93	3.97	3.05	17	2169.7	5.54	5.51
6	2023.58	5.54	5.63	18	2231.54	4.98	4.79
7	2026.81	4.21	3.86	19	2232.74	4.93	4.43
8	2035.2	5.13	4.24	20	2236.83	6.6	5.64
9	2088.75	4.87	4.16	21	1593.15	1.87	0.91
10	2097.66	5.7	5.9	22	1593.7	3.56	2.37
11	2100.34	4.47	3.96	23	1604.1	5.21	5.35
12	2105.45	5.11	5.09	24	1611.4	4.08	3.57

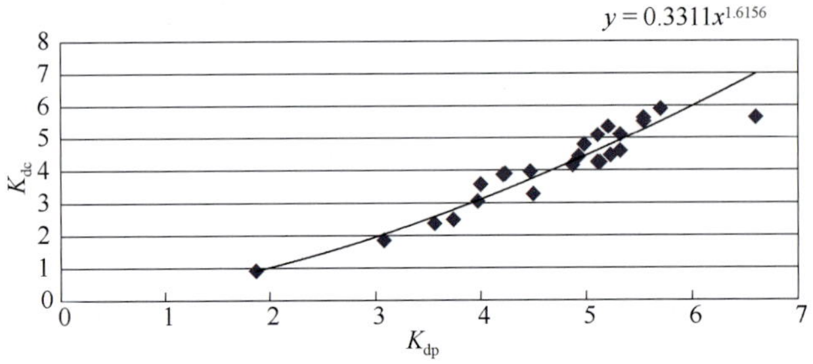

图 5-4-9　K_{dc} 与 K_{dp} 的关系示意图

对实验数据进行回归分析可以得到下式：

$$K_{dp}=0.331\times K_{dc}^{1.62} \tag{5-4-2}$$

其相关系数 R 为 0.865。

牙轮钻头和 PDC 钻头可钻性分级对照关系见表 5-4-11。PDC 钻头可钻性和牙轮钻头的可钻性级值是一一对应的，可利用这种对应关系，使用牙轮钻头的分级标准优选 PDC 钻头。

表 5-4-11　牙轮钻头(K_{dc})相对应的 PDC 钻头(K_{dp})可钻性级值

K_{dc}	1	2	3	4	5	6	7	8	9	10
K_{dp}	0.33	1.01	1.96	3.1	4.48	6.03	7.74	9.61	11.63	13.79

（四）钻头优选结果

综上所述，优选出了大牛地气田各地质层段使用的钻头类型，见表5-4-12。第四系、白垩系、侏罗系安定组（表层井段），适应性的钻头为：φ311mm PDC、JA114；侏罗系安定、直罗、延安、延长组，适应性的钻头为φ216mm HJ517、H517G；侏罗系中统、下统，二叠系、石炭系适应的钻头型号为φ216mm P266MF、P156M。

表5-4-12　大牛地气田钻头选型

序　号	地层组段	钻头直径	钻头选型	IADC 编码
1	第四系、白垩系、侏罗系安定组（表层井段）	φ311mm	PDC、JA114	12
2	侏罗系安定、直罗、延安、延长	φ216mm	HJ517、H517G	43、51
3	侏罗系中统、下统，二叠系、石炭系	φ216mm	P266MF、P156M	51、53

（五）钻头优化改进应用效果

（1）全井平均机械钻速提高、钻井周期缩短。据2004年18口开发井（DK12井～DK30井）统计，全井平均机械钻速达到7.62m/h，比2003年（22口井）的平均机械钻速6.5m/h提高了17.23%。其中，最高全井平均机械钻速（DK27井）达到10.55m/h；平均钻井周期为26.78d，比项目实施前的（DK1～DK18井）平均钻井周期33.72d，缩短了6.94d，钻井周期缩短率达到20.58%。

（2）降低钻井成本。使用PDC钻头平均每米可节约38.01元，平均井深按2900m计算，每口井可节约110229元。

四、钻井参数优化

（一）牙轮钻头钻井参数优化

牙轮钻头钻井参数优化组合以钻头厂家推荐的允许钻压转速乘积值为约束条件，配合较高的比水功率，以充分发挥钻压和转速提高钻速的能力。牙轮钻头以冲击破碎为主，剪切破碎为辅，采用适中的钻压、较高的转速、较大的排量、较低的比水功率。

根据大牛地气田钻头选型结果，从二开到延长组底使用牙轮钻头钻进，φ216mm推荐合适的钻压为180～220kN，转速为80～90r/min。

水力参数的优选总是在用机泵组能提供的最大有效比水功率。目前井场使用的钻井泵多为F1300和F1000，推荐的合适比水功率为8～9W/mm^2。

（二）PDC钻头钻井参数优化组合

PDC钻头破岩机理同牙轮钻头有着较大的区别，PDC钻头是以剪切破碎为主，以压碎为辅。因而推荐使用较低的钻压和较高的转速。以P系列钻头推荐参数为例，φ216mm钻头，推荐的转速为60～350r/min，钻压为75～150kN。

受PDC钻头结构特点所限，推荐PDC钻头的比水功率为1.5W/mm^{2}左右。

五、保护气层固井工艺技术

为了保护气层，在固井工艺技术方面，为了最大限度地保护储层主要采取以下措施：

①采取低失水、低的紊流临界排量、低摩阻、零析水、微膨胀、直角稠化的水泥浆体系，减少在压差作用下水泥浆的滤失量；②采取平衡压力固井技术，防止压漏地层，影响固井质量和储层的产能。

（一）固井工艺技术难点

大牛地气田是一个平面上叠合连片的复式大型气田，纵向上气层分布广、跨度长，上至二叠系石千峰组下至奥陶系马家沟组。个别井段易漏和固井后易气窜。因此，固井工程技术难点主要有以下几点：

1. 平衡压力固井窗口的建立

目的层段孔隙压力梯度当量密度 1.10~1.15g/cm³，破裂压力梯度当量密度 1.56~1.98g/cm³，而上部存在破裂压力较低的刘家沟组和延长组，预测其当量密度范围分别为：1.30~1.40g/cm³，也有部分井小于 1.30g/cm³。因此，平衡压力固井窗口小，给固井工程造成困难。

2. 压力损失预测和平衡压力的确定

水泥浆中自由水流动的控制及水粒子在水泥水化后颗粒群中的流势流性问题目前未获得解决。同时，由于水泥由水化开始，发展到有胶凝强度的液柱压力变化未取得较准确的定量数据，水泥浆失重的压力损失的预测和平衡压力的确定是解决气窜的技术难点。

3. 选择顶替流型、保证顶替效率、防止漏失

气层段分布广、跨度长，尾浆封固段长，尾浆失重时的压力损失大。为了平衡固井的实施，尾浆失重时的压力损失要由井内的其他液柱来补偿。这样其他液柱要有一定的段长和密度，导致紊流顶替时摩阻大、动液柱压力高容易压漏地层。

（二）水泥浆体系优选

1. 常规水泥浆体系的优选

1）水泥浆体系

通过室内实验，筛选出以 GSJ、DZJ 为主剂水泥浆体系及其性能见表 5-4-13、表 5-4-14。

表 5-4-13　GSJ 为主剂的水泥浆体系

温度/℃	序　号	GSJ/%	USZ/%	密度/(g/cm³)	初始稠度(BC)	稠化时间/min	析水/mL	失水/mL	抗压强度/MPa	
									24h	48h
70	①	1.8	0.3	1.90	18	117	0.5	35	23.0	27.0
	②	2.0	0.4	1.90	20	113	0.5	30	23.0	27.5
	③	2.2	0.5	1.90	22	120	0.5	21	23.0	27.5
80	①	1.8	0.3	1.90	15	101	0	10	24.0	29.0
	②	2.0	0.4	1.89	20	115	0	9	24.0	29.5
	③	2.2	0.5	1.89	22	124	0	6	24.0	29.5

表 5-4-14　DZJ 为主剂的水泥浆体系

温度/℃	序　号	DZJ/%	DZP/%	DZC/%	USZ/%	密度/(g/cm³)	初始稠度 BC	稠化时间/min	失水/mL	抗压强度(24h)/MPa
70	①	1.0	2.0	1.0	1.0	1.90	22	84	32	25.0
	②	1.5	2.0	0.5	0.6	1.90	20	96	10	23.0
	③	1.8	2.0	0.8	0.3	1.90	26	70	15	25.0
80	①	1.0	2.0	1.0	0.6	1.89	21	74	28	22.0
	②	1.5	2.0	0.5	0.5	1.90	23	71	10	23.0
	③	1.8	2.0	0.8	0.5	1.90	28	78	14	24.0

从表 5-4-13 和表 5-4-14 可以看出，GSJ 的配方③和 DZJ 的配方②比其他配方性能好，具有早高强、低失水、初始稠度低、稠化时间短等特点。

2）水泥浆配方

通过上述研究确定的水泥浆体系配方：

（1）DZJ 水泥浆体系配方

领浆：嘉华 G 级水泥+1.5%DZJ+2.0%DZP+0.5%USZ+53%现场水；

尾浆：嘉华 G 级水泥+1.5%DZJ+2.0%DZP+0.5%DZC+0.5%USZ+46%现场水。

（2）GSJ 水泥浆体系配方：

领浆：嘉华 G 级水泥+2.0%GSJ+0.04%GH-3+53%水；

尾浆：嘉华 G 级水泥+2.0%GSJ+USZ0.5%+44%水。

3）水泥浆性能

室内筛选优选的水泥浆性能见表 5-4-15，具有早高强、低失水、初始稠度低、稠化时间短等特点。

表 5-4-15　水泥浆性能

流　体	参　数	密度/(g/cm³)	稠化时间/min	过渡时间/min	失水/mL	析水/%	抗压强度(24h)/MPa	六速读数
DZJ	领浆	1.75	150	15	56	3.0	15.5	48/27/15/9/5/2
	尾浆	1.89	124	12	6.0	0.0	23.4	119/65/48/25/4/3
GSJ	领浆	1.75	114	12	12	2.0	16	50/26/17/10/4/3
	尾浆	1.89	78	10	10	0.0	22.5	110/63/47/29/9/5

2. 低密度水泥浆体系

1）低密度水泥浆配方

通过试验研究，筛选出低密度 DZJ、GSJ 漂珠水泥浆体系，其配方如下：

嘉华 G 级水泥+30%漂珠+3%微硅+1.5%DZJ+1.0%DZC+1.2%USZ+62%水；

嘉华 G 级水泥+30%漂珠+1.8%GSJ+0.5%USZ+60%水。

2）低密度水泥浆性能

低密度水泥浆性能见表 5-4-16，具有低失水、低析水、早高强、稠化过渡时间短等特点。

表 5-4-16　低密度水泥浆性能

流体 \ 参数		密度/(g/cm³)	稠化时间/min	过渡时间/min	失水/mL	析水/%	抗压强度(24h)/MPa	六速读数
GSJ 体系	低密度	1.28	170	15	26	3.0	4.2	89/63/21/18
DZJ 体系	低密度	1.28	127	15	16	3.0	4.8	97/49/35/21

3. 水泥浆流变性

两种水泥浆体系(表 5-4-17)具有低摩阻、低的紊流临界排量，特别是领浆和低密度水泥浆，现场很容易实现紊流顶替，能保证顶替效率。

表 5-4-17　水泥浆流变性能

体系	类型	n	K/Pa·s^n	环空紊流临界排量/(m³/min)				摩阻系数/(Pa/m)		
				100%居中度		85%居中度		管内	环空	
				226.8	237.6	226.8	237.6	121.36	226.8	237.6
DZJ	低密度	0.867	0.985	2.27	2.50	2.69	2.92	2074	983.6	574.7
	领浆	0.906	0.047	1.26	1.42	1.46	1.64	2166	985.3	659.5
	尾浆	0.743	0.318	2.57	2.82	2.86	3.38	2496	937.9	660.4
GSJ	低密度	0.981	0.053	2.32	2.46	2.63	2.87	1944.5	960.7	612.7
	领浆	0.959	0.032	1.23	1.39	1.43	1.61	2523.7	998.5	796.5
	尾浆	0.865	0.15	2.35	2.53	2.66	2.92	2550.6	1056	785.5

（三）平衡压力固井工艺技术

1. 井内流体结构

1）表层套管

井内全部采用 1.85 的水泥浆体系封固。

2）生产套管固井

在满足环空封固质量和尽量减小对产层污染的前提下，使整个注替及候凝过程中保持环空的动液柱压力与地层孔隙压力的平衡，保证在整个施工过程中不漏、不窜。依据石油天然气行业标准要求，尾浆返至气顶以上 300 m，封固段长约 500.0 m；过渡浆选 200.0m；前置液一般封长为 100~300m，选 150m；领浆封长按尾浆失重时压稳气层计算来确定，根据计算推荐的井内流体结构为：

尾浆(密度 1.90g/cm³)×500m(最上部气层以上 300m)+领浆(密度 1.75g/cm³)×200m+低密度水泥浆(密度 1.30g/cm³)×1000m+前置液(密度 1.13g/cm³)×150m+泥浆(密度 1.10g/cm³)。

2. 管串结构

1）表层套管

自下而上：引鞋(浮鞋)+2 根套管+浮箍+套管(扶正器)+联顶节。

套管(244.5mm)J-55(8.94)上扣扭矩最大 6.68kN·m，最小 4.01kN·m，最佳 5.34kN·m。

2）生产套管固井

自下而上：引鞋(浮鞋)+3 根套管+浮箍+套管(扶正器)+联顶节+水泥头。

3. 水泥浆顶替工艺

替浆采用紊流-塞流复合顶替的工艺技术，注灰结束开始顶替时用紊流排量顶替，当井口压力达到预测值时采用塞流顶替。既能保证了顶替效率，同时避免环空动压过大压漏地层的风险。

（四）固井工艺技术评价

1. 防气窜性能评价

国内外有许多评价和预测水泥浆防气窜性能的模式与方法，国内比较普遍采用DOWELL的水泥浆系数SPN来预测气窜，但SPN没有考虑到水泥浆密度、井径、返深等因素。因此，在评价防气窜性能时还采用水泥浆室内评价中的水泥浆系数法、防气窜实验和气窜因子法等，以综合评价水泥浆的防气窜性能。

1）气窜因子法

计算气窜因子的公式见式(5-4-3)~式(5-4-5)，计算参数见表5-4-18，计算结果见表5-4-19。

$$P_{Rmax}=0.96L/(D_H-D_C) \quad (5-4-3)$$

$$P_{OBR}=P_{ST}-P_g \quad (5-4-4)$$

$$F_{GFP}=P_{Rmax}/P_{OBR} \quad (5-4-5)$$

式中 F_{GFP}——气窜因子，$F_{GFP}<1$ 理论上不会气窜，$F_{GFP}>1$ 有气窜危险；

P_{OBR}——初始过平衡压力，MPa；

P_{ST}——注水泥后初始静液柱压力，MPa；

P_g——气层压力，MPa；

P_{Rmax}——水泥浆失重引起的最大压降，MPa；

L——尾浆封长，m；

D_H——井径，mm；

D_C——套管外径，mm。

表5-4-18 计算参数

尾浆封长/m	650.0	尾浆密度/(g/cm^3)	1.90	领浆封长/m	150.0
领浆密度/(g/cm^3)	1.75	低密度水泥浆封长/m	1000.0	低密度密度/(g/cm^3)	1.30
前置液段长/m	150.0	泥浆密度/(g/cm^3)	1.10	泥浆段长/m	850.0

表5-4-19 计算结果

井径/mm	P_{OBR}/MPa	P_{Rmax}/MPa	气窜因子 F_{GFP}
226.8	7.5292	7.1642	0.9515
233.2	7.5292	6.6738	0.8864
237.6	7.5292	6.3739	0.8466
248.4	7.5292	5.7406	0.7625

从计算结果来看，气窜因子 $F_{GFP}<1$，因此防气窜效果好。

2）水泥浆性能防气窜系数法

$$SPN=B(\sqrt{t_{100BC}}-\sqrt{t_{30BC}})/\sqrt{30} \quad (5-4-6)$$

式中　B——水泥浆失水量，mL/30min；

$\sqrt{t_{100BC}}$——水泥浆稠度 100BC 时间，min；

$\sqrt{t_{30BC}}$——水泥浆稠度 30BC 时间，min。

0≤SPN≤3 防气窜好；3<SPN<6 防气窜中等；SPN>6 防气窜差。

从计算结果来看，水泥浆性能系数 SPN<3，因此防气窜效果好。

计算结果见表 5-4-20，从计算结果来看，水泥浆性能系数 SPN<3，因此防气窜效果好。

表 5-4-20　计算结果

水泥浆类型	失水/mL	100BC 稠化时间	30BC 稠化时间	*SPN*
DZJ	10	78	68	1.07
GSJ	6	124	110	0.71

3）水泥浆胶凝强度及防气窜性能实验（GSJ 水泥浆体系）

采用静胶凝强度测试仪和气液窜测试仪对浆体的防窜能力进行室内实验研究，结果见图 5-4-10 和图 5-4-11，由图可以看出，在临界时间点后无气窜现象发生，表明水泥浆体系防窜效果好。

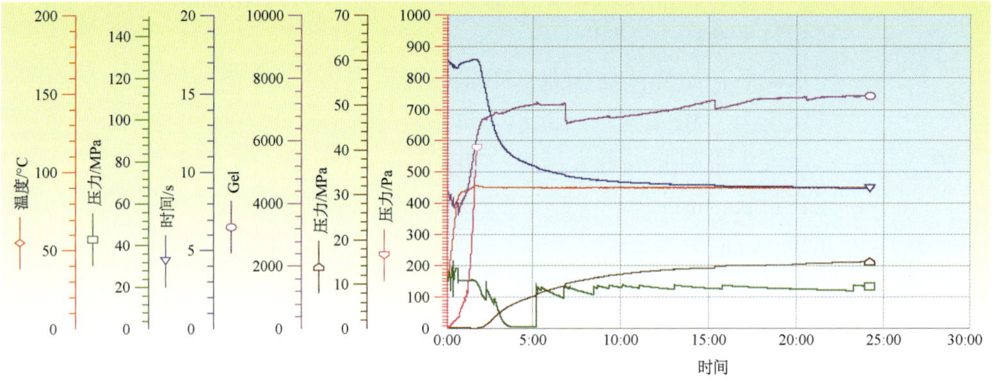

图 5-4-10　静胶凝强度曲线

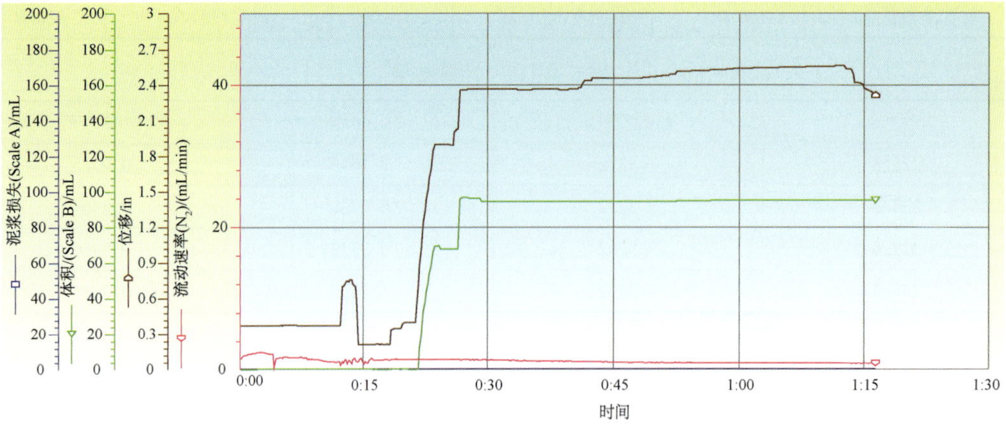

图 5-4-11　防气窜性能试验结果

2. 防漏失性能评价

首先计算井底的最大动压梯度与破压梯度进行对比，如果井底的最大动压梯度小于破压梯度，则表明井底承受的液柱压力是比较合理安全的。其次，校核薄弱地层的承受动压梯度与薄弱地层的破压梯度进行对比。如果薄弱地层的承受动压梯度小于薄弱地层的破压梯度，表明设计的井内各液柱段长和各液柱密度是合理的，工艺技术是安全可行的。

$$P_{环空静液柱压力}=0.00981\sum\rho_i h_i \quad (5-4-7)$$

$$P_{环空压降}=0.00981\rho_i\lambda H_i V_i^2/[2g(D_i-d)] \quad (5-4-8)$$

$$P_{最大动压}=P_{环空静液柱压力}+P_{环空磨阻} \quad (5-4-9)$$

$$\rho_{当量密度}=P_{最大动压}/0.00981/H \quad (5-4-10)$$

式中 ρ_i——分别是完井液、前置液、领浆、尾浆的密度，g/cm^3；

h_i——分别是完井液、前置液、领浆、尾浆环空中的段长，m；

λ——流体的摩阻系数，0.025~0.3；

H_i——环空中各流体段长，m；

l_n——管内各流体段长，m；

V_i——裸眼段环空中平均流速，m/s；

V_n——管内流速，m/s；

D_i——裸眼平均井径，mm；

H——井深，m；

d、d_n——套管内径、外径，mm；

g——重力加速度，9.8m/s。

计算结果表明最大液柱当量密度为 1.32g/cm^3 小于最大动压当量密度为 1.60g/cm^3，薄弱地层刘家沟组动压校核结果表明液柱当量密度 1.19g/cm^3 小于破压当量密度 1.30g/cm^3，说明固井工艺技术防漏失效果好，同时在施工中严格控制井口压力，在施工过程中采用紊流顶替，当井口压力达到预测值时采用塞流顶替，预防了由于动压过大而压漏地层。

六、现场应用效果

采用优选的井身结构和钻井参数以及钻头，全井平均机械钻速达 8.26m/h(2004 年 40 口开发井)，比 2003 年的 6.5m/h 提高 27.1%。2005 年第一批 19 口开发井，平均钻井周期 24.29d，比项目实施前的 34.58d 缩短了 29.8%。其中 D11-22 井钻井周期仅 16.61d，平均机械钻速达 14.19m/h。同井段相比，PDC 钻头比牙轮钻头平均机械钻速提高了 43%，牙轮钻头平均机械钻速 4.6m/h(2002~2003 年 8 口井 34 只)；PDC 钻头平均机械钻速 6.58m/h(2003~2004 年 20 口井 35 只)，使用井段 1000~2900m。使用 PDC 钻头平均每米可节约 38.01 元，平均井深按 2900m 计算，每口井可节约 110229 元。采用优选钾铵基钻井液体系后，岩心伤害深度浅，仅 1.2~1.7cm；渗透率恢复率高，大于 70%。同时提高了井壁稳定性，井眼规则(井径扩大率为 6%)，钻井液滤失量小，侵入深度浅，改善了井下数据采集环境。从一定程度上减少了对测井的干扰，有利于发现和识别气层。采用优选的水泥浆体系和平衡固井工艺技术后，固井质量大幅度提高，截至 2005 年 5 月，鄂北区块已完成探井固井 87 口井，开发准备井 36 口，开发井 45 口，固井质量优质率由 2003

年的42.8%提高到目前的93.3%，提高了50.5个百分点，固井质量合格率为100%。其中用DZJ水泥浆固井100口，优良井为97口，优良率为97%；GSJ水泥浆固井68口，优良井为60口，优良率为88.2%。

七、小结

（1）优选和研究出的钻井工艺技术是合理的，平均机械钻速提高，钻井周期缩短，钻井成本降低。同时渗透率恢复率高、侵入深度浅、改善了井下数据采集环境，有利于发现和识别气层。

（2）优选的水泥浆体系和平衡固井工艺技术的应用，不仅固井质量大幅度提高，而且固井成本降低。

（3）钻井和固井工艺技术优化研究比较成功，适合大牛地气田开发的需要。同时对于其他同类储层的开发具有借鉴意义。

第五节　致密低渗储层直井压裂改造技术

大牛地气田储层不经压裂改造无法获得经济产能，压裂工艺技术是大牛地气田开发的关键技术之一，通过几年来的研究和实践，初步形成了大牛地气田低压低渗复式气藏直井压裂工艺技术系列，为大牛地气田开发奠定了坚实的基础。

一、压裂液体系优化

针对大牛地气田储层工程地质特点，结合压裂工艺对压裂液体系的要求，即要求压裂液体系具有高携砂能力、低伤害、低摩阻、易返排的综合性能，使之满足储层压裂改造的需要，然后通过现场应用实践，不断总结和完善压裂液体系，达到最优化的目的。

针对压裂液体系中存在的稠化剂质量不达标、压裂液耐温耐剪切性能差、破胶时间过长、残渣率高等问题，在系统研究该区工程地质特征的基础上，开展了低压低渗砂岩气藏压裂材料优化技术研究，优化筛选出了N_2增能羟丙基瓜胶水基压裂液体系，与以前的压裂液相比：①提高压裂液返排能力，充分利用液氮的举升能量，同时加入起泡剂；②破胶剂加量及加入方式改变：由施工时追加部分破胶剂改为施工时“楔型”直接加入破胶剂，且加入比例由原平均0.03%提高到0.05%，实现了压裂液体系快速、彻底破胶，满足了大牛地气田压裂工艺快速返排的要求。

从保护储层出发，压裂液体系应具备可操作性强的低伤害延迟交联高温压裂液添加剂和配方，主要考虑储层以下特点：

（1）中温中深井，储层温度72~92℃，埋深2500~2900m。

（2）储层渗透率低，小于$0.5\times10^{-3}\mu m^2$。

（3）储层黏土矿物含量少，主要为高岭石、伊利石等，敏感性主要表现为碱敏特征。

从满足工艺技术要求出发，压裂液应具有以下主要性能：

（1）良好的耐温耐剪切性能。

（2）低摩阻性能。实现压裂液延迟交联、改变交联性能是降低施工摩阻的关键技术。

(3) 彻底破胶。

(4) 与储层流体和岩石配伍。

(5) 低滤失。

(6) 易返排。

根据以上要求，优选液氮伴助水基压裂液体系配方为：

基液：HPG+KC+HCHO+DL-10+YFP-1+Na_2CO_3。

交联液：BCL-61。

破胶剂；APS。

二、支撑剂优选

选择支撑剂的标准是根据储层的最小主应力和生产流压，支撑剂在承受有效闭合压力时应满足储层对裂缝导流能力的要求，同时要满足易于输送、货源广、价格便宜等。结合大牛地气田储层闭合压力及气井产能特征，优化形成了以耐压 52MPa 的 20/40 目陶粒为主的支撑剂体系。通过室内研究，在储层闭合压力(40MPa)下铺置浓度为 $5kg/m^2$时，导流能力 94.49$\mu m^2 \cdot cm$，渗透率 262.15μm^2，可满足大牛地气田储层压裂改造的要求。

为了进一步增强改造强度，改善裂缝内支撑剂铺置剖面，进一步提高单井产量，大牛地气田在 6 口开发井试用了低密度覆膜石英砂支撑剂，试验结果表明，低密度覆膜石英砂支撑剂对于提高单井产量有较好的效果。如 D1-4-20 井山 1 段气层采用低密度覆膜石英砂作为支撑剂进行压裂作业，加砂 85.1m^3，加砂强度 3.73m^3/m。与该区类似储层比较，在储层特征基本接近、加砂强度基本相同的条件下，采用低密度覆膜石英砂作为支撑剂的 D1-4-20 井山 1 段气层压裂后试气无阻流量达到 12.36×$10^4m^3/d$，与本区其他储层岩、电性相近、使用常规陶粒支撑剂的井层相比，覆膜砂支撑剂显示出了较好的改造效果。

D1-4-29 井盒 3+山 1 段气层采用机械分压低密度覆膜石英砂作为支撑剂进行压裂作业，加砂分别为 48.4m^3 和 45.4m^3，加砂强度 8.07m^3/m 和 9.49m^3/m，压裂后试气无阻流量达到 13.73×$10^4m^3/d$，在储层特征、加砂强度等接近的条件下，采用机械分压陶粒作为支撑剂的 D1-4-5 井和 D1-1-125 井的压裂效果相对较差。

D1-1-114 井和 D1-3-6 井采用覆膜石英砂压裂与同类气层采用相同压裂方式的气井相比，两层物性接近，压后增产效果都不好，储层的共同特点是砂体大、有效厚度小，用陶粒和覆膜石英砂的规模均小于 50m^3，尽管加砂强度比较大(大于 5m^3/m)，但这种结构的储层，缝高不易控制，限制了缝长延伸，从而导致压裂效果差。

截至 2011 年，大牛地气田针对上古生界气层共压裂直井 1065 口 2338 层次，动用储量 1905.48×10^8m^3，探明储量动用率达 41.92%，累计新建产能 32.54×10^8m^3，为大牛地气田 DK13 井区盒 3 段、山 1 段单层发育区，以及大 66、大 12、大 35-大 47 井区多层叠合区的直井有效开发提供了有力的技术保障。

三、压裂方式

大牛地气田直井开发主要采用的压裂方式为逐层上返单层压裂、合层压裂和不动管柱机械分层压裂，压裂实践表明单层压裂是气田成熟、有效的压裂方式，同层组内合压，能够有效提高单井产量；不同层组间的合压，除了盒 3+盒 2 段及盒 3+盒 1 段合压后试气无

阻流量达到 $4\times10^4m^3/d$ 外，其他层位的组合合压效果总体较差，表现为平均加砂量大，而平均试气无阻流量低，需要根据各层组的工程地质特征，进行优化组合；机械分层压裂经过 1 年多的应用，其分层压裂效果较不同层组合压效果好，且实现了均衡改造各层又实现两层合采的目的。

通过对大牛地气田压裂实践结合储层地质特征的总结，形成了压裂方式的选择原则：

① 对于单砂体气层有效厚度大于 5m、储能系数盒 2 段、盒 3 段大于 0.3，其他层大于 0.4 的气层，采用单层压裂；有效厚度 5～10m，加砂规模 50～70m³；有效厚度大于 10m，采用大规模压裂，加砂规模大于 70m³；对于气层厚度小于 5m、储能系数大于 0.3 的气层，与其他层合压或机械分压，加砂规模小于 50m³。

② 层间跨距小于 15m、无明显隔层或隔层不足以形成有效遮挡(隔层质量差)的层合层压裂，即具备下列储层条件的选择合压：

a. 合压层段储能系数相近，层间储能系数差值百分比小于 25%；

b. 砂体厚度相近，厚度差值百分比小于 35%；

c. 合压跨度小于 50m。

③ 对于层间距大于 15m 或隔层较好的储层采用封隔器不动管柱连续分层压裂。

四、压裂施工设计优化

（一）压裂设计优化进展

压裂施工设计是压裂施工的基础，设计的好坏直接影响改造效果，所采用的设计软件为 FracProPT10.0–FracProPT10.1，随着对大牛地气田储层工程地质特征认识的深入及压裂液研究的进展，压裂设计在以下几方面趋于更优化：

（1）利用压裂液研究成果及施工压力预测，液氮伴注量的设计比前期增大，由前期的液氮伴注量平均 3%提高至平均 7%，更符合储层要求。液氮伴注量的增加提高了压裂液的返排总量及自喷排液能力。

（2）加砂规模更适应于储层条件，由单纯追求加砂强度变为在合理的无因次导流能力下，追求裂缝长度与支撑剂铺置剖面与储层协调。

（3）前期设计的前置液百分数平均为 36%～40%，最高达到 49%，用量较大，导致压裂裂缝动态比较小，改造效果不理想。通过室内研究和现场试验优化，前置液百分数平均为 26%～30%，最高为 36%，降低了入地总液量，减轻了压裂液对地层造成的潜在水锁伤害。

（二）压裂设计优化及参数的选择

进行设计过程中，结合储层地质特征及储层流体性质、压力、电测成果等项资料，优化输入参数，实现科学设计，优选出最佳的改造规模和改造效果，并建立了压裂设计数据库，使得设计结果更优化。

（1）施工排量与注入方式在满足地层滤失、造缝压力、缝高有效控制和压裂液抗剪、携砂能力的前提下，尽量提高泵注排量，缩短施工时间，减小地层伤害，保证设备安全及加砂顺利。

研究成果和现场应用实践表明，对于大牛地气田低渗气藏，应用气田优化的羟内基瓜胶液氮增能水基压裂液体系，泵注排量在 2.8~5.5m^3/min 之间时，能够满足气田不同渗透率、不同砂体厚度的安全施工和顺利加砂。

优选的与排量配套的注入方式为：排量在 2.8~3.5m^3/min 时，73.02mm 油管注入；排量在 3.5~5.5m^3/min 时，88.90mm 油管注入。

具体设计时，根据储层渗透率(滤失)，选择模拟施工泵压略低于管柱允许压力时的泵注排量，需要考虑缝高控制时，适当降低排量。

(2) 裂缝半长。

根据大牛地气田地质特征和模拟结果，进行了压裂裂缝半长的优化研究，不同有效渗透率下裂缝半长与压后产量不同。

当有效渗透率分别为 $0.03\times10^{-3}\mu m^2$、$0.1\times10^{-3}\mu m^2$、$0.5\times10^{-3}\mu m^2$、$1\times10^{-3}\mu m^2$ 时，压后产量随裂缝半长的增加而增加，但当裂缝半长分别大于 400m、250m、170m、100m 后，产量增加的幅度越来越小甚至不再增加，储层有效渗透率越小，需要的裂缝支撑半长越大。六个主要气层的有效渗透率主要分布在$(0.03\sim0.3)\times10^{-3}\mu m^2$ 之间，优化裂缝半长 300m 左右。

(3) 支撑剂铺置浓度。

渗透率不同，储层对压裂裂缝导流能力的要求也不同。当地层压力和渗透率一定时，随着裂缝导流能力的增加，裂缝内的流动阻力减小，产量增加，但增加到一定程度后，其增加的幅度将明显减小。据此确定储层的最佳裂缝导流能力及支撑剂铺置浓度。

在裂缝半长达到 240~300m 时，支撑剂铺置达到 4~6kg/m^2 时，即可达到最佳压后产量目标。该模拟结果是针对有效渗透率为 $0.1\times10^{-3}\mu m^2$ 的储层，大牛地气田的储层有效渗透率一般低于此值，因此，大牛地气田优化的最大支撑剂铺置浓度为 4~6kg/m^2。

(4) 压裂施工泵注程序。

① 前置液百分数。采用动态比 85%~90%来确定前置液百分数，此时模拟优化的前置液百分数应为 35%~45%。为了进一步减小水锁伤害，2005 年进一步优化前置液，采用前置液百分数为 25%~35%的压裂试验(此时的动态比达 95%~100%)，且能够实现安全施工。

② 加砂程序。加砂程序设计的宗旨是使裂缝充填形成楔型的合理支撑剖面，在近井地带获得最大的支撑缝宽和导流能力。通过裂缝模拟优选，并经现场应用证实，采用 6.7%→13.3%→20%→26.7%→33.3%→40%六步渐进式加砂程序是合理、有效的，主砂段突出，确保缝口有效支撑。

③ 平均砂比。大牛地气田支撑剂以 0.45~0.9mm 陶粒为主，缝内支撑剂铺置浓度 4~6kg/m^2 时，优化的平均砂液比为 25%~30%。

通过现场实施及不断的优化设计，大牛地气田直井开发主力层位盒 2、盒 3 层加砂量为 40~50m^3，其他层位的加砂量为 35~45m^3，施工排量为 2.5~3.2m^3/min，平均砂液比 25%~30%，前置液百分比 25%~35%，液氮伴助比 7%。2003 年压裂设计的施工成功率为 94.9%，2004~2011 年直井压裂设计的平均施工成功率达 98.4%，说明压裂设计具备较强的针对性和可操作性。

五、压裂改造工艺技术

2005~2011 年，大牛地气田进入直井规模开发阶段，针对储层特征，逐步形成了以单套气层长缝压裂技术和多套气层分层压裂技术为主体的直井压裂工艺技术体系，实现了大牛地气田直井规模有效建产。

（一）单套气层长缝压裂技术

2005~2007 年，主要采用直井单层开发，优先动用 DK13、大 35-大 47 井区的盒 3、山 1 段、太 2 段 I 类储层，该类储层单层有效厚度大，纵横向连续性好，物性最好，产量高，压裂工艺技术上以增加裂缝长度、提高储量横向动用率为目的，形成了单套气层长缝压裂技术。

1. 单套气层长缝压裂技术原理

针对单套气层，主要采用缝高控制技术，有效控制裂缝高度，一方面可改善支撑剂在产层内的铺置效果，提高裂缝导流能力；另一方面可增大有效缝长，从而增大泄气面积，提高单井产量。大牛地气田主要采取的缝高控制技术有变排量控缝高技术和注入非支撑剂段塞控缝高技术（图 5-5-1）。

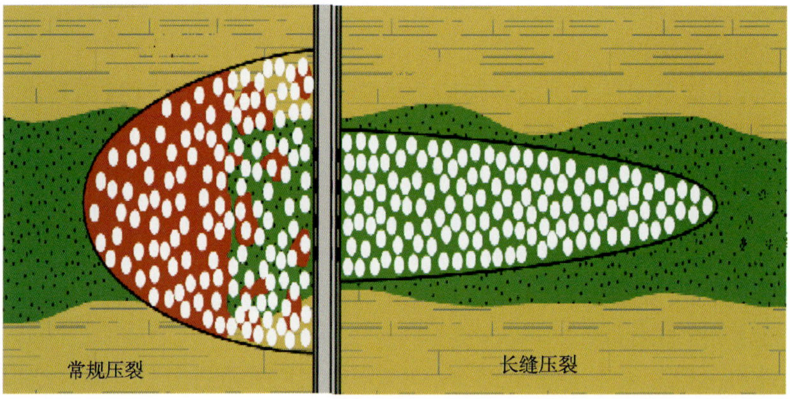

图 5-5-1　长缝压裂与常规压裂裂缝延伸形态对比示意图

1）变排量控缝高技术

先低排量泵注前置液及一部分低黏混砂液，在裂缝的底界面桥架成一个低渗透或不渗透的人工隔层，增加了下部隔层与生产层之间的地应力差，可控制裂缝向下延伸。它还起转向剂的作用，使后来注入的携砂液转为水平方向上流动。然后瞬间提高泵注排量（根据油层情况，可进行一次或多次的排量跃变），这样做的目的是将更多的支撑剂带入到裂缝深处，同时在保证不发生砂堵的前提下，实现缝口的有效支撑。施工过程中尽可能快地逐次提高砂比，从而提高整个裂缝的导流能力，直至压裂结束。

2）注入非支撑剂段塞控缝高技术

由载液和封堵颗粒组成液体段塞，施工时在前置液和携砂液中间将其注入地层中，其中的大颗粒形成桥堵，小颗粒填充在大颗粒之间的缝隙中，这样就形成了具有渗透性能的阻隔段，通过这种方法可以达到控制缝高的目的。

2. 大牛地气田压裂缝高影响因素研究

大牛地气田平均气层厚度为 13.1m，为使压裂缝在气层内得到充分延伸，针对裂缝高度影响因素开展研究，结合井温测井、微地震监测等手段，优化压裂施工参数，有效实现控缝高造长缝的目的。

1）影响裂缝高度的因素分析

（1）储隔层地应力差对裂缝高度的影响。

假定围岩是厚层泥岩，在其他参数保持不变的基础上，利用 FracproPT 压裂软件，模拟裂缝高度随隔/储层间地应力差值的变化而变化的规律。从图 5-5-2 可以看出随隔/储层间地应力差值的增大，裂缝高度减小，在地应力差大于 5MPa 以后，随隔/储层间地应力差值的增大，裂缝高度减小的趋势减缓，裂缝高度趋近于 25m，隔层厚度趋近于 15m。

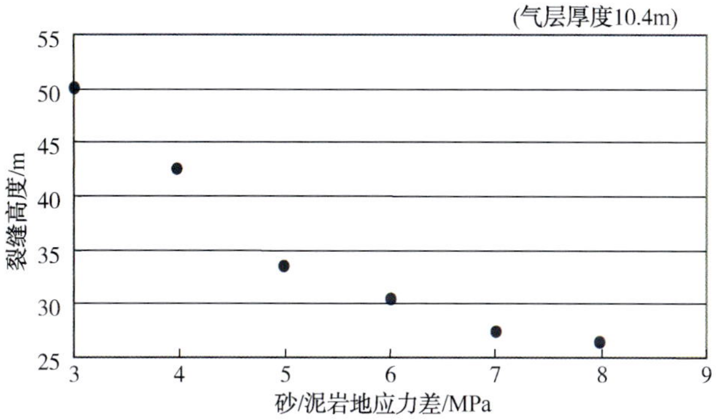

图 5-5-2 裂缝高度与隔/储层间地应力差值关系

储层工程地质特征研究成果表明，大牛地气田上古生界砂岩储层最小水平主应力为 38.38~45.63MPa，泥岩最小水平主应力为 43.34~52.22MPa，砂泥岩应力差为 3.66~10.9MPa，地应力差较大，表明地应力差对抑制水力裂缝垂向延伸有较好的作用。

（2）隔层类型对裂缝高度的影响。

在实际地层条件下，隔层是由不同岩性、不同地应力的岩石类型交互组成的，这种栉齿状的高、中、低地应力组合容易产生复合层效应，这对裂缝高度的延伸又形成了一定的限制（图 5-5-3）。

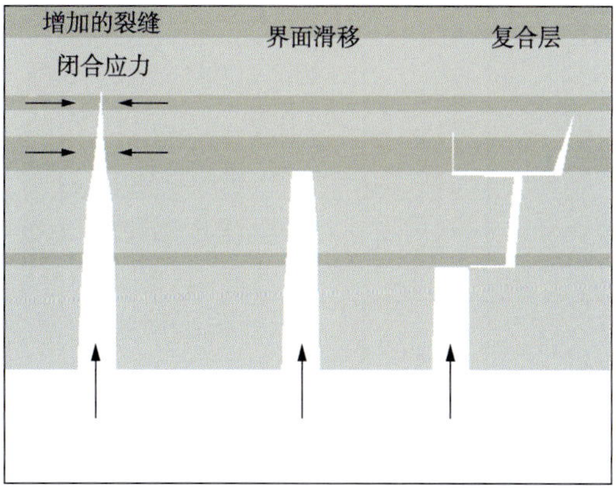

图 5-5-3 复合层效应对裂缝延伸的影响

根据压力拟合，发现大牛地气田复合层效应因子是一个变化的值，泥岩的复合层效应因子在 5~20 之间，砂岩在 1~6 之间，泥质砂岩、砂质泥岩介于其间。

此外，如果隔层岩性主要为砂岩，虽然隔层地应力值降低，但随其渗透面积的增大致使滤失系数增大，裂缝高度要相应减小。

(3) 施工规模及砂比对裂缝高度的影响。

大牛地气田石盒子组、山西组属于河流相沉积，由于河流相砂体在宽度上的限制，如果加砂规模太大，会使裂缝在长度方向上延伸的过程中遇阻，缝内压力升高，在突破隔夹层的过程中，势必使裂缝高度增加。

此外，如果砂比太高，在压裂过程中造成缝内端部脱砂，使输砂通道堵塞，缝内压力升高，也必然对裂缝高度造成影响。

2) 裂缝高度及有效隔层厚度的确定

(1) 压力拟合。将以上所有对裂缝缝高的影响因素考虑在内，应用 FracproPT 进行压力拟合，对大牛地部分代表井裂缝高度的解释结果见表 5-5-1。其中考虑了砂岩、泥岩、砂质泥岩、泥质砂岩、煤层 5 种隔层类型，隔层中砂质成分占地层厚度的比例考虑为 10%～70%，加砂规模从 25.5～89.9m^3，砂比设置 23.9%～27.2%。经过拟合分析，在当前压裂工艺下，大牛地气田裂缝高度在 23～50m 之间，所需隔层厚度介于 15～30m 之间。

表 5-5-1 大牛地气田部分井裂缝高度压力拟合解释结果

井 名	层 位	气层厚度/m	隔层情况(上下 25m 范围内)			加砂量/m^3	砂比/%	缝高/m
			上砂/地比/%	下砂/地比/%	岩性			
D61-14	盒 3	6.8	20	25	砂质泥岩、泥质砂岩/砂质泥岩、泥岩	39.1	24.7	27.7
D66-111		7.1	64	16	泥岩、砂岩、砂质泥岩/砂岩、砂质泥岩	40.2	24.5	27.23
D66-82	盒 2	6.4	16	20	泥岩、砂岩/砂岩、泥岩	38.8	25.34	24.56
D12-30		3.3	50	24	砂岩、泥岩、砂质泥岩/砂质泥岩、泥岩	33.7	24.77	28.12
D66-65	盒 1	6	16	40	砂岩、泥岩/砂岩、泥岩、砂岩、泥岩	42.6	23.9	25.33
D66-108		4	56	0	砂岩、泥岩/泥岩	36.7	25.5	31.03
D66-82	山 2	8.1	20	16	泥岩、砂岩/砂质泥岩、泥岩、煤层	39.1	24.7	26.71
D66-92		10.3	40	24	泥岩、砂岩/泥岩、砂岩、泥岩、砂岩	55.7	26.6	32.82
D66-70	山 1	6.2	40	8	砂质泥岩、泥岩、砂质泥岩/砂岩、泥岩、煤层、	36.3	25.41	26.56
D12-30		15.2	24	0	泥岩、煤层、砂岩、/煤层、泥岩	52.4	25.5	30.9
D66-88	太 2	37.8	64	8	煤层、砂岩、泥岩/砂岩、泥岩、煤层	89.9	26.7	53.76
D66-122		6.2	8	8	煤层、砂岩、砂质泥岩、煤层/砂岩、泥岩	42.02	25.48	29.58

续表

井　名	层　位	气层厚度/m	隔层情况(上下 25m 范围内)			加砂量/m^3	砂比/%	缝高/m
			上砂/地比/%	下砂/地比/%	岩性			
D66-89	太 1	3.8	24	0	泥岩、泥质砂岩、砂岩/泥岩、灰岩	25.5	27.2	23.94
D12-32		8	20	0	煤层、泥岩、砂岩、泥岩/泥岩、灰岩	50.3	25.4	30.76
平均		9.22	33	13.5	—	44.45	25.41	29.93

(2) 井温测井。大牛地气田 4 口井的储/隔层情况及井温测井测定的裂缝高度如表 5-5-2 所示。

表 5-5-2　大牛地气田部分井裂缝高度井温测井解释结果

井　号	D10-12	D12-23	D17-1	D1-4-161
层　位	盒 1	山 2	太 1+太 2	山 1 上
气层厚度/m	10.9	22.8	12.3	6.7
隔层砂/地厚度比/%	66	45	24	74
隔层类型	砂岩/泥岩	砂岩/泥岩/煤层	泥岩/砂质泥岩	砂岩/泥岩/砂岩
裂缝高度/m	30	48	47	33
隔层厚度/m	18.1	25.2	34.7	26.3

从表 5-5-2 可以看出，隔层砂/地比为 24%~74%之间时，井温测井监测的裂缝高度在 30m 以上，隔层厚度在 18~35m。

3. 微地震监测

通过大牛地气田部分井压裂过程中的微地震监测结果(表 5-5-3)表明，裂缝高度在 35~45m，有效隔层厚度在 15~25m。

表 5-5-3　大牛地气田部分井缝高度微地震监测解释结果

井　号	DK5	DK4	大 2
层　位	山 1-1	盒 3	盒 1
气层厚度/m	11.6	13.0	21.0
裂缝高度/m	35.6	41.4	38.8
有效隔层厚/m	24.0	23.4	17.8

通过前面研究，得到以下认识：

(1) 在厚层块状泥岩隔层条件下(储/隔层间地应力差>5~10MPa)，最小有效隔层厚度为 15m。

(2) 气层厚度越大，所需有效隔层厚度越小。

(3) 在实际地层条件下(砂/地厚度比 30%~70%)，有效隔层厚度为 15~35m。

(4) 在气层厚度较小(平均 5m)，且隔层质量差的情况下(砂/地厚度比>75%)，最小有效隔层厚度可大于35m。

(5) 煤层能有效阻挡裂缝高度的延伸，大大降低所需的有效隔层厚度。

综合以上考虑，大牛地气田有效隔层厚度15m以上，能够满足控制裂缝高度的需要。

D47-26盒1层有效厚度是砂体厚度的一半(表5-5-4)，上下隔层遮挡性较差(图5-5-4)，为了控制缝高，采用变排量控缝高技术，井温测井结果表明(图5-5-5)，压开裂缝井段2282.1~2302.9m，缝高20.8m，实现了控制裂缝高度延伸的目的，压后无阻流量$6.47\times10^4m^3/d$，取得了较好的改造效果。

表5-5-4 D47-26盒1层基础数据

砂厚/m	有效厚度/m	孔隙度/%	渗透率/$10^{-3}\mu m^2$	含气饱和度/%	加砂量/m^3	平均砂比/%	排量/(m^3/min)	无阻流量/(10^4m^3/d)
16	8.4	12.9	0.49	58.7	5+45.4	26.2	1.5↗2.0↗3.0	6.47

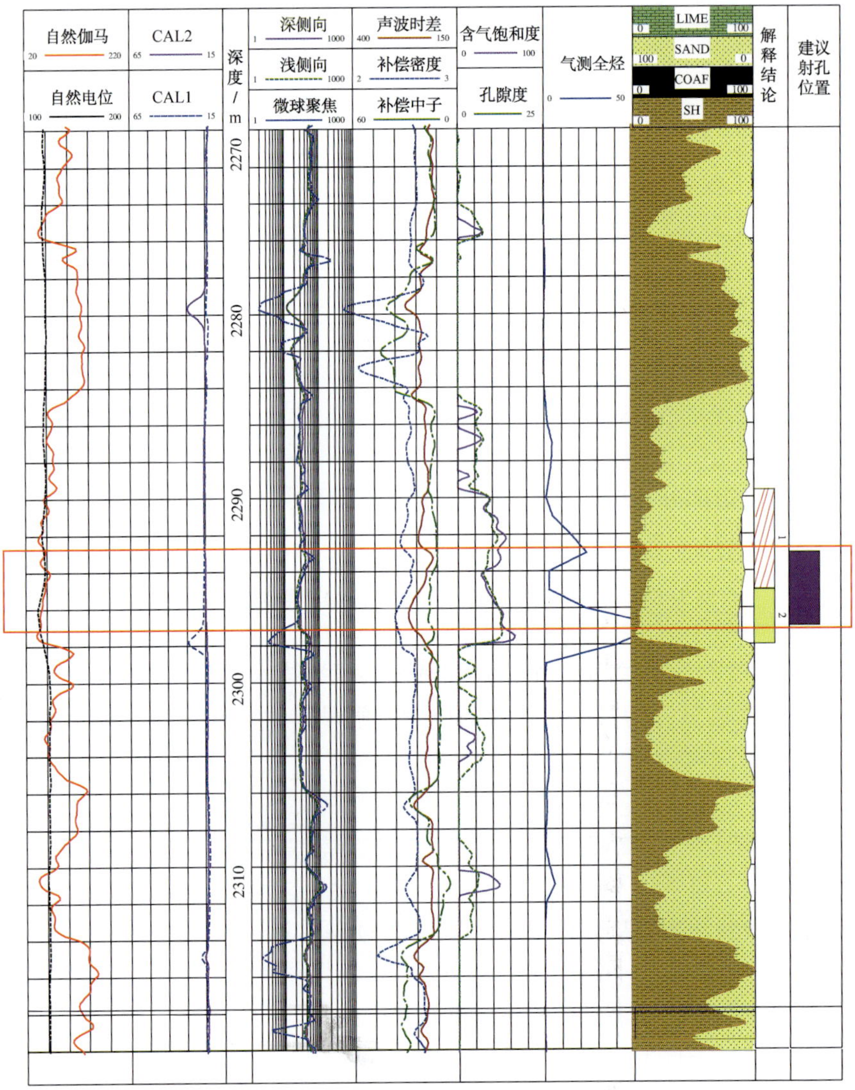

图5-5-4 D47-26盒1层测井解释曲线

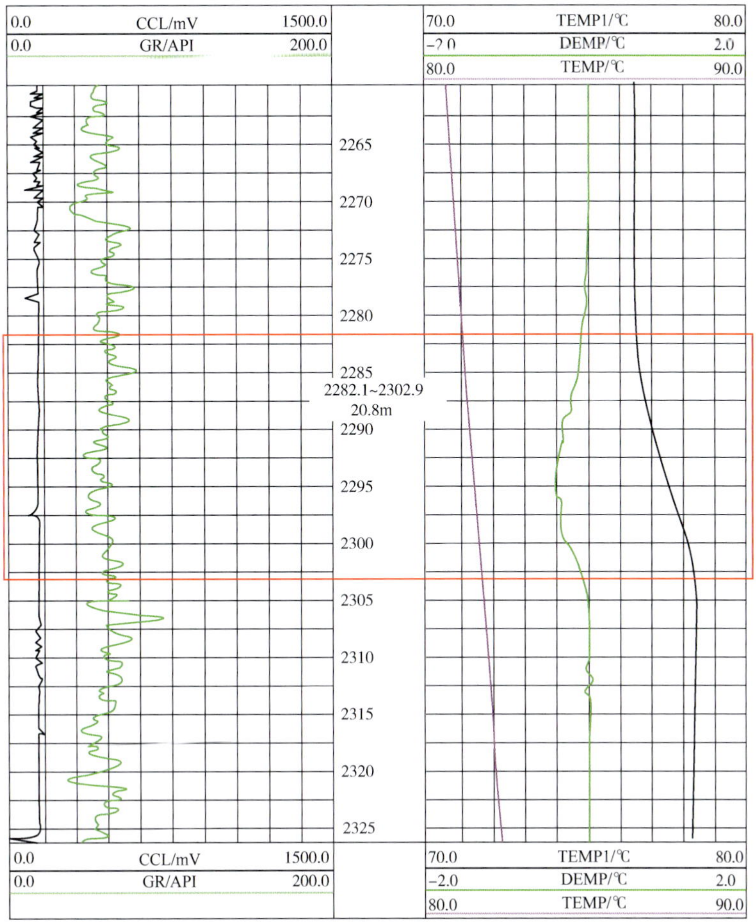

图 5-5-5　D47-26 盒 1 层井温测井图

根据大牛地气田储隔层特征，针对单套气层采用控缝高长缝压裂技术，通过前置液比例、施工排量、加砂量等施工参数的优化，现场应用 223 口井，施工成功率 98.3%，平均无阻流量 $5.3\times10^4m^3$，拉开了大牛地气田直井规模开发的序幕。

物性中等，单层产量较低，压裂工艺技术上以多层叠合发育纵向上均衡改造为目的，攻关形成了以机械分层压裂等为主的多层连续分层压裂技术。

以多层连续高效分压为目的，优化封隔器、喷砂器、管柱结构等关键参数，形成了直井/定向井多套气层分层压裂工艺技术，分层压裂工艺施工成功率逐年提升，从早期的 90.9%提高到 96.4%，现场应用口 206 口井，平均施工成功率达 95%以上，实现了一趟管柱四层连续分压，具备连续分压五层能力，单井压裂试气作业周期缩短 50%以上。

（二）多套气层分层压裂技术

随着Ⅰ类高产气层逐步动用，剩余储量已不能实现单层经济有效开发，2008～2011 年，在大 12-大 66 井区主要针对盒 1 段、山 2 段、太 2 段、太 1 段Ⅱ类储层采用直井多层合采，该区典型特点为多套气层叠合发育，单套气层厚度较单层开发区明显变薄，纵横向连续性相对较好，物性变差，前期采用多层笼统合压工艺，单井产量较低，未达到方案要求，为了实现多层叠合发育纵向上的均衡改造，以多层连续高效分压为目的，优化封隔器、喷砂器、管柱结构等关键参数，研究攻关形成了以不动管柱机械分层压裂工艺等为主体的直井/定向井多层连续分层压裂技术。

1. 不动管柱机械分层压裂工艺技术原理

不动管柱机械分层压裂工艺是通过多级封隔器和滑套喷砂器组合压裂管柱来实现的。各级封隔器将不同的压裂目的层分开，压裂某一目的层时，其他滑套喷砂器均关闭，只有对准目的层的滑套喷砂器通道打开，压裂液通过此唯一通道压裂目的层，压完此目的层，从油管投球打开上一滑套喷砂器通道，同时封堵下面滑套喷砂器，实现上一目的层的压裂，依次类推通过自下而上地实现不动管柱压裂多层。

2. 不动管柱机械分层压裂工艺技术特点

（1）一次可施工多层，对目的层进行针对性地改造。

（2）减少作业工序和压裂次数，缩短作业周期，减少起下钻次数，取消封堵作业，节约成本。

（3）针对性强，减少了压裂液的二次污染，对地层伤害小，效果比其他压裂方式好。

（4）对于两层之间间距小，不利于下机械工具分层压裂的层位，可采用此压裂管柱投球分层压裂。

（5）适用范围广泛，对储层温度在135℃以内，井斜小于50°，套管内径在118.62~121.36mm范围，单套压裂层段在50m以内的井都可进行压裂施工。

（6）管柱具有反洗井功能，如果封隔器上有沉砂可冲洗干净，便于解封。

3. 前期不动管柱机械分压多层管柱结构及存在的主要问题

1）管柱结构及主要工具

分层压裂管柱主要由水力锚、封隔器、滑套喷砂器和坐封球座组成，前期使用较多的管柱结构组合为Y221或Y211+Y111封隔器组合和Y341+Y241封隔器组合。

2）管柱在应用中存在的问题

（1）处理砂堵能力差。不动管柱机械分压多为大型压裂，加砂量大，平均砂比高，在压裂过程中极易出现砂堵，一旦出现砂堵，整个压裂就被迫终止，若油管控制放喷不通，导致压裂彻底失败。

（2）压裂中封隔器被磨损和刺穿。封隔器内径比油管内径小，导致在上封隔器内径上端形成了一个节流，增加了摩阻，压裂砂对此处的冲击最为严重，加砂量过大就会磨损或刺穿上封隔器，刺穿后严重者可使封隔器断脱落井。

（3）处理“冰堵”能力差。前期管柱组合中多采用Y341、Y241、Y221或Y211型封隔器，压裂后不能自动解封，油套不连通。放喷求产时出现“冰堵”就很难解决。

（4）压裂管柱起不出来给下步作业造成困难。前期的分层压裂管柱多存在压后砂卡管柱的情况，强行起油管存在一定的施工风险，只能将压裂管柱作为生产管柱，给后续作业带来困难。

4. 改进后的不动管柱机械分压多层压裂管柱结构

（1）封隔器均采用K344封隔器，压裂结束后，放喷排液过程中油管卸压，封隔器自动解封，从上封隔器处油套连通，通过后续措施可大大提高砂堵的处理能力，同时降低砂卡管柱无法提出的风险，求产时出现“冰堵”的问题也容易解决。

（2）在上封隔器上面接一个和封隔器内径相同的高钢级抗磨短节，以减少携砂液对封隔器中心管内壁的直接冲击，可有效保护封隔器和井下工具。

（3）针对压裂管柱起不出来的问题，在油管和最上部 K344 封隔器之间接一个安全接头，下步作业时若上提管柱困难，可从安全接头处倒扣起出井内油管，方便下步作业（图 5-5-6）。

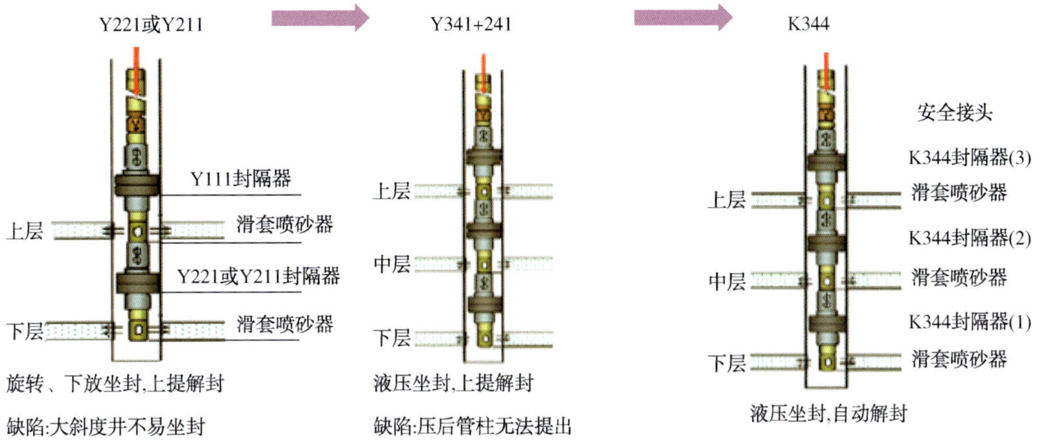

图 5-5-6　不动管柱机械分层压裂工艺优化

D1-1-193 井是大牛地气田的一口开发定向井，目的层位分别为山 1 层、盒 1 层和盒 3 层，层间跨距在 15m 以上，采用不动管柱机械分层压裂工艺分压三层，累计加砂 142.1m^3，入地总液量 883.7m^3，压后合采产气量 3.54×$10^4m^3/d$，无阻流量 5.02×$10^4m^3/d$，取得了较好的改造效果（图 5-5-7）。

通过压裂工艺的不断优化完善，施工成功率逐年提升，从早期的 90.9%提高到 96.4%，现场应用口 206 口井，平均施工成功率达 95%以上，实现了一趟管柱四层连续分压，具备连续分压五层能力，单井压裂试气作业周期缩短 50%以上，改造效果较前期提高 30%，为气田规模开发提供了技术支撑。

截止到 2011 年，大牛地气田针对上古生界气层共压裂直井 1065 口 2338 层次，动用储量 1905.48×10^8m^3，探明储量动用率达 41.92%，累计新建产能 32.54×10^8m^3，为大牛地气田 DK13 井区盒 3 段、山 1 段单层发育区，以及大 66、大 12、大 35-大 47 井区多层叠合区的直井有效开发提供了有力的技术支撑。经验表明，不动管柱分层压裂减少了作业工序和压裂次数，缩短作业周期，减少起下钻次数，取消封堵作业，节约成本。

5. 小结

（1）具备多个产层都需压裂改造且层间有一定跨度的井，可选择不动管柱分层压裂技术。

（2）压裂结束在放喷排液过程中油管卸压后，上封隔器能够自动解封。

（3）在上封隔器上面接一反洗井循环阀，能够增强管柱处理砂堵的能力。

（4）高钢级抗磨短节，能减少携砂液对封隔器中心管内壁的直接冲击，有效地保护封隔器和井下工具。

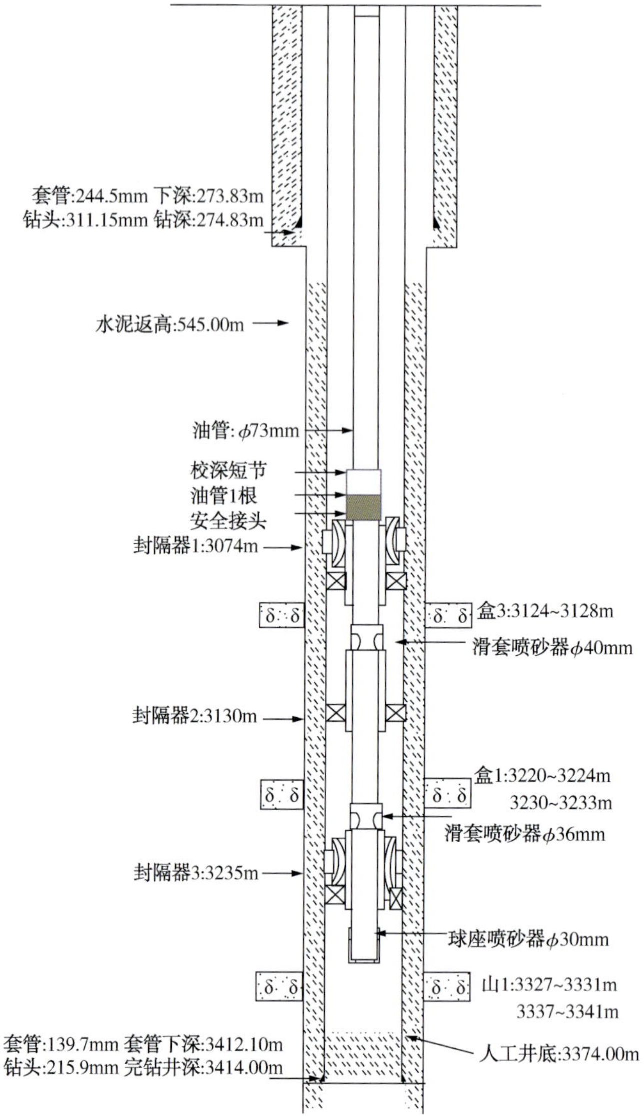

图 5-5-7　D1-1-193 井机械分层压裂管柱结构示意图

（5）不动管柱分压四层压裂工艺的应用将加快多层低渗透油气井的开发速度，能使投资者节约投资成本，降低开支，提高经济效益。

（6）随着石油勘探开发的深入，不动管柱多层压裂技术将会有广阔的应用前景。

第六节　致密低渗多层叠合气藏采气工艺技术

国内外气藏大多属于封闭性的弹性水驱气藏，在开发过程中都不同程度地存在地层出水。产出水若不能及时排出，就会聚积在井底，增大井底回压、降低产气量，严重时造成气井水淹停产。长时间的积液浸泡还会对地层造成极大的污染和伤害。快速有效地排液复产，是保持气井产能、高效开发气田的关键。因而，排水采气是气田开发所面临的一项重大课题。目前，国内外所采用的排液方法主要有三大类：一是气体动力学方法，包括周期性放喷、小油管、虹吸管吹洗等；二是化学方法，包括注入泡沫活性剂等；三是机械方法，如柱塞举升、泵抽等。这三类方法的理论基础是两相混合物的流体动力学，最重要的理论是 Turner 的液滴模型和临界流速理论。近年来，国内外石油科技工作者针对现有积液气井排水采气工艺的不足和缺陷，通过多年努力研制开发出了一系列新型适用的排水采气工艺，如：井间互联井筒激动排液复产工艺技术、同心毛细管(Concentric Capillary Tubing，CCT)技术、天然气连续循环(Continuous Gas Circulation，CGC)技术、深抽排水采气工艺、单管球塞连续气举工艺等工艺技术。

大牛地气田属于特低渗致密砂岩气藏，单井产能低且大多产水，井筒容易形成积液，采气过程中易于在生产管柱和集气管线内形成天然气水合物堵塞，严重影响气井的正常生产。通过几年来的探索研究及持续改进，逐步形成了以泡沫排水采气为主的排水采气工艺和以注醇为核心的解防堵工艺；适时开展柱塞气举、超声雾化等排水采气工艺技术的引进与试验，配套形成大牛地致密低渗气田全生命周期排水采气工艺技术，提高了气井的综合利用率，实现了气井稳定生产。

一、排水采气工艺

(一) 大牛地气田排水采气历程

大牛地气田直井开发的对象主要为上古气藏，上古生界气层段没有明显的水层，而大多数生产井在采气过程中或多或少有水产出，一般井日产水小于 0.3m^3，个别井日产水可达 3~4m^3。由于气田单井产气量低，往往不能有效地将气井所产之水带出，造成井底积液，特别是日产气量在 10000m^3 左右的低产井，井底积液较为明显，气井的生产能力受到严重影响。因此，排水采气是产液气藏开发的必要措施。通过现场生产试验和技术方法优选，大牛地气田形成了以泡沫排水采气技术为主导，多种技术共同发展的局面。通过排采工艺的应用可以做到连续排液，实现排水采气的目的。此外，部分井采用“定时加大产量排液法”，即通过在某确定的时间段提高气井产量的方法把井中的积液带出，保证气井正常生产。

2003 年 9 月，气田投产后，针对大牛地气田多数气层试气、试采过程中的产水情况，分公司组织了泡沫排水药剂配伍室内实验，优选出适合主要气层地层水的固体泡排棒和液体泡排剂等。以满足生产为目的，以各种药剂试用效果分析为主，通过现场应用取得了一定的效果。泡沫排水采气技术的设施能够解决采气过程中由于地层水的产出造成的不利影响，基本能够实现气井井口压力、气产量、水产量的平稳。2004 年 7 月，以罗氏泡高法和模拟流动法为基本方法，对泡沫参数进行室内实验，通过 13 口井水样进行了模拟实验，确立了适合于大牛地气田水质和各种矿化度条件下的泡排药剂体系，初步建立了泡排工艺参数优化方法，明确了井内积液量计算方法，相应合理加药量确定方法，注入浓度确定，注入方式确定等。2005 年 7 月开始，为了进一步研究大牛地气田的产水规律和泡排工艺，第一采气厂以“大牛地气田产水气井排水采气工艺技术应用研究”项目为起点，通过对各种泡排药剂实验数据的定性对比，明确了适合于大牛地气田的最优泡排剂类型，提出了符合各产层水质、压力、温度条件的药剂选型。经过 5 年的不断摸索，通过水型配伍实验、室内起泡携液实验来和现场应用筛选，初步建立了适合大牛地气田的泡排剂体系。泡沫排水工艺已成为大牛地气田排水采气的主要方法。

大牛地气田从2005年开始进行柱塞气举试验，D1-1-74井作为大牛地气田第一口柱塞气举排水采气试验井，通过前期柱塞气举动态模拟研究及柱塞气举工艺参数的不断优化调整，试验期间气井的排液效果、增产效果明显，柱塞气举设计计算结果与现场试验情况吻合，说明柱塞气举工艺在大牛地气田应用是合理可行的。由于初期对柱塞气举的认识有限，试验初期没有对柱塞运行制度进行优化，随着认识的深入，2007年下半年开始对该井柱塞运行制度进行优化。通过多次制度优化，达到了主要依靠柱塞举升来排出井内积液的目的，并且柱塞举升效率逐步升高，柱塞气举制度优化取得了成功。

从2005年开展柱塞气举试验，至2010年共试验了21口井，其中20口井的排液效率、生产时率均得到不同程度的提升。大量的实践证明柱塞气举工艺适合大牛地气田气井排水采气需要，能够有效解决气井排液困难问题，排液效果明显。柱塞气举装置易操作、管理方便，工艺排液效果好、有效期长，能够有效减少气井堵塞，降低采气成本，这也显示了这项工艺良好的推广应用前景。

DK16的现场试验打开了大牛地超声雾化试验的先河。2006年4月开始对该井进行泡排作业，先后使用多种泡排剂进行助排。泡排措施在减小油套压差方面取得了一定的效果，仍需要结合提产带液才能维持该井的正常生产，泡排没有取得明显的效果。对DK16井进行超声雾化试验适应性分析后，认为该井符合选井条件，于是从2006年8月开始采用超声雾化工艺进行排水采气试验，结合理论分析对下入深度和气嘴大小进行了计算，完成工具设计。工具下入井内通过流量的调节来进行制度的优化，与根据李闽公式计算出临界携液流量比较，通过多个生产制度对比，发现采用3/5临界流量作为生产时的瞬时流量，超声雾化装置运行效果最佳。

“十一五”期间，大牛地气田逐步对超声雾化工艺进行推广，截至2010年8月底，大牛地气田共有6口井进行超声雾化排水采气试验，与条件相似的连续生产井相比，超声雾化工艺井压力下降速度减小15%~60%左右，气井稳产期延长，可提高采出程度，此外气井采用超声雾化工艺后，减少了液态水量；气流经过节流降压，降低了水合物生成温度，从而可降低气井注醇量，6口试验井注醇量总体上降低了25%。超声雾化工艺在大牛地气田试验取得了较好的经济效益和环境效益，表明超声雾化排水采气工艺在大牛地气田是一种可行的排水采气新工艺。

有关研究成果认为，当气井开始积液时，井筒内气体的最低流速称为气井携液临界流速，对应的流量称为气井携液临界流量。因此，当井筒内气体的实际流速小于临界流速时，气流就不能将井内液体全部排出井口，轻者影响气井产量，重者会致使气井停产。通过相关的对比分析可知，气井的携液能力与临界携液气量、油管截面积、井口压力等因素有关，其中，油管内径对临界流量的影响最大。试验认为，由于大牛地气田产水气井的产能较低，且考虑后续作业，采用50.7mm内径的油管较为合适。2003年开始，华北分公司对单层开采井初期采用62.0mm内径油管为生产管柱，后期改为50.7mm内径油管为生产管柱；对多层合采井则使用50.7mm或40.9mm内径油管为生产管柱。2005年，有6口多层合采井更换为50.7mm内径的油管生产，当日产气量大于10000m^3时，能够实现完全携液。

2005年9月，针对少数低产井更换小内径油管仍无法排液的实际情况，开展了柱塞气举排水工艺技术试验。柱塞气举，即在井口安装具自控功能的气动阀装置，控制气井开关，利用井内柱塞克服油管内液体的滑脱效应，通过气井自身能量高效排液。D1-1-74井产能低、产水量相对较高，无法满足 $3000m^3/d$ 的配产要求。2005 年 10 月 14 日，该井安装了柱塞气举设备，经采用柱塞气举工艺技术后，较好地解决了排液问题，且在日产 $5000m^3$ 天然气的情况下，油、套压均可保持较高压力，实现平稳生产。

经过十余年的摸索，针对大牛地气田的采、集、输关键环节，形成了一套适用于大牛地气田的排水采气工艺技术体系。

（二）泡沫排水工艺

1. 泡沫排水机理

泡沫排水采气工艺是通过化学药剂(泡沫排水剂或起泡剂)在井筒内产生大量的泡沫，增大井筒内积液的体积，降低积液的密度。在天然气上升的过程中，起泡剂产生的大量泡沫也随着天然气一起被带出井口。由于起泡剂产生的泡沫膜上含有大量的水分，因此泡沫在被带出井口的同时，井筒内大量积液也被带出井底。气井井筒内的积液在被带出井筒后，就减少了井筒内积液对井底的回压，从而有效地解除气流道堵塞，减少"滑脱"损失，提高天然气流的垂直举液能力，以保证气井稳产。泡沫排水采气具有设备简单、施工容易、见效快、成本低、又不影响气井生产的优点，在采气生产中得到广泛应用。

2. 药剂选型

针对大牛地气田产水量少、产气低，压力降低后凝析油产出规律发生变化等特点，结合不同层位产出水性质对泡沫剂进行优化选择；泡沫排水采气工艺对起泡剂的性能有如下要求：①与地层水配伍性好；②鼓泡高度大；③泡沫携液量大，即气泡壁形成水膜厚，单位体积泡沫的含水量高，泡沫携液能力强；④泡沫稳定性适中。若稳定性过强，则将会给地面消泡、分离带来困难，若稳定性差则有可能达不到将水带至地面的目的。根据以上要求，选用了 UT-6B、UT-11B、UT-11C、UT-8、UT-12、UT-14 起泡剂，消泡剂为 FG-7Ⅱ。通过室内实验得知 6 种起泡剂与大牛地气田地层水的配伍性均较好，泡沫性能各项参数受温度影响不大，受到地层水矿化度的影响各异。药剂适用性见表 5-6-1。

表 5-6-1 各种类型药剂的室内试验数据

药剂型号	凝析油含量/%	药剂浓度/‰	罗氏泡高/mm	半衰期/s	携液率/%	备 注
UT-11B	20	3	138	178	88	
UT-11C	30	3	146	210	91	
UT-8	20	3	123	155	83	
UT-12	30	3	178	260	92	
UT-14	30	3	180	278	92	
UT-6B	30	10	139	201	90	固体自发泡

通过取多口泡排气井的液样进行室内实验和现场大量试验，总结出了各类型药剂的适用性(表 5-6-2)：

表 5-6-2　药剂选择推荐表

分类区间		药剂选择
产气量/(m^3/d)	5000~10000	产气量 8000m^3/d 以上或者产水量 0.4m^3/d 以上选用 UT-11C
	3000~5000	产气量 4000m^3/d 以上选用 UT-11C
	<3000	UT-12 和 UT-8
套压/MPa	6~8	产气量 5000m^3/d 以上选用 UT-11C，4000~5000m^3/d 之间或者产水量 0.4m^3/d 以下选用 UT-11B，更低产量则适用 UT-12 和 UT-6B(积液严重井)；其余气井采用 UT-11B 和 UT-6B
	<6	产气量 5000m^3/d 以上或者产水量在 0.3m^3/d 以下选用 UT-11C 和 UT-11B，其他气井采用 UT-12 和 UT-6B(积液严重井)
产水量/(m^3/d)	<0.5	产量低于 3000m^3/d 采用 UT-14 和 UT-6B(积液严重井)，其他井选用 UT-11C
	>0.5	产气量 5000m^3/d 以下采用 UT-12，其他采用 UT-11C 型泡排剂
生产层位	盒 3	产量低于 3000m^3/d 采用 UT-14，其余气井采用 UT-11B 或 UT-11C
	山西组及含山西组层位	套压低于 6MPa 或产气量低于 5000m^3/d 采用 UT-12，其余气井采用 UT-11B 或 UT-11C
	太原组及含太原组层位	套压低于 6MPa 或产气量低于 5000m^3/d 采用 UT-12，其余气井采用 UT-11B 或 UT-11C

3. 加注制度

1）加药浓度

在泡沫排水采气中，起泡剂浓度加入不当，可能导致工艺失败。注入浓度过低，达不到改善井筒气水两相流流态的目的；注入浓度过高，井筒压损反而增加，地面消泡困难，分离器会产生较高回压。由于气井内影响泡沫性能因素复杂，所以起泡剂在投入现场使用前，应模拟气井本身条件对起泡剂性能进行实验，确定最佳药剂起泡剂浓度范围。

根据泡排剂现场试验总结得出：第一次起泡剂注入量按井底积液 1%加注，从第二次开始起泡剂注入量按照井底积液的 3‰~5‰加注。冬季站内加注时用清水和甲醇将起泡剂稀释到浓度为 10%的溶液，根据外界气温条件，稀释液配比中甲醇占溶液的体积比不超过 30%；井口加注则用清水将起泡剂稀释至 20%溶液。

2）加药周期选择

针对不同类型的气井，大牛地气田主要有定压差泡排、定周期泡排和站内连续泡排三种泡排制度。

(1) 定压差泡排。对间歇出液的气井实施的加药制度，气井加注起泡剂后油套压差缩小，等油套压差增加到预定值时，进行下一次药剂加注。大牛地气田通过长期摸索，现在实施较为普遍的、较为成功的定压差泡排制度是：在气井油套压差达到 2MPa 时，根据表 5-6-2 对泡排药剂进行选型。

(2) 定周期泡排：对于规律性产液的气井，需要及时将积液排出井筒，因此对气井实施泡排以相同的起泡剂、加注间隔时间、加注量、稀释比例为一个泡排制度。定周期泡排主要是针对那些泡排有效期较短的气井，由于这些气井按照定压差泡排制度排液后，又会重新快速出现积液，使气井的油压生产曲线呈现锯齿型，导致气井的生产极不稳定，而采用定周期泡排(根据气井的泡排有效期，制定一个合理的、固定的时间段对气井进行泡排施工)，可以使气井的油套压差稳定在一定范围之内，这样既可以满足气井排液的需要，又可以使气井的压力稳定，生产平稳。

(3) 连续泡排：是周期泡排的特殊形式，对于出液连续或井筒积液对生产影响较大的气井，通过连续泡排避免积液影响气井正常生产。在连续注入之前可用高浓度起泡剂进行间歇处理，排出井内已有积液，以便后继注入较低浓度的起泡剂进行连续泡排时有更好的效果。此种泡排制度对于低压低产、高产液气井有较好的助排效果。

4. 加注工艺

选择合理的起泡剂加注方法，将决定泡排工艺实施过程中施工成本的高低及工艺管理的难易。目前现场采用的加注方法有 4 种。

1) 投药筒加注法

投药筒加注采用重力作用原理，适用固体起泡剂，该装置一次可加固体药剂 2~3 根。其优点是设备制作简单、费用低，适用于井内封隔器未解封或是井筒积液严重的气井。大牛地气田在现场应用中，针对井内积液较为严重的气井，通常采取油管投入固体起泡剂和套管注入液体起泡剂相配合的办法，实施效果较好。

2) 化排车加注法

化排车加注泵为车载柱塞泵。施工中通过化排车上井，由操作人员连接临时加注管线向油套环空或者油管注入起泡剂。其优点是可移动性强、加注量大，适应各种类型的气井。

3) 站内泵注入法

站内泵注入法也叫站内套注。每座集气站泵都设置专用的注醇泵，采用电动机提供动力，其动力电压为 380V，起泡剂通过站内注醇泵和注醇管线连续注入气井环空中，这种注入方式当起泡剂的注入量与井底出水相匹配时，则可以避免间歇注入时，起泡剂迅速过多形成稳定的泡沫塞，而停注期间起泡剂浓度又偏低的缺点，可以较好地调节泡排工艺效果，适用于油套环空连通、连续产水的气井。这种方法可以免除化排车上井的泡排施工步骤，节省了人力物力，同时也避免了因道路不通而对泡排施工造成的阻碍。采用站内泡排工艺不但可以减少大量的由于化排车井口施工作业而产生的油料消耗，为企业节能降耗作出贡献，还减少了车辆及人员的使用成本及反复出车带来的安全隐患，保证了安全生产。由于这些优点，目前站内泵注泡排已成为大牛地气田泡沫排水采用的最主要的加注方式，其施工量占总泡沫排水施工量的 80% 以上。但这种泡排工艺也有缺陷：由于注醇管线较细，考虑到注醇管线的防堵问题，它会一定程度上地受到外界气温的影响。

4) 井口气动泵加注

连续泡排方式除站内泡排外，还有井口平衡罐注入法。井口气动泵是 2013 年引进的新化学药剂加注工艺，以气井套管气作为动力向井内注入化学药剂，可实现无人值守，可设置自动加注时间、加注量等，成本低，无需油、电等资源消耗，适用于位置偏远、道路无法进入、未铺设注醇管线的气井，具有较好的推广前景。目前处于探索该工艺在大牛地应用可行性的阶段，共进行了 6 口井实验，均取得较好效果，具有在大牛地气田和未来杭锦旗区块规模开发时推广应用的广阔前景。

5. 现场应用

通过持续优化泡排剂体系和修正完善泡排评价方法，针对不同井况个性化排液需求，研发形成了差异化及特殊功能的泡排剂体系，实现一井一策差异化泡排，“十二五”期间泡排成功率在 90%以上(图 5-6-1)。

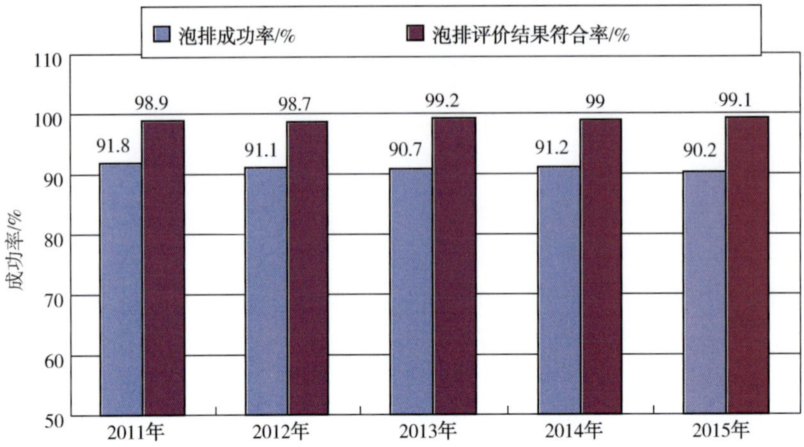

图 5-6-1 “十二五”期间气井历年泡排成功率

(三) 柱塞气举排水采气工艺

柱塞排水采气工艺是间歇气举的一种特殊形式，柱塞作为一种固体的密封界面，将举升气体和被举升的液体分开，减少气体窜流和液体回落，提高举升气体的效率。柱塞气举的能量主要来源于地层，但是当地层气能量不足时，也向井内注入一定的高压气。这些气体将柱塞及其上部的液体从井底推向井口，排除井底积液，增大生产压差，延长气井的生产时间。柱塞在井中的运动是周而复始的上下运动，柱塞下落时必须关井。

柱塞排水采气工艺同其他排水采气工艺相比具有更高的采收率。柱塞提供的固体界面极大地减少了液体回落，相应提高了气体的举升效率，设备投资少，使用寿命长且维修成本低，经济效益好，能充分利用地层能力能量。

1. 柱塞排水采气工艺影响因素研究

通过能够客观、真实反映柱塞气举生产情况的动态模型，利用相关计算结果讨论各种因素对柱塞气举的影响。在建立动态模型的方程时，首先将所研究段气体分割成若干控制体，假定在时间单元内控制体的参数是恒定的，建立多种影响因素下的柱塞和液体段塞运动方程以及油套压计算方法。将柱塞气举的影响因素分为动力因素、阻力因素、体积因素及其他影响因素。讨论各类因素对柱塞气举的作用，且确定保证正常柱塞气举工作的限制条件，最后分析柱塞气举的优化设计方法(图 5-6-2)。

1) 柱塞气举的动力因素

在柱塞举液上升过程中，柱塞下面的气体压力是推动柱塞上升的动力，它是由地层产气能力、地层压力、气液比和井筒积液高度所决定的。井筒积液高度是由柱塞下死点位置、气液比和地层在柱塞气举周期的产气量所决定的。柱塞下死点位置决定着井筒积液的最小高度，且基本上是固定的。综上所述，柱塞气举的动力因素为：气液比、地层压力和地层产气能力。

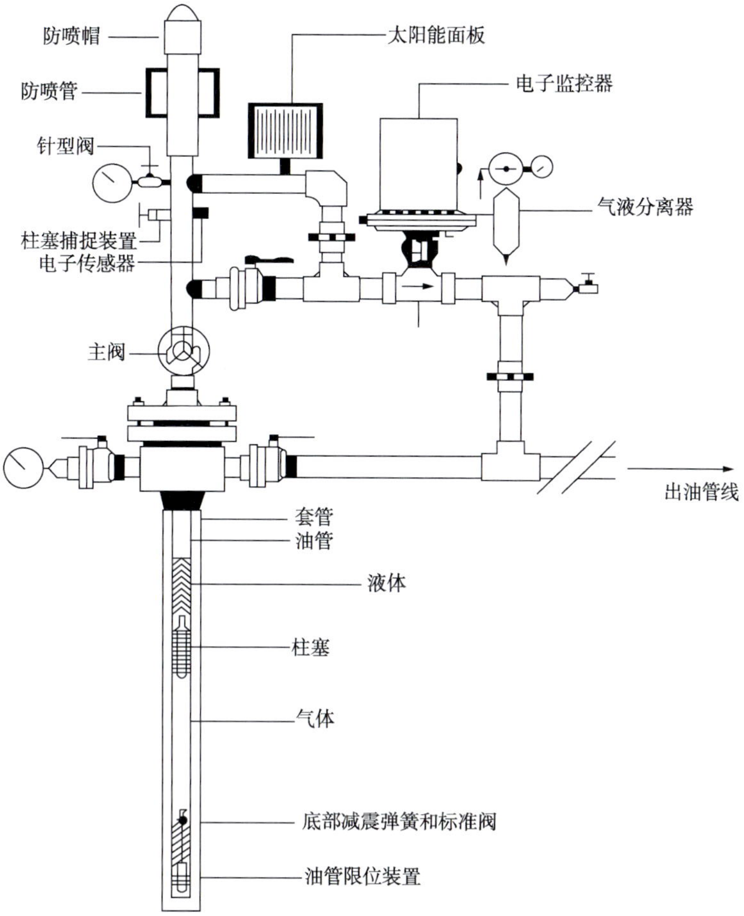

图 5-6-2 柱塞排水采气工艺原理图

气井生产的气液比是决定井筒的气量和水量相对比例的关键因素。通过现场测试数据分析，随着气液比逐渐降低，续流生产时间和柱塞气举周期同时缩短，气井周期产气量降低。当气液比下降到一定值时，续流生产时间缩短到零以后，只有增加液柱高度才能保证柱塞气举前后的油套压相等；如果再继续降低气液比，柱塞就不能进行正常气举，这是液柱高度太高所引起的。因此，只有当气液比高于一定值时才能实施柱塞气举进行排水采气，并根据气液比的高低决定续流生产时间，以保证气井较高产量。

地层压力与产能是互相影响的。当地层压力降低时，地层产气量就降低；假设其他参数不变化，计算地层压力的下降对柱塞气举造成的影响。通过现场测试数据分析，随着地层压力不断降低，柱塞到达井口时间有所增加，压力恢复和柱塞气举周期的时间都明显增加；当地层压力降到一定值，井口油套压无法恢复到要求值，柱塞气举不能正常进行。井口套压是由地层压力所决定的，气井能够恢复的最大套压就等于地层压力减去气柱和油套环空积液所产生的压力。因此，只有当地层压力高于一定值时，井口套压就恢复到合理的值，这样才能实施柱塞气举来进行排水采气。

2）柱塞气举的阻力因素

在柱塞举液上升过程中柱塞上面的气体压力是阻止柱塞上升的阻力，这个气体压力是由输气管线压力(分离器压力)、地面管线长度和内径、井口针阀开度和外输管线针阀开度所决定的。对于一口具体气井而言地面管线长度和内径是固定的，为减少针阀阻力，要求将它开到最大，但井口针阀的最大直径是由薄膜阀的规格和型号所决定的，集气站气嘴的最大直径一般由针型阀的规格和型号所决定。因此，除输气管线压力外其他因素基本为定值。假设其他参数不变化的情况下，现计算输气管线压力的增加对柱塞气举造成的影响，计算结果发现：随着输气管线压力的增加，虽然柱塞到达井口时间、压力恢复所需时间和柱塞气举周期时间增加都不大，气井周期产气量下降也不大，但是当输气管线压力增加到一定值时，柱塞就不能正常举液。因此，对于一口具体气井而言，降低输气管线压力可以延长柱塞气举使用时间，增加柱塞气举的排水采气量。

3）柱塞气举的体积因素

在柱塞举液上升过程中气井的深度决定着柱塞气举运动的距离以及油套环空膨胀的大小，气井越深，柱塞气举运动的距离越长，油套环空膨胀要求越大。假设在其他参数不变化的情况下，现计算气井深度的变化对柱塞气举的影响，发现随着气井深度的增加，在相同井口油套压的情况下，柱塞上面液柱高度和周期气井产气量都有一定增加，柱塞到达井口时间、压力恢复所需时间和柱塞气举周期时间都在明显增加；当井深增加到一定深度后井口套压不能恢复到设定值。因此，随着气井深度的增加，要采用柱塞气举，地层必须具有更高的压力和产气量。

4）其他影响因素

（1）生产气液比对柱塞上升速度的影响。在定油管尺寸和井口初始套压的情况下，气井生产气液比越高，柱塞上升速度越快。在柱塞加速阶段，柱塞举升的动力来自油套环空及柱塞下部油管中气体的膨胀能，循环生产期间油层气进入井筒后减缓了井筒压力的降低速率，增加了气体的膨胀能，从而使柱塞速度增加。

（2）井口初始套压与日循环次数的关系。在定油管尺寸的情况下，随着日循环次数的增加，井口初始套压相应下降。在定日循环次数的情况下，随着油管尺寸的增加，井口初始套压呈上升趋势。这是因为，对于一口井来说，日循环次数越多，则在循环周期内从井底流入井内的液体就越少，从而需要较小的气量，在操作条件上就表现为较低的井口初始套压。对于不同的油管尺寸，随油管尺寸的增加，油套环空的截面积减小，举升可利用的气体膨胀能减少。为保持正常循环，由压力平衡方程知，对于大尺寸油管就表现为较高的井口初始套压。

（3）每循环所需气量与日循环次数的关系。在定油管尺寸的情况下，随着日循环次数的增加，每循环所需气量相应减少。在定日循环次数的情况下，随着油管尺寸的增加，每循环所需气量也呈上升趋势。这是因为，对于一口井来说，日循环次数增加，每循环周期内从井底流入井内的液体就减少，从而需要的气量减少；对于不同的油管尺寸，随油管尺寸的增加，所需初始套压增加，并且油管中液体段塞上部的气体量增加，从而使得每循环所需气量增加。针对这一特点，在气液比不高的情况下，可以通过适当缩短循环周期和选用小直径油管以达到油井稳定生产的目的。

（4）气井日产量与日循环次数的关系。随着日循环次数的增加，气井产量相应提高。这是因为，对于一口气井来说，日循环次数增加，则每循环流入井底的流体减少，有利于保持较低的井底流压，使气井产能得到更充分的发挥，因此产量增加。

通过上述对柱塞气举影响因素分析，为保证柱塞气举实施正常，气液比、地层压力、产气量必须高于最低值，而对输气管线压力和井深有最高值的限制，只有它们相互之间达到合理的匹配时柱塞气举才能正常进行。当然根据柱塞气举使用的限制条件，并结合采气动态曲线，可计算出实施柱塞气举能够采出的气量，从而对柱塞气举进行经济性评价。

2. 柱塞排水采气工艺配套工具

典型的柱塞系统装置，由井下和地面两部分组成。井下部分由卡定器、缓冲弹簧、柱塞构成；地面部分主要由自动控制器、防喷管、到位传感器、气动薄膜阀、气体过滤调压器总成、太阳能面板等。

（1）自动控制器：设置即时开头或压力循环程序，具有设计简单和可靠的记忆功能，设有滚动的 LCD 直读功能或天然气流动或关井向控制器传送已设定好的相应模式信号；接收由到位传感传送柱塞到达地面信号。

（2）柱塞：在井下天然气恢复压力的作用下以段塞方式将液体举出井口，且具有极少液体回流的特点。作为液柱和天然气之间的间隔面，防止在油管内壁形成盐结晶、结蜡或结垢；连续清除井内积液，增加天然气产量。常用的有鱼骨、刷式、双弹块、蛇形柱塞。鱼骨柱塞适用于高气水比，可能出砂、结垢、结蜡及有水合物形成。刷式柱塞适用于和油管损伤井，尤其应用于出砂井。双弹块柱塞主要用于低气液比井中，能够有效形成密封。蛇形柱塞适用于斜井和定向井中，特殊结构设计使柱塞可以随油管弯曲。

（3）井下带缓冲弹簧的承接器：接收柱塞的下落，控制下落位置，缓冲下落的硬性冲击力。

（4）防喷管：具有为检查柱塞而设置的腔室和柱塞捕捉器，内有带缓冲弹簧的上承接器，设有可选择的双向或单向的流体出口。

（5）到位传感器：感觉柱塞到达并传递信号到控制器。

（6）气动阀门：接收控制信号后，通过启动薄膜阀进行开关井，便于柱塞的上、下行。

（7）气体过滤调压器总成：过滤气体中的水分及杂质；为气动阀门提供所需的气动压力。

（8）太阳能面板：为控制器电池充电以保证控制器正常工作。

3. 柱塞排水采气工艺选井原则

在技术分析的基础上，结合大牛地气田现场气井生产运行情况，尤其是低压低产、产液量大的井实际情况，确定了适合大牛地气田的柱塞气举排水采气工艺选井原则：

（1）具有一定的产能，带液能力较弱的自喷或间喷生产井；

（2）油管完好畅通、管串上工具内径和油管统一；

（3）水平井井深<3500m；

（4）日产水<25m^3/d；

（5）套压>6MPa。

4. 柱塞下入深度的确定及柱塞选型

为了尽可能多地排出地层产液，减少井内积液，井内装置下深应当尽量接近油管底部。各类柱塞的特点如表 5-6-3 所示。

表 5-6-3 各类柱塞的特点及适用性

柱塞类型	衬垫式柱塞	刷式柱塞	鱼骨型柱塞	伞状柱塞	分体式柱塞
密封原理	热塑性弹性体，与液体发生反应而膨胀，通过弹簧加载叶片使柱塞紧贴管壁	毛刷紧贴管壁进行密封	螺旋槽对液体的举升所产生的密封压头与被密封液体的泄漏压差相平衡	利用温度使加工材料发生热变形或磁变化，推动柱塞上的机构产生位移控制伞的开启和关闭	依靠空心圆柱筒和圆球的结合和分离实现不关井生产
优点	密封性能非常好，耐磨性好，经久耐用	较好的密封性，很强的携砂和其他杂质的能力	较好的抗震和耐磨性	下行阻力小，工作效率高	无须关井，产量最大化，管理方便
缺点	需要较高的加工精度，摩擦阻力大，上下行速度慢	耐磨性不好，使用寿命短，需定期更换	要求井筒内径一致，否则不能实现密封	需要足够的热能控制机构运作，适用范围小	要求地层能量较高，且气井积液速度不能太快，圆柱筒和圆球的结合会受到井身结构的影响
适用井况	大部分井均适用	适用于出砂、含煤粉或内径不规则的井筒	油管管壁规则、内径一致	具有较高的地温梯度和地层能量，可连续生产	地层能量高、压力恢复快，能满足连续举液的要求

5. 柱塞气举制度优化

柱塞气举排水采气工艺设计，国内外大多采用理论计算作为初始值，再通过现场调试，对参数做进一步的调整、优化。柱塞气举优化制度的思路为：

（1）首先要防止流速过高导致地层出砂或柱塞撞坏防喷管，确保气井及装置的安全。

（2）其次要考虑柱塞高效运行，从影响柱塞举升效率的因素入手，尽量提高柱塞的举升效率。

（3）柱塞气举制度优化是一个动态的过程，工作制度随着气井条件、管网条件的改变需要不断优化。

（4）柱塞气举制度优化要使气井套压降速率落在允许范围之内（大牛地气田气井套压降速率一般要求不大于 0.02MPa/d），以延长气井的稳产期。

6. 现场应用

从 2005 年开展柱塞气举试验，至 2010 年共试验了 21 口井，其中 20 口井的排液效率、生产时率均得到不同程度的提升。大量的实践证明柱塞气举工艺适合大牛地气田气井排水采气需要，能够有效解决气井排液困难问题，排液效果明显。柱塞气举装置易操作、管理方便，工艺排液效果好、有效期长，能够有效减少气井堵塞，降低采气成本，这也显示了这项工艺良好的推广应用前景。

D12-47 井于 2011 年 7 月 1 日投产，投产初期油压 18.5MPa，套压 19.4MPa。产气量平均 5995m^3/d 左右，平均产水量 0.76m^3/d，最大日产水量高达 2.36m^3，整体表现为本井产能低、产液量大、油套压差相对较大；2011 年 8 月 31 日后开始泡排，油套压差不断增加，显示气井积液。经计算，该井气液比 329m^3/(m^3·km)>233m^3/(m^3·km)（柱塞最低标准）、积液因子为 0.44<0.5（柱塞运行最低标准），说明该井气液比是适合柱塞气举的。根据井况优选鱼骨型柱塞，柱塞下深位置 2652.37m。

对比柱塞气举前后生产数据可知，柱塞气举前，平均油压 7.76MPa，平均套压 9.55MPa，平均产气量 5767m^3/d，平均产水量 0.74m^3/d，平均液气比 1.28$m^3/10^4m^3$，此阶段采取定周期泡排，两天一次，6L/次，油套压差维持在 2.53MPa 左右，仅能维持正常排液；柱塞气举期间，平均油压 5.58MPa，平均套压 7.7MPa，平均产气量 3290m^3/d，平均产水量 0.67m^3/d，平均液气比 2.04$m^3/10^4m^3$，此阶段靠柱塞维持正常携液；柱塞捕捉后，平均油压 6.19MPa，平均套压 7.96MPa，平均产气量 2569m^3/d，平均产水量 0.33m^3/d，平均液气比 1.28$m^3/10^4m^3$，此阶段采取间歇生产，并采取提产带液维持排液（图 5-6-3）。

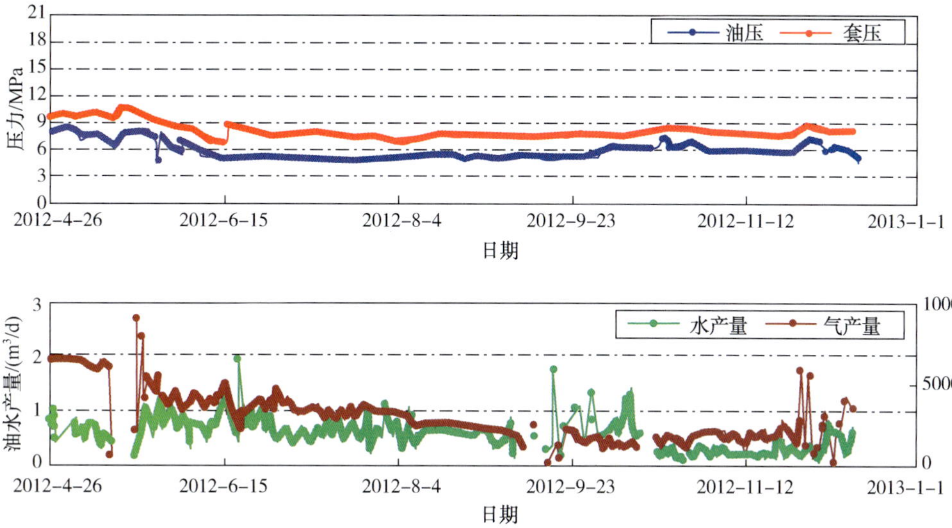

图 5-6-3　D12-47 井柱塞试验生产曲线

综合分析，柱塞气举能够满足低产低压携液要求的，并且取得了较好的效果。说明柱塞排水采气是适合低产低压气井的。

（四）其他排水采气工艺

1. 超声雾化排水采气工艺技术

1）超声雾化原理

超声雾化排水采气是将一套超声波雾化装置，利用钢丝作业下入并卡定在井内油管的设计深度，借助天然气流动能量，将大液滴打碎、雾化。超声雾化是利用超声能量使液体形成细微雾滴的过程。雾化方式是处于振动表面的薄液层在超声振动的作用下激起毛细-重力波。当振动面的振动幅度达到一定值时，液滴即从波峰上飞出成雾。在较低流速的气流带动下，雾滴更容易从井内携带出来。

2）超声雾化工艺优点

超声雾化排水采气技术适用于深层、低渗气藏，有一定能量，但产气量相对较小，不足以将井内的液体完全带出地面的气井（将要积液的气井或靠激动式放喷排液维持正常生产的气井），将雾化装置下到积液位置，利用机械、气动、超声波雾化的多重作用，使液体形成微细雾滴，在井筒内形成雾状流，减少滑脱损失，提高自身携液能力，提高排液效率，达到防止气井积液、延长气井稳产期的目的。

超声雾化具有以下技术优点：

① 不伤害油气层；

② 依靠气井自身能量连续排液；

③ 无需外界能量，节约地面能源；

④ 不受积液介质的影响；

⑤ 超声旋流雾化排液装置下入井内不压井、不动管柱作业，用软钢丝实现投送和打捞，整套装置的动作在油管内实现，安装、管理方便等。

3）选井条件

超声雾化选井条件如下：

① 通井合格，油管内径 ϕ62mm、ϕ73mm；

② 井深 2500~3500m；

③ 日产气 2000~20000m^3；

④ 日产液不大于 10m^3；

⑤ 将要积液的气井；

⑥ 靠激动式放喷排液维持正常生产的气井。

4）现场应用

2006 年 8 月，DK16 开始采用超声雾化工艺进行排水采气试验，打开了大牛地超声雾化试验的先河。“十一五”期间，大牛地气田逐步对超声雾化工艺进行逐步地推广，对超声雾化工艺的适用性以及相关参数和生产制度进行了摸索，截至 2014 年 6 月，大牛地气田共有 13 口井进行超声雾化排水采气试验，其中 10 口井生产良好。

D1-1-122 井投产于 2006 年 1 月 9 日，生产层位为盒 3+山 1+太 2 层，井内为 ϕ73mm 油管，无阻流量 2.7817×$10^4m^3/d$，配产 0.5×$10^4m^3/d$(图 5-6-4)。

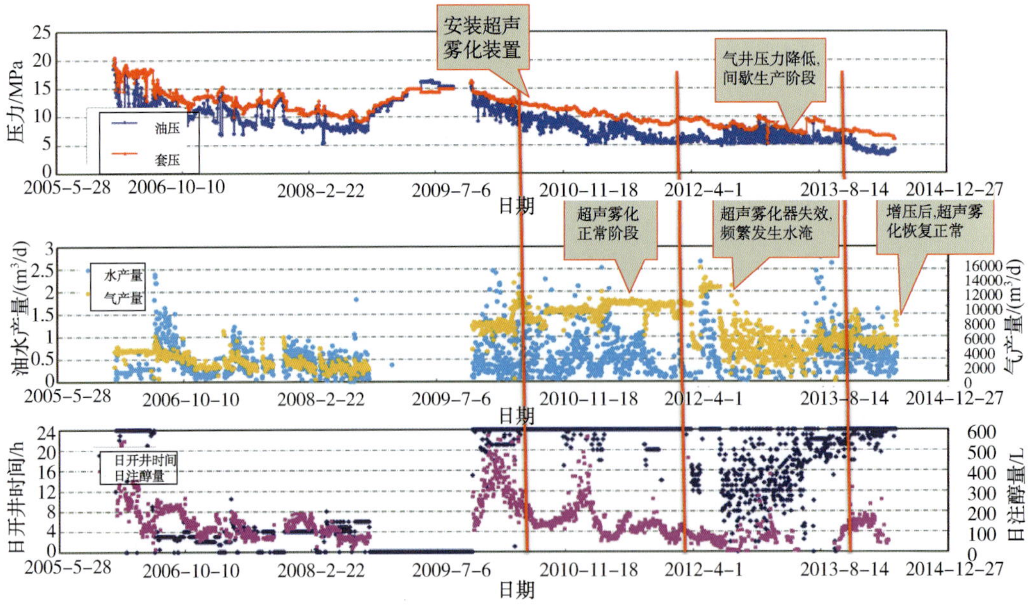

图 5-6-4　D1-1-122 超声雾化井生产曲线图

从图 5-6-4 可以看出，D1-1-122 井安装超声雾化装置后，产气量、产液量连续稳定且明显增加，生产至 2012 年 4 月份由于气井压力降低，超声雾化工艺失效，无法正常生产，需关井恢复压力维持生产，生产过程中几乎不产液，2013 年 12 月增压后，井口压力降低，D1-1-122 超声雾化井恢复正常生产，产气量、产液量明显增加，由此可以看出，增压后有利超声雾化工艺的开展，超声雾化工艺的适用条件增大。

综合分析认为：气井采用超声雾化工艺后，减少了液态水量；气流经过节流降压，降低了水合物生成温度，从而可降低气井注醇量；超声雾化工艺是一种价格适中、运行时不需要外部能量、管理简单的排水采气工艺，而且对气井的压力和产量要求不高，比较适合低压低产井。

2. 涡流排水采气工艺技术

1）涡流排水采气原理

涡流排水采气工艺是利用流体力学的原理，将气井内的紊流流体转化为有序的涡流流体，能够起到分离气液两相、降低管道压降、减少流体能量衰减，有利于气井的排液。研究涡流流态，分析涡流助排机理，进而测试工具性能，优化各工具参数，需要搭建管流实验平台，该实验平台可用于气井生产状况的物理模拟，模拟不同积液情况下，有无工具的排水对比。气井连续积液实验，在涡流流态下，观察液滴、液膜在气井中的运动及变形情况，同时测试注入液量、压力降等试验参数，为分析涡流提高携液量以及涡流模型的建立提供数据支撑。

2）涡流排采工艺技术优点

① 降低油管内的压力降：由于井下涡流工具可以降低流体中液滴和气流的滑移，摩擦消耗减少，压力降减少。

② 携液能力更强：降低油管内的压力降，使液滴运动的阻力系数增加，因此在气体速度相同时，使用井下涡流工具的井中的气体可以携带更多的液体。能量利用更有效，甚至在低速气井中也可以进行排液。

③ 增加最终采收率：因为涡流工具可以减少油管中压力降，在相同地层压力下，安装涡流工具的井能量消耗减少，可以采出更多的气体。

④ 延长自喷生产的时间：当地层能量相同时，由于安装井下涡流工具的井的油管中压力降减少，能量消耗减少，可以自喷生产更长的时间。

3）选井条件

涡流选井条件如下：

① 通井合格，油管内径 ϕ62mm；

② 井深 2500~3500m；

③ 日产气 2000~20000m^3；

④ 日产液不大于 10m^3；

⑤ 将要积液的气井。

4）现场应用

针对大牛地气田气井压力和产量不断下降，在用工艺局限的井数增多，通过国内外文献调研以及资料收集，引进了涡流排水采气工艺技术，2014 年 11 月底，大牛地气田先后安装 6 口涡流工具，均下两级。试验整体分为试验前周期泡排阶段（空白试验阶段）、涡流试验阶段与涡流+泡排试验阶段三个阶段。6 口井在三个阶段的基本生产数据如表 5-6-4 所示。

表 5-6-4　6 口涡流试验井基本生产数据对比

井　号	油管尺寸/mm	安装工具前周期泡排			涡流试验阶段			涡流+泡排试验阶段		
		日均产气量/(m^3/d)	日均产液/(m^3/d)	生产时率/%	日均产气量/(m^3/d)	日均产液/(m^3/d)	生产时率/%	日均产气量/(m^3/d)	日均产液/(m^3/d)	生产时率/%
2-76	73	7149	0. 2	98	6800	0. 17	93. 5	10870	0. 23	100
D47-45	73	8136	0. 33	96	5000	0. 34	96	7337	0. 35	95
D47-42	60	6291	1. 32	99	—	—	—	5202	1. 32	91
2-29	73	4400	0. 18	97. 5	2700	0. 03	94	3800	0. 18	96. 8
D1-4-110	73	10533	0. 42	97	6742	0. 39	92	11600	0. 47	98
2-10	73	6000	0. 30	97. 5	7500	0. 38	99. 7	—	—	
平均	—	7084. 833	0. 45	97. 5	5748. 4	0. 262	94. 9	7761. 8	0. 51	96. 16

整体来看，涡流试验阶段效果不如安装前周期泡排空白试验阶段，6 口井平均产气量由 7084m^3/d 下降到 5748m^3/d，产液量由 0. 45m^3/d 下降到 0. 262m^3/d，生产时率由 97. 5%下降到 94. 9%，涡流单独作用的排液效果不够理想。

因此，开展了涡流+泡排试验，排液效果明显改善。与安装前周期泡排空白试验阶段对比，涡流+泡排试验阶段日产气量由 7084m^3/d 增加到 7761m^3/d，产液量由 0. 45m^3/d 增加到 0. 51m^3/d，生产时率变化不大，在 97%左右。

3. 多井联合气举工艺技术

1）多井联合气举原理

压缩天然气气举是使用压缩机把低压天然气压缩后向多个井内打入高压气体，补充气井地层能量，在达到降压分流作用的同时，提高气井瞬时流量，达到带液目的，最终使气井增产增效(图 5-6-5)。

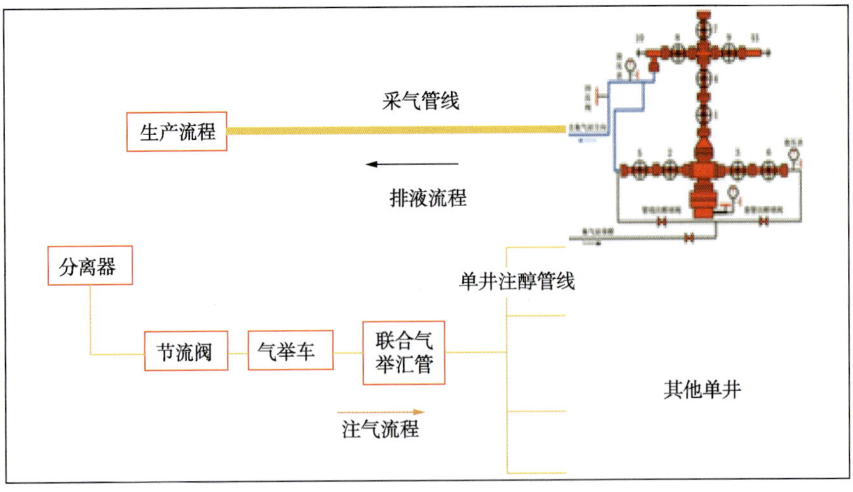

图 5-6-5　多井联合气举工艺流程图

2）多井联合气举选井条件、优点及适应性分析

多井联合气举工艺优点：①多井联合气举解决了站内单井气举时的压缩机易超压停机问题；②井口作业无其他气源及存在农协问题；③其压力和流量可满足 2～4 口低压低产井的同时气举，充分发挥了车载压缩机效率，缩短了整体施工时间，大幅降低了气举成本。

选井条件如下：①油套连通性好；②压缩机出口压力能达到气举压力要求；③积液减产或停喷气井。

3）现场应用

大牛地气田对多井联合气举工艺进行推广，截至 2015 年 5 月底，大牛地气田共 25 口井开展多井联合气举现场试验，成功率 92%，日增产 $3.39\times10^4m^3/d$，累计增产 $506.38\times10^4m^3/d$。

D47-39 井投产初期产气量为 $6000m^3/d$，日均产水量 $0.84m^3/d$，2010 年 10 月开始产量稳定在 $8000m^3/d$ 左右，产液量为 $0.25m^3/d$，2014 年 1 月该井产气、产液减少，发生水淹，油压 0MPa，套压 7.0MPa，采取泡排+环空激动复产 23 次，均未复产成功。2014 年 9 月 30 日对 D47-39 井采取多井联合气举复产，截至目前气井稳产 157d，累计增产 $235\times10^4m^3$（图 5-6-6）。

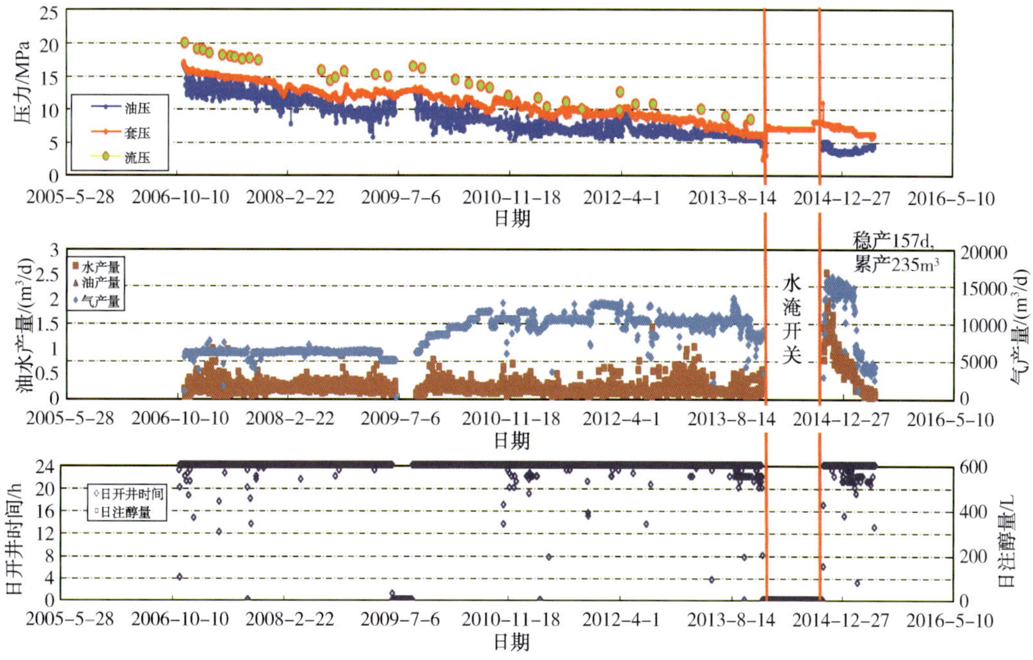

图 5-6-6 D47-39 井生产曲线图

二、水合物解防堵工艺

（一）水合物防治历程

在 2001～2002 年大牛地气田试气作业中，冬季气井产出的水会在井筒油管和地面流程管线中形成天然气水合物，造成管线冰堵，从而危及气井的正常生产。2002 年 12 月～

2003 年 8 月，通过研究气田产层的地层压力、温度、天然气气体组分等特点，分析了水合物生成机理及条件，提出了预测方法和防治措施。

大牛地气田形成水合物的温度为 10~21℃，因此，当地面温度低于 10℃时采气生产，井中管柱内及地面管线将会生成水合物，很多气体或有机物液体的分子都能与水形成水合物，致使输气管道发生堵塞现象。据此，针对气田冬季平均气温在-22℃，易频繁形成水合物的特点，提出了站内防治水合物的方法为加热法，采用水套炉、电伴热等工艺，井内、采气管线宜采用伴注抑制剂甲醇工艺。

2003 年建成的 1 号、2 号站，采用的都是高压集气、站内节流降温脱水的集气工艺。气井内的水合物防堵、解堵，采用化排泵车从井口套管泵注乙二醇；地面管线水合物防、解堵，多采用放空或反吹、降压解堵、配合泵注乙二醇解堵；站内流程的水合物防堵、解堵，采用水套炉加热方法。2003 年 9 月 ~2004 年 12 月，开展了乙二醇防堵、解堵工艺试验，发现该工艺存在较多问题，主要是乙二醇黏度大、防止水合物冻堵效果差、回收装置不适应高矿化度水质等。

2004 年 11 月开始，试验化排泵车从井口采气树向套管、采气管线泵注甲醇防止水合物冰堵工艺。试验表明甲醇防冻堵效果较好，且优于乙二醇，但运行成本相对较高，且造成环境污染。由于甲醇为剧毒物质，利用人工操作泵车注甲醇工艺也不够安全。

2004 年 7 月，分公司井下作业部申请设立了“大牛地气田采气现场工艺技术应用研究”。该项目涵盖气井生产动态监测技术应用研究、气井排水采气工艺技术现场应用研究、防堵、解堵工艺技术应用研究、不压井更换管柱的工艺技术调研等。2004 年 7 ~ 12 月，第一采气厂试井队分别在 DK4、DK6、DK14、DK15 井下入井下节流气嘴，试验井下节流工艺。DK4、DK14 井井下节流后连续生产，在不伴注甲醇情况下，井内无水合物堵塞，验证了井下节流具有良好的防水合物生成、防堵效果，且避免了大量注醇，降低了生产成本，提高了安全性。

2004 年 10 月，开始采用站内注醇泵，通过注醇管线给单井套管、采气管线伴注甲醇的工艺。大大降低了气井管理难度和劳动强度，基本实现了对剧毒物质甲醇的封闭管理，提高了安全性，使注醇防解堵工艺更加完善、科学。

2005 年 7 月，为了总结出一套比较全面的适合大牛地气田单井、采气管线、干线、站内流程的防堵和解堵方法，第一采气厂与西南石油大学合作承担了分公司科研项目“集输流程注醇工艺研究”。通过各项研究，深入评价了大牛地气田的注醇工艺，统计分析了影响堵塞的因素，剖析了水合物不能完全防止的原因，从而，系统地提出了一套水合物防治工艺，并以此设计了水合物防治方案。研究成果对采气厂进一步完善“一井一策”的注醇制度和降本增效，都有重要指导意义。

2004 年以来，投产单井迅速增多，全气田日产含醇污水量猛增。为此，分公司投资建成日处理能力 150m^3 污水的净化厂，回收甲醇。净化厂于 2005 年 10 月 17 日投产。经过努力，目前甲醇回收率达到了 70%以上，处理后的污水经过杀菌除杂处理后，泵注入深 1200m 的地层，不对地面造成污染。

2007 年，针对水合物防治工艺存在的问题，又进行了两项重要的工艺调整优化，首先进行了井口注醇流程的改造，对于封隔器未解封的气井，如果采用原有流程连接方式，只能实现对采气管线注醇，在油管上部、采气树、针阀、弯头、回压阀等部位容易发生水合物堵塞，影响天然气气井的正常生产。2007 年开始，改进了井口注醇管线连接方式，改造后的流程可有效预防油管上部、采气树、针阀、弯头、回压阀等部位的堵塞情况，当遇到井内堵塞时可以关闭采气流程，然后通过注醇泵注醇，甲醇可以根据自身重力落到油管堵塞部位，从而达到解除水合物的目的。减少了上井解堵的人力物力消耗和解堵时间。另外一项重大的改变是把 pipsim 软件应用到甲醇注入量的跟踪模拟上，pipsim 软件的引入为甲醇精细化管理提供了技术支撑，甲醇的加注朝着更科学、更经济的方向前进，除了考虑气井的压力、温度、产水，充分考虑气井管柱结构、采气管线长度、地面管线起伏等多个因素，运用 pipsim 软件进行节点分析，精确拟合计算甲醇注入量，并结合现场应用效果对注入量进行微调，实现甲醇加注的精细控制和动态跟踪调整。

(二) 水合物堵塞成因

水合物堵塞是大牛地气田气井堵塞的主要形式。天然气水合物(Gas hydrates)是在石油和天然气开采、加工和运输过程中，在一定温度和压力下天然气中的某些烃组分与液态水形成的类似冰雪状的物质，密度为 0.88～0.9g/cm^3，一般在 35℃以下都有可能形成。主要原因是天然气中的小分子组分(如甲烷、乙烷，以至于丙丁烷等)与水在一定的温度和压力条件下形成水合物。当条件适合时，天然气水合物会逐渐以结晶增长方式沉积在地层或管道中，水合物一旦形成后，就会减少管道的流通面积，产生节流，加速水合物的进一步形成。严重时会堵塞井筒、油嘴、管线、阀门和设备，从而影响天然气的开采、集输和加工过程的安全运行。

大牛地气田管线压力多在 6.5～15MPa 之间，水合物生成的临界温度为 14～22℃，大牛地环境温度-30～35℃，气井管线内气体流动温度除夏季外一般都低于 14℃，低于水合物生成的临界温度，气井压力、温度、产水条件均落在水合物生成的范围，生产过程易于生成水合物(表 5-6-5)，因此生产过程必须采取水合物防治措施。

表 5-6-5　大牛地气田各层位水合物生成条件预测

压力 层位	0.5MPa	1MPa	2MPa	4MPa	6MPa	8MPa	10MPa	12MPa	14MPa	16MPa	18MPa	20MPa
	水合物生成温度/℃											
太 2 层	-12.5	2.5	6.4	13.1	16	17.9	19.1	20.1	20.8	21.5	22.1	22.6
山 1 层	-13.5	3.8	8.1	13.4	16.3	18.1	19.3	20.2	21	21.6	22.2	22.7
山 2 层	-12.9	2	8.3	12.9	15.8	17.6	18.9	19.9	20.6	21.3	21.9	22.4
盒 1 层	-13	1	6.6	11.8	14.1	16.7	18.1	19.1	19.9	20.7	21.4	22.2
盒 2 层	-18.8	-3	4.6	8.7	12	14.3	16.2	17.8	19	20	20.9	21.7
盒 3 层	-23.3	-7.9	3.3	8.2	11.6	14.3	16.2	17.8	19	20	20.9	21.7
平均值	-15.7	-0.3	6.2	11.4	14.1	16.5	18	19.2	20.1	20.9	21.6	22.2

(三) 防解堵方法

1. 预防水合物堵塞方法

通过集气站注醇泵向气井注甲醇是大牛地气田主要的防堵方法，此外还可以使用泵车在井口注醇防堵。对于油套连通，能够连续带液的气井，一般采取环空注醇的方法防止水合物生成。对于油套不连通或不能够连续带液的气井，一般采取集气管线注醇的方法防止水合物生成。

2. 解除水合物堵塞方法

大牛地气井堵塞主要是水合物堵塞，常用的解除水合物堵方法有：①注入抑制剂(甲醇)；②加热堵塞部位管线；③降压；④改变堵塞部位受力方向。其中，加注甲醇是大牛地气田主要的解防堵方法，甲醇具有低冰点的物性，天然气水合物遇到甲醇会迅速溶解，从而起到解堵的效果。解堵时这些方法并不是相互孤立的，有时需要相互结合，才能更有效地解堵。

(四) 注醇工艺

注醇工艺按照加注方式可分为油套环空注醇(简称“套注”)和集气管线注醇(简称“管注”)，按照加注设备可分为泵注醇(注醇泵)和车注醇(泡排车)，按照加注是否连续可分为连续注醇和间歇注醇。

对于油套连通的气井，原则上一般采取套管注醇的工艺，该工艺有利于甲醇在井内与气井产液进行充分混合，从而达到最佳的预防效果。对于油套不连通的气井，则采取集气管线注醇的工艺，该工艺使气井产水一出井口就与甲醇进行混合，从而达到预防的效果，缺点是无法预防井内水合物的生成，为弥补此工艺的不足可以定期往油管里注醇预防。

对于有注醇管线的气井都采取泵注工艺进行预防堵塞(图 5-6-7)，否则只能采取车注工艺进行预防堵塞。

对于注醇量大的气井采取连续注醇的工艺，比如产水量大的气井注醇、冬季气井注醇都采取连续注醇的工艺。对于注醇量小的气井采取间歇注醇的工艺，比如产水量小的气井注醇，夏季气井注醇小的井也可以采取间歇注醇的工艺。

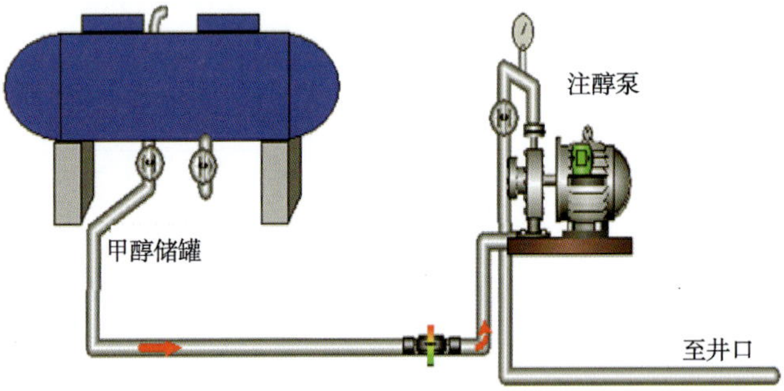

图 5-6-7　甲醇泵注流程

(五) 现场应用

2006~2013 年大牛地气田通过注醇防堵以及“注醇制度调整优化”“井口注醇流程改造”“pipesim 软件模拟”这三项注醇调整优化措施，共实施 5688 井次的优化调整，2007~2014 年共节约甲醇 24486t。在气井产水量呈现上升趋势、甲醇用量呈现下降趋势的情况下，使气井生产时率平均提高到 92% 以上，生产时率比注甲醇之前的 85.80% 提高了 7.95%~11.71%，2006~2014 年增产气量 113428×10^4m^3，效益显著(表 5-6-6)。由于其他防堵解堵方法仅仅是偶尔的、小范围采用，只有注甲醇防堵解堵起到了绝对主力的作用，可以说，如果不注甲醇防堵大牛地气田就无法正常生产。

表 5-6-6　大牛地气田年生产数据对比表

项　目	2006 年	2007 年	2008 年	2009 年	2010 年	2011 年	2012 年	2013 年	2014 年
总井数/口	380	524	628	708	804	936	1065	1224	1357
气井生产时率/%	95.96	93.75	96.76	95.3	97.29	97.3	97.51	95.1	94.19
单井日产水量/(L/d)	293	394	435	417	540	580	960	1320	1487
单井注醇量/(L/d)	154	136	136	116	139	112	128	420	149
年节约甲醇/t		2719	3258	7757	1016	1316	1657	2763	9780

第六章 水平井试验及示范区建设

前期确立的直井单层/多层水力压裂等技术，成功实现了 DK13 井区盒 3、山 1 单层，以及大 66、大 12、大 35-大 47 井区多层的有效开发。然而，直井开发尽管实现了对部分优质储量的有效动用，但是致密低渗气田开发投资大、成本高，如何提高单井产量和储量动用率，提高开发效果，实现低品位储量更加经济高效的开发，是大牛地气田面临的新挑战。本章详细阐述了水平井探索试验、水平井攻关完善试验及全国第一个水平井整体开发实验区的建设及开发成效。

水平井能够增大泄油(供气)面积，改变流体渗流方式，大幅度提高单井产量，是提高油气井产量的重要手段之一，现已广泛应用于低渗透油气藏开发。国外的水平井多段压裂技术经过多年的攻关和工程实践日趋成熟，已成为低渗透油气资源有效开发的重要途径，国内水平井多段压裂开发技术的研究与应用仍处于攻关配套阶段。在 2002 年，为试验水平井以及多分支水平井提高气井产能效果，探索Ⅰ类储层中水平井自然建产的技术和经济可行性，为水平井及多分支水平井的部署、设计及跟踪积累经验，分公司积极试验，实施了 DP1、DF1 井。DF1 井因卡钻未能顺利完钻，DP1 井完钻后自然产能低未能连续生产，因经验不足和施工不够顺利，先导试验以失败告终。Ⅰ类储层中水平井自然建产的技术和经济可行性未能得到充分验证，但水平井仍展示了在提高气井产能上的巨大优势。2008 年开始，针对Ⅰ~Ⅱ类水平井自然建产、中短水平井压裂建产、中长水平井压裂建产等几个方面分别开展了攻关试验，扩大了试验规模和类型，2011 年针对Ⅱ、Ⅲ类储层的水平井压裂建产技术取得突破，部署的水平井均取得了良好效果，气层钻遇率和压裂测试无阻流量相对较高，丛式井组开发试验进展顺利，钻完井、压裂改造等作业的施工成功率 90%以上，2011 年压裂的盒 1 段 6 口水平井平均无阻流量为 $11.02\times10^4m^3/d$。形成了水平井的地质选区与部署技术、三维储层预测技术、水平井的轨迹优化设计技术、水平井产能评价技术等一系列的水平井开发配套技术，并初步形成了以裸眼多级管外封隔器为主、水力喷射为辅的水平井压裂工艺技术体系及相应的配套技术，初步确定了Ⅱ、Ⅲ类储层压裂建产是适合大牛地气田的，为下步水平井的规模建产奠定了基础。水平井规模化建产条件成熟，拉开了天然气开发二次跨越式发展的序幕。在前期技术积累的前提下，从 2012 年开始，按照“整体部署、动态调整”的开发原则，编制了水平井整体开发方案，在大牛地、杭锦旗地区分别进行了水平井产能建设，涉及石盒子组、山西组、太原组、马家沟组等多个层位。连续 4 年在大牛地探明未动用储量中筛选出相对优质的大 8、大 10、大 98、大 65 等井区，部署实施多级压裂水平井 413 口，动用储量 $1584.56\times10^8m^3$，新建产能 $36.14\times10^8m^3$，提高储量动用率 34.92%，实现了国内首个致密低渗气田的水平井整体经济有效开发。

第一节　水平井探索试验

一、面临的挑战

致密低渗气田的经济有效开发是一个世界级的难题，早期确立的直井单层/多层水力压裂等技术，成功实现了DK13井区盒3、山1单层，以及大66、大12、大35-大47井区多层的有效开发。

尽管直井开发实现了对部分优质储量的有效动用，但是致密低渗气田开发投资大、成本高，如何提高单井产量和储量动用率，提高开发效果，实现更加经济高效的开发，是大牛地气田面临的新挑战。此外，到2011年底，剩余未动用储量叠合程度差，直井单井产量低，采用直井开发没有经济效益，如何实现低品位储量的经济有效开发，是摆在面前的新难题。

二、试验内容

在气田开发的初期，中国石化油田事业部和华北分公司就对气田的开发秉承了几个理念：一是突破对"三低"的认识，相信随着技术的不断进步，低渗的定义是要不断修改的，可开发的储量下限是不断降低的。二是必须选择可大幅提高单井产量的手段，从大规模的直井水力压裂、水平井欠平衡钻井、水平分支井、水平井大规模压裂等方法均可以试验和尝试。三是一定要采用国内外最先进的技术，从地质气藏、工程工艺、地面集输等各方面均要高起点、高标准的借脑引智、消化吸收、集成创新。

水平井能够增大泄油(供气)面积，改变流体渗流方式，大幅度提高单井产量，是提高油气井产量的重要手段之一，现已广泛应用于低渗透油气藏开发。在大牛地气田开发的初期，从中国石化总部到华北分公司的领导就认识到了水平井未来可能发挥的巨大作用，因此，从先导试验开始，就不断开展对水平井的探索和试验。

(一) 致密低渗油气藏水平井技术现状

国外于20世纪80年代开始对水平井及其压裂增产改造技术进行研究。1984年Giger在"非均质油藏中水平井的开采技术"一文中指出水平井是开发非均质性油藏的一种好方法，并预见性地指出了该技术的发展潜力。

自1987年世界石油大会后水平井的钻探变得日益普遍，并对石油工业的发展产生了重大的影响。1988年，Mercer提出了对致密储层进行水平井加密的开发战略；对气藏的研究结果表明，4口未压裂的水平井的产气量相当于16口垂直井产气量的1.5倍；2口压裂水平井的产气量与4口未压裂水平井的产气量相当，说明水平井压裂后的效果最好。在此之后的多年间，许多学者分别就多级压裂水平井渗流、产能预测、压裂参数优化等方面进行了深入的研究，同时也对完井方式、压裂工艺、压裂材料等方面进行了攻关，并取得了许多突出的成果。

经过多年的攻关和工程实践，国外的水平井多段压裂技术日趋成熟，已成为低渗透油气资源有效开发的重要途径，但要发展适合我国致密岩性气藏特点的水平井多段压裂开发技术政策和相关工艺，仍需要进行具有自主知识产权的技术攻关与配套。

国内水平井多段压裂开发技术的研究与应用起步较晚，总的来说，目前仍处于攻关配套阶段，主要研究方向集中于气藏水平井多段压裂工艺、多段压裂参数优化设计、多段压裂开发数值模拟技术和多段压裂产能评价与开发技术政策等方面。

总体来说，目前国内外致密低渗透气藏分段压裂开发技术方兴未艾，但随着该项技术的配套与完善，必将成为致密低渗透气藏资源的有效开发手段。

（二）地质试验内容

在 2002 年，国内针对致密低渗气藏采用水平井开发尚无成功经验可以借鉴，但中国石化和华北分公司仍组织引进了包括国外某工程技术公司等在内的各方力量积极试验，部署实施了 DP1、DF1 井。

DP1 主要目的层为山 1-1 段，部署在探明储量区，位于河道发育的纵向延伸方向，气藏分布的有利部位，砂体、气层发育，构造平缓，气层展布稳定，连通性较好，设计水平段长 600m。DP1 井由华北石油局五普承担钻井施工任务。

DF1 主要目的层也是山 1-1 段，同样在探明储量区，地质评价和储层预测均处于有利区，设计 DF1 鱼骨井的水平段由 2 个主井眼和 6 个分支段组成，如图 6-1-1 所示。华北石油局三普承担直井段，国外该工程技术公司承担水平及分支井段钻井任务。

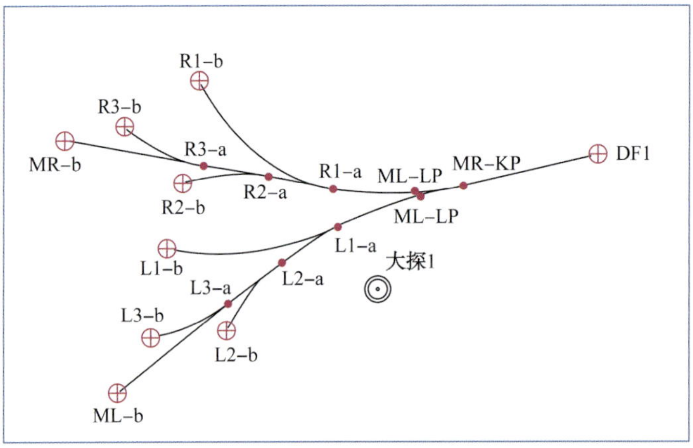

图 6-1-1　DF1 井水平及分支井段设计示意图

地质上试验的主要内容有：

（1）试验水平井以及多分支水平井提高气井产能效果；

（2）试验在山 1 为代表的 Ⅰ 类储层中水平井自然建产的技术和经济可行性；

（3）为水平井及多分支水平井的部署、设计及跟踪积累经验。

（三）工程工艺试验内容

DP-1 井进入气层前所使用钾铵基聚合醇防塌钻井液体系，为减小固相侵入应力敏感、黏土矿物、水相圈闭对裂缝的损害，以及通过裂缝对缝面和基块的损害，试验了屏蔽暂堵技术。DF1 井为明确山 1 岩屑石英砂岩三类气层是否具有自然产能，试验分支水平井工程工艺扩大泄气面积，利用欠平衡钻井、长水平段试验、自然建产，由于钻遇煤层坍塌，事故完井，分支井试验未成功。DP1 井钻遇煤层时有大块煤层掉块带出。分析垮塌原因主要包括：①煤层自身特性：强度低、松、脆、易垮塌；②DF1 井造斜段揭开煤层时钻井液密度低，不足以平衡煤层的垮塌；③钻井液体系抑制性不够；④氮气泡沫循环介质无法满足井眼稳定的要求。

面对Ⅱ类、Ⅲ类储层储量丰度低、单井产量低，单井难以实现经济有效动用的问题，2002 年大牛地气田尝试以扩大单井控制储量为目的的水平井试验，DP1 初期平均产气量 $0.38\times10^4m^3/d$，自然产能低、未能连续生产，采取酸洗措施后无阻流量为 $0.6\times10^4m^3/d$，未达到自然建产目的。

三、取得的收获

（一）地质认识

DP1 井钻井过程中，山 1-1 砂体展布与地质设计存在较大偏差，水平段多次钻遇煤层而经历了四次侧钻调整，最终顺利完井，水平段钻遇显示较好。DF1 井钻至水平段 3805m 时，因煤线坍塌及狗腿严重而卡钻，水平及分支井段未能顺利完钻。通过本阶段试验，得到了以下几点认识：

（1）水平井的顺利施工对地质认识和三维储层预测要求高，需要对单砂体进行精细刻画，同时要求具备针对深度域的储层预测技术。

（2）虽然两口井施工并不顺利，但两口井钻遇过程中均有良好显示，DP1 井自然产能达到了 $5000m^3/d$，DF1 井点火火焰高平均 3~6m，相对于直井无自然产能，水平井展示了在提高气井产能上的巨大优势。

（3）因经验不足和施工不够顺利，Ⅰ类储层中水平井自然建产的技术和经济可行性未能得到充分验证。

（二）工程工艺认识

通过 DP1 井的试验，形成了对于致密岩性气藏难以通过自然投产达到经济有效动用的目的这一基本认识。

总体上看，针对水平井的初次探索试验以失败告终，但仍取得了一定的认识，也积累了一定的经验。同时水平井在产能提高上的良好前景和经验的积累，也为下步的继续试验提供了信心。

第二节　水平井取得突破

一、面临的挑战

水平井先导试验中，DF1 井因卡钻未能顺利完钻，DP1 井完钻后自然产能低、未能连续生产，因经验不足和施工不够顺利，先导试验以失败告终。Ⅰ类储层中水平井自然建产的技术和经济可行性未能得到充分验证。

初步探索虽然失败，但水平井仍展示了在提高气井产能上的巨大优势，在总部领导的大力支持下，决定进一步扩大试验的规模和类型。

二、试验内容

本阶段在地质上针对不同储层类型、不同水平段长均进行了部署试验。在工程工艺上，也开展了空气泡沫欠平衡、近平衡等钻井方式，以及水力喷射、预置管柱等压裂改造方式的试验。

（一）水平井自然建产阶段

本阶段从2008年开始，针对Ⅰ~Ⅱ类储层实施了14口水平井，主要目的层位盒1段、山2段、山1段等，目的在于验证水平井自然建产产能。其中针对Ⅰ类储层(山1-2段的石英砂岩)采用近平衡钻井，实施了DP6、DP7、DP8、DP9、DP10、DP11、DP12、DP15，合计8口井。针对Ⅱ类储层采用欠平衡钻井，实施了DP4、DP5、DP14、DP16、DP19、DP22，合计6口井。

针对Ⅰ类储层的8口井，投产初期平均日产为$1.54\times10^4m^3/d$，建成天然气产能$0.42\times10^8m^3/a$。针对Ⅱ类储层的6口井投产初期平均日产为$0.91\times10^4m^3/d$，建成天然气产能$0.10\times10^8m^3/a$。说明Ⅰ类储层近平衡自然建产是可以取得一定产能的，但是对于部分井还达不到经济的要求，同时Ⅰ类储层已基本动用完，后续潜力不大。Ⅱ类储层欠平衡钻井自然建产效果较差，而且欠平衡钻井成本高，钻遇泥岩或煤层时易卡钻，钻井风险较大，而且如果产能较低，由于井筒原因，后期的压裂改造难度也很大。在该阶段部分针对山西组气层部署的水平井砂岩钻遇率低，原因是针对山西组的煤系地层，预测精度达不到要求，造成对储层展布认识的偏差，使部分水平井钻遇大段泥岩，提前完钻，导致钻遇砂岩、气层段短，水平井低产。

工程工艺方面，水基微欠平衡、近平衡钻井在大牛地气田一类储层(山1-2段、盒3段气层)率先获得突破，实现了自然建产，结束了大牛地气田靠后期改造才能建产的历史。基本形成了适合大牛地气田致密砂岩气藏一类储层的水平井近平衡钻完井技术。充气欠平衡、氮气泡沫欠平衡水平井钻井工艺试验初见成效，为有效动用盒1段气层探明未动用储量提供了技术储备：①盒1段气层砂体展布稳定，不含煤，泥岩夹层少，砂岩钻遇率高；②欠平衡钻井有利于机械钻速的提高；③DP4井采用充气无土相欠平衡钻井创造了当时国内陆地滑动定向工艺最长裸眼水平段纪录(1625.06m)，水平段机械钻速达5.2m/h；④DP14井采用氮气泡沫，裸眼水平段长1281.83m，水平段机械钻速达5.74m/h。欠平衡水平井水平段机械钻速比常规水平井(平均2.71m/h)提高105%。配套井眼轨迹控制技术实现了欠平衡条件下井眼轨迹的有效控制。。

（二）水平井压裂建产试验阶段

本阶段从2009年开始，针对Ⅱ类储层实施了13口水平井，主要目的层位盒1、太2、山1等，目的在于验证水平井压裂建产产能。其中实施DP18、DP35-1、DPS-1、DPS-4等9口水平井，主要目的层位山1、太2等，验证中短水平井的压裂建产产能。实施DP21、DP23等4口水平井，主要目的层位盒1、太2等，验证中长水平井的压裂建产产能。

水平段压裂投产水平井效果较好，初期平均产量$2.25\times10^4m^3/d$，但有部分盒1段水平井砂岩钻遇率较高，但气层钻遇率低。分析原因，主要是盒1段气层非均质太强，气层薄，单层平均仅4m，针对盒1气层未形成有效的储层含气性预测技术。2010年为了解决此问题，针对盒1气藏重点开展了AVO储层含气性预测研究，同时开展盒1段小层对比工作，通过加密井网了解盒1段气层的空间分布特点；部署上，在相对富集区内，采用水平段压裂技术，尽量沟通分散独立的气层，增加泄气面积，从而达到提高产量的目的。

工程工艺方面，大牛地气田水平井分段压裂技术经过不断的探索试验，初步形成了以裸眼多级管外封隔器为主、水力喷射为辅的水平井压裂工艺技术体系及相应的配套技术，单井平均产能提高至 $9.1 \times 10^4 m^3/d$，施工成功保持在 98%以上，实现了Ⅱ类、Ⅲ类致密低渗砂岩储层的经济开发。水平井采气工艺方面，初步形成了水平井裸眼封隔器多级分段压裂完井方式下以“优选管柱+泡排为主、速度管为主”的排水采气技术，有效提高气井自身携液能力，降低了压降速率，提高生产时率，延长稳产期。配套采用注甲醇预防水合物、定期加注防腐阻垢剂除垢工艺，保障水平井正常生产。

（三）水平井压裂建产成熟完善阶段

自 2011 起大牛地气田水平井开发进入水平井压裂成熟完善阶段，以太 2 段、盒 1 段和山 1 段为目的层完钻水平井 22 口，砂岩钻遇率、气层钻遇率及压裂测试均取得了良好效果。该阶段形成了相对完善成熟的Ⅱ类、Ⅲ类气层水平井压裂建产技术，为动用大牛地气田低品位储量提供了支撑，大力推动了水平井规模化建产的步伐。

2011 年针对Ⅱ类、Ⅲ类储层的水平井均取得了良好效果，气层钻遇率和压裂测试无阻流量相对较高。其中 DP27H 井（盒 1 段）经 6 段压裂，试获无阻流量 $17.92 \times 10^4 m^3/d$，产能获得了重大突破；DP30H 井压裂段数 14 段，加砂规模为 $615m^3$，压裂液 $4500m^3$，均创造了天然气水平井开发新纪录；DP31H 井完钻水平段长度 1698.7m，打破了华北分公司最长水平段纪录；另外，丛式井组开发试验进展顺利，钻完井、压裂改造等作业的施工成功率 90%以上，2011 年压裂的盒 1 段 6 口水平井平均无阻流量为 $11.02 \times 10^4 m^3/d$，为 2012 年水平井整体开发方案的编制奠定了坚实基础。

三、取得的收获

该阶段形成了相对完善成熟的Ⅱ类、Ⅲ类气层水平井压裂建产技术，为动用大牛地气田低品位储量提供了支撑，大力推动了水平井规模化建产的步伐。

1. 低品位难动用储量水平井开发评价技术

首先根据大牛地气田致密低渗、非均质性强、品位低的未动用储量特点，在探索实践中总结形成了包括储量规模评价、储层分类评价、工艺技术评价和开发效益评价 4 个阶段程序的储量分类评价思路；其次是在水平井储量分类评价研究的基础上，按投入产出平衡原理，根据当前钻井投资、地面投资、操作成本以及气价和税金，明确实施水平井所需的经济极限累积产气量，确定水平井开发经济极限可采储量下限和单井控制储量；结合生产规律、气层特征确定经济极限初期产量、经济极限有效厚度和物性下限。第三是根据水平井开发主要影响因素、水平井与直井无阻流量比例关系和水平井开发动用下限，用储层类型、储层砂岩厚度、气层厚度、孔隙度、渗透率、含气饱和度及直井单层无阻流量等参数对未动用储量进行了分类，共划分为高效、有效、低效三类储量。根据开发地质成果、三维储层预测成果、气井产能成果“三统一”原则，优选出储层厚度大、砂岩连续性好、气层发育、周围已有气井获得相对高产的区域为有利开发区。

2. 水平井开发技术政策优化技术

针对分段压裂水平井的渗流特征，考虑储层非均质、启动压力等因素影响，建立了分段压裂水平井产量预测评价方法，并获国家发明专利。针对大牛地气田目前投产时间较长的6口多级压裂水平井，应用推导建立的多级压裂水平井产量模型进行了初期产量预测，实际生产资料验证表明，产量计算模型的预测精度达到83%，满足矿场应用需求。

通过数值模拟方法研究分段压裂水平井裂缝地质参数，除常规的压裂缝长、压裂缝间距两项优化内容外，新增了压裂缝位置、压裂缝排列方式、压裂缝导流能力、压裂缝形态等内容。研究表明，压裂缝应尽量穿过含气砂体，若一个含气单砂体中只能压裂一条缝，则压裂缝应位于含气单砂体中部；单砂体可以压裂多条缝时，压裂缝在含气单砂体中应均匀分布。压裂缝排列方式推荐交错裂缝，压裂缝形态推荐锯齿型裂缝。首次基于渗透率建立了压裂缝半缝长、压裂缝间距、压裂缝导流能力的定量设计模型，为压裂缝优化设计提供了方便实用的技术方法。

根据水平井开发特点，结合气田地质特征、气层分布及压裂工艺认识，确定了层系划分的原则，首先，储量丰度满足经济效益要求，其次，层间隔夹层厚度小于2m。针对气藏地质特征、水平井开发特点，确定了水平井井网采用交错排状井网，合理井距为800~1200m，合理配产比例为无阻流量的1/5~1/3，采气速度为1.5%~2.5%，考虑增压、加密调整等措施情况，标定气藏最终采收率为40%。

3. 煤系地层薄储层含气性定量预测技术

在明确AVO响应特征及弹性参数的基础上，通过三参数相结合的半定量方式对叠前成果开展定性分析，预测精度大大提高。针对致密低渗气藏，通过叠前弹性参数定量含气性预测技术攻关，实现了对高产富集区的有效刻画，认为$V_p/V_s<1.65$为气层，实钻验证山2、盒1段定量含气性预测吻合率分别达83%和85%。

针对煤系地层，通过压制煤层低频强反射，利用中高频段能量衰减特性有效刻画高产富集区带。实钻验证，山2段含气性预测吻合率达到82%，有效支持产能建设任务的顺利完成。

针对鄂尔多斯盆地致密砂岩沉积特征，完善优化传统技术流程，通过实体模型高精度合成记录联合标定、高精度融合确定速度场、建立高精度深度域地质小层格架，形成了深度域岩性、物性定量预测技术，有效削弱反演对时深标定的依赖度，大大提高深度预测精度，实钻统计深度预测精度可达0.1%。针对水平井部署，依托深度域定量预测技术以及高精度深度域地层格架建立，形成了“线、面、体”相结合的单砂体深度域岩性物性精细描述及水平井轨迹设计技术，水平段实钻与预测符合率达到92%以上。

4. 致密低渗气田水平井工程工艺技术集成创新

水平井优快钻完井技术方面，结合砂体气层有效厚度薄，地层非均质性强等特点，改进水平段轨道递推公式，创新形成薄储层定长多靶轨道设计与控制技术，保证水平段井眼轨迹在储层有利部位穿行。针对机钻低的问题，建立钻头数据库同时，采用层次分析法进行钻头优选；结合钻头磨损特点，对钻头体、保径、水力结构等进行针对性优化，形成了基于CFD模型计算分析及力平衡分析技术的钻头优化设计理论与方法，开发了适应不同井段个性化PDC钻头。针对不同层位地质特点，以钾铵基钻井液为核心，形成低成本钾铵基钻井液系列，在达到保护储层的基础上为快速安全成井提供了保障。针对固井中存在漏失、固井质量差问题，形成低密高强领浆体系、高密高强尾浆体系、高效注替及压力节点控制防漏固井技术，有效提高固井质量。

水平井分段压裂技术方面，结合储层地质特征和水平井分段压裂技术特点，在研究低伤害压裂液体系的基础上，通过裂缝内温度场研究、破胶剂和加注制度研究，形成了水平井分段压裂同步破胶技术，实现了多段施工后同时破胶的目的，进一步降低压裂液对储层的伤害，有效改善裂缝支撑剖面。针对储层非均质性强，应用体积压裂理念，结合砂体横纵向展布+三维解释成果+实钻资料+邻井物性及施工效果分析，形成了水平井三维压裂设计方法(申请专利)，提高设计的针对性和改造的有效性，增大泄气体积，实现了提高单井产量的目的。依据三维压裂设计方法，以产量最大化为目标，利用三维地质模型，通过气藏数值模拟、极限控气半径法和解析法，针对水平段长度、裂缝间距、裂缝半长、裂缝导流能力等裂缝参数以及平均砂比、施工排量、加砂规模等施工参数进行优化研究并形成目标参数，实现设计参数的最优化。通过对水平井多级管外封隔器分段压裂工艺技术的引进、吸收、集成创新，形成了水平井多级管外封隔器分段压裂技术，进一步提高工具的适应性、施工的成功率并降低工具成本。通过压裂液滤失模型、支撑剂回流数学模型、裂缝强制闭合模型等研究，形成了纤维防砂、快速返排和有效捕球(实用新型专利)等配套工艺技术，进一步降低了压裂液对储层伤害、提高了压裂效果。

水平井采气工艺方面，形成了水平井裸眼封隔器多级分段压裂完井方式下的排水采气技术，为水平井连续生产提供技术保障。首先是建立了适合大牛地水平井临界携液模型，为有效排水采气提供了理论依据。模型表明，水平井的45°~75°倾斜段能否携液是判断水平井积液的关键，重点考虑斜井段的排液措施。其次是研发了高效泡排剂，稳泡性能好，提高了气井泡沫携液能力。发明了球状缓释泡排剂并申请了国家专利。第三是形成了速度管(ϕ1.5in 速度管)采气技术，提高气井自身携液能力，降低了压降速率，提高生产时率，延长稳产期。

面对开发难度越来越大的问题，华北分公司积极解放思想、转变思路、勇于创新，开展水平井规模化开发的研究与攻关，从直井开发全面转向水平井规模开发，提高了储量控制程度、增大了泄气体积、提高了单井产量，实现了直井单层开发无效益储量的水平井经济有效动用。

第三节　水平井示范区建设

一、面临的挑战

截至2011年底，在已提交的4168.28×10^8m^3探明储量中，共动用其中的1905.48×10^8m^3，动用程度45.71%，动用层位包括了大牛地气田的7套气层，盒1段储量动用程度最低，仅26.39%；盒3+2段储量动用程度最高，达到94.82%。未动用储量2262.8×10^8m^3，占探明储量的54.29%。平面上，未动用储量主要位于气田的中部、北部的大12和大28井区，其次是大35-大47、大17、大70井区。纵向上，未开发储量中，盒1段储量最大，达到986.46×10^8m^3，其次是山2段为566.83×10^8m^3，山1段为370.63×10^8m^3，太2段为276.67×10^8m^3，太1段31.88×10^8m^3，盒2+3段未动用储量最少，仅剩30.33×10^8m^3(表6-3-1)。

表 6-3-1　截至 2011 年底大牛地气田各井区探明未动用储量统计表

层　位	未动用储量		动用程度/%	占未动用储量比例/%
	面积/km^2	储量/10^8m^3		
盒 2+3 段	143.93	30.33	94.83	1.34
盒 1 段	625.39	986.46	26.39	43.59
山 2 段	672.25	566.83	31.79	25.05
山 1 段	531.77	370.63	50.00	16.38
太 2 段	205.58	276.67	50.67	12.23
太 1 段	52.55	31.88	70.57	1.41
合　计	993.52	2262.80	45.71	100

与气田已动用储量对比，未动用储量气层相对较差，开发难度大，主要有以下几个特征：

(1) 气田未动用储量具有储量规模大，从层位上来看，大牛地气田探明未动用储量，盒 1 段最多，为 $993.62\times10^8m^3$，其次为山 2 段 $566.88\times10^8m^3$、山 1 段 $370.13\times10^8m^3$，太 2 段、太 1 段和盒 2+3 段较少，分别为 $276.86\times10^8m^3$、$26.79\times10^8m^3$ 和 $28.51\times10^8m^3$；单层储量丰度低，一般小于 $1.3\times10^8m^3/km^2$。

(2) 未动用储量层位多，气藏纵向上多个含气砂体叠置组成，多气层纵向上叠置关系和叠合程度的差异为气藏的开发带来了一定的难度。

(3) 储层物性较差，非均质性强。统计表明：未动用储量区储层平均孔隙度、渗透率分别为 8.2%、$0.45\times10^{-3}\mu m^2$，属于低孔特低渗储层。

(4) 储层物性、含气性、产能明显低于已动用区。含气性相对差，气层含气饱和度平均为 60.59%；单层气层薄，平均气层厚度为 5.87m，导致气层产能相对低，单层产能低；未动用区直井测试产能较低，单井无阻流量一般都小于 $3\times10^4m^3/d$，平均 $1.84\times10^4m^3/d$（表 6-3-2）。

表 6-3-2　大牛地气田探明未动用储量特征参数统计表

层　位	未动用储量/10^8m^3	平均有效厚度/m	平均孔隙度/%	平均渗透率/$10^{-3}\mu m^2$	平均含气饱和度/%	平均无阻流量/($10^4m^3/d$)	储量丰度/($10^8m^3/km^2$)
盒 2+3 段	28.51	4.2	9.50	0.31	58	0.39	0.21
盒 1 段	993.62	7.5	9.70	0.33	56	1.36	1.38
山 2 段	566.88	6.2	8.50	0.30	61	1.19	0.84
山 1 段	370.13	5.8	7.50	0.30	57	1.18	0.70
太 2 段	276.86	9.6	7.00	0.36	64	1.37	1.22
太 1 段	26.79	4.5	7.00	0.36	64	1.99	0.61

这些特征决定了未动用储量区采用直井开发难以经济有效动用。从 2002 年开始，水平井开发评价通过探索试验、自然建产试验、压裂建产试验和水平井压裂建产成熟完善 4 个阶段，到 2011 年水平井压裂建产取得良好的效果，初步形成了低品位储量评价、储层预测、水平井气藏工程论证及分段压裂工艺等技术，水平井开发评价取得成功。为后续水平井整体开发示范区建设奠定了坚实基础。

二、示范区建设

（一）国内首个10亿立方米水平井整体开发示范区

1. 水平井开发选区部署和方案设计

（1）通过开发地质、三维储层预测研究，建立了三维地质气藏模型，优选了大8-大10井区为2012年水平井产能建设区。大8井区主要目的层为盒1段，辫状河沉积，储层连片分布，岩性主要为岩屑砂岩及岩屑石英砂岩，物性相对较好，局部兼顾山2气层；大10井区主要目的层为太2段，障壁砂坝沉积，储层分布稳定，岩性主要为石英砂岩。本次方案评价出开发区可动用面积为239km^2，可动用储量为425.5×10^{8}m^3。

（2）确定了"整体部署、动态调整"的开发原则和衰竭式的开采方式。确定了合理的开发井距为800~1000m；合理的配产比例为气井无阻流量的1/5~1/3。确定了气藏废弃压力为8MPa，最终采收率为40%，按交错排状井网部署开发井，共部署开发水平井100口。平均单井配产3.0×10^{4}m^3/d，设计年产能力10.0×10^{8}m^3，采气速度2.35%。

2. 水平井工程工艺技术方案

1）钻井工程方案

采用水平井三级井身结构及6in井眼水平段；大斜度导眼及"直-增-平"井眼轨道设计模式；"PDC+螺杆"复合钻具组合；直井段、斜井段MWD检测及水平段多靶点轨迹控制；技术套管一次双凝水泥浆压稳防漏固井；斜井段、水平段应用钾铵基悬浮乳液钻井液体系；ZJ50钻机及配套设备；70MPa套管头配合35MPa井口装置；4½in裸眼预置管柱完井。

2）压裂工程方案

水平井压裂工艺方案采用多级管外封隔器分段压裂工艺，水基羟丙基瓜胶液氮增能压裂液体系、中-高强度陶粒支撑剂为主，依据单井水平段钻遇显示采用"一段一策"的压裂设计方案，前置液比例37%~42%，平均加砂量45m^3，平均砂比22%，压后采用裂缝强制闭合技术保证水平井压裂液残液及时返排，降低储层伤害。

3）采气工程方案

根据地层最高压力和地层流体情况，为了确保连续排液，考虑气井携液，优选合理生产管柱、采气井口装置、排水采气工艺等，提高采气速度，提高气井排液能力。

水平井采气工艺方案采用2⅞in生产管柱，KQ65/35型井口，泡沫排水采气工艺、注甲醇预防水合物、定期加注防腐阻垢剂除垢，保障水平井连续采气作业。

（二）水平井开发技术工业化推广应用

1. 水平井开发选区部署和方案设计

1）2013年开发方案设计要点

优选大8-大98井区为2013年水平井产能建设区，主要目的层为盒1段、山2段、山1段、太2段。开发原则为"整体部署、分批实施、动态调整"，开采方式为衰竭式开采，井距为1000~1200m，合理的配产比例为气井无阻流量的1/5~1/3，气藏废弃压力为8MPa。按交错排状井网部署开发井，方案设计动用地质储量436.91×10^{8}m^3，动用面积335.45km^2；方案推荐部署开发水平井110口，平均单井配产2.5×10^{4}m^3/d，设计年产能力9.0×10^{8}m^3，采气速度2.1%。

2）2014 年开发方案设计要点

优选大 65-大 98 井区为 2014 年水平井产能建设区，主要目的层为盒 1 段、山 2 段、太 2 段、太 1 段。开发原则为“整体部署、动态调整”，开采方式为衰竭式开采，井距为 800～1000m，合理的配产比例为气井无阻流量的 1/5～1/3，气藏废弃压力为 6MPa。按交错排状井网部署开发井，方案设计动用地质储量 $477.18\times10^8m^3$，动用面积 $587.79km^2$；方案推荐部署开发水平井 120 口，平均单井配产 $2.5\times10^4m^3/d$，设计年产能力 $10.0\times10^8m^3$，采气速度 2.1%。

3）2015 年开发方案设计要点

2015 年在大牛地气田剩余储量规模小、储层薄、分布散、物性差，建产难度越来越大情况下，仍持续推进大牛地上古气藏产能建设。

优选大 65-大 98 井区为 2015 年上古水平井产能建设区，主要目的层为盒 1 段、山 2 段、山 1 段、太 2 段、太 1 段。采用衰竭式开采方式；隔层条件好的单层独立开发，隔层小的气层合层兼顾开发；开发井网以均匀和非均匀井网相结合，实施要做到地上、地下结合，统筹考虑，可局部实施井组；考虑储层发育、兼顾程度不同，综合确定水平井井距为 800～1000m，合理的配产比例为气井无阻流量的 1/5～1/3，气藏废弃压力为 6MPa。按交错排状井网部署开发井，方案设计动用地质储量 $269.36\times10^8m^3$，动用面积 $405.28km^2$；方案推荐部署开发水平井 83 口，平均单井配产 $2.2\times10^4m^3/d$，设计年产能力 $6.0\times10^8m^3$，采气速度 2.2%。

2. 工程工艺技术方案

1）钻井工程方案

水平井三级井身结构及 6in 井眼水平段；大斜度导眼及“直-增-平”井眼轨道设计模式；“PDC+螺杆”复合钻具组合；直井段、斜井段 MWD 检测及水平段多靶点轨迹控制；技术套管一次双凝水泥浆压稳防漏固井；斜井段、水平段应用钾铵基悬浮乳液钻井液体系；ZJ50 钻机及配套设备；70MPa 套管头配合 35MPa 井口装置；4½in 裸眼预置管柱完井。

2）压裂工程方案

水平井压裂工艺方案采用多级管外封隔器分段压裂工艺，水基羟丙基瓜胶液氮增能压裂液体系、中-高强度陶粒支撑剂为主，依据单井水平段钻遇显示采用“一段一策”的压裂设计方案，前置液比例 37%～42%，平均加砂量 $40m^3$，平均砂比 22%，压后采用裂缝强制闭合技术保证水平井压裂液残液及时返排，降低储层伤害。

3）采气工程方案

根据地层最高压力和地层流体情况，为了确保连续排液，考虑气井携液，优选合理生产管柱、采气井口装置、排水采气工艺等，提高采气速度，提高气井排液能力。

水平井采气工艺方案采用 2⅞in 生产管柱，KQ65/35 型井口，以泡沫排水采气工艺为主，辅以速度管排水采气技术、注甲醇预防水合物、定期加注防腐阻垢剂除垢，保障水平井连续采气作业。

三、开发效果评价

2012 年于大牛地气田大 8-大 10 井区建成国内首个致密低渗气田全水平井规模建产示范区。共部署开发水平井 100 口，动用面积 $223km^2$，动用储量 $411.0\times10^8m^3$，井网为交错排状井网，井距在800~1000m之间，平均为961m；水平段长在1000~1500m之间，平均1181.26m，压裂段数8~15段，平均9.98段；单井配产$3.04\times10^4m^3/d$，最终核定产能为$10.02\times10^8m^3/a$，新建产能$10.02\times10^8m^3$，开发水平井成功率100%，产能达标率100.2%，税前内部收益率24.8%，税后内部收益率18%，2013~2015年新建产能$26.02\times10^8m^3$，建产符合率101.9%，历年方案税后内部收益率分别为16.6%、12.6%和12.5%，均大于12%，高于行业基准要求，取得了良好开发效果。2012~2015年共部署实施多级压裂水平井413口，动用储量$1584.56\times10^8m^3$，新建产能$36.14\times10^8m^3$，提高储量动用率34.92%（表6-3-3），实现了国内首个致密低渗气田的水平井整体经济有效开发。

表6-3-3 2012-2015年全水平井规模化开发指标表

年　度	动用区域	面积/km^2	储量/10^8m^3	井数/口	建产规模/10^8m^3	提高储量动用程度/%
2012	大8-大10	242.0	411.0	100	10.0188	9.04
2013	大98	242.2	426.62	110	10.1178	9.39
2014	大98-大65	284.49	477.58	120	10.0023	10.51
2015	大65-大66、大75-大98	405.28	269.36	83	6.0	5.93
合　计	1584.56	413	36.1389	34.92		

第四节　水平井开发模式

大牛地气田经过直井单层开采、直井多层合采开发之后，剩余未动用储量规模仍然很大，但是剩余储量“差、散、薄、低”特征更为突出。“差”即物性更差，全区渗透率平均$0.69\times10^{-3}\mu m^2$，剩余未动用储量区平均仅$0.45\times10^{-3}\mu m^2$；“薄”是指单层有效厚度更薄，全区平均8m，剩余未动用储量区平均5m；“散”是指储层更分散，未动用储量区储层叠合度低，相对更分散；“低”是说直井单层产量更低，全区已试气直井单层平均无阻流量$2.34\times10^4m^3/d$，未动用储量区平均$1.23\times10^4m^3/d$。基于以上特点，已有的技术无法实现经济开发，要求必须创新开发模式，形成新的开发方式和配套技术。

针对大牛地气田剩余未动用储量的上述特点，开发思路首先是根据大牛地储层非均质性强的特点，采用交错井网，最大限度地提高储量动用程度；第二是借助美国页岩气开发理念，通过水平井分段压裂技术扩大储层泄气面积，从而大大提高单井产量，以达到经济有效开发要求；第三是加强开发管理，降低开发成本，提升开发效率，确保气田开发效果；第四是建立水平井整体开发的评价选区部署技术、水平井开发技术政策优化技术和水平井采气技术，为有效开发提供技术支撑。通过加强三维地震攻关提升有效储层预测精度，扩大储层泄气面积提高单井产量，强化开发精细管理和建立配套开发技术，实现大牛地气田未动用储量的经济有效开发，从而提高气田储量动用率及采收率。

在上述开发思路指导下，大牛地低渗致密砂岩气田形成了“交错井网、多段压裂”的水平井开发模式。该开发模式的特点一是全为水平井开发，水平段采用立体分段压裂设计，注重井组部署模式，大幅度降低开发成本，更大地提高低品位边际储量的动用率和采收率，从而实现直井难动用储量的水平井有效开发。该开发模式的特点二是交错井网可以很好地适应砂体薄、分布散，储层非均质性强、物性差的特点。该开发模式的特点三是通过采用水平井多段压裂投产，增加了泄气面积，大大提高了单井产量，单井产量平均为直井的6倍(投资仅为直井3倍)。该模式强调三维储层预测技术的全程应用，开发区筛选评价阶段，通过三维储层预测，落实有利区、有利层的分布情况，为开发选区提供依据；井网优化阶段，通过三维储层预测，明确含气砂体空间展布情况，为地质建模和井网井距等开发技术政策优化奠定基础；井位部署及水平井实施阶段，通过三维储层预测，精细描述单砂体，为轨迹优化和跟踪调整提供依据；储层改造阶段，结合钻遇显示情况，开展新一轮精细储层预测研究，进一步落实含气砂体的平面及纵向分布情况，为立体压裂优化设计提供依据。

通过大量的攻关和实践，优选出了适合该模式的配套技术。比如，该模式下储层含气性预测是难点，通过对众多的含气性预测技术攻关和实践，最终优选了叠前AVO和叠前弹性参数反演技术为含气性预测主要技术；该模式全部采用水平井开发，其钻井周期长，成本高，通过优化井身结构、优化钻井液体系、优化钻头和建立轨迹控制技术等，形成了优快水平井钻完井技术；分段压裂技术是该模式的关键技术，但是分段压裂技术针对不同的储层特征有不同的方式和工艺参数，通过对多级管外封隔器分段压裂、水力喷射分段压裂等方式和段间距、缝长缝高、加砂规模、返排等的攻关和实践，最终优选了多级管外封隔器分段压裂技术。另外还有以致密低渗储层精细描述和低品位储量评价为主的地质综合评价和开发选区技术、以水平井轨迹设计和开发技术政策优化为主的气藏工程方案设计优化技术和以针对造斜段为主的水平井排水采气工艺技术等，均为该模式的实施提供了技术保证。

该模式动用的均为边际储量，开发管理好就获得较好的效益，管理不好可能就亏损。因此，精细管理也是该模式的重要保证。为此，首先建立了以“生产运行管理、技术管理、资产装备管理、人力资源管理、思想文化再加上保障支持”为特点的“5+1”管理体系，把人员、资产设备、生产等都纳入气田开发管理中，确保气田开发的顺利实施和高效运行。其次制定各种管理制度，明确职责和要求，为气田规范化开发提供保证。针对不同的生产阶段，一是制定了“三分三定”水平井分类生产管理机制，对气井实施进行分类管理，实施水平井生产科学管理、规范管理、专业管理，确保了水平井的正常生产和长期稳产；二是制定了水平井动态监测制度，为时刻掌握气田生产动态和合理调整提供依据。针对水平井开发特点，制定了以水平井动态分析、排水采气、防堵等为主的技术管理办法和以开井率、生产时率、泡排有效率等为重点的开发指标管理制度，通过制度的执行确保水平井开发的效益。

大牛地气田“交错井网、多段压裂”的水平井开发模式，结合配套开发技术和开发精细管理，从而实现了直井开发无效益储量的经济有效开发，大幅度提高储量动用率，支撑了气田产量再上新台阶。

第七章 难动用储量水平井整体开发技术

本章在阐述水平井开发储量评价与选区、薄储层三维地震综合预测与单砂体精细刻画、水平井开发技术政策优化基础上，对水平井钻完井、水平井多级分段压裂、水平井排水采气六大水平井整体开发配套技术进行了概括、总结。

第一节 水平井整体开发技术概述

致密低渗气田的开发是一个世界级的难题，如何实现经济有效开发是一道必须要迈过去的坎。其实，在大牛地气田开发的初期，中国石化油田事业部和华北分公司就对气田的开发秉承了几个理念：首先，是突破对“三低”的认识，相信随着技术的不断进步，低渗的定义是要不断修改的，可开发的储量下限是不断降低的。第二，是必须选择可大幅提高单井产量的手段，从大规模的直井水力压裂、水平井欠平衡钻井、水平分支井、水平井大规模压裂等方法均可以试验和尝试。第三，是一定要采用国内外最先进的技术，从地质气藏、工程工艺、地面集输等各方面均要高起点、高标准的借脑引智、消化吸收、集成创新，最终为我所用。

基于以上理念，早期确立的直井单层/多层水力压裂等技术，成功实现了 DK13 井区盒 3 段、山 1 段单层，以及大 66、大 12、大 35-大 47 井区多层的成功开发。然而，到了自 2007 年开始，剩余未动用储量叠合程度差、直井单井产量低，采用直井开发没有经济效益。未来的路在哪里？大牛地气田能否再续辉煌？是摆在人们面前的难题。在进行多次试验基础上，开展了单砂体精细刻画、基于分段压裂的水平井整体开发，实现了薄、差难动用储层的有效动用。

自 DP27H 井取得突破性进展后，部署的水平井均取得了良好效果，气层钻遇率和压裂测试无阻流量相对较高。其中 DP27H 井（盒 1 段）经 6 段压裂，试获无阻流量 $17.92\times10^4m^3/d$，产能获得了重大突破；DP30H 井压裂段数 14 段，加砂规模为 $615m^3$，压裂液 $4500m^3$，均创造了天然气水平井开发新纪录；DP31H 井完钻水平段长度 1698.7m，打破了华北分公司最长水平段纪录；另外，丛式井组开发试验进展顺利，钻完井、压裂改造等作业的施工成功率 90%以上，在 2011 年，压裂的盒 1 段 6 口水平井平均无阻流量为 $11.02\times10^4m^3/d$，为 2012 年水平井整体开发方案的编制奠定了坚实基础。

该阶段形成了相对完善成熟的Ⅱ类、Ⅲ类气层水平井压裂建产技术，为动用大牛地气田低品位储量提供了支撑，大力推动了水平井规模化建产的步伐。并且水平井的选区优化部署技术进一步成熟，钻井验证表明 AVO 是盒 1 段储层含气性预测的有效依据，AVO 储层预测技术大大提高了砂岩和气层钻遇率。针对气藏工程研究初步形成了水平井井网井距、合理配产、单井设计优化、压裂缝设计优化等开发技术政策。同时以裸眼封隔器预置管柱多级分段压裂工艺为主导的改造技术也日趋成熟，确保水平井施工的成功率。通过对水平井持续攻关试验和配套研究，经过了水平井探索试验、攻关完善、规模化应用3个阶段，研究中，创立了链式标定、叠前弹性三参数反演和三步法轨迹设计技术，导眼点深度误差小于2m；发明了水平段多靶点井眼轨迹控制技术和水平井钻井液流变参数控制技术，钻井轨迹与设计轨迹符合率95.6%，通过钻头选型，优选出了适合大牛地气田不同层段的钻头类型，经过井身结构、钻井参数等优化，形成了优质快速钻井技术，使全井平均机械钻速大幅度提高，机械钻速提高了2.46倍；水平井钻完井周期由初期的80.94d降低到正常时期的45.82d，钻井周期缩短40.03%，大大提高了钻井效率和降低了成本。形成了低渗致密砂岩气藏压裂提高气井产能的储层压裂改造技术。针对水平井，创新形成了大型压裂、不动管柱分层压裂和以裸眼多级管外封隔器为主、水力喷射为辅的水平井压裂工艺技术体系及相应的配套技术，大幅度提高了气井产量。研发了以"氮气增能羟丙基瓜胶水基压裂液体系"为主的压裂液体系；并根据储层宏观结构和厚度，确定了大型压裂方式，对裂缝长度、铺砂浓度、砂比、加砂规模以及施工排量等参数进行了优化设计，施工结束后采用快速返排技术以减少压裂液对储层的伤害，提高气井产量效果显著；创新形成了水平井裸眼三维设计二元破胶多级分段压裂技术，首创三维压裂设计方法和水平段二元破胶技术，实现了低渗致密储层的有效改造，平均单井压裂段数从3段提高到10段，平均单段加砂规模从$24m^3$提高到$49m^3$，单井产量平均达到$3\times10^4m^3/d$，是该类储层直井的8~10倍，大大提高了单井产量，使难采储量得到了经济有效开发。

第二节　水平井开发储量评价与选区技术

一、大牛地气田未开发储量基本特征

(一) 致密气藏地质特点

截至2010年底，大牛地气田在盒2+3段、盒1段、山1段、山1段、太2段和太1段共提交探明储量$3926.75\times10^8m^3$，动用储量$1597.57\times10^8m^3$，未动用储量$2329.18\times10^8m^3$（表7-2-1），气田保有天然气产能$25\times10^8m^3$。与已开发区对比，未动用储量气层相对较差，开发难度大，主要有以下几个特征：

表7-2-1　大牛地气田探明储量统计表

层位	上报探明储量		动用储量		未动用储量	
	面积/km^2	储量/10^8m^3	面积/km^2	储量/10^8m^3	面积/km^2	储量/10^8m^3
盒2+3段	523.81	562.59	439.05	536.88	84.76	25.71
盒1段	784.51	1238.74	158.56	201.37	625.95	1037.37
山2段	860.14	754.72	163.12	217.88	697.02	536.84
山1段	820.37	701.55	224.75	340.58	595.62	360.97
太2段	420.47	560.83	118.02	230.39	302.45	330.44
太1段	151.15	108.32	66.13	70.47	85.02	37.85
合计	3560.45	3926.75	1169.63	1597.57	2390.82	2329.18

（1）气田未动用储量具有储量规模大，从层位上来看，大牛地气田探明未动用储量，盒1段最多，为 $1037.37\times10^8m^3$，其次为山2段为 $536.84\times10^8m^3$、山1段为 $360.97\times10^8m^3$，太2段、太1段和盒2+3段较少，分别为 $330.44\times10^8m^3$、$37.85\times10^8m^3$ 和 $25.71\times10^8m^3$；单层储量丰度低，一般小于 $1.3\times10^8m^3/km^2$。

（2）未动用储量层位多，气藏纵向上多个含气砂体叠置组成，多气层纵向上叠置关系和叠合程度的差异为气藏的开发带来了一定的难度。

（3）储层物性较差，非均质性强。统计表明，未动用储量区储层平均孔隙度和渗透率分别为8.2%和 $0.30\times10^{-3}\mu m^2$，属于低孔特低渗储层。这些特征决定了未动用储量区与老区具有完全不同的开发技术与开发难点。

（4）储层物性、含气性、产能明显低于已动用区。含气性相对差，气层含气饱和度平均为60.59%；单层气层薄，平均气层厚度为5.87m，导致气层产能相对低，单层产能低；未动用区直井测试产能较低，单井无阻流量一般都小于 $3\times10^4m^3/d$，平均 $1.84\times10^4m^3/d$（表7-2-2）。

表7-2-2 大牛地气田探明未动用储量特征参数统计表

层位	未动用储量/10^8m^3	平均有效厚度/m	平均孔隙度/%	平均渗透率/$10^{-3}\mu m^2$	平均含气饱和度/%	平均无阻流量/（$10^4m^3/d$）	储量丰度/（$10^8m^3/km^2$）
盒2+3段	30.33	4.2	9.50	0.31	58	0.39	0.21
盒1段	986.46	7.5	9.70	0.33	56	1.36	1.38
山2段	566.83	6.2	8.50	0.30	61	1.19	0.84
山1段	370.63	5.8	7.50	0.30	57	1.18	0.70
太2段	276.67	9.6	7.00	0.36	64	1.37	1.22
太1段	31.88	4.5	7.00	0.36	64	1.99	0.61

（二）致密气藏开发难点

（1）剩余未动用探明储量品位低。

大牛地气田目前探明储量动用率为40.68%，有 $2329.18\times10^8m^3$ 探明储量未动用，但该部分储量丰度相对较低，气层薄而分散，需要进一步对该部分储量进行评价，优选相对比较优质的储量进行开发动用。

（2）有效储层难以识别，井位优选困难。

传统的储层识别技术主要是根据地震和地质资料，通过数据处理和解释发现含气层位，一般砂岩是油气聚集的主要场所，储层的物性也是比较接近的。这样，找到含气层系中的砂体也就意味着找到了有效储层。但大牛地气田由于非均质性极强，造成有效储层难以识别。从地震资料上看，气田内各种岩性的波阻抗与含气敏感参数之间没有固定关系，且煤层的存在使得有效储层的预测难度加大（图7-2-1）。从钻井资料上看，通过对全区各小层砂岩、有效砂岩的钻遇统计发现，发现各小层砂岩钻遇率一般大于50%，而有效砂岩钻遇率一般在20%~40%，有效储层难以识别直接导致井位优选困难。

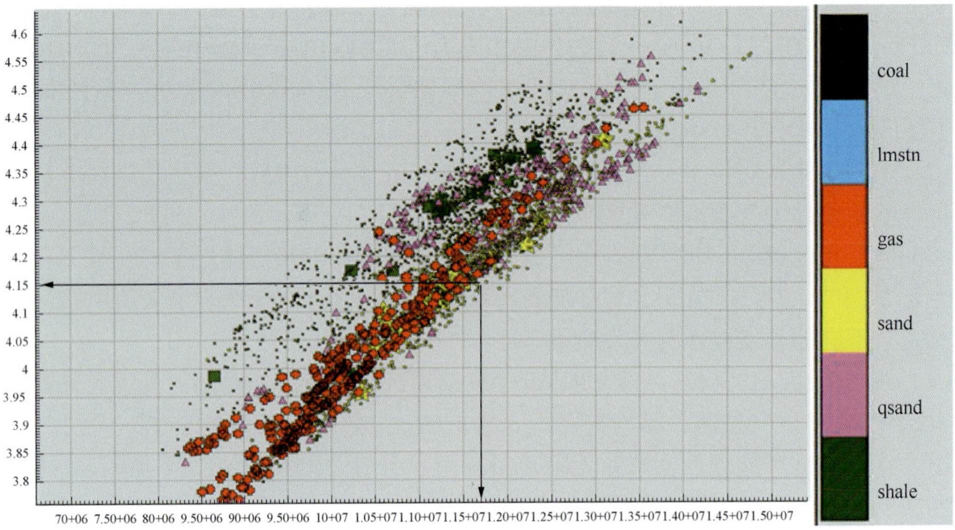

图 7-2-1 大牛地气田波阻抗与含气指示交会图

（3）直井单井产量低，经济有效开发难度大。

尽管大牛地气田含气面积大，但由于储量丰度低，储层非均质性严重，造成单井控制储量小，气井产能差异大、压力下降快，经济有效开发难度大。因此，需要建立"相对高孔渗"储层发育模式，明确优质储层分布特征，建立针对不同储层的开发关键技术。

（4）储层非均质性强，工程施工难度大。

未动用区储层相对薄、横向变化快，钻井、压裂施工困难。未开发区油气条件明显差于已开发区，储层相对薄(多发遇砂泥互层)、横向变化快、水平井工程工艺实施需要进一步攻关研究。

二、水平井开发区筛选思路

首先明确水平井开发的主要影响因素，针对主要影响因素或储层参数进行储量精细分类评价；再以经济有效开发为出发点，确定水平井开发的极限经济下限；结合当前的工程工艺技术平、措施及储层预测效果进行评价，建立筛选标准进行水平井开发区的筛选。

（1）进行未动用储量的精细分类。

首先确定适合水平井的储量类型，即哪些储层类型适合水平井开发，哪些气藏不适合水平井开发。以储层类型、储层砂岩厚度、气层厚度、孔隙度、渗透率、含气饱和度、直井及水平井的无阻流量等参数对储量进行分类评价。

（2）确定水平井开发的经济下限。

水平井的开发必须考虑经济效益，根据水平井单井投资和当前气价，根据经济评价方法确定单井经济极限控制储量、可采储量及单井经济极限产量。根据水平井开发效果分析，确定水平井开发的物性下限和气层厚度下限。以水平井开发的经济下限为基础，再进行储量分类和水平井开发区的筛选。

（3）考虑水平井工程工艺技术和储层预测效果。

在考虑水平井经济有效开发的基础上，依据目前的工程工艺水平针对不同类型储量的有效性，进行储量分类，对于目前工程工艺水平井能够进行开发的储量进行筛选，对于工程工艺不能够有效开发的更浅、更深、更薄的气层，则针对性地进行技术攻关。同时，针对不同类型的储量，目前有无可靠的储层预测方法进行有效的预测，储层预测效果也是评价储量的一个重要因素。结合工程工艺和储层预测的分类，进行产能建设的水平井开发的筛选。

三、水平井开发动用下限研究

随着水平井技术的发展和目前能源的需要，根据目前的技术水平，不同类型低渗透气藏采用水平井开发是否适应，剩余储量能否利用水平井开发，哪部分适合水平井开发，哪部分不适合，是指导决策水平井开发的重要前提，因此低渗透气藏水平井开发动用下限研究十分关键。

当前，油气田开发技术水平有了明显的提高，而油田开发经济效益不断下降，这一矛盾日益尖锐，因此如何提高油、气资源的合理开发和经济效益，已是一个十分重要的课题。目前，应用水平井技术，实现少井高产，提高油气藏的开发水平，已作为今后油气田发展和提高经济效益的有效手段。现阶段，在一口确定形态的水平井前提下，钻井成本及其产量的大小直接决定了钻这口井的盈利与否，因此水平井开发井区可采储量、有效厚度和物性条件、最终产量的大小能否满足开发的需要，将是决定是否实施水平井的关键。

（一）经济极限产量确定

国内外对于水平井经济极限产量的研究相对较少，缺乏系统而实用的方法。依据水平井开发的现场实际情况，通过对水平井单井产量变化规律的分析，以及非线性盈亏平衡原理，推导出水平井投产初期的单井产量和水平井控制地质储量的经济界限计算方程。将该方程与水平井产量预测公式和水平井控制地质储量公式相结合，不仅可以判别采用水平井进行开发是否具有经济效益，而且可以应用于水平井开发优化设计，因此该方法对于指导气田有效开发具有重要的理论和实践价值。

根据投入产出平衡原理，以钻井投资、地面投资、千立方米气操作成本以及气价、税金，取得实施水平井所需的经济极限累计产气量，来确定水平井开发经济极限可采储量下限。

1. 计算方法

影响技术经济界限值的因素也即是影响气田开发经济效益的因素，大致可分为自然因素和综合因素两大类。自然因素包括地理环境、地质特征和流体性质等。综合因素包括天然气价格、生产成本、技术水平和管理水平等，可以量化的因素包括投资、成本、气价、采气速度、稳产年限等。以上各参数依据 2012 年华北分公司所钻水平井对应的经济参数统计获得。

（1）经济可采储量界限。

在气田开发过程中，由于边际效益递减规律的存在，单位边际成本不断上升，当单位边际成本等于气价时，气井的边际效益等于零，此时，气井应该采取措施或关井，如果继续开井的话，将减少气田的经济效益。

气井从开始生产到达到关井产量界限时的累计产量为经济可采储量 G_e，用公式表示：

$$G_e=\frac{0.1\times C_{sw}\times(1+R)^{\frac{T}{2}}}{(P_g-T_{axg}-C_{vg})\times I_g} \tag{7-2-1}$$

式中：G_e——单井经济极限可采储量，10^8m^3；

C_{sw}——单井投资，万元；

R——贷款年利率，小数；

T——评价年限，年；

P_g——不含税气价，元/10^3m^3；

T_{axg}——气税费，元/10^3m^3；

C_{vg}——气可变操作成本，元/10^3m^3；

I_g——气商品率，小数。

（2）单井控制地质储量界限。

根据单井经济可采储量界限及预测采收率，可计算单井控制地质储量边际值。

$$N_c=\sum Q/E_r \tag{7-2-2}$$

式中　N_c——单井控制地质储量界限，10^4m^3；

E_r——经济采收率，小数。

通常情况下，由于气田开发经济效益的长期性，一方面单个的技术经济界限值不能全部反映气田开发的整体效益；同时，气田的累计产气量界限和初始产量界限会因开发方式（主要是产量变化规律）而不同。因此，在使用技术经济界限值作为气田开发投资决策依据时须将初始产量界限、累计产量界限和储量界限等指标结合使用。

（3）单井初期产量界限。

新钻井初期产量界限指在一定的开发技术和财税体制下，新钻开发井所获得的收益能弥补全部投资、采气操作费并获得最低收益率时初期所应达到的最低产量，当新钻井初期产量大于这一值时，则认为经济上是可行的。计算方法为同时满足 $Q_{initmin}$的值：

$$Q_{initmin}=\frac{G_e}{T\times330\,(1-D_c)^{\frac{T}{2}}} \tag{7-2-3}$$

式中：D_c——产量年递减率，小数；

$Q_{initmin}$——初期经济极限日产气量，$10^4m^3/d$。

2. 技术经济参数的确定

（1）开发投资。指开发井直接投资，包括综合钻井投资（含采气工程投资及单层储层改造费）和地面投资，根据水平段长度结合钻井和单项地面工程设计，水平井投资见表 7-2-3。

表 7-2-3　水平井开发投资计算结果表

水平段长/m	直井段长/m	投产/（万元/井）	压裂段数/段	总投资/万元
800	2796	69.93	8	2415
1000	2796	69.93	9	2645
1200	2796	69.93	10	2875
1500	2796	69.93	12	3265

（2）采气成本。参照华北分公司近几年的采气成本情况取值，单井固定操作成本45万元/年、单位变动成本和期间费用140元/10^3m^3。

（3）产量模式。根据大牛地气田先导性试验、试气资料、数值模拟等研究成果，单井产量模式为：稳产3年，之后递减期年递减率依次为27.9%、19.5%、12.83%、10.04%、8.52%、7.58%、7%~6%，计算期20年。

（4）其他参数。

气价：根据当前气价1.47元/m^3。

商品率：取值97%。

单位现金操作成本：236元/10^3m^3。

经营成本：301元/10^3m^3。

单位总成本：572元/10^3m^3。

增值税：天然气的增值税率为13%，根据经济评价方法的相关规定，增值税仅作为城市维护建设税和教育费附加的依据，不作为现金流出。

城市维护建设税和教育费附加：依据相关规定，城市维护建设税和教育费附加分别按7%和3%计取。

资源税：天然气资源税按7元/10^3m^3上缴。

所得税：所得税率为25%。

3. 单井经济界限测算结果

根据上述参数和方法测算的单井经济界限结果见表7-2-4。从表可知，当水平段800~1500m时，气田水平井要求经济可采储量为(4300~5700)×10^4m^3，单井控制地质储量在1.06×10^8m^3以上，初期下限产量为(1.77~2.40)×10^4m^3/d。

表7-2-4 大牛地气田不同水平段长经济储量、产量计算结果表

水平段长/m	单井投资/万元	单井经济极限可采储量/10^8m^3	单井经济极限控制储量/10^8m^3	初期经济极限日产气量/(10^4m^3/d)
800	2415	0.43	1.06	1.77
1000	2645	0.47	1.16	1.94
1200	2875	0.51	1.27	2.11
1500	3265	0.57	1.44	2.40

（二）物性下限确定

根据国内外水平井开发经验，以气层渗透率0.1×$10^{-3}\mu m^2$为水平井开发物性下限标准。特低渗透率储层不适合钻水平井，而应采用直井压裂方式开发。气田物性统计结果表明当渗透率小于0.1×$10^{-3}\mu m^2$砂岩粒度变细，孔隙度变差，因此渗透率0.1×$10^{-3}\mu m^2$为气田水平井开发物性下限。图7-2-2为不同砂岩孔隙度与渗透率的关系。

（三）厚度下限确定

根据不同水平段长下单井控制极限储量，结合各套气层的储量计算参数，以目前气价1.47元/m^3的条件下，内部收益率等于12%(行业标准)和7%(长期贷款利率)时水平井

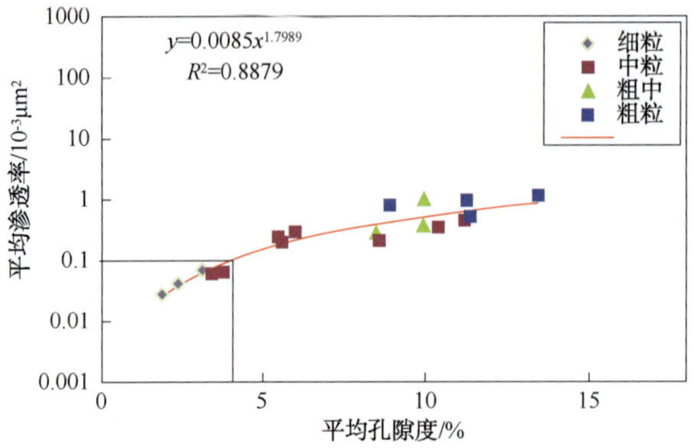

图 7-2-2　不同砂岩孔隙度与渗透率的关系

单井控制极限储量分别计算各个层位有效厚度下限(表 7-2-5)。从表可知，各层水平井动用有效厚度下限略有不同，内部收益率为 7%时厚度下限为 4m，内部收益率为 12%时厚度下限位 5m。

表 7-2-5　不同收益率下各层位水平井单井经济有效厚度下限统计表

层 位	水平井动用有效厚度下限/m	
	内部收益率(12%)	内部收益率(7%)
盒 1 段	5.5	4.4
山 2 段	5.0	4.0
山 1 段	6.3	5.0
太 2 段	6.5	5.0
太 1 段	5.0	4.0

针对不同类型储层特征，根据不同水平段长下单井控制极限储量，结合各类储层的储量计算参数，以目前气价 1.47 元/立方米的条件下，内部收益率等于 12%(行业标准)和 7%(长期贷款利率)时水平井单井控制极限储量分别计算各类储层有效厚度下限(表 7-2-6)。

表 7-2-6　不同收益率下不同类型储层水平井单井经济有效厚度下限

储层类型		水平井动用有效厚度下限/m		备 注
		内部收益率(12%)	内部收益率(7%)	
Ⅰ	Ⅰa	7.0	5.5	自然求产
	Ⅰb	8.0	6.1	自然求产
Ⅱ	Ⅱa	5.0	4.0	多级压裂
	Ⅱb	6.3	5.0	多级压裂
	Ⅱc	3.6	3.0	多级压裂
Ⅲ		6.5	5.0	多级压裂
Ⅳ		—	—	

四、致密低渗储量分类评价

（一）储量分类评价标准

根据水平井开发主要影响因素分析和水平井开发动用下限研究，以储层类型、储层砂岩厚度、气层厚度、孔隙度、渗透率、含气饱和度及直井单层无阻流量等参数对未动用储量进行了划分为 4 类，各类储量对应不同储层类型组合。

1. 一类储量标准

储层类型：Ⅰa、Ⅰb、Ⅱa 类储层。

砂岩厚度：≥20m。

气层厚度：≥8m。

孔隙度：≥8%。

渗透率：$\geq 0.5\times10^{-3}\mu m^2$。

含气饱和度：≥60%。

直井无阻流量：$\geq 1.7\times10^4 m^3/d$。

该类储量气层厚度大于 8m、渗透率大于 $0.5\times10^{-3}\mu m^2$，水平井开发经济效益好。

2. 二类储量标准

储层类型：Ⅱa、Ⅱb、Ⅲ类储层。

砂岩厚度：15~20m。

气层厚度：5~8m。

孔隙度：6%~8%。

渗透率：$(0.3\sim0.5)\times10^{-3}\mu m^2$。

含气饱和度：55%~60%。

直井无阻流量：$(1.0\sim1.7)\times10^4 m^3/d$。

该类储量气层厚度 5~8m、渗透率$(0.3\sim0.5)\times10^{-3}\mu m^2$，水平井开发经济效益较好。

3. 三类储量标准

储层类型：Ⅲ类储层。

砂岩厚度：10~15m。

气层厚度：3~5m。

孔隙度：4%~6%。

渗透率：$(0.1\sim0.3)\times10^{-3}\mu m^2$。

含气饱和度：50%~55%。

直井无阻流量：$(0.5\sim1.0)\times10^4 m^3/d$。

该类储量气层厚度 3~5m、渗透率$(0.1\sim0.3)\times10^{-3}\mu m^2$，水平井开发具有经济效益。

4. 四类储量标准

储层类型：Ⅲ类储层。

砂岩厚度：≤10m。

气层厚度：≤3m。

孔隙度：4%~6%。

渗透率：$(0.1\sim0.3)\times10^{-3}\mu m^2$。

含气饱和度：50%~55%。

直井无阻流量：$(0.0\sim0.5)\times10^4 m^3/d$。

该类储量气层厚度小于3m、渗透率$(0.1\sim0.3)\times10^{-3}\mu m^2$，水平井开发暂无经济效益。

（二）储量分类排序

根据储量分类标准对大牛地致密低渗未动用储量进行分类，其是一类储量开发有利区3个，储量合计为$590.96\times10^8 m^3$；二类储量开发有利区15个，储量合计为$740.69\times10^8 m^3$；三类储量开发有利区30个，储量合计为$755.98\times10^8 m^3$；四类储量开发有利区9个，储量合计为$175.16\times10^8 m^3$（表7-2-7~表7-2-10）。

表7-2-7　大牛地致密低渗气田一类储量统计表

序号	井区	层位	储层类型	面积/km²	砂岩厚度/m	有效厚度/m	孔隙度/%	渗透率/$10^{-3}\mu m^2$	含气饱和度/%	原始地质储量/$10^8 m^3$	直井单层无阻流量/($10^4 m^3/d$)	储量分类
1	大8	盒1-1	Ⅱa	196.00	25.1	13.7	9.8	0.55	63	273.79	1.79	一类
2	大10	太2	Ⅱc	81.80	23.9	13.5	8.5	0.53	69	151.85	1.91	一类
3	大27	盒1-1	Ⅱa	112.5	23.5	11.3	10.3	0.8	61.6	165.32	1.32	一类
小计				390.30	24.4	13.0	9.6	0.6	63.8	590.96	1.70	

表7-2-8　大牛地致密低渗气田二类储量统计表

序号	井区	层位	储层类型	面积/km²	砂岩厚度/m	有效厚度/m	孔隙度/%	渗透率/$10^{-3}\mu m^2$	含气饱和度/%	原始地质储量/$10^8 m^3$	直井单层无阻流量/($10^4 m^3/d$)	储量分类
1	大44	山2-2	Ⅱa	123.6	15.5	6.9	9.6	0.34	59.4	106.76	1.57	二类
2	大106	山2-2	Ⅱa	111.9	15.7	6.7	9.9	0.37	58.9	96.91	1.66	二类
3	大43	山2-1	Ⅱa	93.9	15.3	7.1	9.3	0.31	59.7	82.32	1.28	二类
4	大31	盒1-1	Ⅱa	83.1	16.6	7.5	10.1	0.40	60.3	82.20	1.35	二类
5	大65	盒1-1	Ⅱa	87.7	15.1	6.3	9.4	0.33	60.1	68.40	1.67	二类
6	大27	盒1-2	Ⅱa	59.9	15.9	6.3	9.9	0.38	60.0	50.34	1.29	二类
7	大107	盒1-1	Ⅱa	62.2	15.2	5.9	9.7	0.36	60.5	48.53	1.31	二类
8	鄂10	山2-1	Ⅱa	51.7	15.5	7.1	9.6	0.33	59.4	48.47	1.07	二类
9	大46	太2	Ⅱc	31.2	16.2	10.8	8.3	0.28	65.5	47.28	0.55	二类
10	大5	盒1-2	Ⅱb	27.2	15.3	5.7	9.6	0.33	59.4	22.52	0.62	二类
11	大5	盒1-1	Ⅱb	21.9	15.3	6.7	9.6	0.34	59.9	21.73		二类
12	大33	山2-2	Ⅱa	22.3	15.2	6.1	9.5	0.35	59.8	20.67	1.16	二类
13	大82	盒1-2	Ⅱb	21.9	15.2	5.9	9.3	0.32	60.0	19.21		二类
14	大65	山2-1	Ⅱa	18.3	15.1	5.1	9.3	0.32	59.7	15.32		二类
15	DK20	盒1-1	Ⅱb	6.9	16.7	7.1	9.3	0.31	60.2	10.03		二类
小计				823.82	15.6	6.8	9.6	0.7	60.0	740.69	1.25	

表 7-2-9　大牛地致密低渗气田三类储量统计表

序号	井区	层位	储层类型	面积/km^2	砂岩厚度/m	有效厚度/m	孔隙度/%	渗透率/$10^{-3}\mu m^2$	含气饱和度/%	原始地质储量/10^8m^3	直井单层无阻流量/($10^4m^3/d$)	储量分类
1	大 65	盒 1-2	Ⅱa	135.7	12.5	5.2	9.3	0.34	59.7	80.28	1.66	三类
2	大 20	盒 1-1	Ⅱa	135.7	11.2	4.3	9.1	0.34	59.5	64.74	0.79	三类
3	大 8	山 1-2	Ⅲ	103.2	13.1	5.6	7.5	0.33	60.2	61.15	1.01	三类
4	大 8	山 1-1	Ⅲ	91.2	11.3	5.5	7.3	0.22	61.5	52.78	1.19	三类
5	大 106	山 2-1	Ⅱa	85.1	11.1	4.5	9.9	0.45	58.9	46.94		三类
6	大 72	山 2-2	Ⅲ	102.7	10.1	4.0	9.1	0.34	59.6	46.88	0.67	三类
7	大 33	山 1-3	Ⅲ	103.3	10.3	4.1	7.5	0.33	60.1	44.77	1.09	三类
8	大 40	山 1-2	Ⅲ	70.7	12.1	5.3	7.3	0.22	60.5	38.79		三类
9	大 29	山 2-2	Ⅱa	73.1	10.6	4.3	9.1	0.34	60.0	36.13	1.45	三类
10	大 20	盒 1-2	Ⅱb	69.3	10.5	4.1	9.1	0.34	59.6	31.61		三类
11	大 82	山 2-1	Ⅱb	49.0	12.2	5.1	9.3	0.44	59.7	29.23		三类
12	大 20	山 2-1	Ⅱb	55.9	10.6	3.9	9.3	0.34	60.0	25.62		三类
13	大 25	山 1-3	Ⅲ	56.1	9.3	3.7	7.1	0.22	60.1	20.75		三类
14	大 32	山 1-2	Ⅱa	48.8	11.3	4.1	7.2	0.22	60.6	20.46		三类
15	大 31	盒 1-2	Ⅱa	34.3	11.2	4.5	9.5	0.45	59.8	17.95		三类
16	大 1	山 1-1	Ⅲ	16.9	10.2	7.3	7.9	0.33	62.1	14.18		三类
17	大 10	太 2	Ⅱc	11.9	13.2	8.3	8.5	0.34	65.2	12.80		三类
18	大 55	山 1-2	Ⅲ	22.1	10.5	5.2	7.6	0.33	61.7	12.61		三类
19	大 75	太 2	Ⅱc	14.3	11.9	7.5	8.1	0.33	64.1	12.13		三类
20	大 43	太 2	Ⅱc	14.3	11.7	6.6	8.5	0.34	64.5	12.12		三类
21	大 33	山 2-1	Ⅲ	25.2	10.1	3.9	9.5	0.45	59.8	11.73		三类
22	大 65	山 2-2	Ⅲ	22.7	10.1	4.1	9.3	0.44	59.7	10.88		三类
23	大 55	太 2	Ⅱc	10.4	10.5	6.5	8.2	0.33	64.9	8.44		三类
24	大 1	山 2-2	Ⅲ	14.7	10.5	4.5	9.3	0.44	59.7	7.75		三类
25	大 5	太 2	Ⅱc	9.1	11.2	6.6	8.2	0.33	63.7	7.34		三类
26	大 78	太 2	Ⅱc	6.0	13.2	8.3	8.5	0.34	65.2	6.48		三类
27	大 55	山 2-2	Ⅲ	12.3	11.1	4.3	9.3	0.44	59.7	6.17		三类
28	鄂 4	山 1-3	Ⅲ	10.1	14.0	5.6	7.3	0.32	62.3	6.01		三类
29	大 39	山 1-2	Ⅲ	9.6	12.5	5.1	7.2	0.22	59.5	4.91		三类
30	大 35	太 2	Ⅱc	5.1	15.1	6.9	8.3	0.33	63.9	4.35		三类
小计				1418.0	11.2	4.8	8.5	0.34	61.2	755.98	0.59	

表 7-2-10　大牛地致密低渗气田四类储量统计表

序号	井区	层位	储层类型	面积/ km^2	砂岩厚度/m	有效厚度/m	孔隙度/%	渗透率/ $10^{-3}\mu m^2$	含气饱和度/%	原始地质储量/ 10^8m^3	直井单层无阻流量/ $(10^4m^3/d)$	储量分类
1	大 56	太 2	Ⅱc	61.7	7.3	6.6	8.4	0.29	61.3	49.18		四类
2	大 78	山 1-1	Ⅲ	85.5	8.6	3.6	7.5	0.21	59.8	32.35		四类
3	大 80	山 1-3	Ⅲ	81.4	7.8	3.1	7.3	0.18	60.5	26.11		四类
4	大 71	山 1-1	Ⅲ	43.7	9.3	3.8	7.6	0.23	60.2	17.82		四类
5	大 37	山 1-1	Ⅲ	37.9	7.1	3.1	7.5	0.21	59.2	12.24		四类
6	大 21	太 1	Ⅱc	25.2	7.9	4.5	7.6	0.25	64.2	12.06		四类
7	大 20	太 1	Ⅱc	31.0	6.6	3.4	7.2	0.15	65.5	11.67		四类
8	大 26	太 1	Ⅱc	24.2	5.6	3.1	7.1	0.13	65.3	8.14		四类
9	大 84	山 1-2	Ⅲ	10.1	10.3	5.4	7.3	0.15	60.1	5.59		四类
小计				400.66	7.8	4.0	7.7	0.19	61.2	175.16		

五、水平井开发区筛选标准

（一）建立筛选标准

水平井开发区的筛选必须考虑储量的类别、可动用储量的规模、工程工艺技术条件和储层预测效果等因素（表 7-2-11）。

表 7-2-11　大牛地致密低渗透气藏水平井开发区筛选条件

序 号	筛选参数	筛选条件
1	储层类型	Ⅱa 类、Ⅱb 类、Ⅲ类
2	具经济效益储量	一类、二类、三类
3	储量规模/ 10^8m^3	≥50
4	工程工艺	技术成熟、工艺可行
5	储层预测	具针对性有效方法

（二）确定筛选程序

经过精细筛选、效益筛选、规模筛选和工艺筛选 4 个阶段程序进行水平井开发区的筛选研究。精细筛选阶段主要参考条件是储层精细描述的储层类型，筛选所有有利的储层类型的储量；规模筛选阶段主要参考条件是储层连片性好、具有一定的储量规模；效益筛选阶段是根据水平井开发动用下限物性下限、气层厚度下限对储量进行的分类筛选；工艺筛选阶段主要条件是针对不同层位、不同类型储量的工程工艺技术可行及对储层具有有效的含气性预测方法进行的筛选（图 7-2-3）。

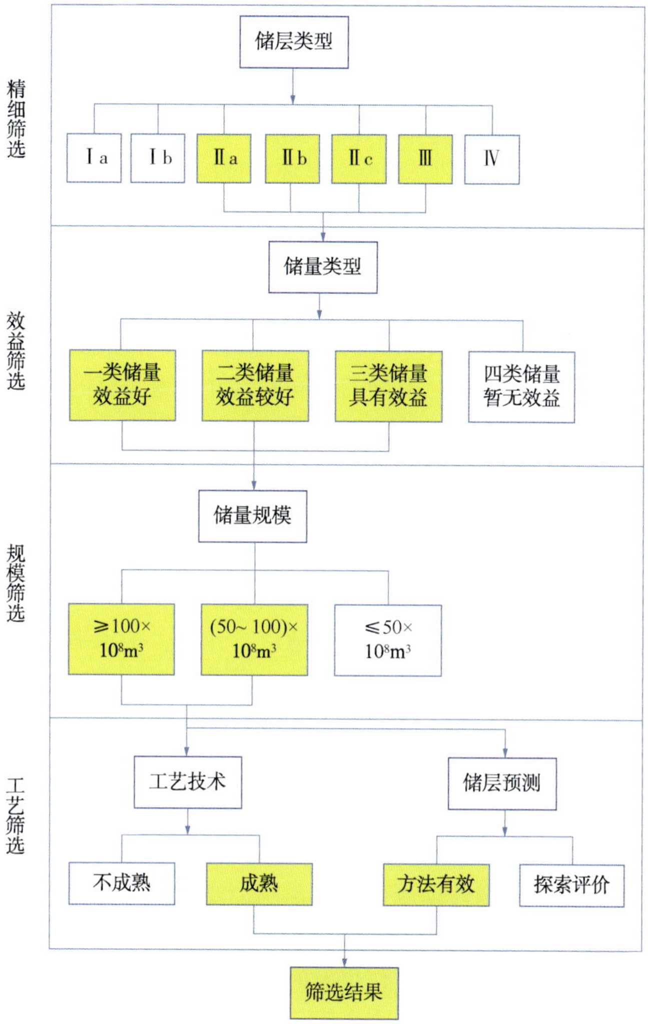

图 7-2-3　水平井筛选流程图

第三节　薄储层三维地震综合预测技术

对于占大牛地气田储量一半以上的三类储层广泛发育在盒 1 段及山 2 段，由于辫状河水动力作用相对较弱且横向、纵向上变化剧烈，因此对于三类储量区而言，纵向上岩性多变，砂岩岩性较为复杂，岩屑及泥质成分含量较高，孔隙结构发育度略低。虽然整体厚度较大，但是对于多层合采的直井开发方式而言，三类储量仍然难以得到有效动用。针对以上情况，2011 年下半年，大牛地气田开始了以水平井分段压裂技术为核心，以水平井作为主要建产方式的立体式多层系压裂开发。从而最大程度地动用难以动用的储量。

通过动态跟踪实钻信息认为，水平井不仅可以有效动用储层，同时单井产量可以达到直井产量 3~6 倍。水平井设计的技术流程整体上分 5 个环节。

（1）目标砂体锁定。以寻找钻井控制的高产气层为核心目标，同时考虑到砂体在局部发育要有稳定性，目标区已钻井数应比较合理，能有效控制目标单砂体的空间展布。通过储层预测分析并结合开发地质认为，在大 8 井区以盒 1 段为目标砂体，大 10 井区以太 2 段为目标砂体。

(2) 针对目标的储层参数反演。主要是为了获得准确的深度域反演成果，精细的地层对比(特别是单砂体对比)和储层标定是本环节的核心。在进行地震反演的过程中要充分结合开发地质，既要保证目标砂体对比的合理性，又要保证砂层组的地震响应的一致性。在水平井论证过程中，对所有目标砂体进行精细的地层对比和储层标定。岩性预测主要是用岩性曲线反演，物性预测应用孔隙度反演成果，含气性预测在不同井区、不同层系则有所不同。

(3) 目标砂体的雕刻。在深度域储层参数反演的基础上，获得单砂体的空间展布及属性特征。通过大牛地气田水平井设计配套技术的不断摸索，目前已形成成熟的三维可视化单砂体解释技术。对目标单砂体进行准确的空间雕刻并获得完整的空间展布认识对水平井轨迹设计至关重要，在此基础上确保轨迹能够设计在砂体厚度最大、储层物性、含气性最好的部位。

(4) 三维时深转换。关键在于建立准确、合理的时间域三维速度场及时深对应的空间格架。需要对三维储层参数反演数据体进行时深转换，还需对单砂体的顶、底及厚度进行深度域雕刻，作为深度域水平井轨迹设计的直接参考依据。

(5) 水平井轨迹设计。井轨迹设计必须注意以下几点：①水平段轨迹要在地质认识指导下依靠客观资料选单砂体最佳部位；②是轨迹中段最好临近已钻参考井，与水平井的导眼点在轨迹方向上形成有效的控制点，对河流相沉积的透镜状砂体，增加水平段轨迹设计的安全性和可靠性；③在岩性横向非均质性过强的层系和井区，如老开发区山 1 段，大 12 井区山 2 段，水平井必须首先实施导眼段，导眼点必须钻穿目标砂体，以便将导眼段数据作为新的控制点，对目标砂体进行重新预测。针对水平井设计的技术流程，储层预测技术体系也有相应的转变。从定性预测到定量预测都要以刻画目标单砂体为重点，以建立准确合理的三维速度场和时深格架为关键。

针对开发方式的转变，储层预测工作也及时针对开发方式对研究的主要技术路线流程进行了相应的调整。主要体现在以下四个方面，第一是研究重点从一类、二类储层的有利沉积相带预测到叠前叠后含气性预测；第二是由多层叠合评价向单层乃至小层段的综合评价；第三是加强了反演技术在储层预测工作中所占的比重，着重强调单砂体的预测；第四是从时间域向深度域预测的转变，鉴于水平井的轨迹部署及调整，同时加强了对速度场的研究，如图 7-3-1 所示。

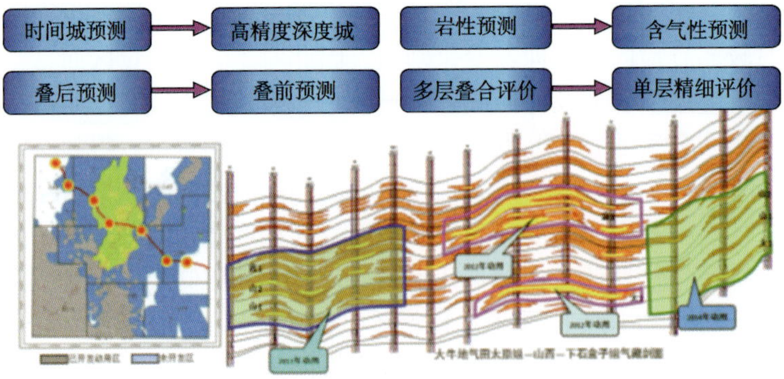

图 7-3-1　针对三类储层的储层预测技术体系转变

一、薄储层三维地震深度域预测技术

2011 年大牛地气田整体转变为以水平井规模化建产以来，以时间域为主的有利沉积相带预测仅仅可以满足水平井建产初步选区，即明确水平井部署的目标区，而在实际的井位部署及实施过程中依赖时间域的有关成果难以对水平井起到有效的支撑，最主要的原因体现在时间域的三维地震资料与深度域的实钻井资料在合成记录标定过程中是无法实现绝对准确的，时深关系的极大不确定性将导致水平井水平段钻进过程中无法有效明确轨迹。

针对这一特点，重点针对深度域开展了一系列相关研究，形成了有效的符合大牛地储层沉积特征的深度预测方法，通过精确的深度定位落实单砂体的顶底埋深及空间变化是大牛地气田“十二五”期间顺利完成水平井建产的关键因素。

针对深度域的储层预测技术，其关键主要集中在以下几个方面。

1. 关键井筛选对比及井控速度场的持续优化

大牛地气田自 2005 年产能建设以来，井位工作量相对饱和，目前大牛地气田全区井位均匀覆盖，且完钻井数较多，尤其是钻井工艺较为成熟井眼扩张现象相对较少，有效地保障了测井曲线的质量，干扰因素相对较少。除此之外，大牛地气田整体位于伊陕斜坡，构造特征较为简单，利用测井资料开展速度场建立是相对合理的，经过对比认为大牛地气田井控速度场效果远好于偏移处理速度(图 7-3-2)。

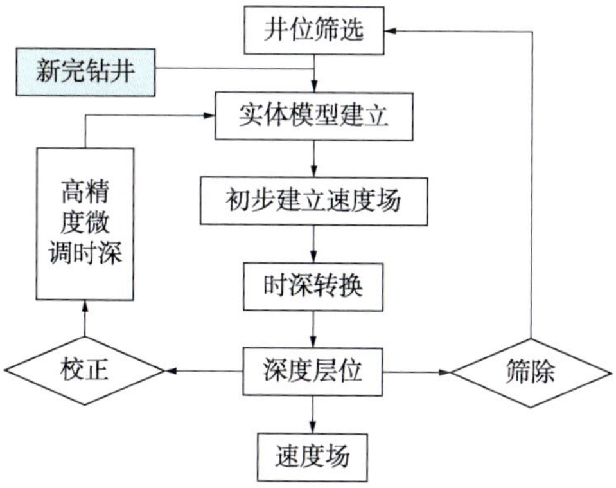

图 7-3-2　大牛地气田速度场建立方案流程图

尽管如此，在实际应用过程中，为了提高时深转换精度，大牛地气田速度场建立也同样需要经过严格的筛选及研究，这里暂以关键井命名。关键井筛选需要基于以下几个原则：

（1）关键井是指测井质量高、数据完整、未发送井眼扩张的优质井；

（2）关键井筛选务必均匀分布于全区，井距为平均开发井距 3 倍以上；

（3）钻遇深度较深的导眼井可列入关键井选择范围，A 靶点测井或者实钻深度相对较浅的导眼井应该排除。

2. 符合地质特征的深度域地质小层格架建立

从时间域预测到深度域预测中，深度域随机模拟反演方法是专题的关键技术之一，与其他反演方法类似，它同样是基于测井和地震资料的联合反演过程。它以地震波阻抗数据体为软约束，测井资料为硬约束，它依赖测井和波阻抗数据体的高斯分布特征并按照经过地质统计的变差函数进行概率化实现。波阻抗数据在随机模拟过程并非绝对约束，而是基于数值分布的概率统计，这就决定了在随机模拟的过程中，从井点出发的储层信息在横向外推过程中与波阻抗并非绝对吻合，只是在数值高斯分布特征上达到了最大相似。因此波阻抗数据体在作为约束的同时并不能够完全绝对控制反演外推过程中储层的延展方向和构造趋势。因此以地震资料相位解释层位作为地层框架，进而生成的初始模型，在随机模拟过程中起到了关键作用，通过层位框架的空间展布弥补波阻抗软约束过程中对储层外推的控制能力，也就是说在随机模拟过程中地震波阻抗数据体作为数值高斯分布特征进行软约束，测井资料和层位框架严格作为反演计算的硬约束条件，这一特征与其他反演方法明显不同。

从该方法的理论中，可以说明层位框架在随机模拟过程中的重要性，层位在横向上的展布特征及构造趋势很大程度上决定了井间储层的分布规律。通常来说，三维地震资料在经过相位解释后得到的地震层位是反射同相轴空间分布最直观的体现，直接包含了地层起伏趋势及同相轴延展方向和范围等多种信息，因此对于随机模拟反演来说，由地震层位形成地层框架，进而在波阻抗约束的基础上针对各层系开展地层模拟，可以有效控制反演过程中测井信息的外推方向和构造趋势，这是非常合理的。

为了将测井分层信息形成地层框架，首要解决的就是得到能够反映构造起伏趋势的地质层位。在常规的测井地层对比中，由于测井资料的局限性，井间地层对比只能依靠井间内插或者多项式拟合模拟构造趋势特征。对于地质研究而言，内插方式并非重点所在，而对于随机模拟反演来说，其影响是极其深远的。在前面小节中对地层框架作为硬约束影响储层横向展布这一特征进行了详细说明，由此可以推断不同类型的内插方式将直接决定储层的横向分布特征和构造趋势，因此，理想的地质层位框架需要具备两个方面的特质才能够保证反演预测的真实性和有效性：①纵向上与测井地层划分绝对吻合；②横向上与地震层位展布特征绝对一致。

图 7-3-3 为某井区地震层位约束和地质层位约束下的针对薄储层砂体随机模拟对比，从图中可以看出，由于地震分辨率的限制，地震层位框架约束下的随机模拟存在明显的砂体窜层现象，而在小层系地质层位框架约束下这一问题得到有效解决，井间砂体横向对比关系更加明确。

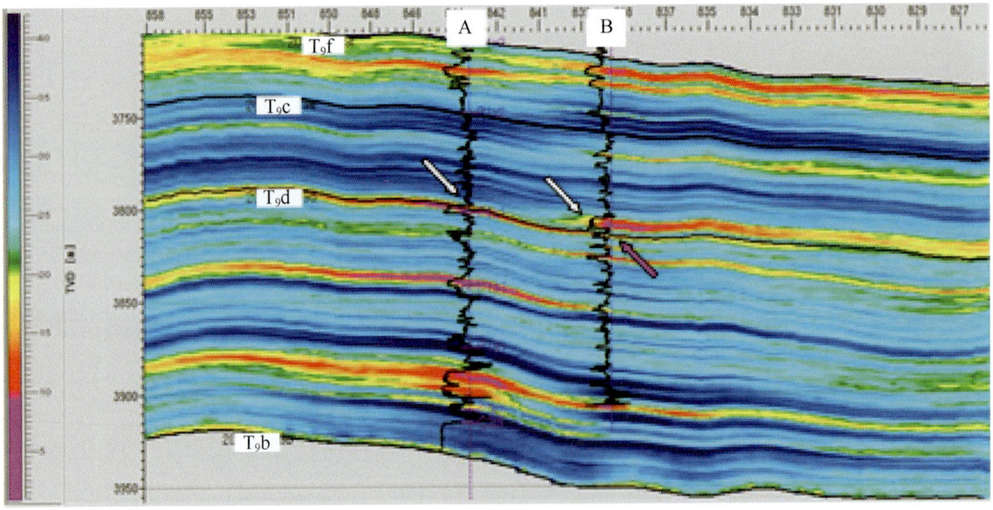

(a)

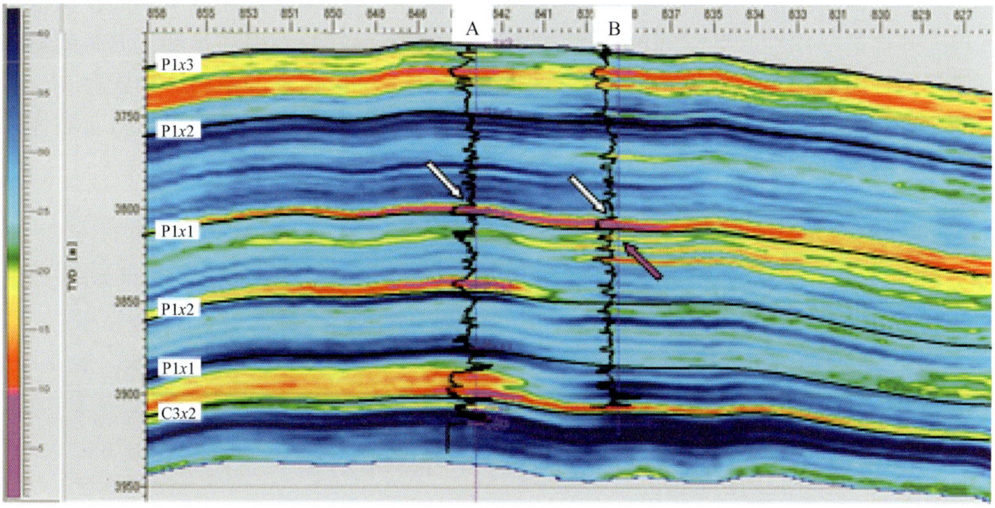

(b)

图 7-3-3　地震层位约束(a)与地质层位约束(b)下的定量预测砂体连续性对比

3. 深度域随机模拟反演技术的形成及应用

大牛地气田以水平井作为主要开发建产方式之后，对于储层预测的一个重大挑战在于如何开展储层的精确深度定位，也就是说基于速度场的研究以及在深度域下的单砂体精细刻画成为开发建产的一个主要研究方向和有待突破的难点所在。

在前期的工作中，关于速度场的建立，主要是基于声波测井，通过以地质框架为约束的背景下，进行横向内插，从而建立较为直接的速度场。这种方法对于勘探程度较高而且开发井位数量较多的大牛地而言是相对合适的。但是对于现有的水平井开发而言，绝大多数的导眼井及 A 靶点井测井深度较浅，多以钻进目的层或钻穿目的层为主，由于测井数据不完整，合成记录具有极大地异常。除此之外，由于多数井未必能够钻遇标志层，即山西组或太原组煤层，因此前面所述的以标志层连续性为微调标准的高精度合成记录对比方法完全无法实现，若以此为基础，开展时深转换，深度误差是无法估量的，通常而言误差是超过储层厚度的，这样的情况下无法保证水平井钻井及轨迹设计的准确性。因此，对于专题来说，研究的重点不在于速度场，而是不同的反演技术流程和方案下反演效果的对比和分析，即通过固定速度场，改变传统的反演技术流程来改善反演的结果。

通过测井曲线与高精度实体模型对比分析，在地层对比的基础上微调，从而削弱标定误差。利用关键井建立井控速度场，将时间域的稀疏脉冲波阻抗数据体转变为深度域，使得非关键井(如扩径井、水平井导眼段或 A 靶点测井)并不需要进行标定处理，而是直接利用其深度信息进行深度域随机模拟约束反演，不仅非关键井标定误差得到了完全消除，其绝对的深度资料也得到充分应用。同时在时深转换过程中，仅关键井参与井控速度场的建立，反演的预测能力及深度预测的准确性得到了极大的提高。

图 7-3-4 为两种不同反演技术流程下的对比剖面，其中上部分为常规时间域稀疏脉冲反演做软约束，通过岩性随机模拟后进行时深转换所得到的反演剖面，下部分为对稀疏脉冲反演进行时深转换得到深度域稀疏脉冲反演后，进行软约束随机模拟得到的反演剖

面。从图中可以看出不同反演方法下各层段砂体之间的空间展布特征完全不同，深度域反演体现了砂体的横向性砂体之间的薄夹层同样可以得到很好的外推和扩展，而时间域转深剖面尽管同样可以得到砂体的走向形态，但是砂体更多是以独立的单砂体形式存在，砂体之间的薄夹层在横向上难以得到外推，通过对比细节可以认为，深度域反演对于砂体的预测而言是有着极好的适应能力和预测能力的。

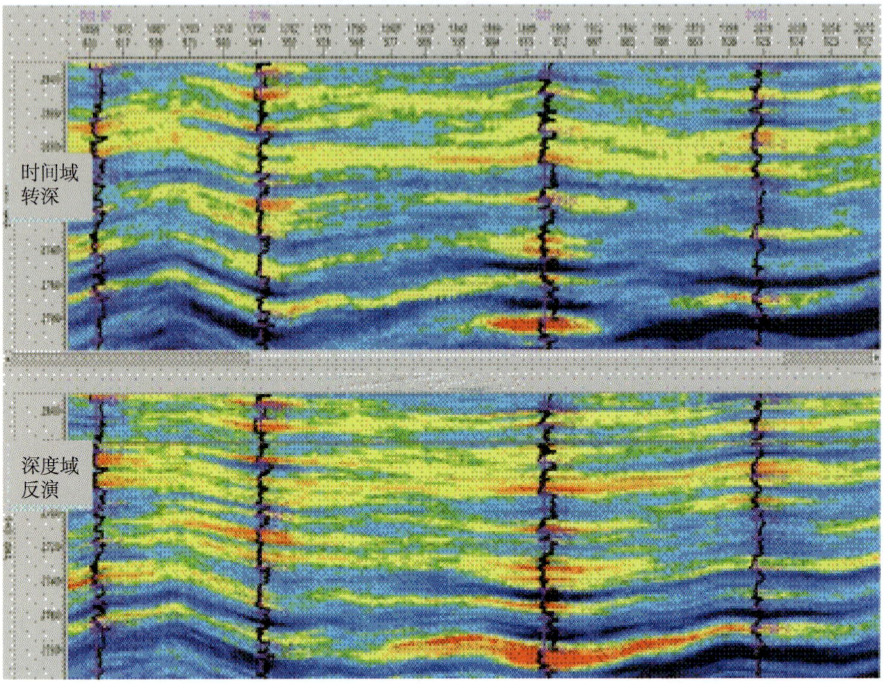

图 7-3-4　时间域转深及深度域反演典型剖面对比

深度域岩性、物性随机模拟反演技术是 2011 年大牛地气田水平井开发的最主要储层预测技术进展。该技术的成功应用基本满足了大牛地气田水平井开发的需要，砂体井间对比关系得到很好的改善，在纵向及横行的分辨率都获得提高，并将工作效率提高了 70%。实钻显示，深度域岩性反演及孔隙度反演技术在本区开发井扩边部署中起到了较好的预测效果，预测实钻吻合率较高，自 2011～2015 年，该方法已全面应用于华北分公司井位部署中，“十二五”期间累计依赖该技术实施水平井四百余口，为华北分公司天然气产能建设任务的顺利完成奠定了坚实的基础。

二、薄储层三维地震叠前叠后含气性综合预测技术

为了提高水平井水平段气层钻遇率，重点针对叠前资料开展了攻关研究，包括“大牛地气田叠前 CRP 道集处理及含气性预测”处理，并在新资料的基础上开展了叠前含气性预测技术研究，进而形成了叠前、叠后综合含气性预测。主要体现在以下几个方面：

1. 叠前 CRP 道集解释性优化处理

通过精细目标性处理应用研究，建立了一套以高精度静校正、叠前振幅保真处理、叠前道集规则化、叠前时间偏移为主的适合于大牛地气田致密储层 AVO 含气性预测的三维

地震目标处理技术流程，形成一套消除了三维地震束状观测系统采集脚印的保幅 CRP 道集数据体(2000km^2)(图 7-3-5)。在此基础上，针对 CRP 道集开展了矢量去噪及振幅一致性处理，较好地提高叠前资料的保真度和信噪比水平。基于矢量分解和合成的原理，我们把叠前道集记录转化为信号矢量，利用基于样条函数的插值技术提取高精度的相邻矢量夹角，经多方向倾角搜索估算最佳单位方向矢量(表征了有效信号矢量的方向)，最后在夹角平滑约束准则下压制叠前道集的噪音；在保持信号相对振幅变化的准则下，将叠前道集的振幅包络的二维趋势面拉平，有效消除系统误差，保持整体能量的相对一致性。研制了基于小波变换的尺度分解去调谐技术，去除 CRP 道集背景大尺度信息，从而实现减弱调谐效应的目的，进而突显薄气层对地震信号的贡献。经上述处理，为叠前属性提取及叠前反演提供高品质资料。

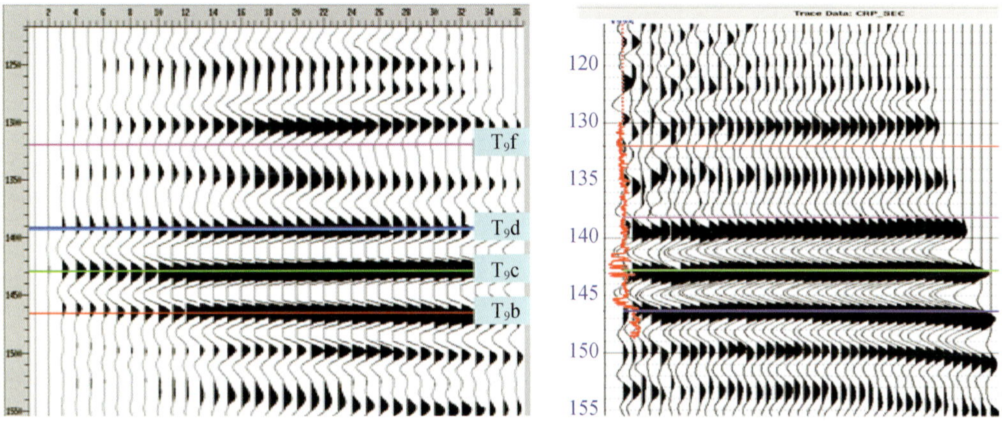

图 7-3-5　前期 CRP 道集(a)与专题二次 CRP 道集(b)效果对比

2. AVO 含气性定性预测

在前期证实 AVO 是大牛地气田盒 1 段三类储层最有效的预测成果之一。盒 1 段的高声波、低电阻气层属于比较典型的第Ⅲ类 AVO 特征，AVO 负梯度异常是含气砂体的敏感参数。通过实钻井验证，盒 1 段气层发育的井均大多落在 AVO 负梯度异常区，盒 1 段 AVO 梯度属性较好地预测了含气性的分布。然而，应用负梯度异常预测含气有利区存在的多解性：含气砂体发育会引起梯度异常向负值区增大，但是最大负梯度异常不一定全部是由含气砂体发育引起的，造成 AVO 负梯度异常的因素很多，也就是说负梯度异常不是盒 1 段砂体发育的充分与必要条件。故应用负梯度异常进行盒 1 段含气有利区预测时存在多解性，需要与其他预测资料配合，减小预测风险。为了突出盒 1 段第三类 AVO 的特征，在负 AVO 梯度基础上增加了负截距的约束，保证预测成果更为可靠。

此外，针对单砂体发育位置的不同，针对盒 1 段 AVO 开展了以三参数精细分析为主的半定量化定性预测，有效提高了 AVO 分析的预测精度。前期研究表明盒 1 段气层具有负梯度、负截距的属性，但对于气层有利响应的刻画存在一定的不足，通过时窗求平均值或做切片均受层位的影响很难完好地刻画盒 1 段气层。为此引入了基于形态学的 AVO 三参数分析技术，通过精细子体检测，获得气层有利响应的平均数值、时间厚度、时差等三个精细参数，通过相互印证可以更有效判识盒 1 段气层，而且还可明确气层响应的小层段归属，如图 7-3-6 所示。

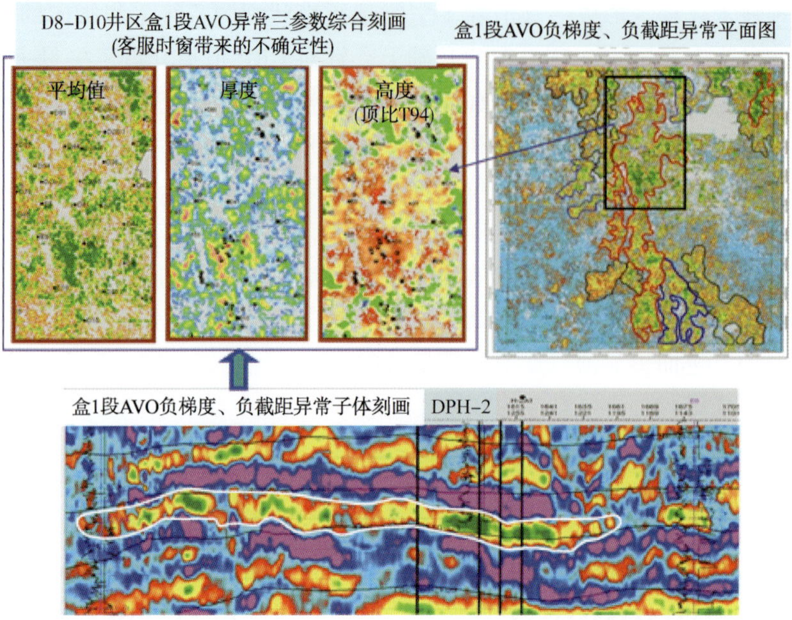

图 7-3-6 大牛地气田盒 1 段半定量化叠前 AVO 含气性预测

3. 叠前弹性参数反演含气性预测

“十二五”期间，在叠前弹性参数反演方面开展了攻关研究，提升了定量含气性预测技术的应用效果。基于 Zoeppritz 方程的 Russell 线性近似公式，推导出适于鄂北气田的以 Gassmann 流体项和剪切模量形式表示的流体弹性阻抗公式，用其开展针对流体因子的弹性阻抗反演；通过岩石物理分析，研制了改进的 Xu-White 模型，并引入模拟退火算法分段修正模量参数，计算得到合理的横波测井数据以及敏感流体因子测井曲线，为弹性阻抗反演奠定基础；对不同角度道集进行叠前弹性参数反演，进而提取含气性预测成果，有效定量化识别并预测了盒 1 段、山 2 段气层。通过该方法技术的应用，证实了叠前弹性参数反演技术可以有效预测了盒 1 段、山 2 段 5~10m 薄储层，如图 7-3-7、图 7-3-8 所示。

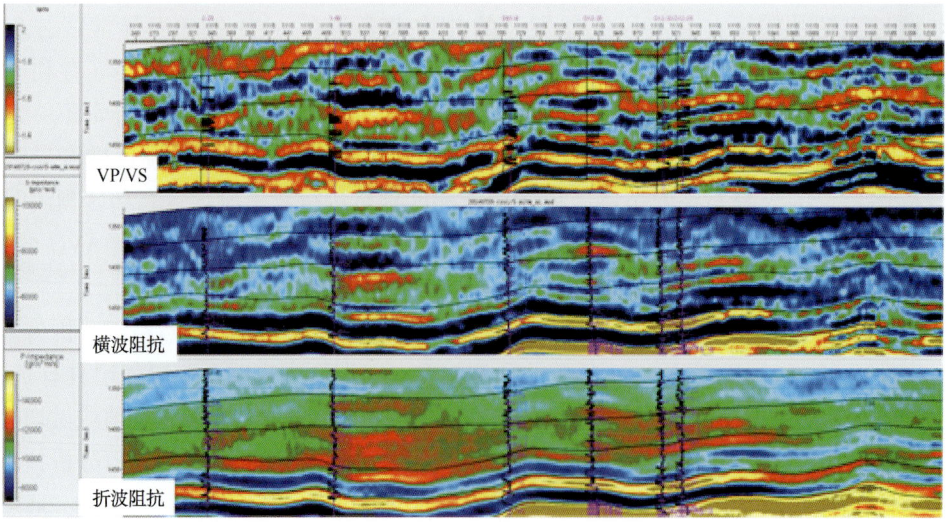

图 7-3-7 大牛地气田叠前弹性参数反演典型剖面

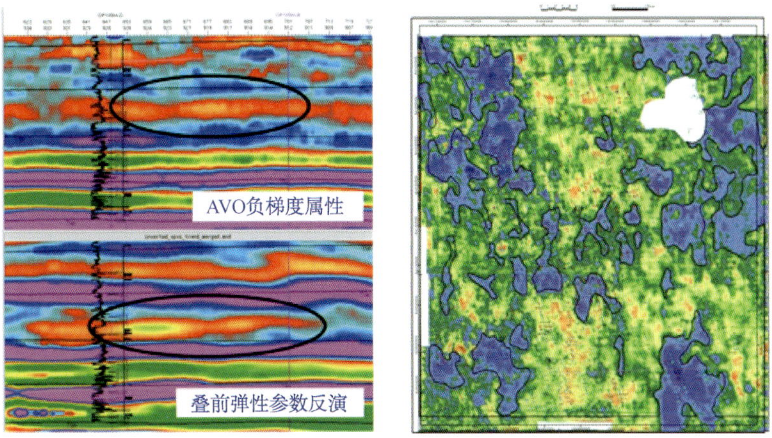

图 7-3-8　叠前弹性参数反演技术定量预测大牛地气田盒 1 段气层分布特征

4. 叠后吸收衰减含气性预测

按照频谱衰减理论，当地质体中含流体如水、油或气时，会引起地震波的散射和地震能量的衰减被流体吸收。而且当储层中含流体饱和度大于 30%时，含气和含油造成衰减差异很小，而二者与含水差异很大。当储层中孔隙比较发育而且富含油气时，地震波中高频能量衰减要比低频能量衰减要大。通过提取度量高频能量衰减程度的衰减梯度属性，可以间接地检测储层的含油气性。项目针对 D98 井区山 2 段开展了以吸收衰减为主的含气性预测，明确了山 2 段储层高产富集区带具有明显的吸收衰减特征，通过实钻井验证，证实了该方法可以有效揭示储层空间分布特征，为 2013~2014 年选区评价、开发方案及井位部署提供有效依据(图 7-3-9)。

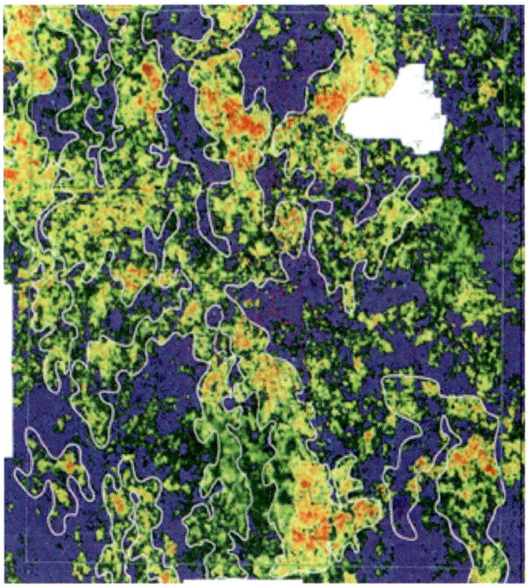

图 7-3-9　吸收衰减预测山 2 段含气性

三、单砂体精细描述技术

针对复杂岩性组合以及砂体薄非均质性强地质特征，以单砂体预测为主的水平井部署就要求在不同沉积体系下对砂体进行精细的刻画及描述，所有的这些工作都要求反演结果的合理性及精确度，不仅能够准确预测到砂体的空间展布特征，还要求对砂体的物性特征及单砂体之间的夹层进行相应的预测，以有力支持水平井的部署及井轨迹的设计。针对开发地质上的具体要求，项目在执行过程中，对已有的反演技术进行了重新认识，在反演参数及反演方法上进行了大量的试验，通过消除现有反演方式主要制约以及对岩性反演测井曲线的调整和修正，实现了单砂体的准确预测，不仅在反演精度上有了极大的提高，同时对于夹层的预测也有了很大的改善，对于水平井水平段的分段压裂而言具有一定的意义。

针对单砂体的精细描述，其所涉及的内容及方法技术远远超过其自身，对气藏的精细预测必须建立在有效的选区评价及储层特征认识基础上，每个环节都需要做到准确有效，才是单砂体精细描述的基础，主要包括以下几个方面：

（1）针对主要目的层段的有效储层预测技术及成果优化；

（2）地质选区、地震选区及实钻测试成果结合下的“三统一”选区；

（3）基于高精度合成记录标定的速度场建立；

（4）地震趋势约束下的地质小层建立；

（5）高精度深度域岩性、物性随机模拟定量预测；

（6）针对性的单砂体精细描述。

以上部分强调了单砂体描述所需要的深刻研究，而对于水平井开发来说，对单砂体进行精细的雕刻，获得完整的空间展布认识，并开展合理的水平井轨迹设计进而指导井位实施，是井位部署的最后一个关键环节。

针对新的目的层及开发现状，结合以往水平井轨迹设计经验，本项目研究对大牛地气田水平井设计的系列配套技术做了进一步的完善和补充。“十二五”期间大牛地气田以水平井作为二类三类储层最主要的开发建产方式，除太 2 段存在相对较厚的连续砂体外，盒 1 段、山 2 段储层多为砂岩泥岩互层，开发方式的改变使得水平井对目标砂体的顶底构造以及水平井轨迹，即单砂体的精细雕刻有着更高的要求，只有在准确预测砂体的基础上，才可以极大地提高水平井的实施效果，及分段压裂和钻进周期。针对这一特点，在水平井井位建议及导眼跟踪的过程中加强了单砂体雕刻技术的应用，以深度域随机模拟岩性反演为依托，精确定位目标砂体的水平段顶底，以地质层位为子体雕刻的约束，极大地提高了对目标砂体的定位能力。在单砂体描述过程中，利用子体检测技术能够从不同角度、不同时间段发现数据体的异常特征，从而将异常体转化为直观形象的地质现象，可以有效地描述单砂体顶底构造及砂体展布，通过综合分析、解释获得具有空间立体感的地质认识和结论。

（1）锁定目标砂体。以较高产能为核心目标，同时考虑砂体在局部发育具有稳定性，目标区具有合理的开发井数目，能够有效控制目标单砂体的空间展布。例如，在大 8 大 10 井区盒 1 段、山 2 段以及 D10 井区太 2 段有较好的砂体发育，具备开发井潜能。针对提高盒 1 段太 2 段探明储量动用程度水平井开发的目的，在鄂 5 井区、鄂 10 井区、大 24 井区锁定盒 1 段目标砂体，大 17 井区、大 10 井区锁定太 2 段砂体发育较好的区域。

（2）针对目标区的精细反演。为了获得准确的深度域反演成果，精细的地层（特别是单砂体）对比和储层标定是本环节的核心。这项工作必须由地震解释人员与开发地质人员相结合，共同完成，既要保证目标砂体在相邻井的井间可对比性，又要保证砂组地震响应的一致性。在水平井论证过程中，与开发地质人员密切配合，对目标区进行精细的地层对比和层位标定。此外，岩性预测依靠大牛地气田成熟的修正中子深度域岩性随机模拟反演成果；物性预测应用深度域孔隙度反演成果；含气性预测，在不同井区，针对不同气层类型，应用不同的预测技术。

（3）目标砂体的雕刻。在时间域目标反演的基础上获得单砂体的空间展布及属性特征。通过大牛地气田水平井设计的不断摸索，目前已形成成熟的单砂体解释技术：当目的层段砂地比较低、目标砂体与围岩有较清晰的岩性界面时，使用三维可视化雕刻技术拾取单砂体，当目的层段砂地比较高、目标气层处于叠置砂体中时，仍需使用手工拾取气砂岩顶底界面。对目标单砂体进行准确的空间雕刻并进行完整的空间展布认识对水平井轨迹设计至关重要，后续设计即要在此基础上确保井轨迹设计在砂体厚度最大、储层物性、含气性最好的部位。

(4) 水平井轨迹设计。此环节是在前述工作的基础上最终成果的体现，鉴于前期水平井实施的成功与失败的经验，在井轨迹设计时还需注意几点：①水平段轨迹要在地质认识指导下依靠客观资料选单砂体最佳部位；②轨迹中段最好临近已钻参考井，与水平井导眼点(A 靶点)形成有效的水平段轨迹控制点，对河流相沉积的透镜状砂体，增加了水平段轨迹设计的安全性和可靠性；③在分流河道沉积环境中，砂体横向变化快，容易形成砂泥互层、交错叠置的现象，如山 1、山 2 段，在这样的地层中实施的水平井需打导眼段，导眼点必须钻穿目标砂体，以便在后期滚动反演中，能够应用导眼段的测井数据，提高目标砂体预测的可靠性。

图 7-3-10 为大牛地气田单砂体深度域精细描述典型例子，通过“线、面、体”相结合的单砂体深度域岩性物性精细描述形成有效的轨迹设计技术。

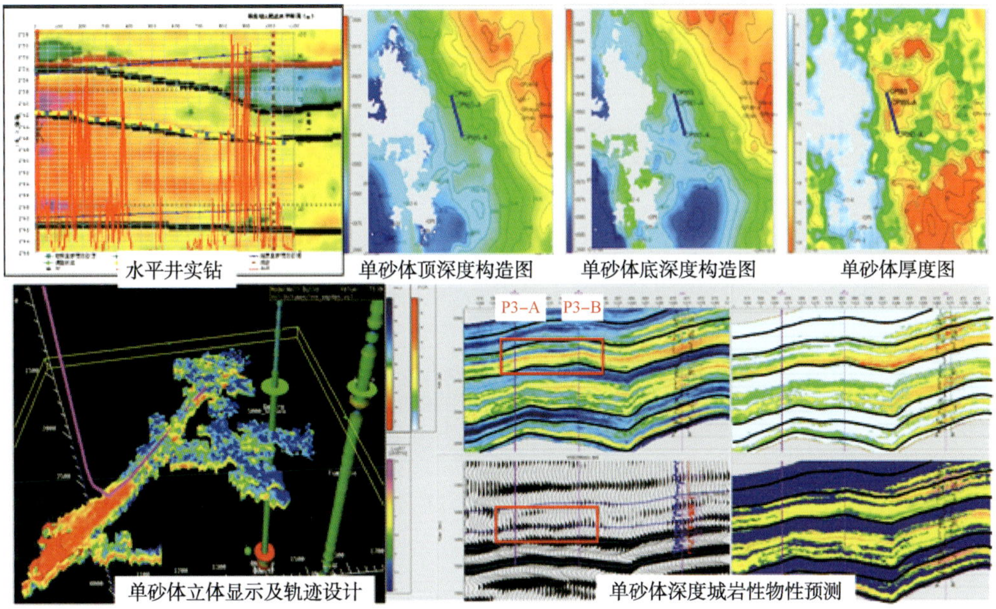

图 7-3-10　大牛地气田单砂体深度域精细描述

四、薄储层三维地震小层综合评价技术

根据前期开发经验及开发效果，延续其选区原则和布井方案，本着地质沉积有利区、地震储层预测有利区、产能有利区三统一的原则，选区评价思路：对大牛地气田探明未动用储量进行评价；在全区单层有利相带评价的基础上，确定沉积相带有利区；在单层储层预测有利区评价的基础上，确定三维储层预测有利区；将三者进行叠合最终确定综合有利区。

储层单层评价参数主要包括储层的厚度、物性及含气性。采取定性和定量相结合的评价方法，以地震属性定性预测有利沉积相带和含气富集区；以反演的砂体厚度、孔隙度及含气性等进行定量预测；以有利区的已钻井无阻流量和沉积相展布等验证预测是否准确。

分别将盒 3-太 1 段沉积相开发有利区进行叠合、盒 3-太 1 段地震储层预测(现认识相对成熟的)核心参数有利区进行叠合、单井无阻流量分布有利区进行叠合，再将这三个方面的叠合有利区进行综合评价，确定多层合采有利区以及单层开发有利区。

多层合采选区原则：针对不同目标区域，进行不同主力、兼顾层段设定，综合评价出主力层突出、兼顾层较多，产能较高的有利区。①以低阻高时差气层为主，兼顾其他气层；②单井必须发育 2 个以上的主力气层，3 套气层以上；③井位部署在开发地质评价好、三维储层预测有利、产能预测高的区域。

随着水平井分段压裂及水平井整体开发技术的成熟，2011 年水平井成功实施，2012 年开发方式正式转为水平井开发。2011 年的开发也证明盒 1 段、山 1 段、太 2 段储层预测成果与地质成果、实钻效果符合率较高，可作为水平井部署的主要依据。

水平井选区原则：

(1) 优选未动用储量区作为水平井部署的区域。

(2) 以单层气层均质性较好、砂岩厚度大并且连续、直井单层产能较高的盒 1 段、山 2 段、山 1 段、太 2 段为主要目的层位进行部署。

选区思路：

(1) 三维储层预测成果与开发地质评价有机结合。

(2) 单层评价有利选区为主。

选区依据：

(1) 开发地质预测的砂岩厚度、气层厚度和沉积相。

(2) 三维地震储层预测成果。

(3) 区内直井测试成果。

(4) 具同层、同储层类型已成功水平井。

图 7-3-11 是大牛地气田小层的综合评价流程。

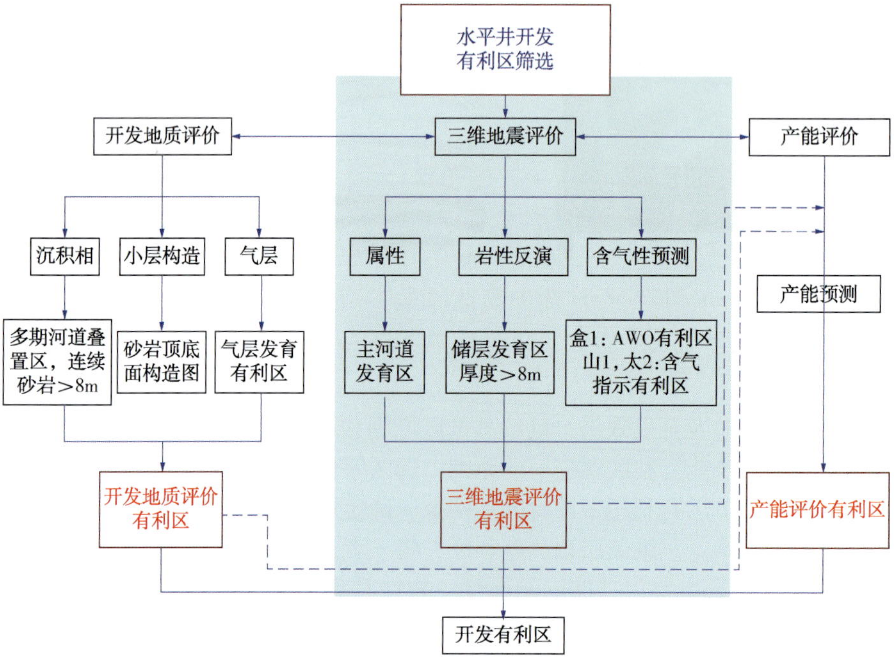

图 7-3-11　大牛地气田小层的综合评价流程

依据上述原则和方针，根据开发地质研究与三维地震储层预测成果，水平开发井选区原则基本不变：盒 1 段以沉积相及 AVO 成果为主，结合反演成果及周边实钻情况确立开发选区；太 2 段以沉积相及反演砂岩厚度为主，参考钻井及产能等因素圈定有利开发区；山 2 段以沉积相及吸收衰减含气性预测及反演砂体厚度为主，参考实钻情况及测试成果。结合物探和开发地质的共同研究成果，根据开发准备目标选区原则、选区思路、选区依据和选区评价标准，对于储层有利区进行叠合评价，优选出开发准备目标区。

第四节　水平井开发技术政策优化技术

一、分段压裂水平井产能评价技术

水平井具有泄流面积大、穿透度大、动用程度高和单井产量高等优点，在现代钻井中得到了越来越广泛地应用。对于钻遇在低渗-特低渗气藏的水平井，由于气藏渗透率低、渗流阻力大和连通性差等原因，仅采用水平井开发往往满足不了经济开发的需求，为了进一步提高气藏水平井的产量，一般需要对其实施压裂增产技术，通过压裂缝来增加气体渗流通道。水力压裂是改善水平气井开采效果和提高单井产气量的重要手段，采用分段压裂技术，可以形成多条裂缝，在压裂过程中，由于地应力分布差异和压裂技术的限制，使得形成的多条裂缝几何性质及裂缝渗透率都会有所不同，而且在生产过程中各裂缝会发生相互干扰作用，使得水平气井产能评价比较复杂。

（一）解析模型法

1. 致密气藏渗流渗描述模型简介

大量实验研究表明，致密低渗气层中流体渗流速度与压力梯度为一条不通过原点的曲线（图 7-4-1），只有当压力梯度大于（启动压力梯度）后气体才开始流动，渗流曲线逐渐由曲线过渡到直线；但当速度达到一定值，其渗流曲线又表现为偏离直线（高速非达西流动）。对于这种致密低渗气层中的流体流动，其渗流曲线往往表现为三段式：低速非达西流动、拟线性渗流和高速非达西流动。因此致密低渗气层中存在流体渗流的非线性和流态的多变性。渗流的非线性，是指流体在渗流过程中，速度与压力梯度之间不是直线依赖关系；流态的多变性，是指在不同的渗流条件下（不同渗透率、不同驱替压力梯度）出现不同的渗流现象。本项研究中采用了广义渗流描述方程来描述这种渗流的非线性和流态的多变性。

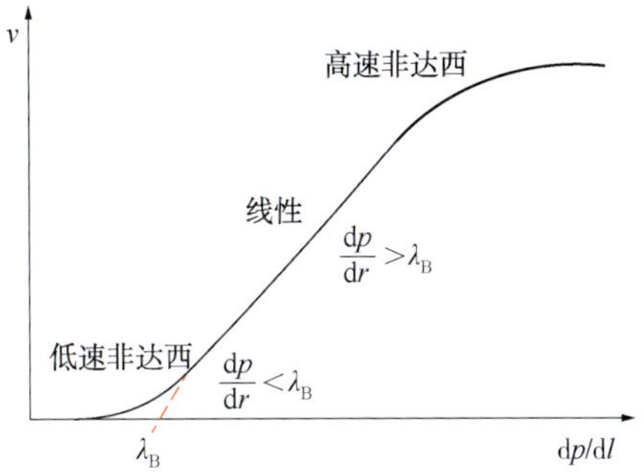

图 7-4-1　致密低渗气层渗流曲线示意图

2. 致密气藏多级压裂水平井产量模型

（1）单缝产量计算模型：

$$Q_{sci}=0.1728\cdot R_d C_{ke} L_{fi} H_{ei}\frac{K_{ei}}{u_g}\left(\frac{p_r^2-p_{wf}^2}{d_{fi}}-r_{gi}\frac{p_r+p_{wf}}{2}\right)\frac{1}{\bar{Z}\bar{T}}\Big/\frac{p_{sc}}{Z_{sc}T_{sc}} \tag{7-4-1}$$

(2)多缝产量计算模型：

$$Q_{sc}=\sum_{i=1}^{N_{sec}}0.1728\cdot R_dC_{ke}L_{fi}H_{ei}\frac{K_{ei}}{u_g}(\frac{p_r^2-p_{wf}^2}{d_{fi}}-r_{gi}\frac{p_r+p_{wf}}{2})\frac{1}{\bar{Z}T}/\frac{p_{sc}}{Z_{sc}T_{sc}} \tag{7-4-2}$$

式中 N_{sec}——压裂缝段数，无量纲；

R_d——气层钻遇率，小数；

C_{ke}——有效渗透率系数，小数；

L_{fi}——第 i 条压裂缝长度，m；

H_{ei}——第 i 条裂缝处的储层有效厚度，m；

K_{ei}——第 i 条裂缝处的储层渗透率，$10^{-3}\mu m^2$；

u_g——在地层压力和井底流压平均值条件下的天然气黏度，mPa·s；

p_r——地层压力，MPa；

p_{wf}——井底流压，MPa；

d_{fi}——第 i 个压裂段处的裂缝间距，m；

r_{gi}——第 i 个压裂段处的气体渗流阻力梯度，MPa/m；

$\bar{Z}$——在地层压力和井底流压平均值条件下的天然气偏差因子，小数；

T——地层温度，K；

p_{sc}——标准压力，0.101MPa；

T_{sc}——标准温度，293.15K；

Z_{sc}——标准压力、温度下的天然气偏差因子。

3. 致密气藏多级压裂水平井产量模型的实际应用

针对大牛地气田投产时间较长的6口多级压裂水平井，应用推导建立的多级压裂水平井产量模型进行了初期产量预测，从结果对比看，6口井的实际测试产量与模型预测产量基本吻合(表7-4-1)，预测精度达到83%左右，满足矿场应用需求。

表7-4-1 多级压裂水平井生产初期实际产量与预测产量对比表

井名	实际产量/(10^4m^3/d)	预测产量/(10^4m^3/d)	预测误差/%	预测精度/%
DP16	1.46	1.77	21.32	78.68
DP23	2.66	2.34	-12.04	87.96
DP27H	4.22	4.99	18.36	81.64
DP28T	4.57	3.52	-23.01	76.99
DP30H	3.91	4.44	13.46	86.54
DPH-1	4.14	4.66	12.68	87.32
DPH-2	3.7	4.2	13.57	86.43
平均	3.52	3.7	16.35	83.65

(二)矿场经验公式法

1. 一点法产能公式

目前，评价致密气藏中气井产能最实用的方法是修正等时试井，而且该方法计算的气井无阻流量能够准确地评价气井产能。对于致密气藏，进行稳定试井时，需要很长时间才能使每次开井生产前的井底流压达到稳定，一般很难实现。

一点法产能试井只需在关井测得地层压力条件下，开井取得一个工作制度的生产资料，便可确定气井的产能方程及绝对无阻流量，是一个经济简便的评价气井产能的方法。

由气井无因次 IPR 曲线得一点法产能通式为：

$$q_{aof}=\frac{2(1-\alpha)q_g}{\alpha\left(\sqrt{1+\frac{4(1-\alpha)p_D}{\alpha^2}}\right)-1} \tag{7-4-3}$$

其中：$p_D=1-\left(\frac{p_{wf}}{p_R}\right)^2 \quad \alpha=A/(A+Bq_{aof})$

因此，只要根据大量可靠的稳定产能试井结果，确定式中的经验参数 α，便可建立本气田(藏)一点法经验产能公式。稳定试井资料越多，所建立的经验产能公式越具有代表性。

目前，通常使用的一点法计算公式为陈元千教授根据全国 16 个气田 16 口气井的稳定试井资料分析结果推导获得(α=0.25)的，即：

$$q_{aof}=\frac{6q_g}{\sqrt{1+48p_D-1}} \tag{7-4-4}$$

大牛地气田进入正式开发以后，气井单层产能评价全部采用单点试气，应用的一点法计算公式：

$$q_{aof}=\frac{0.2745\times q_g}{\sqrt{1+0.6244\times\left(1-\frac{p_{wf}^2}{p_R^2}\right)}-1} \tag{7-4-5}$$

2. 一点法产能公式评价

截至 2012 年 12 月，大牛地气田累计完成系统试井 4 口，其中 3 口井数据可以使用，另外有 6 口采用预置管柱压裂、投产时间长的水平井。结合动态法以及系统试井，累计评价水平井 9 口，来确定大牛地气田水平井产能一点法 α 值，见表 7-4-2。

表 7-4-2 水平井一点法 α 值计算

序号	井名	层位	压裂段数	方法	产能方程	动态法评价产能/($10^4m^3/d$)	A	B	α
1	DP23	盒 1	5	动态法	y=0.9497x+57.401	8.49	57.401	0.950	0.877
2	DPH-2	盒 1	12	动态法	y=0.258x+33.966	14.72	33.966	0.258	0.899
3	DPH-1	盒 1	9	动态法	y=0.163x+36.066	14.46	36.066	0.163	0.939
4	DP27H	盒 1	6	动态法	y=0.803x+33.700	12.7	33.700	0.803	0.768
5	DP30H	盒 1	14	动态法	y=0.382x+39.781	12.47	39.781	0.382	0.893
6	DP28T	太 2	7	动态法	y=0.141x+35.758	13.64	35.758	0.141	0.949
7	DP27H	盒 1	6	试气	y=0.325x+20.070	19.3	20.070	0.325	0.762
8	DPH-10	盒 1	9	试气	y=0.124x+23.650	23.65	19.250	0.124	0.868
9	DP41S	山 2	8	试气	y=3.590x+98.000	3.59	98.000	4.149	0.868
平均									0.869

根据计算，平均 α 为 0.869，与目前正使用的式(5-3-6)的 α 值 0.8793 相接近，两者计算产能基本相同，因此水平井一点法产能公式仍可沿用式(5-3-6)。

目前大牛地气田通过系统试井或修正等时试井且能够评价产能的有 DP27H、DPH-10 和 DP41H 这三口井，评价后的产能与一点法式(5-3-6)计算的结果对比如表 7-4-3 所示。

一点法产能评价的结果与系统试井及修正等时产能评价的结果近似，绝对误差不超过 $1.6\times10^4m^3/d$，平均仅 $0.61\times10^4m^3/d$。因此，水平井产能用“大牛地一点法”这种方法评价是可行的。

表 7-4-3 水平井一点法与修正等时试井产能评价结果对比

井 名	一点法/($10^4m^3/d$)	修正等时试井/($10^4m^3/d$)	差/($10^4m^3/d$)
DPH-10	24.63	23.65	-0.98
DP41S	2.31	3.59	1.28
DP27H	17.78	19.3	1.52
合计	14.91	15.51	0.61

二、开发层系划分原则

根据水平井开发特点，结合气田地质特征、气层分布及压裂工艺认识，确定如下原则：

(1) 在工艺能力范围内一套开发层系最大程度动用储量；

(2) 单套层系满足经济可采储量的需要；

(3) 主力气层+兼顾气层，纵向跨度小于 60m，中间煤层、泥岩等隔夹层单层厚度小于 2m。以利于压裂技术改造动用上下砂岩气层储量(图 7-4-2)。

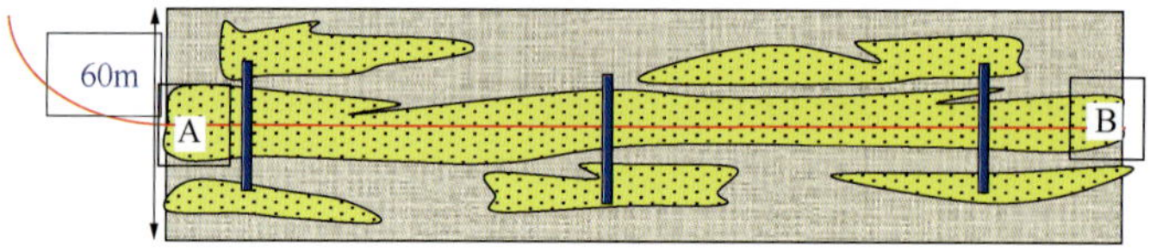

图 7-4-2 水平井层系开发示意图

三、水平井轨迹优化设计

针对 2012 年大 8-大 10 井区多段压裂水平井整体开发部署，应用 Eclipse 数值模拟软件建立多段压裂水平井单井模型。开展了大 8-大 10 井区多段压裂水平井轨迹优化设计研究。

1. 水平段长度优化

建立不同水平段长度多级压裂水平井单井非均质模型，计算气井开发指标，并进行模拟试井，从模拟无阻流量及稳产期末采出程度 2 个方面分析水平段长度优化结果。结果表明，在非均质模型中，当水平段长度为 1100~1500m 时，多段压裂水平井模拟无阻流量、稳产期末采出程度与水平段长度并不呈线性关系(图 7-4-3)，但水平段钻遇含气砂体越长，开发效果越好。考虑实际气藏砂体的连续性和分布规律以及钻井工艺难度，建议水平段长度控制为 1000~1200m。

2. 水平段垂向位置优化

建立多级压裂水平井在气层中的偏心距(即水平段至储层中部的距离与储层厚度之

比）分别为-0.4、-0.2、0、0.2、0.4 的单井模型。在不同水平井偏心距下，稳产期末采出程度、模拟无阻流量没有明显差异，即水平段在气层中的偏心距对多级压裂水平井开发效果没有影响。但为了有利于水平段在储层中穿行，建议水平段尽量位于储层中部。

3. 水平段延伸方向优化

一般认为人工压裂缝主要沿最大主应力方向延伸，大牛地气田最大主应力方向为北东 75°。为了研究大牛地气田水平段延伸方向与最大主应力夹角对多级压裂水平井的影响，对水平段延伸方向与最大主应力夹角分别为 30°、45°、60°、80°和 90°的情况进行了单井模拟。结果表明，不同水平段延伸方向的模拟无阻流量没有明显差异，但随着水平段延伸方向与最大主应力夹角由 90°变为 30°，气井稳产期末采出程度由 16.7%降至 6.0%（图 7-4-4）。综合分析认为，水平段延伸方向应尽可能垂直于最大主应力方向。

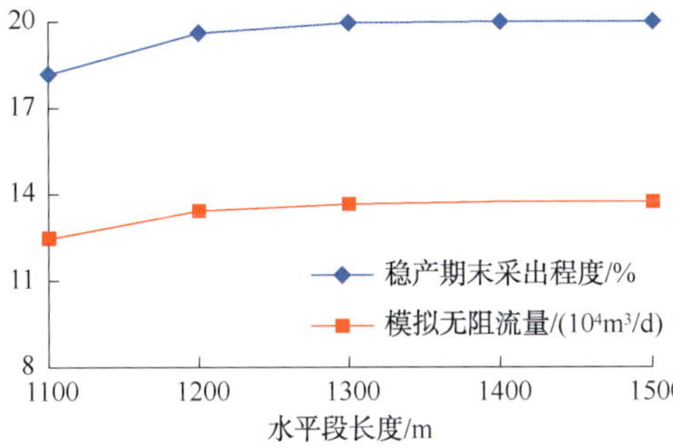

图 7-4-3　水平段长度优化对比

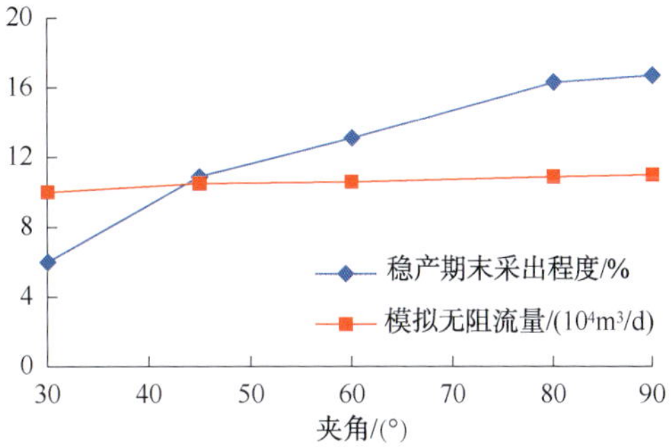

图 7-4-4　水平段延伸方向优化对比

四、水平井开发井网优化研究

（一）水平井开发井网形态优化

针对大 8-大 10 井区地质特征、水平井开发特点，设计排状正对井网和排状交错井网（图 7-4-5、图 7-4-6），建立不同井网形态数值模型，预测开发指标并进行对比分析（表 7-4-4）。由表可知，不同井网形态模拟预测指标整体上较一致。总体上，在数值模拟均质模型条件下，不同井网形态对气藏开发指标没有明显影响，但考虑到矿场征地、井口管理及后期管理，综合分析认为排状交错井网更易于实施。

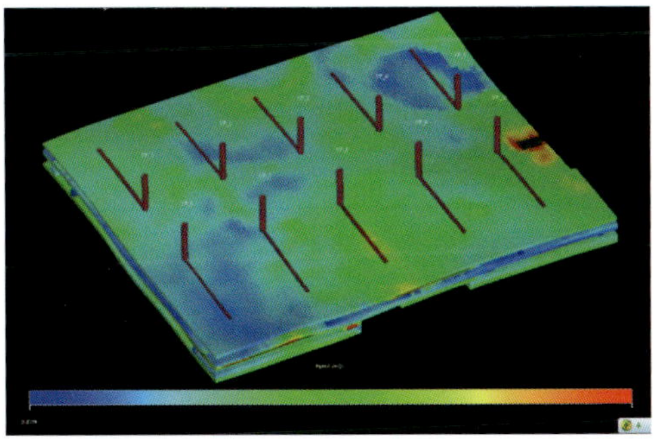

图 7-4-5　排状正对井网示意图

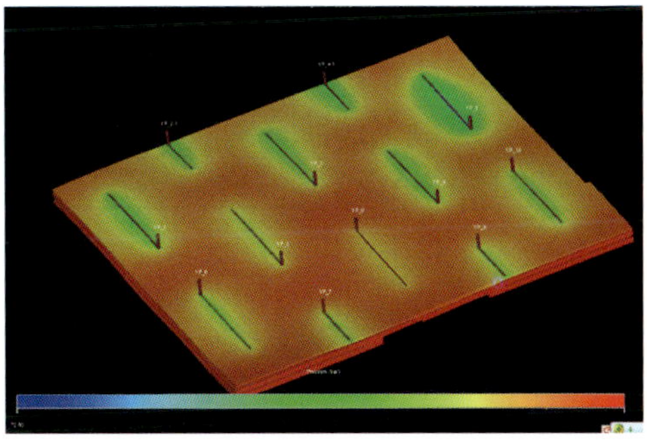

图 7-4-6　排状交错井网示意图

表 7-4-4 不同井网形态数值模拟预测指标

井网形态	井 数	渗透率/$10^{-3}\mu m^2$	单井产气量/($10^4m^3/d$)	稳产期/a	稳产期末	
					累积产气量/10^8m^3	采出程度/%
排状正对	6	0.4	2.5	3.13	1.72	16.75
排状交错				3.07	1.68	16.41
排状正对	6	0.2		2.08	1.14	11.15
排状交错				2.01	1.10	10.76

(二) 水平井井距优化

1. 动态分析法

由于大8-大10井区压裂水平井试采时间短，动态资料少，因此动态法合理井距分析主要借鉴大牛地气田老区气井生产动态。

通过老区气井Topaze软件动态分析及Saphir软件试井解释分析成果，对大牛地气田老区生产时间5a以上、产量大于$2\times10^4m^3/d$的19口气井进行了分析，结果表明气井的平均泄气半径为420m。借鉴老区动态分析结果，考虑到多级压裂水平井之间的压裂半缝长可控制在0~120m，确定多级压裂水平井的井距为800~1000m。由于2口井排距之间无压裂缝，泄气范围小，且采出程度随排距增加逐渐降低，最终确定排距为700m左右。

2. 经济评价法

建立产能建设区不同井距数值模型，预测不同储量丰度条件下开发技术指标。结合现金流量法评价结果，应用交汇法计算单井合理井距(表7-4-5)，可以看出：①随气田储量丰度增加，合理井距随之降低；②在相同储量丰度和相同井距条件下，提高气藏采收率可提高气田开发效益；③根据大8-大10井区储层特征，储量丰度为1.0×10^8~$1.3\times10^8m^3/km^2$，采收率约为40%，可以确定多级压裂水平井合理井距为830~1000m。

表 7-4-5 不同储量丰度下经济极限井距、经济合理井距结果表

采收率	储量丰度/($10^8m^3/km^2$)	经济极限井距/m	经济合理井距/m
0.4	1.0	736	1000
	1.1	673	941
	1.2	616	885
	1.3	566	830
	1.4	523	777
	1.5	486	726
	1.6	456	677
	1.7	433	630

综合动态分析以及经济评价法，确定大8-大10井区多级压裂水平井开发合理井距为800~1000m，排距为700m。

(三)"井组"水平井部署优化

1."井组"水平井部署模式

通过矿场实践，提出建立了"同层"和"异层"两类6种"井组"水平井部署模式

（图 7-4-7）。同层“井组”水平井，是指其中所有水平井都属于同一层位的“井组”水平井。异层“井组”水平井，是指其中存在不同层位水平井的“井组”水平井。两个水平井由 A 靶点到 B 靶点的延伸方向所成的夹角小于 90°时，则称这两个水平井为同向水平井。两个水平井由 A 靶点到 B 靶点的延伸方向所成的夹角大于或等于 90°时且小于 180°时，则称这两个水平井为异向水平井。两个水平井由 A 靶点到 B 靶点的延伸方向所成的夹角等于 180°时，则称这两个水平井为反向水平井。在同向水平井、异向水平井和反向水平井 3 种类型中，若一个“井组”水平井内有其中两种类型以上的水平井，则称该“井组”水平井为双向“井组”水平井。

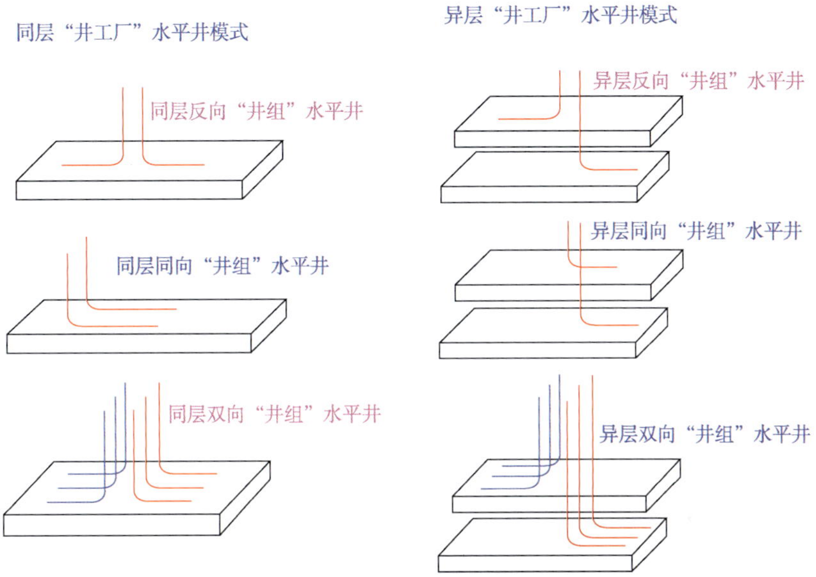

图 7-4-7　水平井“井组”部署模式

在具体的应用中，可根据不同区域的气藏地质特征，实施不同的“井组”模式。在同一气层发育连片性好的区域，可以选择实施同层井组，以达到对连片气层的有效动用；在多套气层发育区，可以部署实施异层井组，提高储量动用程度，为水平井立体开发提供技术支撑。

2.“井组”水平井优化设计技术

1）“井组”水平井部署位置

对展布范围、单井控制储量满足技术经济条件的同一层位，可部署同层反向、同层同向和同层双向“井组”水平井；在多层叠合部位，当单井控制储量、储层空间分布范围满足技术经济条件时，可部署异层反向、异层同向和异层双向“井组”水平井。

2）“井组”水平井的延伸方向

在实际实施过程中，考虑到钻井工艺技术的难度，在同一井场中，同层同向“井组”水平井很难做到都垂直于最大主应力方向，通过气藏数值模拟研究表明，只要水平段延伸方向与最大主应力的夹角大于 60°，则对水平井的产能影响不大；因此，在“井组”水平井部署中，水平段延伸方向若不能同时满足垂直最大主应力的条件，则只需与最大主应力的夹角保持在 60°以上即可。

3）相邻“井组”水平井 A 靶点之间的距离

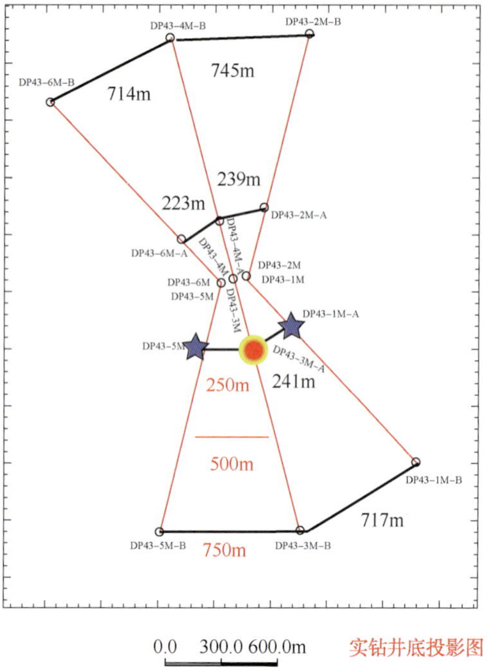

图 7-4-8　DP43 井组实钻轨迹图

在 2012 年 8 月 5 日～9 月 3 日对 DP43 井组同向的 3 口井进行了干扰测试，这三口井分别为 DP43-1H、DP43-3H、DP43-5H（图 7-4-8），其中：

DP43-1H：激动井，8 月 5 日～8 月 19 日开井生产，8 月 19 日～9 月 3 日关井；

DP43-5H：激动井，8 月 5 日～8 月 19 日关井，8 月 19 日～9 月 3 日开井生产；

DP43-3H：观察井。

通过 Saphir 软件进行建模，按照数值试井进行解释，对 DP43-1H 井生产数据进行拟合分析（图 7-4-9），考虑 DP43-5H 的影响，解释得结果，DP43-1H 与 DP43-3H 井连通的渗透率为 $4.77\times10^{-3}\mu m^2$，连通孔隙度为 0.0158，地层系数为 $57.2\times10^{-3}\mu m^2\cdot m$。

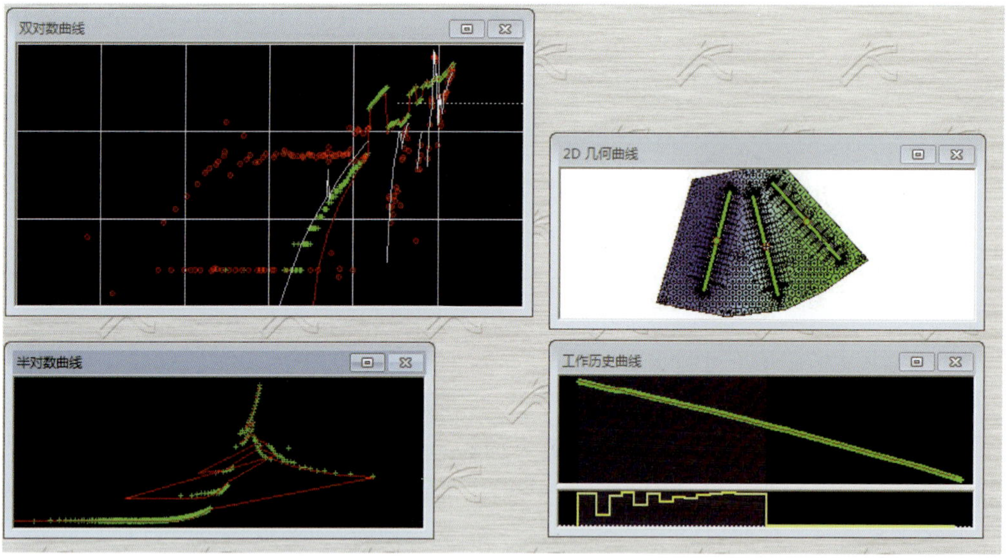

图 7-4-9　DP43-1H 干扰试井解释

通过 Saphir 软件进行建模，对 DP43-5H 井生产数据进行拟合分析（图 7-4-10），考虑 DP43-1H 的影响，解释得结果，DP43-5H 与 DP43-3H 井连通的渗透率为 $1.19\times10^{-3}\mu m^2$，连通孔隙度为 0.0176，地层系数为 $14.2\times10^{-3}\mu m^2\cdot m$。

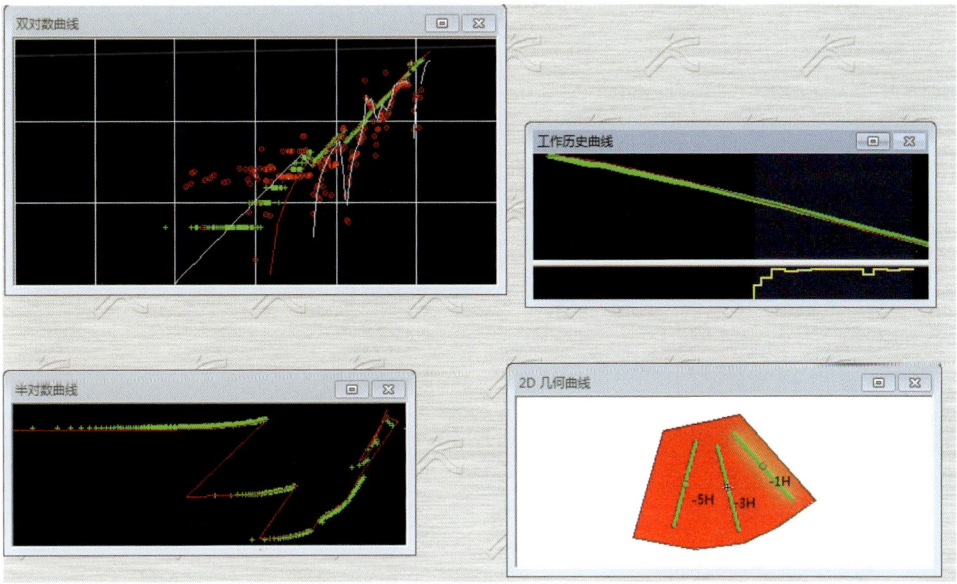

图 7-4-10　DP43-5H 干扰试井解释

通过两个模拟结果可以看出，DP43-3H 与相邻的两口水平井均有干扰现象，而 DP43-1H 和 DP43-3H 之间的干扰现象更为明显，连通的渗透率更高，达到了 $4.77\times10^{-3}\mu m^2$。从 DP43-3H 的压力曲线也可以明显地反映出来(图 7-4-11)。

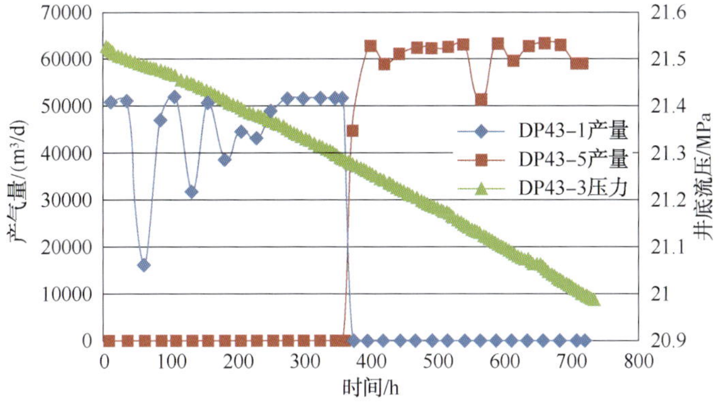

图 7-4-11　DP43-3H 压力变化曲线图

DP43-1H 在投产的第 4 天因为堵塞关井时间长达 16.5h，关井后 2h 左右，DP43-3H 这边就收到响应，压力没有继续往下降，一直保持平稳状态，时间为 15h 左右，说明他们连通的渗透率较高，响应时间短。

井间渗透率为 $(1.19\sim4.77)\times10^{-3}\mu m^2$，远远高于一般压裂水平井的解释结果 $(0.02\sim0.08)\times10^{-3}\mu m^2$，生产曲线也表明裂缝直接沟通。

大牛地水平井水力裂缝半长为 150~250m，支撑裂缝 100~180m，因此建议今后部署“井组”水平井，相邻井 A 靶点之间的最小距离应大于 500m。

4.“井组”水平井应用模式

关于同层“井组”水平井，应尽量部署同层反向水平井或同层异向水平井。在部署同层同向水平井时，两个相邻同层同向水平井延伸方向与最大主应力之间的夹角应保持在60°以上，并且两相邻井之间的最小距离(即A靶点之间的距离)应保持在500m以上，同时相邻两井的压裂缝应交错排列。

在满足单井控制储量要求条件下，应尽量多部署异层“井组”水平井。各个异层“井组”水平井的延伸方向应尽量垂直最大主应力方向。

五、废弃压力及采收率

针对大牛地气田实际情况，废弃压力确定主要采用垂直管流法和经验公式；气藏采收率主要采用经验法、数值模拟法、物质平衡法和类比法综合确定。

(一) 废弃压力

气藏废弃地层压力是由气藏地质、工艺技术、输气压力和经济指标等因素决定的，主要采用垂直管流法、经验公式计算。

首先应用盈亏平衡原理，计算废弃产量，在大牛地气田目前气价(1.47元/立方米)下，单井经济废弃产量为953m^3/d(图7-4-12)。

废弃井口压力：根据大牛地气田地面集输工程论证，井口外输压力为4.0MPa。目前方案设计不考虑增压输送，因此，取废弃井口流动压力为4.0MPa。

废弃井底流压：大牛地气田目前废弃产量下的井底废弃流压为4.82MPa(图7-4-13)。

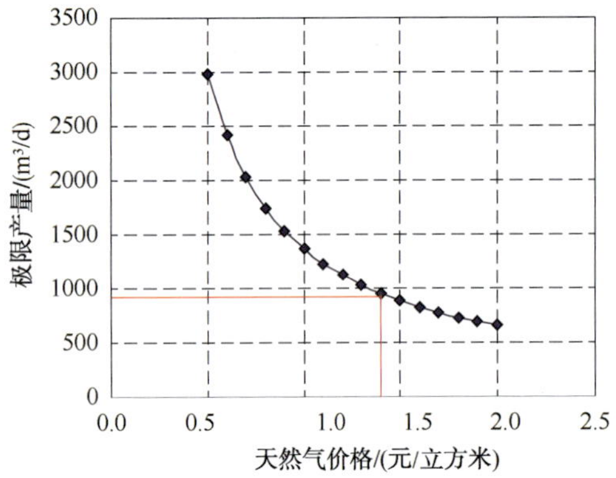

图7-4-12　不同天然气价格下的气井极限产量

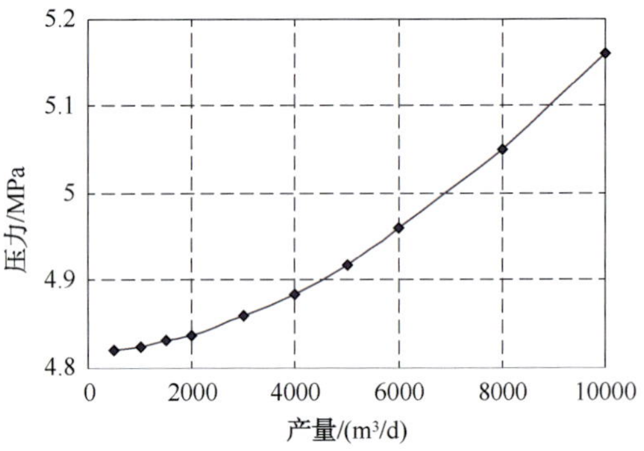

图7-4-13　不同产量下的废弃井底流动压力

废弃地层压力：在已知废弃井底流压的基础上，利用垂直管流法计算废弃地层压力为5.66MPa，利用经验公式法计算废弃地层压力为5.77MPa。

对于低渗致密气藏，采用常规方法计算的废弃地层压力应再附加15%~50%，才能更符合气藏的实际情况，因此大牛地气田的废弃地层压力为6.6~8.6MPa。综合确定气藏废弃地层压力为8.0MPa。

(二) 气藏采收率

采用经验法、类比法、物质平衡方法和单井拟合标定等多种方法，综合确定气藏采收率。

1. 储量计算规范法

依据天然气储量计算规范，致密气驱气藏的采收率一般小于50%。

2. 经验法

大牛地气田为定容致密型气藏，根据经验公式计算，其采收率为30%～50%(表7-4-6)。

表7-4-6　不同类型气藏采收率计算方法

气藏类型	适用条件	经验公式
定容低渗透孔隙型	$k=(1\sim10)\times10^{-3}\mu m^2$	$P_a/Z_a=(0.5\sim0.4)P_i/Z_i$
定容致密型	$k<1\times10^{-3}\mu m^2$	$P_a/Z_a=(0.7\sim0.5)P_i/Z_i$

3. 类比法

借鉴国内外低渗致密气藏开发经验，来确定该类型气藏采收率。这包括G. J. 狄索尔斯研究结果(表7-4-7)，以及东德克萨斯川维斯组气藏和四川区不同类型气藏采收率(表7-4-8、表7-4-9)，低渗致密气藏采收率为35%～40%。

表7-4-7　G. J. 狄索尔斯对世界不同类型气藏采收率归纳结果

气藏类型及驱动方式	采收率/%
弹性驱动	70～95
弹性水驱	45～70
低渗致密气藏	可低到30%
凝析气藏	65～80
凝析油	45～60

表7-4-8　东德克萨斯川维斯组气藏采收率统计表

单元	地质储量/10^8m^3	技术可采储量/10^8m^3	经济可采储量/10^8m^3	技术采收率/%	经济采收率/%
Ⅰ-5500	16.36	7.05	5.69	43.09	34.78
Ⅰ-6500	39.42	17.4	13.92	44.14	35.31
Ⅰ-7500	26.63	11.97	9.48	44.95	35.6
Ⅰ区小计	82.41	36.42	29.09	44.19	35.3
Ⅱ-5500	5.09	2.18	1.78	42.83	34.97
Ⅱ-6500	58.18	25.67	23.4	44.12	40.22
Ⅱ-7500	17.69	7.95	0	44.94	0
Ⅱ区小计	80.96	35.8	25.18	44.22	31.1
Ⅲ-6500	17.06	7.53	6.06	44.14	35.52
Ⅲ-7500	66.28	29.83	23.57	45.01	35.56
Ⅲ-8500	52.5	23.97	13.61	45.66	25.92
Ⅲ-9500	31.64	14.6	0	46.14	0
Ⅲ-10500	7.24	3.37	0	46.55	0
Ⅲ区小计	174.72	79.3	43.24	45.39	24.75
Ⅳ-7500	28.13	12.65	10.02	44.97	35.62
Ⅳ-8500	21.93	10.02	0	45.69	0
Ⅳ区小计	50.06	22.67	10.02	45.29	20.02

表 7-4-9 四川气区不同类型气藏平均采收率统计表

活跃水驱		次活跃水驱		不活跃水驱	
气藏/个	E_R/%	气藏/个	E_R/%	气藏/个	E_R/%
44	41	41	68	72	81
气驱		低渗透		平均	
气藏/个	E_R/%	气藏/个	E_R/%	气藏/个	E_R/%
140	84	10	34	307	69

4. 物质平衡法

根据气藏工程理论，定容封闭型气藏，其视地层压力 P/Z 与气藏累积采出量呈线性关系。由此可得，气藏采收率：

$$E_R=\frac{G_R}{G}=1-\frac{p_a/Z_a}{p_i/Z_i}$$

式中 G——气藏原始地质储量；

G_R——气藏废弃压力条件下可采储量；

p_i、p_a——分别为原始地层压力、废弃地层压力；

Z_i、Z_a——分别为原始地层压力、废弃地层压力下的压缩系数。

该方法计算的采收率为动态储量的采收率，而并非容积法地质储量对应的采收率。因此计算容积法地质储量采收率时，必须以动态储量采收率及动态储量(G_d)与容积法地质储量(G)之比来折算，即：

$$E_R=(1-\frac{p_a/Z_a}{p_i/Z_i})\cdot\frac{G_d}{G}$$

应用压降法、FAST 软件、Topaze 软件分别计算了大牛地气田气井的动态储量，其中高产井的平均动态储量为 $0.9429\times10^8m^3$，中产井的平均动态储量为 $0.4002\times10^8m^3$，低产井的平均动态储量为 $0.255\times10^8m^3$。大牛地气田 2005~2010 年产能建设气井平均动用地质储量为 $2.07\times10^8m^3$，因此大牛地气田单井的 G_d/G 为 0.46~0.13，平均为 0.27。由于大牛地气田生产时间较短，计算结果偏低，综合考虑到大 8-大 10 井区的地质特征及水平井开发特征，大 8-大 10 井区动态储量与地质储量之比 G_d/G 取 0.5。由此计算大 8-大 10 井区采收率为 38.0%。

5. 单井标定法

应用数值模拟，单井压裂水平井模型标定采收率为 41.18。

综合以上分析，确定大 8-大 10 井区采收率为 40%。

第五节 致密低渗气田钻完井技术

前期大牛地气田采用直井压裂单层或多层合采建产，随着开发的不断推进，储层品位和叠合程度变差，单一储层发育区利用直井无法有效建产，新区大量探明储量无法有效动用。“十一五”开展了水平井试验，尚未形成和明确主体建产工艺。水平井钻完井方面存在以下技术瓶颈制约经济有效建产：水平井机械钻速低，钻井周期长；水平段超过 800m，托压严重，钻速慢；储层非均质性强，轨迹调整频繁，控制难度大；钻遇泥岩或煤层井壁易失稳；固井工艺有待进一步攻关和完善。在“十一五”基础上，针对技术瓶颈开展攻关，形成了水平井钻完井技术系列，并推广应用，2012 年实现产能建设方式由直井向水平井转换，此后连续 4 年实现水平井经济有效建产，为气田的产能建设提供了技术支撑，成为国内首个水平井规模化建产示范区。

一、水平井优快钻完井技术

（一）完井方式选择及井身结构确定

大牛地建产区储层低孔低渗，水平井自然产能低，需压裂增产，水平井井身结构和完井方式应满足压裂改造需要。“十一五”期间水平井试验了裸眼完井、筛管完井、套管固井完井、尾管不固井、裸眼预置压裂管柱等完井方式，见表 7-5-1，裸眼完井预置多级压裂管柱在“十二五”初，DPH-1 井无阻流量 $18\times10^4m^3/d$，成为低品位探明未动用储量的有效手段。

表 7-5-1　前期完井方式情况

完井方式	优 势	试验井	存在问题
裸眼完井	施工简单，成本低	DP4、DP16、DP17	井眼遇阻不稳定，气举卡管柱，不利于长期稳产和后期改造
筛管完井	井眼稳定	DP9、DP7、DP14、DP15、DP8、DP12	自然建产效果差，压裂管柱砂卡
套管固井完井	井眼稳定	DP35-1	固井质量，固井液储层伤害
衬管完井(套管不固井)	井眼稳定	DP20	水力喷射分段压裂卡管柱
裸眼完井 预置压裂管柱	井眼稳定，三类储层获突破	“十一五”未获突破，DP23 无阻流量 $9.1\times10^4m^3/d$； “十二五”初，DPH-1 井无阻流量 $18\times10^4m^3/d$	完井管柱不能全通径

根据地层情况，确定出三个必封井段，第四系风积散砂层；刘家沟组低破裂压力带易漏、造斜段；双石层大段泥岩、山西、太原组煤层，因此确定为三级井身结构。根据地层压力剖面预测、必封点的确定以及环空间隙的优选，可以优化得出井身结构。针对长水平段水平井(≥1200m)，采用“8½in 井眼+6⅝in-5in 复合钻柱”完成水平段施工，由此由内而外、由下而上依次确定三级井身结构。一开表套封固第四系及志丹群胶结强度低、疏松、易坍塌地层，二开技术套管封固斜井段易坍塌地层，三开采用 ϕ215.9mm 钻头钻至地质 B 靶点，后期下入预置管柱完井。针对中短水平段水平井(＜1200m)，一开采用 ϕ244.5mm 表套封固第四系黄土层和志丹群砂砾和泥岩互层易漏、易垮塌层；二开采用 ϕ222.25mm 钻头钻至地质 A 靶点，并下入 ϕ177.8mm 技术套管利用窄间隙固井技术封住斜井段。三开采用 ϕ152.4mm 钻头钻至地质 B 靶点。

2013 年以前，中短水平段水平井二开采用 8½in 钻头钻进，但在下入 7in 套管过程中因环空间隙小，造成波动压力过大，压漏地层情况时有发生，基于此，2013 年二开试验 8¾in 钻头钻进，环空间隙由 19.05mm 增加至 22.23mm，井底波动压力减小 5MPa 左右。二开更换钻头后，下套管漏失井比例由 28.57%降为 1.76%，成效显著。

截至 2013 年，大牛地气田采用三级井身结构及裸眼预置压裂管柱完井已基本成熟，但裸眼预置压裂管柱完井后期改造困难的缺点日渐突出，且大牛地气田持续提速提效亦陷入瓶颈，因此在大牛地气田盒 1 段储层砂体展布相对稳定且不含煤系地层的区域开展二级井身结构现场试验。二开采用 8¾in 井眼预留下技术套管预案。2014~2015 年，大牛地气田现场成功实施 2 口二级井身结构水平井——DPH-137 和 DP117H。

（二）井眼轨道优化及轨迹控制

通过对大牛地气田多口排水采气井分析及模拟计算发现，大牛地气田水平井井内携液的关键井段是 40°~70°造斜段，适当增大井眼曲率、减小靶前距，最终井斜角稍大于 90°，利于井内携液。对于双增轨道，应确保稳斜段井斜角避开 40°~70°，且加长稳斜段长。基于此对井眼轨参数进行进一步优化，造斜点 1900~2000m，靶前距 300~350m，造斜率（5.5°~6°）/30m，稳斜角小于 40°。

大牛地气田储层非均质性较强，水平段钻进过程中储层变化较大，为满足地质要求，在实钻过程中采用多靶点控制技术，即常规 A、B 靶点外按水平段长等距离排布多个靶点，通过严格要求各靶点靶框的靶半高和靶半宽来控制各靶点的中靶精度从而有效控制水平段井眼轨迹。DP31H 井共设计 42 个靶点，A 靶靶半高 1m，靶半宽 10m；B 靶靶半高 1m，靶半宽 30m；其余靶点靶半高 1m，靶半宽 20m。实钻过程中，配合地质录井及地质导向实现轨迹实时监控，少滑动多复合，并通过工程地质紧密结合准确及时判断岩性变化并进行调整，微调勤调；若连续钻遇 20m 泥岩，采用裸眼下切侧钻技术进行轨迹调整。同时在实际井眼轨迹控制过程中，根据实钻轨迹点的位置、轨迹点的井斜大小对待钻井眼轨迹中靶的影响规律，将水平段轨迹的控制程度限定在有利于入靶点矢量中靶的范围内，在轨迹预测计算结果表明有余地并有后备工具条件时，充分发挥动力钻具的一次造斜能力，提高了工作效率，减少起下钻次数。

（三）高效 PDC 钻头优选

大牛地气田整体属于软—中硬地层，上部地层可钻性较好；上古生界可钻性级值介于 7~8 之间；奥陶系可钻性级值介于 6~8 之间，属于中-中硬地层，各层位径向、纵向可钻性差别不大，基本相当。建立钻头数据库，采用层次分析法进行各井段钻头优选，根据地层可钻性和前期钻头磨损情况，对钻头体、保径、肩部、水力结构、复合片等进行针对性的优化。

直井段重点提升钻头抗冲击能力，明确钻头特点，弧线型 5 刀翼、冠部为中长抛物线，中等切削后角；力平衡设计和低摩阻保径，有效防止钻头回旋；深水道、流场优化设计，提高了钻头抗冲击能力，推荐钻头型号 GD1605T，DPH-116 井采用该种钻头单只进尺 1673m，机械钻速 29.74m/h，二开直井段实现一趟钻，用时 3.9d。

斜井段钻进面临破岩钻进及造斜两方面要求，重点解决 PDC 钻头造斜钻进工具面不稳的问题。基于前期大量斜井段 PDC 钻头应用情况，得到斜井段 PDC 钻头应具有切削平稳及超短一体式两个特点，优选 GD1606TQ 钻头，采用超短一体式钻头体和聚晶强化保径技术，防止中肩部、保径提前失效，造斜钻头柄部超短设计，提高造斜效率。实钻过程中采用该型钻头，工具面稳定性大大提高，造斜段机械钻速提高 90.45%，复合钻进比例提高 56%。

水平段重点提速保径、延长钻头使用寿命，优选深内锥、低保径、双排齿钻头，推荐钻头型号为 P5253MJ 和 S1653FG，DPH-7 应用 P5235MJ 单只钻头水平段进尺 1120.20m，创气田最高进尺纪录，DPS-115 应用 S1653FG 钻头机械钻速达 20.26m/h。

（四）水平井压稳防漏高效注替固井工艺技术

针对固井中存在漏失、固井质量差问题，开展水泥浆体系及固井技术研究，形成低密高强领浆体系、高密高强尾浆体系、高效注替及压力节点控制防漏固井技术，有效提高固井质量。

1. 优化水泥浆体系

大牛地气田水平井刘家沟组附近地层破漏压力较低，不宜采用较高密度的水泥浆体系，而压稳目的层的水泥浆密度较高，为解决这一难题，二开技术套管固井水泥浆体系采用一次双凝水泥浆体系，尾浆采用高密度水泥浆，领浆采用低密度水泥浆体系，实现了全井段近平衡固井，采用的水泥浆体系具体见表 7-5-2。

表 7-5-2　大牛地气田一次双凝水泥浆体系

名称	配方
漂珠、微硅和水泥三元复配低密高强领浆体系	水泥(QTX)+25%~30%漂珠(SQ-2)+5%~8%微硅(MSI)+1.5%~1.8%降失水剂(G309)+1.5%~2.0%早强剂(GQD)+0.18%~0.25%缓凝剂(GH-3)+90%水
低失水、零析水、短过渡高密高强尾浆体系	水泥(QTX)+1.5%~1.8%降失水剂(G309)+0.4%~0.7%减阻剂(USZ)+0.1%~0.15%缓凝剂(GH-3)+44%水

2. 高效注替及压力节点控制固井技术

为保证一次双凝水泥浆体系在施工过程中压稳但不压漏地层，对水泥浆顶替过程中各类流体进行严格的节点控制，控制顶替流速。合理加放扶正器位置，确保套管居中度大于 67%；采用 CXY 冲洗液，由表面活性剂、纤维素、无机盐特制物等组成，携岩满足 2.03m^3/min，以 35L/s 量洗井 2~3 周；水泥浆领浆采用有效紊流顶替，水泥浆尾浆塞流顶替，避免压漏地层；注替施工井口压力节点≤6MPa，前置液出套管后采用大排量（1.5~1.8m^3/min）紊流顶替；尾浆出套管后采用低排量(0.5~0.3m^3/min)塞流顶替。

2011~2015 年施工常规技术套管固井 498 口，整体固井质量优质率 80.26%，优良率 94.52%，固井质量优良率逐年提升。采用 4½in 悬挂尾管固井完井 7 口，固井质量优良，采用二级井身结构+5½in 套管固井完井 2 口，固井质量优良。

水平井优快钻完井技术不断完善，与“十一五”相比，机械钻速提高 93.25%，钻井周期缩短 43.39%，钻井成本降低 36.11%。

二、安全环保钻井全程控制及处理技术

在深入分析大牛地气田实钻过程中井漏、井塌机理的基础上，制定了安全钻井技术措施。面对越来越高的环境及储层保护要求，大牛地气田针对“储保”型钻井液体系和“环保”型钻井液体系开展了技术攻关，形成了钻井环保全过程控制及处理技术体系，并在现

场应用镶嵌屏蔽钻井液及钻井液不落地技术，实现了钻井液对当地环境的零污染。

（一）防漏堵漏技术

大牛地气田区域性漏失严重，漏失区域主要集中在西北部和南部，刘家沟组发育有部分纵向裂缝，且分布密度与地应力的大小有关，泥岩层具有较强的弹性和韧性，使得裂缝不规则，宽度不一。诱导性漏失主要发生在刘家沟组，其诱因主要由钻井液密度引起，且漏失量大小也与钻井液密度大小有关，当钻井液密度大于 1. 20g/cm^{3}时，刘家沟地层多发生失返性漏失，而当钻井液密度小于 1. 10g/cm^{3}且大于地层漏失压力时，刘家沟地层表现为部分漏失。

基于“防、堵并重”的原则，通过漏失地层前提前加入堵漏材料预防漏失；采用以随钻堵漏为主、承压堵漏为辅的堵漏措施，确保堵漏成功。基于不同漏速确定漏失类型，由此确定防堵漏方法，见表 7-5-3。

表 7-5-3 防堵漏技术方法

漏失特征	漏失速度	处理方法
孔隙型	渗漏、小漏（小于 30m^3）	随钻堵漏、桥接堵漏
	中漏（30~50m^3）	静止堵漏、桥接堵漏、复合堵漏
裂缝型	渗漏、小漏（小于 30m^3）	随钻堵漏、桥接堵漏
	中漏（30~50m^3）	桥接堵漏、复合堵漏
	大漏、严重漏失（大于 50m^3）	化学固结、柴油膨润土水泥浆堵漏、凝胶水泥堵漏

根据采用的防堵漏技术采用不同的封堵材料，主要以现场材料为主，利用刚性粒子、纤维、弹性粒子协同作用原理对宽缝进行封堵，提高地层承压能力。针对不同的漏失情况，制定了不同的防堵漏工艺措施。防漏施工工艺——在井浆中加入 KSY 处理剂形成非渗透钻井液，防止地层疏松引起的渗透性井漏。循环段塞堵漏施工工艺——在钻井过程中加入防漏材料后仍然出现小于 5m^3/h 的漏失，可在正常开泵状态下打入一段堵漏浆进行循环堵漏。专项堵漏技术施工工艺——主要针对 2~6mm 缝宽进行桥堵，堵漏配方的选择需要依据井堵漏资料、实际漏失大小、漏失的原因等多方面来确定，遵循由小到大的原则，防止堵漏出现封门的现象。

通过应用防堵漏技术，大牛地气田漏失情况得到了有效的遏制，2013~2015 年大牛地气田水平井漏失井比例逐年降低，2013 年漏失井比例 14. 29%，2014 年漏失井比例 13. 45%，2015 年漏失井比例 11. 05%，单井漏失量亦由 177. 65m^3 降为 50. 15m^3。

（二）防塌钻井液技术

大牛地气田侏罗系、三叠系及二叠系地层岩性主要为砂岩和泥岩互层，泥岩易水化膨胀，而山西组以及石炭系太原组中则含有煤层，均会在钻井施工过程中发生井壁坍塌而导致阻卡、埋钻等一系列井下复杂情况。为此，针对不同层位水平井形成不同钻井液技术。

针对下石盒子组水平井使用的钾铵基聚合物钻井液进一步优化，防止钻遇泥岩煤层发生井壁失稳，具体措施如下：①在原钾铵基聚合物钻井液体系的基础上，提高 SMP、K-PAM、NH_4-HPAN 和防塌剂的加量；②改善钻井液的流变性能，降低钻井液的滤失量，抑制泥页岩的水化膨胀分散；③达到提高钻井液的抑制性和封固性，防止井壁失稳的作用。钾铵基聚合物钻井液体系经过优化后，性能提升，尤其是岩屑滚动回收率和滤失量(失水)，具体见表 7-5-4 和表 7-5-5。

表 7-5-4　优化后钻井液体系岩屑滚动回收率

不同配方	R_1/%	R_2/%	R/%	备 注
新钾铵基聚合物钻井液	89.0	88.0	89.6	100℃/16h 热滚，40 目分样筛。实验用 DP49S 井岩心
原钾铵基聚合物钻井液	75.6	61.1	80.8	
清水	30			

表 7-5-5　优化钻井液体系滤失量(失水)

配 方	滤失量/mL				
	1min	5min	15min	30min	60min
新体系	3.6	4.6	4.9	4.9	4.9
原体系	3.7	5.3	5.9	6.4	7.1

优化后钻井液具有良好的抗温、抗盐、抗钙性、抗钻屑污染和优良的封堵抑制性。优化后的钾铵基聚合物钻井液体系在现场应用过程中取得了较好的效果。DPH-124 井水平段钻进中钻井液性能稳定，满足设计要求，未发生失稳。

针对山西组、太原组目的层水平井，为防止钻遇泥岩煤层发生井壁失稳，优化完成抑制性较强的钾铵基悬浮乳液钻井液体系。在钾铵基聚合物钻井液体系的基础上，引入阳离子乳液聚合物 DS-301、乳化石蜡 RHJ-1 和有机硅醇抑制剂 DS-302 三种悬乳液型处理剂，经过抑制性、抗钙性、抗岩屑污染及储层保护评价实验得出，其具有良好的抗温、抗盐、抗钙性、抗钻屑污染能力，且具有极强的封堵抑制性和润滑性以及优良的油气层保护效果(渗透率恢复达 95%以上)；并且具有较好的酸溶性，有利于酸洗或酸化解堵。

在 DP31H、DP26T、DP28T 和 DPS-74 口井使用，该体系对降低起下钻摩阻效果显著，三开水平段起下钻畅通无阻、没有任何阻卡现象，短起下一次到底率为 100%。

(三) 全程"环保+储保"钻井液技术

大牛地气田横跨各种水源地保护区、新能源开发区、煤化工基地、遗鸥保护区，随着环保要求的不断提高，环保区征地愈加困难。地方政府环保部门要求整个开发区不准挖泥浆池，不允许有任何排放。基于此开展了环境保护及储层保护钻井液体系的研究及应用(镶嵌屏蔽钻井液体系)，并通过现场应用改进了"钻井液不落地技术"，实现了大牛地气田水平井全过程"环保+储层"钻井。

1. 镶嵌屏蔽钻井液

镶嵌屏蔽钻井液具有如下优点：①镶嵌造壁。在井壁浅层(1~3cm)形成刚性的镶嵌膜，起到稳定井壁和保护储层的作用。②抑制和封堵。保持脱离水化的环境(高矿化度、低 pH 值)，强封堵、强抑制。③携岩性能强。水平井钻进携带和悬浮能力强、钻屑保持率和回收率高、固相含量低、有效抑制泥包和钻屑床，有效提高机械钻速。④环境保护。环保无毒、钻井液循环使用，所有井场废(污)水可用于配浆。

通过室内实验对镶嵌屏蔽钻井液体系进行了性能测试，测试结果表明，镶嵌屏蔽钻井液体系失水造壁性能较好，泥饼薄且坚韧，屏蔽浆屏蔽性能良好，固相未穿透岩心，岩心渗透率恢复率为 93.75%，具有较好的储层性能。大牛地气田应用镶嵌屏蔽钻井液体系 8

口井，单井开次之间全部重复利用，最高实现3井次重复利用（DPH-117、DPH-305、DPS-304），液相排放量减少75%~99%。

2. 钻井液不落地技术

钻井液不落地技术具有以下优势：①整体撬装式设计模式整体安装移动，结构紧凑；②可拆卸储液池，实现了泥浆池有效替换；③橇装钻井液净化处理系统，进行电化处理，深度净化和再生废弃泥浆；④废弃固相高压制砖，实现了钻井废弃物的高效重复利用。

大牛地气田2013年开始“钻井液不落地技术”的现场试验应用，2014年在18口水平井推广应用“钻井液不落地技术”，应用过程中出现两个问题：一是处理废弃固相需要加入大量固化剂进行干燥；二是处理之后的钻井液因黏切高、固含高，循环利用十分困难。针对以上两个问题，开展了钻井液不落地技术优化，主要包括两方面：一是将钻井液不落地设备通过蝶阀与三角沉砂灌对接，实现替换浆；二是配备压滤机，在化学破胶实现固液分离的基础上，采用物理方式清除钻井液中的固相，不额外添加絮凝剂、固化剂等，固相的含水控制在6%以下，排出的液相受添加剂影响减小。为实现“钻井液不落地技术”中液相的最大化重复利用，对压滤机产生的液相进行了性能测试及胶液配置实验，实现了压滤液在现场进行钻井液复配。2015年大牛地气田全面推广应用该项技术，实现了在环境保护区的油气资源动用，缓解了企业生产与环境保护要求的矛盾。

3. 钻井液“环保+储层”全过程处理技术

针对大牛地上部地层井漏失稳、目的层易受伤害、环境保护区施工困难等问题，在DPH-117和DPT2井开展了“镶嵌屏蔽钻井液体系+钻井液不落地技术”的钻井液“环保+储层”全过程处理技术的现场试验。镶嵌屏蔽钻井液所用材料环保无毒，可循环使用，可酸溶解堵，同时嵌入易漏易失稳地层，提高地层稳定性。“钻井液不落地技术”可实现井场内钻井液体系的环保化处理，污染物零排放。镶嵌屏蔽钻井液与钻井液不落地技术相结合对于大牛地气田水平井钻井意义重大。

三、“井组”模式水平井钻井技术

本着节约用地、减少征地、降低成本理念，自2012年开始，大牛地气田开展“井组”模式探索，先后试验了“六井式”“四井式”“两井式”水平井组，形成了“井组”模式优快钻井技术系列，并根据地质气藏特点，推广应用了“两井式”井组作业模式，即“同场反向”钻井技术，通过轨道设计优化及现场轨迹控制，实现了安全快速钻井，减少了近一半的征地面积，大幅节约了钻井成本。

（一）优化“井组”井场布局

针对不同井组，进行了井场布局优化：两井式井组，相距5m，1台钻机施工，共用一个井场；四井式井组，纵向50m，横向5m的排列方式，2台钻机施工；六井式井组，纵向50m，横向5m的排列方式，3台钻机施工（表7-5-6、图7-5-1）。

表7-5-6　不同井组井场布局

井场类别	井场面积	井场征地
常规水平井	$100m\times120m=12000m^2$	1井场
两井式井组	$115m\times120m=13800m^2$	1.15井场

续表

井场类别	井场面积	井场征地
四井式井组	$160m\times120m=19200m^2$	1.6 井场
六井式井组	$204m\times120m=24480m^2$	2.04 井场

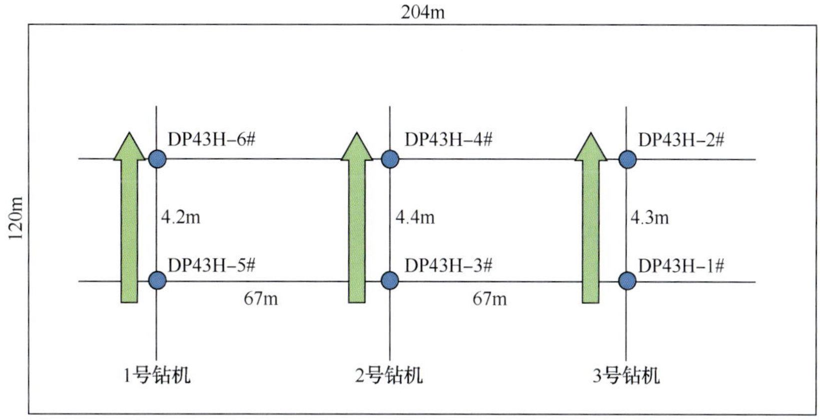

图 7-5-1　六井式井组井场布局

2014 年，大牛地气田大面积推广应用了两井式井组，形成了“同场反向”的轨道排布方式，并形成了较为成熟的轨道设计优化及轨迹控制技术。“同场反向”“两井式”井组实现同一井场钻进两口井的关键是液动滑轨，钻机通过液动滑轨由一个井口移动至另外一个井口。“同场反向”“两井式”井组现场实施的关键主要有三：一是井场统筹布局技术，以此缩短搬迁距离，减少搬迁数量；二是简易液动滑轨技术，保障钻机搬迁安全平稳，且定位准确；三是井组轨道设计及控制技术，保证小井距、同井场安全施工。

（二）井组井眼轨道差异化设计及防碰技术

依据大牛地地质特征，综合考虑以下几点因素优选井眼轨道剖面类型：①现有装备条件和技术能力；②满足开发要求前提下，减少施工难度，缩短钻井周期，降低钻井成本；③井眼稳定性等地层因素对井眼轨道控制的影响；④井下动力钻具的造斜性能；⑤防碰施工要求。根据以上要求，大牛地气田两井式井组采用两种井眼轨道类型——单增和双增，见表 7-5-7。

表 7-5-7　大牛地气田两井式井组井眼轨道剖面

轨道类型选择	单增（三段制）	直-增-平
		水平段均质地层；靶前距 200～500m
	双增（五段制）	直-增-稳-增-平
		根据防碰要求调节造斜点时，避开煤层、漏层；靶前距大于 500m

造斜点错开 30m，先钻造斜点浅的井，施工第 2 口井直井段进行防碰扫描。优化造斜点位置，尽量避开刘家沟易漏失层位；其次，尽量减少斜井段穿越泥岩、煤层的段长。对“井组”模式轨迹控制的核心是与同井组的邻井直井段防碰技术，保证同一井队施工，同井段要求：同一钻头型号，同一钻具组合、同一钻井参数、同一钻井液性能的“四同一原

则”。利用最小距离法防碰扫描与轨迹优化技术结合“四同一”轨迹控制技术，随钻测量实时监测，有效解决直井段防碰问题，确保了井组安全顺利施工。

2012~2015 年推广实施 81 个两井式井组，减少井场节约征地 1285 亩，节约投资 1.11 亿元；有效缩短搬迁时间、建井周期和钻井周期，与非井组井相比钻井周期缩短 14.78%，建井周期缩短 15.57%，平均机械钻速提高 10.44%；异层井组开发有效提高了储量动用程度，为水平井立体开发提供技术支撑。

第六节　致密低渗储层水平井分段压裂技术

随着大牛地气田开发的进一步深入，多层叠合区储量已动用完，剩余未动用区气层叠合程度低、有效厚度较小，物性较差，单层产量偏低，采用多层合采也无法实现经济有效开发，面对这一难题，分公司于 2003~2011 年先后开展了水平井自然建产以及压裂建产探索试验，随着水平井分段压裂工艺技术的不断成熟及配套，自 2012 年至 2016 年在大 8-大 10、大 65-大 98 等井区针对盒 1、山 2、太 2 段Ⅱ-Ⅲ类储层采用水平井压裂整体规模开发，逐步形成了以多级管外封隔器分段压裂工艺技术为主的水平井分段压裂工艺技术体系，同时配套三维压裂设计方法和低伤害瓜胶压裂液体系，为大牛地气田低品位储量的有效动用提供了支撑，大力推动了水平井规模化建产的步伐。

一、多级管外封隔器分段压裂工艺技术

综合考虑井眼轨迹复杂情况，通过对国内外水平井分段压裂工艺调研及在大牛地气田致密低渗储层的适应性分析评价，结合现场试验过程中出现的各类情况，优化及不断配套完善形成了以多级管外封隔器分段压裂工艺技术为主体的水平井分段压裂工艺技术体系，进一步提高了压裂改造的针对性和有效性。

多级管外封隔器分段压裂工艺技术是通过裸眼封隔器和滑套开关实现多段压裂，可以实现一趟管柱压裂多段的快速压裂目的，且压裂管柱不用提出，可以直接转换为生产管柱，有利于缩短作业周期，降低储层伤害。其井下工具由坐封球座、压差滑套、裸眼封隔器+投球滑套多级组合及悬挂封隔器和水力锚组成，分段压裂的技术原理是通过裸眼封隔器封隔各压裂目的层段，通过投球，自下而上逐级打开滑套，实现分段压裂。分段压裂完成后，即可投产。与前期水力喷射分段压裂工艺技术相比，该工艺具有施工成功率高、施工周期短的优势。

2010 年在大牛地气田开始进行该工艺先导试验，现场压裂 4 口水平井 22 段，施工成功率 100%，其中在 DP23 井盒 1 层采用该工艺分压 5 段，压后无阻流量达到 $9.1\times10^4m^3/d$，获得了产量突破。2011 年进一步加大该工艺现场应用力度，现场压裂 13 口水平井100 段，施工成功率 98%，压后单井平均无阻流量达到 $8.2\times10^4m^3/d$，是相邻直井产量的 3~4 倍，增产效果显著。2012~2016 年为了满足大牛地气田水平井规模化建产的需要，该工艺得到大规模推广应用，同时针对前期试验过程中存在的问题，如受滑套通径限制，事故处理难度大；井筒不是全通径，压裂用球返排不彻底一定程度影响返排等，从细节着手，经过不断的完善多级管外封隔器分段压裂配套工艺技术，施工成功率和返球率得到大幅提高。

（一）压裂管柱优化

为了确保封隔器卡封安全可靠，保障压裂施工的顺利进行，初期多级管外封隔器分段压裂管柱采用双封隔器对单段进行卡封。为了进一步降低施工成本，在保证对单段卡封有效的基础上，优化封隔器数量，由双封变为单封(图 7-6-1)。

同时针对大牛地气田部分储层有水产出，为了满足后期排水采气的需要，在悬挂器之上增加了循环阀，在施工出现异常情况及后期排水采气时可进行处理。

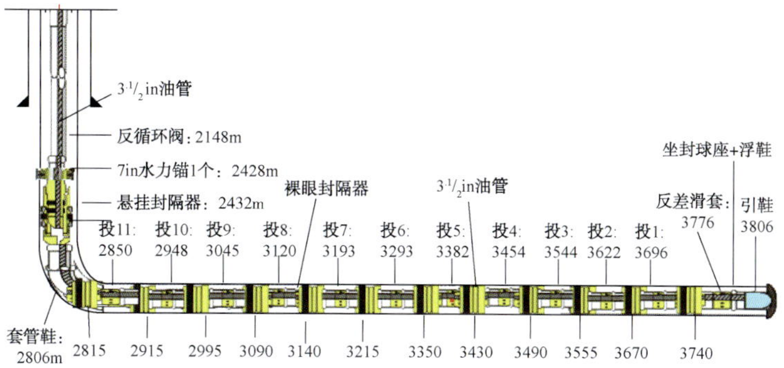

图 7-6-1　管外封隔器分段压裂工艺管柱示意图

（二）滑套通径优化

针对压裂级数多、节流压差大、不便于后期事故处理、级差小滑套打开难度大的问题，开展了滑套通径优化研究。

优化原则：考虑对压裂液的剪切破坏小、节流压差小，便于压裂过程中的事故处理、流动空间大及不影响压后生产。

（1）滑套匹配最大化。降低节流压差，利于事故处理，根据水平井分段数对滑套通径进行匹配优化，选取第一级投球滑套球座内径尺寸 1.54in、球尺寸 1.625in，这样可使节流压差变小，对压裂液的剪切破坏小，便于压裂过程中事故的处理，确保连续油管可以通过第一级球座，同时管柱流动空间大、不影响压后生产。

（2）滑套级差最优化。为了提高施工成功率，同时利于滑套正常打开，结合压裂施工段数确定压裂级差的优化，适度提高压裂级差由 0.125in 提高到 0.25in。

（三）球质量的优化

投球质量轻质化，利于后期球的捕获及压裂液返排。大牛地气田水平井前期压裂时使用的压裂球主要为空心钢球，密度一般在 2.8g/cm^{3}之间，该类钢球密度大，在压裂施工结束后不易返排捕捞，且不会自动溶解。通过对市场上不同压裂球的调研，将压裂球进行了优化，优选低密度球(1.7~1.8g/cm^3)或可溶球，同时，经过自主研发攻关，设计出具有自主知识产权的井口配套捕球器，捕球率大幅度提高，由之前的 30.7%提高至 78.9%。

（四）编写了水平井分段压裂操作规程

在完善水平井分段压裂工艺配套技术体系及现场施工工艺流程的基础上，完成了《大牛地气田水平井裸眼封隔器分段压裂施工规范》《大牛地气田水平井裸眼封隔器分段压裂预置管柱完井施工规程》《大牛地气田水平井水力喷射分段压裂施工操作规程》《大牛地气田致密砂岩储层水平井分段压裂设计编写规程》《大牛地气田水平井压后放喷排液规程》

《大牛地气田压裂液现场质量控制实施细则》等6项水平井分段压裂规范初稿的编写，用于指导水平井分段压裂设计编写及现场施工的规范化，管柱下入成功率及压裂施工成功率大幅提高，压裂施工成功率达到99%以上。

另外，开展国产工具优选工作，降低工程成本，现场施工均较顺利，各段打开滑套明显，国产自主化工具分段压裂工艺试验获得成功，为进一步的降本增效开启了新的篇章。通过伴注液氮、油嘴选择、压力控制来进行放喷工作制度的优化，达到加快返排和防止出砂的双重目的。

通过以上措施，多级管外封隔器分段压裂工艺技术不断成熟、配套和完善，整体技术水平达到国内领先水平，各项关键指标先进，作业效率大幅提升(一天可施工16段)，现场应用469口水平井4554段，施工成功率99.2%，助推了气田水平井的规模开发。

二、三维压裂设计方法

针对储层非均质性强，单纯依据水平段钻遇显示情况进行分段压裂设计缺乏针对性的问题，以三维地震解释成果为基础，结合“砂体横纵向展布+AVO显示+实钻资料+邻井物性及施工分析”，创新形成了基于独立渗流单元的三维压裂设计方法。压裂设计实现了由近井筒到远井筒、由一维(横向)到三维(横向、纵向、轴向)转变，并形成了“一井一案、一段一策”的压裂设计方案，进一步提高了设计的针对性，并获发明专利一项。

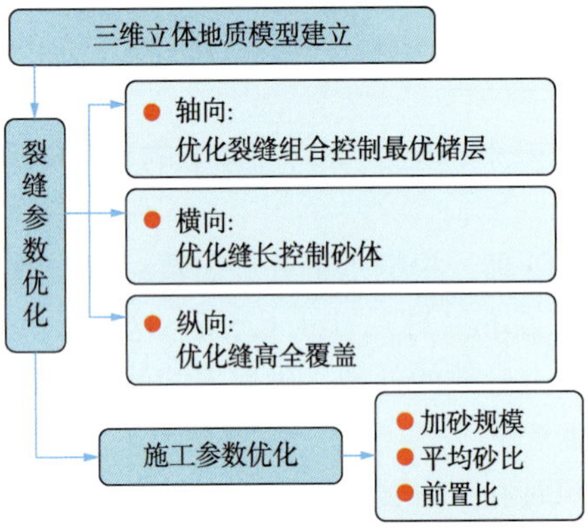

图7-6-2 裂设计方法技术路线示意图

其设计思路如下：①气层厚度较薄、AVO显示差的储层：增大加砂规模，造长缝，提高泄气体积；②隔夹层较薄层段：适当增大施工排量和规模，压窜隔夹层，实现两层同时动用；③高泥质层段：采取多段塞渐进式加砂方式，降低孔眼与近井筒摩阻，并适当提高前置液比例，控制加砂量和砂比(图7-6-2)。

该设计方法于2011年初步形成，2012年完善成熟并推广，有效提高了设计参数的针对性和改造的有效性，平均单井产量大幅提高，各个层位均获突破，其中山2层最高无阻流量$56.69\times10^4m^3/d$，盒1层最高无阻流量$43.41\times10^4m^3/d$，太2层最高无阻流量$26.77\times10^4m^3/d$，太1层最高无阻流量$17.48\times10^4m^3/d$，盒3层最高无阻流量$14.05\times10^4m^3/d$，山1层最高无阻流量$13.8\times10^4m^3/d$。

三、低伤害瓜胶压裂液体系

结合大牛地气田储层工程地质特征，根据压裂工艺对压裂液体系的要求，即要求压裂液体系具有高携砂能力、低伤害、低摩阻、易返排的综合性能，使之满足储层压裂改造的需要，通过现场应用实践，不断优化完善形成了低伤害瓜胶压裂液体系。

首先，在应用早期为了提高压裂液返排能力，充分利用液氮的举升能量，在压裂液体系中加入起泡剂和助排剂；其次，优化破胶剂加量及加入方式，由施工时追加部分破胶剂改为施工时“楔型”加入，且加入比例由原来的0.03%提高到0.05%，实现了压裂液的快速、彻底破胶；另外，为了满足气田低成本效益开发的需要，针对地层温度低于 90℃的储层，优化瓜胶浓度从 0.45%降低到 0.42%，同时自主研发了起泡助排剂替代原配方中的起泡剂和助排剂，进一步简化了压裂配方和降低了材料成本(表 7-6-1)。

此外，立足储层保护，为了进一步降低储层伤害，优化交联剂类型，形成低伤害强交联压裂液体系，瓜胶浓度由 0.42%降低到 0.3%，伤害较常规瓜胶压裂液降低 19%，每立方米压裂液材料成本降低 8%，现场试验 4 口水平井，施工成功率 100%，节约成本 12 万元，压后平均无阻流量 $7.8\times10^4m^3/d$，达到了保护储层和降低成本的目的。

表 7-6-1　低伤害瓜胶压裂液体系现场应用概况

配 方	应用类型	应用时间	适用温度
0.45%HPG(一级)+1.0%防膨剂+0.1%杀菌剂+1%起泡剂+0.2%助排剂+0.2%Na_2CO_3	常规低伤害瓜胶压裂液，成熟推广	2009~2015 年	80~100℃
0.42%HPG(一级)+1.0%防膨剂+0.1%杀菌剂+1%起泡剂+0.2%助排剂+0.2%Na_2CO_3	常规低伤害瓜胶压裂液，成熟推广	2015~2018 年	80~90℃
0.42% HPG(一级)+1.0%防膨剂+0.1%杀菌剂+0.3%起泡助排剂+0.2%Na_2CO_3	常规低伤害瓜胶压裂液，成熟推广	2018 年以后	80~90℃
0.3%HPG(一级)+0.5%防膨剂+0.1%杀菌剂+0.5%起泡剂+0.2%助排剂+0.2%Na_2CO_3	新型低伤害强交联压裂液，先导试验	2015 年底	80~90℃

第七节　致密低渗储层水平井排水采气技术

大牛地气田 2002 年开始利用水平井技术进行低孔、低渗岩性气藏开发的试验性研究工作，经过不断的生产实践，逐步形成了一套以“速度管+泡沫排水采气、注甲醇防治水合物、加注缓蚀剂和防垢剂防腐防垢”工艺为主的成熟采气工艺技术，工艺技术适应性较好，确保了大牛地气田有效、合理开发。

一、水平井排水采气技术

大牛地气田盒 1 和太 2 气藏普遍产水，太 2 产水较高，对水平井影响较大。因为水平井携液有 3 段：直井段、大斜度段和水平段。水平段携液流速最大，大斜度段次之，直井段最小。研究统计水平段的携液流速将是直井段的 3 倍。因此水平井生产期间要考虑人工助排。

1. 泡沫排水采气工艺

1) 药剂选择

根据大牛地多年实验研究和现场经验：

(1) 不含凝析油的气井，加药浓度以井筒积液的量 3‰~5‰为宜，当气井流态为环雾流时，浓度可以降低；而流态属气泡流时，可适当增大加药浓度。

(2) 含凝析油的气井，加药浓度应大于 0.5%，一般在凝析油含量超过 20%的气井加药浓度为井筒积液量的 5‰~10‰左右。

选区水平井 T_2 和 H_1 层天然气，均低含凝析油(凝析油含量<15%)，建议采用 UT-

11B 泡排剂；高含凝析油（凝析油含量>15%），建议采用 UT-11C。

大牛地气田泡排剂使用方法见表 7-7-1。

表 7-7-1　大牛地气田现有泡排剂推荐用法

型 号	适合层位	药剂分类	药剂性能和用途
UT-11C	石盒子组及含石盒子组各层	高抗矿化度、高抗油	最高可抗矿化度 25×10^{4}mg/L，抗凝析油含量 40%，浓度 0.3%时携液率 70%。根据井底积液量及凝析油含量选择使用量
UT-6			
UT-11B	山西组、太原组、石盒子组	高抗矿化度、低抗油	最高可抗矿化度 25×10^{4}mg/L，抗凝析油含量 15%，浓度 0.3%时携液率 80%。根据井底积液量选择使用量
UT-11D			最高可抗矿化度 25×10^{4}mg/L，抗凝析油含量 10%，浓度 0.3%时携液率 90%。根据井底积液量选择使用量
UT-5D	低矿化度、低含凝析油	低抗矿化度、低抗油	最高可抗矿化度 80g/L，抗凝析油含量 10%，浓度 0.3%时携液率 80%。根据井底积液量选择使用量
UT-4			最高可抗矿化度 8×10^{4}mg/L，抗凝析油含量 10%，浓度 0.3%时携液率 90%。根据井底积液量选择使用量

2）加注制度

最佳加药次数要根据井况确定。

3）加药方式

加注方式：定压差、定周期和站内连续加注。建议采用定周期加注。周期要根据井况确定。

4）加注工艺

气田现场采用的加注设备主要有投药棒、泡排专用车和站内柱塞泵。

（1）油管加注：需关井，油套不需连通，采取井口投棒和泡排专用车加注工艺。

（2）套管加注：不需关井，油套需连通，泡排专用车和站内柱塞泵加注。

根据实际的井况，三种加注方式配合使用，既满足了特殊气井的排水采气要求，同时较好地调节了工作量，基本上能满足目前的泡排工作需求。

2. 速度管排水采气技术

大牛地气田水平井主要采用多级管外封隔器分段压裂工艺，为了节约成本，部分高产气井直接采用预置管柱（压裂管柱为 ϕ89mm、ϕ114mm 两种尺寸）完井。由于完井方式的局限（压裂管柱完井，未建立油套循环系统），难以开展泡沫排水工艺。此外，防腐、阻垢工艺也无法顺利实施，这些都严重影响了气井的正常生产。针对此类井，如投产初期生产稳定，可充分利用大管柱生产释放气井产能，尽快收回成本。当气井出现降压带液或频繁堵塞时，需要下入速度管建立新的油套循环系统，开展泡排、解防堵工艺、防腐阻垢工艺等。

速度管原理是安装直径比生产管柱小的连续油管主要是减小流体流动时的横截面积，较小的流体流动时的横截面积增加了天然气在管柱中的流动速度，在管柱底部较高的气流速度提供较大的传输能量，从而将液体携带出井筒。目的是使天然气的速度满足或超过临界速度，从而防止井筒积液的形成。

速度管排水采气工艺适合于气产量小、携液困难的气井，对井身结构没有要求，常规井和特殊井都可以采用。由于速度管流动摩阻大，生产时压力损失大，一般不用于产量高的气井，宜用于低压低产井。在气井生产后期，当气井进行井下作业时，可趁机采用此工艺。该工艺下入速度管管柱与 ϕ60.3mm 油管相比内径更小，可直接下入到 ϕ89mm 油管内采用速度管采气或速度管与 ϕ89mm 油管环空采气，适用于气井后期的生产排液。图 7-7-1 为井内速度管柱示意图。

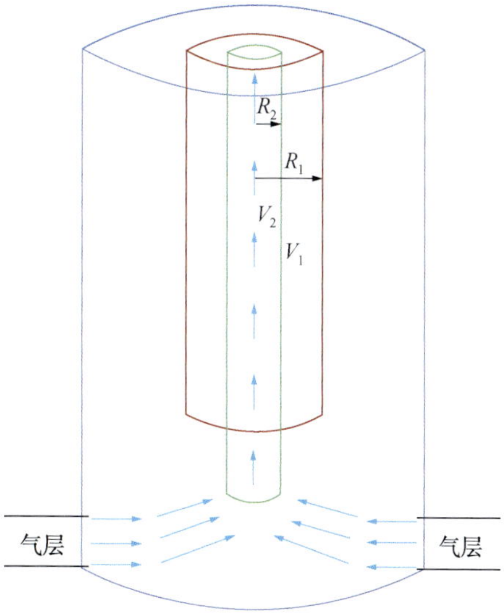

图 7-7-1　井内速度管柱示意图

工艺优点：

（1）重新建立新的油套系统，实现套管连续泡排。

（2）临界携液流量低，同时解决了造斜段和水平段排液问题。

（3）和常规压井换管柱作业相比，速度管作业周期短、见效快，不需要压井作业，避免了对地层的伤害，且环保，费用较低。

为了改善水平井开发效果，大牛地气田于 2012 年引入了速度管排液采气工艺，截至 2020 年，大牛地气田实施速度管井 261 口，产气量、产液量、生产时率等都有大幅提高，生产时率由 87.5%提升至 99%以上，排液能力明显增强，产量递减趋势明显减缓。其中，2018 年实施 45 口，平均单井日产气增加 $0.23\times10^4 m^3/d$，日产水增加 $0.31m^3/d$，生产时率由 91.7%提升至 98%，降压带液由 15.4 次/月下降至 3.2 次/月，效果显著。该工艺的成功实施，已成为泡沫排水采气工艺有益补充，为低渗气田开发提供有力的技术支撑，对致密砂岩气藏开发有着重要的现实意义。

（1）建立了速度管“四参数”设计方法。

根据气井产气量、产水量压力（油套压、井底流压）、管径等基本参数，利用 ProdOp 软件和临界携液流量设计模型，结合历年速度管井安装前后生产效果进行分析后，优化了下入时机、下入尺寸，确保安装后能有效减少井内积液，降低降压带液频率，保护气井产能。

考虑排液、防砂、管柱结构等因素，确定最佳下入深度为 A 点以上 50m；下入时机为产气量低于携泡流量（井口泡排、降压带液频繁造成开井时间大幅降低）；考虑 38.1mm 速度管压降较大、中后期地层脏物或药剂不配伍形成的异物堵塞制约生产等问题，优选管径相对较大、压降相对较小的 50.8mm 速度管。根据该方法建立速度管设计优选表，速度管工艺成功率由 72.9%提升至 92.5%。

（2）形成泡排+速度管工艺动态优化技术。

对于速度管井，形成转换生产方式、泡排介入、优化注醇制度、气举排液、控砂除砂五项动态优化技术，确保稳定、高效生产。

二、水合物预防技术

大牛地气田采用高压集输工艺，气井生产过程中容易生成水合物，造成气井堵塞、管线堵塞，影响气井正常生产及生产时率。

1. 水合物预测

根据选区水平井投产初期井筒500m以上易生成水合物，造成井筒堵塞。

2. 水合物预防技术

大牛地气田采用注甲醇预防水合物。

(1) 加注方式。大牛地气田注甲醇方式主要是油套注入和油管注入。为了不影响正常生产，推荐采用油套环空加注。

(2) 加注量。投产初期，每天注100~200L甲醇预防井筒水合物生成；稳产后按照产水量3‰注甲醇，可有效预防井筒水合物生成。

三、水平井防腐阻垢工艺技术

1. 防腐工艺

采用SWPC-6-1防腐，投加方式为周期性投加，由油套环形空间投加，周期性投加，投加浓度0.5~1.0kg/m^3(产液量)，投加周期为15~30d。

2. 防垢工艺

(1) 地层水结垢预测采用饱和指数法：

DP27H盒1段，$SI=0.5>0$，结垢；

D10-14太2段，$SI=2.8>0$，结垢。

选区周围H_1和T_2层产气井地层水水样统计结果见表7-7-2和表7-7-3。

表7-7-2　DP27H井盒1地层水水样分析

阳离子	ρ(BZ+)/(mg/L)	C(1/ZBZ+)/(mmol/L)	阴离子	ρ(BZ-)/(mg/L)	C(1/ZBZ-)/(mmol/L)
Li^+	49.35	7.11	F^-	0	0
Na^+	3468.63	150.88	Cl^-	10344.59	291.81
NH_4^+	0	0	Br^-	119.99	1.5
K^+	968.3	24.76	NO_3^-	0	0
Mg^{2+}	93.7	7.71	SO_4^{2-}	0	0
Ca^{2+}	3642.4	181.76	CO_3^{2-}	0	0
Sr^{2+}	188.38	4.3	OH^-	0	0
Ba^{2+}	0	0	HCO_3^-	1052.14	17.24
pH值	6		水型	氯化钙	

表7-7-3　D10-14井太2气层水样分析结果表

阳离子	ρ(BZ+)/(mg/L)	C(1/ZBZ+)/(mmol/L)	阴离子型	ρ(BZ-)/(mg/L)	C(1/ZBZ-)/(mmol/L)
Li^+	23.00	3.31	F^-	525.50	27.64
Na^+	13069.22	568.47	Cl^-	46094.73	1300.27
NH_4^+	0.00	0.00	NO_2^-	0.00	0.00
K^+	1472.80	37.67	Br^-	251.19	3.14
Ru^+	0.00	0.00	NO_3^-	0.00	0.00

续表

阳离子	ρ(BZ+)/(mg/L)	C(1/ZBZ+)/(mmol/L)	阴离子型	ρ(BZ-)/(mg/L)	C(1/ZBZ-)/(mmol/L)
Cs^+	0.00	0.00	PO_4^{3-}	0.00	0.00
Mg^{2+}	911.17	74.98	SO_4^{2-}	7655.60	159.39
Ca^{2+}	13751.10	686.18	CO_3^{2-}	0.00	0.00
Sr^{2+}	1838.53	41.97	OH^-	0.00	0.00
Ba^{2+}	2367.49	34.48	HCO_3^-	1543.42	25.29
pH 值	7.0		水型	氯化钙	

(2) 结垢处理。

大牛地气田通过加注 UT2-3 型阻垢剂除垢。采用站内注醇管线加注，加注量为井底积液的 0.5‰。

综合本章所述内容，难动用储层水平井整体开发技术，其核心在于“精细三维储层预测+分段压裂水平井”两项核心技术的组合应用。即：紧密依靠精细三维储层预测成果，开发井全为水平井，水平段采用立体分段压裂设计，注重“井组”水平井应用。优势在于提高钻井命中率，减少轨迹调整频次，进行全水平井整体开发方案优化，并应用多种类型井组部署模式，大幅度降低开发成本，更大限度地提高低品位边际储量的动用率和采收率，从而实现直井难动用储量的水平井有效开发。其突出特征之一是三维储层预测成果的全程应用。开发区筛选评价阶段，通过三维储层预测，落实有利区、有利层的分布情况，为开发选区提供依据；井网优化阶段，通过三维储层预测，明确含气砂体空间展布情况，为地质建模和井网井距等开发技术政策优化奠定基础；井位部署及水平井实施阶段，通过三维储层预测，精细描述单砂体，为轨迹优化和跟踪调整提供依据；储层改造阶段，结合钻遇显示情况，开展新一轮精细储层预测研究，进一步落实含气砂体的平面及纵向分布情况，为立体压裂优化设计提供依据。突出特征之二是基于三维储层预测成果的水平井立体分段压裂。立体分段压裂设计是指：结合储层厚度变化、平面上相邻含气砂体的距离以及纵向上兼顾含气砂体情况，对压裂规模进行设计。通过水平井立体分段压裂，增加泄气半径，扩大波及体积，提高单井储量动用程度和单井产量。突出特征之三是全水平井整体规模化建产。除探井和早期开发评价直井外，所有开发井都是水平井，在井控程度不够的部位，通过导眼段为再次反演提供实钻资料约束，进一步落实储层的储层空间分布，为轨迹优化调整提供依据，保证钻遇效果。突出特征之四是“井组”水平井的规模部署应用。方案编制和实施过程中，严格执行“井组”水平井优先部署的原则，在有条件的地方，尽量部署“井组”水平井，便于节约用地、减少搬迁、集中管理，达到提高经济效益的目的。难动用储层水平井整体开发技术，大幅提高了单井产量，实现了直井动用无效益储量的有效开发，从而实现了致密边际气田储量动用率的提高和经济有效开发。

第八章 地面集输与开发管理

第一节 地面集输工艺技术

大牛地气田经过多年滚动开发及规模化建产，地面集输形成了地面集输“早期高压集气、中晚期降压采气、增压外输”的集输工艺技术。气田通过“早期高压集气、集中注醇、进站加热、轮换计量、节流脱水、残液收集”的工艺技术，充分利用了地层压力能实现天然气脱水与外输，减少了早期大量的设备投入，降低了投资、简化了操作，大幅度降低了气田开发初期集输成本；随着气田开发，地层压力下降，地面集输工艺转变为“中压集气、降压开气、两级增压、停醇采气、外冷脱水”，实现了气田集输模式由“高压集输”向“低压集输”的高效转变。在地面建设和管理过程中，持续推进“标准化设计、模块化建设、标准化采购、信息化提升”工作，见到了较好的效果，单座集气站设计-建设周期缩短 60d、占地面积降低 20%，合计优化用工 120 人，综合降本减费 8532 万元。经过多年实践，形成了适应致密低渗气田滚动开发的集输模式及技术系列，建成了覆盖全气田的集输系统及配套设施，实现了大牛地气田经济高效集输，提高了气田的采收率。

一、高压集输工艺先导试验

（一）气田开发初期集输规划

大牛地气田位于内蒙古自治区鄂尔多斯市伊金霍洛旗、乌审旗和陕西省榆林市交界处，区内地貌主要为沙漠、低缓沙丘、草原和平原，地势较平坦。气田属典型的低孔、低渗、致密的天然气藏，开发建产难度大，气井须压裂投产。另外，单井产量低，压力递减速度快，稳产能力差。根据对气藏类型的认识，采用衰竭式开采方式进行开发，大牛地气田气藏废弃压力为 8.0MPa。气田地面天然气组分中甲烷含量总体较高(90%以上)，乙烷以上组分含量较低，各层产出气体中均含有少量氮气($<3\%$)和二氧化碳气体($<3\%$)，不含硫化氢，含有一定量的水和少量的凝析油。

国内长庆气田开发区域同属鄂尔多斯盆地天然气富集区，因地质特征与气藏物性与大牛地气田相近，开发初期选取的开发技术政策也基本相同，地面建设方面形成的靖边、榆林气田主要的工艺模式可为大牛地气田提供充分借鉴。第一种是井口加热节流方式。该流程适用于井口压力较高，且井口产出物温度较低的情况。这种集气方式应用较广，加热与节流都在井口完成，根据井产出物组成、生产条件可以采取先加热后节流、先节流后加热甚至分几级节流加热的工艺流程。第二种是节流气嘴移至集气站或集中处理站的集气流程，适用于气井产出物压力低、温度较高的情况，若温度低，则需在井口注入抑制剂。该流程的特点是可以更加充分地利用地层能量进行油气综合处理，操作管理方便，不足之处是集气压力过高，提高了管线设备的压力等级。另外，在井口压力较高，温度较低时在井口加入水合物抑制剂，防止输送过程中出现水合物冻堵管线。比较常用的抑制剂有甲醇、乙二醇、二甘醇等，其中以甲醇、乙二醇比较常见。

根据大牛地气田气藏地质特点和天然气物性以及国家有关天然气外输规范和标准的要求，只需要对气田天然气进行脱水脱烃即可满足天然气外输的要求。结合试气试采过程中井筒和地面管线容易出现水合物冻堵的情况，需要优选合适的抑制剂预防水合物的生成，以保证地面集输的正常生产。结合集输工艺调研情况，开展集输先导试验。大牛地气田内部道路、电力、通信等配套工程不完善，无外输管线可依托。根据周边市场情况，规划建设外输管线，在以满足大牛地气田天然气生产的需要。

（二）先导开发集输方案

2002 年，为配合开发先导试验，在对国内外天然气集输处理工艺调研优化的基础上，根据先导试验开发部署和市场调研，对地面集输系统和天然气外输进行了规划。

根据《塔巴庙区块大牛地气田开发先导性试验方案》，大牛地气田开发先导性试验包括 18 口井，平均单井试气产量$(0.5\sim10.55)\times10^4m^3/d$。集输系统流程选用辐射枝状组合式管网集输系统。集气系统布站采用 2 级布站，1 号集气站辖 5 口井，采用井口加热、节流、分离、注醇的中低压进站集气工艺流程；各井口设注醇罐 1 个，定期注醇防止采气管线冻堵；井口加热炉为 80kW 水套真空加热炉，节流后温度为 20℃，加热炉燃料气为井口节流调压后的湿气，天然气加热后温度为 70℃；气井节流采用气嘴三通，节流前井口流压按 15MPa 设计，节流后压力按 6.3MPa 设计。单井采气管线采用 ϕ76mm×6mm 无缝钢管，均不保温。集气站设计集气规模为 $10\times10^4m^3/d$，设计压力为 6.3MPa，选用 10 井式天然气集气计量撬块装置进行生产及单井计量。站内天然气集气处理工艺为多井采气、切换计量、常温分离流程。初处理的天然气通过 ϕ159mm×5mm 的集气干线输往 2 号集气处理站集中处理。

2 号集气站辖 13 口生产井，一级布站，采用高压进站、井口注醇的集气工艺，井口不设流程。站内设单井注醇泵将乙二醇经管道注至各井，井口采气树后的采气管线上设注醇口；注醇管线从 2 号集气处理站引出与采气管线同沟敷设至各单井井口，井口加热及节流均在站内完成。集气处理站设计集气规模 $30\times10^4m^3/d$，天然气脱水设计规模为$60\times10^4m^3/d$，设计压力为 6.3MPa，最大外输规模 $60\times10^4m^3/d$(4.5MPa)，试验期外输规模 $35\times10^4m^3/d$(3.5MPa)。集气计量选用撬装式计量装置，进站天然气进行集中脱水处理后外输。外输装置规模为 $60\times10^4m^3/d$，采用常温重力分离及乙二醇脱水工艺，处理后干气经计量外输。

2003 年，华北分公司用 83 天完成了与先导性试验配套的地面工程建设，建成大牛地-杭锦旗输气管线 138km，集气干线 14.4km，采气管线 81.07km，注醇管线 51.19km，集气站、集气处理站（兼外输首站）、中间分输站（乌审召分输站）、末站（杭锦旗末站）各 1 座，集气能力 $40\times10^4m^3/d$、天然气处理能力 $60\times10^4m^3/d$，分输站分输能力 $45\times10^4m^3/d$，末站处理能力 $15\times10^4m^3/d$。同时建成了阴极保护站 4 座，站场道路 7.7km，工程优良率达 92.9%。2003 年 9 月 3 日大牛地-杭锦旗输气管线的杭锦旗末站点火成功；9 月 7 日，向内蒙古伊化集团甲醇厂供气，标志着天然气生产零的突破，实现了揭开了鄂尔多斯大牛地气田实施规模开发建设新的一页。

（三）先导试验效果

根据先导试验生产运行情况，大多数气井均存在井口温度较低的情况，天然气一出井口就可能发生冰堵现象，因此，采用井口加热节流的方式一来无法满足大牛地气田的采气要求，二来增加了人员在气田恶劣环境下的工作强度和工作难度；而采用注入抑制剂工艺，必须考虑提高抑制剂注入压力，并采用向井筒内注入的方式(具体注入方式由采气工艺考虑)，才能够解决冰堵现象的发生。因此，气田最终确定采用井场不节流，高压集气至集气站加热节流，集中向井口注醇的2#站高压集气工艺。

2004年，结合先导试验存在的问题，根据开发准备工程产能建设需要，规划了3#、4#、5#集气站，在先导试验的基础上，对地面集输流程和天然气处理工艺做了进一步优化，采用"高压进站、小站集中处理"工艺，并根据部署调整对规划的集气站进行调整，先行建设3#、5#集气站，保证了开发准备工程产能建设的顺利进行。

另外随着气田产能规模扩大，集气站输量增多，根据气田开发模式论证确立了集输管网布局。气田集输系统流程通常有4种流程：辐射式流程、枝状式流程、辐射枝状组合式流程、辐射环状组合式流程。根据大牛地气田开发自身的特点，主要以长圆形的盒2段、盒3段为主力开发区，同时辅助周边的多层合采区，为便于今后的开发发展，总体开发方案地面工程集气流程采用辐射枝状组合式集气流程，采取二级部站形式，单井辐射进站，集气半径控制在5km以内，集气站采用枝状串接流程，经集气干线与输气干线串接后输往气田外输首站进入外输管线。

经过大牛地气田开发先导性试验地面工程建设和开发准备地面工程建设，结合大牛地气田气藏工程认识的不断深入和试验初步结果，经过优化，初步形成了适应大牛地气田开发的多井高压集气，站内集中加热、节流、轮换计量的集气工艺；站内节流膨胀制冷、低温分离脱水的天然气处理工艺；集中注醇、集中回收的甲醇加注和回收工艺。同时总体采用辐射枝状组合式集气流程。

二、高压集输工艺助推大牛地气田效益开发

（一）10亿立方米开发集输规划

2004年，根据鄂尔多斯大牛地气田年产10亿立方米天然气产能建设需求，地面工程对天然气集气和外输工艺、自动控制系统及仪表、电气及电信、总图布局、土建、给排水、安全消防、环境保护、职业卫生、暖通等方面进行了全面的规划设计及研究。

为保证天然气长输管道的正常运行，满足《输气管道工程设计规范》对天然气机械杂质、水露点、烃露点等的要求，结合大牛地气田气藏、气质条件，在大牛地气田开发先导性试验地面工程和2004年开发准备地面工程建设的基础上，针对地面工程天然气集输处理存在的问题，结合大牛地气田开发实际状况，通过不断优化和完善，大牛地气田10亿立方米天然气产能建设地面工程集输处理工艺采用多井高压集气进站、站内加热节流、轮换计量的集气工艺，节流膨胀制冷、二次低温分离脱水的天然气处理工艺，集中注醇、集中回收的甲醇加注和回收工艺；在优化工艺流程的过程中优选出了一整套工艺设备，优化了集气站平面布置及单井集气管线管径、管线防腐工艺、自动控制工艺。集气管线选用*DN*50管线，提高了管线携液能力，减少了管线冬季运行冻堵发生的次数；根据生产气井井口压力实际情况优化后的集气管线设计压力为23MPa，注醇管线设计压力为25MPa。甲醇加注采用与集气管线同沟敷设注醇管线，站内用计量泵，一井一泵的方式对单井进行注醇。注入井中或集气管线的甲醇、生产污水与凝析油，在集气站内通过分离器与天然气分离后集中到各集气站内的油水缓冲罐中储存，定期集中拉送到含甲醇污水处理站进行集中处理。大牛地气田10亿立方米产能建设地面工程天然气集输处理工艺采用高压集气、站内加热节流、低温分离、轮换计量、

旋流分离器二次脱水站内集中注醇的工艺流程，处理后的天然气水露点、烃露点达到或超过了《天然气管道工程设计规范》中关于天然气外输气质的要求。

2004~2005年，华北分公司完成了与10亿立方米产能建设配套的地面工程建设，建成集气站12座，集气能力达$325×10^4m^3/d$；集气干线45km，集气、注醇管线432km；同年，还完成了含甲醇污水处理厂1座以及生产基地系统的建设。其中6号、7号、8号、9号集气站及其配套工程6月底竣工，7月初一次投产成功。

根据大牛地气田区块位置及天然气开发潜力，提出了鄂北天然气外输山东市场的规划思路。10亿立方米产能建设配套设计了塔巴庙-榆林输气管线，2004年11月25日塔巴庙-榆林天然气管道工程全线开始施工，2005年6月30日输气管线及其配套工程，包括新增加的增压站建设竣工，达到投产条件。从气田首站到榆林市西北的末站，与中国石油陕京二线榆林首站相连接，2005年7月17日正式向北京供气。

2005年底，气田日产天然气$270×10^4m^3$，华北分公司跨入了年产百万吨级油田企业的行列，并在鄂尔多斯盆地北部，用不到一年的时间，完成了$10×10^8m^3$天然气产能建设，创造了神奇的“大牛地速度”，实现了历史性跨越。

（二）定型高压气工艺并推广应用

高压集输工艺充分考虑大牛地气田开发模式和气藏特点，实现了节能高效运行，适应了低压、低渗、致密气田低成本开发的目标。高压集输工艺前期充分利用了地层能量，实现天然气的经济输送、达标销售；甲醇防治水合物，保障了气井的生产时率，甲醇再生回收实现了资源的循环利用。经过近先导试验及$10×10^8m^3$产能建设和生产实际验证，高压集输工艺完全符合大牛地低产、低渗气田的天然气生产和滚动开发模式的建设要求，对同类气田的高效开发具有良好的推广前景。

通过$10×10^8m^3$产能建设实践，大牛地气田总体定型了“高压集气、集中注醇、进站加热、轮换计量、节流脱水、残液收集”的工艺技术，同时采用辐射枝状管网布局(图8-1-1)。

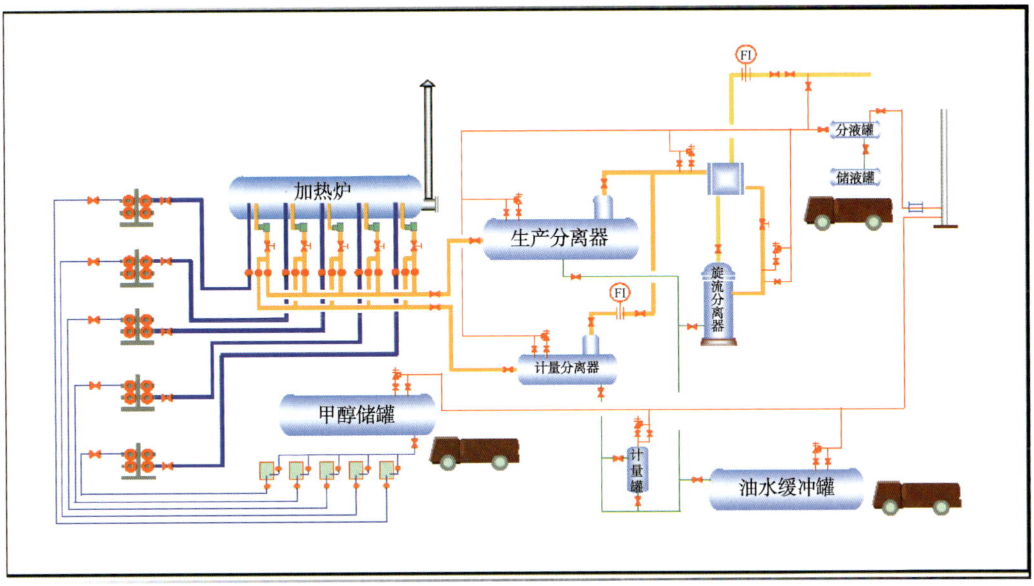

图8-1-1　高压集气工艺流程示意图

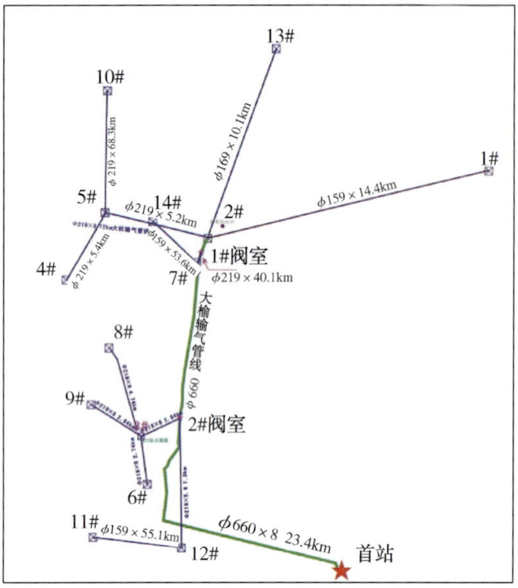

图 8-1-2 辐射枝状组合式集输管网示意图

大牛地气田具有面积大、自然条件恶劣、单井产量低，规模产量气井多、井距小的特点。为有效降低地面集输系统建设投资和运行成本，同时考虑气田分区块滚动开发模式，大牛地气田采用井口到集气站辐射型集气管网，集气站到首站的集气干线为枝状管网的高压集气地面集输模式(图 8-1-2)。

2005 年之后，大牛地气田进入规模上产开发阶段，应用高压集气工艺，陆续建成高压集气站 64 座，内部集气干线 365km，输气干线三条 112km，采气管线 3345km，集输管网实现全覆盖。

(三) 高压集气关键技术

大牛地气田具有面积大、自然条件恶劣、单井产量低，以及规模产量气井多、井距小的特点，应用高压集输关键技术有效降低地面集输系统建设投资和运行成本。

1. 控压集气技术

在整个集气工艺中集气管网的选择是技术关键。集气管网包括采气管道、集气支线和集气干线。根据产能开发预测，井口压力在 15~21MPa 之间，由于采用的是高压集气工艺，因此，采气管道的设计压力确定为 23MPa；集气支线的压力设定与集气站节流工艺、商品气外输规模和外输压力具有密切的关系，气田天然气外输起点为塔榆末站塔巴庙处，外输压力要求最高为 4.5MPa，返算塔榆首站到末站管道起点压力为 5.4MPa，输送时需考虑充分利用气田的地层能量，尽量推迟增压设施的实施时间，以获得更好的经济效益。基于以上所述，同时考虑集气支线的压损和场站内的压力损失，确定集气支线的设计压力为 6.4MPa，可以满足日后供气压力要求。

通过对单井配产的预测和采气管道、集气支线的长度统计，采用威莫斯输气计算公式对采气管道和集气支线进行了计算。经计算后，同时考虑单井管道的特殊情况(富含液体及杂质)，其管径选择不宜过小，以及重复利用等因素，早期直井采气推荐采气管道采用 *DN*40、*DN*50 规格的钢管，集气压损在 0.5MPa 以内，保证天然气携液的情况下实现经济输送。大牛地气田输气干线管道外径采用 *DN*150、*DN*200 和 *DN*250 三种规格，输气平均压损在 0~0.5MPa 范围之内。根据大牛地气田外输气管道建设的经验，确定制造标准应采用《石油天然气工业管线输送系统用钢管》(GB/T 9711)的 L290 钢级直缝高频电阻焊钢管作为集输管线用管。

2. 节流制冷脱水脱烃技术

国家标准《天然气》标准号规定：在天然气交接点压力下，天然气的水露点应比最低环境温度低 5℃。国家标准《输气管道工程设计规范》(GB 50251—2003)规定：进入输气管道的气体必须清除机械杂质；水露点应比输送条件下最低环境温度低 5℃。目前，业内通常把“输送条件下最低环境温度”理解为输送管道埋地处的最低温度。由于规范中要求管道必须埋设在冻土层以下，所以管道埋设处的最低温度通常不低于0℃。为此，气田集输处理工艺设计时，通常按照下游最高输送压力下，天然气的露点-5℃折算到气田外输状态下的露点值作为控制指标。

根据大牛地气田气、水物性特征，结合前期先导试验结论，确定大牛地气田高压集气阶段脱水工艺采用节流膨胀制冷工艺。大牛地气田节流膨胀制冷脱水脱烃技术主要通过气嘴节流实现，先后采用固定式和可调式气嘴。固定式气嘴大小的选择根据气井配产和进站压力来确定。在气井进行提产或其他作业时需停止生产，更换不同口径气嘴，以保证气井的流量达到生产需求的条件。由于更换气嘴时需进行管线泄压、拆换气嘴、再次冲压、验漏等一系列操作程序，不但工作复杂繁琐，而且管线泄压不但污染环境，还造成天然气的浪费。因此，根据现场情况，大牛地气田引入了可调式气嘴。

可调式节流气嘴采用90°角式设计，气嘴截面积为半圆形，调节原件为半圆形板，在操作时，通过转动手轮改变调节原件位置，改变气嘴的截面积，从而实现调节气流流速和压力的作用。通过现场应用，可调式节流气嘴最低节流温度为-18℃，可以起到节流效果；方便了流量调节，减少气嘴堵塞次数，降低了因气嘴堵塞或更换气嘴时的放空损耗，降低了职工的劳动量，减少了环境污染和天然气损耗。

3. 注甲醇水合物防治技术

抑制剂的注入有两种功用，一种是防止井筒和采气管道的冻堵，另一种是防止节流时的水合物生成，相对应的注入点也应有两处，一是井场装置，二是站内节流前。

甲醇和乙二醇是目前常用的冻堵抑制剂，它们各有一定的优缺点和最佳的适用场所，不同气田的地质情况和集输环境不同，因而对水合物抑制剂的适用性也有较大的差异，针对大牛地气田的特点和集输工艺以及两种抑制剂的回收系统工艺，对甲醇或乙二醇作抑制剂进行了方案对比，筛选出合适的抑制剂。甲醇的优点是可用于任何操作温度下的天然气管道和设备。同样的浓度抑制水合物形成的温度降与乙二醇相差不多，但甲醇还可用来溶解在管道或设备中已经形成的水合物，解堵效果好。

由于甲醇、乙二醇本身具有以上优缺点，因而其在工程投资和运行费用方面必然各不相同，而二者的加注设备投资和加注能耗的差别对整个方案的影响不大，通过对大牛地气田集输工艺的特点对甲醇和乙二醇再生过程的工程投资和操作费用进行对比，筛选出符合大牛地气田特点的抑制剂。通过比较，甲醇方案无论从投资还是运行费用上均小于乙二醇方案，主要差别在于甲醇的价格比乙二醇便宜且甲醇注入量小于乙二醇，另外，根据大牛地气田开发先导性试验工程的实际运行来看，由于各气井均存在井口温度低、产出水量波动较大的情况，致使单井产液和抑制剂的混合浓度达不到防冻浓度，有些气井仍会发生冻堵现象，需要进行解堵，在此方面甲醇具有明显优势；而且在原2#站乙二醇再生过程中，由于产出水矿化度很高，致使矿化物在乙二醇溶液中越积越多，造成乙二醇质量下降，同时也造成再生设备结垢现象严重，综上所述，同时借鉴类似气田：长庆苏里格气田甲醇作为抑制剂的成功经验，确定采用甲醇作为抑制剂。

甲醇加注方式以集气站注醇泵向气井注甲醇为主要方法，此外还可以使用泵车在井口注醇防堵。对于油套连通，能够连续带液的气井，一般采取环空注醇的方法防止水合物生成。对于油套不连通或不能够连续带液的气井，一般采取集气管线注醇的方法防止水合物生成。

管连续注醇防堵效果不好，集气管线连续注醇效果较好的井况。注醇管道的设计压力按照25MPa(略高于采气管道)进行设置。注醇管道管径的选择主要考虑当井口参数发生变化(特别是气井后期含水量增加时，需提高注醇量)，需增加注醇量和调整注醇压力时，要有较大的调整余地，同时参照类似气田的生产运行经验，本工程注醇管道采用 ϕ27 的管径。注醇管道与单井采气管道选材一致，采用20#无缝钢管，均与采气管道同沟敷设。

4. 甲醇再生回收技术

由于甲醇与水互溶，采气过程中产生的地层水和井口注入的甲醇混合后在集气站内被分离出来，由此产生了气田含甲醇污水，为了降低生产成本和环境保护的要求，需在回注地层之前将污水中的甲醇回收，以重新利用。

甲醇回收装置的工艺原理是采用常压精馏原理，利用甲醇和水挥发能力的差异，通过液相和气相的回流，使气、液两相逆向多级接触，在热能驱动和相平衡的约束下，使得易挥发组分甲醇(轻组分)不断从液相往气相中转移，从而在塔顶获得轻组分甲醇产品；而难挥发组分水(重组分)却由气相向液相中迁移，在塔底获得重组分的产品水，从而使得甲醇和水完全分离，实现甲醇的回收。

三、“四化”建设模式推广应用

大牛地气田自2005年以来推广应用高压集气工艺，并在“十二五”期间逐步定型形成“标准化设计，模块化建设，标准化采购，信息化提升”建设模式，在标准化设计的基础上，现场建设中采用工厂预制、现场集成、一体化施工技术，有效缩短了地面工程建设工期，更好地适应了低渗透油气田滚动开发建产的需要。通过“六统一”标准化设计、模块化施工建设和采购标准化，大幅减少了地面工程建设投资，2012~2014年单靠优化井、站平面布局，节省占地创造的经济效益就达8000多万元。通过大牛地气田井场信息化提升工程的实施，有效地提高气井生产时率，减少了单站值守、定期巡井工作所需的劳动定员，降低了现场员工的劳动强度，节约了生产成本。

（一）标准化设计

1. 井场

通过在气田产能开发阶段对气井分布、井组布置、井场规划设计的综合研究，提出标准化井场的建设目标。通过对新建采气井场“统一模式设计、标准化平面布置、井场监控设施的信息化提升”等工程的规范与完善，形成具有大牛地特色的标准化井场系统。井场布置采用标准化设计，不考虑修井作业场地，井口无人值守，场地只做简单处理；平面布置根据规范考虑适当防火间距。

井场平面布置采用标准化设计，统一设备、紧凑布置，减少用地。采气井场为无人值守设施，井口设置水平井采气树、通信监控设施、自控远传仪表及配套太阳能供电装置；井场做简单平整处理。井口场地完成平整，井口设施四周安装1.8m围栏，围栏四角设水泥基础；围栏配备相应安全标识牌。

大牛地气田采用高压集气工艺进行生产，井口不节流，天然气由气井采出后通过单井采气管线高压进入集气站，为防止采气管线输送过程中出现冰堵，单井注醇泵通过注醇管线向井口注入甲醇。

2. 集气站

根据大牛地气田滚动开发建设经验，针对老区气井多、分布集中、单井配产低的特点，早期集气站建设分为 24 井式和 32 井式两个系列。自 2012 年开始，大牛地气田转入大规模水平井开发建设阶段，配套水平井开发需要，在优化集气站集输流程的前提下，新建集气站设计接入井数均为 32 井式。

经过气田长期的生产经验可以证明，综合考虑各集气站所处的不同井区的产能规模并结合后期气田发展情况预留接入气井位置，建设 24 井式及 32 井式的集气站是既经济合理又可满足气田滚动开发的需求。

新建集气站采用高压集气、低温分离流程，主要功能为采集气井天然气、节流、分离、计量、通过集气管线外输，同时站内设置脱水装置、注醇和放空装置。站内设置加热炉、预冷换热器、节流阀、计量分离器、生产分离器、低温分离器、计量仪表、注醇泵等设施，以满足功能要求。

集气站平面布置满足天然气进出站场方向、站内工艺流程、消防、安全、卫生及施工等要求，并考虑到站址的地形、地质、气象等自然条件。根据《石油天然气工程设计防火规范》(GB 50183)的规定，集气站平面布置需满足五级站的防火安全距离，同时集气站平面布置还满足国家有关技术、安全、防火等标准规范的要求，做到节约用地、节省投资。

集气站平面按照各区块功能划分为：辅助生产用房、注醇泵房、工艺装置区、装卸区、放空区。集气站核心部分为工艺装置区，工艺装置区布置在站场南部，装卸区靠近站内道路布置于站内道路尽头，辅助生产用房及注醇泵房分别布置在大门进站路两侧。根据各集气站现场自然条件、风向、交通运输等因素对站场进行综合布置，集气站总体布局为矩形(图 8-1-3)。

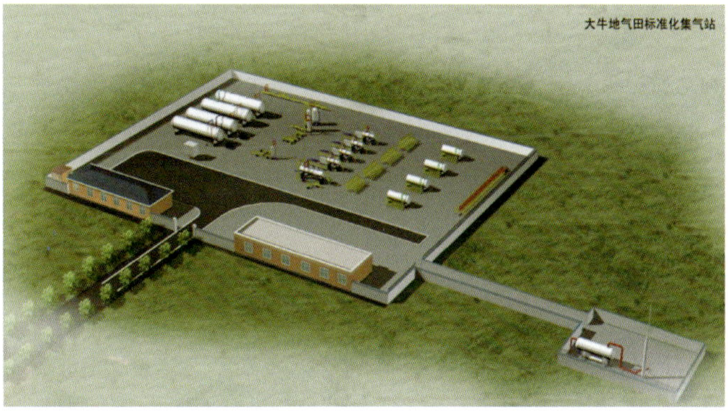

图 8-1-3 大牛地气田 32 井式标准化集气站示意图

根据大牛地气田集气站的集气规模和井式的不同，站场面积如表 8-1-1 所示。

表 8-1-1 各规模站场面积一览表

项 目	直井 24 井式站	直井 32 井式站	水平井 32 井式站
集气规模	$24\times10^4m^3/d$	$32\times10^4m^3/d$	$80\times10^4m^3/d$
站场占积	6.05 亩	6.57 亩	9.65 亩

3. 集输管网

根据华北分公司气田整体开发的部署，已建的天然气输送东、西、中干线和即将建设的西二线、东二线承担着大牛地气田井区天然气外输任务，以将产能建设区天然气输送至塔榆首站和塔榆增压站，增压后外输。

根据大牛地气田产能开发新区布井特点，同时考虑滚动开发需要，并保持与已建工程的总体性和一致性，地面工程集气站集气干线标准化采用辐射枝状组合式集气流程。

集气站脱水后天然气通过集输管线进入输气干线输送至塔榆首站计量外销。集输管线的压力设定与集气站节流工艺和外输压力具有密切的关系，输送时需考虑充分利用气田的地层能量，尽量推迟增压设施的实施时间，以获得更好的经济效益。根据气田生产运行的情况，集气站场至塔榆首站沿程压力降控制在 0. 5MPa 以内。同时考虑集气管线的压损和场站内的压力损失，确定集输管线与输气干线设计压力为 6. 3MPa。

集气工艺是将气井天然气通过采气管线送往集气站，再经集气管线送至天然气处理站，天然气经处理合格后实现外输的生产过程。

在集气过程中，由于天然气在一定的压力和温度下，易形成水合物，造成管线冰堵，影响气井正常生产，因此在集气过程中应控制和避免水合物的生成，并采取相应的措施，保证集气及采气管线正常安全运行。

根据产能开发气藏方案预测，井口压力<23MPa，由于采用的是高压集气工艺，因此，采气管道的设计压力确定为 23MPa，注醇管道的设计压力按照 25MPa(略高于采气管道设计压力)进行设置。

（二）模块化建设

大牛地气田产能建设地面工程标准化设计结合现场实际和标准化工艺流程的特点，对不同功能区进行模块化划分和设计，充分利用资源，采用现场预制的方式进行模块化预制。在预制场进行分项批量预制，组件成模块后运至现场拼装，可大大提高现场施工速度。站内 12 个固定模块由各个施工单位在临近场站内或附近设置临时预制工棚，按照标准化设计统一的模块图纸完成加工、焊接、热处理、检测等集中预制配管工作，待设备就位进行拼装。

模块化设计建设特点及成果：①将技术先进，性能可靠的阀件、工艺设备及控制仪表等统一规格、统一品牌集成，现场施工可实现预先组装，随后只需完成模块与模块间的连接。采用模块化、标准化可大大优化设计，缩减设计工作量。工艺专业只需根据新区块的开发方案选用适宜的模块规格，然后进行模块间的配管连接，既保证质量，又加快了进度。③布置紧凑，结构规则，加工容易，现场安装方便、迅速。设备材料可实现标准化、规格化、制造工厂提前预制化，节省施工时间。④模块化设计装置，现场安装方便，便于批量采购，采购周期也可大大缩短，特别适合气田滚动开发的需要。

（三）标准化采购

2012 年，华北油气分公司组织编写了 48 套油气田主要设备的采购技术规范，分为通用设备、油田地面设备和气田地面设备三册。采购设备技术要求的标准化，既有利于把好设备入口关、确保设备本质安全，也可保证引进设备的实用性、统一性、标准性、互换性、可调配性，方便了生产管理。2016 年，为解决地面安装设备，特别是管线、道路、输电线路等单项资产确认规则不明确，给固定资产管理及后期设备管理带来的问题，华北油气分公司设备、计划、财务、基建、使用单位等联合编写了《油田单项资产确认及转资规范》和《气田单项资产确认及转资规范》，明确了油气田单项资产界定原则、标准化了转资条件和转资流程。通过改变采购模式，建立标准化采购体系后，不但减少了同类物资设备的种类，还降低了采购价格，实现了“以规模换质量，以数量换价格”的目标。

（四）信息化提升

2014 年 12 月底完成了采气一厂生产指挥系统的建设，实现从天然气采集、集输、净化处理到外输等与生产及安全相关的数据获取，实现生产动态实时监控和预警，同时建立了生产运行、生产动态分析功能。为生产调度管理、生产指挥及生产应急处置提供信息支持，保障天然气生产的高效、安全运行。建设内容主要包括：

（1）生产监控集成。实现大牛地气田生产现场实时数据的远程集成，并根据采气一厂生产监控实际业务流程和需求，设计符合采气一厂生产管理特点的生产监控应用，并在网上实现应用的发布和共享，为各级生产管理层快速掌握生产现场、组织生产活动提供决策依据，保障气田安全平稳生产。

（2）生产运行辅助。围绕生产办公室日常主要业务，实现大牛地气田生产的运行协同及数据支持，包括对气田勘探开发、集输生产、工程施工等动态情况的及时把握，基层生产日报的生成，气田生产管理报表的上报，以及生产运行过程中任务和事件的协调、安排、处理、监督等。

（3）生产动态分析。针对集输生产实时数据，经过处理、汇总形成采气井、集气站、净化站当天的集输生产动态数据，并与开发数据进行集成，实现气田集输生产数据查询，以及气田开发生产辅助分析。

（4）应急辅助。实现采气一厂应急事件、应急预案、应急资源的电子化管理，能够在发生应急情况时，给出对应的电子预案，以及相应的专业人员应急联系电话、应急资源的状态及分布区域等相关信息的辅助管理。

（5）建立大牛地气田生产大屏幕监控调度系统。在现场中控室大屏幕投产后，在大屏幕系统中接入天然气生产集成监控系统，建立大牛地气田大屏幕监控调度系统。

大牛地气田厂级中控室的建成，实现了从天然气采集、集输、净化处理到外输等与生产及安全相关数据的集中获取；实现了生产动态实时监控和预警；同时配置了生产运行、生产动态分析功能，为分公司生产调度管理和生产应急处置提供了信息支持，保障了天然气生产的高效、安全运行，让业务主管部门及时了解生产运行情况，为工程技术部门提供第一手资料，有效提高数据利用率。

四、集输系统完善助力稳产增效

通过对比天然气脱水方法和大牛地气田销售天然气气质要求，大牛地气田天然气主要满足北京、山东、河南等地用气需要，水露点要求不高，达到-13℃即可，采用节流膨胀制冷低温分离法完全能够满足对天然气水露点的要求，同时烃露点要求也可满足，是比较适宜的天然气脱水处理工艺。但需由气井压力衰减曲线确定压力能衰减情况，根据衰减情况分期对流程或外冷设施进行调整和扩建，由于大牛地气田属低渗透气田，各层位的压力衰减较快，在开发期到 3~5 年时，井底流压将降至 6.0MPa 左右，这种情况下井口的压力将降至3.0MPa左右，低温分离需要依靠外冷设施将天然气温度降至-15℃方可满足要求。

大牛地气田开发天然气脱水工艺模式为早期各集气站分别利用节流膨胀制冷脱水工艺。利用地层压力能获得所需低温，从而降低工程投资和运行费用。开发后期大部分气井压力降低后，采用分离后的低温干气对单井来气预冷以满足低温分离要求复温外输工艺，从而降低节流膨胀所需压差，使增压和外冷脱水时机延后，达到节能降耗目的。当气井生产压力与外输压力基本一致时，已无法依靠地层能量获得节流压差时，需实施增压、外冷脱水工艺措施，提供满足低温的能量。而原料气预冷换热器的利用仍能使外冷机组的能耗减到最小，降低总体能耗。

因此，确定大牛地气田前期集输模式采用高压集气、站内加热、节流膨胀制冷脱水、集中注醇防止水合物模式。随着气田开发、地层压力的下降中后期视开发和生产情况逐步采用增压、外冷的天然气集输处理模式。

（一）低压生产阶段集输方案调整

高压集气工艺在气田开发初期充分利用地层压力节流制冷脱水，满足了天然气外输要求，降低了天然气处理的投资和运行费用。随着地层能量的降低，井口压力和气井产量同步下降，对气田整体产能建设目标的完成影响逐渐加深。同时集气站内可用压差减小，节流制冷脱水工艺效果变差，外输气质水露点逐渐升高，已不满足规范要求。更重要的是，当多数气井压力下降到管网压力以下时，如果不采取增压集输，将无法保持气田稳产。由于气田外输条件的客观限制，气田天然气的外输压力要求较高（不低于4.5MPa），至2011年整个气田约30%的气井压力在5.0MPa左右，接近管网压力。随着地层能量衰减，气田增压外输工程逐渐提上日程。结合气藏地质特征，以及已建集输系统情况，进行全面的论证及分析，形成了适应大牛地气田开发模式的分段多级增压技术，外冷集中脱水技术，保障了气田稳产增效。

（二）分段多级增压提高采收率

针对整个气田产量及压力变化情况以及增压部署原则，设想了4种增压模式：单井增压模式、集气站分散增压模式、区域集中增压模式（多个集气站集中增压）、首站集中增压模式。分别对4种模式下集输方案，并对工程量、投资、效益等内容进行了对比分析。

通过比较可知，在气田增压生产阶段的初期，4种模式都可以采用，但是到了增压生产阶段的后期，首站集中增压模式不利于降低井口废弃压力，气井的采收率偏低。在增压模式论证初期，建议首先采用区域集中增压模式，如果采用区域增压模式的天然气输出压力达不到管网外输压力的要求，或者井口废弃压力需要进一步降低，这时可以同时采用首站集中增压模式，对管道气进一步增压以满足外输压力的要求。我们将这种依次采用两种增压方式的模式称为分步两级增压模式。

塔榆管线为华北分公司天然气外输管线，根据“十二五”规划到2015年末需要通过塔榆管线外输的天然气量将达到$53\times10^8m^3/a$。已建塔榆管线设计压力为6.0MPa，管道公称直径为*DN*700，采用不增压输气工艺输气规模为$30\times10^8m^3/a$，管道运行压力为4.5MPa左右。为保证华北分公司“十二五”期间天然气顺利外输至榆济管线，充分利用已建塔榆管线，考虑采取增压输送工艺，提高管线的输气能力，在首站实施集中增压。后期压力继续递减之后再考虑区域增压或者集气站增压。分步两级增压模式可以根据实际生产情况灵活运用。分步两级增压模式可充分利用气田现有的集输系统，又能最大限度地开发气田资源，满足管网输气要求，是大牛地气田增压开采值得优选的增压集输模式。

1. 首站一次集中增压工程

随着地层能量的降低，气井压力逐渐接近管网压力。截至 2013 年 11 月，大牛地气田气井平均油压 6.38MPa，平均套压 7.37MPa，而外输管网压力为 4.8~5.6MPa，管网上游部分气井已无法开井生产。为保证气田正常生产，保障产销任务顺利完成，大牛地气田实施了塔榆管线增压扩能工程。塔榆管线增压扩能工程主要包括新建塔榆增压站一座，站内配套建设 110kV 变电站一座以及塔榆首末站的改造。塔榆增压站于 2013 年 12 月 1 日投产，气田实现从自然开采到增压开采的平稳转换。站场设计处理能力 $53\times10^8 m^3/a$，配置了 11 台国产压缩机组，主要负责对大牛地气田各条输气干线来气进行增压。具有过滤分离、增压、收发球等功能。

塔榆增压站进气工况压力范围为 2.0~4.5MPa，要求压缩机进气压力的适应范围很大。离心式压缩机对压力的适应范围较窄，且工况变化时易发生喘振，影响机组的正常运行。往复式压缩机具有适应宽阔的压力范围优势，并能通过调节气缸余隙、气缸数量、转速等方式对工况范围进行适应，确定采用往复式压缩机，并通过对电动机和燃气发动机两种驱动方式进行比选，确定采用电驱压缩机。

截至 2016 年底，塔榆增压站累计处理天然气 $99.64\times10^8 m^3$，日均处理气量 $913\times10^4 m^3$。进站压力平均 2.78MPa，出站压力平均 4.88MPa。运行机组 2~6 台，机组运行参数均符合设计要求，整体运行良好。增压前气井的废弃压力平均为 6.5MPa，增压后，压缩机最低进站压力 2.0MPa，反算出井口压力平均 3.5MPa，由此可得一期增压使气井废弃压力降低 3MPa。实施一期增压后直井建产区递减率减缓至 7.9%，不受产销影响的情况下，可持续 1.5~2 年，且可提高采收率 4.63%。

2. 二次增压工程

二次增压工艺技术核心即结合气藏预测研究进行增压集气站“进气压力、排气压力、增压气量”三个基础生产参数的优化组合。增压工艺研究以气藏开发预测为基础、以采气生产数据归纳为手段、以保证气田长期持续生产为根本目标。通过气田生产日报数据的归纳与总结，对气田增压集气站进行站址筛选并优化增压工艺边界条件；通过不同进气工艺边界条件的增压方案对比，确定增压集气站最优工艺边界条件；结合增压机组选型配置及配套系统设计，通过工程投资及能耗分析，确定增压最优驱动形式。

大牛地气田开发初期采用高压集气工艺，有效利用地层剩余能量，工艺流程简化，操作简单，节省运行成本。随着压力递减，气田进入开发中、后期后，受已建集输系统和外输交气压力诸多因素影响，自然能量的合理利用和天然气集输、处理工艺的正确选择，直接影响跨越 2/3 以上开发时段的系统效能，对保证气田整体开发效益至关重要。

地面集输工艺研究结果表明：气井压力下降到一定程度后需要进行人工增压方可实现外输。经济合理的增压阶段为两期，其中一期集中增压最为经济合理，二期以分片增压（多座集气站）与分散增压（单个集气站）相结合更现实和可操作。

综合国内外同类气田增压开采经验，兼顾大牛地气田自身地质特征与生产特点，最大限度开采地层资源、尽可能降低气井进站压力、延长气井废弃时机作为二次增压的最终目标，结合气藏工程前期研究的相关成果，确定大牛地气田远期气井最低进站压力为 0.1MPa，并以此作为二次增压总体技术路线的基础。

总体技术路线：单站增压工艺，一次规划设计，分年度实施，投资效率高，不永久征土地，避免了矿权压覆、林业审批等手续办理，节约了投资；集气站内做简单流程改造，施工周期短，影响产量小，二次增压后，新井可采用井下节流工艺投产，地面压力系统保持一致。

单站分散增压工艺流程方案：由于滚动建产的特点，大牛地集气站采用高低压井混输进站生产，一级节流后来气压力统一降低至 5.7MPa 以下；经后续流程分离脱水，集中计量外输至气田管网。结合气井压力，集气站增压流程采用高低压混输流程。

根据气藏工程部门对气田二次增压后各站气量分布预测，采用 TGNET 软件进行气田地面集输管网模拟，计算各站外输压力。当集气站进站压力低于站场外输压力时，则集气站需要进行二次增压，以满足管网外输压力要求。

大牛地气田二次增压工程 2017~2019 年陆续实施 50 座集气站二次增压工程。目前全部加载运行，单站提产幅度 3%~10%，平均提产 6%。二次增压站投运后，二次增压站的总体产量实现了稳定生产，尤其是避免了冬季产量大幅的下降，稳产效果显著，为“十三五”期间大牛地气田 $30\times10^8m^3/a$ 作出重大贡献。

二次增压前后，连续生产井数由 956 口增加至 974 口，生产时率增加 0.5%，压降变快，平均单井日产气由 $0.60\times10^4m^3/d$ 增加至 $0.63\times10^4m^3/d$，平均单井日产液由 $0.46m^3/d$ 增加至 $0.60m^3/d$，带液情况变好，总体生产情况变好。间歇生产井由二次增压前 86 口减少至 63 口，生产时率增加 12%，压降变快，平均单井日产气由 $0.21\times10^4m^3/d$ 增加至 $0.29\times10^4m^3/d$，平均单井日产液由 $1.27m^3/d$ 降至 $0.76m^3/d$，总体生产情况变好。

（三）集中脱水脱烃提质增效

大牛地气田集气站采用高压集气工艺，在开发初期充分利用地层压力在集气站内进行节流膨胀制冷脱水，可以满足天然气外输气质要求，大大降低了天然气处理的投资和运行费用。随着地层能量的降低，站内可用节流压差减小，节流膨胀制冷脱水工艺效果逐渐变差，塔榆末站水露点逐年升高，已经不能满足最新规范要求。因此，需要对天然气进行脱水净化处理，保证气质达标。

1. 脱水脱烃工艺

节流膨胀制冷脱水工艺主要用于有压力能可供利用的高压气田，大牛地气田无可利用的压力能，节流膨胀制冷脱水工艺对本项目不适用。固体吸附主要用于需要水露点降比较高以及需要深度脱水的场合，由于脱水深度要求不高，因此不推荐使用。由于大牛地气田后期可能有凝析油，考虑三甘醇无法控制天然气烃露点的最大劣势，不推荐使用此方法脱水。低温制冷脱水工艺利用冷媒制冷+外输天然气冷量回收工艺，利用低温制冷工艺可以达到天然气脱水要求。本工程采用外加冷源的低温制冷工艺。

大牛地气田无可利用的压力能，节流制冷工艺不适用。故选择外制冷的方法对天然气进行制冷，以达到低温分离的效果。采用外制冷方式与脱水方法类似，可以达到同时脱水脱烃的效果。

2. 脱水脱烃方案

对整个气田来讲，天然气脱水有分散脱水和集中脱水两个方案。分散脱水即集气站脱水，集中脱水即塔榆增压站脱水。根据气质组分情况，设计最低冷凝温度为-25℃，氨和丙烷均能满足要求。由于氨为可燃、易爆、有毒介质，需要设置有消防喷淋水等安防设施，对事故时泄漏的氨气进行喷淋，有效吸收泄漏的氨气、降低氨扩散程度。鉴于最近发生的氨泄漏事故，从以人为本和安全角度考虑，采用丙烷制冷系统。

通过比较，集中脱水管理方便，液化石油气轻油收率高，营运成本较低，生产液化石油气有一定的投资收益，采用集中脱水方案。

集中脱水方式根据脱水位置不同，分为增压前脱水和增压后脱水，含水天然气进入压缩机可能会引起压缩机结垢，从保护增压站压缩机的角度，采用增压前脱水。

3. 提质增效效果显著

大牛地脱水脱烃站内建有三股流换热器 3 台，丙烷制冷系统 3 套，轻油吸收塔 3 座，脱乙烷塔 1 座，液化气塔 1 座，其他配套设备若干。

该工艺技术于 2015 年应用于大牛地气田，保障天然气达标外输并创效显著。该工艺技术的应用，使整体集输系统更加完善，大牛地天然气年处理能力达到 $50\times10^8m^3$，实际处理天然气 $32\times10^8m^3/a$，天然气气质、水露点达到外输要求。脱水脱烃站采用丙烷制冷工艺，通过深冷实现天然气水露点、烃露点达标，同时回收液化气及凝析油达 89t/d，自 2015 年年底建成投产以来，已销售液化气及凝析油超过 12×10^4t，创造效益约 3.2 亿元。

五、小结

综上，气田通过“早期高压集气、集中注醇、进站加热、轮换计量、节流脱水、残液收集”的工艺技术，充分利用了地层的天然能量实现天然气的脱水与外输，减少了早期大量的设备投入，降低了投资、简化了操作，大幅度提高了气田开发初期集输和气田的经济效益；随着气田开发地层压力下降，地面集输工艺转变为“中压集气、降压开气、两级增压、停醇采气、外冷脱水”，建成了气田全覆盖的集输系统及配套设施，保障了气田中后期的效益开发，提高了气田的采收率。在地面工程建设和集输管理上，持续推进“标准化设计、标准化采购、模块化建设和信息化提升”工作，取到了较好的效果，单座集气站设计-建设周期缩短 60 天、占地面积降低 20%，合计优化用工 120 人，综合降本减费 8532 万元。经过多年实践，形成了适应致密低渗气田滚动开发的集输模式及技术系列，建成了覆盖全气田的集输系统及配套设施，实现了地面集输系统“安、稳、长、满、优”运行，创新形成了地面集输“早期高压集气、中晚期降压采气、分级增压集气”的集输工艺技术。

第二节　大牛地气田生产实践与管理

大牛地气田储层具有低压、低渗、低产的特点，单井产量低，气井普遍产液，气井生产管理难度大、效益低。针对气田气井的特点，通过实践，总结形成了以“四化运行”为重点的生产运行管理体系，以“泡沫排水和速度管排水”为主的排采技术体系，以“五保障、六到位”为重点的冬季生产管理机制，加强生产动态管理，不断提升开发指标，开展信息化建设，为实现致密低渗气田的效益开发提供了支撑。

一、气田生产简况

大牛地气田从 2003 年进行开发先导性试验，开展天然气产能建设，分为开发先导试验、直井单层建产、直井多层合采建产、水平井建产 4 个阶段。2003 年建成产能后很快向用户供气，实现了大牛地气田天然气生产零的突破。

2003 年，在中国石化股份公司的全面指导和大力支持下，华北分公司按照“抓实创新、攻坚上产、降本增效”的工作方针，精心组织和实施了气田开发先导性试验，仅用 83

天就快速建成了大牛地-杭锦旗输气管线。9 月 7 日杭锦旗输气站正式对地方用户供气，当年共有 8 口井投产，生产天然气 0.0658×10^8m^3，销售 0.0617×10^8m^3。2004 年生产井增加至 37 口，生产天然气 0.9358×10^8m^3，销售 0.9236×10^8m^3。为缓解北京市的天然气紧张状况、保障绿色奥运任务顺利完成，中国石化股份公司向华北分公司下达了于 2005 年 8 月 1 日向北京供气的任务。

2005 年开展了大牛地气田第一个 10×10^8m^3 产能建设，7 月 17 日 11 时 17 分大榆管线末站和陕京二线首站同时开启阀门，对接输气一次成功，大牛地气田生产的洁净天然气经大榆线、中石油陕京二线直送北京，提前 13 天正式向北京供气，当月供气 703×10^4m^3，兑现了中国石化向国家、向北京人民的庄重承诺。年底建成 10×10^8m^3 天然气产能，共投产新井 188 口，总生产井达 236 口。当年生产天然气 3.99×10^8m^3，销售 3.97×10^8m^3。从 2005 年开始，大牛地天然气生产走上了发展的快车道，气井、集气站、输气站不断增加。

2019 年 12 月，大牛地气田已拥有生产井 1701 口、集气站 64 座、大型天然气处理站 1 座(含大型增压 1 座、脱水脱烃站 1 座)、输气站 3 座(其中贸易交接门站 2 座)、甲醇污水处理站 4 座。2019 年末日产气能力达到 900×10^4m^3，年生产天然气 31.93×10^8m^3，销售天然气 29.14×10^8m^3，历年来累计生产天然气 385.29×10^8m^3，销售天然气 363.95×10^8m^3，气田动用储量达到 3271.84×10^8m^3，采出程度 11.78%(表 8-2-1、图 8-2-1)。用户从最初的 1 家增加到 13 家，用户有中国石化天然气分公司(主要供气给山东、河南用户)、中天合创能源有限责任公司、鄂尔多斯市佳恒天然气有限公司、陕西中盛天然气有限公司等。

表 8-2-1　2006~2019 年大牛地气田天然气生产据表

年 份	2006 年	2007 年	2008 年	2009 年	2010 年	2011 年	2012 年	2013 年	2014 年	2015 年	2016 年	2017 年	2018 年	2019 年
总井数/口	380	524	628	708	804	933	1064	1222	1356	1491	1561	1582	1627	1701
开井数/口	370	503	608	682	778	905	1034	1175	1316	1410	1465	1493	1541	1597
开井率/%	97.37	95.99	96.82	96.46	96.77	97	97.18	96.15	97.05	94.57	93.85	94.37	94.71	93.89
生产时率/%	99.55	99.40	98.67	97.06	98.69	98.63	98.85	95.82	94.16	92.21	93.12	96.02	95.61	97.18
累产气/10^8m^3	15.35	30.12	49.32	68.82	91.63	115.36	142.98	177.99	218.32	251.52	286.61	321.85	353.35	385.29

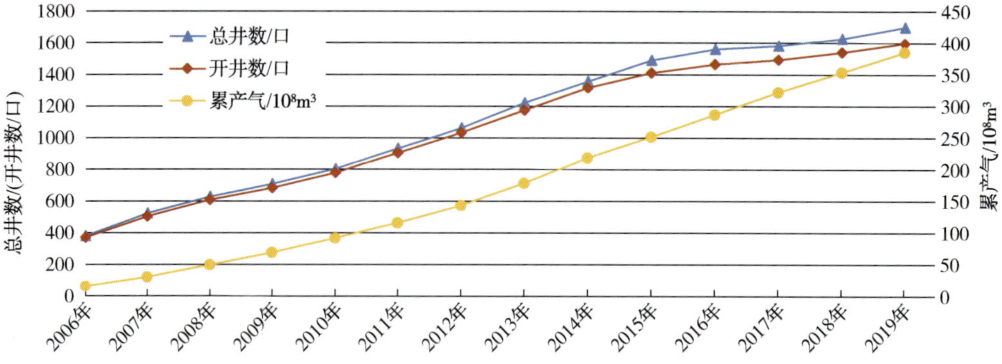

图 8-2-1　2006~2019 年大牛地气田天然气生产曲线图

二、生产管理

大牛地气田具有“三低”的地质特征，以及地处半沙漠、冬季寒冷的自然条件，气井普遍低产、产水，水平井产量递减快，这些特点给生产管理带来了较大的难度，需要一套与气田科学合理经济高效开发目标相适应的生产管理方法。大牛地气田自 2005 年进入正式开发后，逐步形成了自己特有的生产工艺(图 8-2-2)。华北油气分公司认识到只有严格管理，创出一条具有大牛地特色的符合气田自身特点的生产管理体系，才能攻破致密低渗砂岩气田的开发难题，实现边际气田的经济有效开发。

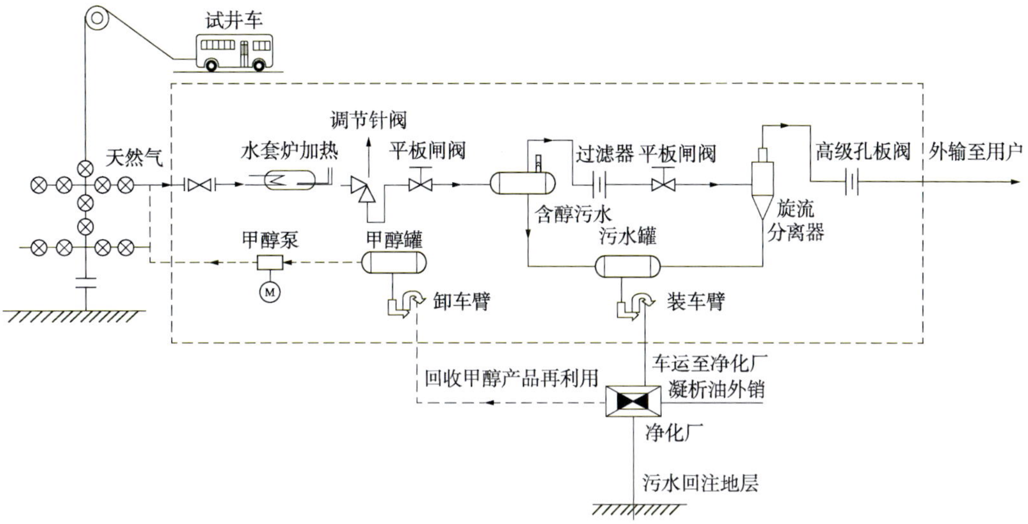

图 8-2-2 大牛地气田生产工艺流程示意图

通过在生产运行过程中不断摸索，总结形成了以“五制联动”“四化”“五保障、六到位”为主的生产管理机制，以“油气信息综合管理系统”“危运品车辆 GPS 监控系统”“长输管道泄漏监测系统”“站场视频监控系统”为主的生产运行管理平台，编制了诸多能够有效指导采气生产的管理制度和操作规程，形成了成熟完善的生产管理体系(图 8-2-3)，提高了生产效率，确保了生产任务的全面高效完成。

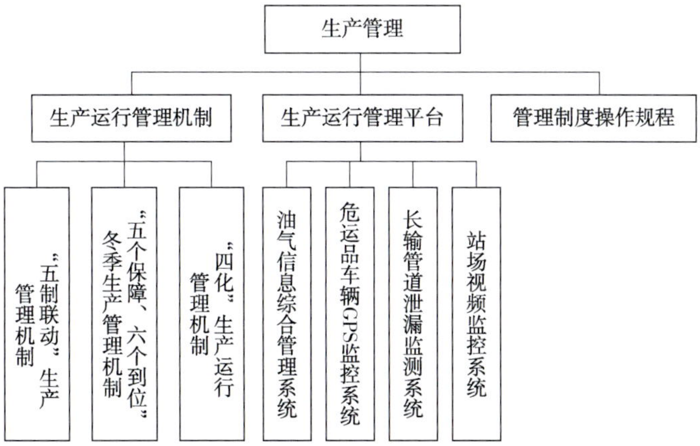

图 8-2-3 大牛地气田生产管理体系框图

（一）生产管理运行机制

在生产运行过程中，总结形成了“五制联动”生产管理机制、“五保障、六到位”冬季生产管理机制、“四化”生产运行管理机制（图 8-2-4），并且进行优化整合，形成成熟完善的生产运行管理体系。

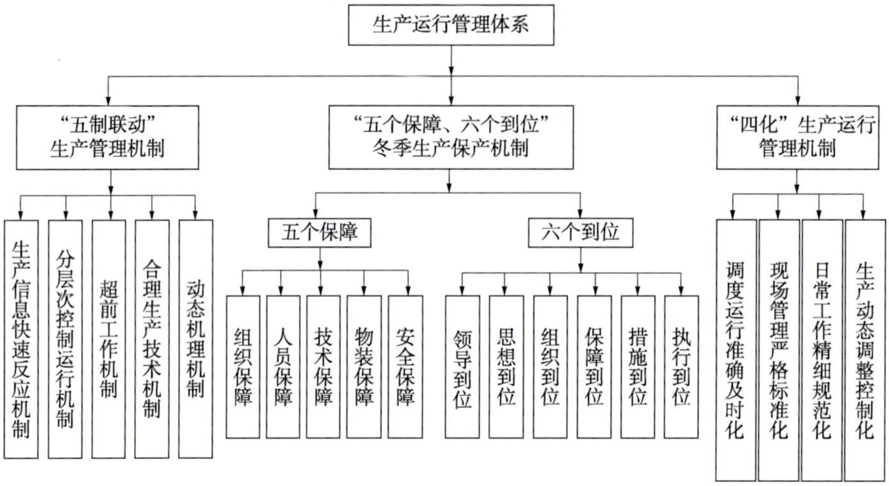

图 8-2-4　生产运行管理体系结构示意图

1.“五制联动”生产管理机制

2005 年，中国石化按照国家发改委和北京市政府的要求，为了绿色奥运和尽快缓解北京紧张的供气局面，决定快速启动大牛地气田 $10\times10^8m^3$ 产能建设，设计 5 月底完成塔巴庙至榆林的天然气管道集输工程，7 月份向陕京二线供气。当时采气一厂刚刚成立，大牛地气田进入正式规模开发，形势紧迫，需要尽快健全组织体系，理顺工作程序，以保证产能建设的顺利进行，实现当年向北京供气，支持绿色奥运的目标。正是在这种大背景下，以“生产信息的快速反应，分层次的运行控制，超前的工作部署安排，合理的生产技术管理，动态的激励考核”为主要内容的“五制联动”生产管理机制应运而生（图 8-2-5）。

（1）具体内涵。

生产管理机制围绕“向北京供气，支持绿色奥运”这一最主要的中心任务，确保气田的快速规模建产。

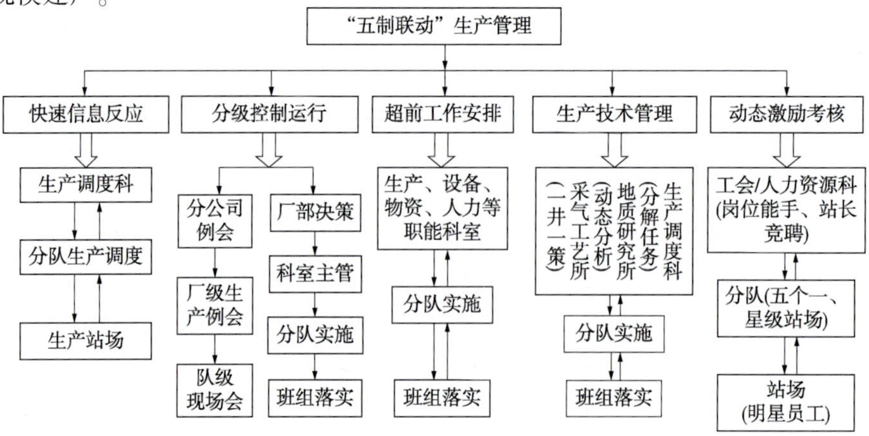

图 8-2-5　“五制联动”生产管理结构图

① 确保生产信息的快速反应，实现生产运行高速有效。

针对气田生产管理点多、面广的实际情况，创新运行方式，实行 24 小时生产调度值班制度，各站通过自动遥控监测系统，建立了生产中心控制室，随时掌握生产运行动态，可以快速地应对各项故障，实现生产过程超前控制。

② 确保分层次的运行控制，实现生产过程平稳控制。

通过“三级会议，四种纵向管理模式”，来控制生产运行质量，使生产管理紧凑而有序，生产运行规范、高速有效。三级会议就是分公司生产例会、采气一厂每周生产工作例会、各单位现场生产工作会。四种纵向管理模式就是厂部决策控制、科室主管、分队实施、班组落实的纵向生产管理网络。

③ 实施超前的工作部署安排，超前决策布置，工作有备有序。

新站建设、新井投产，设备检测、动态监测等工作均超前计划、提前布置、全程跟踪。提前建立验收表格，严格验收，使各项工作保质保量顺利完成。同时把质量责任层层分解、层层落实，严格工序管理，确保质量和安全。

④ 实行合理的生产技术管理，确保气井稳定生产。

一是将气井进行分类管理，建立“一井一策”管理制度。二是加强动态分析，确定合理配产方案。三是加强排水采气、水合物防治等技术研究，确保生产时率在 95%以上。

⑤ 进行动态的激励考核，激发职工的进取心和创造力。

在生产工作中通过各种劳动竞赛来激发职工的工作热情，开展岗位能手评比、“五个一”员工素质提升活动，即“每日一题，每周一课，每月一考，每季一赛，每年一总结”等活动。同时每月对职工进行绩效考核，并制定了内部下岗再就业制度。在各分站开展了“星级站场”和“明星员工”评比工作，进一步激发了职工的进取心和创造力。

（2）实施效果。

“五制联动”生产管理规范和明确了每一条管理主线的管理程序和职责目标，在纵向和横向上充分发挥了积极的团结协调作用，达到各部门、各单位之间的联动效应，实现了生产节奏的有序高效，保障了气田整体管理水平的提高，从而保证了快速规模建产任务顺利完成。

2.“五保障、六到位”冬季生产管理机制

大牛地气田地处高寒地区，冬季气温极低，排水采气和水合物生成造成的堵塞是气田生产过程中面临的主要难题。而冬季往往是用气高峰，对于气田生产而言，冬季是对天然气采输工作的严峻考验。2003~2004 年先导试验期间，气井产水和水合物生成严重影响了气田的生产，气井综合利用率仅有 70%。由于产水带来的气井产量下降和水合物造成的气井频繁堵塞，不仅加大了现场作业人员的劳动强度，也给安全生产和平稳供气带来诸多严重隐患。

随着国家及中国石化油气资源战略的调整，确定了以大牛地气田保证北京用气、支援北京奥运，占领山东天然气市场，同时兼顾河南天然气市场的战略目标。为了保证国家及中国石化油气资源战略目标的实现，华北油气分公司采气一厂经过多方探索和实践，创建了大牛地气田“五个保障、六个到位”冬季生产管理机制，在应对冬季恶劣自然条件下的气井解(防)堵、人员组织安排、设备物资准备、提高气井开井率和生产时率等方面积累了宝贵的经验和做法。

(1) 具体内涵：

“五个保障、六个到位”冬季生产管理主要内容是“五个保障、六个到位”，即组织保障、人员保障、技术保障、物资保障、安全保障和领导到位、思想到位、组织到位、保障到位、措施到位、执行到位。要求各级生产单位要在越冬生产期间从组织、人员、技术、物资、安全五个方面做好保障工作，做到组织要健全、人员要到位、技术有措施、物资有储备、安全有保障(图 8-2-6)。

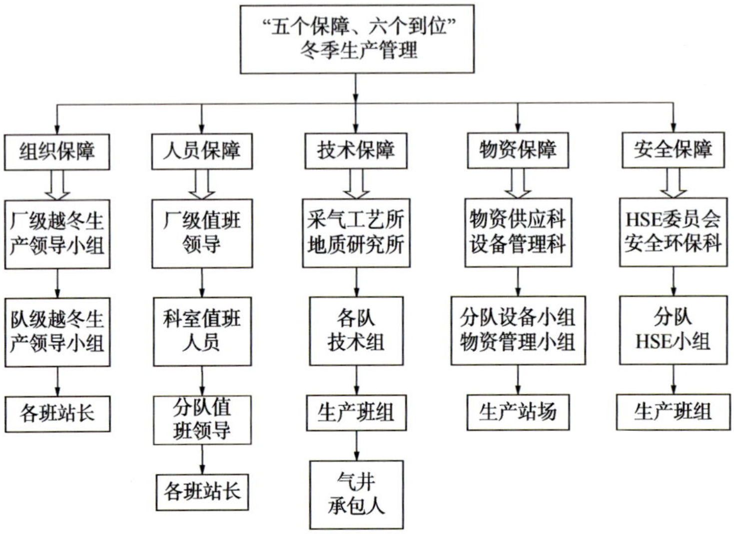

图 8-2-6　“五个保障、六个到位”冬季生产管理结构图

① 组织保障。组织保障就是厂级和一线生产单位制定切实可行的《冬季生产运行方案》，并成立相应的各级越冬生产管领导小组，分工明确，责任到人。制定相应的值班、汇报、巡检、例会和承包等制度。确保思想到位、组织到位。

② 人员保障。人员保障就是进行越冬生产总动员，安排好基层骨干休假计划，领导干部 24 小时值班，坚守在冬季生产第一线。加强员工的技能培训，根据冬季生产易出现的问题，有针对性地进行培训并组织预演，增强员工处理问题的能力。确保领导到位、思想到位。

③ 技术保障。技术保障就是针对大牛地气田气井的生产特点，依托以泡沫排水采气为主的排水采气工艺和以伴注甲醇为主的解防堵工艺，落实“一井一策”制度，对气井进行分类管理，高产井特护，特殊井重点监控，及时召开动态分析会，做好气井生产制度的调整和优化，及时解决生产中存在的技术工艺难题。采输气、污水处理、动态监测等作业均编写具体计划与措施，要求措施到位、执行到位。

④ 物资保障。物资保障就是越冬前进行库存盘点，重点材料优先安排，紧急物资保证库存。进行设备检修保养，确保符合冬季生产要求。要求保障到位、执行到位。

⑤ 安全保障。安全保障就是开展“站场冬季安全生产点检表”、大型关键设备采取特护制度，专人负责。编写应急预案、冬季检查表，每月召开一次安全会，要求措施到位、执行到位。

(2) 实施效果：

通过实施“五保障、六到位”冬季生产管理机制，充分把握住了生产运行的每个细节，解决了在冬季恶劣环境下如何保证大牛地气田生产安全、平稳运行的难题，气井综合利用率上升到90%以上，确保了生产任务的顺利完成，而且在稳产增产、合理气源调度等方面取得显著成效。该成果还获得中国石化企协第十七届管理现代化创新成果三等奖。

3.“四化”生产运行管理机制

大牛地气田地处毛乌素沙漠东部，冬季最低温度可达-35℃，气候环境恶劣，作为中国石化重要的天然气资源接替区，实现了向山东、河南等经济发展较快的地区供气，有效缓解了这些地区的天然气供需矛盾，其作为华北地区天然气主要供给地的重要性日益凸现。

采气一厂作为大牛地气田的主体生产单位，承担着天然气采输、污水处理及甲醇回收、动态监测等工作，日最大供气能力可达 $900\times10^4m^3$。由于气田生产点多、线长、面广，作业范围广泛复杂，加之自然环境恶劣，管理难度大。针对气田以上特点、难点，优化、整合多项安全、生产、技术管理内容，加大研究深度及推广应用程度，逐步形成了“调度运行准确及时化、现场管理严格标准化、日常工作精细规范化、生产过程动态调整控制化”的“四化”生产运行管理体系。

（1）具体内涵：

调度运行准确及时化。加强各级调度指挥系统的管理，对生产实行统一调度、综合协调，按各层次不同授权和职责分工，掌握生产运行动态，组织指挥生产活动，努力做到生产调度运行准确及时化。

现场管理严格标准化。天然气采输、污水处理、动态监测等作业是厂最主要的生产内容，为保证安全生产，按照相关规范要求，不断加强现场管理的标准规范化。尤其是结合HSE管理体系，进一步做好近30个程序的有效管理和控制运行工作。

日常工作精细规范化。由于气田开发工作内容广泛而繁杂，为此以内控制度、HSE管理体系为依托，努力做好日常管理工作的精细化、规范化。

生产过程动态调整控制化。根据不同情况及时做到生产过程中的动态调整和有效控制，保证了生产顺利进行和管网安全平稳运行。尤其是在用户大幅度停(减)用气、新井投产后单井配量调整、污水处理运行压力大的情况下，调整气井开关制度发挥了有效的保障作用。

（2）实施效果：

“四化”生产运行管理机制已经成为大牛地气田重要的管理手段，该机制使得生产运行管理工作层次分明、范围可控、权限明确、效率高效、管理方便，确保了生产运行中各生产系统安全平稳运行，连年圆满完成天然气采输、安全环保、节能降耗等生产经营任务和指标。

上述各项生产管理机制都体现了大牛地气田各个开发阶段的特点，解决了大牛地气田开发生产的主要矛盾和迫切需要解决的问题。

（二）生产运行管理平台

大牛地气田构建了以油气信息综合管理系统、危运品车辆GPS监控系统、长输管道泄漏检测系统和站场视频监控系统为主要组成部分的数字化、信息化、多功能生产运行管理平台。

1. 平台结构

生产运行管理平台如图 8-2-7、图 8-2-8 所示。

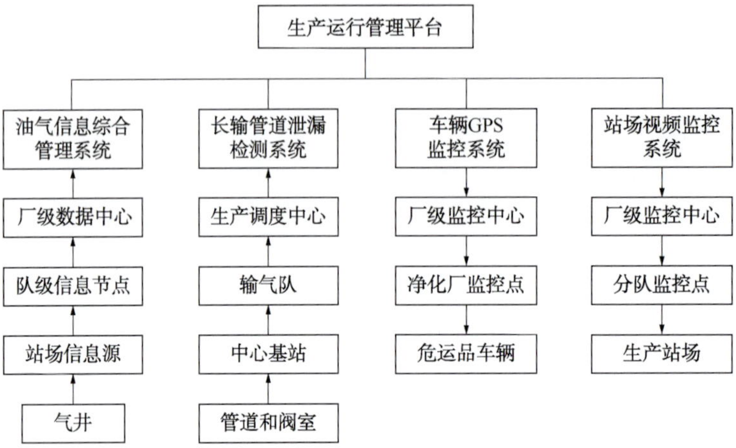

图 8-2-7　生产运行管理平台结构示意图

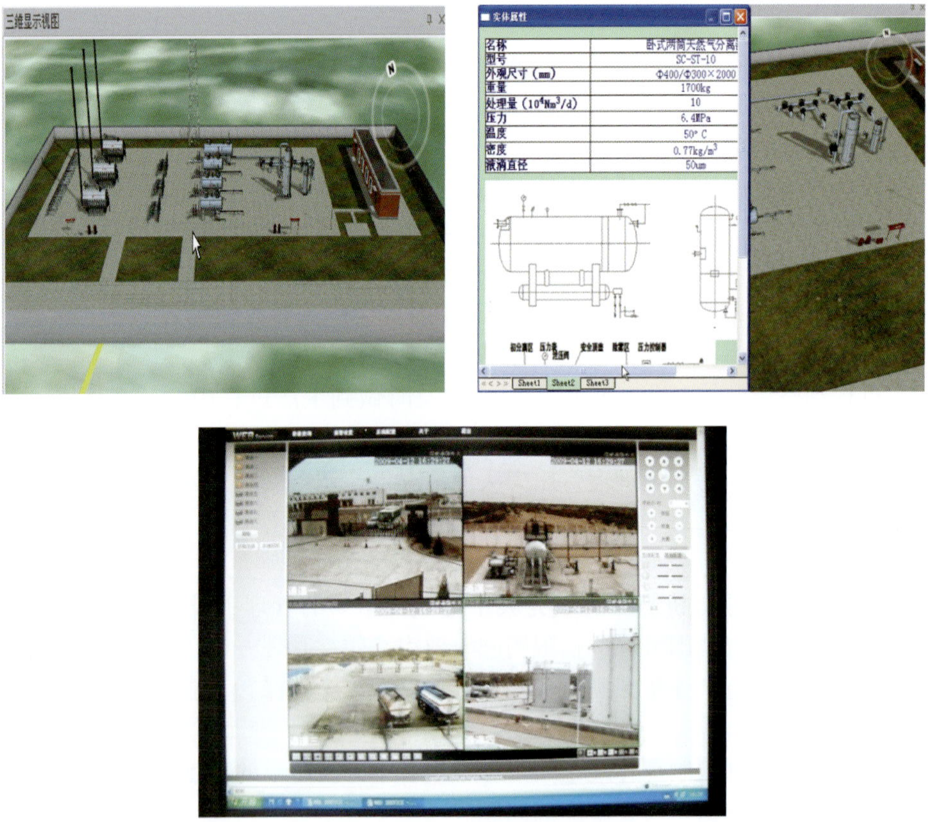

图 8-2-8　生产运行管理

2. 生产运行管理平台实施效果

（1）通过对所有生产、办公场所的内网 IP 地址进行了统一规划，建立气田信息中心服务站，对服务器进行分级访问设置，使得完整翔实的生产、技术数据和资料在全厂范围内实现共享，大大方便了各项工作的高效快捷管理。

(2) 气田初步实现数字化管理，明晰了作业流程，规范了作业行为，提高了工作效率，减少人员投入，避免人工数据录取错误对生产运行的影响。

(3) 危运品车辆GPS监控、长输管道泄漏检测管理系统，为安全生产和管网平稳运行提供了信息保障，为应急指挥和抢险救援等工作快速反应提供了支持。

(4) 依托气田内部局域网，整合视频监控、危运品车辆GPS监控、长输管道泄漏检测以及油气信息综合管理系统等信息资源，初步形成具有生产调度、应急指挥、站场生产数据实时监控等综合功能的数字化、信息化、智能化的生产运行管理平台，保证了生产运行管理工作层次分明、范围可控、权限明确、效率高效、管理方便的要求，保证了安全生产和平稳采输。

三、技术管理

(一) 技术体系

大牛地气田生产开发过程形成了包括采气工艺技术、输气工艺技术、含醇污水处理工艺技术和防腐阻垢工艺技术等在内的技术体系，为天然气生产打下坚实基础(图8-2-9)。

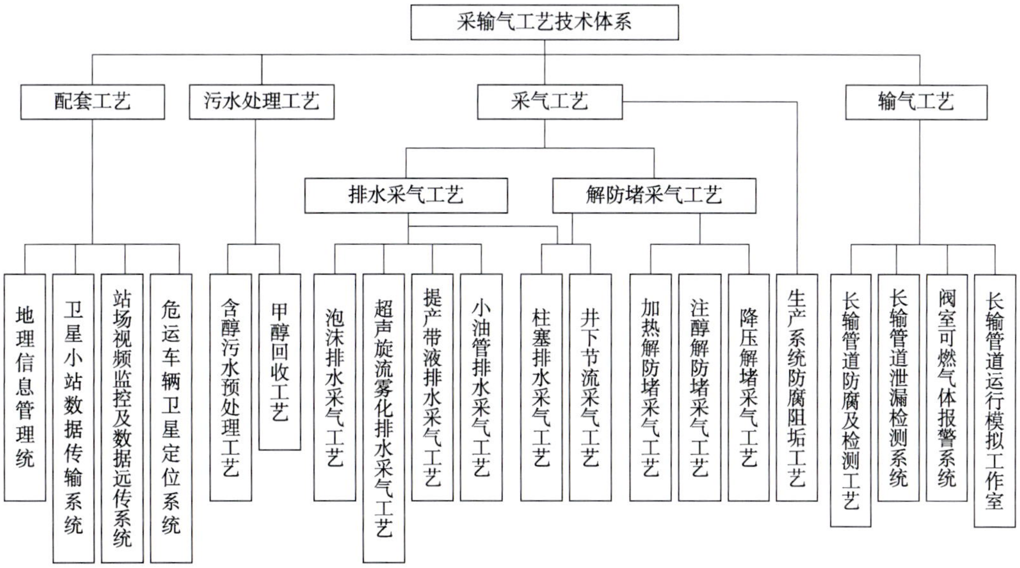

图8-2-9 大牛地气田采输气工艺技术构成示意图

在所有采气工艺技术中，排水采气工艺是最重要的工艺。在此做重点介绍。

国内外已应用的排水采气工艺主要包括化学法、物理法、机械助排及人工举升4种方法，包含泡沫排水、速度管、注入举升等11类32种，如表8-2-2所示。目前大牛地气田已应用其中24种，形成了泡沫排水、速度管排水工艺为主体，气举排液工艺、机械排水和人工举升为辅助的排水采气工艺体系。

表 8-2-2 排水采气工艺分类

序号	方法	类别	明细	备注
1	化学法	泡沫排水	站内泵注	
			井口高压滴注	
			井口泵注	
			井口车注	
			井口油管投棒	人工投，自动投
2	物理法	速度管	ϕ31. 8mm、ϕ38. 1mm、ϕ50. 8mm	可以与泡排工艺配合
		小直径油管	ϕ48mm、ϕ60. 3mm	
		放空排液	井口罐车排液	
			站内放空	
3	机械助排	柱塞气举	常规柱塞	
			分体柱塞	
			游动柱塞	
			智能柱塞	
			井下机器人柱塞	
		井下雾化	节流雾化	
			超声雾化	
		涡流	单级，两级，多级	
		井下气动泵		
		喷射引流		
4	人工举升	注入举升法	高压邻井气举	
			天然气压缩气举	
			车载式制氮气举	
			液氮气举	
			压缩天然气气举	CNG 槽车
		管网降压法	大型天然气压缩机	站或区域降压
			小型天然气压缩机	单井或井组模式
			气液压缩混输	单井或井组模式
			同步回转	
		井下举升法	机抽排水	
			电潜泵	
			直线电机泵	
			喷射引流泵	
			井下压缩机	

1. 泡沫排水采气工艺技术

泡沫排水采气工艺是通过起泡剂在井筒内产生大量的泡沫，增大井筒内积液的体积，降低积液的密度。在天然气上升的过程中，起泡剂产生的大量泡沫也随着天然气一起被带出井口。由于起泡剂产生的泡沫膜上含有大量的水分，因此泡沫在被带出井口的同时，井筒内大量积液也被带出井底。气井井筒内的积液在被带出井筒后，减少了井筒内积液对井底的回压，从而有效地解除气流道堵塞。泡沫排水采气具有施工容易、见效快、成本低、不影响气井生产的优点，因而得到广泛应用。大牛地气田泡排加注工艺主要有4类：站内泵注、井口车注、井口投棒、井口滴注(图8-2-10)，以站内泵注为主，泡排剂通过管线从集气站注入到井内。泡排剂经过多年发展，形成了以UT系列为主的气田用泡排剂，药剂形态为液体、固体棒剂两种，在性能上具有低压、抗油、抗盐、缓释多种类型泡排剂。泡排剂在加注周期上普遍采取定期加注，少数井采用连续加注方式(图8-2-11)。

图8-2-10 大牛地气田泡排剂加注方法图

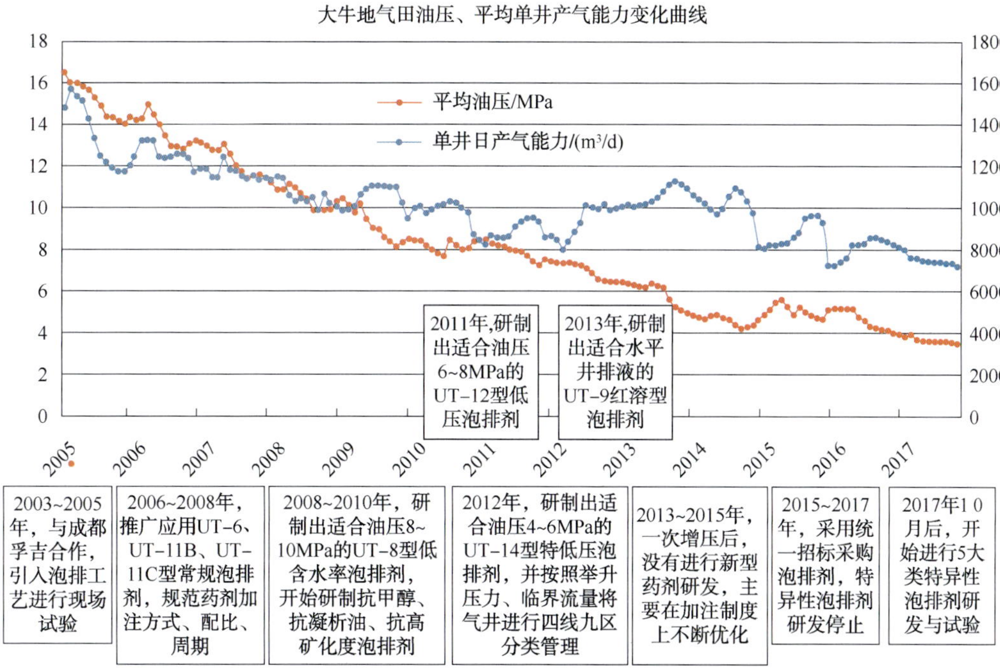

图8-2-11 大牛地气田泡排剂发展示意图

利用对生产井“四线九区”方法划分成三大类，针对不同类别气井制定不同管理办法，针对单井确定单井生产制度，并强化这种“一类一法”“一井一策”气井管理模式的落实。

当气井产量大于临界携液流量、井底流压大于举升压力时，保持合理配产，做好日常计量工作。

当气井产量大于临界携泡流量、井底流压大于举泡压力时：①考虑气井携液能力与稳产的合理配产制定；②泡排制度的优化与药剂优选。

当气井产量小于临界携泡流量、井底流压小于举泡压力时：①泡排+优化管柱；②泡排+气举；③泡排+间歇生产；④泡排+降压带液；⑤泡排+涡流或喷射引流。

2019 年泡排工艺直井应用 904 口(占直井井数的 86%)，成功率达 89%；水平井应用 521 口(占水平井井数的 80%)，成功率达 82%。

2. 速度管排水采气工艺技术

随着开采的不断进行，气井的井底压力逐渐降低，产气量逐渐减少，气井自身携液能力逐渐变差，严重制约着气井后期的生产。因此，采用连续油管充当速度管柱，该工艺方法可以减小流体流动面积，增大流体流速，提高气井的排液能力，使气井恢复生产。

速度管柱排水采气技术是在原有生产管柱内下入小直径连续油管作为生产管柱(图 7-7-1)，减小流体流动面积，增大流体流速，提高气井的排液能力，使气井恢复自喷。

原有油管生产时，气井不能自身携液，气体真实流速 V_1(小于临界携液流速 μ_{cc})可表示为：

$$V_1=\frac{Q_{g1}}{\pi R_2{}^2} \tag{8-2-1}$$

下入速度管柱后，生产时，气体真实流速 V_2 可表示为

$$V_2=\frac{Q_{g2}}{\pi R_2{}^2} \tag{8-2-2}$$

在气井产能不变的情况下，$Q_{g1}=Q_{g2}$。速度管管径较原有油管小($R_2<R_1$)，由式(8-2-1)、式(8-2-2)知，速度管生产时气体的真实流速要大于原有油管生产时气体的真实流速($V_2>V_1$)。如选择尺寸合理，速度管柱内气体的流速大于临界携液流速式(8-2-3)，气井即可恢复自喷生产。

$$V_2>\mu_{cc} \tag{8-2-3}$$

下入速度管前，气体真实流速小于临界携液流速($V_1<\mu_{cc}$)，下入速度管后，气体真实流速大于临界携液流速($V_2>\mu_{cc}$)，这就是速度管排水采气的本质。

截至 2019 年底，262 口速度管水平井中，4 口井下入 ϕ31.8mm 速度管，158 口井下入 ϕ38.1mm 速度管，100 口井下入 ϕ50.0mm 速度管。总体开井率 93%，生产时率 95%，平均油压 2.4MPa，小环空压力 3.69MPa，平均单井日产气 7858m^3，日产水 1.35m^3。240 口速度管水平井生产井中，无助排措施井 15 口，占开井数的 6%，助排井 225 口，占生产井数的 94%，其中泡排井 213 口，降压带液井 12 口。工艺成功率 81%。

(二) 技术管理流程

气田各项工艺技术管理实行厂、队、站三级管理，最终落实到各生产气井和单元(图 8-2-12)。

（三）技术管理

1. 采气工艺技术管理

排水采气工艺技术主要从气井选择、工具调试、现场试验、效果评价、制度优化、应用推广几个环节实施管理。

解防堵工艺技术主要从气井分类、软件模拟、现场标定、效果评价、制度优化、应用推广等几个环节实施。

防腐阻垢工艺技术主要是选井原则、施工方案、监测与评价等几方面。

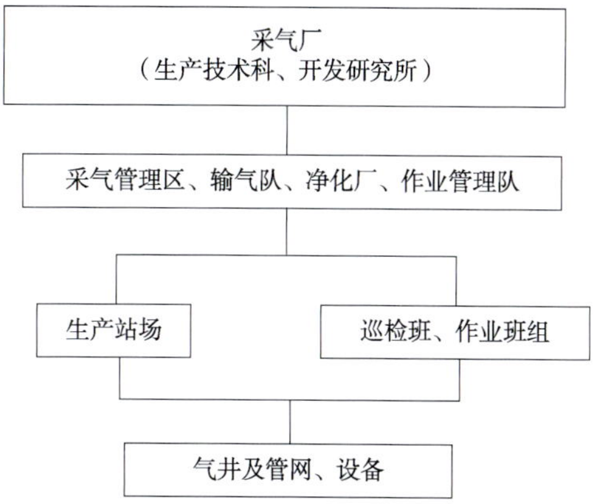

图 8-2-12　大牛地气田采气工艺管理流程图

2. 集输处理工艺技术管理

管网运行模拟优化主要有：①天然气管道水力、热力计算；②集输气系统调峰分析；③气源中断或用户用气中断后管网系统工况变化分析；④压缩机停机、再启动过程管网系统的工况变化分析；⑤天然气管线泄漏分析。

含醇污水处理主要有水质预处理工艺、甲醇回收工艺、污水回注工艺、污泥焚烧等几个方面。

通过攻关，针对致密低渗气田勘探、开发与生产特点，形成了致密低渗气田生产技术管理体系（图 8-2-13），克服了开发难度大、稳产难度大、成本管理难度大等困难，为大中型边际气田的经济有效开发提供了有力技术支撑。

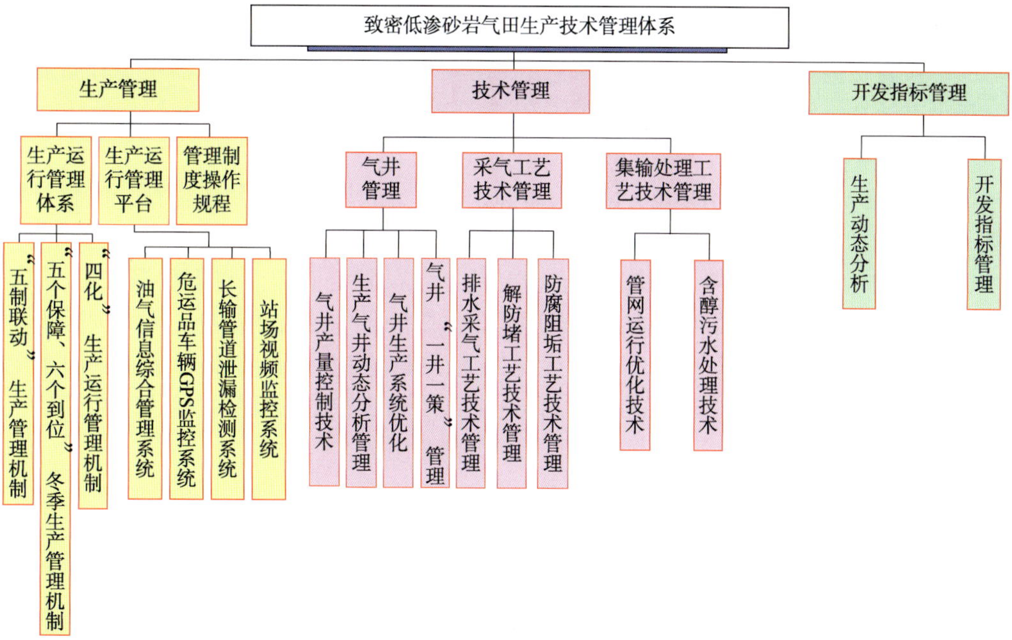

图 8-2-13　致密低渗气田生产技术管理体系结构

（四）气井管理

气井管理包括气井生产系统优化、流体监测、产量控制和产能监测、产气剖面监测等多个方面。

气井生产系统优化主要从生产系统压力温度分布、水合物生成预测、系统节点分析、产能预测、井下气嘴设计等方面对气井资料进行分析，优化气井生产参数。

气井产量控制主要是通过对气井生产历史进行动态拟合及预测，建立并动态调整"一井一策"制度，达到控制气井压降速度、气井油套压差，实现气井长期相对稳产、产量递减合理与可控的目的。

四、数字管理

（一）"三全四化"数据采集及传输技术

大牛地气田地区人烟稀少，自然地理条件较差，地表为沙漠、低缓沙丘、草原。油气井和工作区域分散在荒原大漠地区，生产环境艰苦，社会依托条件差。环境恶劣的工业环境，且采集数据的点多、面广、量大。这就需要挑选适用的数据采集及传输技术，能够解决就地编程、监控、通信等问题。

1. 数据采集

目前采用的数据采集及处理技术包括变送器技术、RTU 技术、PLC 技术，采用的数据传输技术包括有线网络数据传输技术、GPRS 无线技术。

（1）变送器技术。

变送器（transmitter）是把传感器的输出信号转变为可被控制器识别的信号的转换器。现代的多数传感器的输出信号已经是通用的控制器可以接收的信号，此信号可以不经过变送器的转换直接为控制器所识别。大牛地气田用在工控仪表上面的变送器主要有温度变送器、压力变送器、流量变送器等。

（2）RTU 数据采集技术。

RTU 是 REMOTE TERMINAL UNIT 的简称，既远方数据终端，用于监视、控制与数据采集的应用。具有遥测、遥信、遥调、遥控功能。

远程测控终端系统（RTU）是构成综合自动化系统的核心装置。它集数据采集、传输、存储功能于一体，采用低功耗设计，特别适用于太阳能供电的监测现场，可大大减少太阳能供电成本并降低施工难度。RTU 具有优良的通讯能力和更大的存储容量，适用于更恶劣的温度和湿度环境，提供更多的计算功能。通常由指令控制器及数据输入输出模块、数据通信部分、电源部分及辅助部件与柜体等 5 个部分组成。

（3）PLC 数据采集技术。

PLC 可编程逻辑控制器（Programmable Logic Controller），它采用一类可编程的存储器，用于其内部存储程序，执行逻辑运算、顺序控制、定时、计数与算术操作等面向用户的指令，并通过数字或模拟式输入/输出控制各种类型的机械或生产过程。

2. 数据传输

（1）有线网络数据传输技术：光纤通信。

目前大牛地气田共有 64 座集输气站和 4 座污水净化厂，除乌审召分输站、38 号、42

号集气站，所有集输气站均一次到位建成光纤传输系统，站场之间的光缆采用铠装埋地敷设光缆与输送油气的管道同沟敷设，节省光缆敷设的费用，主干光纤网络带宽为千兆，各集输气站光纤网络带宽为百兆，采气一厂已建成内部网络，可以实现与郑州实时进行数据、视频传输。

（2）无线网络数据传输技术。

无线网络是有线网络有效补充，较为偏远的站场、阀室无法铺设光纤或成本较高时，通过无线网络数据传输技术实现真正的数据的无缝传输，大牛地经过多年探索已建立起一套空中与地面相结合、有线与无线相结合、固定与机动相结合的立体数据传输系统，主要包含：卫星通信技术和 GPRS 无线技术。

3. 应用效果

经过不断的探索和总结，大牛地气田形成了特色数据采集与传输技术。实现了生产信息“三全四化”管理，即“全覆盖、全方位、全过程、自动化采集、实时化监控、系统化处理、智能化分析”，源头数据入库率达到 100%。

（二）数字化生产运行管理技术

数字化生产运行实现了天然气采气、集输、净化处理等与生产和安全相关的数据获取，实现生产动态实时监控和报警监控及联动处理；同时建立生产运行、生产动态分析、应急处置支持功能；为企业生产调度管理、生产指挥及生产应急处置提供信息支持，保障天然气生产的高效、安全运行。

数字化生产运行以气藏生产运行为核心，通过生产监控、生产运行、生产分析、应急指挥 4 大系统建设，形成郑州–首站同台“作战”的跨地域协同工作的生产运行新模式。

1. 生产监控

生产监控以生产运行监控管理为系统的主要用户，设计开发生产运行监控软件系统，满足生产调度运行的需要，为生产决策层提供必要的信息支持。集成单井、站、管网、车辆监控，完成实时数据的自动采集，重点场所视频监控，GPS 等监控的动态画面跟踪，实现重点参数超警戒报警，实现从分散控制和独立管理到管控一体化的转变。

生产监控能够将天然气生产、集输、净化厂处理能力以及重点设备的实时运行参数等重要信息进行提取、集成、汇总分析，形成客观、准确、及时的生产数据。实时查询采气井生产、天然气集输、污水处理的实时动态数据，包括气井监控、集气站监控、集输管网阀室监控、净化厂污水处理站监控、输气站监控、视频监控（单井、站库、重点区域视频）、车辆监控、报警监控。

2. 生产运行

生产运行以调度室日常业务为核心，通过文字、图表形式生成日常所需天然气生产、集输、净化厂、用电日报，实现重点工作的安排、跟踪，调度指令的下达、反馈，生产值班管理，应急预案管理。

使生产运行由过去的现场落实、查找原因、现场指挥到网络化生产管理与遥控指挥，使日常管理、现场管理、专业管理形成一体化立体矩阵式生产指挥管理新模式。

3. 生产分析

针对自动化采集的实时数据及人工上报数据进行查询、分析，包含天然气生产指标分析，天然气处理指标，天然气输气指标分析，基于实时数据库，可实现对集气站、管线、净化厂及设备的检索、查询，实现对日度、旬度、月度及年度的天然气生产、集输、净化数据查询，经各级生产调度人员审核、调整后形成生产综合日报。

（1）生产指标分析。

集中展示各级单位生产情况，包括日度、月度及年度，直观展现产量等数据的变化情况，并通过曲线图的形式展示出生产动态数据的趋势。

（2）产量预警分析。

提供本期与上个生产周期天然气产量、净化气量等重要生产指标的对比展示，通过曲线、柱状图等形式直观的展示指标变化情况，及时掌握气田生产及各生产单位不同阶段的生产变化情况。

（3）实时数据查询。

基于实时数据库，可实现对集气站、管线、净化厂及设备的检索、查询。

（4）综合查询。

实现对日度、旬度、月度及年度的天然气生产、集输、净化数据查询，经各级生产调度人员审核、调整后形成生产综合日报，供各级领导查询。

4. 应急指挥

成立不同级别的应急管理机构。为有效防止气田突发事件的发生，或者当气田突发事件发生后，为有效保护员工的身体健康及企业财产安全，保护生态环境和资源，把损失降到最低程度。大牛地气田成立了不同级别的应急管理机构，建立了应急管理响应体系，对气田危险源进行了有效的辨识，建设了不同应急等级的应急物资库，建立了一整套应急管理程序和应急处置办法，有效提高了气田应急管理保障体系。

应急指挥平台对各类应急预案进行分等级管理。通过 GIS 系统直观展示，辅助处理应急事故。对应急资源（人力、物力、财力、医疗卫生、交通运输、通信保障）进行管理，模拟应急演练。应用应急指挥系统，实现抢险工作流程数字化。

大牛地气田积极实践探索数字化生产运行管理技术，使得运行管理水平上了新的台阶，实现了“三提升、三降低”：通过生产运行系统、生产分析系统、业务管理平台建设，提升工作效率、降低劳动强度；通过仿真模拟技术报表自动化、智能分析、管网阀室泄漏监测、自动关断、视频监控、预警技术，提升生产管理水平、降低安全风险；通过整套系统实施，提高效益开发能力、降低生产成本。

五、开发指标管理与红旗采气厂创建

低渗致密气田储层的非均质性、各向异性强，气井压力低，自然递减率高，气田稳产难度大。自气田开发以来，经过系统的开发地质和生产动态分析，形成了适合气田气藏经营管理的生产动态分析方法和开发指标管理方法，为气田的稳产保产提供了技术支撑。

（一）生产动态分析

动态分析结合气井分类管理法、“保高抓低兼顾中”原则（必须保证高产井的正常稳定生产，抓好低压低产气井的制度优化，做好中产气井的生产管理）、“两控一保”的原则（控制气井压降速度、控制气井油套压差和确保生产时率）等进行，不断提高气田开发技术。同时实行“厂、队、站”三级动态分析制度（表 8-2-3），各级技术部门按照要求认真开展动态分析工作，其中站班每周，分队每月，厂部每季进行一次动态分析。

表 8-2-3　三级动态分析表

动态分析级别	动态分析形式	分析内容	目 的
厂级	周产能监测	监测气田每周产量完成情况、气井周压力下降速度	保证产量任务完成，保持气井压降合理
	年度产量和压降监测	分析气田一年产量完成情况、总体压力分布情况、总体压力下降情况，建立了各层日累计产气量与日均套压的下降趋势曲线图，对气田产能和压力有总体的把握	为来年产量任务完成提供分析依据、为工艺措施制定和调整提供依据
	重点井监测	监测油套压、产量、流体组分、地层压力，工艺措施效果	为布井或者评价工艺措施提供依据
队级	周产能监测	监测分队每周产量完成情况、气井周压力下降速度	保证产量任务完成，保持气井压降合理
	月度一井一策动态分析	对全队气井整体压力下降速度、气井油套压差、工艺措施效果、产量完成情况进行分析，每名技术员承包若干个集气站，协助开展气井动态分析	提出下月配产方案、工艺措施，优化注醇制度
	年度产量和压降监测	分析本队一年产量完成情况、总体压力分布情况、总体压力下降情况，建立各层日累计产气量与日均套压的下降趋势曲线图，对本队产能和压力有总体的把握	为来年产量任务完成提供分析依据、为工艺措施制定和调整提供依据
	重点井监测	对重点井(例如水平井、高产井、工艺试验井、出砂井)生产状况进行分析	为布井或评价工艺措施提供依据，保证气井生产安全
班组级	月度一井一策动态分析	每人负责几口井的动态分析，对气井压力下降速度、气井油套压差、排水工艺措施效果、解防堵效果、产量完成情况进行分析	提出下月的工艺措施

(二) 开发指标管理

大牛地气田开发指标管理主要包括开井率、生产时率、油气井综合利用率、措施井成功率、措施有效率、自然递减率、综合递减率、气井免修期、平均腐蚀速率、监测点的腐蚀速率等。

1. 开发指标管理制度与方法

以中国石化股份有限公司开展的“五项劳动竞赛”活动为平台，制定合理的开发指标竞赛机制，涉及采气、输气、污水处理和动态监测等各个专业，制定不同专业的竞赛指标(表 8-2-4～表 8-2-8)，范围涵盖采气厂、生产队和作业站(班)，采取横向对比和纵向对比相结合的考核方式，形成了“树标、对标、追标、达标、再树标”的良性竞争氛围。

表 8-2-4　采气厂考核指标

序 号	考核内容	考核标准		
		Ⅰ	Ⅱ	
1	自然递减率/%	≤15	≤18	≤22
2	综合递减率/%	≤10	≤12	≤15
3	气井开井率/%	≥90	≥85	≥80
4	动态监测完成率/%	≥95	≥90	≥85

续表

序号	考核内容	考核标准		
		Ⅰ	Ⅱ	
5	措施有效率/%	≥75	≥70	≥65
6	综合输差/%	≤±2	≤±4	≤±6
7	气井免修期/月	≥36	≥30	≥24
8	资料全准率/%	≥98	≥96	≥95
9	采集气系统腐蚀速率/(mm/a)	≤0.04	≤0.06	≤0.076

表 8-2-5　采气队考核指标

序号	考核内容	考核标准			考核科室
		Ⅰ	Ⅱ	Ⅲ	
1	采气量/10^4m^3(每月)	未完成任务，每欠产1%减5分			生产运行科
2	开井率/%(每月)	≥98	≥95	<95	生产技术科
3	生产时率/%(每月)	≥98	≥90	<90	生产技术科
4	完成配产率/%(每月)	≥100	≥99	<99	生产技术科
5	气井压力、产量波动超标井数(口)；(高、中产井波动幅度小于5%，低产井波动幅度小于10%)(每月)		每增加一口井扣减2分，扣完为止		生产技术科
6	工艺措施成功率/%(每月)	≥95	≥90	<90	生产技术科
7	日均套压降大于0.01MPa井数/口(每月)	每增加1口井减0.05分，扣完为止			生产技术科
8	积液躺井数/口(每月)	每增加一口井扣减5分，扣完为止			生产技术科
9	天然气计量误差/%(每月)	±2	±3	±5	生产技术科
10	年自然递减率/%(年度)	≤12	≤15	≥15	生产技术科
11	年气井免修期/月(年度)	≥36	≥30	≥24	生产技术科

表 8-2-6　输气队考核指标

序号	考核内容	考核标准			考核科室
		Ⅰ	Ⅱ	Ⅲ	
1	销售量/10^4m^3(每月)	未完成任务，每欠产1%减5分			生产运行科
2	管网日压力、产量波动(压力波动幅度不超过5%，产量波动幅度不超过10%)(每月)	每增加一次扣减2分，扣完为止			生产运行科
3	天然气水露点监测率/%(每月)	≥98	≥95	<95	生产技术科
4	流体监测率/%(每月)	≥98	≥90	<90	生产技术科
5	阴极系统电位合格率/%(每月)	≥100	≥99	<99	生产技术科
6	集输气单耗/(元/千立方米)(每月)	≤10	≤20	≤30	生产运行科
7	输气耗气量($m^3/10^3m^3$)(每月)	≤1	≤2	≤3	生产运行科

续表

序号	考核内容	考核标准			考核科室
		Ⅰ	Ⅱ	Ⅲ	
8	增压机天然气单耗/($m^3/10^4m^3$)(每月)	≤200	≤230	≤300	生产运行科
9	增压机电能单耗/($kW\cdot h/10^4m^3$)(每月)	≤400	≤430	≤500	生产运行科
10	天然气输差率/%(每月)	±1	±1.5	±3	生产技术科
11	工艺自动监控程度(每月)	良好	一般	较差	生产技术科

表 8-2-7　作业管理队考核指标

序号	考核内容	考核标准			考核科室
		Ⅰ	Ⅱ	Ⅲ	
1	动态监测(流压)工作量/井次(每月)	每超额完成任务1%加5分，未完成任务，每1%减5分			生产运行科
2	流压测试一次成功率/%(每月)	100	≥98	≥95	生产技术科
3	测试资料合格率/%(每月)	≥100	≥95	<95	生产技术科

表 8-2-8　净化厂考核指标

序号	考核内容	考核标准			考核科室
		Ⅰ	Ⅱ	Ⅲ	
1	污水处理量/10^4m^3(每月)	每超额完成任务1%加5分，未完成任务，每1%减5分			生产运行科
2	污水回注率/%(每月)	≥98	≥95	<95	生产运行科
3	甲醇产品浓度/%(每月)	≥90	≥85	<85	生产运行科
4	人均污水处理量/(m^3/月·人)(每月)	≥60	≥50	≥50	生产运行科
5	处理水质达标率/%(每月)	≥98	≥95	<95	生产技术科
6	A/B/C级水质吨水处理费分别低于/(元/吨)(每月)	0.95/0.85/0.75	1.05/0.95/0.85	1.15/1.1/1.05	生产运行科
7	单台输水泵电能表装表率/%(每月)	≥100	≥80	<80	生产运行科
8	输水泵机组运行效率/%(每月)	≥50	≥49	<48	生产运行科
9	A/B/C级水质电能单耗分别低于/($kW\cdot h/m^3$)(每月)	0.31/0.3/0.3	0.41/0.4/0.4	0.51/0.5/0.5	生产运行科
10	A/B/C级水质药剂单耗分别低于/(元/吨)(每月)	0.7/0.6/0.5	0.75/0.65/0.55	0.8/0.75/0.7	生产运行科

2. 开发指标管理效果

（1）2003 年以来每年都较好完成采输气任务。截至 2019 年 12 月 31 日，气田累计生产天然气 385.29×10^8m^3，销售天然气 363.95×10^8m^3。

（2）实现“控制压差，合理配产，适度稳产”的目标，气田开发指标处于致密砂岩一类开发水平。截至 2019 年，大牛地气田已经连续 7 年稳产在 30×10^8m^3/a 以上，好于预期目标。气井平均压降速率和平均油套压差均控制在较好范围(表 8-2-9)。

表 8-2-9　大牛地气田气井压力及套压压降速度统计表

年份	2006 年	2007 年	2008 年	2009 年	2010 年	2011 年	2012 年	2013 年	2014 年	2015 年	2016 年	2017 年	2018 年	2019 年
平均油压/MPa	14.58	13.42	11.07	8.9	8.36	8.23	7.36	6.38	4.91	4.93	4.86	3.84	3.43	3.1
平均套压/MPa	16.14	15.31	13.16	11.25	10.33	10.10	9.04	7.69	6.54	6.30	6.14	5.16	4.69	4.56
平均油套压差/MPa	1.93	2.07	2.28	2.07	1.97	1.87	1.68	1.31	1.63	1.37	1.28	1.32	1.26	1.46
平均压降速率/(MPa/d)	0.0091	0.0176	0.0041	0.0053	0.0048	0.0015	0.0029	0.0037	0.0031	0.0007	0.0004	0.0027	0.0013	0.0013

（3）油气能源消耗和万元综合产值能耗达到国内先进水平；污水甲醇回收率达到 98%以上，回注污水达标率 100%，成为低成本、节能环保型气田。

（4）气井开井率平均达到 90%以上(表 8-2-10)；气井平均免修期已达 70 个月，保证了气井产能的正常发挥。

（5）形成适合大牛地气田生产开发管理的一系列生产、技术管理制度和操作规程，其中生产、技术管理制度 23 项、操作规程 7 项，为气田科学规范开发和安全持续发展提供了技术保障。

表 8-2-10　大牛地气田各年度生产数据对比表

年份	2006 年	2007 年	2008 年	2009 年	2010 年	2011 年	2012 年	2013 年	2014 年	2015 年	2016 年	2017 年	2018 年	2019 年
总井数/口	380	524	628	708	804	933	1064	1222	1356	1491	1561	1582	1627	1701
开井数/口	370	503	608	682	778	905	1034	1175	1316	1410	1465	1493	1541	1597
开井率/%	97.37	95.99	96.82	96.46	96.77	97.00	97.18	96.15	97.05	94.57	93.85	94.37	94.71	93.89
气井综合利用率/%	92.47	94.22	95.03	96.31	97.29	91.66	91.84	90.58	89.53	88.06	90.05	90.17	90.96	91.24
采气量/10^8m^3	10.3723	14.7709	19.1955	19.5005	22.8163	23.7793	27.6556	35.0062	40.3285	33.1611	35.0298	35.1018	31.5047	31.9368

续表

年份	2006年	2007年	2008年	2009年	2010年	2011年	2012年	2013年	2014年	2015年	2016年	2017年	2018年	2019年
销售气量/10^8m^3	10.2023	14.2534	18.7722	19.1515	21.7683	22.7472	26.3378	33.0901	38.4107	31.1931	32.8914	32.3792	28.5755	29.1376
采输差/%	0.36	1.89	1.99	2.04	4.54	(4.12)	(3.19)	0.75	0.59	1.52	0.76	0.53	0.41	-0.91
单井注醇量/(L/d)	154	136	136	116	109	102	84	98	85	55	68	78	67	60

(三) 红旗采气厂创建

大牛地气田开发以来，气田开发管理单位采气一厂及所属的采气管理区等基层单位坚持“理念管理，规范管理，精细管理”的发展之路，对标先进围绕“五比”劳动竞赛等方面积极开展工作，大做开源节流文章比效益，创新 QHSE 管理模式比安全，开展三大竞赛活动比贡献，把握改革促发展比水平，狠抓党建工作比作风，较好地完成了各项生产经营任务，管理水平也稳中有升，队伍凝聚力、战斗力得到持续增强。

1. 大做开源节流文章比效益

(1) 开源，“做大”产销量分母。

通过优化市场增加销量，优化管网提高输送效率，编制、实施《天然气产销运行计划》《污水处理运行计划》等 6 套运行方案优化运行，破解制约生产运行的瓶颈问题保证平稳生产；优化存量，狠抓生产井稳产，关停井提产，未投井增产，做大天然气产销分母。

(2) 节流，“做精”成本分子。

把有限的成本用在刀刃上，进一步完善“事前算赢”预算管理体系，突出“算”的过程和结果，把成本花在最急需的地方；对投资项目充分论证，反复优化，排队优选，慎重决策，创新构建“四线五区”经济运行模型，建立单井成本消耗台账和单井核算管理办法，指导气井效益生产，做精成本分子。

2. 创新 QHSE 管理模式比安全

(1) 主要领导抓安全。

为了保证安全分管领导能够履行起在安全生产中的综合协调和监管责任，采气一厂推行了行政正职分管安全工作。主要领导带头宣贯和践行安全理念、带头学习和遵守安全规章制度、带头践行安全承诺、带头开展安全检查、带头落实“有感领导”活动；主要领导以上率下体现安全工作的特殊地位，有利于安全生产压力传导、协调责任分解和责任落实，有利于给安全监管部门“站台”，让他们的监管更有底气、更有震慑、更有力度。

(2) “四个结合”监督检查机制。

QHSE 督查与现场管理相结合，QHSE 督查与基层队管理相结合，QHSE 督查与问题复查相结合，QHSE 督查与机关部门管理相结合。每月收集基层单位自查隐患问题，组织专人复查，督促整改；每季度对 QHSE 履职情况进行汇报；每半年对直接业务部门开展一次 QHSE 考核；每年对各部门开展一次 QHSE 考核。

（3）建立采气一厂隐患问题数据库。

对集团公司、局分公司和采气厂各类检查中检查出的每一条隐患问题，按照安全要素、严重程度和所属专业类别等进行分类，并注明整改情况和进度。问题分类整理后，搭建隐患数据库。基于数据库，按照需要自动绘制出特定时间段、不同单位、不同类型隐患的对比、趋势、占比、频率、变化、整改情况图表。定期分析隐患问题，对阶段性频发、多发的隐患进行例会通报，查找 QHSE 管理的薄弱环节，指导下步的安全工作重点方向。

通过创新 QHSE 管理模式，采气一厂安全工作形成了“上下齐心、各司其职、齐抓共管”的生动局面，连续多年在局分公司的安全考核中取得一类甲级的优异成绩。

3. 开展三大竞赛活动比贡献

为求生存、谋发展，采气一厂主动出击，开展了“稳产增产”“降本增效”“现场管理提升”三项劳动竞赛活动，激发全员为企业可持续高质量发展做贡献。

（1）稳产增产劳动竞赛。

通过不断完善排水采气工艺，充分释放产能、科学配产控制递减，2016 年以来又完善了关停井治理体系，每年治理气井 100 多口 300 多井次、恢复产量 $1\times10^8m^3$ 以上。对稳产增产有重要贡献的技术人员、一线工人给予奖励，根据贡献大小，每人每次奖励 500 元至 2000 元不等。

（2）降本增效劳动竞赛。

成立降本减费管控小组，深挖电力、站场维护、化学药剂、物资材料、修理费等关键成本和工程造价的降本潜力，通过充分竞争、造价优化等工作实现投资降本，充分发挥“突击队”作用，立足于自己能干的不外包，形成了“七个一”等基层优秀典型做法，即“多采一方有效气，少注一升无效药、多节一度有效电、少耗一滴无效油、少用一件新物件、多献一项小创新、少费一个小耗材”。

（3）现场管理提升劳动竞赛。

在管理区、净化厂、输气队站场开展以提升站场基础工作水平、提升基本功训练质量、提升站容站貌为主题的“站场三提升”现场管理标准化竞赛活动。涌现出 2 号集气站、8 号集气站等 5 座标准化示范站场，产生了“四带领”工作法等多项典型经验，通过“比执行、比规范、比细节、比持续、找差距”，加强站场“5S”管理，增强广大员工岗位责任心，提高工作执行力，扭转了“低老坏”问题频发态势。

4. 把握改革促发展比水平。

（1）围绕机构精简，明确部门权责。

按照扁平化架构改革要求，机关职能部门数量由 15 个减至 9 个，各职能部门以业务为导向，对业务的完整性和适宜性进行评估，梳理业务板块 69 个，一级业务 215 项，经厂班子会研究决定，更新“采气一厂业务清单及主体责任部门汇总表”，实现业务清单的动态管理，避免业务交叉和管理真空。

（2）平稳完成劳动用工制度改革，促进企业和谐。

依法完成调整用工形式、清退劳务派遣制员工、劳务派遣制员工转入业务外包单位，淘汰用工 99 名，转移用工 530 名，调整用工形式 176 名；通过“一对一”“师带徒”培训、考核、竞赛等方式，形成鲶鱼效应，使转岗人员多的不利局面转化为了激发活力的催化剂。

（3）平稳清理业务外包，降低运行成本。

开展业务外包清理工作，完成巡检、装卸、焚烧三项外包业务的清退，清退人员60名；优化增压机技术服务外包，清退14名外包人员；清退后勤业务外包人员19人，规范了业务外包管理，有效压缩了运行成本。

5. 狠抓党建工作比作风

（1）建立“两学一做”三级督导机制

厂党委委员每季度对联系单位党支部，党群部门负责人每月对所有基层党支部，党支部书记日常对本支部党员进行“两学一做”情况的督导，效果显著，“两学一做”学习教育各环节工作得到有序推进。

（2）全面落实“两个责任”。

成立党风廉政建设工作领导小组，全面部署各项工作。深化责任分解，明确党委班子成员分工和分管责任，制定主体责任清单、监督责任清单。建立党风廉政建设工作会议、联席会议机制，定期研究党风廉政建设推进情况。建立厂执纪问责统一平台，强化党风廉洁建设责任落实。

（3）着力加强企业文化建设。

构建采气一厂“沙柳”企业文化理念体系，为企业改革发展提供了核心动力。6个采气管理区均建立了自己的文化符号，以“沙柳”精神、“劲牛”文化、“蓝海”文化、“精采”文化、“马扎凳”文化、“红皮本”文化等为代表的一批具有鲜明特色、且普遍认可的特色队伍文化的建立，进一步增强了员工归属感和认同感，引领着队伍向好发展。

采气一厂始终秉承着因“气”而生，为“气”而战的理念，以“沙柳”文化为引领，以“五项劳动竞赛”为平台，通过深入开展“比学赶帮超”活动，对标胜利油田、中原油田等油田的先进采油气厂、采油气管理区，增强干部员工的指标意识、成本意识和危机意识，形成了“千斤重担众人挑、人人肩上有指标”的氛围，不断提升发展质量，保障“采气黄埔”永不褪色。

采气一厂从2005开始向北京及华北地区供气，胜利完成了为2008年北京奥运会提供优质绿色能源的任务，每年冬季为华北地区居民取暖输送去上亿立方米天然气，为减轻雾霾天气做出了重要贡献。在为国家和社会源源不断输送绿色能源的同时，国家也给予了采气一厂很多荣誉；采气一厂2006年第一次参加红旗采气厂评选获得优胜采气厂荣誉，2008年第二次参评就获得红旗采气厂荣誉，此后连续三届（每2年为一届）获得中国石化红旗采气厂荣誉；采气一厂所属的采气管理一区从2006年起至2019年连续五届（每2年为一届）获得中国石化“金牌采气队”荣誉，采气管理二区连续四届被授予“金牌采气队”，采气管理四区被授予2015~2016届“金牌采气队”，试井队连续3次被授予“银牌试井队”，采气管理三区、输气队、净化厂均获得过中国石化银牌基层单位荣誉。除了获得中国石化授予的荣誉，采气一厂还获得中华全国总工会授予“全国模范职工小家”的荣誉、人力资源和社会保障部和国资委联合授予“中央企业先进集体”的荣誉、国资委授予采气管理一区2号集气站“中央企业红旗班组”的荣誉、中共河南省委省直机关工作委员会授予“五好基层党委”的荣誉、河南省总工会授予“五一劳动奖章”的荣誉等。2005~2019年采气一厂及所属单位、员工个人共获得国家级、省部级荣誉、中国石化荣誉 145 项。

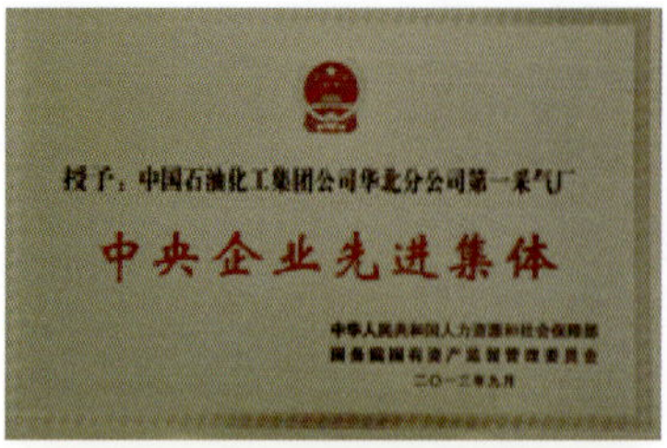

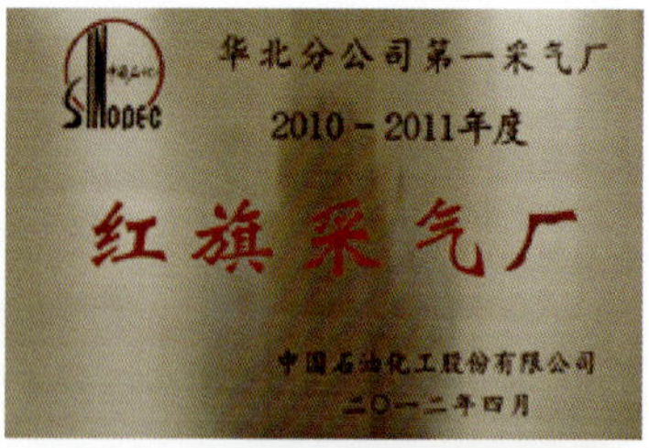

六、认识

大牛地气田为典型的低压、低渗、低产的“三低”致密砂岩气田，气田投入开发后，管理者通过建立相适应的管理平台、创新管理体系，提高了调度协调效率、生产管理水平，使得整个气田生产运行有序、高效；通过规范厂、队、站三级技术管理流程，建立并完善技术体系，适应了致密低渗气田排水采气、输气、污水处理、解堵防堵、防腐阻垢等业务对技术支撑的要求；实施精细、严格的开发指标管控，开展气田开发数字化建设与管理，实现了对气田生产全流程的监管，提高了工作效率、安全管控水平。大牛地气田的生产实践适应了“三低”致密砂岩气田开发的特点，满足了“三低”致密砂岩气田开发的需要，取得了良好的生产实践效果，从而实现了“三低”致密砂岩气田的效益开发。

第九章　投资控制与天然气销售

第一节　投资控制与效益

2003 年 5 月 30 日，中国石化新星华北分公司更名为中国石油化工股份有限公司华北分公司。经营范围：石油天然气勘探、开发、生产、管输、销售。体制变革与投资策略的调整，为华北分公司的迅猛发展提供了良好机遇。

一、华北分公司经营形势与面临挑战

“八五”末期，华北分公司在鄂尔多斯盆地的油气勘探已步入历史最低点。面对改革、改制重组，一个有过辉煌业绩却没有赖以生存发展的油气储(产)量的队伍，生存之点在哪里？发展之路在哪里？那时的华北石油人面临着艰难的选择。

路在何方？

一是“九五”初期，为寻找和扩大油气勘探领域，鄂尔多斯盆地、塔里木盆地、巴丹吉林盆地、华北诸盆地和煤层气领域都在开展油气普查勘探工作。面对如此众多的勘探盆地和勘探领域，经过反复的研究和论证，最终确定在最熟悉的鄂尔多斯盆地“大展拳脚”，将有限的资金用在刀刃上，力争在最短的时间内取得油气勘探的实质性突破。

二是鄂尔多斯盆地的 8 个探矿权区块，选择哪一个为油气勘探的突破口仍然十分棘手。根据油气地质条件、区块分布、资源潜力进行整体分析、评价、排队、筛选，最终提出鄂尔多斯盆地的油气勘探方针：油气并举、以气为主，优选资源条件最好的塔巴庙区块作为战略勘探的突破口。针对塔巴庙天然气勘探的具体部署思路：以经济效益为中心，以发现大型天然气田为目标，突出重点，分层次部署，以上古生界大型岩性圈闭天然气藏为重点勘探对象，以上古生界山西组和下石盒子组为天然气勘探的重点层位，迅速取得天然气勘探的重大突破。

但是，塔巴庙上古生界天然气能否实现经济、有效开发，使华北分公司走出经营困境，这一抉择的正确与否将关系到华北石油数千人在 21 世纪的生存与发展。

（一）投资风险分析

鄂尔多斯盆地北部大牛地气田天然气勘探可以划分为两大领域：一是以下古生界海相碳酸盐岩为主的天然气勘探领域；二是以上古生界从海相到海陆过渡相再到陆相沉积为主的含煤碎屑岩系天然气勘探领域。塔巴庙区块虽位于盆地东北部最有利的天然气勘探范围内，但也存在 4 个影响开发效果的不利因素：

一是华北分公司虽拥有数万平方千米的勘查区块探矿权和蕴藏量丰富的油气资源，但是由于长期从事油气普查勘探工作，严重缺乏天然气开发工作经验和相关的工程工艺技术、人才队伍，开发基础非常薄弱。

二是大牛地气田位于毛乌素沙漠的东南缘，地表多为低缓的沙丘、沙梁或沙化严重的

草原，常年多风，干旱缺雨，夏季炎热，冬季严寒，春季、秋季沙尘暴频发，自然地理条件极差，地广人稀，基础设施非常薄弱。

三是大牛地气田虽处于古生界天然气资源较为丰富的地区，上古生界为一套含煤岩系，具有“自生自储、近缘成藏、多套气层、叠合连片”的天然气地质特征，但6套气藏组成的含气砂岩均属“低孔、低/特低渗”储层，且非均质性较强，开发难度非常大。

四是华北分公司经营形势严峻，多年处于亏损状态。2001~2003年累计投资8.48亿元，收入1.98亿元，累计利润-3.07亿元，资产负债率高达118%。投资大牛地气田天然气勘探开发的决策一旦有失，对华北分公司乃至中国石化都将造成重大影响。针对这一决策，不仅在分公司基层还是管理层，都存在着诸多争议和质疑。

面对严峻的现实状况，作为长期在鄂尔多斯盆地从事石油普查工作的华北石油人，不得不对40多年的油气勘探历程进行深入思考，以求在重组、上市过程中切实加快油气主业的发展，在勘探难度极大的塔巴庙区域全面展开天然气开发，实现天然气储(产)量的迅速增长。

2000年8月19日，中国石化集团公司领导对华北分公司作出指示，要加大、加快塔巴庙区块的勘探力度，尽快编制一项2~3年的勘探规划。2001年，中国石化集团公司将塔巴庙区块纳入“十五”期间中国石化五大天然气开发基地。

为此，华北分公司按照“拿储量、建产能、培育大中型天然气勘探开发基地”的思路，采取了“勘探开发一体化、增储建产一体化”方针，加强对鄂尔多斯盆地天然气勘探开发的地质研究及工程工艺技术攻关，重点扩大储量规模和努力提高单井产能。2001~2002年，华北分公司按照“以建立大中型天然气勘探开发基地为目标，以鄂北上古生界天然气勘探为重点，集中力量勘探评价塔巴庙区块，尽快形成可供开发的、有经济效益的储量规模”的勘探思路和部署方案，共完成二维地震1774.78km、三维地震101.262km^2、探井12口、进尺3.51×10^4m、投资2.41亿元、三级储量提交$2269.51\times10^8m^3$。实施的12口探井经压裂测试均获得工业气流，证实产气层位有石炭系太原组太2段、二叠系石盒子组盒1段、盒2段、盒3段。更为重要的是在2002年9月，大15井、大16井分别在盒3段和盒2段气层获得日产$21.08\times10^4m^3$、$16.44\times10^4m^3$(无阻流量)的高产工业气流，突破了单井产能长期偏低的“瓶颈”，为大牛地气田的规模、经济开发起到了巨大的推动作用。

大15井、大16井获得高产工业气流这一重要突破使所有华北石油人备受鼓舞。首先，突破单井产量低这一制约大牛地气田开发的技术瓶颈，改变了气田只有储量没有产量、不能经济有效开发的被动局面；其次，极大地提高了大牛地气田天然气开发项目在中国石化油气勘探开发中的战略地位；最后，对大牛地气田开发先导试验项目的及时启动起到了积极的推动作用，坚定了中国石化集团公司在大牛地气田建设天然气生产基地的信心和决心。

（二）首次规模建产获成效

根据大牛地气田2000~2003年勘探井和开发准备井压裂试气成果数据统计：山1段气层20井次平均单井无阻流量为$1.67\times10^4m^3/d$，最高无阻流量为$3.59\times10^4m^3/d$；山2段气层11井次平均单井无阻流量为$1.86\times10^4m^3/d$，最高无阻流量为$7.03\times10^4m^3/d$；盒3段、盒2段气层的11口井平均单井无阻流量为$11.27\times10^4m^3/d$，其中大15井、大16井和

DK2 井、DK4 井的气层无阻流量高达(16.44~38.87)$\times10^4m^3/d$。按照配产原则，山 1 段、山 2 段的单井日产气多在 4000~5000m^3，明显低于气田开发单井经济极限产量 11000~12000m^3的要求；盒 3 段、盒 2 段单井日产气多在 15000~30000m^3。由此可以看出，在当时工程技术和天然气价格等条件下，山 1 段、山 2 段难以实现经济、有效开发，盒 3 段、盒 2 段具有良好的开采效益。

然而，在大 15 井周边部署了 5 口井用于评价盒 2+3 段优质高产储层均告失败，给气田开发蒙上了一层厚重的阴影。就在开展 $10\times10^8m^3$产能建设的前一年(2004 年)，曙光再次呈现：一是通过三维储层预测与钻井评价，优选出了 DK13 富集区、DK15 富集区、DK18 富集区 3 个盒 2+3 段高产富集区，所部署的 20 口开发准备井均获得了高产工业气流，平均单井日产量大于 $2.5\times10^4m^3$；二是通过 25 口开发准备井的现场验证，证实三维地震储层预测的结果是基本可信的；三是开发先导性试验取得了成功，在天然气采气工艺、地面集输工艺、储层保护与改造工艺，以及优快钻井等方面均取得了进步；四是针对盒 3 段、盒 2 段储层开发大牛地气田开发方案及可行性研究报告分别在 2004 年的 9 月和 10 月顺利通过中国石化集团公司的专家评审。

2004 年 9 月 28 日，在北京召开了《鄂尔多斯盆地北部大牛地气田开发方案》评审会并顺利通过审查。中国石化原高级副总裁王志刚在会上高度评价了鄂尔多斯天然气开发先导性试验取得的重大进展以及华北分公司的组织管理工作，强调气田开发方案的科学性、适应性和可操作性，并对大牛地气田的快速、经济、高效开发寄予厚望。2004 年 12 月 31 日，《鄂尔多斯大牛地气田年产 10 亿立方米产能建设项目可行性研究报告》获得批复：其中，动用含气面积 248km^2，盒 3 段、盒 2 段和西南、中部合采区的探明天然气地质储量 $718\times10^8m^3$，新钻开发井 216 口，平均设计井深 2950m，建成天然气年产能力 $10.5\times10^8m^3$。

2005 年 3 月 8 日，华北分公司上报了《2005 年气田产能建设及生产实施计划安排》，其生产任务目标：新钻开发井 233 口，建成产能 $11.05\times10^8m^3/a$；新建集气站 12 座，集气能力 $432\times10^8m^3/d$；新建单井集气管线 699km；新建处理能力 150m^3/d 的甲醇再生装置及污水处理系统 1 座；2005 年 5 月 1 日完成大牛地—榆林输气管线建设，确保 2005 年 7 月实现供气；生产天然气 $5.2733\times10^8m^3$，销售天然气 $5.01\times10^8m^3$；新钻开发准备井 20 口，深化储层认识，进一步落实可动用储量，为编制第二个 $10\times10^8m^3$开发方案提供依据。

2005 年 3 月 27 日，大牛地气田 $10\times10^8m^3$产能建设工程正式启动。

2005 年 11 月 4 日，大牛地气田 $10\times10^8m^3$产能建设胜利完成。大牛地气田 $10\times10^8m^3$产能建设的实施和顺利完成，使华北分公司的管理水平、技术水平不断提升，建立起市场条件下油气勘探开发的会战模式，形成了适合油气勘探开发独具特色的大牛地部署、大牛地管理、大牛地精神和大牛地速度。第一个 $10\times10^8m^3$产能建设的实施，在大牛地气田开发历史上具有划时代的意义。一是吹响了气田开始进入快速开发的号角；二是坚定了开发大牛地气田的信心；三是体现了华北分公司在开发大型、致密、砂岩气藏方面所具有的优势。

至此，大牛地气田正式走上了高速、高效发展的道路。自 2006 年至今，大牛地气田持续高效建产，实现产能、产量的双跨越发展，有力体现了其天然气资源颇为丰富和高效的开发价值，成为中国石化供应大华北天然气市场的最重要的力量。华北分公司通过合理制定大牛地气田开发规划，不断“破解难题、降本增效”，随着各类关键技术的进一步创新性应用和低品位探明储量的逐级解放，实现了产能、产量的持续升级，不断为中国天然气工业的发展作出新的更大贡献。

截至2019年底，华北分公司在大牛地气田开发已逾15年，计划建产$81.3\times10^8m^3$，累计建产$78.08\times10^8m^3$，建产符合率达96%；拥有天然气井1701口，开井1458口，累计生产天然气$379\times10^8m^3$，成为具备年产$30\times10^8m^3$天然气能力的中国石化第三大气田（表9-1-1）。

表9-1-1　大牛地气田2004-2019年天然气产能建设情况统计表

年度	计划建产/10^8m^3	实际建产/10^8m^3	期末保有产能/10^8m^3
2004		1.32	2.1
2005	11.11	10.00	11.5
2006	5.95	4.61	16.1
2007	6.58	4.34	20.4
2008	2.8	2.74	23
2009	2.04	1.84	24
2010	3.81	4.18	25
2011	3	4.75	27
2012	10	10.02	34
2013	10	9.5	40.4
2014	10	10.00	44.9
2015	6	4.18	44.1
2016	1.01	3.09	41.5
2017	2	1.08	35
2018	2	1.50	30.5
2019	5	4.94	31.2
合计	81.3	78.08	

二、全过程、全方位、全要素降本减费

大牛地气田由于其自身低压、低渗、低产、低丰度的“四低”特征，带来投入高、产出低、开发难度大、经济效益差的难题，就势必要求要走一条不同于常规气田的开发道路。为此，在气田开发初期，华北分公司就采取了一系列措施，将气田的开发模式定位为具有华北自身特色的低成本开发的高效发展之路。

为了实现经济效益开发，牢固树立“今日的投资就是明日的成本”的投资理念，坚决实施“低成本勘探开发战略”，创建具有华北特色的边际气田“1+5”投资管控模式。以顶层设计为切入点，构建扁平化架构、集中化决策和专业化分工的精干高效投资管控体系，搭建集中、统一的油公司投资管理平台，实现专业化投资、项目化管理和一体化管控。通过建立并完善以“提高发展质量为中心”的投资优化调整机制，优化调整勘探部署，优化转移天然气开发主战场，合理确定投资规模和结构，控制投资风险，避免投资失误。通过建

立并完善以“效益最大化为核心”的投资决策机制，规范投资决策权限和程序，完善项目效益排队优选机制，建立专家审核、领导审批项目审批机制，严格落实投资决策制度和程序，控制投资风险，实现投资决策水平的持续提升。通过建立并完善以“定额为最高限价”的市场竞价机制，充分发挥市场在资源配置中的重要作用，充分发挥甲、乙双方的优势，不断提速提效，持续降低勘探开发工程成本。通过建立并完善“以项目经济运营为核心”的动态调整机制，优化井位部署和工程设计，强化项目全过程管控和优化调整，实现项目建设的最优化。通过建立并完善“以标准成本为核心”的投资管控机制，倒逼投资优化控制目标，强化全流程和全员投资管控，实现了大牛地气田新区、老区资源的有效动用和持续效益开发。

（一）强化管理降投资

目前，我国在低渗透气田经济、有效开发上还没有形成一套行之有效的经验。面对这一状况，自大牛地气田开发之初，华北分公司就以超前的理念，打破传统的观念，立志走出一条“非常规、低成本、高效益”的气田开发之路。

2002 年，在前期开发准备阶段，就非常注重气田的投资使用，通过建章立制来严格落实和保障计划的严肃性，明确指出所有投资项目必须纳入计划管理，按照规范程序报批，没有批准的项目一律不纳入计划，更不能变相报批或擅自动工建设。在投资安排时，充分按照“储量、产量、效益”三统一原则，依据经济实力和投资需求，筹措预算资金，处理好年度投资与勘探开发工作量需求的关系。保证所有投资和开支活动都必须在计划之内，做到年度投资一本账，以消除计划外支出项目。

进入先导性试验阶段后，为提升大牛地气田的开发效益，在气田开展了“降本增效管理年”活动，建立和完善了“储量、产量、投资、效益”的四统一原则，严格按照“效益决定项目，项目决定投资”的策略，强化投资管理。同时，建立和实施有效的内部控制制度。内部控制是通过建立统一的监控原则、业务流程体系和内部权限指引，控制企业投资、生产、经营、财务等管理过程中可能发生的内外部风险，约束和规范经营行为，及时发现和纠正各种错误及不法行为，以利于资产的安全、完整，保证经营成果和财务状况的真实可靠。经统计，2004 年与 2003 年相比，平均单位工程造价降低 17%~20%。

进入规模开发阶段后，华北分公司继续坚持“改革、调整、创新、发展”的方针，着力从体制、机制和结构上采取措施，逐步建立和完善“全面预算管理”和“投资计划全口径管理”，成为管理上的两大主要抓手，不断推进大牛地气田的持续发展和提高经济效益。加强投资项目全过程、全生命周期管理。规范项目的立项审批程序，按照“先评价后计划，先资金后招标，先合同后施工”的工作程序，杜绝未批先建。建立完善的投资效果追溯机制，投资效益和成本预算联动。以效益指标为纽带，按可研报告批复的预期效益指标或产生的成本节约落实到绩效考核和成本预算中，形成经济管理链条。明确投资项目效果要和降成本、降修理费、维护费、提高产量等指标挂钩。杜绝一方面要投资，另一方面增成本的现象，把项目投资转化为真正的经济效益。以效益为中心，审慎投资决策。建立投资项目优选机制，根据不同类型项目选择不同的关键指标进行优化筛选，对关键指标按照权重进行综合打分排队，效益好的优先投；无效益的不投。开展精细管理活动，着力推进管理创新，努力塑造特色管理模式。牢固树立“经营一元钱、节约一分钱”的精细管理理念，着力完善以增储上产为主线的科学优化体系，突出勘探开发重点，强化投资成本一体化管理理念，注重整体规划，兼顾后期运行，实现整体经济效益。

（二）设计源头降投资

首先，做好方案论证和顶层部署，从源头控制投资。方案的优化是项目投资控制的重中之重，顶层设计部署直接决定后期生产成本。华北分公司在大牛地气田开发方案和项目可研论证时，坚持效益优先的原则：回报率高的，优先投；回报率低的，慎投、缓投；达不到回报率标准的，坚决不能投。实时跟踪部署和方案实施效果的变化，加强调整优化，对项目投入、产出效果进行跟踪分析，减少低效投入，杜绝无效投入。严格落实“地面、地下”一体化建设，运用创新的思维，不断寻找降费增效点。

在井位部署方面，逐步试验并推广井工厂或井组模式，以减少井场数或井场面积，降低前期征地协调和施工费用。先后对水平井井工厂开展了二井式、三井式、四井式和六井式四类应用模式的探索，对费用、效果等进行综合对比，最终优选二井式作为气田的主推应用模式。大牛地气田从 2013 年开始大规模开展丛式井部署井位，到 2014 年比例达到 50%，年节约井场征地面积和搬迁费用达千万元，有效控制了投资增长。

在地面工程设计方面，确定了以示范区为载体，边示范、边完善、边总结的“四化”工作方案。四化，即以标准化设计为核心，全面推进模块化建设、标准化采购、信息化提升、规范化管理。通过“四化”的实施，有力保障了气田的快速、高效上产。一是缩短了地面建设工期。大牛地气田 2012~2014 年，新建产能 $29\times10^8m^3$，新建标准化井场 284 座，集气站 5 座。通过采用“四化”工作方案，有效缩短了地面工程建设工期，更好地适应了低渗透油气田滚动开发建产的需要。二是有效提高了气井生产时率，减少了单站值守、定期巡井工作所需的劳动定员，降低了现场员工的劳动强度，节约了生产成本（表 9-1-2）。

表 9-1-2 “四化”实施前后各项指标对比表

指 标	实施前	实施后
气井生产时率/%	90	96
集气站定员/(人/站)	10	8
巡井定员/(人/井)	0.485	0.216
生产成本/(元/千立方米)	1050	950

在石油工程设计方面，通过对水平段长度与产量之间关系的跟踪分析，发现二者之间不具有正相关性，但水平段长度与投资之间存在正相关关系，每增加 100m 水平段，钻井投资增加 25 万~32 万元，单段压裂投资增加 80 万~90 万元，累计增加投资 100 万~120 万元。2013 年，通过优化，大牛地气田水平段长度平均为 1100m，压裂段平均达 10 段，平均单井降低投资 100 万元，通过技术创新降投资效果明显。

（1）推广“四个一趟钻”优快钻完井技术。全面推广“四个一趟钻”，大力提高钻井速度，提高钻井周期。钻井周期定额平均下调 8%，定向井周期定额平均下调 15%。

（2）推广二级井身结构井技术。加大二级井身结构井试验力度，实现优快钻井，有效降低事故率。二级井身结构井比三级井身结构井钻井周期缩短 7~8 天，每口井节约费用约 60 万元。

(3) 优选分段压裂工具工艺。针对不同油气井类型、压裂效果和后期管理，优选不同的分段压裂工具。对于致密、低渗油藏基质区，结合完井方式采用多缝压裂工艺。

(4) 不断改进压裂液配方和支撑剂。根据不同储层特点，优化压裂液配方，完善支撑剂选择使用规范，加大石英砂应用比例，降低压裂施工材料费。

(三) 市场竞争降投资

积极推进并建立市场化运营体制机制。深化机构改革，不断理顺机关部门、前线项目部的关系和职能，打造精干、高效的石油公司管理队伍。建立内部和外部市场化运作新模式，建立规范、公正、透明的招投标运作体系。

按照业绩导向和队伍资质调整市场和定额，节约投资。对施工队伍实行 A、B、C 三级分类管理，A 级队伍可以优先安排工作量，优先增加队伍；C 级队伍予以“黄牌”警告，工作量安排次序为最后，直至自然淘汰。

积极推进物资供应系统改革，持续加强物资招标，推进工具国产化，降低材料投资。按照“归口管理、集中采购、统一储备、统一结算”的原则，规范物资采购、供应和综合管理各项业务流程，降低采购成本和库存资金占用，推进集中采购体制运作，实现物资供应与生产体系高效联动；同时，通过对物资的定期清查盘点，压缩不合理储备、优化库存结构，减少储备资金占用；建立健全物资需求计划管理制度，完善物资储备定额，采取切实可行的管理考核与奖惩措施，防止积压和报废情况的发生。通过多轮次的集中招标，大宗物资材料采购价格降幅明显。

三、投资效益显著

(一) 投入情况分析

1. 勘探投资

截至 2019 年底，累计勘探投入 17.80 亿元，获得天然气探明储量 $4546\times10^8m^3$，平均勘探成本 3.89 元/千立方米，勘探效果显著，不仅为气田开发奠定了坚实的资源基础，也为气田的效益开发夯实了经济基础。

2. 开发投资

截至 2019 年底，大牛地气田累计建产 $78.08\times10^8m^3$、累计开发投资(含气藏评价井) 285.45 亿元。$10\times10^8m^3$产能投资平均为 32.9 亿元，整体呈下降趋势；水平井单井投资整体呈下降趋势，平均投资 2569 万元；直井单井投资表现为震荡变化，但变化幅度不大，平均投资 970 万元。

(二) 经营指标分析

1. 天然气产量及销量

截至 2019 年底，大牛地气田累计生产天然气 $379\times10^8m^3$，累计销售天然气 $364\times10^8m^3$，商品率 96.22%。

2. 生产成本

截至 2019 年底，累计发生成本 110.68 亿元，平均单位经营成本 30.40 元/千立方米。

3. 收入及利税

截至 2019 年底，累计实现销售收入 470.68 亿元，其中上缴国家税费 36.07 亿元，实现利润124.71亿元。

大牛地气田自投入开发至今主要经历了上产增效和稳产保效两个阶段，整体上实现了边际气田向高效益气田的转变，主要体现在：

（1）牢固树立低成本意识，强化制度设计和执行，紧盯外部环境变化，以经济效益为中心，牢牢抓住低成本开发这个牛鼻子不放松，培养了大牛地气田高效开发之根，也锻炼出了一批善管理、精开发的高素质人才队伍，成为大牛地气田高效开发的保障。

（2）通过高效勘探、规模勘探，夯实了大牛地高效开发之基，单位发现成本保持较低水平，保持在油田企业前列。

（3）克服了地质因素变化、原材料价格上涨等多种不利因素，通过不断深化地质研究，持续工程工艺攻关，强化顶层设计，实现了连续规模上产，单井投资逐年下降。

（4）持续开展精细化成本管理，实现低成本运作，单位完全成本保持在较低水平，单位操作成本保持平稳。

（5）投入产出效果显著，实现了边际效益气田的高效开发。

第二节　大牛地气田天然气销售

华北分公司天然气销售与大牛地气田开发建设同步，走过了从无到有、逐步发展壮大的历程。自2002年大15井和大16井连续取得产量突破后，又开展了大牛地气田产能建设开发先导性试验。为了打通气田开发生产的后路，配套建设了大牛地-杭锦旗输气管道，天然气销售工作由此起步。

一、天然气销售实现零的突破

天然气销售要依托输气管道开发市场，在大牛地气田产能建设开发先导性试验地面工程项目中，规划了一条气田外输管线——大杭输气管道。根据先导性试验的规模，气田周边市场成为首选。乌审旗、杭锦旗由于距离气田近，方便管道建设，同时当地已经有了一些用气企业，地方政府对天然气的发展也积极支持，具备良好的市场开发基础。经过调研发现，内蒙古伊化集团是当地一家从事天然气化工的大型企业，在乌审召镇建有天然气制甲醇生产基地，已经使用中国石油天然气，但不能满足扩大生产的需求，华北分公司与伊化集团协商接洽了供气相关事宜。2003年9月2日，大杭输气管道投产，首先向伊化集团供气，从此拉开了大牛地天然气销售的序幕，2003年销售天然气$616\times10^4m^3$，实现华北分公司天然气销售零的突破。

二、开拓周边市场，促进地方经济发展

拥有稳定的下游市场，是保障气田持续开发的基础。同时，向当地用户供气也能促进地方经济发展，实现企地合作共赢的目标。为更好地依托大杭管道扩大气田周边市场，充分发挥管道效益，2004~2007年又开发了汇杰玻纤有限公司、华美玻璃有限公司、新圣天然气有限公司等用户，用户企业增至4家，为气田初期安全、稳定生产起到了积极保障作用。其中，伊化集团天然气制甲醇项目不断扩建产能用气量平稳增长，到2006年用气量已达$(1.5\sim1.8)\times10^8m^3$，成为大牛地气田周边市场最大用户。

随着大牛地气田的快速发展，又继续开发了内蒙古乌审旗、伊金霍洛旗、杭锦旗，陕西神木县、榆阳区等地的潜在用户。华北分公司通过供应天然气与地方政府和企业建立了良好的合作关系，既为当地增加税收、创造就业机会，又在清洁能源使用、招商引资等方面作出了贡献。

大牛地气田向着达到并持续稳产 $30\times10^8m^3/a$、建设现代化大中型低渗透气田的目标奋力迈进，需要鄂尔多斯、榆林等当地政府、企业和广大农牧民群众的大力支持。因此，气田自投产以来，积极回馈当地，累计向当地用户供气超过 $20\times10^8m^3$。多年来，大牛地气田向伊化集团、苏里格玻纤、乌审中燃、榆林中燃等企业供应清洁优质、价格合理的天然气资源，助力这些企业持续健康成长，为当地社会经济发展作出了积极贡献。

三、紧急驰援，供气北京

大牛地气田开发伊始，按照中国石化总部部署，是为了保障中国石化传统大华北地区天然气市场即山东和豫东地区的用气需求。随着山东市场用气需求逐步增长，中原油田和胜利油田天然气产量已经不能满足市场需要，大牛地气田的发现和投产刚好解决了中国石化在大华北地区天然气资源接替的问题。

1. 使命的来临

随着天然气进入越来越多的城市，因其具有方便、清洁的优点，消费量迅猛增长。受上游天然气开发建设周期影响，现有产量不能满足快速增长的天然气消费需求。特别是北方冬季取暖用气量很大，季节性消费峰谷差明显，给平稳供应带来很大困难。北方地区冬季经常面临“气荒”的压力，2004 年冬季，北京等多个北方大中型城市发生的“气荒”，已经影响到民生。为了保证 2005 年冬季北京天然气供应，并为 2008 年北京举办奥运会做好准备，中国石化大牛地气田天然气优先保供北京，并承诺 2005 年 8 月前要实现向北京供气以缓解首都用气紧张局面。向北京供气，任务艰巨，使命光荣，增强了华北石油人开发建设好大牛地气田的责任感与使命感。在带来巨大压力的同时，也充分体现了中国石化总部对大牛地气田充满信心，这也是华北分公司面临一次前所未有的机遇。

2. 精心筹划，提前供气

向北京供气的任务下达后，华北分公司围绕这个中心任务精密筹划、扎实工作。一是加快大牛地气田 $10\times10^8m^3$ 产能建设步伐，确保 2005 年 7 月底具备可靠的供气能力；二是加快大牛地气田到陕京二线榆林站的输气管道工程建设，确保按时连通；三是积极和中国石油协调落实陕京二线代输方案，商定贸易结算、计量交接、供气计划、运行管理、应急处置流程等有关问题；四是加强开发生产、管线输送、终端用户的协调，最终于 7 月 17 日提前 13 天实现向北京供气的目标。2005 年向北京供气 $2.9\times10^8m^3$，缓解了北京冬季用气紧张的局面，再次展现了中国石化“顾大局、勇担当、守信用、负责任”的企业形象

3. 全力合作保奥运

为了保障北京 2008 年绿色奥运成功承办，华北分公司进一步加快大牛地气田开发建设步伐，逐步增加向北京供气量，2006 年已达到 $6.08\times10^8m^3$，到 2008 年北京奥运会结束，累计向北京供气 $15.08\times10^8m^3$。为缓解北京用气紧张，推动北京市能源结构转型，确保北京奥运会期间用气安全以及平稳、充足供应作出了重要贡献。

四、大华北市场稳步发展

2003～2005年，华北分公司通过先导试验，在大牛地气田首期建成$10\times10^8m^3/a$天然气产能，成为中国石化重组以来规模最大、建成速度最快的天然气开发项目．此后，中国石化将原来的“川气入豫”调整为“川气东送”，让大牛地气田逐步成为接替及保障大华北天然气市场的气源地。

1. 中国石化大华北市场布局

中国石化在大华北地区的传统天然气市场以山东市场为主，市场培育较早并建有较为完善的管网设施，用户分布较广，涉及济南、青岛、潍坊、淄博、德州、聊城、莱芜、泰安；同时兼顾河南豫北、豫东地区的濮阳、安阳、郑州、开封等用户。最早以中原油田和胜利油田生产的天然气作为市场保障资源。随着中原油田天然气产量的递减，以及消费量逐年增长已经不能满足市场需要。为巩固市场必须寻找接替资源，大牛地气田成功开发刚好担起了这项任务。2006年安平–济南天然气管道投产，打通陕京二线与中国石化山东管网的连接通道，大牛地天然气经由陕京二线与安济线进入山东市场，很快成为中国石化保供大华北市场的主力气源。

大牛地气田自2006年成为中国石化在大华北市场的重要气源地，成为保障和巩固中国石化市场份额的主力气源。大牛地气田高效有力的产能建设推动天然气产量连续快速增长给中国石化“天然气大发展”战略提供了有力支撑。2007年，大牛地气田天然气产量已占中国石化的18%。

2. 陕京线代输

大牛地气田的目标市场是大华北地区，所以寻找合适的天然气输送通道很重要。在向北京供气与中国石油陕京管道系统合作过程中，了解到陕京线走向正符合需求，刚好把大牛地天然气输送到大华北市场。

2006年，经总部油田勘探开发事业部牵头，华北分公司与中国石油相关单位就陕京系统代输大牛地天然气的问题开始接洽。经过与中国石油多次协商，最终确定了陕京线代输方式、路由、代输费等具体事项。陕京线代输为大牛地天然气走向大华北市场创造了基础条件。

向大华北地区中国石化系统内炼化企业供气，充分发挥上下游一体化优势，既解决内部炼化企业用气难问题，又实现效益最大化目标。大牛地气田相继向燕山石化、石家庄炼化、中原乙烯、齐鲁石化、青岛炼油等石化系统内部企业供气。大牛地天然气进入大华北市场的第一个用户是燕山石化。但由于北京供气紧张，中国石油长期不能保障燕山石化的用气，经总部协调决定以大牛地天然气保供燕山石化用气。2006年4月20日，大牛地正式向燕山石化供气，为燕山石化解决了气源紧张，而华北分公司也开辟了高附加值工业用户，既能平稳运行又增加了效益。随后又相继向石家庄炼化、中原乙烯等内部企业供气。到2010年底，累计向以上三个内部企业直供天然气$16\times10^8m^3$以上。

5月10日，大牛地天然气通过陕京二线和安济线进入山东市场。山东市场管网较完备、用户多、需求大。大牛地天然气进入山东，稳定并拓展了中国石化在山东市场的份额，其中济南转输站的投产，实现了安济线、济青线和中济线的大连通，为山东管网的互联互通起到重要作用。并推动淄博至莱芜、曲阜至济南等管线投产，为构建更加完善的山东天然气管网奠定了基础，大大提高了山东管网的调峰能力。当年冬季为中国石化山东管网提供每日 $150\times10^4m^3$ 以上的调峰气量，在冬季保供过程中起到明显效果。大牛地也很快成为中国石化山东天然气管网的主力气源。

2007 年郑州市用气告急，为支持和回报驻地民生建设和经济社会发展，华北分公司积极担负起保供责任，自 5 月 1 日起通过中原油田—济南输气管道反输及时将“福气”送到郑州。之后，又陆续向开封、安阳、濮阳等地供气。为保供河南豫北市场，华北分公司在总部油田事业部领导下与相关兄弟单位配合，陆续打通中国石油中原油田–沧州管道、河北省管网石家庄–邯郸管道等供气路径，为豫北市场使用大牛地天然气解决了通道问题。华北分公司先后在豫北市场开发各类用户 7 个，到 2010 年底不到 3 年时间，供气量由 $2000\times10^4m^3/a$ 递增到 $40000\times10^4m^3/a$。此后，基本稳定，到 2011 年榆林–济南管道投产，按总部统一部署将河南省内除郑州华润以外用户都移交给天然气分公司管理，2019 年底华北分公司已累计为河南用户供气 $20\times10^8m^3$ 以上，为中国石化豫北天然气市场稳定、承担保供社会责任起到重要作用。

截至 2010 年，大牛地天然气已拓展形成气田周边的内蒙古、陕西，北京、河北，山东，河南 4 大区域市场，先后向 15 个各类用户供气，天然气销量由最初的 $10\times10^4m^3/d$，发展到 $1055\times10^4m^3/d$。自大牛地气田对外销售天然气以来，到 2014 年的 10 年时间，年供气量以平均 31.71% 的速度递增，此后除市场影响被迫压产期间，产销量基本稳定在 $30\times10^8m^3/a$ 的水平。

3. 艰难的冬季保供

大华北市场天然气供应要面对的最大困难就是冬季保供工作。由于华北地区气候特点，冬季要取暖时间长达四个月。近年来为解决环保压力，城市居民供暖的燃煤锅炉大批改建为清洁的燃气锅炉，居民家中也越来越多的安装燃气采暖炉。因此使得，城燃用户对冬季调峰气需求激增，冬季用气量比其他季节平均高出 3~5 倍甚至更多，大华北市场城市燃气用户多，供用气结构也是城燃用气比例高，形成巨大的季节性用气峰谷差。如何应对冬季城镇居民保供压力成为上游供气方研究的重要课题。因为牵扯面广，关系民生，社会影响大，责任重，所以冬季保供压力也相应增大。

按照集团公司“保证居民用气供应是政治责任，义不容辞”的要求，在油田勘探开发事业部统一领导下，重点做好三个方面工作为冬季保供奠定基础，首选是根据供气结构，强化需求侧管理，为不同类型用户制定峰谷系数；其次是早部署，7 月份、8 月份油田事业部就组织各天然气生产和管输单位研究部署冬季保供方案，华北分公司都会根据大牛地气田产能建设进展、气田生产准备、管道输容量、市场需求等方面准备冬季保供预案。最后是储备好应对极端天气、重大活动的应急保供能力。

华北分公司承担了中国石化大华北市场大部分的冬季保供任务，每年冬季都在鄂尔多斯地区 –30℃ 的极寒天气下，加快连续上产、抢产。冬季生产气井冰堵现象频发，为解堵采用注醇产生工艺，含醇污水处理成为冬季生产面临的首要难题，通过周密部署，上下协力华北分公司都很较好地完成了冬季生产保供任务。

在总部的支持下，华北分公司深入研究大华北市场供需矛盾和结构特点，系统性的制定出调峰保供预案：一是利用可中断供气的工业用户调峰，夏季向工业用户满负荷供气，在冬季用气高峰前完成全年供气任务，冬季高峰时停供部分可中断工业用户来保供城燃用气；二是利用部分有天然气替代资源的工业用户调峰，如燕山、齐鲁石化等系统内炼化企业在冬季用石脑油代替天然气制氢，用重油做燃料以此替代天然气来保供城燃用气；三是利用气田新建产能坚持每年过冬前形成更多新的生产能力来保供城燃用气；四是，利用夏季就充分做好冬季生产的各项准备，以提高生产运行的保障能力来推进冬季上产稳产实现保供。

通过实施上述措施，自2006年后华北分公司所供应的大华北区域没有出现“气荒”的现象。多年来冬季保供困难重重，尤其北京用气峰谷差巨大保供压力重；山东市场城燃用户多沿海城市，供暖季前后极端天气多发应急保供压力大。2008年11月初的一场暴雪袭击了整个大华北地区，顿时出现大面积供气紧张的状况，对应急保供能力做了一次全面严格的考核。华北分公司在总部机关的领导和支持下，多次圆满完成重大保供任务，从未因保供原因引发重大社会影响，为北京、郑州、济南等重点城市和当地民生和社会稳定做出了贡献。

4. 榆济线建成投产

榆林-济南天然气管道是中国石化稳定和拓展大华北市场的重要工程，这条管道的建成投产从根本上解决了大牛地天然气多年来一直依靠中石油代输的瓶颈问题。输气线路也得到优化，有效降低了山东、河南市场用户管输费用支出，为进一步扩大中国石化市场份额，发展新用户做了有益的铺垫。

榆林-济南管道于2010年10月份投产试运行，中国石化大华北天然气市场终于实现了中国石化完全独立运作，应该说这是对中国石化大华北天然气市场具有重大标志性的事件。

榆济管道投产后，华北分公司按照总部对天然气销售专业化管理的要求，仅保留气田周边市场和郑州的用户，将其余大部分客户转交给天然气分公司统一运作。按总部要求，为集中资源做强做大山东、河南市场，继2008年退出北京市场后又把燕山石化、石家庄炼化等内部工业用户也转交给中国石油供应。中国石化大华北天然气市场的发展也从此翻开了新篇章。

5. 天然气推价

2005年以前天然气价格多年未调整长期在低位水平。随着天然气消费需求的快速增长，天然气产建规模和速度都大幅提高，这使得理顺天然气价格，体现天然气合理价值，激发天然气产业良性可持续发展势在必行。2005年12月25日国家发展改革委发出改革天然气定价机制的通知，由此迈入天然气定价逐步市场化的阶段。在2005年12月之前大牛地天然气销售一直是按照0.68元/立方米的价格。12月25日发改委发出调价通知后，华北分公司积极与地方用户协商调价事宜，起初地方政府和用户企业不能完全理解，认为天然气价格是气田开发建设之初由中国石化总部与内蒙古自治区协商确定的计划气量和价格，对应气量的气价不该调整，后续增量气的价格再按市场化方案执行。华北分公司通过与地方政府和用气企业一起解读政策，介绍大牛地致密低渗气藏开发难度，商讨互利共赢的发展前景，最终与用户就调价达成一致，推动大牛地天然气价格实现依法合规按政策调价。由此奠定了大牛地气田天然气价格，按照国家政策依法合规调整的良好开端，后续每次国家发展改革委调整天然气价格，华北分公司都积极与用气企业宣传政策，合理安排调价，为大牛地天然气持续开发创造了良好的经济基础。

第三节　构建市场新格局

多年来大牛地气田依靠总部领导关心支持，广大技术人员深入研究摸索，广大干部职工辛勤奋战，实现了持续平稳上产。大牛地气田的效益开发为边际气田的开发蹚出了一条可行之路，也带动了国内致密气田的开发。按照中国石化提出的“稳定东部、加快西部、准备南方、开拓海外”的油气资源战略方针。将大牛地气田列为重要资源接替区和5大天然气生产基地之一。

一、面临新挑战

2014年下半年以来国际油气市场出现严重动荡，国际原油价格在经历几个月持续断崖式下跌后最终在30~40美元/桶低位徘徊，受此影响国际市场天然气现货价格也大幅动荡。虽然国内天然气价格没有与国际市场完全接轨，但由于近几年来进口气量快速增长，一大批进口管道气和LNG相继到岸，国内市场也受到冲击。

当前，国家正加快产业结构调整，在经济增长放缓的新常态下，工业用户用气量增速下降，天然气消费整体增速严重下滑，大华北市场由之前一直保持的15%以上的增速放缓到不足5%。天然气市场出现反转，由之前供不应求的卖方市场转为局部过剩的买方市场。

国家发改委也于2014年4月1日下调了天然气门站价格，这是自2005年10年来第一次下调天然气价格。价格调整对市场的提振效果并不明显，销售态势还有继续恶化的趋势。

大牛地天然气销售也受到影响，因市场需求不振，以及青岛LNG接收站于2014年底投产进口气大量上岸，自2015年2月起，气田就开始限产。2015~2016年连续两年大牛地气田压减天然气产量，2015年比计划量压产$10.5\times10^8m^3$，2016年比计划量压产$9.5\times10^8m^3$，最高时关井达700多口，天然气产量压减至$700\times10^4m^3/d$，减少近一半产量。天然气销售遇到了前所未有的挑战，完成年度产销任务面临很大困难。面对这样严峻的局面，华北分公司积极行动起来，先是与天然气分公司充分对接大华北市场的需求和资源情况，每月跟踪了解进口气到岸计划，掌握对大牛地天然气销售的影响程度。

二、重整信心再出发

为从根本上解决问题，我们调整思路，积极开拓内蒙古、陕西市场，先后与榆林中燃、鄂尔多斯新圣天然气、鄂尔多斯江苏工业园等企业和园区进行了沟通联系，了解其用气需求和发展布局，推介大牛地天然气。经过多方市场调研，华北分公司向总部提交了修建大牛地气田-东胜天然气管道的可行性建议，利用该管道可以打通大牛地气田的北向通道，使大牛地天然气进入内蒙古呼、包、鄂市场，该区域消费还有缺口，下一步借助地方管道还可以向东进入山西北部市场，为大牛地天然气开拓新的市场资源。大东天然气管道项目经总部审查论证于2015年11月批复同意建设。该项目根据国家逐步开放油气市场引入多种形式资本共同经营的政策，华北分公司与鄂尔多斯市城投、鄂尔多斯新圣天然气公司共同投资建设，三方成立以中国石化为相对大股东合资公司——鄂尔多斯华屹天然气有限公司，华北分公司代表中国石化行使在华屹公司的股东权益。华屹公司于 2016 年成立后积极推动大东管道建设工作。2019 年克服各种困难因素大东管道终于投产试运行，大牛地实现了具备南北两大外输通道的优势，为今后应对市场波动以及选择优质市场创造了条件。

目前大牛地气田已经进入稳产期，在华北人不懈努力下正在向创造高致密性低渗透气田的长期稳产纪录的目标迈进，华北天然气销售也紧跟市场形势的变换，全力为大牛地天然气增效创收不断拓展高附加值市场，力争以有限的资源实现更多的经济效益。我们抓住近年来国家放开直供工业用户供气价格的机遇，利用大东管道拓展了 LNG 液化气工厂用户和周边的一些小工业用户，增效明显，为华北分公司扭亏脱困实现跨越式发展作出了重要贡献。

大牛地天然气销售历经发展、壮大、脱困、重整信心再出发，借助国家绿色低碳经济发展、天然气市场公平开放、管网一体化运营的战略，紧随分公司的步伐走向更广阔的市场，创造更大效益，为大牛地、为分公司、为中国石化做一篇天然气销售的大文章。

附　　录

编辑说明：(1)本书收录了三份大牛地气田开发的原始调研汇报材料，以便更好地展现大牛地气田开发的过程。

(2)为了完整体现材料的原始面貌，未对其中的名称单位(其中亿方、万方、立方)及体例格式进行编辑。

A、大牛地气田开发工作汇报

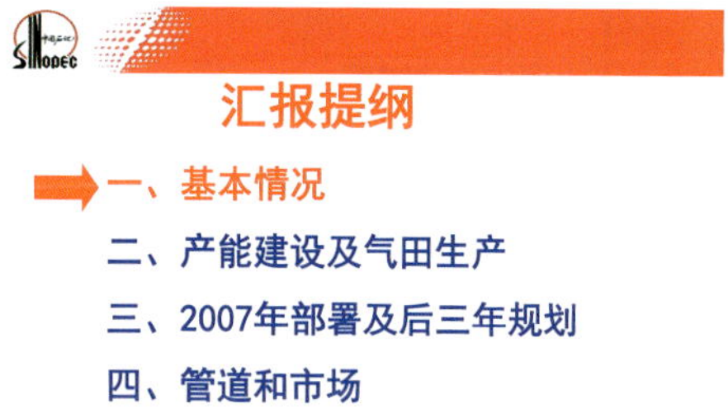

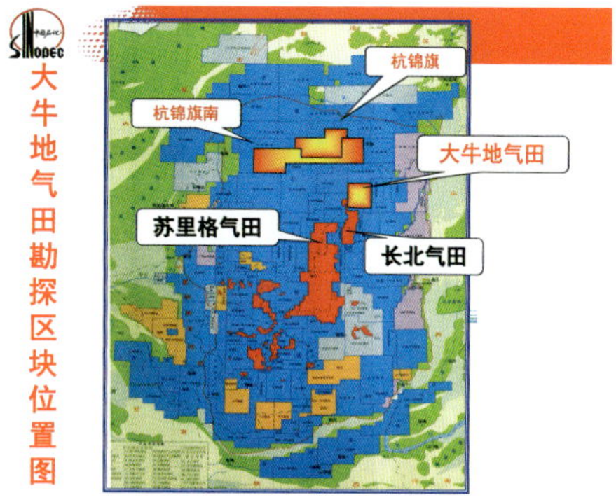

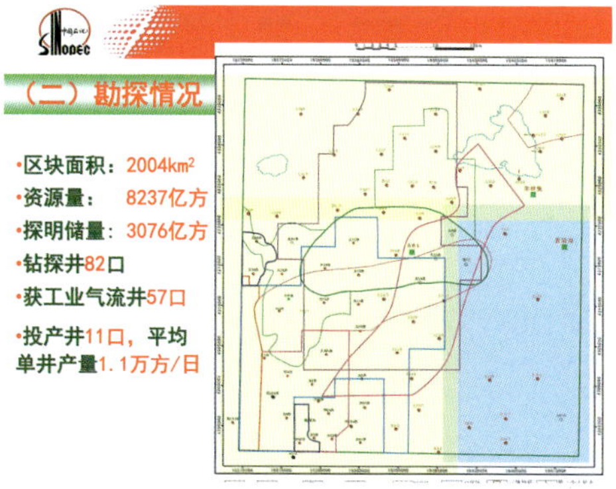

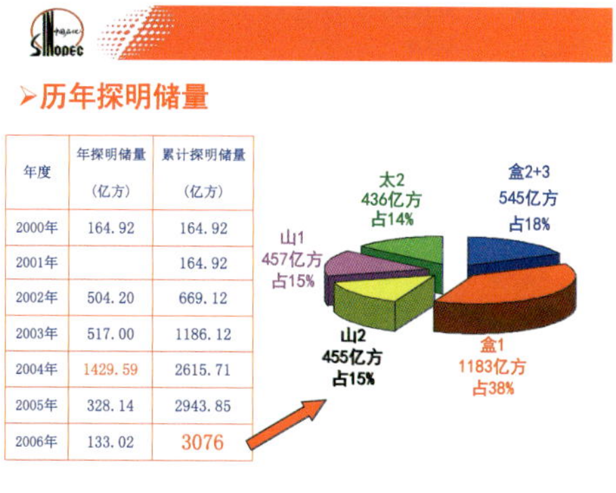

年度	年探明储量（亿方）	累计探明储量（亿方）
2000年	164.92	164.92
2001年		164.92
2002年	504.20	669.12
2003年	517.00	1186.12
2004年	1429.59	2615.71
2005年	328.14	2943.85
2006年	133.02	3076

➢气藏特征

	含气层位	气藏深度 m	气藏压力 MPa	压力系数	孔隙度 %	渗透率 md
大牛地气田	盒3-山1	2400-2900	23.84-27.1	0.88-0.96	6.5-8.8	0.55-1.36
长北气田	盒8-山1	2990-3050	25.9-28.87	0.94	4-10	2-10 (4.5)
苏里格气田	山2	3200-3500	28.4-30.05	0.81-0.94	3-12	0.1-0.9 (0.73)

（三）开发现状

至2006年底

探明储量 3076亿方 → 动用储量 981亿方；可采储量 540亿方；生产能力 16.1亿方；年产量 10.5亿方

总气井：	387口
开井数：	354口
日产水平：	400万方
单井日产：	1.13万方
采气速度：	1.35%
累计采气：	16.06亿方
采出程度：	2.1%

气田管网分布

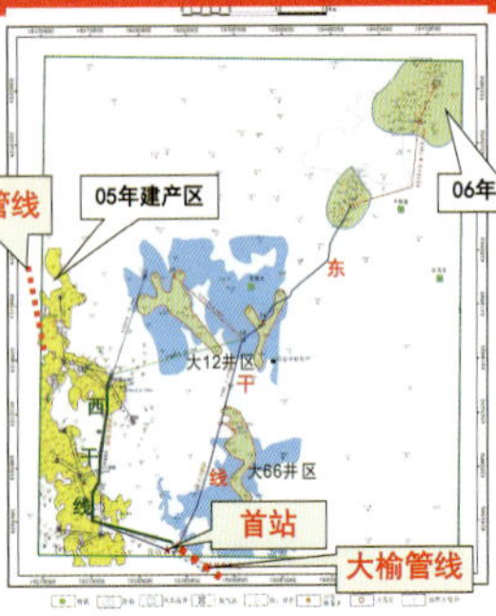

汇报提纲

一、基本情况

➡ 二、产能建设及气田生产

三、2007年部署及后三年规划

四、管道和市场

（一）产能建设

1、开发先导试验(2003～2004年)

- 开发井： 48口
- 集气站： 4座
- 输气管线： 138km
- 建成产能： 1.5亿方
- 平均单井产量： 1.2万方/日

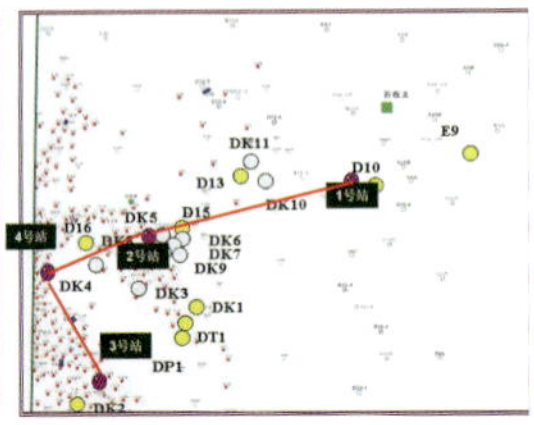

2、2005年产能建设

- 动用储量：640亿方
- 开发井： 233口
- 集气站： 10座
- 建产能： 10亿方
- 单井产量：1.3万方/日
- 采气速度：1.5%

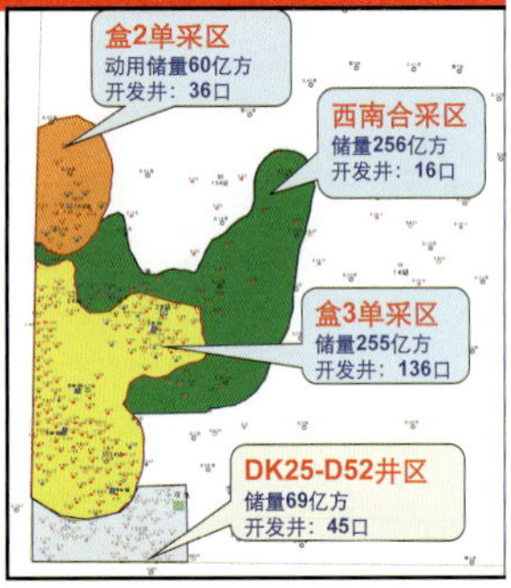

3、2006年产能建设

动用储量：	313亿方
开发井：	145口
集气站：	8座
新建产能：	4.6亿方
单井配产：	0.96万方/日
老区建产能：	2.6亿方
老区单井产量：	1.17万方/日
新区建产能：	2亿方
新区单井产量：	0.75万方/日
平均采气速度：	1.5%

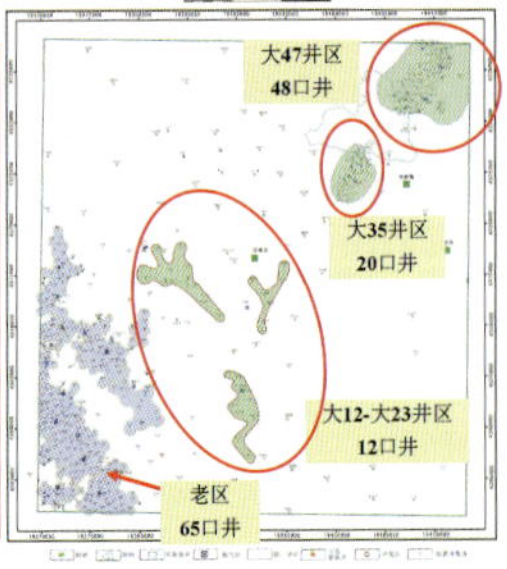

4、产能建设投资情况

	建产能（亿方）	投资（亿元）	10亿方产能投资（亿元）
2003-2004年	1.5	3.4	22.67
2005年	10	20	20.00
2006年	4.61	12.1	26.25
累计	16.1	35.5	平均22.04

（二）气田生产

1、生产现状

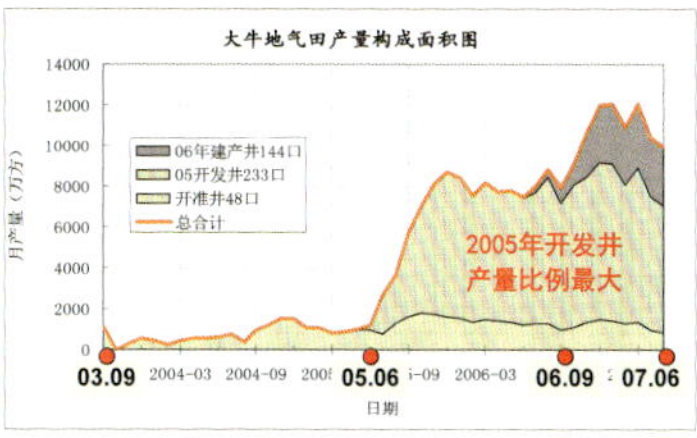

- 开发准备井03-04年投产，形成井间接替，产量保持基本稳定；
- 05、06年开发井产量保持稳定。

2、气井产量分类

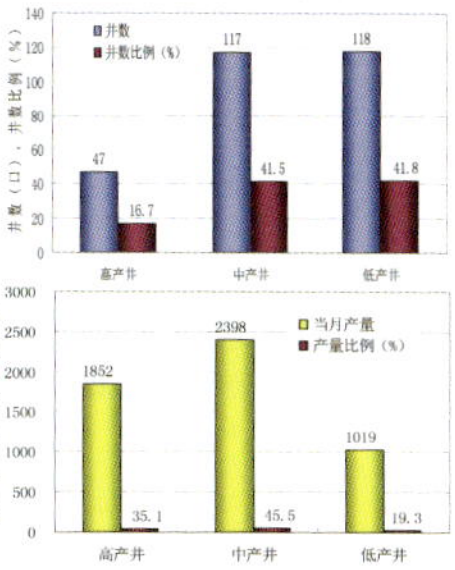

老区开井282口

高产井（>2万方/天）：
井数47口，井数比例16.7%，产量比例35.1%；

中产井（1-2万方/天）：
井数117口，井数比例41.5%，产量比例45.5%；

低产井（<1万方/天）：
井数118口，井数比例41.8%，产量比例19.3%；

58%的中高产井，
贡献了81%的产量。

3、稳产期综合分析

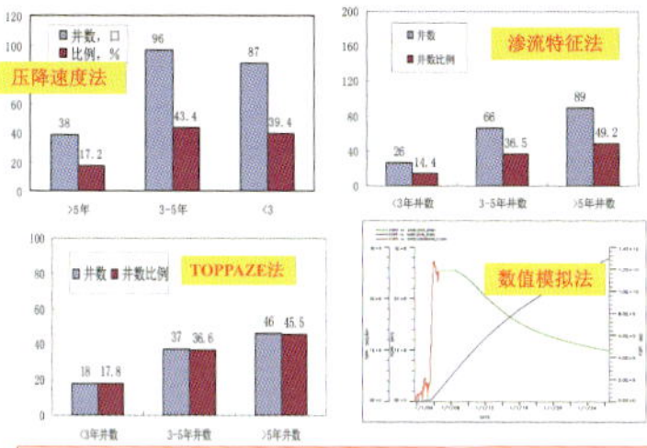

压降速度法1238天（3.4年），渗流特征法1371天（3.8年）
TOPPAZE法1323天（3.6年），数值模拟法1238天（3.2年）

4、气田递减率预测

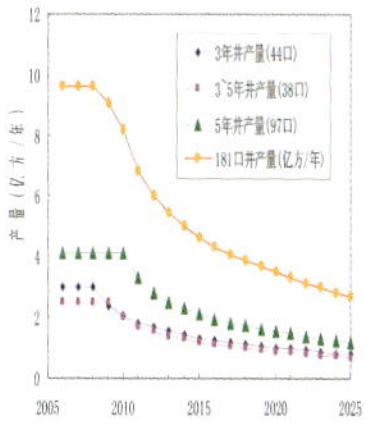

年份	3年井产量(46口)	3-5年井产量(38口)	5年井产量(97口)	181口井产量(亿方/年)	递减产量(亿方/年)	递减率(%)
2006	3.0	2.5	4.1	9.6		
2007	3.0	2.5	4.1	9.6		
2008	3.0	2.5	4.1	9.6		
2009	2.4	2.5	4.1	9.0	0.6	6.2
2010	2.0	2.0	4.1	8.2	0.9	9.5
2011	1.8	1.7	3.3	6.8	1.3	16.3
2012	1.7	1.5	2.8	6.0	0.8	12.1
2013	1.5	1.4	2.5	5.5	0.6	9.2
2014	1.4	1.3	2.3	5.0	0.4	8.2
2015	1.3	1.2	2.1	4.6	0.4	7.3
2016	1.3	1.1	2.0	4.3	0.3	6.6
2017	1.2	1.1	1.8	4.1	0.3	5.9
2018	1.1	1.0	1.7	3.9	0.2	5.4
2019	1.1	0.9	1.6	3.7	0.2	5.0
2020	1.0	0.9	1.6	3.5	0.2	5.0
2021	1.0	0.9	1.5	3.3	0.2	5.0
2022	0.9	0.8	1.4	3.1	0.2	5.0
2023	0.9	0.8	1.3	3.0	0.2	5.0
2024	0.8	0.7	1.3	2.8	0.1	5.0
2025	0.8	0.7	1.2	2.7	0.1	5.0
平均						7.2

2009年进入递减阶段，初期递减率6.2%，2011最高16.3%，17年平均递减率7.2%。

5、2006～2007年1-5月天然气经营情况

单位：元/千方

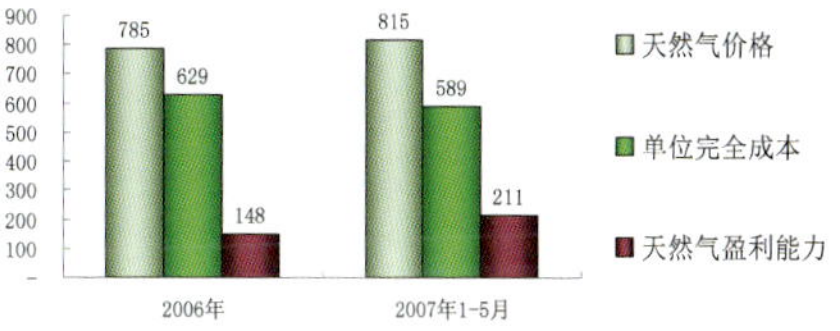

2006年利润为15444万元，2007年1-5月份利润为11830万元。

汇报提纲

一、基本情况

二、产能建设及气田生产

三、2007年部署及后三年规划

四、管道和市场

（一）2007年产能建设部署

1、产能建设部署

动用储量：482亿方
开发井：190口
新建产能：7.85亿方
单井配产：1.2万方/日
平均采气速度：1.5%
老区建产：3.6亿方
（大3-大7井区）
新区建产：4.25亿方
（大66、大12、大28井区）

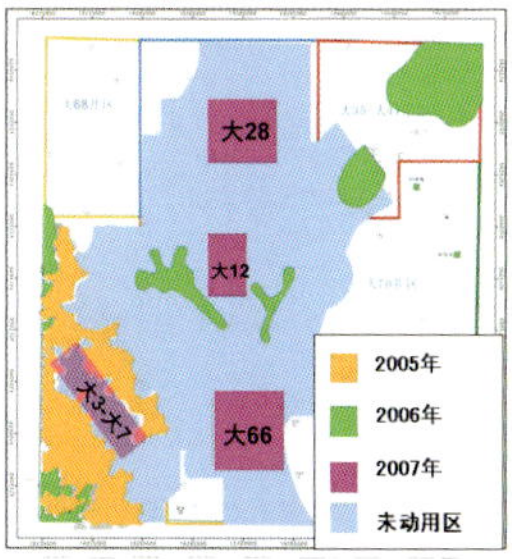

2、产能建设进展

钻井进度：

- ✓部署总井数：190口
- ✓已审批井位：108口
- ✓ 完钻：71口
- ✓ 正钻：12口
- ✓ 待钻：25口

测试及已建产能：

- 已完成43口井74层作业
- 正测试井：13口
- 待测试井：7口
- 已建成产能：1.37亿方
- 平均产量：1万方/天

（二）产能建设面临的挑战与对策

1、挑战:

- 盒2、盒3及太2优质储量已基本动用，新建产区块缺乏优质储量。
- 盒1储量1183亿方，丰度低，产量低，动用程度低，仅动用90亿方。

2、对策:

- 加强勘探力度，加强储层预测，寻找盒2、盒3及太2优质储量；
- 加强以水平井钻井为主的工程技术攻关，提高单井产量；
- 加强以连续油管压裂为主的工程工艺攻关，实现多层合采，提高单井产量；
- 优化设计、优化部署、减少投资。

（三）气田规划

1、勘探规划

- 2006年底探明储量：3076亿方

2007-2010年：

- 优选目标区：7个
- 探明储量：1000亿方
- 2010年累计探明储量：4000亿方

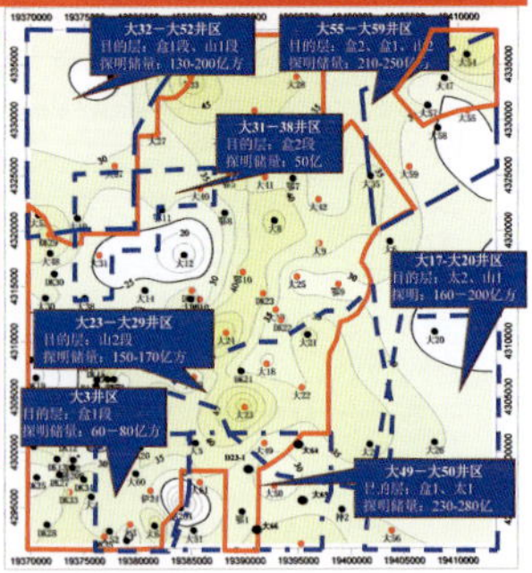

2、开发规划

时间（年）	动用储量（亿方）	建产能（亿方）	产量（亿方）
至2006年底	981	16	10
2007	480	8	15
2008	400	6	20
2009	350	5	25
2010	200	3	30

汇报提纲

一、基本情况

二、产能建设及气田生产

三、2007年部署及后三年规划

四、管道和市场

（一）天然气管道现状

	2006年	2007年
销售合计	10.4	15
北京	6.1	3.9
燕化	1.6	3
内蒙	1.5	3
山东	1.2	5.1

榆林—济南天然气外输管线

管道设计输量30亿方，总长1045公里。

榆林—濮阳：设计压力10MPa，管径Φ711X818km。

濮阳—济南：设计压力8MPa，管径Φ610X227km。

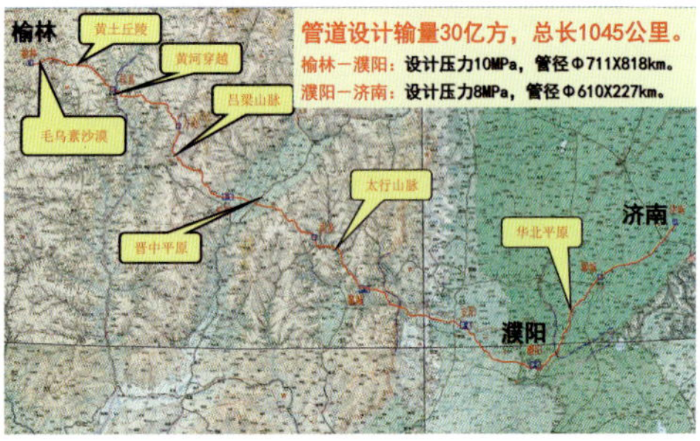

榆—济管道工程总投资：60.4亿元

1、工程费458274万元　占总投资的　75.85%

其中：安装工程46610万元，建筑工程，115968万元，建筑工程115968万元，设备费286286万元，主材费9410万元

2、其他费 88388万元　占总投资的　14.63%

3、预备费 33289万元　占总投资的　5.51%

4、建设期利息 22481万元　占总投资的　3.72%

5、流动资金 1725万元　占总投资的　0.28%

- 全线管输费平均0.42元/方；
- 盈亏平衡点是设计输量的43%，即13亿方/年。

（二）天然气市场

1、大牛地气田30亿方产量流向初步安排

		2006年完成	2007年产销安排	2009-2010年规划	备注
产量		10.5	15.5	30	
商品量		10.4	15	29.1	
分地区安排	北京	6.08	3.9		2008年9月1日停止向北京供气
	燕化	1.6	3	6.5	3亿方制氢,其它替代重油
	天津乙烯			3	制氢
	内蒙	1.5	3	3	2007年开始供3亿/年
	陕西			2	含陕西榆林用气
	山西			2	进入榆林—济南天然气管道的天然气将达到15-16亿方
	山东、河南	1.2	5.1	12.6	

2、大华北地区天然气资源总体呈增加趋势

大华北地区天然气资源主要由大牛地气田、中原和胜利油田提供。根据十一五规划，天然气商品量由2006年的28.5亿方上升到2010年的42亿方。

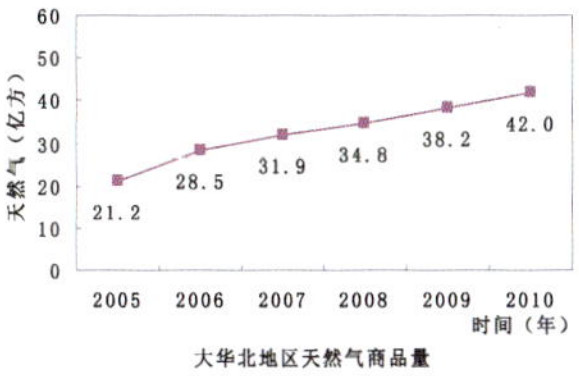

大华北地区天然气商品量

➢大牛地气田总体呈上升趋势。

商品量由2006年的10.4亿方上升到2010年的29.1亿方。

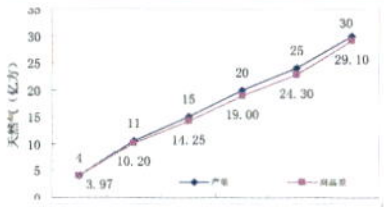

➢中原进入递减开发阶段。

商品量由2006年的12.5亿方降到2010年的9亿方。

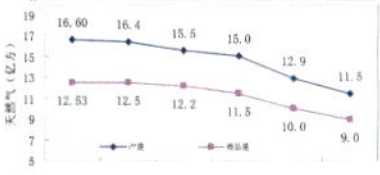

➢胜利整体呈缓慢下降趋势。

商品量由2006年的4.4亿方降到2010年的3.9亿方

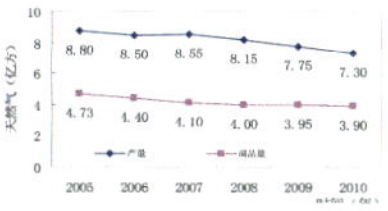

3、2009-2010年用户需求大幅上升

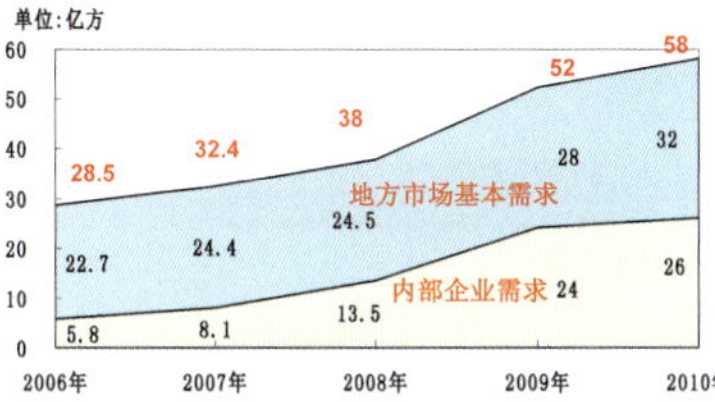

2010年需求58亿方，同比 2006年增加29.5亿方。

地方基本需求：北京、河北沧化停供；内蒙保持3亿方；河南每年增1亿方；山东每年增1.3-1.4亿方；山西2亿方，陕西2亿方。

4、市场供需存在缺口

由于资源量增长幅度低于需求，供需缺口达到16亿方。

2010年与2006年对比：

商品量由28.5亿方增加到42亿方，净增13.5亿方；

需求由28.5亿方增加到58亿方，净增29.5亿方；

附录

B、中国石化低渗气田开发进展及下步攻关方向

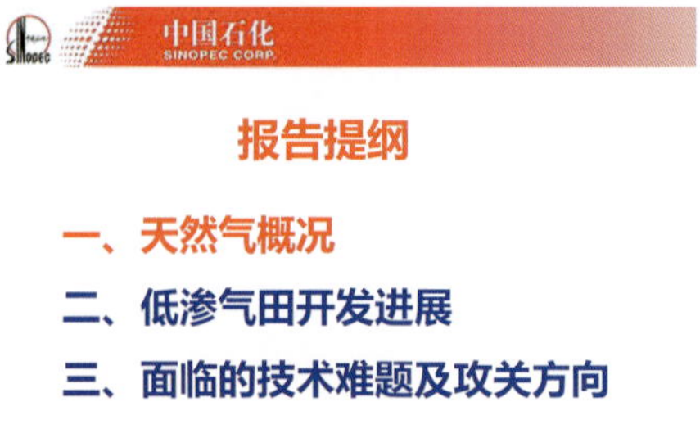

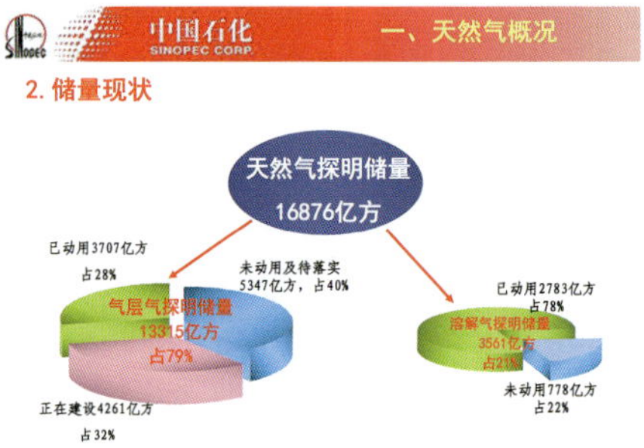

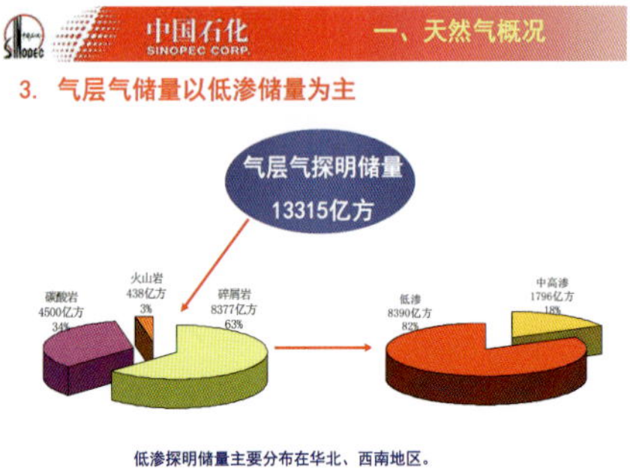

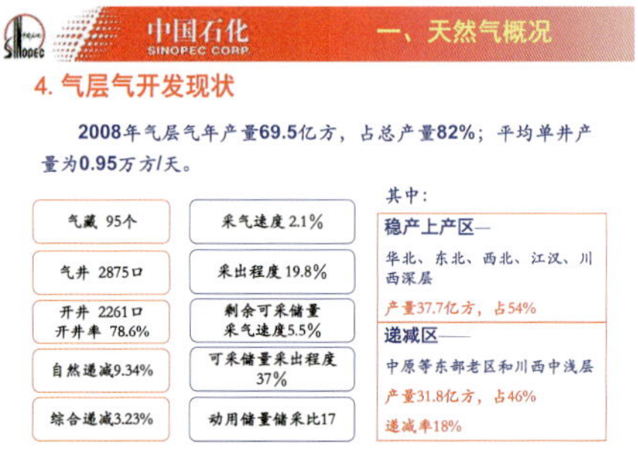

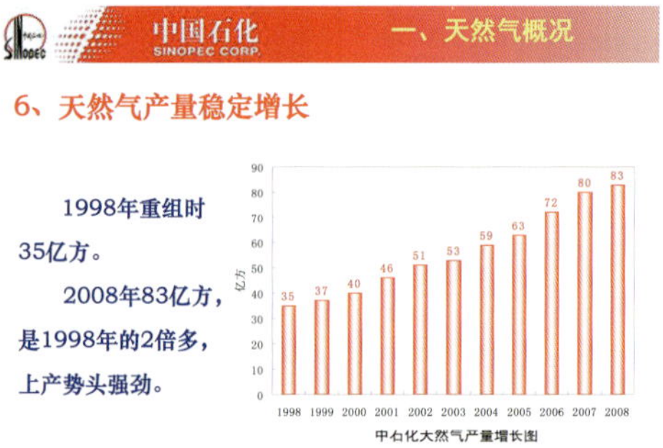

中国石化 SINOPEC CORP. 一、天然气概况

7. 低渗气田已成为生产主力

2008年致密低渗气田产量46亿方，主要分布在大牛地气田和川西中浅层，占气层气的66%。

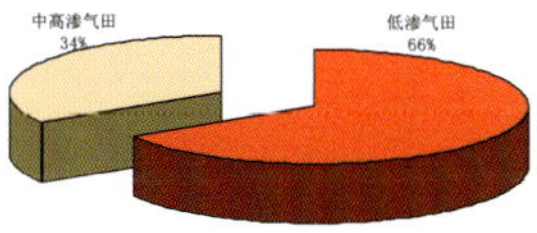

中国石化 SINOPEC CORP. 一、天然气概况

8. 管网与市场现状

- 已建外输管线3575km
  占全国的9%
- 销量70.7亿立方米
  占全国10%
- 跨区域市场管网
  大华北地区
- 区域性市场管网
  川西、西北 东北
- 在建管网
  川气东送 2400km
  榆济管道 1042km

中国石化 SINOPEC CORP.

报告提纲

一、天然气概况

二、低渗气田开发进展

三、面临的技术难题及攻关方向

中国石化 SINOPEC CORP. 二、低渗气田开发进展

1、地质特点及气藏特征

大牛地	孔隙度低	4.0%-10%
	渗透率低	0.4-0.95mD
	压力系数低	0.8-1.0
	探明储量	3522亿方
	单井产量低	平均0.9万方/日
川西中浅层	孔隙度低	3.7%-13%
	渗透率低	0.05-4mD
	探明储量	1660亿方
	单井产量低	平均0.62万方/日
	井段长层数多	400-2800米

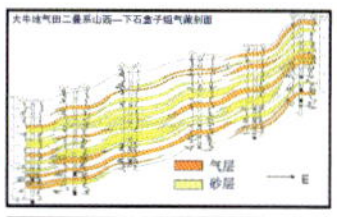

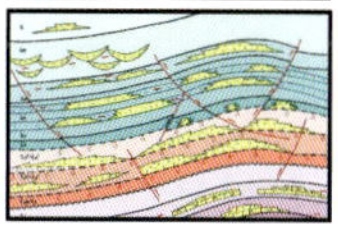

气藏储层物性差，非均质性强、砂体规模小，连片性差，气井基本无自然产能，属低渗致密边际气田。

中国石化 SINOPEC CORP. 二、低渗气田开发进展

2、低渗气田原生产概况

阶段	时间	井数(口)	平均无阻流量(10^3m^3)	平均产量(10^3m^3)	产能(10^8m^3)	产气量($10^8m^3/a$)
勘探阶段	2001年之前	26	3.63	0.34	0	0

气田探明初期，由于储层非均质性强，储层和含气性预测难度较大，工程工艺技术不配套，单井产量偏低，无法有效开发。

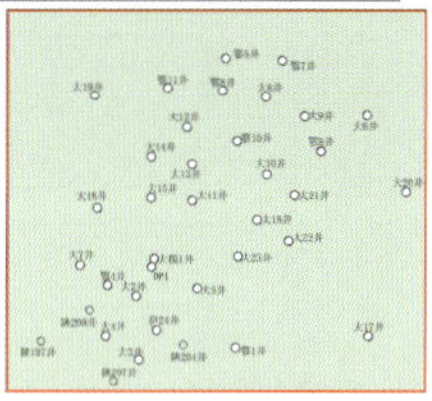

2001年大牛地气田井位示意图

中国石化 SINOPEC CORP. 二、低渗气田开发进展

3、积极开展先导试验，为规模开发做准备

针对致密低渗气田特点，加大先导试验力度。

先导试验落实产层的储量和产能，进行试采、钻完井工艺、压裂增产工艺、采气工艺、地面集输工艺的试验，为规模开发方案编制提供依据。

中国石化 SINOPEC CORP. 二、低渗气田开发进展

4、初步形成开发配套技术

加强技术攻关，压裂增产技术取得突破性的进展，为低渗气田的规模开发创造了条件，单井产能得到大幅度提升，从平均0.3万方/日增加到平均1万方/日。

通过先导试验的实施，初步形成开发配套技术。

（1）储层及含气性预测技术

（2）大规模压裂增产技术

（3）分层压裂，合层开采技术

（4）水平井技术

（5）地面工程工艺优化技术

中国石化 SINOPEC CORP. 二、低渗气田开发进展

（1）储层及含气性预测攻关取得突破

★ 地震相与测井相

用测井相对地震相进行标定，追踪有利地震相的展布范围，T9f中-强振幅为有利的地震反射。

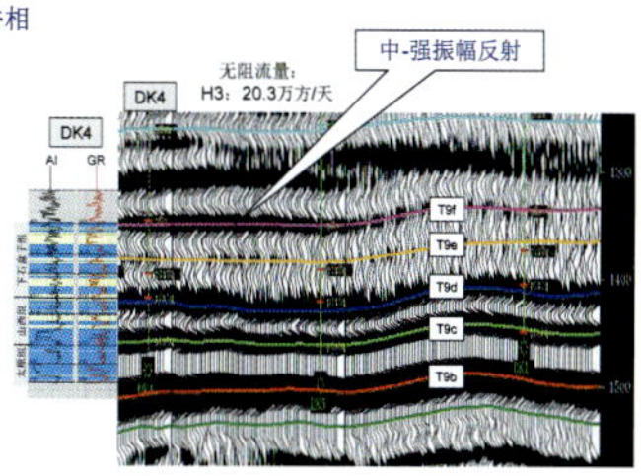

中国石化 SINOPEC CORP. 二、低渗气田开发进展

(1) 储层及含气性预测攻关取得突破

★ 平面地震相与平面沉积相

用单井沉积相标定后的有利地震相，在平面上追踪出有利储层的分布范围。

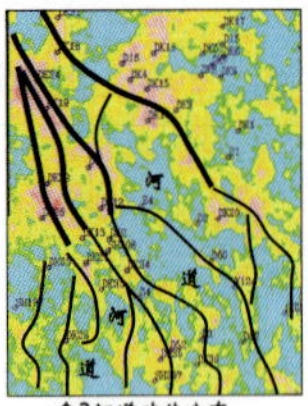

盒3河道砂体分布（平均振幅图）

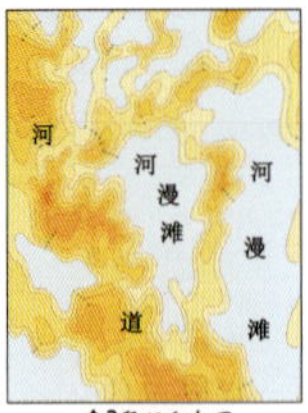

盒3段沉积相图

中国石化 SINOPEC CORP. 二、低渗气田开发进展

(1) 储层及含气性预测攻关取得突破

★储层含气性预测

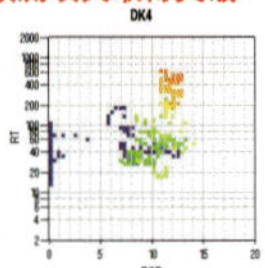

电阻率与孔隙度相关图

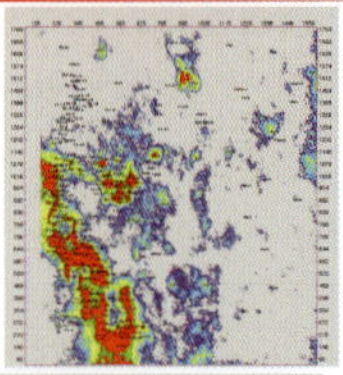

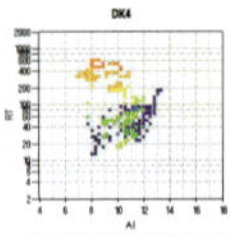

电阻率与波阻抗相关图

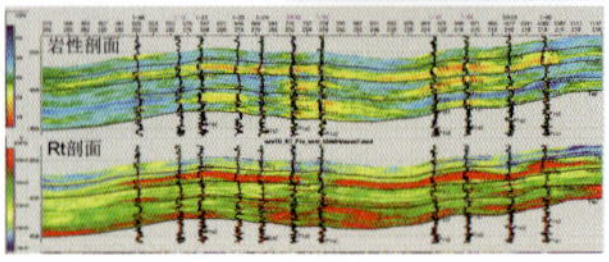

中国石化 SINOPEC CORP. 二、低渗气田开发进展

(1) 储层及含气性预测攻关取得突破

★ 富集区、富集层及井位部署

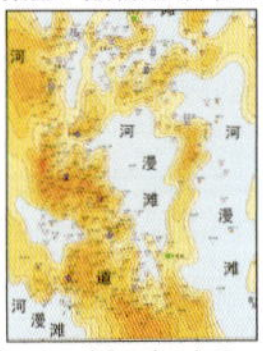

大牛地气田盒3段井位部署示意图

川西新场气田井位部署示意图

在平面沉积相和地震相的综合有利区内，进行开发井部署，同时加强随钻分析、动态跟踪和及时调整，钻井成功率:大牛地95%；川西100%。

中国石化 SINOPEC CORP. 二、低渗气田开发进展

(2) 大规模压裂技术攻关成效显著

大牛地气田:平均加砂量从35方增加到65方，最大加砂规模达到151方；压后平均单井产量约1万方/日，实现了边际气田的开发。

川西中浅层:加砂量从10-20方提高到30-40方，80方以上5口，最大加砂规模达到155方；压后单井产量1.86万方/日，提高1-2倍。

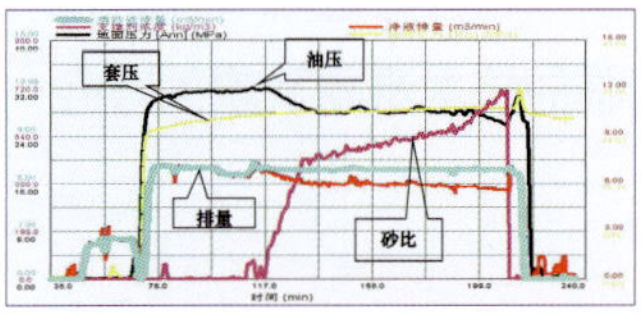

川孝491井——
加砂155方
压后油压22MPa
测试产量14万方/天
稳定日产2.5万方/日
累产2300万方

中国石化 SINOPEC CORP. 二、低渗气田开发进展

(3) 分层压裂，合层开采技术攻关获得成功

针对川西中浅层纵向多套气层叠置等特点，逐步攻关完善多层压裂等配套技术，开发方式由一套井网一套层系转为一套井网多套层系，减少了井数，提高了单井产量和储量动用程度。

2007-2008年:

钻调整井49口

单井产量2.2万方/日，

比单层开采提高50%

建产能3.5亿方

新增动用Ⅲ类储量120亿方

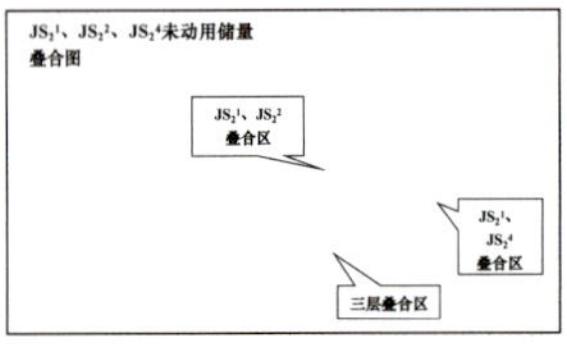

中国石化 SINOPEC CORP. 二、低渗气田开发进展

(4) 水平井技术攻关取得初步成果

■ 水平井钻完井技术

水平井技术是当前提高单井产量的主导技术，在大牛地、川西中浅层气田开展了先导实验和应用，共实施19口，投产10口，产量是直井的2-4倍。

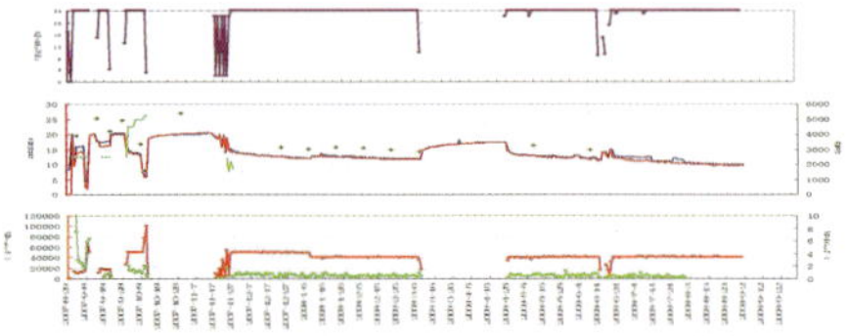

大牛地气田DF2井：日产气4万方，首次实现大牛地气田不压裂投产

中国石化 SINOPEC CORP. 二、低渗气田开发进展

川西新场气田新沙1H水平井，初期产量$2.1\times10^4m^3/d$；目前稳定日产气1.4万方/天，在难动用储量的有效开发上表现出了一定的优势。

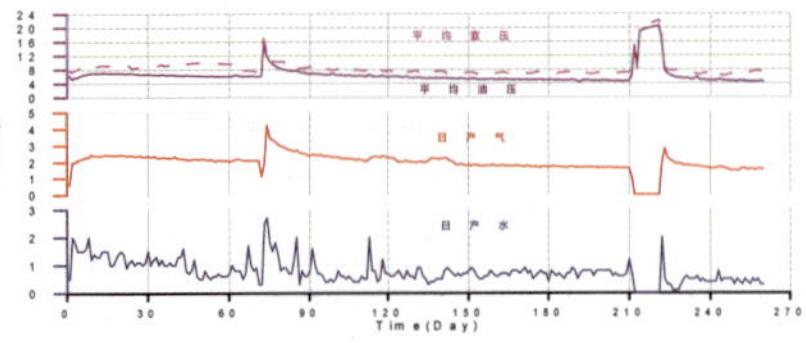

新场气田新沙1H采气曲线

中国石化 SINOPEC CORP. 二、低渗气田开发进展

■ 水平井压裂技术

水平井套管完井封隔器分段压裂和水平井裸眼完井水力喷砂分段压裂试验取得初步成果。

DP1井（水平段长630米）：03年5月完井后无自然产能，08年7月裸眼喷砂射孔、分段压裂后日产气3.8万方，使该井死而复生。

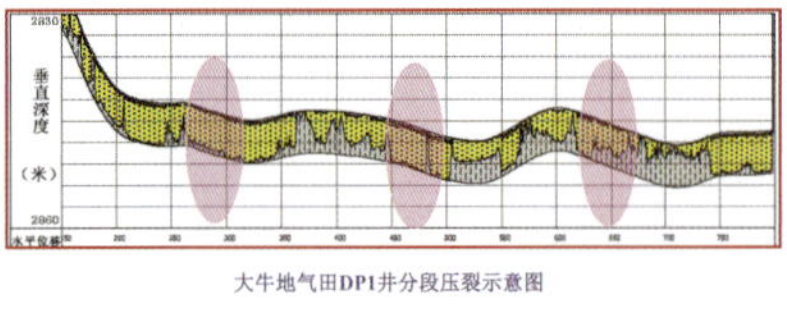

大牛地气田DP1井分段压裂示意图

中国石化 SINOPEC CORP. 二、低渗气田开发进展

（5）地面工程工艺优化效果明显

大牛地气田地面集输工艺优化对照

项目		原工艺	改进工艺	效果
井口集气工艺		井口加热集输工艺	改用井口不加热节流高压进站工艺	简化井场集气工艺，减少集气站数量，投资减少。
		采气管线采用Φ76×6.0，设计压力6.3Mpa	改用Φ48×5.0，设计压力23Mpa	
集气站工艺	加热系统	采用真空加热炉，一台加热4口井	改用气控负压水套炉，一台加热8口井	提高了水套炉的热效率，降低了能耗
	计量系统	采用旋进漩涡流量计	改用孔板流量计	数据更准确，操作更简便
	注醇系统	抑制剂为乙二醇作	抑制剂改为甲醇	解堵效果好、降低价格
		注醇泵采用柱塞泵	注醇泵采用隔膜泵	实现甲醇的零泄漏
	气液分离系统	采用重力式分离器	生产分离器后增加了旋流分离器	提高气液分离的效率和分离效果

简化厂站设施，优化地面流程，减少投资，降低风险。

中国石化 SINOPEC CORP. 二、低渗气田开发进展

5、低渗边际气田得到有效开发

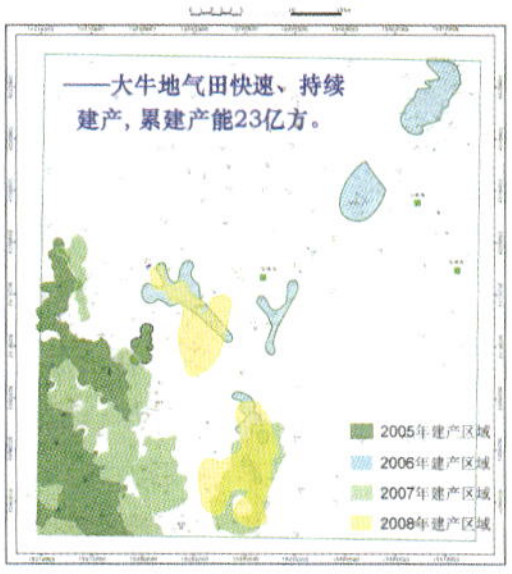

2005年建产：钻井238口
动用储量 463亿方
建成产能 10 亿方
平均单井 1.27万方/日

2006年建产：钻井160口
动用储量 310.5亿方
建成产能 4.61亿方
平均单井 0.87万方/日

2007年建产：钻井182口
动用储量 369.53亿方
新建产能 4.34亿方
平均单井 0.72万方/日

2008年建产：钻井82口
动用储量 159亿方
新建产能 2.74亿方
平均单井 0.86万方/日

中国石化 SINOPEC CORP. 二、低渗气田开发进展

大牛地气田产量持续上升，效益逐年提高。

探明储量：3522亿方　动用储量：1178亿方
累建产能：23　亿方　年　产　气：19.2 亿方
平均单井产量：0.9万方/日

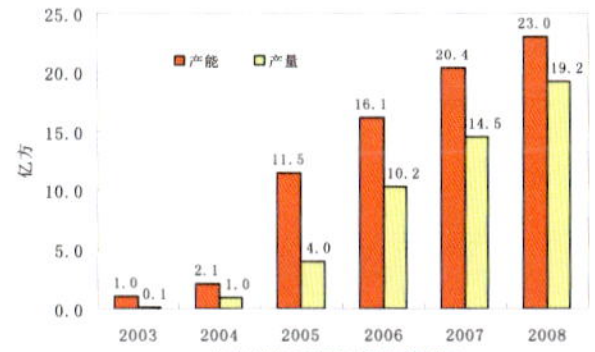

大牛地气田历年产能产量图

从2006年开始盈利：

年份	利润（万元）
2006	4871
2007	42773
2008	91692

中国石化 SINOPEC CORP. 二、低渗气田开发进展

★ 川西中浅层气田实现稳产

探明储量：1660亿方　动用储量：926 亿方
累建产能：22.9 亿方　平均单井产量：0.62万方/日
年　产　气：22　亿方　占西南分公司产量81%

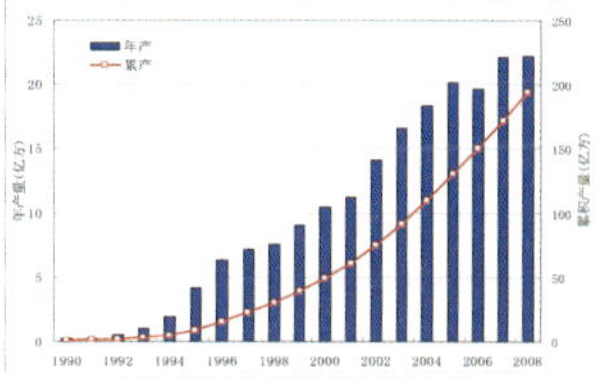

川西中浅层气藏历年年产量与累积产量变化趋势

年份	利润（万元）
2006	30051
2007	39528
2008	37665

中国石化 SINOPEC CORP.

报告提纲

一、天然气概况

二、低渗气田开发进展

三、面临的技术难题及攻关方向

中国石化 SINOPEC CORP. 三、面临的技术难题及攻关方向

未动用储量状况

尽管中石化低渗气田开发取得了突破，但低渗气田总体储量动用程度较低，相对较好的储量动用后，剩下的相对差的储量更难动用，其特点表现为：

储层非均质性强（透镜状分布为主）、气层薄（平均5米左右）、单井产量低（小于5000方/天）。

近期实施的开发准备井均未取得预期的效果，近20口井平均单井产量仅只有0.5万方/天，开发方案无法编制，后续有效开发困难。

中石化未动用低渗储量状况表

单位	合计		近期可开发储量		近期难动用储量		待落实储量	
	地质储量	可采储量	地质储量	可采储量	地质储量	可采储量	地质储量	可采储量
华北	2344	1000	582	291	1762	709		
西南	815	356	120	58	444	190	251	109
合计	3159	1356	702	349	2207	899	251	109

中国石化 SINOPEC CORP. 三、面临的技术难题及攻关方向

未动用储量状况

大牛地气田未动用储量占中石化低渗气田未动用储量的74%，动用难度较大。

气田未动用储量区内共有各类井197口，其中测试115层次，平均单井无阻流量仅2.44万方/日。

盒1气藏未动用储量1110亿方，占气田未动用储量的47%，共有148口井钻遇该气藏，其中测试81层次，平均单井无阻流量仅1.59万方/日，为边际储量。

盒1未动用储量分布图

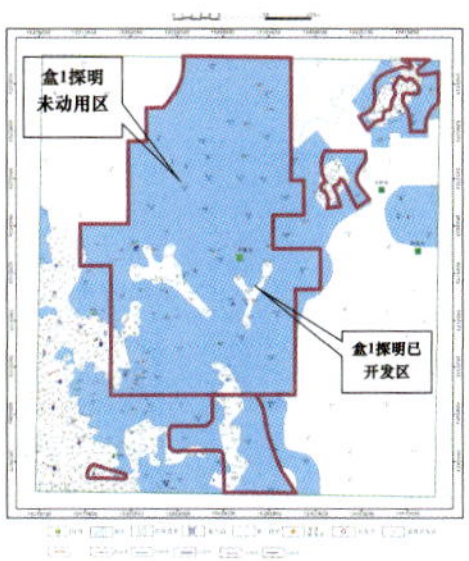

中国石化 SINOPEC CORP. 三、面临的技术难题及攻关方向

未动用储量面临的技术难题

要进一步提高储量动用程度，开发上仍存在着一些技术瓶颈，面临着一些亟待攻克的技术难题。

技术难题之一：

选区、选层------相对富集区、富集层在那里？

未动用储量区储层及含气性预测精度低，沉积微相研究难度大，不能满足气田后续有效开发的需要。

技术难题之二：

如何提高未动用储量区内单井产量，那些技术和措施能满足提产的需求？

技术难题之三：

未动用储量区如何实现开发降本增效，开发成本、操作成本如何降低？

中国石化 SINOPEC CORP. 三、面临的技术难题及攻关方向

技术难题之一

选区、选层--相对富集区、富集层在那里？

未动用储量区储层及含气性预测精度低，沉积微相研究难度大，不能满足气田后续开发的需要。

中国石化 SINOPEC CORP. 三、面临的技术难题及攻关方向

1、储层及含气性预测精度较低

原因主要包括以下几方面：

- 储层低孔低渗，导致砂泥岩波阻抗差异微弱、砂体地震响应特征不明显，使得通过地震反演预测含气性技术受到挑战；
- 地震信号主频低，导致储层分辨率低；
- 太原组和山西组发育煤层，煤与围岩形成强反射给利用地震识别储层带来了极大难度。

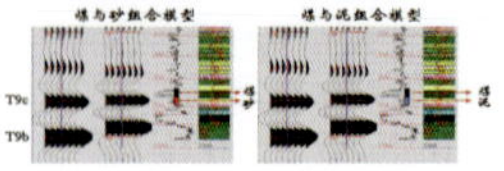

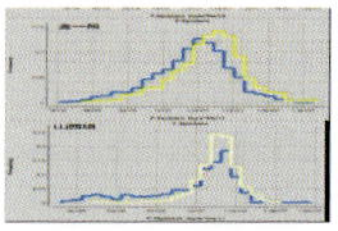

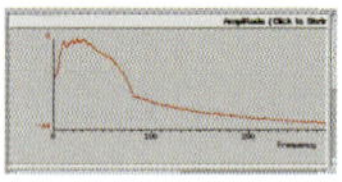

中国石化 SINOPEC CORP. 三、面临的技术难题及攻关方向

2、沉积微相研究难度大

物源方向的多变性和微相展布的复杂性，给沉积微相研究带来较大难度。

根据钻井统计和野外调查，叠合河道宽度达10-20km，单期河道宽度300-500m，未动用储量区主要发育单期河道，精细研究难度大。

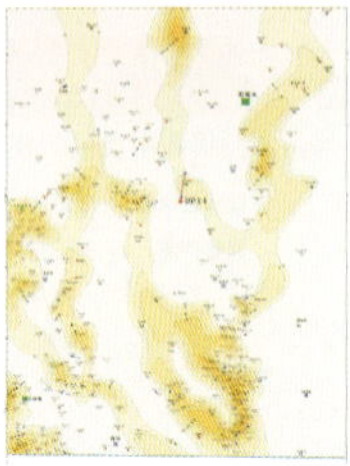

大牛地气田D12-D66井区盒3段沉积相图

中国石化 SINOPEC CORP. 三、面临的技术难题及攻关方向

对策

1、开展砂体追踪研究

加强地震资料提高分辨率处理技术及含气性预测技术研究，储层预测与地质研究相结合，全面开展砂体展布规律研究，寻找砂体发育区。

2、寻找新的高产富集区

进行系统的沉积微相研究：从点（单井相分析）到线（骨干剖面相研究）到面（沉积微相平面特征研究），研究各小层及单砂体的沉积微相特征，寻找有利相带。

中国石化 SINOPEC CORP. 三、面临的技术难题及攻关方向

技术难题之二

如何提高未动用储量区内单井产量，那些技术和措施能满足提产的需求？

中国石化 SINOPEC CORP. 三、面临的技术难题及攻关方向

低渗气藏大多处于效益边际，单井产量的提高是保证开发效益和投资效益的重要因素，而目前鄂尔多斯、四川盆地低渗气藏单井自然产能一般在0-5000方/天之间，如何提高单井产量是亟需解决的问题。

中国石化 SINOPEC CORP. 三、面临的技术难题及攻关方向

对策

1、水平井技术攻关

以提高气井控制储量和增加泄气面积为目标，积极引进、大力攻关水平井、多分支井等复杂结构井钻井技术。

2、直井压裂技术攻关

继续深化大型压裂技术研究，提高单井控制储量，提高单井产量；引进与攻关相结合，加快连续油管压裂工艺技术的试验；攻关分层压裂、合层开采技术，提高单井控制储量，提高单井产量；加强重复压裂改造技术研究。

3、储层保护方面

从钻完井液、压裂液等入井液着手，加强储层保护研究。

中国石化 SINOPEC CORP. 三、面临的技术难题及攻关方向

技术难题之三

未动用储量区如何实现开发降本增效，开发成本、操作成本如何降低？

中国石化 SINOPEC CORP. 三、面临的技术难题及攻关方向

对策

在提高单井产量“开源”的同时，还必须要多方面“节流”。

重点做好四方面工作：

1、方案优化设计

方案的节约是最大的节约，一口开发井少则上百万，多则上千万，井位部署一定要优化，力争少打井、多产气。同时，气田开发一定要在提高钻井成功率上下功夫。

2、工艺技术攻关及应用

单井产量的提高可以使无效益储量投入开发、减少钻井数、简化地面系统。因此，要加大提高单井产量工艺技术攻关和推广应用，如井型优化设计、适应性压裂技术等。

3、地面工程优化

尽可能简化地面流程，降低地面投资。

4、生产管理

优化方案，降低操作成本。

C、长北项目水平井技术调研情况专题汇报

中国石化 SINOPEC CORP.

长北项目水平井技术调研情况专题汇报

石兴春

油田勘探开发事业部

二〇〇九年八月

本PPT是作者带队调研长庆和长北项目后向总部领导作的汇报。

中国石化 SINOPEC CORP.

根据总部领导指示精神，由油田事业部牵头组织，于2009年7月8-11日，赴长庆油田、长北气田开发项目部，针对采用水平井开发低渗透气田技术进行调研学习。

调研组由油田事业部石兴春副主任带队，调研组由6个单位的地质、工程、计划、经济、管理专业人员组成，共21人。

调研目的：长北气田在地质研究、井位设计、钻井工艺、储层保护与改造、生产管理以及项目管理等方面的经验和做法。

中国石化 SINOPEC CORP.

调研组听取了长庆油田三个专题情况介绍，参观了长北气田开发区和钻井现场，并与长庆有关领导、管理人员和地质工程科技人员进行了座谈交流。

1. 关于长北天然气开发项目经验介绍
2. 长庆气田水平井开发情况介绍
3. 长庆工程院关于水平井钻井完井液技术介绍

调研结束后，调研组于7月10日下午召开了全体成员学习长北经验讨论会。通过本次调研，系统地了解了长北气田高效开发的总体情况、基本思路、地质研究成果、优化的工程技术方案、钻井完井情况、所采用的实用工艺技术和完善高效的工程管理体系。调研组成员均感到受益匪浅，必将进一步促进中石化低渗透气田的高效开发。

中国石化 SINOPEC CORP.

汇报内容

一、调研基本情况

二、长北气田高产原因分析

三、调研收获

四、下步工作意见

中国石化 SINOPEC CORP.

一、调研基本情况

（一）长北合作区概况

1、合作区位置

长北合作区位于鄂尔多斯盆地大牛地气田南部。
合同区面积：1588km² 80*20km
探明含气面积：828km²
探明地质储量：961亿方

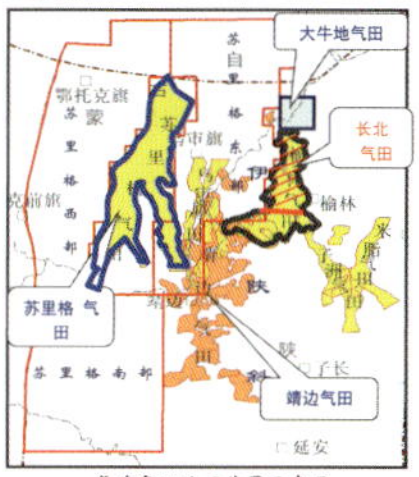

长北气田地理位置示意图

中国石化 SINOPEC CORP.

一、调研基本情况

2、合作区发展历程

1999年9月23日中石油与壳牌正式签署合作合同，长北合作开发项目正式开始，大致可划为三个阶段：

- 2000-2004年，研究编制方案《长北项目总体开发方案》
- 2005-2006年，项目进入正式开发建设阶段
- 2007-2008年，正式开始商业生产，2008年底建成30亿方生产能力，日产气水平达到822万方，当年产气30亿方

中国石化 SINOPEC CORP.

一、调研基本情况

3、合作区地质情况

- 探明地质储量：961亿方
- 沉积背景：二叠系辫状河沉积体系
- 目的层：上古生界山西组山2段
- 气藏埋深：2760-2930米
- 储层厚度：5-24.7米（平均14.6米）
- 孔隙度：平均6.6%
- 渗透率：平均3.5-5.1mD
- 压力系数：0.95-0.98

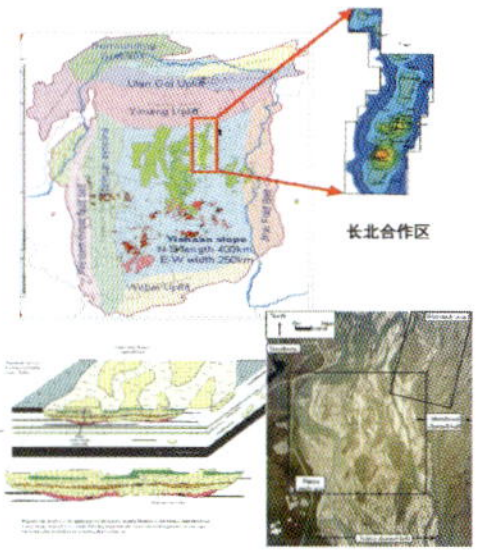

中国石化 SINOPEC CORP.

一、调研基本情况

4、开发方案

- 动用地质储量：922亿方
- 开发政策：
  - —丛式水平井组
  - —稀井高产、井间接替
  - —分区分三期开发
- 开发井数：64 口

其中：双分支水平井35口
单分支水平井18口
老井利用9口
备用水平井2口

- 设计井丛数：23个（1-3口/井丛）

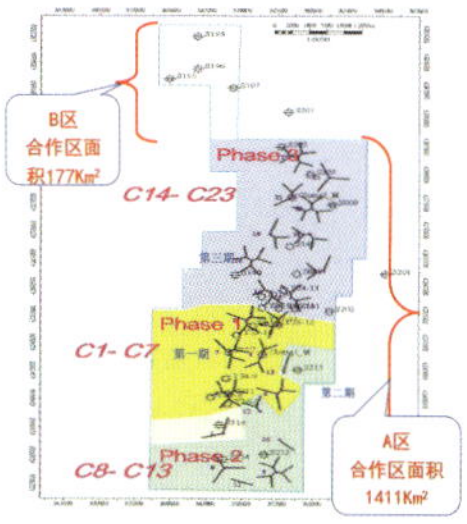

附录

中国石化 SINOPEC CORP. 一、调研基本情况

- 产能建设期4年(2006年-2009年)。在一二期区域内钻水平井28口
- 稳产期9-10年(2010-2018/2019年)，年产天然气30亿方/年
- 产量递减期6年(2020-2025年)，预计2025年产量递减到12亿方/年
- 生产期20年计划累计采出天然气480亿方

生产期内天然气产量计划

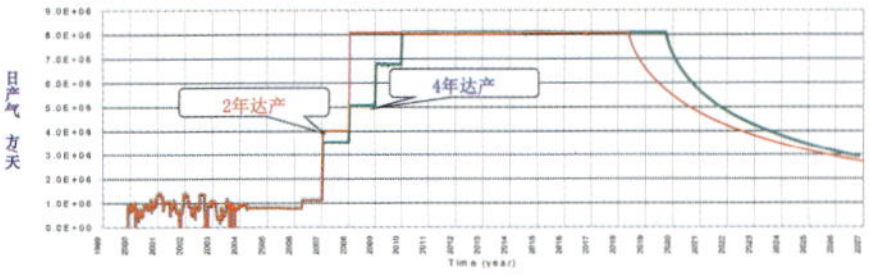

中国石化 SINOPEC CORP. 一、调研基本情况

5、项目投资

项目开发总投资 6.17 亿美元，其中：

- 开发准备投资：0.53 亿美元
- 气井投资：3.36 亿美元
- 地面投资：1.76 亿美元
- 其它投资：0.52 亿美元

（二维地震的加密和处理、二期工程项目管理费、专项研究等）

总生产操作费3.95亿美元，平均1.4美元/桶（0.07元/立方米），项目投资由壳牌公司自筹，天然气价格按每立方米0.66元计算（含13%增值税），项目税后内部收益率11.7%，到2012年左右完成投资回收。

中国石化 SINOPEC CORP. 一、调研基本情况

6、方案实施进展

截止2009年6月，长北项目组在A区共建成丛式井场6座，钻双分支水平井21口，其中完井18口、正钻3口，完成总进尺13.7万米。合作区第一期即建成30亿方产能。

投产15口，平均日产100万方。其中，11口井日产达到100万方以上，4口井日产在50万方以下。单井最高日产220万方，最低日产20万方。

长北15口分支水平井产量对比

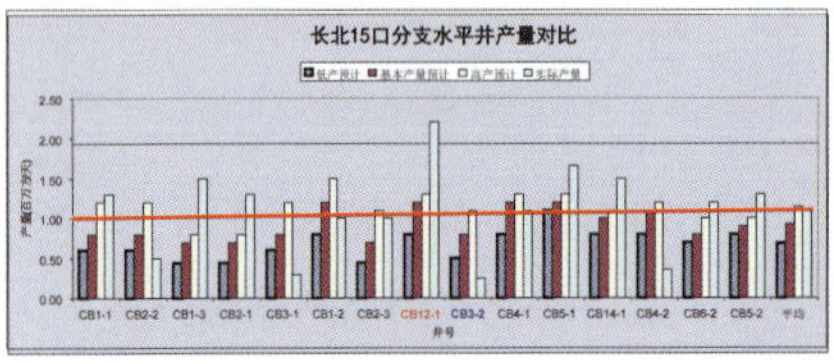

中国石化 SINOPEC CORP. 一、调研基本情况

（二）长北水平井钻井技术和进展

1、井型优选

2000-2004年期间，壳牌通过直井与水平井不同井型开发形式的室内模拟和现场试验，并综合比较建井场、钻井、地面建设、井场管理等费用，优化选择 A、C 作为长北项目开发方案的布井方式——以双分支水平井为主。

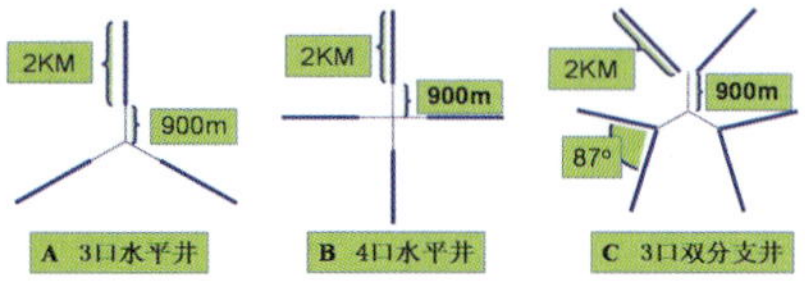

中国石化 SINOPEC CORP. 一、调研基本情况

2. 井身结构模型及产量预测

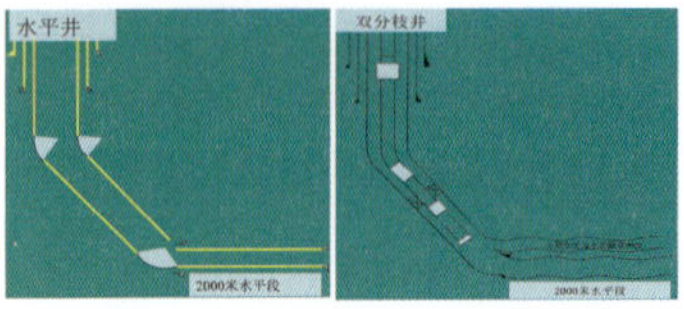

产量预测 直井压裂初产：20万方/天

2km水平井初产：70万方/天

2km双分支水平井初产：110万方/天

中国石化 SINOPEC CORP. 一、调研基本情况

--实际井身结构

①导管：20″下深 35米

②表层套管：13 3/8″ 下深700米

③套管：9 5/8″ 下深3275米

进入气层垂深3米

④水平段：8 1/2″井眼裸眼或

裸眼+局部筛管完井

双分支水平井井身结构

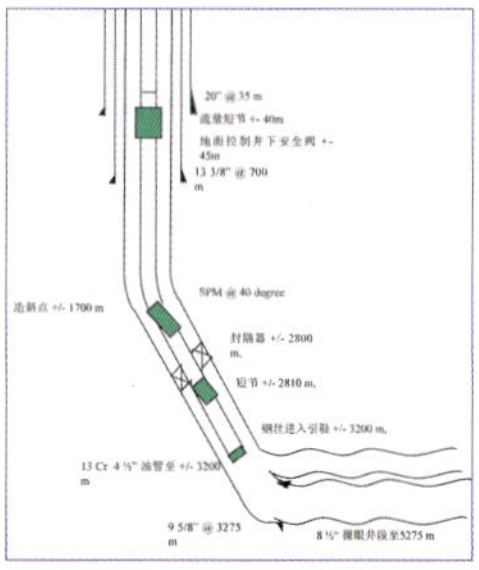

中国石化 SINOPEC CORP. 一、调研基本情况

3、钻井技术指标

动用70D（顶驱电动）钻机3台。2005年8月第一口双分支水平井开钻。目前已完成18口井，水平段长一般在1500-2000米之间，8 1/2″井眼最长水平段长2251米（CB3-2井），6″井眼最长水平段长2000米（CB2-3井）。平均一口双分支水平井的井工程总费用约1200-1400万美元（8200-9700万元）。

长北气田18口井水平段长度对比

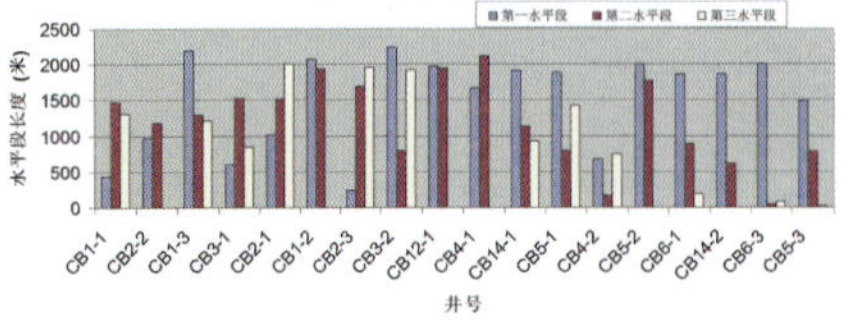

中国石化 SINOPEC CORP. 一、调研基本情况

平均机械钻速5.4米/h，平均建井周期158天。建井周期由最初的372天缩短到最短92天，近两年平均建井周期110-120天。

长北气田水平井机械钻速对比

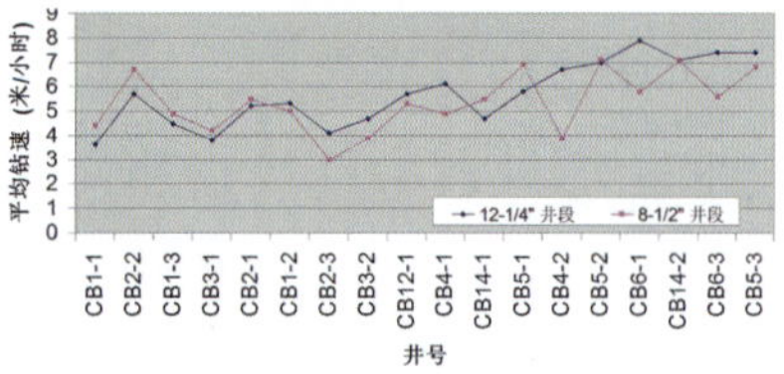

中国石化 SINOPEC CORP. 一、调研基本情况

4、长北水平井钻井技术

经过几年的钻井摸索和实践，形成了八项特色实用技术。

◆井眼轨迹优化技术
◆井眼轨迹控制技术
◆钻井施工信息实时传输和总部控制中心监控技术
◆钻头优选技术
◆大斜度井段钻穿煤层技术
◆分支水平段侧钻和下切绕开不稳定地层技术
◆分支水平井钻井液技术
◆分支水平井完井技术

中国石化 SINOPEC CORP. 一、调研基本情况

（1）井眼轨迹优化技术

优选造斜点1700米、靶前距长900米、低且均匀造斜率2.5°/30米、最高不超过10°/100米（以上设计及要求均是经过多次优化和施工经验的体现），造斜段采用二段制剖面。水平段长一般设计2000米，两分支井眼的夹角在87°-90°之间。井眼尽可能地靠气层上部穿行。

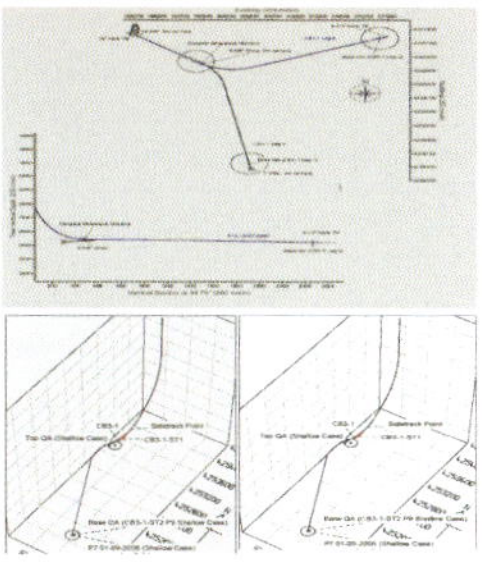

轨迹优化与设计图例

中国石化 SINOPEC CORP. 一、调研基本情况

（2）井眼轨迹控制技术

井眼轨迹的严格控制是长北分支水平井成功的关键之一。

施工中要求严格控制井眼的狗腿度，最高不能超过10°/100米。

斜井段与水平段，均采用滑动钻进和复合钻进的联合方式。滑动钻进每单根控制钻进2-3米，实钻与设计轨道位移差不能超过2米。

测量仪器采用带自然伽马的MWD。施工中部分井采用了进口变径稳定器，钻井组合基本与国内相似；动力钻具采用国外进口，寿命长，钻速快。

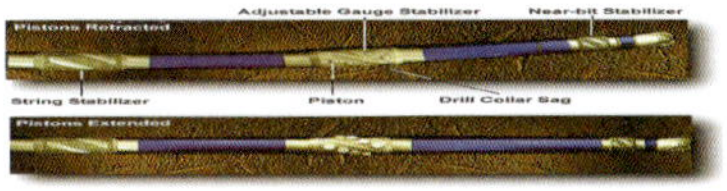

中国石化 SINOPEC CORP. 一、调研基本情况

（3）钻井施工信息实时传输和总部控制中心监控技术

◆ RTOC为实时钻井施工控制中心，总部设在马来西亚，通过卫星传输，所有钻井施工参数全部可以同步传输到施工中心进行处理，从而实现远程控制施工的目标。

◆其软件系统可以对以前井下状况进行分析，可以模拟出井下动态参数，以方便后续施工。

◆该系统有预警功能，可以预防重大井下事故的发生。

◆该系统与全球技术服务中心连通，能及时提供专家事故诊断和意见，有益于信息共享。

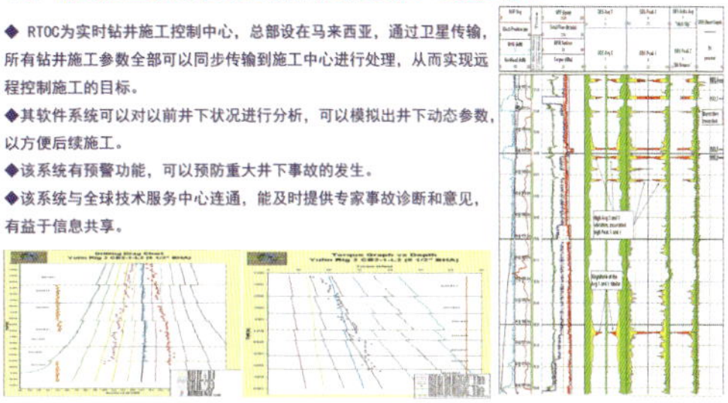

中国石化 SINOPEC CORP. 一、调研基本情况

技术应用实例

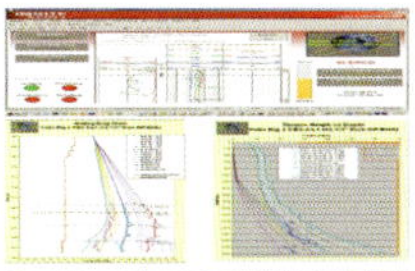

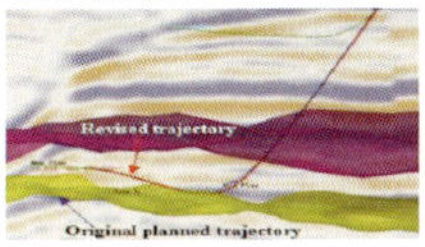

中国石化 SINOPEC CORP. 一、调研基本情况

（4）钻头优选技术

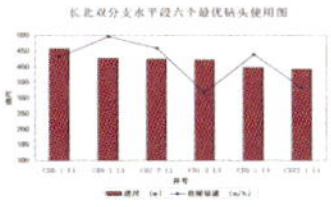

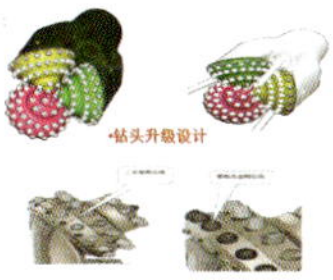

经过三年多的优选，新设计的适合长北地层钻头陆续研制出来，通过12口井的施工，有效延长了使用寿命，机械钻速同以往相比提高40%。

◆在12-1/4"井段，应用金刚石钻头，气层以上井段一般使用5-6只钻头。

◆ 在8-1/2"井段，使用二元合金齿和金刚石保护齿，双分支4000米水平段，14-15只钻头可以完成水平段钻井。

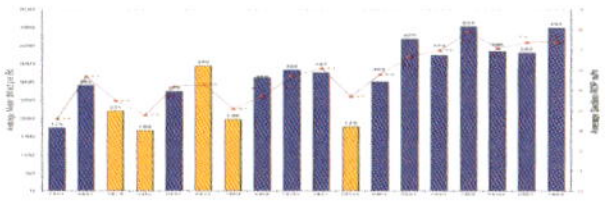

中国石化 SINOPEC CORP. 一、调研基本情况

（5）大斜度井段钻穿煤层技术

长北气田储层以上普遍分布有10-15米的煤层（属标志层），最初钻进到此段时，经常出现煤层垮塌情况，经过摸索研究，采用减小井斜角穿煤层的方法，由先期84°优化到78°穿过煤层，缩短了煤层钻进长度，确保钻遇煤层的井眼稳定，钻井液密度在1.15g/cm³左右，也避免了因加重泥浆造成的上部井漏问题。

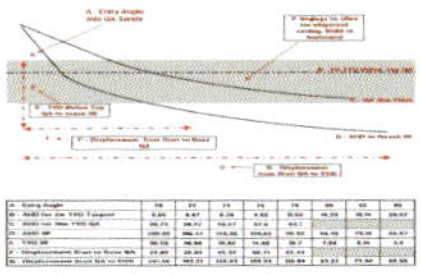

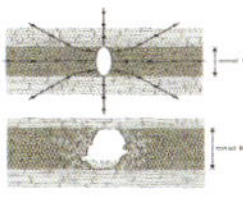

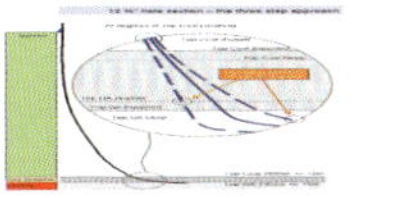

中国石化 SINOPEC CORP. 一、调研基本情况

（6）分支水平段侧钻和下切绕开不稳定地层技术

若钻遇含碳质泥岩50%以上井段10米，钻遇煤层15米，就立即后退选择在砂岩段采用悬空下切侧钻，绕过不稳定地层，避免了报废井眼。

分支井侧钻也由原来的套管内开窗（10口井）改为裸眼内侧钻，简化了施工工序，节约了钻井成本。已完钻井平均储层钻遇率达到88%以上。

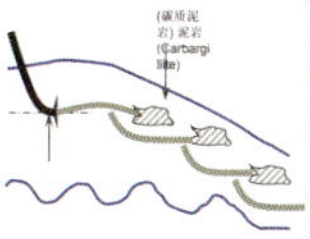

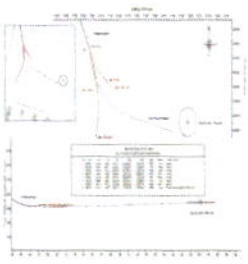

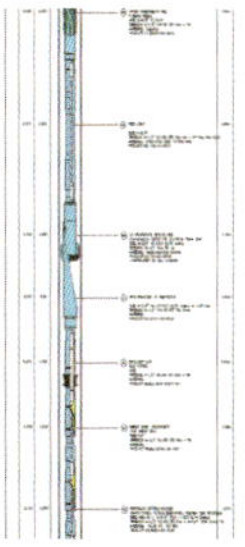

附录

中国石化 SINOPEC CORP.

一、调研基本情况

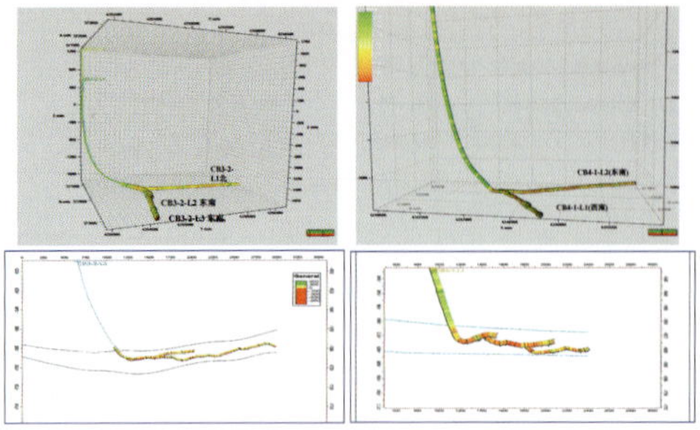

中国石化 SINOPEC CORP.

一、调研基本情况

（7）分支水平井钻井液技术

形成了具有抗高温、抑制性强、低密度、润滑性好和悬浮能力强的适合长北气田开发的钻井液体系。

二开采用双钾盐聚合物钻井液体系。

水平段采用无土相低伤害暂堵型钻井液体系，解决了煤层坍塌和气层保护问题。

水平段的钻井液也用作完井液，在施工第二个分支井眼长达一个多月的时间内，该体系在井下长时间静止还能保持性能稳定（实验室老化实验做到静止56天）。室内实验渗透率恢复值达到88%以上，实际投产3个月后几乎不再有钻井液颗粒排出。

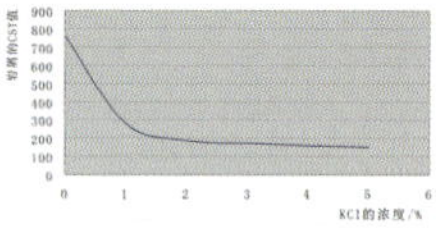

组成成份	主要作用	加量,%
膨润土	基础浆	4
NaOH	PH调节剂	0.05
KCl	无机防塌剂	5
CSJ-1	小分子有机防塌剂	0.1
FT-98	防塌、改善泥饼质量	2.0
XCD	提粘提切力	0.3
SMP	降滤失	2
DRH	润滑防卡剂	1.0
SMK	改善流变性	适量

中国石化 SINOPEC CORP.

一、调研基本情况

（8）分支水平井完井技术

采用8 1/2 "裸眼+丢手尾管（或局部泥岩段下衬管）的完井方式，

用13Cr 4 1/2 "油管+永久封隔器+防腐完井液。

井口装置全部是美国钻采公司的产品，在地面和井下（距井口40米）均有紧急关断阀。

投产时在1500米处注入7-8方液氮进行诱喷，再洗井4-5天排出钻井液后就可正常生产。

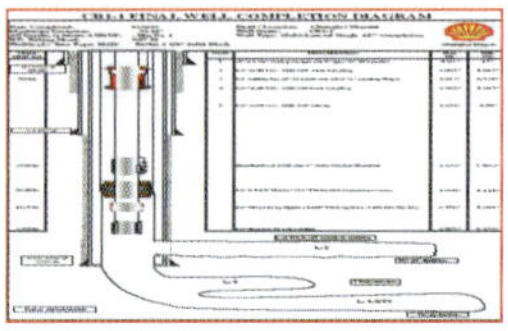

中国石化 SINOPEC CORP.

一、调研基本情况

（三）长北气田工程管理模式

长北气田开发采用项目管理模式。中外双方共同组成联合项目部，下设14个专业组，定员199人，其中：壳牌石油121人，中国石油78人。在工程管理方面具有以下几个特点：

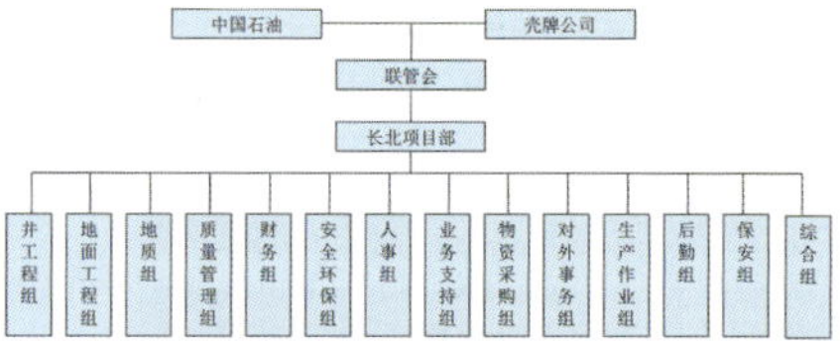

中国石化 SINOPEC CORP.

一、调研基本情况

1、择优选择施工技术服务队伍并相对固定

通过市场化操作，在全球范围内选择优秀技术服务队伍参与项目施工：

- 井口、采气树设备及服务-----美国钻采（上海）有限公司
- 钻井队------长城钻探公司、川庆钻探公司
- 定向钻井服务------哈里伯顿能源公司
- 钻井液服务----川庆钻探工程技术院
- 钻头服务-----史密斯、瑞得、哈里伯顿
- 尾管悬挂器-----贝壳石油公司
- 打捞、磨洗、造斜-----贝壳石油公司

中国石化 SINOPEC CORP.

一、调研基本情况

2、合同化管理，引入激励机制

根据项目产建和生产需要，与承包商签订作业合同后，由项目组内部设立的合同管理者，具体负责每一份合同的管理和执行。

目前长北项目共有各类作业合同379份。其中：产能建设作业合同215份，生产作业合同43份，后勤服务及其它合同121份。主体合同都是日费制结算、甲方供料。对主要的承包商实施日费节约奖励机制，效果显著。

优点：业主可全面、实时、准确掌控作业状态。

缺点：承包商主动性、积极性不是很高，业主承担因工作指令不当而增加的额外费用。

创新：对主要的承包商实施日费节约奖励机制，效果显著。

中国石化 SINOPEC CORP.

一、调研基本情况

3、一体化团队，职责明确，各司其职

项目组根据联管会确定的开发方案和工作计划安排，全面负责项目的实施和现场管理工作，形成了一体化团队。

钻井工程生产组织过程：地质组做地质设计→钻井组做施工设计→钻井总监、监督、技术员负责现场管理，发出作业指令→各承包商根据指令作业。

现场工程监督负责制。施工现场由钻井监督全面负责，并有钻井工程师、地质工程师、泥浆工程师等若干名甲方管理人员参与现场全过程管理工作。

通过钻井施工实时控制中心系统，后勤总部人员专人管理每口井的运行，及时为前方提供技术支持和决策。

中国石化 SINOPEC CORP.

一、调研基本情况

（四）长庆苏里格气田水平井基本情况

长庆气田近年来积极开展水平井技术攻关，努力提高单井产量，降低开发成本。分别在靖边、苏里格和子洲气田开展水平井开发试验，2008年开始在靖边碳酸盐岩气田开始水平井规模建产。截止2009年6月，长庆气田共部署水平井30口，完钻18口，正钻5口。

长庆水平井实施情况统计表　单位：口

	2006年及之前		2007年		2008年		2009年	
	部署	完钻	部署	完钻	部署	完钻	部署	完钻
靖边气田	1	1	2	2	3	3	8	4
苏里格气田	2	2	1	1	1	1	8	1
子洲、神木气田	1	1	1	1			2	1
合计	4	4	4	4	4	4	18	6

中国石化 SINOPEC CORP. 一、调研基本情况

1、苏里格气田开发概况

苏里格气田位于鄂尔多斯盆地中北部，在大牛地气田的西北方向，勘探面积4万平方公里，资源量3.8万亿方。气藏储层物性差，砂体规模小，连片性差，孔隙度、渗透率低，属于致密低渗气田。

探明储量：1.68万亿方
圈闭类型：地层岩性圈闭
目 的 层：石盒子组盒$_8$、山西组山$_1$
沉积环境：辫状河三角洲沉积
气藏压力：27.5-32.3MPa（0.77-0.91）
气藏温度：95-111℃，平均103℃
埋藏深度：2650-3100米
储集物性：φ：5.0-12.1%（8.9%）
k：0.1-2.0mD（0.73mD）
单井产量：平均0.9万方/天

苏里格气田开发形势图

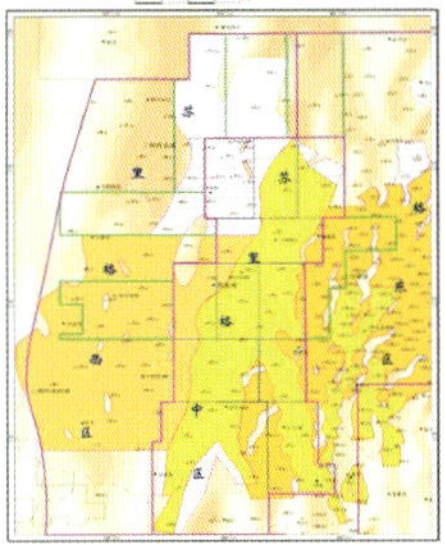

中国石化 SINOPEC CORP. 一、调研基本情况

苏里格气田立足低成本开发，通过技术集成创新、管理创新，实现了产能和产量的快速增长。2008年底，气田完成开发井2463口，建成81.7亿方生产能力，年产气46.3亿方，实现了低渗气田的经济有效开发，预计2009年底可累计建成产能132亿方，年产气76.3亿方。

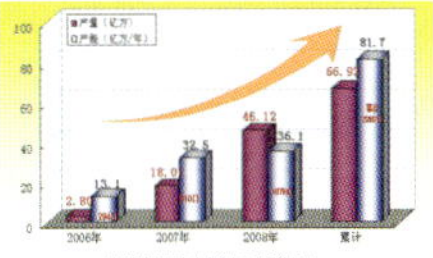

苏里格气田历年生产能力和产量柱状图

2006-2008年苏里格气田产能建设情况表

区块		规划 钻井（口）	规划 产能（10^8m^3）	累计建产（2008年底） 钻井（口）	累计建产（2008年底） 产能（10^8m^3）	平均产量（10^4m^3）
苏中	苏6、苏36-11	353	15	396	15.0	1.15
	苏10	212	10	285	10.0	1.06
	苏11	230	10	42	3.0	2.16
	苏5、桃7	269	14	378	14.0	1.12
	苏20	182	6	164	6.0	1.11
	苏25	181	7	213	8.0	1.14
	苏14（桃2）	216	7	485	13.5	0.84
	小计	1643	69	1963	69.5	1.07
苏西	苏48			70	1.2	0.52
苏东				430	11.0	0.78
合计		1643	69	2463	81.7	1.01

中国石化 SINOPEC CORP. 一、调研基本情况

高度重视储层预测、沉积微相和砂体展布等基础研究，提高了钻井成功率，确保了苏里格气田的快速规模建产。

□ 苏里格气田有效砂体规模小，平面上砂体比较分散

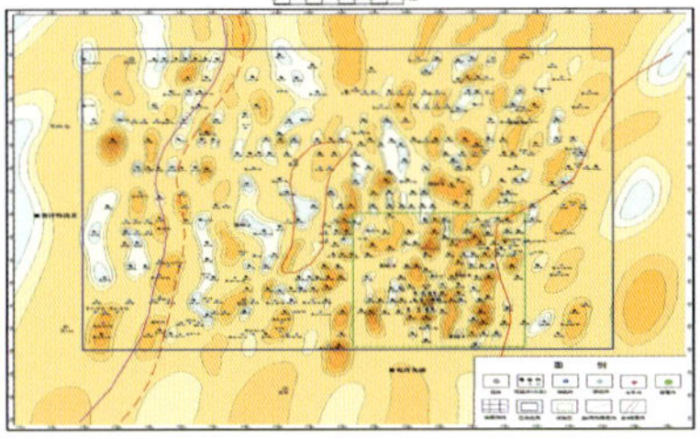

中国石化 SINOPEC CORP. 一、调研基本情况

□ 苏里格气田有效砂体在剖面上也表现为规模小、主要呈孤立分布、非均质性极强的特征

- 地质解剖揭示，800米井距条件下，超过75%的含气砂体控制不到。砂体大面积连续分布，但有效砂体孤立分散分布。

区块	钻遇气砂体数	统计标准1	个数/百分数	统计标准2	个数/百分数	统计标准3	个数/百分数
苏6	28	宽度>1600m	1/3.6%	宽度800-1600m	6/21.4%	宽度<800m	21/75.0%

苏38-16井排对比剖面

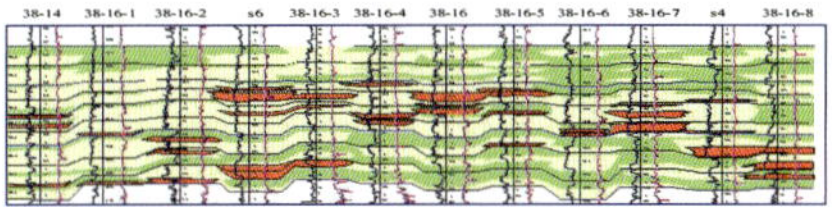

中国石化 SINOPEC CORP. 一、调研基本情况

- 在600米井距条件下，仍不能有效控制含气砂体，在砂体大面积连片分布的背景下，有效砂体高度孤立分散。

区块	平均单井气层厚度	钻遇气砂体数	统计标准1	个数/百分数	统计标准2	个数/百分数	统计标准3	个数/百分数
苏10	9.5	71	宽度>1200m	1/1.4%	宽度600-1200m	12/16.9%	宽度<600m	58/81.6%

苏10-34井排对比剖面

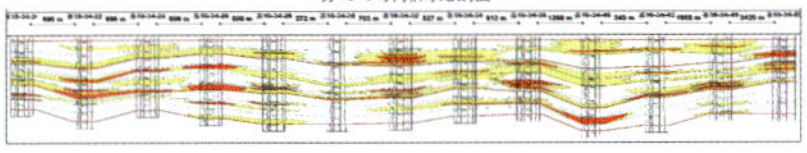

苏10-36井排对比剖面

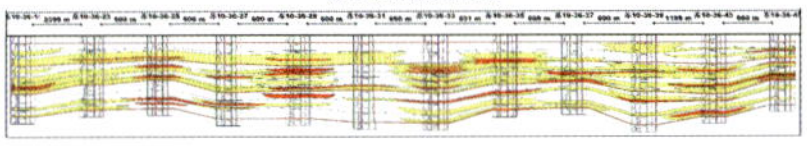

中国石化 SINOPEC CORP. 一、调研基本情况

2、苏里格水平井应用情况

苏里格水平井的应用也经历了一个逐步研究探索的过程，在学习借鉴长北经验基础上，新钻3口井气层钻遇率和产量均大幅提高，见到良好效果。

苏里格气田2001-2009年完钻水平井情况表

	井号	目的层	完钻井深（m）	水平段长度（m）	气层长度（m）	气层钻遇率（%）	无阻流量（$10^4m^3/d$）	投产日期	初期产量（$10^4m^3/d$）	目前产量（$10^4m^3/d$）
2001-2002	苏平1	盒8	4289	869.5	195.3	22.5	2.1689*	02.9.29	1.0	0.3
	苏平2	盒8	4245	803.4	205.3	25.5	试气出水			
2006-2009	苏10-30-38H	盒8	4088.32	638.32	245.3	38.4		08.3.6	1.5	08.8月压裂后，由0.7提高到2.9
	苏平14-13-36	盒8	4876	1200	576.8	48.1	12.4	08.12.7	4.9	4.3
	苏10-31-48H	盒8	4268	805	334.9	41.6		09.6.14	10.8	10.3

中国石化 SINOPEC CORP. 一、调研基本情况

➤苏平14-13-36井

2007年8月9日开钻，10月29日直导眼完钻，2008年5月31日入靶，靶前距468.99米。8月6日完钻，完钻井深4876米，水平段长度1200米。

电测解释水平段钻遇砂岩857.2米，钻遇率71.4%，垂厚27.7米；气层470.5米，含气层106.3米，气层钻遇率48.1%，垂厚11.6米。为苏里格气田目前水平段最长、气层钻遇率最高的水平井。

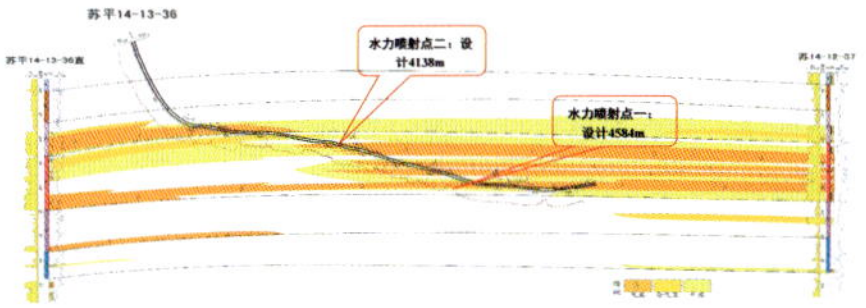

中国石化 SINOPEC CORP. 一、调研基本情况

➤苏平14-13-36井

2008年12月7日分两段水力喷射压裂改造后投产，目前累产气490万方，日产气量4.3万方/天，套压16.5MPa，生产稳定。

苏平14-13-36井开采曲线

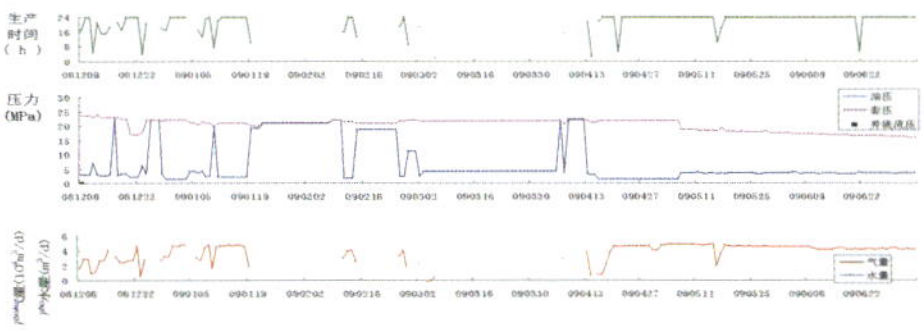

中国石化 SINOPEC CORP.

一、调研基本情况

➢苏10-31-48H井

2008年11月1日开钻，2009年5月23日完钻，钻井周期155天，完钻井深4268.0米，水平段长805.0米，有效气层334.9米，钻遇率41.6%。根据气层钻遇情况与工艺技术要求，6月6日实施裸眼封隔器分4段压裂。

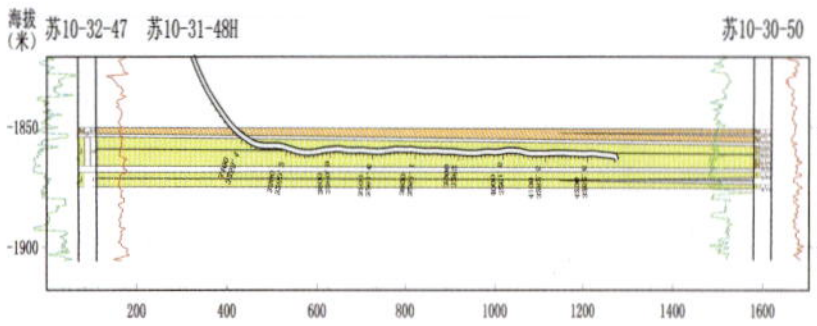

中国石化 SINOPEC CORP.

一、调研基本情况

➢苏10-31-48H井

2009年6月14日投产，目前油压18.0MPa，日产气10.3万方/天。

苏10-31-48H井开采曲线

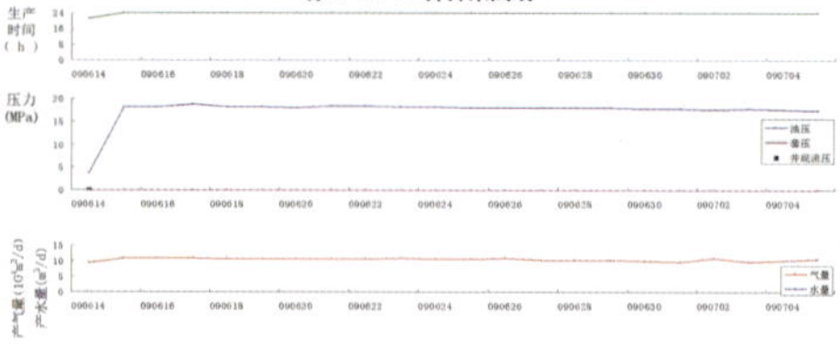

中国石化 SINOPEC CORP.

汇报内容

一、调研基本情况

二、长北气田高产原因分析

三、调研收获

四、下步工作意见

中国石化 SINOPEC CORP.

二、长北气田高产原因分析

长北合作区目前共有生产井28口，其中水平井15口，直井13口，均获得高产：

——水平井单井日产超方案设计指标

2009年6月，长北项目共开钻双分支水平井21口，完井18口，正钻3口，投产15口，其中11口井日产达到100万方以上，超过了方案设计单井日产80万方的目标。

长北15口分支水平井产量对比

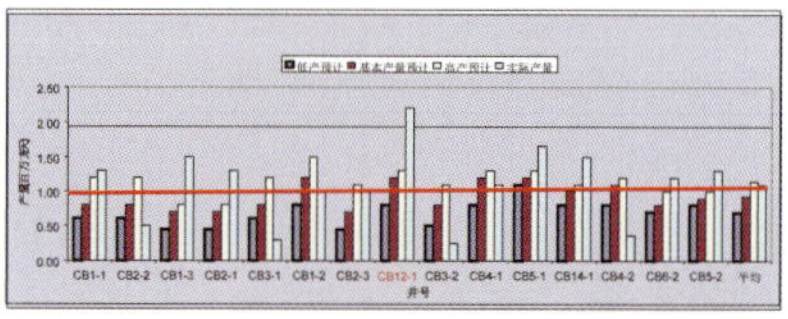

中国石化 SINOPEC CORP.

二、长北气田高产原因分析

——直井生产时间长、单井累计产量高

长北开发方案对16口试采井进行了井口流动压力为7.0MPa时初期产量的拟合，实际结果第一个月平均产量为18万方/天，和开发方案基本吻合。

1999年11月份投产的16口试采井，有8口井一直连续生产。截止到2009年6月底，8口井平均单井累计生产天然气3.1亿方左右，生产时间9.5年，已采出单井控制储量的50%左右。

中国石化 SINOPEC CORP.

二、长北气田高产原因分析

长北合作区气井高产的原因大致可分为五个方面：

一是气田地质条件好

二是优选评价动用富集区，储层发育稳定

三是气井钻遇率高、控制储量大

四是放大压差生产

五是加强储层保护，降低地层伤害

中国石化 SINOPEC CORP.

二、长北气田高产原因分析

1、良好的地质条件是长北气井高产的基础

储层物性较好

长北气田山2段划分三个小层，其中石英砂岩主要发育在山2³小层，储层物性较好。

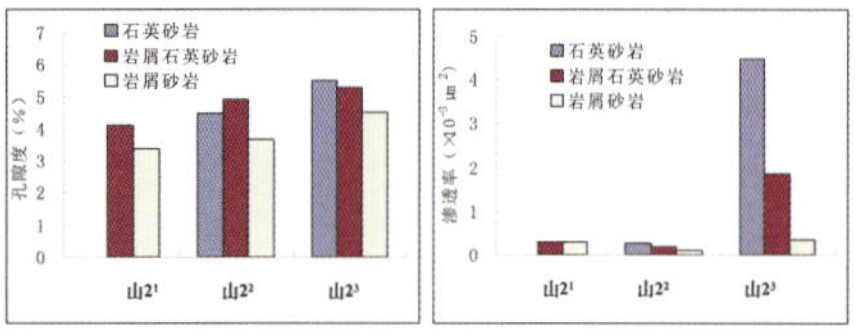

中国石化 SINOPEC CORP.

二、长北气田高产原因分析

试生产区16口直井平均孔隙度6.6%，平均电测解释渗透率5.13mD，其中：渗透率在5-15mD之间的井9口，渗透率小于1mD的井4口。

试生产区直井基本参数

区块	井号	有效厚度(m)	孔隙度(%)	渗透率($10^{-3}\mu m^2$)	射开厚度(m)	无阻流量($10^4m^3/d$)
陕141井区	陕141	23	7.3	8.953	8	76.8
	陕117	10.5	6.6	5.444	8.2	12.4
	陕118	20.3	6.5	3.535	10	14.3
	陕119	6.7	8.3	15.229	4	11.2
	陕142	10	6.3	5.811	6.5	5.9
	陕143	11.6	6.6	4.503	9	10.3
	榆28-12	23.4	7.2	7.932	11	64.92
	榆24-13	7.7	5.9	0.574	7.2	11.28
	榆26-11	18.3	7.6	7.99	9	10.97
	榆26-12	21.2	6.9	7.27	8	2.26
	榆27-11	18.2	6.4	6.941		18.0
	榆29-10	10	6	0.465		6.0
	小计	15	6.8	6.22	7.3	20.04
陕211井区	陕211	24.7	6.6	5.529	9	70.5
	榆34-9	5.6	5.6	0.24	6.5	9.81
	榆35-8	8.2	6.3	0.469	4	2.88
	榆36-9	14.9	6	1.239	9	28.18
	小计	13.4	6.1	1.869	7.1	27.84
平均		14.6	6.6	5.13	7.7	22.23

中国石化 SINOPEC CORP. 二、长北气田高产原因分析

对比三个气田，长北气田储层物性最好，且发育微裂缝，苏里格和大牛地气田物性接近。

三个气田储层物性对比表

主要参数和指标	大牛地	苏里格	长北
对应开发层位	山1	盒8	山2
岩性	岩屑石英砂岩	石英砂岩	石英砂岩
渗透率（mD）	0.66	0.73	5.13
孔隙度（%）	7.6	8.9	6.6

中国石化 SINOPEC CORP. 二、长北气田高产原因分析

2、优选评价动用富集区，储层发育稳定

——加强储层优选评价，找出富集区，按照“先肥后瘦、先主河道后两翼”原则部署井位，保证了气井高产

长北气田山2储层砂体厚度图

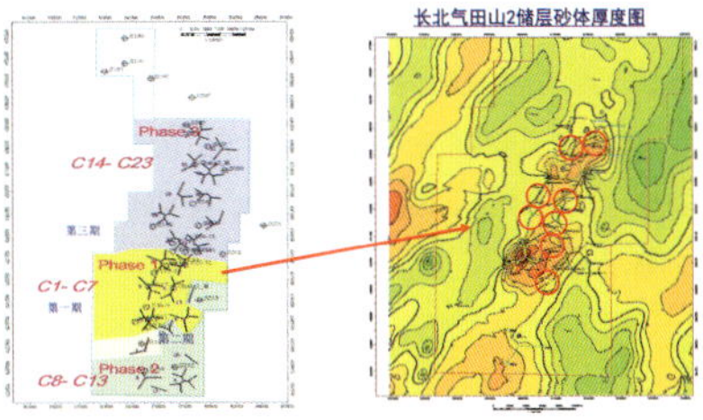

中国石化 SINOPEC CORP. 二、长北气田高产原因分析

——储层发育稳定，开发有利区不断扩大

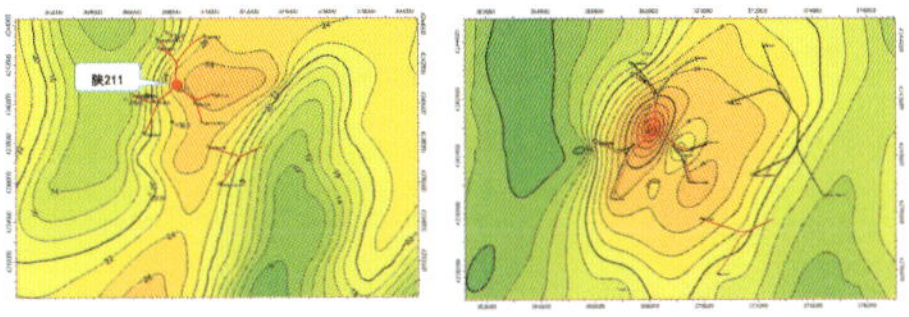

C1井丛开发前后砂体展布形态变化

C1共设计完钻3口双分支井，3口井均获百万方高产，且单支水平段都超过1500米，钻遇砂厚平均在20米以上，揭示了一个以陕211井为中心3公里半径辐射的高产富集区。

CB12-1位于C1东南约5公里，该井西北方向单分支水平井钻穿水平段最长达1969米，钻遇砂体厚度在25米以上，试气获220万/天的高产。该井的成功钻探表明:C1井丛的厚砂带向东南有了进一步的延伸，与C12井丛形成了一个复合连片的高产开发有利区 。

中国石化 SINOPEC CORP. 二、长北气田高产原因分析

3、钻遇率高、有效水平段长、控制储量大是气井高产的保障

——水平井有效储层钻遇率高

统计已完钻10口双分支井钻探结果，净毛比平均80%以上，超过了方案设计预期75%的水平，有6口井储层净毛比达到90%以上。部分完钻井测井解释结果见下表：

井名	测井井段(m)	地层厚度(m)	砂岩厚度(m)	净毛比%	孔隙度(%)	含气饱和度(%)	渗透率(md)	备注
CB1-1-L1	3390-3426	36	32	89	4.3	77	0.59	
	3426-3720	294	182	62	-	-	-	没有密度、中子
CB1-1-L1ST1	3426-4870	1444	1187	82	4.7	76	0.88	
CB1-1-L2	3350-4646	1296	1109	86	5.2	75	1.08	
CB1-2-ST1-L1	3460-5505	2045	1776	87	5.3	71	0.65	
CB1-2-ST1-L2	3505-3846	341	241	71	4.4	67	0.43	
	3846-3893	47	30	64				没有密度、中子
	3846-4880	1034	910	88	5	72	0.55	
CB1-2-ST1-L2-ST1	4880-5072	192	93					没有密度、中子
CB1-2-ST1-L2-ST2	4880-5133	253	230	91	5.4	71	0.7	
CB12-1-L1	3345-5130	1785	1639	92	5.5	83	2	
CB12-1-L2	3470-5380	1910	1820	95	5.5	85	2.6	
CB4-1-L1	3566-3918	352	279	79				
CB4-1-L1-ST1	3771-4455	684	563	82				
CB4-1-L1-ST2	4177-4740	563	417	74				
CB4-1-L2	3563-5411	1848	1764	95	5.5	79	1	
	5411-5460	229	215	94				

中国石化 SINOPEC CORP. 二、长北气田高产原因分析

——有效水平段长，地层系数高

目前三口产量最高的井Kh值均超过3000mD. m，有效厚度＞3000米

井号	有效厚度（m）	Kh（md-m）	K（md）	初期产量（万方）	前三个月平均（万方/d）	年累计（亿）
CB12-1	3449	5795	1.68	214.8	212.2	
CB2-1	4015	5038	1.25	130.6	116.1	3.8
CB1-3	3575	3724	1.04	112.1	110.54	2.7

井号	CB1-1	CB1-2	CB1-3	CB2-1	CB2-2 ①	CB2-3	CB3-1	CB3-2 ①	CB12-1	CB4-1
有效长度	2510	3466	3575	4015	830	2447	2304	1569	3449	2871
Kh	2369	2116	3724	5038	780	2447	2304	1569	5795	2603
K	0.94	0.61	1.04	1.25	0.94	/	/	/	1.68	0.97

中国石化 SINOPEC CORP. 二、长北气田高产原因分析

——水平井控制面积、储量显著增加

结果表明：

双分支井的控制面积是直井的3倍以上（12km²），控制储量接近直井的5倍左右（35亿方），产量是直井的5倍（90万方/天）。

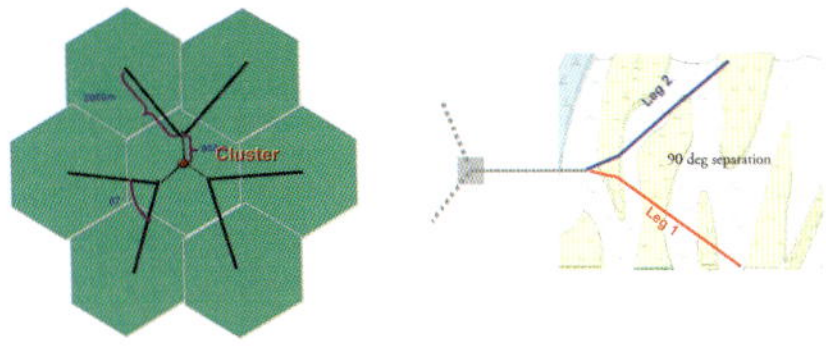

中国石化 SINOPEC CORP. 二、长北气田高产原因分析

——直井单井控制面积、储量大

井号	2002年		2007年	
	储量 亿方	面积 Km^2	储量 亿方	面积 Km^2
S117	4.6	5.73	5.9	7.6
S118	4.6	2.67	5.0	2.95
S119	2.8	1.44	3.0	1.60
S141	6.8	2.94	8.4	3.72
S142	4.5	3.17	5.9	4.27
S143	0.7	0.90	2.0	2.75
S211	7.4	2.29	9.2	2.85
Y24-13	4.0	2.07	5.3	2.80
Y26-11	5.8	3.17	9.8	5.52
Y26-12	7.1	3.41	7.7	3.83
Y27-11	4.5	2.61	5.2	3.10
Y28-12	19.8	5.73	21.1	6.33
Y29-10	2.8	3.38	2.9	3.61
Y34-9	4.6	1.37	10.9	3.35
Y35-8	0	0.00		
Y36-9	10.1	4.97	14.8	8.04
平均	6.0	3.1	7.8	4.15
合计	90.1	45.8	117	62.3

中国石化 SINOPEC CORP. 二、长北气田高产原因分析

4、放大生产压差显著提高了气井产量

水平井生产压差放到最大

站名	井号	井口 油压 MPa	井口 温度 ℃	井口 套压 MPa	进站 压力 MPa	进站 温度 ℃	井产 生产时间 h	井产 产气量 10^4m^3	井产 产液量 m^3	备注 (测量、水成份等)
C1	CB1-1	5.96	58.3	0.95	5.70	——	24.00	72	0	针阀开度100%
	CB1-2	5.87	56.5	0.56	5.71	——	24.00	65	0	针阀开度100%
	CB1-3	5.81	56.9	0.39	5.70	——	24.00	53	0	针阀开度100%
C2	CB2-1	5.56	58.3	0.74	5.18	——	24.00	102	0	针阀开度100%
	CB2-2	5.21	39.7	-0.03	5.15	——	24.00	15	0	针阀开度100%
	CB2-3	5.41	54.4	0.03	5.19	——	24.00	79	0	针阀开度100%
C3	CB3-1	5.32	47.2	0.04	5.16	——	24.00	19	0	针阀开度100%
	CB3-2	5.19	45.6	-0.01	5.16	——	24.00	19	0	针阀开度100%
C4	CHANG-1	——	——	——	5.00	——	24.00	18	0	针阀开度100%
	CB4-1	4.92	55.4	——	4.83	——	24.00	88	0	
C12	C12-1	5.20	54.4	0.68	4.91	——	24.00	175	0	针阀开度100%
C14	S119	5.14	——	——	——	——	24.00	10	0	针阀开度100%
井丛合计								716	0	

中国石化 SINOPEC CORP. 二、长北气田高产原因分析

5、加强储层保护、降低地层伤害确保了气井高产

针对长北气藏储层特点，双分支水平井钻井液经过三年多的攻关、室内和现场试验，目前已经趋于成熟。

水平段泥浆采用无土相低伤害暂堵完井液体系。该体系泥浆特点为低失水、低伤害、低摩阻，有效解决了气层保护问题。

中国石化 SINOPEC CORP. 二、长北气田高产原因分析

陕141井生产曲线

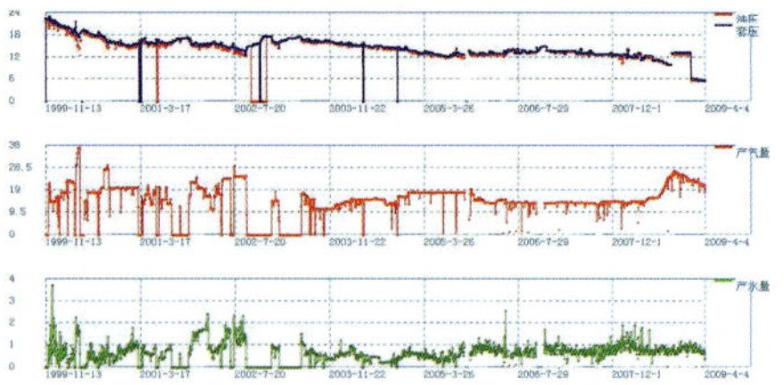

中国石化 SINOPEC CORP. 二、长北气田高产原因分析

陕211井生产曲线

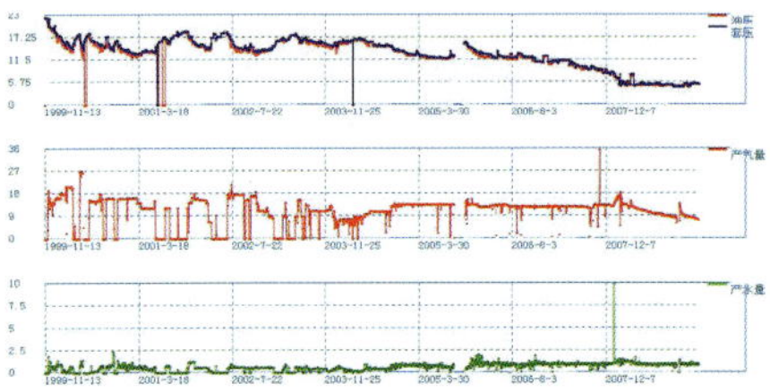

中国石化 SINOPEC CORP. 二、长北气田高产原因分析

榆28-12井生产曲线

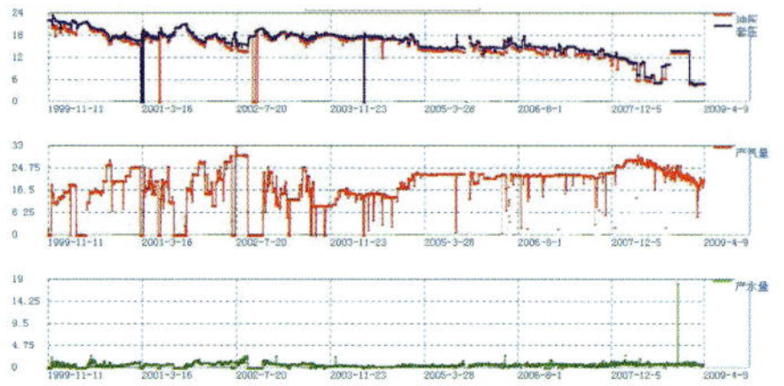

中国石化 SINOPEC CORP. 二、长北气田高产原因分析

CB1-1井生产曲线

中国石化 SINOPEC CORP. 二、长北气田高产原因分析

CB12-1井生产曲线

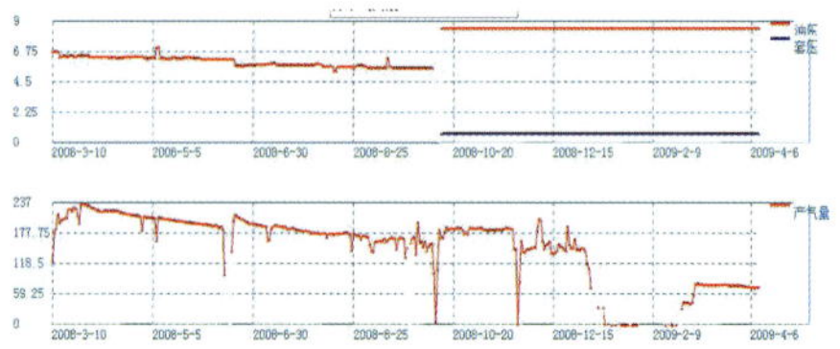

中国石化 SINOPEC CORP.

汇报提纲

一、调研基本情况

二、长北气田高产原因分析

三、调研收获

四、下步工作意见

中国石化 SINOPEC CORP. 三、调研收获

收获一：先进的开发理念

◆“不断追求高产目标、最大限度提高单井产量”的理念贯穿气田开发的整个过程

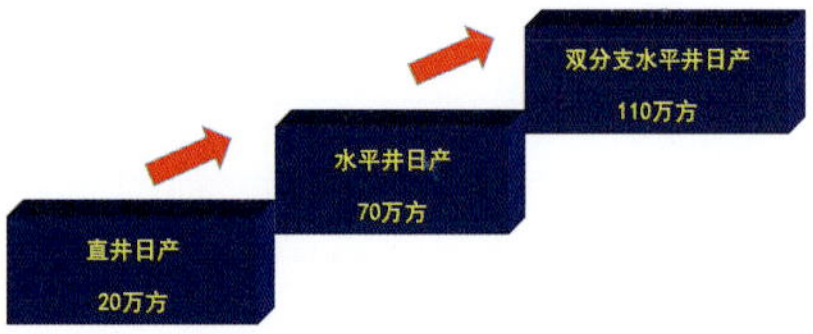

中国石化 SINOPEC CORP.

——试验阶段

壳牌在经过大量的室内研究，确定采用水平井开发长北合作区，为此2003年进行了两口水平井（长1、长2）的现场试验，并和直井压裂效果进行了对比。

	项　　目	长1井：	长2井：
直井段	完钻井深（m）	3050.0	2990.0
	砂层厚度（m）	17.4	28.0
	有效厚度（m）	15.4	14.0
	孔隙度（%）	4.8	6.1
	压裂后试井渗透率（md）	1.1	2.7
	压裂液总量（m^3）	431.0	672.0
	支撑剂（t）	27.0	95.0
	平均排量（m^3/min）	3.2	9.6
	平均砂比（%）		
	裂缝半长（m）	58.1	130.0
	裂缝高度（m）	46.0	42.0
	裂缝宽度（mm）	3.0	7.0
	直井段压裂前测试产量（$\times 10^4 m^3/d$）	5.8 (Pt=1.2MPa)	4.4 (Pt=1.2MPa
	直井段压裂后无阻流量（$\times 10^4 m^3/d$）	29.0	52.7
水平段	水平段长度（m）	530.0	
	水平段砂层有效厚度（m）：	479.0	
	水平段平均孔隙度（%）	5.7	
	水平段平均渗透率（md）	1.4	
	水平段酸洗前测试产量（$\times 10^4 m^3/d$）		
	水平段酸洗后测试产量（$\times 10^4 m^3/d$）	44.3	30.3

中国石化 SINOPEC CORP. 三、调研收获

◆不追求单井、单个区块的稳产，通过井间和块间接替实现整体产量的稳定。

原设计在一二期区域内钻水平井28口，建成产能30亿方。

实际在一期区域投产15口水平井后即完成产能建设任务

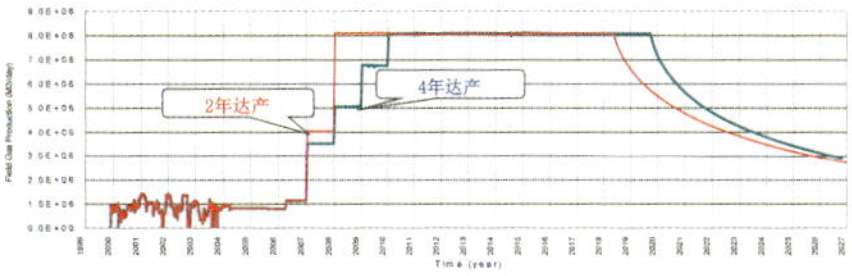

方案和实际天然气产量对比曲线

中国石化 SINOPEC CORP.

长北总体开发方案2010年以前产量安排柱状图

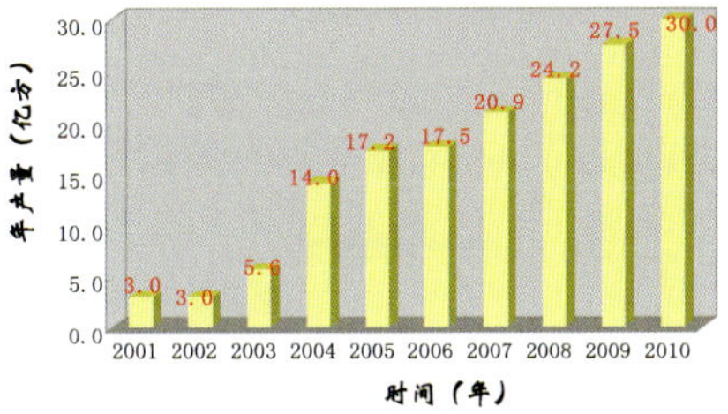

中国石化 SINOPEC CORP. 三、调研收获

水平井投产后，生产压差控制在6.5-7.5MPa之间，产量一般半年后下降30%，一年后下降50%，继续生产则压力和产量基本稳定。

CB1-2井生产曲线

CB1-3井生产曲线

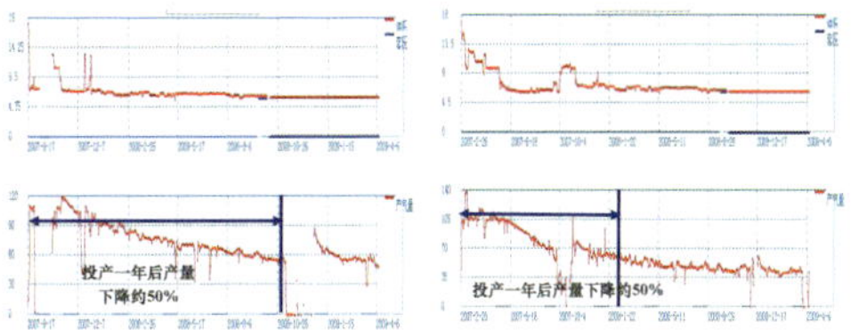

中国石化 SINOPEC CORP. 三、调研收获

收获二：精细的地质研究和准确的储层预测是水平井成功的基础

- 在区域沉积体系、河道分布、沉积相等研究的基础上，精细刻画砂体分布和储层空间展布
- 长北与大牛地气田处于同一河道，但沉积位置不同，长北气田处于主河道储层有利区域
- 方案审查确定后，严格按照方案实施，井位基本不做调整

长北气田开发井位部署图

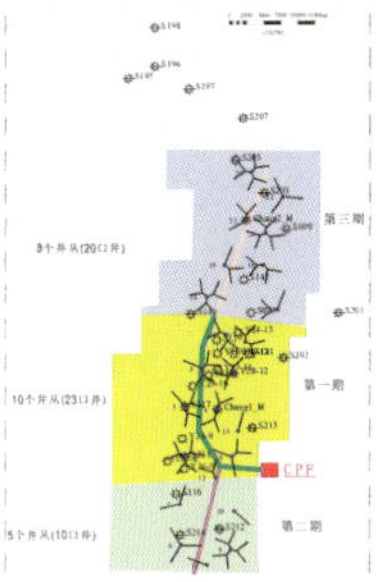

中国石化 SINOPEC CORP. 三、调研收获

鄂尔多斯盆地北部山$_2^3$石英砂岩分布图

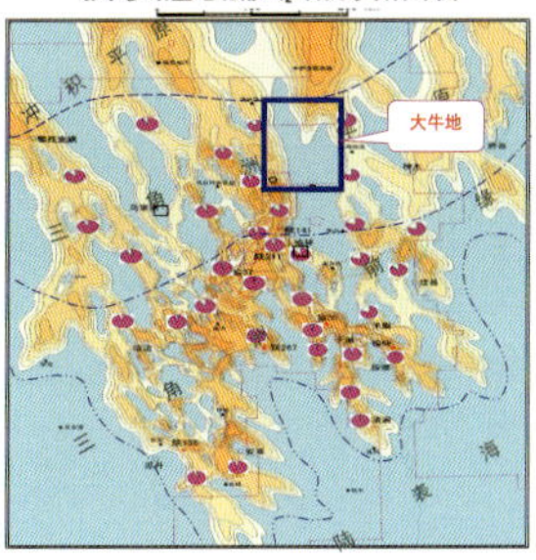

榆林气田山$_2$含气面积分布图

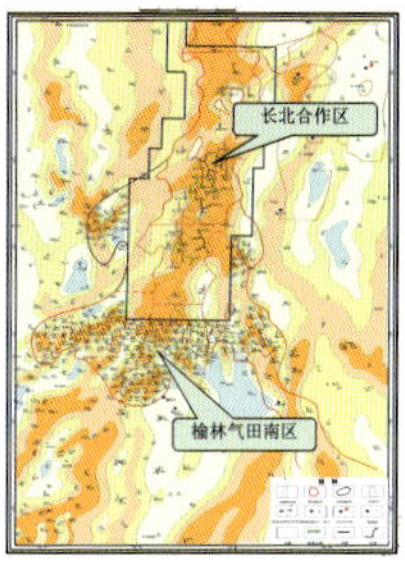

中国石化 SINOPEC CORP. 三、调研收获

储层预测与井位设计

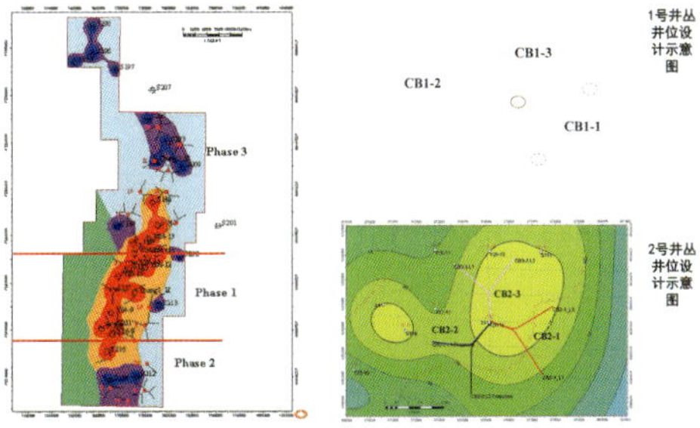

1号井丛井位设计示意图

2号井丛井位设计示意图

中国石化 SINOPEC CORP. 三、调研收获

精细刻画储层空间展布，搞清储层连通关系

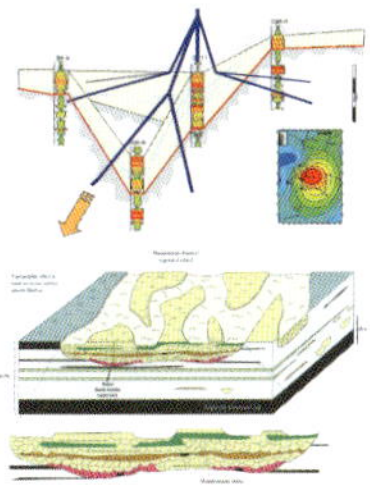

精细地质模型的建立

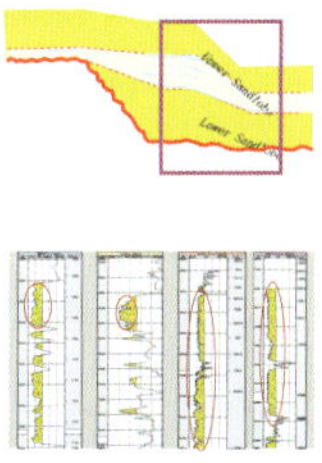

水平井与邻近直井的对比

中国石化 SINOPEC CORP.　三、调研收获

综合应用多种新技术和常规方法开展地质与气藏研究，解决储层分布预测问题。

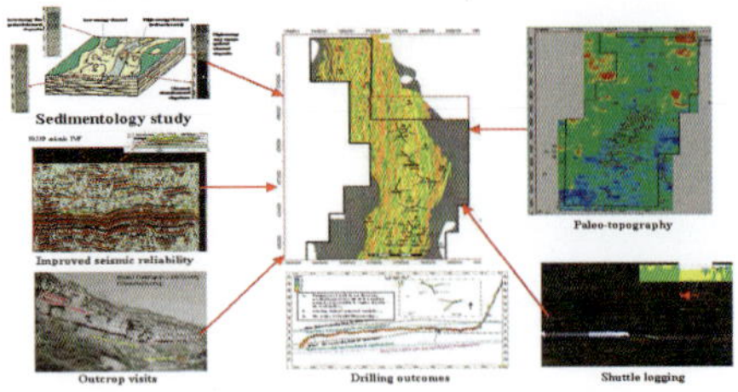

中国石化 SINOPEC CORP.　三、调研收获

收获三：始终追求工程技术的针对性、适应性并不断完善

- 钻井过程中的井眼稳定、低摩阻和低扭矩，是长水平段水平井成功的关键之一。井眼轨迹优化设计、精确控制、钻井液良好的润滑性等。
- 高储层钻遇率、一体化高油保钻井液完井液、快速钻穿储层快速完井等；完钻前的上翘和下探。
- 注重前期研究、注重试验总结、注重技术细节，迅速形成成熟完善的配套技术。

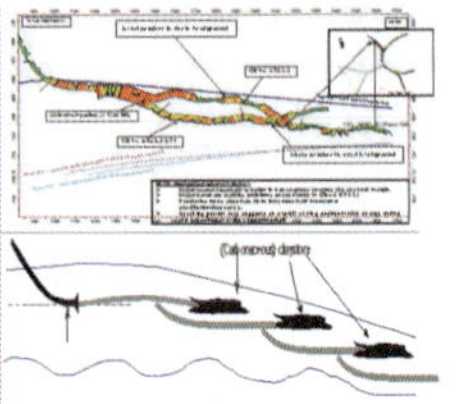

中国石化 SINOPEC CORP.　三、调研收获

在储层与砂体分布预测出现偏差时，工程及时调整钻井轨迹和施工方案，保证高钻遇率。

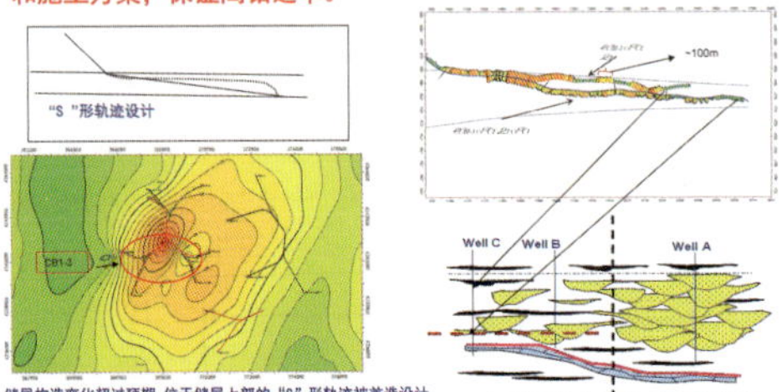

➢储层构造变化超过预期，位于储层上部的"S"形轨迹被首选设计，一方面可减小储层构造不确定性造成的影响，避免过早钻穿储层，另一方面给钻遇泥岩或煤层时侧钻或采用台阶式钻进预留空间。

主河道是多期分枝河道单砂体叠置的结果

侧翼是单砂体沉积

中国石化 SINOPEC CORP.　三、调研收获

收获四：目标一致、责任明确、能力极强、决策顺畅的管理团队，是取得成功的根本保证

- 地质和工程紧密结合，围绕着共同的目标做扎实的工作；设计和施工紧密结合，设计要结合现场施工实际，及时完善和优化；技术和管理紧密结合，通过严密的管理手段把技术落实到位。
- 一体化机构（整体性）、专业化管理（专业性）、权责清晰（无缝衔接）
- 遇到问题，及时诊断（专家系统）、及时决策（领导权限）、减少环节（优化流程）
- 高度重视每一口井、每一个工序和每一个环节的施工情况总结，力求不断进步，用学习曲线评价工作表现；

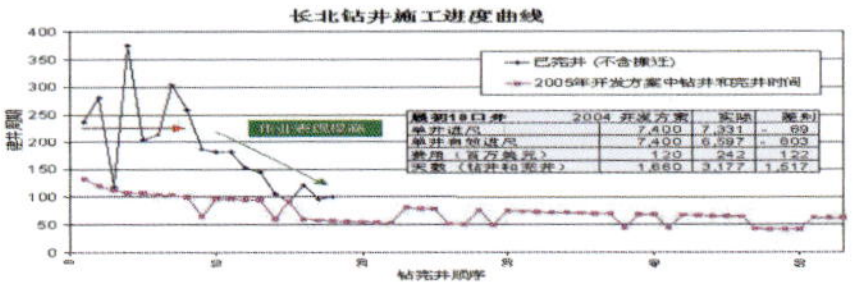

中国石化 SINOPEC CORP.　三、调研收获

先进的开发理念、实用配套的技术、完善的管理体制是长北气田开发取得成功的三大重要保障。

➢ "不断追求高产目标、最大限度提高单井产量"的理念贯穿气田开发的整个过程。不追求单井、单个区块的稳产，通过井间和块间接替实现整体产量的稳定。

➢ 追求钻井工程技术的针对性和实用性，强化技术组合配套。

➢ 创新意识强（侧钻开窗\下切绕障\过煤防塌\局部筛管\气举排液\放大压差）。

➢ 实施项目管理，责任明确，重视效益，实现决策顺畅的一体化管理。

中国石化 SINOPEC CORP.

汇报提纲

一、调研基本情况

二、长北气田高产原因分析

三、调研收获

四、下步工作意见

中国石化 SINOPEC CORP.　四、下步工作意见

学习长北水平井开发经验，剖析长北气田水平井和直井高产原因，对下步指导大牛地开展水平井工作具有重要意义。

与壳牌长北项目的差异在哪里?

"三个"差异：

一是气藏地质——地质条件有差异

二是工程技术——技术水平有差距

三是项目管理——运行机制有不足

中国石化 SINOPEC CORP.

1. 三个气田主要参数及指标对比

主要参数和指标	大牛地	苏里格	长北
探明面积（km^2）	1357	20000	828
探明储量（亿方）	3522	16800	961
动用储量（亿方）	1178		922
含气层位	盒1-3、山1-2、太1-2	盒8、山2	盒8、山3
气层埋深（米）	2500-3000	3300-3500	2650-3100
储层厚度(米)	9.0-12	11	14.6
气层最小有效厚度(米)	5.80	5	6.6
岩性	岩屑石英砂岩	石英砂岩	石英砂岩
渗透率（mD）	0.55-1.36	0.06-2	0.2-3.5
孔隙度（%）	7.6-10.2	5.0-12	6.3
压力系数	0.85-0.98	0.87	0.9
丰度（亿方）	2.6	1.1-2	1.16
单井日产（万方）	0.6-1.3	0.8-1.2	20-220
已建成天然气能力(亿方)	23	81.7	30
开发方式	直井+压裂+合采	直井+压裂+合采	丛式井丛双分支水平井
地面集输	加热注醇高压集气	不加热不注醇中低压集气	不加热不注醇中低压集气
甲烷含量（%）	86.4-94.3	>90	>90
平均钻井周期(天)	18	15	120（水平井）
单井综合投资(万元)	958	<800	
单井地面投资(万元)	130	110	
单井测井费用(万元)	28	25	
单井试气费用(万元)	233	130	

大牛地致密砂岩气田高效开发技术与实践

中国石化 SINOPEC CORP.

2. 长北和大牛地气田水平井主要技术指标对比

序号	项目	大牛地气田	长北气田
1	完钻水平井数	15口	18口
2	井身结构	13 3/8" +9 5/8" +8 1/2" 裸眼	13 3/8" +9 5/8" +8 1/2" 裸眼
3	水平井分支	单支	2-4支
4	平均单支水平段长	958.94米	1508.05米/1280.81米
5	单支最大水平段长	1625.06米	2251米
6	平均单井进尺	3960米	7622米
7	平均建井周期	156天	158天
8	最短建井周期	127天	92天
9	平均机械钻速	2.43米/h	5.4米/h
10	水平段平均单只钻头进尺	60-80米/只	187.18米/只
11	水平段钻井液	钻井液+解堵液	钻井液完井液一体化
12	水平段钻井方式	欠平衡	近平衡

中国石化 SINOPEC CORP.

3. 大牛地投产水平井产量还未达到方案设计5万方/日的目标

大牛地气田已完钻投产7口水平井情况统计表

井号	层位	投产日期	生产日期	油压	套压	日产气量（方）	日产水量	累计产气量（万方）	备注
DP1	山1	2004-3-18	2009-5-9	13.2	11.6	19523	0.73	611.4	放喷日产可达到5万方以上
DF2	山1	2007-11-17	2009-5-31	9.4	10.7	25341	0.27	1190.5	
DP3	盒3	2007-11-18	2009-5-31	7.4	9.2	17371	0.36	777.4	
DP6	山1	2008-8-29	2009-5-31	15.2	15.8	35623	0.4	783.0	放喷日产可达到5万方以上
DP11	山1	2008-10-16	2009-5-31	8.9	11.3	14218	0.37	330.1	
DP35-1	太2	2009-5-11	2009-5-31	9.7	11.1	17230	4.67	37.3	
DP9	山1	2009-5-24	2009-5-31	6.4	7.7	11908	5.32	13.3	
平均						20173	0.8		

中国石化 SINOPEC CORP.

四、下步工作意见

——下步重点抓好四方面工作：

（一） 加强沉积相和储层分布的规律性认识，提高预测的准确性和精度

（二） 深入分析大牛地已完钻水平井情况，抓好试验选区布井

（三） 优化钻井工程技术方案，加强水平井技术攻关

（四） 加强组织管理，优选服务队伍

中国石化 SINOPEC CORP.

四、下步工作意见

（一） 加强沉积相和储层分布的规律性认识，提高预测的准确性和精度

1、开展砂体追踪研究

充分利用未动用区内井震资料，加强储层预测与地质综合研究，全面开展砂体展布规律研究，寻找砂体发育区。

2、加强沉积相和储层展布规律研究

进行系统的盒1和太2沉积微相研究：从点（单井相分析）到线（骨干剖面相研究）到面（沉积微相平面特征研究），研究各小层及单砂体的空间展布，确定储层有利区域，指导井位部署。

中国石化 SINOPEC CORP.

四、下步工作意见

（二）深入分析大牛地已完钻水平井情况，抓好试验选区布井

（1）试验层位选择

大牛地气田未动用储量2344亿方，其中盒1占47%，太2占16%，根据未动用储量分布情况，下步重点在盒1和太2优选部署试验井。

大牛地未动用储量层位分布表

层位	盒2+3	盒1	山2	山1	太2	太1
未动用储量(亿方)	116.01	1109.19	400.9	296.21	378.4	43.61
区内井数	34	58	50	31	16	8
合层试采无阻流量（万方/日）	2.11	2.32	2.34	3.03	2.67	2.18
本层试采井数	11	28	30	21	12	3
本层试采无阻流量（万方/日）	1.03	1.17	1.17	1.47	1.27	1.68

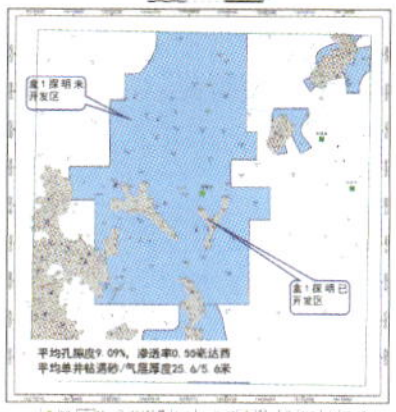

中国石化 SINOPEC CORP.

四、下步工作意见

(2) 盒1气层钻井与测试情况

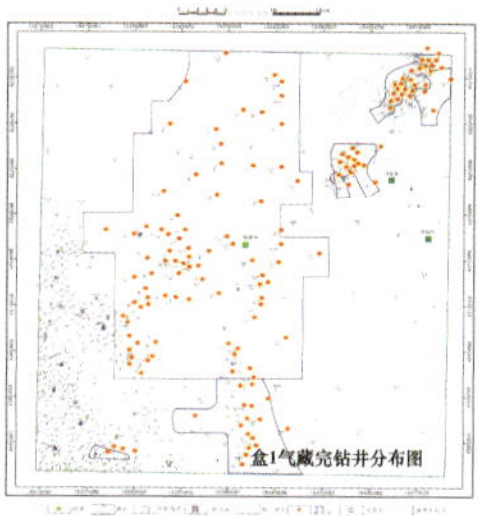

1、盒1探明区内总井数200口

其中，钻遇盒1气层的井168口，测试盒1气层的井81口，平均无阻流量1.59万方/天

2、盒1气层参数

（1）有效厚度5.59

（2）孔隙度 10.26

（3）渗透率0.54

（4）饱和度58.15

（5）有效厚度大于2米的井119口

中国石化 SINOPEC CORP.

四、下步工作意见

(3) 盒1-1气藏水平井实施情况

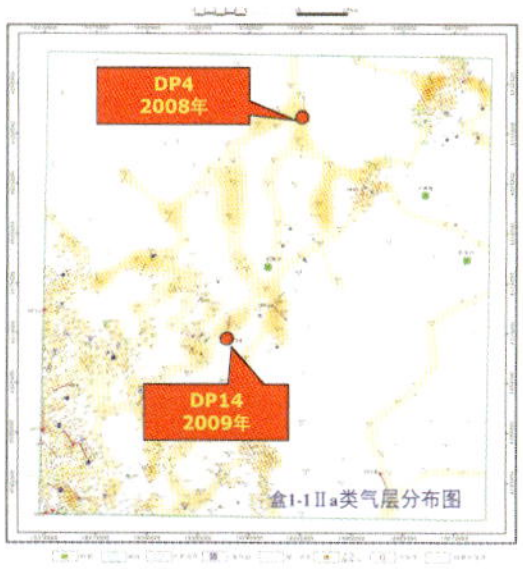

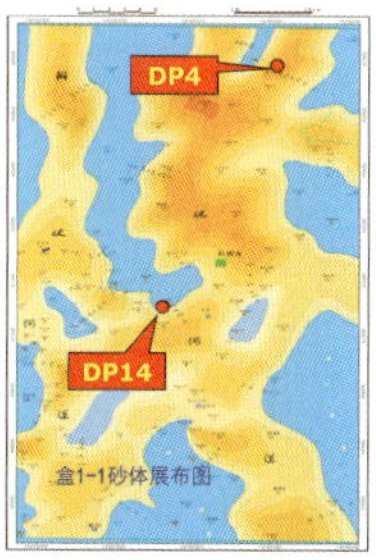

中国石化 SINOPEC CORP.

四、下步工作意见

DP4、DP14井是部署在盒1层的水平井，由于储层发育较好，受煤系地层的干扰小，储层预测结果与实钻结果比较吻合，水平段钻遇砂岩比例高。

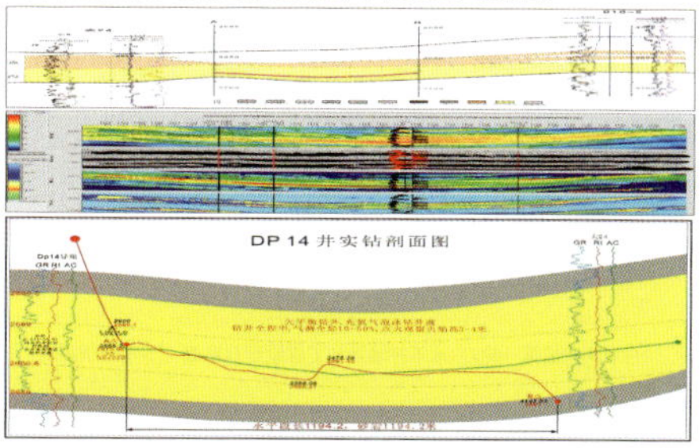

中国石化 SINOPEC CORP. 四、下步工作意见

大牛地气田水平段设计与实钻参数统计表

序号	井号	层位	岩性	储层类型	设计水平段长度(m)	实钻水平段长度(m)	水平段长度差	砂岩长(m)	砂岩钻遇率(%)	平均砂岩钻遇率
1	DP3	H3	岩屑石英砂岩	Ⅰa	1345.44	1202.02	-143.42	1053.30	87.63	87.63
2	DP4	H1	岩屑石英砂岩	Ⅲ	1600	1625.06	25.06	1577.56	97.08	98.37
3	DP14	H1	岩屑石英砂岩	Ⅱa-Ⅲ	1700	1283.55	-416.45	1283.55	100.00	
4	DP5	S2	岩屑石英砂岩	Ⅱa-Ⅲ	1400	449.69	-950.31	161.99	36.02	
5	DP1	S1-1	岩屑石英砂岩	Ⅲ	600	612.00	12.00	570.00	93.14	
6	DF1	S1-1	岩屑石英砂岩	Ⅲ	900	681.40	-218.60	676.40	99.27	
7	DF2	S1-2	石英砂岩	Ⅰb	1612.8	897.65	-715.15	732.61	81.61	
8										
9										
10										
11										
12	DP11	S1-2	石英砂岩	Ⅰb	1500	750.65	-749.35	722.63	96.27	
13	DP12	S1-2	石英砂岩	Ⅰb	1700	883.17	-816.83	830.12	93.99	
14	DP13	S1-2	石英砂岩	Ⅰb	1500	417.17	-1082.83			
15	DP15	S1-2	石英砂岩	Ⅰb	1700	323.67	-1376.33	232.06	71.70	
16	DP35-1	T2	石英砂岩	Ⅱc	800	800.50	0.50	601.50	75.14	75.14

水平段实钻长度与设计总体吻合较差，较多井未钻达设计水平段长度，但是水平段砂岩钻遇率总体较好，盒1层2口井，砂岩钻遇率达到98%以上。

中国石化 SINOPEC CORP. 四、下步工作意见

盒1-DP4、DP14钻井后效

已实施的Ⅱ～Ⅲ类储层水平井，采用充氮无固相和氮气泡沫欠平衡钻井液体系，达到了对气层的保护。

DP4井水平段钻进过程中多次测后效可燃，其中一次持续140分钟，火焰高达3-9米。

DP14井三开氮气钻井34米，其中2865.2-2878米、2884.5-2886米井段点火可燃，火焰高3-5米。水平段钻井过程中在3245-3424.85米、3441-3536米、3596-4147.03米井段点火可燃，火焰3-5米，最高达10米。

中国石化 SINOPEC CORP. 四、下步工作意见

DP14井生产曲线

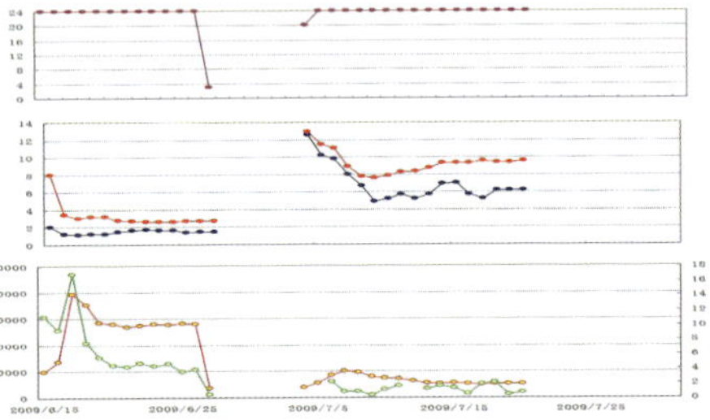

中国石化 SINOPEC CORP. 四、下步工作意见

（三）优化钻井工程技术方案，加强水平井技术攻关

进一步优化和完善钻井工程技术方案：

立足于钻井成功，单支长水平段长1500-2000米，增大靶前位移至500-700米，在做好储层保护的基础上，立足于自然建产。采用裸眼完井，一次替喷投产。不能自然建产的井，采用分段压裂投产。

钻遇易跨塌性泥岩或煤层，停止钻进，采取后退裸眼段悬空下切侧钻，绕过复杂地层。

第一批试验2口井。一口井采用近平衡钻井技术，选用长庆油田工程技术研究院进行泥浆技术服务；另一口井继续采用全过程欠平衡钻井技术，选用胜利钻井院进行氮气泡沫和定向技术服务。

中国石化 SINOPEC CORP. 四、下步工作意见

加强三方面攻关：

- 进一步研究钻井完井一体化钻井液体系。井壁稳定、低密度、高润滑性、防水锁、储层保护好
- 优选研究水平段高效钻头，力争达到单只钻头进尺接近200米（目前60-80米）
- 长水平段分段压裂改造技术攻关

中国石化 SINOPEC CORP. 四、下步工作意见

（四）加强组织管理，优选服务队伍

华北分公司成立大牛地水平井开发项目组，负责项目的组织和实施，按照项目管理模式运行，充分发挥甲乙方的积极性。

建议华北分公司聘请长庆和长北项目有关专家进行技术指导。

相对固定水平井技术服务队伍（钻井队、定向技术服务队、泥浆技术服务、钻头供应、储层改造等），在工作量安排上，要很好地衔接，保证连续运行。

中国石化 SINOPEC CORP. 四、下步工作意见

下步工作意见

学习长北开发经验，坚持水平井提高单井产能技术路线，加强沉积相和储层分布规律性研究，优化工程技术方案，提高水平井钻井成功率。下步工作意见如下：

工作量：4口（分两轮实施）
层位：盒1、太2
水平段长度：1500-2000米
建井周期：120-150天
单井产量：5-10万方/天
单井投资：水平井3000万元、 分支水平井6000万元

8月中旬完成第一轮2口水平井地质和工程设计及审查，下旬组织实施。

参 考 文 献

[1] 车长波，朱杰，李富兵，等．全球油气资源形势．天然气工业，2010，30(1)：1-4.

[2] 杨元华．世界能源格局的深刻变化．中国远洋航务，2011，(9)：20-22.

[3] 天星．非常规天然气：异军突起．中国石油企业，2010，(5)：52-54.

[4] 李健，吴智勇，曾大乾等．深层致密砂岩气藏勘探开发技术．北京：石油工业出版社，2002.

[5] 潘继平，周东升，刘洪林．我国非常规天然气资源与发展前景．中国能源，2010，32(11)：37-41.

[6] Masters J. A. Deep Basin gas trap, western Canada. AAPG Bulletin, 1979, 63(2): 152-181.

[7] Matheron G. The intrinsic random functions and their applications. Advances in Applied Probability, 1973, 5(3): 439-468.

[8] Journel A. G. Geostatistics for conditional simulation of ore bodes. Economic Geology, 1974, 69 (5): 673-683.

[9] Besage J. E. Spatial interaction and statistical analysis of lattice systems. Journal Royal Statistical Soc, 1974, 36(2): 192-225.

[10] Haldorsen H. H, Chang D. M. Note on stochastic shales: from outcrop to simulation mode//Lake L W, Carroll H B. Reservoircharacterization. Florida: Academic Press, 1986: 445-485.

[11] Aasen J. O, Silseth J K, Holden L et al. A stochastic reservoir model and its use in evaluation of uncertainties in the results of recovery processes: North Sea oil and gas reservoirs; II, Proceedings of the North Sea oil and gas reservoirs conference, London, United Kingdom, 1990: 425-436.

[12] Lasseter T. J, Waggoner J. R, Lake L. W. Reservoir heterogeneities and their in influence on ultimate recovery//Lake L W, Carroll H B. Reservoir characterization. Orlando: Academic Press, 1986: 545-559.

[13] Albert F, Modot V. Stochastic models of reservoir heterogeneities: Impact on connectivity and average permeabilities. SPE, 1992, 248(93): 355-370.

[14] MacDonald A C. Sedimentology and shale modeling of a sand-stone-rich fluvial reservoir: upper Statfjord Formation, Statfjord field, Northern North. AAPG Bulletin, 1993, 77(6): 1015- 1040.

[15] Tyler K. J. Faster history matching and uncertainty in predicted production profiles with ptochastic modeling. SPE, 1994, 264(13): 782-794.

[16] 裘怿楠．河流沉积学中的河型分类．石油勘探与开发，1985，12(2)：72-74.

[17] 吴胜和，金振奎，陈崇河，等．储层建模．北京：石油工业出版社，1999.

[18] 吴胜和，李宇鹏．储层地质建模的现状与展望．海相油气地质，2007，12(3)：53-60.

[19] 吕晓光，王德发，姜洪福．储层地质模型及随机建模技术．大庆石油地质与开发，2000，19 (1)：10-13.

[20] 王家华，张团峰．油气储层随机建模．北京：石油工业出版社，2001.

[21] 张团峰，王家华．储层随机建模和随机模拟原理．测井技术，1995，19(6)：391-393.

[22] 穆龙新，贾爱林，陈亮，等．储层精细研究方法——国内外露头储层和现代沉积及精细地质建模研究．北京：石油工业出版社，2000.

[23] 尹天放．油藏地球物理学方法在地质建模中的应用．石油勘探与开发，2000，27(5)：61-62.

[24] 杨小萍，董春荣．地震反演技术在储层建模中的作用．西安石油学院学报：自然科学版，2000，15 (6)：9-12.

[25] 周丽清，赵丽敏，赵国梁，等．高分辨率地震约束相建模．石油勘探与开发，2002，29(3)：55- 58.

[26] 李功权，陈恭洋，吴东胜，等．油气储层建模中的空间数据挖掘技术．石油天然气学报，2006，28 (4)：47-49.

[27] 刘瑞兰，王泽华，孙友国，等．准噶尔盆地车排子油田火成岩双重介质储集层地质建模．新疆石油地质，2008，29(4)：482-484.
[28] 王建华．DFN 模型裂缝建模新技术．断块油气田，2008，15(6)：55-58.
[29] 邱立伟，杨安平，康志江．新疆塔河裂缝溶洞型油藏储层建模研究．特种油气藏，2003，10 (6)：35-38.
[30] 宋新民，冉启全，孙圆辉，等．火山岩气藏精细描述及地质建模．石油勘探与开发，2010，37 (4)：458-465.
[31] 徐岩，杨双玲．昌德气田营城组火山岩储层建模技术．天然气工业，2009，29(8)：19-21.
[32] 兰丽凤，白振强，于德水，等．曲流河砂体三维构型地质建模及应用．西南石油大学学报，2010，32(4)：20-25.
[33] 白振强．辫状河砂体三维构型地质建模研究．西南石油大学学报，2010，32(6)：21-24.
[34] 邓万友．扇三角洲前缘储层描述及地质建模研究：(博士学位论文)．大庆石油学院，2008.
[35] 李士伦．天然气工程．北京：石油工业出版社，2008.
[36] 王鸣华．气藏工程．北京：石油工业出版社，1993.
[37] 黄炳光，冉新权，李晓平，等．气藏工程与动态分析方法．北京：石油工业出版社，2004.
[38] 钟孚勋．气藏工程．北京：石油工业出版社，2001.
[39] 李敏，杨雅和．压力恢复资料计算低渗透气藏动态储量探讨．天然气工业，1994，14(3)：35-38.
[40] Arps J. J. Analysis of decline curves. Trans, AIME, 1945, 15(8)：160-228.
[41] Fetkovich M. J. Decline curve analysis using type curves. Journal of Petroleum Technology, 1980, 32(6)：1065-1073.
[42] Blasingame T. A, McCray T L, Lee W J. Decline curve analysis for variable pressure drop variable flow rate systems. SPE, 1991, 1：231-241.
[43] Agarwal R. G, Gardner D C, Keinsteiber S W et al. Analyzing well production data using combined type curve and decline curve analysis concepts. SPE, 1998, 9：271-301.
[44] Doublet L. E, Pandie PK, McCollum T J et al. Decline curve analysis using type curves-analysis of oil well production data using material balance time：application to field cases. SPE, 1994, 18：101-131.
[45] 廖家汉，杜锦旗，谭国华，等．户部寨复杂断块气藏剩余气分布及挖潜研究．吐哈油气，2005，10 (2)：127-132.
[46] 刘正中．低渗砂岩气藏剩余气分布规律研究：(博士学位论文)．成都理工大学，2005.
[47] 卜淘，李忠平，詹国卫，等．川西坳陷低渗砂岩气藏剩余气类型及分布研究．天然气工业，2003，23(S1)：13-15.
[48] 王昔彬，刘传喜，郑祥克，等．低渗特低渗气藏剩余气分布的描述．石油与天然气地质，2003，24 (4)：401-403.
[49] 熊国荣．文 82 气藏剩余气分布规律研究．内蒙古石油化工，2003，29(2)：119-120.
[50] 刘振兴，毕建霞，朱述坤，等．复杂断块气藏剩余气储量计算及分布模式研究．河南石油，2005，19(1)：30-32.
[51] 廖家汉．濮城油田西区沙二段上亚段第 1 砂组气顶气藏剩余气分布及挖潜研究．油气地质与采收率，2005，12(2)：57-59.
[52] 王真，孙强．永安气藏开发规律及剩余气分布研究．断块油气田，2005，12(2)：44-45.
[53] 杨俊杰，裴锡古．中国天然气地质学(卷 4)．北京：石油工业出版社，1996.
[54] 王涛．中国深盆气田．北京：石油工业出版社，2002.
[55] 赵翰卿，付志国．大型河流—三角洲沉积储层精细描述方法．石油学报，2000，21(4)：109-113.
[56] 郭书元，张广权，陈舒薇，等．鄂尔多斯盆地大牛地气田晚石炭—早二叠世地层划分．石油与天然

气地质，2009，30(6)：697-705.
[57] 唐海发，赵彦超，于广瀛．高分辨率层序地层学在大牛地气田山一段地层对比中的应用．天然气地球科学，2003，14(1)：69-73.
[58] 唐民安，孙宝玲．大牛地气田下石盒子组基准面旋回与储层流动单元的层次性．沉积学报，2007，25(1)：39-43.
[59] 周锋德，姚光庆，赵彦超，等．鄂尔多斯北部大牛地气田特低渗储层地质特征研究．天然气勘探与开发，2002，25(2)：37-42.
[60] 赵翰卿．大庆油田河流—三角洲沉积的油层对比方法．大庆石油地质与开发，1988，7(4)：25-31.
[61] 郑荣才，彭军，吴朝容．陆相盆地基准面旋回的级次划分和研究意义．沉积学报，2001，19(2)：249-255.
[62] 邓宏文，王洪亮，李小孟．高分辨率层序地层对比在河流相中的应用．石油与天然气地质，1997，18(2)：90-95.
[63] 郝蜀民，李良，尤欢增．大牛地气田石炭—二叠系海陆过渡沉积体系与近源成藏模式．中国地质，2007，34(4)：605-611.
[64] 谭晨曦，李文厚，冯娟萍，等．鄂尔多斯盆地大牛地气田储集层物源分析．矿物学报，2010，30(3)：389-393.
[65] 赵澄林，朱筱敏．沉积岩石学．北京：石油工业出版社，2001.
[66] 张明学，王国雷，方蕾．方正断陷北部古近系地层地震相特征研究．科学技术与工程，2011，(9)：1905-1911.
[67] 盛湘．应用地震属性确定莫西庄地区沉积微相的事例．石油地球物理勘探，2009，(3)：354-353.
[68] 文政，雍世和，王中文．应用测井资料定量识别沉积微相．沉积学报，1996，(1)：40-46.
[69] 董焕忠．河流-三角洲储层沉积微相的模糊识别．大庆石油地质与开发，2004，(6)：22-24.
[70] 王正和，蒋能春，吕其彪．地震沉积学概念、方法及其应用研究．重庆科技学院学报(自然科学版)，2008，(3)：25-23.
[71] 陈建阳，田昌炳，周新茂，等．融合多种地震属性的沉积微相研究与储层建模．石油地球物理勘探，2011，(1)：98-102.
[72] 郭亚．应用地震属性优化技术研究桩106井区沉积相：(硕士学位论文)．中国海洋大学，2009.
[73] 宋传春．地震—地质综合研究方法述评．岩性油气藏，2010，22(2)：133-139.
[74] 印兴耀．地震技术新进展(下)．东营：石油大学出版社，2006.
[75] Vail P R. Seismic recognition of depositional facies on slopes and rises. AAPG Bulletin，1977，61(5)：837-840.
[76] 何碧竹，周杰，汪功怀．利用多元地震属性预测储层信息．石油地球物理勘探，2003，(3)：258-262.
[77] 陈冬．地震多属性分析及其在储层预测中的应用研究：(博士学位论文)．中国地质大学(北京)，2008.
[78] 张娥，高书琴，侯成福，等．利用地震属性预测砂岩储集层厚度及含油饱和度．石油勘探与开发，2000，(1)：92-94.
[79] Zeng H L，Henry S C，Riola J P. Stratal slicing. Part II：Real 3D seismic data. Geophysics，1998，63(2)：514-522.
[80] Zeng H L，Hentz T F. High-frequency sequence stratigraphy from seismic sedimentology：Applied to Miocene，Vermilion Block 50，Tiger Shoal area，offshore Louisiana. AAPG Bulletin，2004，88(2)：153-174.
[81] 董春梅，张宪国，林承焰．地震沉积学的概念、方法和技术．沉积学报，2006，24(5)：698-704.

[82] Brown A R, Dahm C G, Graebner R J. A stratigraphic case history using three-dimensional seismic data in the Gulf of Thailand. Geophysical Prospecting, 1981, 29(3): 327-349.
[83] Zeng H L, Backus M M, Barrow K T et al. Stratal slicing. Part I: Real 3D seismic data. Geophy- sics, 1998, 63(2): 502-513.
[84] Posamentier H W. Seismic geomorphology: imaging elements of depositional systems from shelf to deep basin using 3D seismic data: implications for exploration and development. GeologicalSociety, 2004, 29: 11-24.
[85] 魏嘉，朱文斌，朱海龙，等．地震沉积学——地震解释的新思路及沉积研究的新工具．勘探地球物理进展，2008，31(2)：95-101.
[86] Zeng H L, Hentz T F, Wood L J. Stratal slicing of Miocene-Pliocene sediments in Vermilion block 50-Tiger Shoal area, offshore Louisiana. The Leading Edge, 2001, 20(4): 408-409.
[87] Zeng H L, Backus M M, Barrow K T et al. Facies mapping from three-dimensional seismic data: potential and guidelines from a Tertiary sandstone-shale sequence model, Powerhorn Field, Calhoun county, Texas. AAPG Bulletin, 1996, 80(1): 15-46.
[88]陈旭，陈红汉，董玉文，等．地震沉积学研究方法评析．沉积与特提斯地质，2010，30(1)：54-60.
[89] 曾洪流，Hentz T F，胡廷惠，等．源于地震沉积学的高精度层序地层学应用：以路易斯安那近海老虎滩地区50号中新统弗米利恩区块为例．世界地震译丛，2007，(3)：54-73.
[90]贾承造，赵文智，邹才能，等．岩性地层油气藏勘探研究的两项核心技术．石油勘探与开发，2004，31(3)：3-9.
[91] 陈俊亮，吴亮，崔建军．大牛地气田沉积相特征．焦作工学院学报，2004，23(2)：89-94.
[92] 王付斌，李良，陈亚平．大牛地气田太原组沉积模式．天然气工业，2007，27(12)：49-51.
[93] 付锁堂．鄂尔多斯盆地北部上古生界沉积体系及砂体展布规律研究：(博士学位论文)．成都理工大学，2004.
[94] 于兴河．碎屑岩系油气储层沉积学．北京：石油工业出版社，2003.
[95] 唐海发，赵彦趋，于广瀛．精细气藏描述中的沉积微相研究——以大牛地气田山一段地层为例．西安石油大学学报：自然科学版，2004，19(2)：5-8.
[96] 罗东明．大牛地气田沉积相类型与岸线控藏特征．油气地质与采收率，2009，16(3)：55-58.
[97] 陈昭佑，王光强．鄂尔多斯盆地大牛地气田山西组砂体组合类型及成因模式．石油与天然气地质，2010，31(5)：632-639.
[98] 王志章，石占中．现代油藏描述技术．北京：石油工业出版社，1998.
[99] 朱广社．三维地质建模及数值模拟技术在油藏开发中的应用．地质与资源，2005，14(1)：67-70.
[100] 张志杰．方案实施阶段油藏描述与地质建模：(博士学位论文)．中国地质大学(北京)，2005.
[101] 王仁铎，胡光道．线性地质统计学．北京：地质出版社，1988.
[102] 侯景儒．实用地质统计学(空间信息统计)．北京：地质出版社，1998.
[103] 吴胜和．储层表征与建模．北京：石油工业出版社，2009.
[104] 胡向阳，熊琦华，吴胜和．储层建模方法研究进展．石油大学学报(自然科学版)，2001，25(1)：107-112.
[105] Harrell D R, Hodgin J E, Wagenhofer T. Oil and gas reserves estimates: recurring mistakes and errors. SPE91069, 2004.
[106] 胡向阳，熊琦华，吴胜和等．标点过程随机模拟方法在沉积微相研究中的应用．石油大学学报：自然科学版，2002，26(2)：19-22.
[107] 谷江锐，刘岩．国外致密砂岩气藏储层研究现状和发展趋势．国外油田工程，2009，25 (7)：1-5.

大牛地致密砂岩气田高效开发技术与实践

[108] Hirst J P, Davis N, Palmer A F et al. The tight gas challenge: appraisal results from the Devonian of Algeria. Petroleum Geoscience, 2001, 7(1): 13.
[109] 尹昕，应文敏．鄂尔多斯盆地大牛地气田上古生界低孔渗砂岩储层评价．矿物岩石，2005，25(2)：104-109.
[110] 曹忠辉，程少林．大牛地气田上古生界储层黏土矿物及敏感性分析．河南石油，2006，20(1)：10-13.
[111] 王光强．大牛地气田致密砂岩储层成因及评价研究：(硕士学位论文)．中国石油大学，2010.
[112] 黄思静，侯中健．地下孔隙率和渗透率在空间和时间上的变化及影响因素．沉积学报，2001，19(2)：224-232.
[113] 朱如凯，邹才能，张鼐，等．致密砂岩气藏储层成岩流体演化与致密成因机理——以四川盆地上三叠统须家河组为例．中国科学(D辑：地球科学)，2009，39(3)：327-339.
[114] 孙小平，徐文，黄有根，等．榆林气田山2段气藏描述技术及应用．天然气工业，2005，25(4)：53-56.
[115] 刘小洪．鄂尔多斯盆地上古生界砂岩储层的成岩作用研究与孔隙成岩演化分析：(博士学位论文)．西北大学，2008.
[116] 朱春俊．低孔低渗砂岩储层成因及控制因素研究：(博士学位论文)．中国矿业大学(北京)，2010.
[117] 雷开强，孔繁征，张哨楠，等．塔巴庙地区上古生界砂岩成岩作用特征及其储集性分析．矿物岩石，2003，23(3)：92-96.
[118] 曹忠辉．鄂尔多斯盆地大牛地复式气田基本地质特征．西南石油学院学报，2005，27(2)：17-21.
[119] 曹忠辉，王建淮，郭建民．鄂尔多斯盆地大牛地气田上古生界储层特征．断块油气田，2006，13(2)：11-13.
[120] 吴胜和，熊琦华．油气储层地质学．北京：石油工业出版社，1998.
[121] Webber K J, Van Geuns L C. Framework for constructing clastic reservoir simulation models. Journal of Petroleum Technoligy, 1990, 42(10): 1248-1253.
[122] 王海峰，史洁，侯战胜，等．盘河断块区馆三段河流相储集层特征及储集性能．断块油气田，2005，12(1)：21-23.
[123] 刘波，赵翰卿，王良书，等．古河流废弃河道微相的精细描述．沉积学报，2001，19(3)：394-398.
[124] 赵永强．地下辫状河储层结构划分——以盘40块区馆Ⅲ7砂体为例．石油天然气学报，2010，32(1)：51-53.
[125] 冉新权，李安琪．苏里格气田开发论．北京：石油工业出版社，2008.
[126] 苏小军，管仁顺，王利田，等．波形差异反演方法及其在气藏描述中的应用．地球物理学进展，2007，22(5)：1578-1584.
[127] 徐卫峰，闫长辉，王贵生，等．大牛地气田泡沫排水工艺效果评价和影响因素分析．中国科技信息，2010，(8)：27-29.
[128] 郭春华，周文，康毅力，等．靖边气田气井产水成因综合判断方法．天然气工业，2007，27(10)：97-99.
[129] 王俊奇．天然气含水量计算的简单方法．石油与天然气化工，1994，23(3)：192-193.
[130] 诸林，白剑，王治红．天然气含水量的公式化计算方法．天然气工业，2003，23(3)：118-120.
[131] 张培平．用渗流机理物理模拟技术研究气田出水机理——以涩北气田为例．天然气工业，2009，29(7)：64-63.
[132] 胡勇，朱华银，姜文利，等．低渗气藏岩心孔隙结构与气水流动规律．辽宁工程技术大学学报(自然科学版)，2009，28(S1)：35-33.

[133] 华锐湘，贾英兰，李清，等．涩北气田气水分布及气水运动规律分析．天然气工业，2009，29(7)：68-71.
[134] 徐国盛，王敏杰．长庆气田可动地层水特征及意义．石油与天然气地质，2001，22(4)：309-313.
[135] 朱亚东，王允诚，童孝华．苏里格气田盒 8 段气藏富水层的识别与成因．天然气工业，2008，28(4)：45-48.
[136] 孙来喜，张烈辉，王彩丽．靖边气田相对富水层的识别、分布及成因研究．沉积与特提斯地质，2006，26(2)：63-63.
[137] 杨智，何生，邹才能，等．鄂尔多斯盆地北部大牛地气田成岩成藏耦合关系．石油学报，2010，31(3)：373-378.
[138] 过敏．鄂尔多斯盆地北部上古生界天然气成藏特征研究：(博士学位论文)．成都理工大学，2010.
[139] 苏娜，黄健全，韩国辉，等．微观水驱油实验及剩余油形成机理研究．断块油气田，2007，14(6)：50-51.
[140] 陈亮，彭仕宓，聂昌谋．胡状集油田胡十二块剩余油微观形成机理研究．断块油气田，1997，4(4)：43-45.
[141] 黄艳梅，徐宏亮，王玲歌，等．BD 油藏裂缝预测及剩余油研究．西南石油大学学报，2008，30(4)：119-122.
[142] 李阳，王端平，刘建民．陆相水驱油藏剩余油富集区研究．石油勘探与开发，2005，32(3)：91-96.
[143] 单敬福，纪友亮，史榕，等．曲流河道单砂体驱油效率主控因素．地球科学与环境学报，2007，29(2)：170-173.
[144] 单敬福，纪友亮，史榕，等．曲流点坝薄夹层构形对驱油效率及剩余油形成与分布的影响．海洋地质动态，2006，22(4)：21-25.
[145] 岳大力，吴胜和，林承焰，等．礁灰岩油藏隔夹层控制的剩余油分布规律研究．石油勘探与开发，2005，32(5)：113-113.
[146] 刘大听，张淑娟，童亨茂．任丘潜山油藏裂缝预测及剩余油分布研究．石油学报，2001，22 (4)：49-54.
[147] 徐樟有，张继春．任丘潜山油藏剩余油的再聚集模式及分布预测．石油勘探与开发，2001，28(3)：70-72.
[148] 李乐忠，李相方，何东博，等．苏里格气田椭圆状孤立砂体产能方程的建立．天然气工业，2009，(4)：71-73.
[149] 郭平，张茂林，黄全华，等．低渗透致密砂岩气藏开发机理研究．北京：石油工业出版社，2009.
[150] 闫长辉，李正健，郑军，等．大牛地气田低孔低渗气藏合采时机分析．石油天然气学报，2011，33(9)：109-112.
[151] 胡勇，李熙喆，万玉金，等．高低压双气层合采产气特征．天然气工业，2009，29(2)：89-91.
[152] Bennion D B, Bietz R F, Thomas F et al. Reductions in the productivity of oil and gas reservoirs due to aqueous phase trapping. Journal of Canadian Petroleum Technology, 1994, 33 (9): 45-54.
[153] Cimolai M P, Gies R M, Bennion D B et al. Mitigating horizontal well formation damage in a low-permeability conglomerate gas reservoir. SPE26166, 1993.
[154] 游利军，康毅力，陈一健，等．致密砂岩气藏水相圈闭损害实验研究及应用．钻井液与完井液，2006，23(2)：4-3.
[155] Holditch S A. Factors affecting water blocking and gas flow from hydraulically fractured gas wells. Journal of Petroleum Technology, 1979, 31(12): 1515-1524.
[156] 李怀庆，耿新中，郝春山，等．积液停产气井排液复产的新方法．天然气工业，2001，21(1)：88-90.